최신판 | Professional Engineer Architectural Structures

건축구조기술사 역학
실전문제를 통한 개념 이해와 응용

김선규 저

본서의 구성
- 제1장 역학 일반사항
- 제2장 재료역학
- 제3장 구조역학
- 제4장 매트릭스 구조해석
- 제5장 동역학
- 제6장 역학의 응용

예문사

머리말

건축구조기술사 시험은 크게 역학 및 응용과목(철근콘크리트구조, 철골구조, 구조시스템, 하중, 내진해석 등)으로 이루어지는데, 그중 역학의 비중은 60% 정도로 시험의 당락을 좌우할 만큼 중요한 과목이며, 응용과목을 이해하는 데 필수적인 내용을 담고 있습니다.

따라서 역학을 정복하지 못한다면 건축구조기술사 시험 합격은 매우 어려워지므로 수험생은 반드시 역학에 대한 철저한 개념 이해와 정립을 통한 응용력 향상에 목표를 두고 학습해야 합니다.

또한 실전 시험을 위해 역학, 응용과목을 망라해 각 과목별로 최신 시험정보와 시험출제 빈도가 높은 문제를 엄선하고, 답안 작성법, 문제 풀이 전개요령, 함정 파악 및 대처법, 고득점 취득법 등을 익히고 달성할 수 있는 효과적인 학습법이 꼭 필요합니다.

필자는 건축구조기술사 수험생 때부터 시험에 출제되는 역학 파트 문제가 너무 광범위하여 학습방법을 찾는 데 어려움을 겪었고, 대학과 대학원에서 공부한 책들을 다시 정리하기에는 너무 많은 시간이 소요되었으므로 건축구조기술사 실전 시험의 합격을 겨냥한 최종 정리된 교재가 필요하다고 절실히 느꼈습니다.

이러한 생각에서 출발한 본서는 역학의 각 파트별 실제 기출문제 분석을 통해 수험자의 실전문제 접근을 수월하게 하는 데 그 목적을 두고, 역학 기본 개념을 요구하는 문제에서부터 타 과목 및 실무와 통합·응용된 문제에 이르기까지 폭넓게 출제경향을 분석하였습니다. 그리고 다양한 방법으로 문제를 풀이하여 여러 각도에서 분석·이해할 수 있도록 하였습니다.

본서는 다음과 같이 구성하였습니다.

1장 역학 일반사항	역학을 해석하는 방법과 역학 학습을 위해 필요한 내용 설명
2장 재료역학	미소요소에서 힘의 흐름과 변형 성상 설명
3장 구조역학	구조물의 힘의 흐름과 변위 설명
4장 매트릭스 구조해석	구조역학을 컴퓨터 해석 프로그램화한 것을 이해하기 위한 매트릭스 해석 설명
5장 동역학	시간의 함수가 포함된 역학 설명
6장 역학의 응용	실무 및 응용과목에 적용되는 구조역학 문제

본서의 출간 현황 및 개정 사항은 다음과 같습니다.

- 초판 발행(2014.8.)
- 개정 1판 1쇄(2019.3.)
  초판에서 다루지 않았던 대칭과 역대칭을 이용한 구조해석 이론과 최근에 출제된 기출문제를 추가하였습니다.
- 개정 2판 1쇄(2020.6.)
  1) 재료역학 중 단면의 성질, 전단흐름 파트 이론 내용을 보완하였으며, 해당 내용에 맞는 기출문제를 추가하였습니다.
  2) 최근에 출제된 구조역학, 동역학, 실무 문제를 추가하였습니다.
- 개정 3판 1쇄(2022.2.)
  1) 케이블 구조 중 케이블 신장량 관련 기출문제를 추가하였습니다.
  2) 응답 스펙트럼 해석에 대한 설명을 보완하였습니다.

내용과 계산의 오류를 최소화하고 수험생이 내용을 이해할 수 있도록 최대한 노력하였지만 항상 미흡한 부분이 많다고 생각합니다. 무엇보다 역학문제는 '유일한 풀이'라고 할 수 있는 것이 없기에 본서의 문제풀이 역시 절대적인 답안이 될 수 없다고 생각합니다. 따라서, 자신만의 풀이를 만들기 위한 참고자료로 본서를 활용하면 크게 도움이 되리라 생각합니다.

책에서 잘못된 점 또는 개선사항이 있다면 E-mail : kimsungu1222@hanmail.net으로 의견을 주시면 성심성의껏 답변을 드리고 추후 발간되는 개정판에 반영하도록 하겠습니다.

끝으로 본서가 모든 수험생이 시험을 준비하는 데 요긴하게 쓰이길 바라고, 출간과정에서 수고해 주신 예문사 편집진에게 감사드립니다.

2022년 3월
김 선 규

목차

PART 01 역학 일반사항

01 구조 해석 요소 ·· 3
02 강성과 연성 ·· 14
03 부호 규약 ··· 17
04 자유도 ··· 24
05 구조역학을 위해 필요한 공업 수학 ··· 28
06 구조물의 안정 ··· 49
07 대칭과 역대칭을 이용한 구조해석 ·· 52

PART 02 재료역학

01 구조재료의 특성 ·· 63
02 단면의 성질 ·· 82
03 응력과 변형률 ··· 95
04 평면응력과 평면변형률 ··· 125
05 주응력 ··· 134
06 소성해석 ·· 149

PART 03 구조역학

01 최소일법과 변형의 적합성 ········· 183
02 정정 합성 구조물 ········· 246
03 아치 ········· 255
04 온도 변형, 기변형 및 지점 침하 효과 ········· 266
05 모멘트 면적법과 모어의 정리 ········· 289
06 가상일법 ········· 294
07 충격처짐 ········· 315
08 처짐각법(요각법, Slope-Deflection Method) ········· 321
09 모멘트 분배법 ········· 354
10 포탈법-횡하중을 받는 구조물 해석 ········· 367
11 비렌딜 트러스(Vierendeel Truss) 해석 ········· 380
12 기둥 ········· 385
13 영향선(Influence line) ········· 434

PART 04 매트릭스 구조해석

01 매트릭스 구조해석 개요 ········· 479
02 Truss 요소 ········· 484
03 보 요소 ········· 500
04 골조 해석 ········· 551

목차

PART 05 동역학

01 동역학의 개요 ··· 571
02 단자유도 시스템 ·· 573
03 자유진동 ·· 575
04 응답 스펙트럼 해석 ··· 584
05 조화 지진동(Harmonic Ground Motion)의 응답 스펙트럼 해석 ········ 595
06 모드 해석(Modal analysis) ··· 613
07 단자유도계의 등가 질량 ·· 615
08 2질점계 운동 방정식 및 고유치 해석 ··································· 626
09 지반운동과 구조물의 응답 ·· 641

PART 06 역학의 응용

01 철근콘크리트 구조에서의 응용 ·· 649
02 강구조에서의 응용 ·· 673
03 구조 실무 문제에서의 응용 ··· 677

PART 01 역학 일반사항

역학 일반사항

01 구조 해석 요소

1. 구조 해석

① 구조물이 외력을 받을 때 구조물의 강성, 응력 분포, 변형량에 대해서 수치 계산을 하여 근사값을 알아내는 것
② 탄성역에서의 선형 해석과 소성역에서의 비선형 해석으로 대별

2. 구성 방정식

① 어느 주어진 원인에 대한 물체의 응답(response)을 구하려면 일반적인 물리법칙만으로는 불충분하고 이 밖에 물체를 형성하는 물질 고유의 특성까지도 규정해야 한다.
② 응답에 대한 물질의 특성을 수학적으로 표현하는 관계식을 구성 방정식이라 한다.
③ 구성 방정식이란 용어는 물질의 변형과 흐름에 관련되어 많이 사용된다. 이 경우 변형 혹은 변형속도 또는 응력, 온도와 같은 외부 변수의 함수로서뿐만 아니라 물질 내부 구조 변화를 나타내는 내부 변수의 함수로 규정된다.
　예 후크의 법칙, 푸리에 법칙 등 각각 선형 탄성체의 변형에 대한 구성 방정식이다.

3. 평형 방정식

자유 물체도(F.B.D)를 통해 정적상태에서 힘의 평형조건을 이끌어낸 식

4. 적합 방정식

① 구조물의 연속성과 단부조건 등 변위와 변형에 관련된 식

② 변형 일치법에 사용되는 변형 일치 조건
③ 탄성론에서는 변형률과 변위의 관계식임

5. 지배 방정식(Governing Equation)

1) 개요

① 작용하중과 변위의 관계를 수학적으로 표현한 식
② 지배 방정식을 구하기 위해서 평형 방정식, 구성 방정식, 적합 방정식이 필요함
③ 연속체에서는 적합 방정식이 미분 방정식 형태로 나타나며, 구조형식에 따라 여러 종류의 미분 방정식이 존재
④ 구조역학에서는 축방향 하중을 받는 부재와 휨부재의 지배 미분 방정식을 대부분 다룸
⑤ 계(System)에서 변형된 요소의 평형을 고려하거나 최소 퍼텐셜에너지와 변분법을 사용하여 산정
⑥ 기둥의 좌굴과 같은 경우에는 변형된 요소의 평형을 이용하는 것이 에너지의 접근 방법보다 쉬움
⑦ 원통형(Cylindrical)이나 구형(Spherical) 쉘(Shell)과 같은 복잡한 구조물은 에너지 접근방법이 쉬움

2) 미분 방정식 산정 과정

① 공간이 정의되면 그 공간 내에서 분석을 위한 미소 공간을 잡는데 이것을 Control volume이라고 함
  • 구분구적법이나 수치해석의 유한차분법, 유한요소법과 유사
② Control volume은 2차원에서는 면이 되고, 3차원에서는 입체가 됨
③ Control volume 내에서 해석하려는 물리량의 변화를 계산
  • 숫자로 계산하는 것이 아니라 변수로 계산
④ 각 면에서 들어오는 양과 나가는 양, 그리고 Control volume 내에서 생성되는 양 (Source)과 소멸되는 양(Sink)을 합하면 Control volume 내에 남아 있는 양이 됨
⑤ 미소체적에 대한 물리량의 평형 방정식이 되고 이 미소체적의 크기를 0으로 보내면 (즉, 극한으로 만들면) 미분 방정식이 얻어지게 됨

3) 축방향 하중을 받는 부재의 지배 미분 방정식

① 자유 물체도

② 평형 방정식

㉠ $\sum F_x = 0$; $-N(x) + q(x)dx + N(x+dx) = 0$

㉡ 테일러 급수를 이용한 $N(x+dx)$ 전개

$$f(x) = f(a) + f'(a)(x-a) + \frac{f''(a)(x-a)^2}{2!} + \cdots + \frac{f^{(n)}(a)(x-a)^n}{n!} + \cdots 에서$$

$f(x) \to N(x+dx), \ x \to a$ 대입하여 적용하면

$$N(x+dx) = N(x) + \frac{dN(x)}{dx}dx + \frac{1}{2}\frac{d^2N(x)}{dx^2}dx^2 + \cdots \cong N(x) + \frac{dN(x)}{dx}dx$$

$$\left(\because \frac{d^2N(x)}{dx^2}dx^2 + \cdots \cong 0\right)$$

㉢ $-N(x) + q(x)dx + N(x+dx) = 0$

$\to -N(x) + q(x)dx + N(x) + \frac{dN(x)}{dx}dx = 0 \ \therefore \ q(x)dx + \frac{dN(x)}{dx}dx = 0$

③ 적합 방정식

$\varepsilon(x) = \frac{du(x)}{dx}$

④ 구성 방정식

$N(x) = \sigma(x)A = E\varepsilon(x)A \ \to \ N(x) = E\frac{du(x)}{dx}A = EA\frac{du(x)}{dx}$

⑤ 축방향 하중을 받는 부재의 지배 미분 방정식

②에서 $q(x)dx + \frac{dN(x)}{dx}dx = 0$

$\to q(x)dx + \frac{d}{dx}\left(EA\frac{du(x)}{dx}dx\right) = 0$

4) 휨 부재의 지배 미분 방정식

① 휨 모멘트를 받는 보 부재의 휨변형

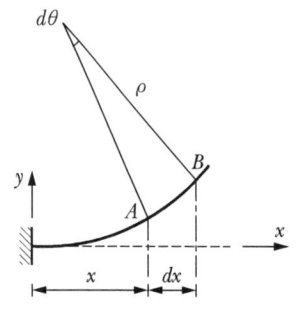

보의 휨 변형

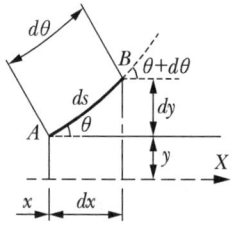

미소 요소의 휨 변형

② 순수 휨을 받는 부재의 곡률과 휨 모멘트의 관계식

㉠ 곡률 $\phi = \dfrac{1}{\rho} = \dfrac{M}{EI}$

㉡ 곡률 반경, 곡률

$\rho \, d\theta = dS$

$\therefore \rho = \dfrac{dS}{d\theta}$

$\phi = \dfrac{1}{\rho} = \dfrac{d\theta}{dS}$

③ 곡률 산정

㉠ dx, dy가 미소하므로 $\dfrac{dy}{dx} = \tan\theta \rightarrow \theta = \tan^{-1}\left(\dfrac{dy}{dx}\right)$

$\phi = \dfrac{d\theta}{dS} = \dfrac{d\theta}{dx}\dfrac{dx}{dS} = \dfrac{d}{dx}\left\{\tan^{-1}\left(\dfrac{dy}{dx}\right)\right\}\dfrac{dx}{dS}$

㉡ 삼각함수의 역함수 미분 공식에서 $\dfrac{d}{dx}(\tan^{-1} y) = \dfrac{1}{1+y^2}\dfrac{dy}{dx}$ 이므로

$\dfrac{d}{dx}\left\{\tan^{-1}\left(\dfrac{dy}{dx}\right)\right\} = \dfrac{1}{1+\left(\dfrac{dy}{dx}\right)^2}\dfrac{d\left(\dfrac{dy}{dx}\right)}{dx} = \dfrac{\dfrac{d^2y}{dx^2}}{1+\left(\dfrac{dy}{dx}\right)^2}$

ⓒ dx, dy와 dS가 미소하므로

$$dS^2 = dx^2 + dy^2$$

$$\rightarrow dS = (dx^2 + dy^2)^{1/2} = dx \left\{ 1 + \left(\frac{dy}{dx}\right)^2 \right\}^{1/2}$$

$$\rightarrow \frac{dS}{dx} = \left\{ 1 + \left(\frac{dy}{dx}\right)^2 \right\}^{1/2}$$

$$\therefore \frac{dx}{dS} = \frac{1}{\left\{ 1 + \left(\frac{dy}{dx}\right)^2 \right\}^{1/2}}$$

ⓔ 앞의 ⓑ, ⓒ 결과를 ⓐ의 곡률 공식에 대입하면

$$\phi = \frac{d}{dx}\left\{\tan^{-1}\left(\frac{dy}{dx}\right)\right\}\frac{dx}{dS} = \frac{\dfrac{d^2y}{dx^2}}{1+\left(\dfrac{dy}{dx}\right)^2} \cdot \frac{1}{\left\{1+\left(\dfrac{dy}{dx}\right)^2\right\}^{1/2}} = \frac{\dfrac{d^2y}{dx^2}}{\left\{1+\left(\dfrac{dy}{dx}\right)^2\right\}^{3/2}}$$

미소변형의 경우 $\left(\dfrac{dy}{dx}\right)^2 \cong 0$이므로

$$\phi = \frac{d^2y}{dx^2}$$

④ 곡률과 휨 모멘트의 관계식

$$\phi = \frac{1}{\rho} = \frac{M}{EI}, \quad \phi = \frac{d^2y}{dx^2} \rightarrow \frac{d^2y}{dx^2} = \frac{M}{EI}$$

⑤ 하중과 전단력과 휨 모멘트의 관계

$$\sum V = 0 \;;\; V - w(x)dx - V + dV = 0$$

$$\therefore \frac{dV}{dx} = -w(x)$$

$$\sum M_C = 0 \;;\; M + Vdx - w(x)dx\frac{dx}{2} - (M + dM) = 0$$

여기서, $w(x)dx\dfrac{dx}{2} = w(x)\dfrac{(dx)^2}{2} \cong 0$

$$\therefore \frac{dM}{dx} = V$$

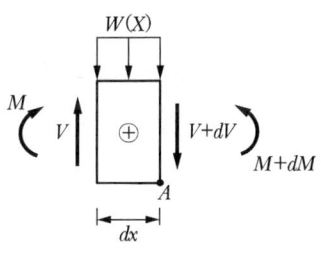

⑥ 지배 미분 방정식 산정

㉠ $\phi = \dfrac{d^2y}{dx^2} = \dfrac{M}{EI}$ 에서 $M = EI\dfrac{d^2y}{dx^2}$

$\dfrac{dM}{dx} = EI\dfrac{d^3y}{dx^3}$

㉡ $\dfrac{dM}{dx} = V$ 이므로 $V = EI\dfrac{d^3y}{dx^3}$

$\dfrac{dV}{dx} = EI\dfrac{d^4y}{dx^4}$

㉢ $\dfrac{dV}{dx} = -w(x)$ 이므로

$EI\dfrac{d^4y}{dx^4} = -w(x)$

∴ $EI\dfrac{d^4y}{dx^4} + w(x) = 0$; 휨 변형에 대한 지배 미분 방정식

6. 고유치 해석

1) 개요

① 공학적 의미가 있는 해를 찾는 것
② 임계값이 존재하는 역학계의 조건 해석
③ Operator(연산자)를 작용시켜 크기와 방향이 모두 변하는 Basis에서 문제를 푸는 것보다 방향은 전혀 변하지 않고 크기만 변하게 하는 적절한 좌표계를 선택하여 Operator를 작용시키는 것이 효율적임
④ 하중과 무관
⑤ 물리적으로 어떤 값을 측정한다는 것은 측정대상의 현재상태에 연산자를 작용시켜서 그 고유값을 구하는 것

2) 고유치 문제(Eigen Value Problem)

① 개요

공학과 물리학에서 상수의 매트릭스 $\{A\}$를 가진 선형 대수 방정식에서 해 벡터 $\{\phi\}$가 $\{A\}\{\phi\}$에 비례하는 경우가 발생하는데 이를 고유치 문제라 함

② 수식 표현

$\{A\}\{\phi\} = \lambda\{\phi\} \to (\{A\} - \lambda\{I\})\{\phi\} = \{0\}$

임의의 해 벡터 $\{\phi\}$에 대해 성립할 조건은
$\det(\{A\} - \lambda\{I\}) = 0$; Characteristic Equation
　　여기서, λ : 고유값(Eigen Value), $\{\phi\}$: 고유벡터(Eigen Vector)

③ 공학적인 의미

$\{A\}\{\phi\} <$ Input $\geq \lambda\{\phi\} <$ Output $>$ 관계에서 Input과 Output이 크기만 다르고 같은 모양이 되는 것을 Eigen Vector라 하고 그 크기 비를 Eigen Value라 함

④ 활용

좌굴, 비감쇠 자유진동, 주응력 등에서 이용

3) 고유치 해석

임계값이 존재하는 역할계의 조건해석을 통해 공학적인 의미있는 해를 찾는 것

4) 고유값

① 고유값(특성치, Eigen Value)을 구한다는 것은 새로운 좌표계를 선택하여 주어진 Operator(연산자, 행렬로 이해)에 의해서 기술되는 변형을 쉽게 표현하는 데 의미가 있다.
② 그 Operator에 의한 변형의 크기만 변하며, 방향은 전혀 변하지 않는다.
③ 양자역학 : Operator(연산자, 행렬로 이해)에 의해서 상태가 변하지 않는다.
④ Eigen value(고유값)를 구한다는 것은 변형을 쉽게 표현한다는 의미이다.

5) 축하중을 받는 부재의 좌굴 거동에서 기본식(Bifurcation Buckling)

① $[A]\{x\} - \lambda\{x\} = 0$

여기서, $\{x\}$: $[A]$의 고유벡터(좌굴모드) λ : $[A]$의 고유값(좌굴하중)

② 미분 방정식을 이용한 해

㉠ 축방향 하중을 받는 부재의 지배 미분 방정식

$$EI\frac{d^4y}{dx^4} + P\frac{d^2y}{dx^2} = 0 \to \frac{d^4y}{dx^4} + k\frac{d^2y}{dx^2} = 0 \;(\text{여기서},\; k^2 = \frac{P}{EI})$$

  Ⓘ 미분 방정식의 해
$$y = A\sin(kx) + B\cos(kx) + Cx + D$$

  Ⓙ 양단 4가지 경계조건이 존재하며, 경계조건을 적용할 경우 일반적인 매트릭스 형태

$$\begin{Bmatrix} a_{11}\ a_{12}\ a_{13}\ a_{14} \\ a_{21}\ a_{22}\ a_{23}\ a_{24} \\ a_{31}\ a_{32}\ a_{33}\ a_{34} \\ a_{41}\ a_{42}\ a_{43}\ a_{44} \end{Bmatrix} \begin{Bmatrix} A \\ B \\ C \\ D \end{Bmatrix} = \begin{Bmatrix} 0 \\ 0 \\ 0 \\ 0 \end{Bmatrix} \rightarrow \text{Characteristic Equation : } \det \begin{Bmatrix} a_{11}\ a_{12}\ a_{13}\ a_{14} \\ a_{21}\ a_{22}\ a_{23}\ a_{24} \\ a_{31}\ a_{32}\ a_{33}\ a_{34} \\ a_{41}\ a_{42}\ a_{43}\ a_{44} \end{Bmatrix} = 0$$

6) 비감쇠 자유진동의 동적 거동에서 기본식

$$[K]\{x\} - w^2[M]\{x\} = 0 \rightarrow ([K] - w^2[M])\{x\} = 0$$

① $\{x\}$: 고유벡터(진동모드)

② w : 고유값(고유 진동수)

③ 예

  Ⓓ 단자유도에서 $[mw_n^2 u(t) + k]\{x(t)\} = 0$ 식으로부터 w_1^2을 찾고, 2개의 자유도에서 $w_1^{\ 2}$, $w_2^{\ 2}$을 찾음

  Ⓔ 이 값들을 원식에 대입하여 변위를 구하는데, 이때 정확한 변위를 찾기 어려움

  Ⓕ Eigen Value

    ⓐ 고유치 문제의 대수 방정식 $[mw_n^{\ 2} u(t) + k]\{x(t)\} = 0$은 $w_n^{\ 2}$에 대한 N차 다항식이 된다.

    ⓑ 이 방정식은 N개의 실수이면서 양수의 w_n근을 얻음

     • 특성 방정식의 $w_n^{\ 2}$의 root 근은 Eigen Values, characteristic Values, Normal Values라 함

    ⓒ 양의 유한특성을 가진 k은 모든 구조물이 강체 운동을 하지 않는다는 점을 설명함

    ⓓ 양의 유한특성을 가진 m은 모든 자유도에서 질점은 0이 아님을 설명함

  Ⓖ Vector ϕ_n

    ⓐ $x(t) = q_n(t)\phi_n$

     여기서, n : 질점계(자유도) 개수

       $q_n(t)$: 기본 변위함수로서 모드 좌표

       형상함수 ϕ_n은 시간 함수가 아님

ⓑ 고유 진동수 w_n이 결정되면 이에 상응하는 Vector ϕ_n를 산정할 수 있다.
ⓒ Eigenvalue Problem에서 Vector ϕ_n의 절대적인 진폭값(Vector 크기)을 가지지 않는다.
ⓓ N개의 변위 ϕ_{jn} (자유도수 $j = 1, 2, 3, \cdots, N$)의 상대적인 값으로 주어지는 Vector의 형상만 있다.
ⓔ N−Dof 시스템의 N개 고유 진동수 w_n에 상응하는 N개의 독립적인 벡터 ϕ_n가 존재한다.
- 벡터 ϕ_n를 진동의 고유 모드, 진동의 고유 모드 형상, Eigen Vectors, Characteristic Vectors, Normal Modes이라 함
- 여기서 ϕ_n, w_n의 n은 모드 수를 가리키며 n=1일 경우 기본 모드, 기본 진동수라 한다.
- 고유, Natural 용어는 자유 진동에서 질량과 강성에만 의존하는 구조물의 고유한 진동 특성을 결정하기도 한다.
- 형상함수 ϕ에 따라 변위 모양이 결정되므로 ϕ는 모드 벡터이다.
- 정확한 변위를 찾기보다는 질점(자유도) 간의 ϕ의 상대적인 비를 찾는 것이 모드해석이다.

7) 주응력 기본식

① 주응력 상태에서 응력 벡터 $\{t\} = \lambda\{n\}$
② 일반적인 응력 상태에서 응력 벡터 $\{t\} = \{\sigma\}\{n\}$
③ $\{t\} = \lambda\{n\} = \{\sigma\}\{n\} \rightarrow (\{\sigma\} - \lambda\{I\})\{n\} = 0$
④ 임의의 η_i에 대해 성립 조건

$$\det(\sigma - \lambda \cdot I) = 0$$

여기서, λ : 고유값(주응력)
I : 기본벡터(단위행렬)

⑤ 응력 행렬 $[\sigma] = \begin{Bmatrix} \sigma_x & \tau_{xy} \\ \tau_{xy} & \sigma_y \end{Bmatrix} \Leftrightarrow$ 응력 텐서 $T_i = \sigma_{ij}\eta_j = \sigma\delta_{ij}\eta_j$

8) Ritz 에너지 방법

① 개요
변분법을 이용하여 지배 방정식의 근사해를 구하는 방법

② 지배 방정식의 근사해 가정

$$u = \sum_{i=1}^{N} C_i \phi_i$$

③ 전체 퍼텐셜 에너지

- C_i의 함수임
- $\delta \Pi = \dfrac{d\Pi}{dC_i}\delta C_i = \dfrac{d\Pi}{dC_1}\delta C_1 + \dfrac{d\Pi}{dC_2}\delta C_2 + \cdots + \dfrac{d\Pi}{dC_N}\delta C_N = 0$

④ C_i는 선형이고 독립적이므로

$$\dfrac{d\Pi}{dC_i} = \dfrac{d\Pi}{dC_1} + \dfrac{d\Pi}{dC_2} + \cdots + \dfrac{d\Pi}{dC_N} = 0 \; : \; 고유치 \; 문제$$

건축구조기술사 104-1-8

구조공학에서 취급하는 물리량 중에서 스칼라, 벡터, 텐서에 해당되는 대표적인 예를 들고 설명하시오.

1. **스칼라(Scalar)**

   1) 정의

   방향을 가지고 있지 않고 크기만 가지고 있는 물리량

   2) 표현 및 사용

   물리량의 크기를 나타낸 수에 단위를 붙여 그대로 사용

   3) 대표적 예

   질량이나 온도, 길이, 에너지 등

2. **벡터(Vector)**

   1) 정의

   크기뿐만 아니라 방향을 가지는 물리량

   2) 표현 및 사용

   ① 벡터의 양을 표시하는 임의의 기호 a에 화살표를 붙여 $\vec{a}$로 표시
   ② $\vec{a} = a_1\vec{e_1} + a_2\vec{e_2} + a_3\vec{e_3} = (a_1,\; a_2,\; a_3)$ 여기서, $\vec{e_i}$는 $\vec{a}$의 기본 벡터성분이며 a_i는 크기를 나타냄

3) 대표적 예

변위, 힘(축력, 전단력), 속도, 가속도 등

3. 텐서(Vector)

1) 정의

① 벡터의 개념을 확장한 기하학적 양
② 텐서의 어원은 「탄성변형의 장력」의 영어명 'tension'에 연유
③ 좌표 변환에 대하여 불변인 형태를 갖고 있는 물리량
④ 좌표를 변환해도 변하지 않는 물리량의 총칭

2) 대표적인 표현 및 사용

① 매트릭스(행렬)
② 크로네컬 델타 δ_{ij}(2차 텐서)
　㉠ $i \neq j$, $\delta_{ij} = 0$
　㉡ $i = j$, $\delta_{ij} = 1$

3) 텐서의 차수

① 0차 텐서 : 스칼라(텐서의 index가 0개 있을 경우)
② 1차 텐서 : 벡터량(텐서의 index가 1개 있을 경우)
③ 2차 텐서 : 9개 성분을 갖는 물리량(텐서의 index가 2개 있을 경우)

$$\sigma = [\sigma_{ij}] = \begin{Bmatrix} \sigma_{11} & \sigma_{12} & \sigma_{13} \\ \sigma_{21} & \sigma_{22} & \sigma_{23} \\ \sigma_{31} & \sigma_{32} & \sigma_{33} \end{Bmatrix}$$

④ n차 텐서 : 3^n개의 성분

4) 대표적 예(2차 텐서)

stress, strain

5) 참고(stress 텐서에서 주응력 의미)

① morh's circle에서 주응력을 찾기 위해서 좌표를 회전을 시키는 것은 tensor를 대각행렬로 만드는 것입니다.
② tensor를 대각행렬로 만들면 이 대각행렬로 바뀐 tensor에 의해서는 서로 연관된 항이 없는 길이방향에만 의존하는 물리량이 나오게 됨. 그 물리량의 값은 고유값이며, 방향은 그 고유값에 해당되는 주축임

02 강성과 연성

1. 축부재의 강성과 연성

1) 외력과 변위 관계

$$P = \left(\frac{EA}{L}\right)\delta = K\delta$$

$$\delta = \left(\frac{L}{EA}\right)P$$

2) 강성 : 단위변형을 일으키는 데 필요한 힘

$$K = \frac{P}{\delta} = \frac{EA}{L}$$

3) 연성 : 단위력에 의한 변형

$$f = \frac{1}{K} = \frac{\delta}{P} = \frac{L}{EA}$$

2. 중앙 집중 하중을 받는 보의 휨 강성

1) 외력도 및 처짐

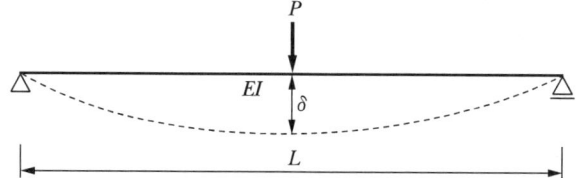

2) 처짐 산정

$$\delta = \frac{PL^3}{48EI}$$

3) 휨 강성(K_b) 산정

$$P = \left(\frac{48EI}{L^3}\right)\delta = K_b \delta \qquad \therefore K_b = \left(\frac{48EI}{L^3}\right)$$

3. 구조계 강성 치환 예

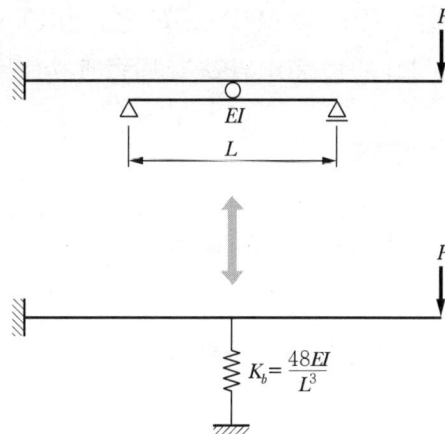

토목구조기술사 96-1-9

구조물의 해석법 중 강성법(Stiffness Method)과 연성법(Flexibility Method)을 각각 설명하고, 어떠한 부정정 해석 방법들이 위의 각 방법에 속하는지 설명하시오.

1. 축력을 받는 부재에 대한 변형도

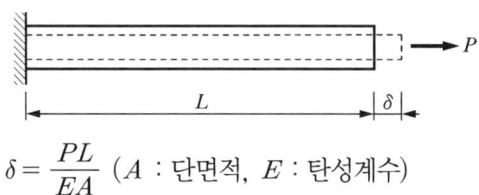

$$\delta = \frac{PL}{EA} \quad (A : 단면적, \ E : 탄성계수)$$

2. 연성법

① $\delta = \dfrac{L}{EA} P$ (여기서, $\dfrac{L}{EA}$ 을 유연도라 함)

② 변위에 대한 식을 만들어 부재력을 미지수로 하여 적합조건(적합 방정식)을 이용 해석

③ 부정정 구조라면 반력 또는 부정정력이 잉여력인 미지수로 선정됨

④ 부재의 유연성 Matrix 이용

3. 강성법

① $P = \dfrac{EA}{L} \delta$ (여기서, $\dfrac{EA}{L}$ 을 강성도라 함)

② 부재력에 대한 식을 만들어 변위를 미지수로 하여 평형조건(평형 조건식)을 이용 해석

③ 구조물에 따라 처짐각, 상대변위 등으로 확대 가능

④ 부재의 강성 Matrix 이용

4. 부정정 구조 해석법의 분류

1) 연성법(유연도법)

① 잉여력 또는 부정정력을 미지수로 하면서 적합 조건을 이용하여 미지수를 해결하는 방법

② 변형 일치법, 3연 모멘트법, Matrix의 유연도법(응력법)

2) 강성법(변위법)

① 변위를 미지수로 하면서 힘의 평형조건을 이용하여 미지수의 해를 산정하는 방법

② 처짐각법, 모멘트 분배법, Matrix의 강성도법(변위법)

03 부호 규약

1. 선도(BMD, SFD, AFD) 부호 규약

1) 휨, 전단 부재

2) 축부재

① 절점을 기준으로 절점을 인장시키면 인장 "+"

② 절점을 기준으로 절점을 압축시키면 압축 "−"

2. 전단력과 휨 모멘트에 의한 요소의 변형에 대한 부호 규약

1) 전단 변형

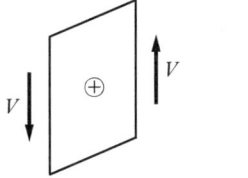 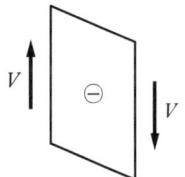

2) 휨 변형

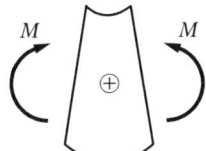 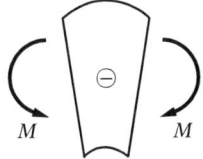

3. 평면응력($x-y$ 평면응력)에 대한 부호 규약

1) "+" 상태

- 전단응력 : 우 상향
- 수직응력 : 인장응력 상태

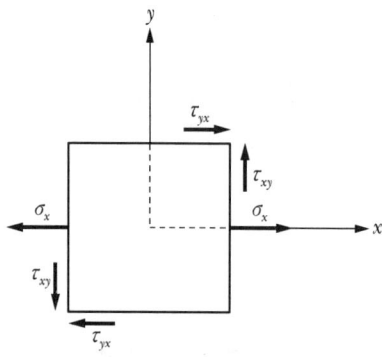

2) "−" 상태

- 전단응력 : 좌 상향
- 수직응력 : 압축응력 상태

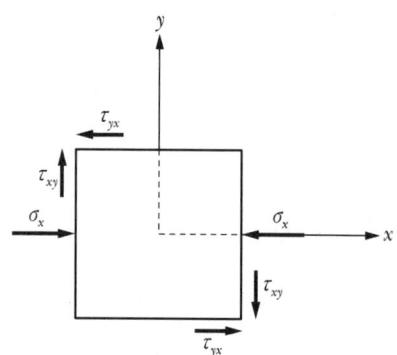

4. 회전 평면 응력의 "+" 상태

1) 응력 방향

- 전단응력 : 우 상향
- 인장응력 상태

2) 회전방향

회전방향은 전체 좌표계에 대해서 반시계 방향

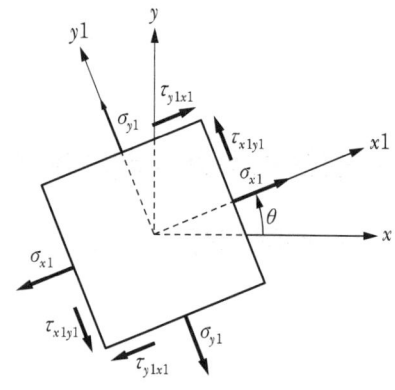

3) 회전 평면 응력

$$\sigma_{x1} = \frac{\sigma_x + \sigma_y}{2} + \frac{\sigma_x - \sigma_y}{2}\cos 2\theta + \tau_{xy}\sin 2\theta$$

$$\sigma_{y1} = \frac{\sigma_x + \sigma_y}{2} - \frac{\sigma_x - \sigma_y}{2}\cos 2\theta - \tau_{xy}\sin 2\theta$$

$$\sigma_x + \sigma_y = \sigma_{x1} + \sigma_{y1}$$

5. 처짐, 처짐각

1) 처짐각 부호 : 절점 회전 기준
① θ_A ⤹ "+"
② θ_B ⤸ "−"

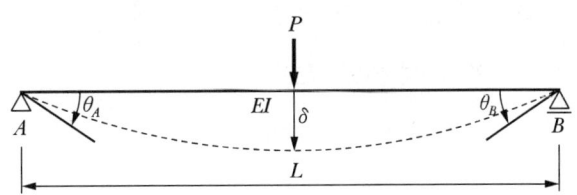

2) 처짐 부호
① $\delta(\downarrow)$: "+"
② $\delta(\uparrow)$: "−"

3) 오른손 법칙에 의한 처짐각 부호
① 절점 휨변형 방향이 손가락을 감싸면 "−"
② 절점 휨변형 방향이 손가락을 펴면 "+"

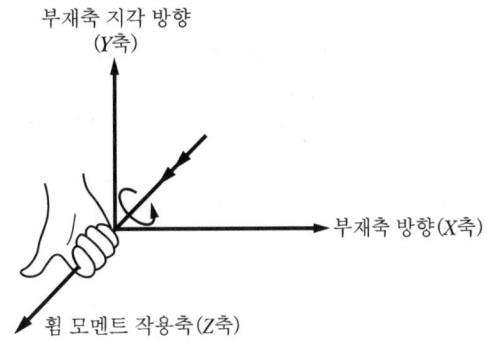

6. 공액보

1) 작용력에 대한 자유 물체도와 휨 모멘트도

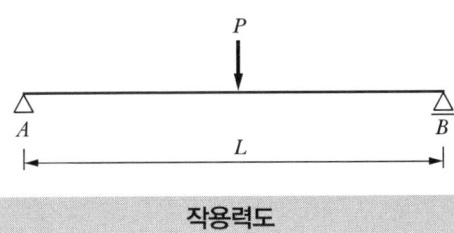

작용력도

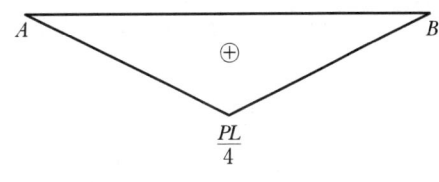

휨 모멘트도

2) 공액보

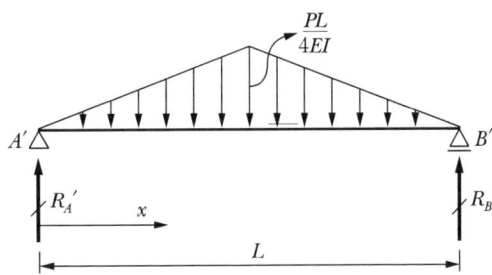

3) 공액보의 전단력(구조물 절점 처짐각)

① A'점 선도 부호

"+" 전단력 : $R_{A'} = \theta_A$ (⤴)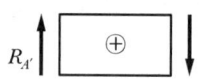

② B'점 선도 부호

"−" 전단력 : $R_{B'} = \theta_B$ (⤵)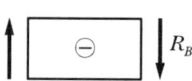

4) 공액보의 휨 모멘트(구조물 절점 처짐)

① 산정 기준 : A점 기준(A → B 방향)

② 미소요소에 대한 작용력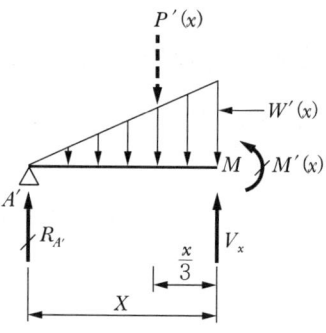

㉠ $\dfrac{PL}{4EI} : w'(x) = \dfrac{L}{2} : x \rightarrow w'(x) = \dfrac{P}{2EI}x$

㉡ $P'(x) = \dfrac{1}{2} \times x \times \dfrac{Px}{2EI} = \dfrac{Px^2}{4EI}$

㉢ $R_{A'} = \dfrac{1}{2} \times \dfrac{L}{2} \times \dfrac{PL}{4EI} = \dfrac{PL^2}{16EI}$

③ 힘의 평형 조건

$$\sum M_{X'} = 0 \ ; \ \sum M_{X'} = R_{A'}x - P'(x)\dfrac{x}{3} - M'(x) = 0$$

$$M'(x) = R_{A'}x - P'(x)\dfrac{x}{3} = \dfrac{PL^2}{16EI}x - \dfrac{Px^2}{4EI}\dfrac{x}{3}$$

④ 부호 판별

㉠ $M'(x) > 0$ 일 경우 $\delta(\downarrow)$

㉡ $M'(x) < 0$ 일 경우 $\delta(\uparrow)$

7. 단순보에서 부재 절점의 처짐 부호

1) A절점 기준으로 하향처짐 $\delta(\downarrow)$: "+"

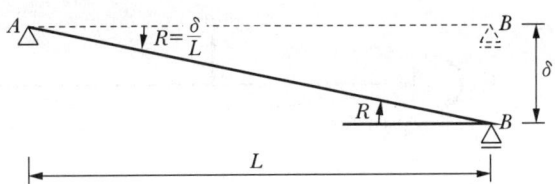

2) A절점 기준으로 상향처짐 $\delta(\uparrow)$: "−"

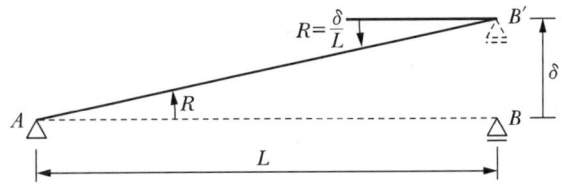

8. 연속보에서 중앙 지점의 처짐 부호

1) 지점 처짐에 대한 자유 물체도

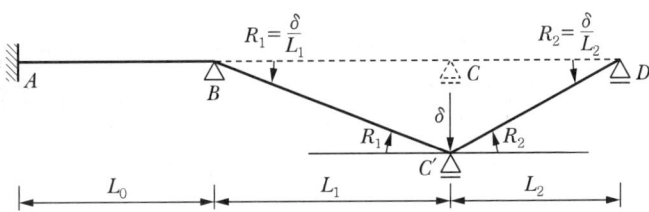

2) B 절점을 기준으로 $\overline{BC}$ 부재의 처짐

① 하향처짐 $\delta(\downarrow)$: "+"

② 지점 처짐에 의해 발생하는 부재각 $R_1(\curvearrowright)$

3) C' 절점을 기준으로 $\overline{CD}$ 부재의 처짐

① 상향처짐 $\delta(\uparrow)$: "−"

② 지점 처짐에 의해 발생하는 부재각 $R_2(\curvearrowleft)$

9. 고정단 모멘트 부호

1) 집중하중 받는 양단 고정보의 자유 물체도 및 변형도

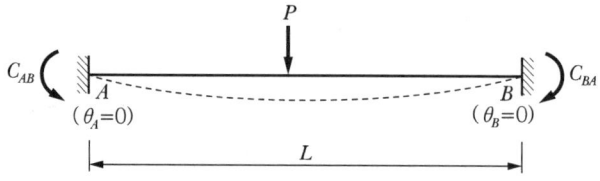

2) 고정단 모멘트와 부호

$$C_{AB} = -\frac{PL}{8} (\curvearrowleft)$$

$$C_{BA} = \frac{PL}{8} (\curvearrowright)$$

10. 비틀림 부호

1) 오른손으로 비틀림을 받는 봉을 잡고 엄지손가락이 봉을 인장 : "+"

① 자유 물체도

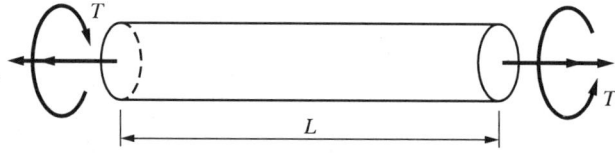

② 비틀림 모멘트도(T.M.D)

2) 오른손으로 비틀림을 받는 봉을 잡고 엄지손가락이 봉을 압축 : "−"

① 자유 물체도

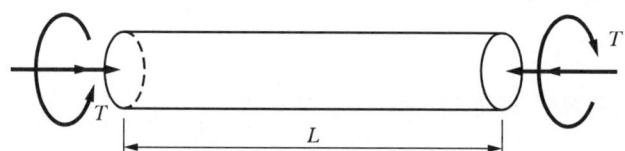

② 비틀림 모멘트도 (T.M.D)

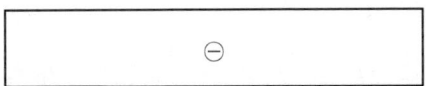

11. 휨 모멘트와 곡률 관계식 부호

1) 곡률, 휨강성, 사분면 위치도

곡률 $\phi = \dfrac{d^2y}{dx^2} = y''$

휨강성 EI

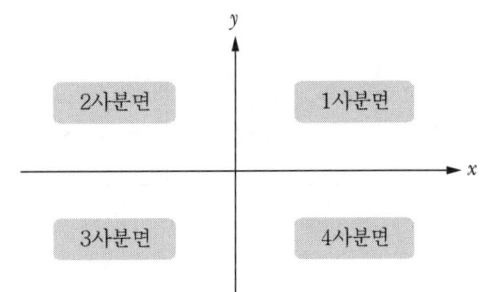

2) 부재위치와 곡률 중심에 따른 부호 규약

① 부재 처짐 위치가 4사분면 /
곡률 중심 위치가 1사분면

$$y'' = -\frac{M_x}{EI} \rightarrow M_x = -EIy''$$

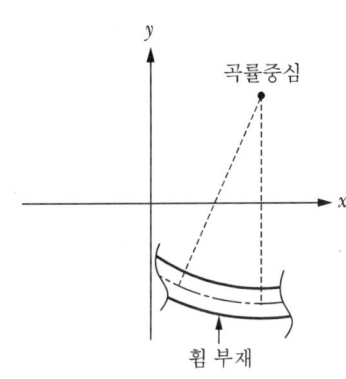

② 부재 처짐 위치가 1사분면 /
곡률 중심 위치가 1사분면

$$y'' = +\frac{M_x}{EI} \rightarrow M_x = EIy''$$

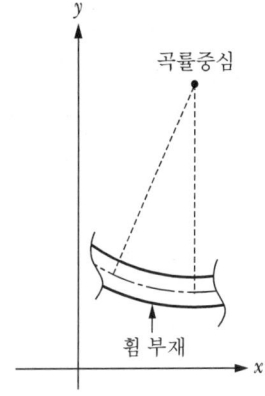

③ 부재 처짐 위치가 2사분면 /
곡률 중심 위치가 1사분면

$$y'' = -\frac{M_x}{EI} \rightarrow M_x = -EIy''$$

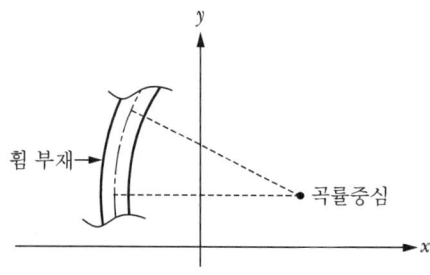

④ 부재 처짐 위치가 1사분면 /
곡률 중심 위치가 1사분면

$$y'' = +\frac{M_x}{EI} \rightarrow M_x = EIy''$$

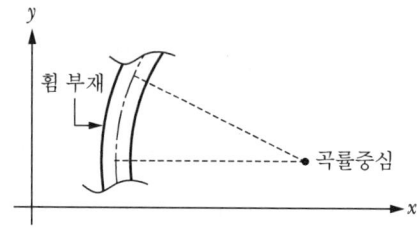

04 자유도

1. 자유도 개념

① 구조물의 구성요소(부재, 지점, 절점)에 의해 구조시스템이 변형(움직임)할 수 있는 길
② 구조시스템이 외력에 대응하여 거동을 할 때, 구조시스템의 지점조건과 부재와 부재의 연결조건 그리고 부재 특성에 따라 발생 가능한 변위
③ 구조시스템을 이해하는 데 아주 중요한 기본 요소임
   - 정정구조물, 부정정 구조물 시스템의 부정정 차수를 이해하는 데 결정적인 요소임

※ 부정정 차수 = 미지의 부재력 − 자유도 = 부재수 + 강절점수 + 반력수 − 2 × 절점수

※ 자유 물체도
   - 해석할 물체에 대해 작용하는 힘을 나타낸 것
   - 힘의 평형 조건이 성립하면서 독립적으로 분리된 강체를 도식화한 것

2. 수계산 구조 해석과 유한 요소 해석

① 구조시스템을 구성하는 절점, 지점, 부재는 유한요소해석 프로그램 상에서 절점, 부재 그리고 지점조건으로 모델링하는 것과 같다.
② 수계산에서 한 부재의 변형곡선은 3차원 이상의 고차 포물선 방정식, 삼각함수, 리쯔 함수 등으로 변형 함수를 모사한다.
③ 전산 모델링에서의 부재 변형 형상은 한 부재를 잘게 나누기 때문에 어느 정도 이상 분할을 하면 변형형상을 직선화 식으로 모사해도 그 절점값의 오차를 어느 정도 줄일 수 있다.
④ 유한 요소 해석의 경우 부재 중간중간 더 잘게 절점을 넣어 근사해석의 정확도를 높일 수 있지만, 부재와 부재가 만나는 절점에서 부재력과 변위는 수계산 값과 같다.

3. 자유도의 표현

1) 좌표계별 자유도 개수

① 3차원 공간 좌표계 : 병진변위 3개 + 회전변위 3개
② 2차원 평면 좌표계 : 병진변위 2개 + 회전변위 1개

2) 보의 자유 물체도 및 자유도 개수

구조물 자유 물체도(자유도 개수=3)

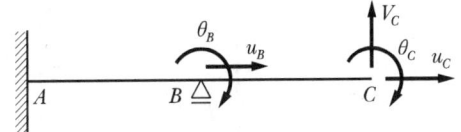

구조물 자유 물체도(자유도 개수=5)

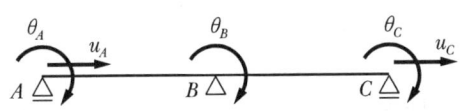

구조물 자유 물체도(자유도 개수=5)

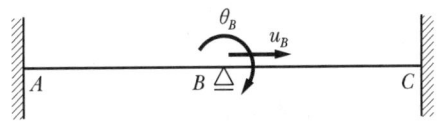

구조물 자유 물체도(자유도 개수=2)

3) 라멘의 자유도

부재와 부재 연결점은 절점 혹은 Node라 하는데, 여기에는 병진 변위와 회전변위가 생김

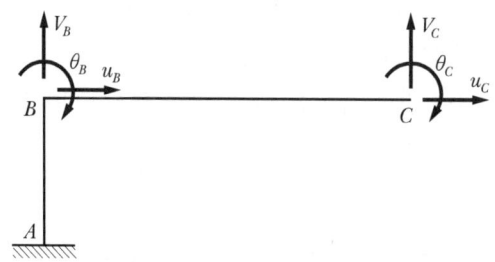

자유도 개수=6

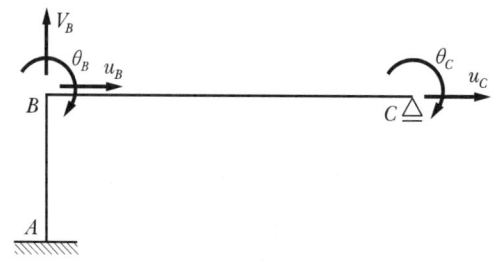

자유도 개수=5

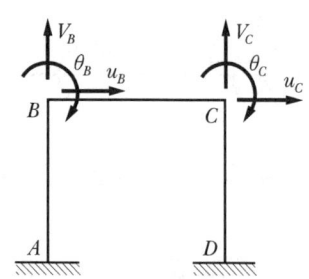 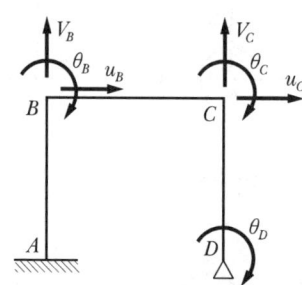 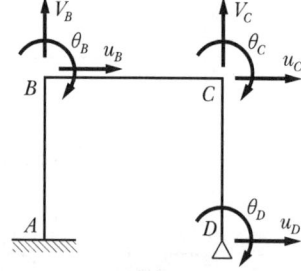

자유도 개수=6   자유도 개수=7   자유도 개수=8

4) 내부 힌지가 있을 경우 자유도

내부 힌지 : 병진 변위만 가능

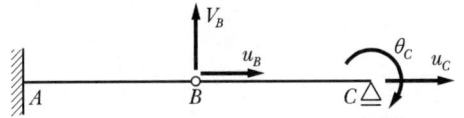

자유도 개수 = 4

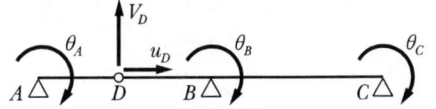

자유도 개수 = 7

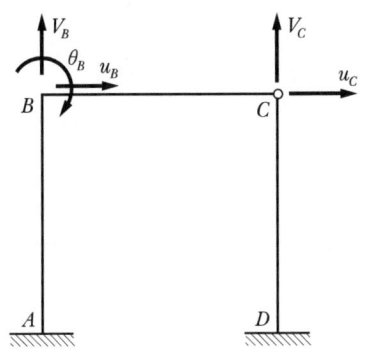

자유도 개수 = 5

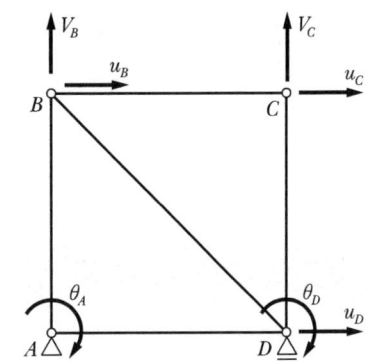

자유도 개수 = 7

5) 축방향 변위를 무시할 경우 선택 가능한 자유도

① 상부 수평 변위는 좌 · 우측 동시에 선택할 수 없다.(∵ 축변향 변위 무시라는 가정에 위배됨)
② 좌측이든 우측이든 한 개의 수평변위는 선택 가능함

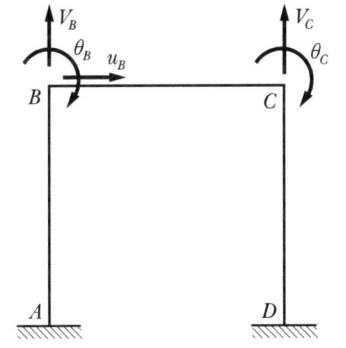

OR

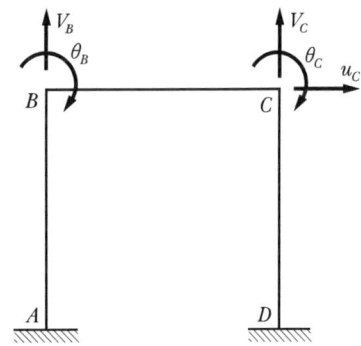

구조물 자유 물체도(자유도 개수 = 5)

6) 두 개의 병진 자유도가 필요한 경우

B, C, D 각각의 절점 중 연직 변위와 수평변위들만의 조합이든지 수직변위들만의 조합이든지 총 2개의 연직 변위가 필요

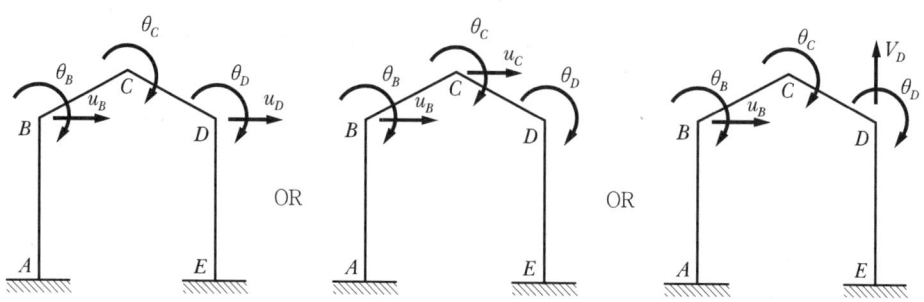

05 구조역학을 위해 필요한 공업 수학

1. 삼각함수

1) 삼각함수의 공식

① 피타고라스의 정리

직각 삼각형에서 직각을 낀 두 변의 길이를 각각 a, b라고 할 경우 빗변의 길이 $c = \sqrt{a^2 + b^2}$

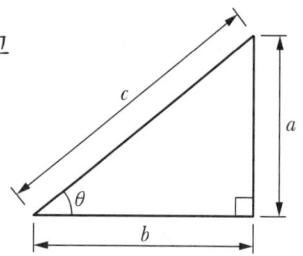

② 삼각함수

$\sin\theta = \dfrac{a}{c}$, $\cos\theta = \dfrac{b}{c}$, $\tan\theta = \dfrac{a}{b}$

③ 삼각함수 덧셈, 이배각, 제곱 공식

㉠ 덧셈 공식

$\sin(A \pm B) = \sin A \cos B \pm \cos A \sin B$

$\cos(A \pm B) = \cos A \cos B \mp \sin A \sin B$

$\tan(A \pm B) = \dfrac{\tan A \pm \tan B}{1 \mp \tan A \tan B}$

ⓛ 이배각 공식

$$\sin 2\theta = 2\sin\theta\cos\theta$$
$$\cos 2\theta = \cos^2\theta - \sin^2\theta = 1 - 2\sin^2\theta = 2\cos^2\theta - 1$$
$$\tan 2\theta = \frac{2\tan\theta}{1-\tan^2\theta}$$

ⓒ 제곱 공식

$$\cos^2\theta + \sin^2\theta = 1$$
$$\tan^2\theta + 1 = \sec^2\theta$$
$$\cot^2\theta + 1 = \cosec^2\theta$$

2) 삼각함수의 미분 공식

① 정현(正弦) 함수

$$y = \sin x \rightarrow y' = \cos x$$

② 여현(餘弦) 함수

$$y = \cos x \rightarrow y' = -\sin x$$

③ 정접(正接) 함수

㉠ $y = \tan x \rightarrow y' = \sec^2 x$

㉡ 증명

$$y = \tan x = \frac{\sin x}{\cos x}$$
$$y' = \frac{(\sin x)'\cos x - \sin x(\cos x)'}{\cos^2 x} = \frac{\cos x \cos x + \sin x \sin x}{\cos^2 x} = \frac{\cos^2 x + \sin^2 x}{\cos^2 x}$$
$$= \frac{1}{\cos^2 x} = \sec^2 x$$

④ 여접(餘接) 함수

$$y = \cot x \rightarrow y' = -\cosec^2 x$$

⑤ 정할(正割) 함수

$$y = \sec x \rightarrow y = \sec x \tan x$$

⑥ 여할(餘割) 함수

$$y = \cosec x \rightarrow y = -\cosec x \cot x$$

⑦ 역함수

$$y = \tan^{-1} x \rightarrow y' = \frac{1}{1+x^2}$$

㉠ $\int \frac{dx}{1+x^2} = \tan^{-1} x$

㉡ 유도

$$y = \tan^{-1} x \rightarrow x = \tan y$$

$$\frac{dy}{dx} = \frac{1}{\frac{dx}{dy}} = \frac{1}{\sec^2 y} = \frac{1}{1+\tan^2 y} = \frac{1}{1+x^2}$$

2. 급수이론

1) 테일러 급수(Taylor Series), 매클로린 급수(Maclaurin Series)

① 개요

㉠ 테일러 급수는 무한번 미분 가능한 함수를 다항함수의 무한합으로 표현하는 방법

㉡ 근사 다항식으로 n+1번의 미분을 거치면 0이 되는 n차 다항식과 달리 무한히 미분되는 초월함수의 경우(예 $\cos x$, $\sin x$, $\log x$ 등) 특정한 x값을 찾기 어려운데 이때 미분을 이용하여 찾아낼 수 있는 원래의 함수와 매우 근사한 다항함수를 말함

② 테일러 급수 일반 전개식

$$f(x) = f(a) + f'(a)(x-a) + \frac{f''(a)(x-a)^2}{2!} + \cdots + \frac{f^{(n)}(a)(x-a)^n}{n!} + \cdots$$

$$= \sum_{n=0}^{\infty} \frac{f^{(n)}(a)}{n!}(x-a)^n$$

여기서, f 위에 있는 n은 n번 미분함을 의미

③ 유도

㉠ 중심의 x좌표를 a, 최고 차수를 k로 가정

㉡ $f(x) = t_0 + t_1(x-a) + t_2(x-a)^2 + \cdots + t_k(x-a)^k$ 로 가정

$f(a) = t_0$

ⓒ 미분값 산정
  ⓐ 1계 도함수
  $$f\,'(x) = t_1 + 2t_2(x-a) + 3t_3(x-a)^2 + \cdots + kt_k(x-a)^{k-1}$$
  $$f\,'(a) = t_1$$

  ⓑ 2계 도함수
  $$f\,''(x) = 2!t_2 + 3!t_3(x-a) + \frac{4!}{2!}t_4(x-a)^2 + \cdots + \frac{k!}{(k-2)!}t_k(x-a)^{k-2}$$
  $$f\,''(a) = 2!t_2 \rightarrow t_2 = \frac{f\,''(a)}{2!}$$

  ⓒ n계 도함수
  $$t_n = \frac{f\,''(a)}{n!}$$

ⓓ 미분값을 이용하여 $f(x)$ 표현
$$f(x) = t_0 + t_1(x-a) + t_2(x-a)^2 + \cdots + t_k(x-a)^k$$
$$= f(a) + \frac{f\,'(a)}{1!}(x-a) + \frac{f\,''(a)}{2!}(x-a)^2 + \cdots + \frac{f^{\,k}(a)}{k!}(x-a)^k$$
$$= \sum_{n=0}^{k} \frac{f^{\,n}(a)}{n!}(x-a)^n$$

④ 중심좌표 a와 최고차수 k의 영향
  ㉠ 테일러급수 그래프의 전체적인 형태에 관여함
  ㉡ 그래프의 형태는 x가 a에 가까울수록 원래의 그래프와 일치하고 a에서 멀어질수록 오차가 발생
  ㉢ k가 높을수록 그래프의 형태가 원래의 그래프와 일치

⑤ 매클로린(Maclaurin) 급수
테일러 급수에서 중심좌표 $a = 0$인 경우
$$f(x) = f(a) + f\,'(a)(x-a) + \frac{f\,''(a)(x-a)^2}{2!} + \cdots + \frac{f^{\,(n)}(a)(x-a)^n}{n!} + \cdots$$
에서 $a = 0$을 대입하면
$$f(x) = f(0) + f\,'(0)x + \frac{f\,''(0)x^2}{2!} + \cdots + \frac{f^{\,(n)}(0)x^n}{n!} + \cdots$$

⑥ 테일러 급수, 매클로린 급수 활용

　㉠ 자연 지수 함수 e^x 전개

　㉡ 오일러 정리 유도

　㉢ 무한 급수에 이용

2) 오일러 정리

① 함수 $f(\theta) = e^{i\theta}$에 대한 도함수 산정

$$f'(\theta) = ie^{i\theta} \to f'(0) = i$$

$$f''(\theta) = -e^{i\theta} \to f''(\theta) = -1$$

$$f'''(\theta) = -ie^{i\theta} \to f'''(0) = -i$$

　　　$\vdots$

② 매클로린(Maclaurin) 급수 전개식을 이용한 전개

㉠ $f(\theta) = f(0) + f'(0)\theta + \dfrac{f''(0)\theta^2}{2!} + \cdots + \dfrac{f^{(n)}(0)\theta^n}{n!} + \cdots$

$\quad = 1 + i\theta - \dfrac{\theta^2}{2!} - i\dfrac{\theta^3}{3!} \cdots$

㉡ 실수부와 허수부로 분리

$$f(\theta) = e^{i\theta} = \left(1 - \dfrac{\theta^2}{2!} + \dfrac{\theta^2}{4!} \cdots \right) + i\left(\theta - \dfrac{\theta^3}{3!} + \dfrac{\theta^5}{5!} \cdots \right)$$

㉢ 삼각함수 $\cos\theta$, $\sin\theta$ 전개

　ⓐ $\cos\theta = \cos(0) + \cos'(0)\theta + \dfrac{\cos''(0)\theta^2}{2!} + \dfrac{\cos'''(0)\theta^3}{3!} + \cdots$

$\quad = \cos(0) - \sin(0)\theta - \dfrac{\cos(0)\theta^2}{2!} + \dfrac{\sin(0)\theta^2}{3!} + \cdots$

$\therefore \cos\theta = 1 - \dfrac{\theta^2}{2!} + \dfrac{\theta^4}{4!} + \cdots$

　ⓑ $\sin\theta = \sin(0) + \sin'(0)\theta + \dfrac{\sin''(0)\theta^2}{2!} + \dfrac{\sin'''(0)\theta^3}{3!} + \cdots$

$\quad = \sin(0) + \cos(0)\theta - \dfrac{\sin(0)\theta^2}{2!} - \dfrac{\cos(0)\theta^3}{3!} + \cdots$

$\therefore \sin\theta = \theta - \dfrac{\theta^3}{3!} + \dfrac{\theta^5}{5!} + \cdots$

③ 오일러 정리

$$f(\theta) = e^{i\theta} = \left(1 - \frac{\theta^2}{2!} + \frac{\theta^2}{4!} \cdots\right) + i\left(\theta - \frac{\theta^3}{3!} + \frac{\theta^5}{5!} \cdots\right) \text{이고}$$

$$\cos\theta + i\sin\theta = \left(1 - \frac{\theta^2}{2!} + \frac{\theta^2}{4!} \cdots\right) + i\left(\theta - \frac{\theta^3}{3!} + \frac{\theta^5}{5!} \cdots\right) \text{이므로}$$

$$\therefore e^{i\theta} = \cos\theta + i\sin\theta$$

3. 1계 미분 방정식

1) 개요

① 미분 방정식은 미지의 함수와 그 도함수 간의 관계를 나타내는 방정식
② 미분 방정식의 차수는 방정식에 나오는 도함수가 몇 계 도함수까지 나오는지에 따라 결정됨

2) 미분 방정식 해법

① $\dfrac{dy}{dx} = f(x, y)$를 만족하는 해 $y = y(x)$를 구한다.

② 검증

$y = y(x)$를 x에 관하여 미분하여 $\dfrac{dy}{dx} = f(x, y)$임을 확인한다.

③ 예제

㉠ 문제

$y = \dfrac{c}{x} + 2$, $x > 0$일 경우, $\dfrac{dy}{dx} = \dfrac{1}{x}(2 - y)$의 해임을 증명하라.

㉡ 풀이

$y = \dfrac{c}{x} + 2$에서 양변을 x에 관하여 미분하면

$\dfrac{dy}{dx} = -\dfrac{c}{x^2} = \dfrac{1}{x}\left(\dfrac{-c}{x}\right) = \dfrac{1}{x}(2 - y)$

3) 변수 분리형 미분 방정식

① 형태

$$\frac{dy}{dx} = g(x) \cdot h(y)$$

② 해 산정

㉠ 변수별 정리

$$\frac{1}{h(y)}dy = g(x)dx$$

㉡ 양변 적분

$$\int \frac{1}{h(y)}dy = \int g(x)dx$$

㉢ 해 산정

해 $y = y(x)$ 산정

4) 선형 미분 방정식

① 개요

변수 분리형 미분 방정식이 적용되지 않을 경우에 사용

② 형태

$$\frac{dy}{dx} + P(x)y = Q(x)$$

③ 해 산정

㉠ 양변에 적분인자 $V(x)$를 곱함

$$V(x)\frac{dy}{dx} + P(x)V(x)y = V(x)Q(x)$$

$$\Leftrightarrow \frac{d}{dx}\{V(x)y\} = V(x)Q(x)$$

여기서, $V(x)\frac{dy}{dx} + P(x)V(x)y = \frac{d}{dx}\{V(x)y\}$ 가 되도록 적분인자 $V(x)$를 가정함

㉡ $\frac{d}{dx}\{V(x)y\} = V(x)Q(x)$의 양변을 적분

$$V(x)y = \int V(x)Q(x)dx$$

$$\therefore y = \frac{1}{V(x)} \int V(x)Q(x)dx$$

ⓒ 부분 미분

$$\frac{d}{dx}\{V(x)y\} = V(x)\frac{dy}{dx} + \frac{dV(x)}{dx}y$$

㉠의 적분인자 가정 조건에서 $V(x)\frac{dy}{dx} + P(x)V(x)y = \frac{d}{dx}\{V(x)y\}$ 이므로

$$V(x)\frac{dy}{dx} + \frac{dV(x)}{dx}y = V(x)\frac{dy}{dx} + P(x)V(x)y$$

$$\rightarrow \frac{dV(x)}{dx} = P(x)V(x)$$

$$\rightarrow \frac{dV(x)}{V(x)} = P(x)dx$$

양변을 적분하면

$$\ln|V(x)| = \int P(x)dx + C$$

※ $C = 0$인 가장 간단한 형태일 때를 가정하여 문제를 풀기 때문에 C 값은 적분 인자 결정 시 영향을 주지 않음

$$\therefore \text{적분인자 } V(x) = e^{\int P(x)dx}$$

④ 선형 미분 방정식 풀이 순서

㉠ $\frac{dy}{dx} + P(x)y = Q(x)$의 형태로 변경

ⓒ $P(x)$ 결정

ⓒ 적분인자 $V(x) = e^{\int P(x)dx}$

㉣ $V(x)y = \int V(x)Q(x)dx$

㉤ $y = \frac{1}{V(x)} \int V(x)Q(x)dx$

▶▶▶ 변수 분리형 미분 방정식 예제

미분 방정식 $\dfrac{dy}{dx} = (1+y^2)e^x$의 해를 산정하시오.

1. 변수별 정리

$$\dfrac{1}{(1+y^2)}dy = e^x dx$$

2. 양변 적분 및 해 산정

$$\int \dfrac{1}{(1+y^2)}dy = \int e^x dx$$

→ $\tan^{-1}y = e^x + C$ (여기서, C는 부정적분 상수)

∴ 구하는 해는 $y = \tan(e^x + C)$

▶▶▶ 변수 분리형 미분 방정식 예제

미분 방정식 $(x+1)\dfrac{dy}{dx} = x(y^2+1)$의 해를 산정하시오.

1. 변수별 정리

$$\dfrac{1}{(1+y^2)}dy = \dfrac{x}{x+1}dx$$

→ $\dfrac{1}{(1+y^2)}dy = \left(-\dfrac{1}{x+1} + 1\right)dx$

2. 양변 적분 및 해 산정

$$\int \dfrac{1}{(1+y^2)}dy = \int \left(-\dfrac{1}{x+1} + 1\right)dx$$

→ $\tan^{-1}y = -\ln(x+1) + x + C$ (여기서, C는 부정적분 상수)

∴ 구하는 해는 $y = \tan\{-\ln(x+1) + x + C\}$

▶▶▶▶ **선형 미분 방정식**　예제

미분 방정식 $x\dfrac{dy}{dx} = x^2 + 3y \ (x > 0)$의 해를 산정하시오. (단, 초기값 $y(1) = 2$)

1. 양변을 x로 나눠서 정리

   $\dfrac{dy}{dx} + \left(-\dfrac{3}{x}\right)y = x$

2. $P(x) = -\dfrac{3}{x}$, $Q(x) = x$

3. 적분인자

   $V(x) = e^{\int -\frac{3}{x}dx} = e^{-3\int \frac{1}{x}dx} = e^{-3\ln x} = e^{\ln\left(\frac{1}{x^3}\right)} = \dfrac{1}{x^3}$

4. $V(x)y = \displaystyle\int V(x)Q(x)dx$

   $\dfrac{1}{x^3}y = \displaystyle\int \dfrac{1}{x^3}x\,dx = \int \dfrac{1}{x^2}dx = -\dfrac{1}{x} + C$

5. 해 산정

   따라서 해는 $y = -x^2 + Cx^3$

   초기값 $x = 1$일 때 $y = 2$

   $y(1) = -1^2 + C1^3 = 2$

   $\therefore C = 3$

   따라서 $y = -x^2 + 3x^3$

▶▶▶▶ 선형 미분 방정식 예제

미분 방정식 $3x\dfrac{dy}{dx} - y = \ln x + 1\ (x > 0)$의 해를 산정하시오. (단, 초기값 $y(1) = 2$)

1. 양변을 $3x$로 나눠서 정리

$$\dfrac{dy}{dx} + \left(-\dfrac{1}{3x}\right)y = \dfrac{\ln x + 1}{3x}$$

2. $P(x) = -\dfrac{1}{3x},\ Q(x) = \dfrac{\ln x + 1}{3x}$

3. 적분인자

$$V(x) = e^{\int -\frac{1}{3x}dx} = e^{-\frac{1}{3}\ln x} = e^{\ln(x)^{-\frac{1}{3}}} = x^{-\frac{1}{3}}$$

4. $V(x)y = \displaystyle\int V(x)Q(x)dx$

$$x^{-\frac{1}{3}}y = \int x^{-\frac{1}{3}}\dfrac{\ln x + 1}{3x}dx$$

우변에 대해

$$\int x^{-\frac{1}{3}}\dfrac{\ln x + 1}{3x}dx = \int x^{-\frac{1}{3}}\dfrac{1}{3}\dfrac{1}{x}(\ln x + 1)dx = \dfrac{1}{3}\int x^{-\frac{4}{3}}(\ln x + 1)dx$$

$f'(x) = x^{-\frac{4}{3}},\ g(x) = \ln x + 1$

$f(x) = \dfrac{1}{-\frac{4}{3}+1}x^{-\frac{1}{3}} = -3x^{-\frac{1}{3}},\ g'(x) = \dfrac{1}{x}$

$$\int f'(x)g(x) = f(x)g(x) - \int f(x)g'(x)dx$$

$$= \dfrac{1}{3}\left(-3x^{-\frac{1}{3}}\right)(\ln x + 1) - \dfrac{1}{3}\int\left(-3x^{-\frac{1}{3}}\right)\left(\dfrac{1}{x}\right)dx = -x^{-\frac{1}{3}}(\ln x + 1) + \int\left(x^{-\frac{4}{3}}\right)dx$$

$$= -x^{-\frac{1}{3}}(\ln x + 1) - 3x^{-\frac{1}{3}} + C$$

따라서, $x^{-\frac{1}{3}}y = -x^{-\frac{1}{3}}(\ln x + 1) - 3x^{-\frac{1}{3}} + C$

$\to y = -(\ln x + 1) - 3 + x^{\frac{1}{3}}C$

5. 초기값 $y(1) = -2$ 이므로

$y = -(\ln x + 1) - 3 + x^{\frac{1}{3}} C$ 에 $x = 1$ 대입하면

$y = -(\ln 1 + 1) - 3 + 1^{\frac{1}{3}} C = -1 - 3 + C = -2$

∴ $C = 2$

따라서 $y = 2\sqrt[3]{x} - \ln x - 4$

4. 2계 선형 미분 방정식

1) 상수 계수를 갖는 2계 미분 방정식 형태

$y'' + ay' + by = F(x)$

① a, b : 상수 계수
② $F(x) = 0$ 이면 제차(동차) 미분 방정식
③ $F(x) \neq 0$ 이면 비제차 미분 방정식

2) 제차 미분 방정식의 간단한 예

① $y'' - y = 0$

② $y'' = y$ 미분 방정식의 해 e^x, e^{-x}

③ 일반해 산정

　㉠ $y'' = 0$ 미분 방정식은 1과 x가 만족함

　　양변을 적분하면 $y = C_1$

　　다시 양변을 적분하면 $y = C_1 x + C_2 = C_1(x) + C_2$

　　따라서 $y'' = 0$ 미분 방정식의 일반해는 1과 x의 일차 결합임

　㉡ $y'' - y = 0$ 일반해

　　$y'' - y = 0$ 미분 방정식의 해는 e^x, e^{-x}이며

　　일차 결합 특성을 이용하면

　　$y = C_1 e^x + C_2 e^{-x}$

　　여기서, e^x와 e^{-x}를 미분 방정식의 독립해라 하며, 두 독립해의 일차 결합으로 일반해는 구성됨

미정계수 C_1, C_2는 두 개의 초기조건에 의해 결정됨

※ $y'' + y = 0$의 일반해

$y'' + y = 0$의 미분 방정식의 해는 $\sin x$, $\cos x$이며
일차 결합 특성을 이용하면 $y = C_1 \sin x + C_2 \cos x$

3) 두 개의 독립해 산정

① 미분 연산자

$$y' = \frac{dy}{dx} = Dy$$

$$y'' = \frac{d^2y}{dx^2} = D^2 y$$

여기서, $D = \frac{d}{dx}$, $D^2 = \frac{d^2}{dx^2}$를 미분 연산자라 함

② $y'' + ay' + by = 0$ 미분 방정식에 $y' = Dy$, $y'' = D^2 y$를 대입하면
$(D^2 + aD + b)y = 0$으로서 "(D의 2차식)$y = 0$" 형태임

③ $D^2 + aD + b = 0$이 서로 다른 실근 α, β를 갖는 경우

㉠ $(D-\alpha)(D-\beta)y = 0$

㉡ $(D-\beta)y = 0$ 인 경우

$Dy - \beta y = 0$

$\rightarrow \frac{dy}{dx} - \beta y = 0$

$\rightarrow \frac{dy}{dx} = \beta y$

$\rightarrow \frac{dy}{y} = \beta dx$

양변을 적분하면

$\ln y = \beta x + C$

여기서 가장 간단한 해를 원하므로 적분 상수 $C = 0$로 함

∴ $y = e^{\beta x}$

㉢ $(D-\alpha)y = 0$ 인 경우

마찬가지로 하면 $y = e^{\alpha x}$

ⓔ 따라서, 주어진 미분 방정식의 독립해는
$$y = e^{\alpha x},\ y = e^{\beta x}$$

ⓜ 일반해는 일차 결합을 이용하여
$$y = C_1 e^{\alpha x} + C_2 e^{\beta x}$$

④ $D^2 + aD + b = 0$이 서로 다른 허근 $D = p \pm qi$를 갖는 경우

㉠ 미분 방정식 $y'' + ay' + by = 0$을 미분 연산자로 표현하면
$$\{D - (p+qi)\}\{D - (p-qi)\}y = 0$$

㉡ 방정식의 해는 $\{D - (p+qi)\}y = 0$, $\{D - (p+qi)\}y = 0$ 인 경우에 대해 미분 방정식의 해를 산정하여 일차 결합하면,
$$y = C_1 e^{(p+qi)x} + C_2 e^{(p-qi)x} = C_1 e^{px} e^{qix} + C_2 e^{px} e^{-qix} = e^{px}\left(C_1 e^{qix} + C_2 e^{-qix}\right)$$

㉢ 오일러 등식 $e^{qix} = \cos qx + i\sin qx$ 적용
$$y = e^{px}\left(C_1 e^{qix} + C_2 e^{-qix}\right) = e^{px}\{C_1(\cos qx + i\sin qx) + C_2(\cos qx - i\sin qx)\}$$
$$= e^{px}\{(C_1 + C_2)\cos qx + i(C_1 - C_2)\sin qx\}$$

㉣ $C_1 + C_2 = A$, $i(C_1 - C_2) = B$라면
해는 $y = e^{px}\{A\cos qx + B\sin qx\}$

⑤ 중근을 갖는 경우(중근 $= \alpha$)

㉠ 미분 방정식 $y'' + ay' + by = 0$을 미분 연산자로 표현하면
$(D - \alpha)^2 y = 0$ 또는 $y'' - 2\alpha y' + \alpha^2 y = 0$
$\because (D-\alpha)^2 y = 0$ 전개하면 $D^2 y - 2\alpha Dy + \alpha^2 y = 0 \rightarrow y'' - 2\alpha y' + \alpha^2 y = 0$

㉡ 첫 번째 해 $y_1 = e^{\alpha x}$

㉢ 두 번째 해 산정

ⓐ $y_2 = u(x)y_1$이라 가정하여 미분 방정식 $y'' - 2\alpha y' + \alpha^2 y = 0$을 만족하도록 $u(x)$ 산정
$$y_2' = u'(x)y_1 + u(x)y_1'$$
$$y_2'' = \{u'(x)y_1 + u(x)y_1'\}' = \{u'(x)y_1\}' + \{u(x)y_1'\}'$$
$$= u''(x)y_1 + u'(x)y_1' + u'(x)y_1' + u(x)y_1''$$
$$= u''(x)y_1 + 2u'(x)y_1' + u(x)y_1''$$

ⓑ $y_2'' - 2\alpha y_2' + \alpha^2 y_2 = 0$에 $y_2 = u(x)y_1$,
$y_2' = u'(x)y_1 + u(x)y_1'$, $y_2'' = u''(x)y_1 + 2u'(x)y_1' + u(x)y_1''$을 대입하면
$\{u''(x)y_1 + 2u'(x)y_1' + u(x)y_1''\} - 2\alpha\{u'(x)y_1 + u(x)y_1'\} + \alpha^2 u(x)y_1 = 0$

ⓒ $y_1 = e^{\alpha x}$이므로
$y_1' = \alpha e^{\alpha x} = \alpha y_1$
$y_1'' = \alpha^2 e^{\alpha x} = \alpha^2 y_1$

ⓓ 미분 방정식,
$\{u''(x)y_1 + 2u'(x)y_1' + u(x)y_1''\} - 2\alpha\{u'(x)y_1 + u(x)y_1'\} + \alpha^2 u(x)y_1 = 0$에
$y_1 = e^{\alpha x}$, $y_1' = \alpha y_1$, $y_1'' = \alpha^2 y_1$ 대입하면
$\{u''(x)y_1 + 2u'(x)\alpha y_1 + u(x)\alpha^2 y_1\} - 2\alpha\{u'(x)y_1 + u(x)\alpha y_1\} + \alpha^2 u(x)y_1 = 0$
$\rightarrow u''(x)y_1 + 2u'(x)\alpha y_1 + u(x)\alpha^2 y_1 - 2\alpha u'(x)y_1 - 2\alpha^2 u(x)y_1 + \alpha^2 u(x)y_1 = 0$
$\rightarrow u''(x)y_1 = 0$
여기서 $y_1 \neq 0$ 이므로 $u''(x) = 0$
$u''(x) = 0$을 만족하는 간단한 함수는 $u(x) = x$

ⓔ 따라서 $y_2 = xe^{\alpha x}$

㉣ 중근을 갖는 경우 미분 방정식 해는
첫 번째 해와 두 번째를 일차 결합하면
$y = C_1 e^{\alpha x} + C_2 x e^{\alpha x} = e^{\alpha x}(C_1 + C_2 x)$

4) 2계 선형 미분 방정식 응용 – 용수철에 매달린 질점의 단조화 운동

① 자유 물체도

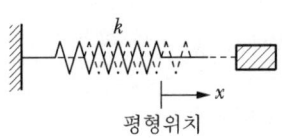
평형위치

② 주요 개념
- ㉠ 복원력 : 용수철과 같은 탄성체를 잡아당길 때 원래 위치로 되돌아가려는 힘으로 늘어난 길이에 비례
- ㉡ 평형위치 : 용수철이 늘어나기 전에 추(질점)가 매달린 위치

③ 단진자 운동
- ㉠ 추의 위치 x를 음의 부호로 가정
  → 용수철의 복원력은 $-kx$
- ㉡ 용수철을 잡아당긴 뒤 놓으면 복원력에 의해 질점은 평형 위치로 이동함
  $x \geq 0$일(질점의 위치가 평형위치의 우측) 경우 복원력 $-kx$는 음의 부호로서 용수철을 압축시키는 방향으로 작용함
- ㉢ 평형위치에서 $x \leq 0$일(질점의 위치가 평형위치의 좌측) 경우 복원력 $-kx$는 양의 부호로서 용수철을 평형위치로 팽창시키는 방향으로 작용함

④ 단진동(공기저항 무시, 비감쇠)
- ㉠ 진동 : 평형 위치를 중심으로 하여 물체의 위치가 양의 방향과 음의 방향이 교대되는 운동
- ㉡ 단조화 운동(단진동)
  공기저항을 무시할 경우 용수철을 평형 위치에서 A만큼 인장시키면 용수철이 똑같은 거리인 A만큼 수축되고 다시 제자리로 되돌아오는 시간이 일정한 진동
- ㉢ 단진동에 대한 뉴턴 방정식(Hook 법칙 만족 조건)
  $ma = -kx$
- ㉣ 변위 산정
  ⓐ $a = \ddot{x}$이므로
  $$ma = -kx \rightarrow m\ddot{x} = -kx \rightarrow \ddot{x} + \frac{k}{m}x = 0$$

ⓑ $w_n^2 = \dfrac{k}{m}$ 이라면

ⓒ 방정식의 해는
$$x = C_1 \cos w_n t + C_2 \sin w_n t$$

ⓓ 양변을 x에 대하여 미분하면
$$\dot{x} = v(t) = -C_1 w_n \sin w_n t + C_2 w_n \cos w_n t$$

ⓔ 속도에 대한 경계조건
초기속도 $v(0) = 0$이므로
$$v(0) = -C_1 w_n \sin 0 + C_2 w_n \cos 0 = C_2 w_n = 0$$
$w_n \neq 0$이므로 ∴ $C_2 = 0$

ⓕ 질점의 변위와 시간의 관계
$$x(t) = C_1 \cos w_n t$$

ⓖ 변위에 대한 경계조건
초기변위 $t = 0$일 때 $x(0) = A$라면
$$x(0) = C_1 \cos 0 = C_1 = A$$
$$x(t) = A \cos w_n t$$

⑤ 공기저항 등 마찰을 고려할 경우

㉠ 거동 특성

ⓐ 용수철 진동은 단조화 진동을 하지 않고 점점 진폭이 줄어들다가 나중에는 멈추게 됨

ⓑ 속도가 그리 빠르지 않을 경우 마찰력은 속도에 비례함

ⓒ 속도가 아주 빠를 경우 마찰력은 속도의 제곱에 비례

㉡ 마찰력이 속도에 비례한다고 가정할 경우 뉴턴 방정식

ⓐ ma = 선형 복원력 + 공기 마찰력
$$ma = m\ddot{x} = -kx - cv = -c\dot{x} - kx$$

ⓑ 선형 복원력 $= -kx$

ⓒ 공기 마찰력 $= -cv$

여기서, 음의 부호는 공기 저항에 의한 마찰력이 운동을 방해하는 힘으로 운동의 방향과 반대 방향 작용을 의미함

ⓓ $w_n^2 = \dfrac{k}{m}$ 가정 조건에서 $k = mw_n^2$

ⓔ $c = 2m\xi w_n$ 이라 가정

여기서, "2"를 도입하여 질량을 비례상수에 포함시킨 이유는 주어진 미분 방정식 해를 쉽게 구하기 위해서임

ⓕ $m\ddot{x} = -c\dot{x} - kx$

$m\ddot{x} + c\dot{x} + kx = 0$

$m\ddot{x} + 2m\xi w_n \dot{x} + kx = 0$

양변을 m으로 나누면

$\ddot{x} + 2\xi w_n \dot{x} + \dfrac{k}{m}x = 0$

$\xi w_n = r$로 놓고 $w_n^2 = \dfrac{k}{m}$을 대입하여 정리하면

$\ddot{x} + 2r\dot{x} + w_n^2 x = 0$; 상수계수를 갖는 2계 미분 방정식 형태임

→ 판별식 $q = r^2 - w_n^2$의 부호에 따라서 세가지 경우로 나뉨

ⓒ 판별식에서 $q > 0$인 경우 : 과대 감쇠 운동

　ⓐ $r > w_n$ → 공기 저항에 의한 마찰이 크다.

　ⓑ 해 산정

　　• 미분 연산자에 대한 두 실근

　　$\ddot{x} + 2r\dot{x} + w_n^2 x = 0 \rightarrow (D^2 + 2rD + w_n^2)x = 0$

　　$D = \dfrac{-2r \pm \sqrt{4r^2 - 4w_n^2}}{2} = -r \pm \sqrt{r^2 - w_n^2} = -r \pm \sqrt{q}$

　　• 미분 방정식 해는

　　$x(t) = C_1 e^{-(r-\sqrt{q})t} + C_2 e^{-(r+\sqrt{q})t}$

　　※ $y'' + ay' + by = 0$ 미분 방정식에서 서로 다른 실근 $D = \alpha, \beta$를 갖는 경우 일반해는 일차 결합을 이용하여 $y = C_1 e^{\alpha x} + C_2 e^{\beta x}$

　　• C_1, C_2는 초기조건에 의해 산정됨

　　• $r \pm \sqrt{q}$는 모두 양수이므로

　　　($\because r + \sqrt{q} > 0$, $r - \sqrt{q} = r - \sqrt{r^2 - w_n^2} > 0$)

　　$0 < e^{r \pm \sqrt{q}} < 1.0$

→ 단조 감소하여 오랜 시간 후 0으로 수렴 곡선

→ $x(t)$는 음이 되는 상황이 나타나지 않음

→ $x(t)$가 음인 경우가 압축상태인데 음의 상태가 없으므로 압축된 상태는 나타나지 않음

ⓒ 따라서 $q > 0$인 경우 진동이 일어나지 않는 운동

즉, 저항이 아주 커서 진동이 일어나지 않는 운동을 과대 감쇠 운동이라 함

㉣ 판별식에서 $q = 0$인 경우 : 임계 감쇠 운동

ⓐ $r = w_n$인 경우에 해당되는 것으로

판별식 $q = r^2 - w_n^2 = 0$

ⓑ 해 산정
- 미분 연산자에 대한 중근 $-r$를 갖음

$$\ddot{x} + 2r\dot{x} + w_n^2 x = 0 \rightarrow (D^2 + 2rD + r^2)x = 0$$

$$\rightarrow D = \frac{-2r \pm \sqrt{4r^2 - 4r^2}}{2} = -r$$

- 미분 방정식의 해는

$x(t) = e^{-rt}(C_1 + C_2 t)$ (r은 양수)

- e^{-rt}, te^{-rt}는 모두 단조 감소하여 오랜 시간 경과 후에는 "0"으로 수렴하는 곡선

→ $x(t)$가 음이 되는 경우는 없으므로 용수철이 압축되는 경우는 없음
따라서, $q = 0$인 경우 진동하지 않는 운동으로 과다 감쇠운동과 유사한데, 이때를 임계감쇠운동이라 함

㉤ 판별식에서 $q < 0$인 경우 : 미급 감쇠 진동

ⓐ $r < w_n$인 경우에 해당하는 것으로

판별식 $q = r^2 - w_n^2 < 0 \rightarrow r < w_n$

ⓑ 해 산정
- 미분 연산자에 대한 두 허근

$$\ddot{x} + 2r\dot{x} + w_n^2 x = 0 \rightarrow (D^2 + 2rD + w_n^2)x = 0$$

$$D = \frac{-2r \pm \sqrt{4r^2 - 4w_n^2}}{2} = -r \pm i\sqrt{w_n^2 - r^2} = -r \pm iw_1$$

여기서 $w_1 = \sqrt{w_n^2 - r^2}$ 로 가정

- 미분 방정식의 일반해

  $x(t) = e^{-rt}(C_1 \cos w_1 t + C_2 \sin w_1 t)$

  ※ $D^2 + aD + b = 0$이 서로 다른 허근 $D = p \pm qi$를 갖는 경우 일반해

  $y = e^{px}\{A\cos qx + B\sin qx\}$

- 양변을 t에 관해 미분

  $\dot{x}(t) = -re^{-rt}(C_1 \cos w_1 t + C_2 \sin w_1 t) + e^{-rt}(-C_1 w_1 \sin w_1 t + C_2 w_1 \cos w_1 t)$

ⓒ 초기 조건을 이용하여 미정계수 C_1, C_2 결정

- $\dot{x}(0) = 0$; $\dot{x}(0) = -re^0(C_1 \cos 0 + C_2 \sin 0) + e^0(-C_1 w_1 \sin 0 + C_2 w_1 \cos 0)$

  $= -rC_1 + C_2 w_1 = 0$

  $\rightarrow C_2 = \dfrac{r}{w_1} C_1$

- $x(0) = A$ 라면 ; $x(0) = e^0(C_1 \cos 0 + C_2 \sin 0) = C_1 = A$

- 미정계수 산정

  $A = C_1$, $C_2 = \dfrac{r}{w_1} A$

ⓓ 해 산정

- $x(t) = e^{-rt}(C_1 \cos w_1 t + C_2 \sin w_1 t) = Ae^{-rt}\left(\cos w_1 t + \dfrac{r}{w_1} \sin w_1 t\right)$

- 초기위상을 ϕ라 하면

  $\tan \phi = \dfrac{r}{w_1}$, $\phi = \tan^{-1}\left(\dfrac{r}{w_1}\right)$

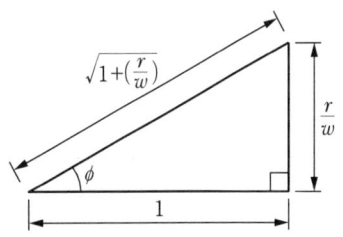

- $\cos\phi = \dfrac{1}{\sqrt{1+\left(\dfrac{r}{w_1}\right)^2}}$, $\sin\phi = \dfrac{(r/w_1)}{\sqrt{1+\left(\dfrac{r}{w_1}\right)^2}}$

- $\cos w_1 t + \dfrac{r}{w_1}\sin w_1 t$

$$= \sqrt{1+\left(\dfrac{r}{w_1}\right)^2}\left\{\dfrac{1}{\sqrt{1+\left(\dfrac{r}{w_1}\right)^2}}\cos w_1 t + \dfrac{r/w_1}{\sqrt{1+\left(\dfrac{r}{w_1}\right)^2}}\sin w_1 t\right\}$$

$$= \sqrt{1+\left(\dfrac{r}{w_1}\right)^2}\left\{\dfrac{1}{\sqrt{1+\left(\dfrac{r}{w_1}\right)^2}}\cos w_1 t + \dfrac{r/w_1}{\sqrt{1+\left(\dfrac{r}{w_1}\right)^2}}\sin w_1 t\right\}$$

$$= \sqrt{1+\left(\dfrac{r}{w_1}\right)^2}\{\cos\phi\cos w_1 t + \sin\phi\sin w_1 t\}$$

- 삼각함수 덧셈 공식 적용

  $\cos(A+B) = \cos A\cos B - \sin A\sin B$ 이므로

  $\cos w_1 t + \dfrac{r}{w_1}\sin w_1 t = \sqrt{1+\left(\dfrac{r}{w_1}\right)^2}\cos(w_1 t - \phi)$

- 최종 일반해 정리

  $x(t) = A\sqrt{1+\left(\dfrac{r}{w_1}\right)^2}e^{-rt}\cos(w_1 t - \phi) = A'e^{-rt}\cos(w_1 t - \phi)$

ⓔ 미급 감쇠 진동(저감쇠, Under-Critical Damping)

- $x(t) = A'e^{-rt}\cos(w_1 t - \phi)$는 Cosine 함수에 의해 $x(t)$의 부호가 바뀌므로 실제 진동을 함

- 단조화 진동 $x(t) = A\cos w_n t$의 경우 진동이 줄어들지 않지만, $x(t) = A'e^{-rt}\cos(w_1 t - \phi)$의 경우 단조 감소지수 e^{-rt}로 인해 진동이 점점 줄어들어 결국 사라짐

- $x(t) = A'e^{-rt}\cos(w_1 t - \phi)$ 진동은 실제 우리가 피부로 접하는 진동으로 미급감쇠진동 혹은 저감쇠진동이라 함

- 자연 진동수

  $w_1 = \sqrt{w_n^2 - r^2} = \sqrt{w_n^2 - (\xi w_n)^2} = w_n\sqrt{1-\xi^2}$

06 구조물의 안정

▶▶▶▶ 토목구조기술사 92-4-6

치수가 동일한 두 개의 판 (한변의 길이=a)을 그림과 같이 겹쳐진 상태(상, 하의 판은 부착 상태가 아님)로 점 O의 바깥쪽으로 밀어내려고 한다. 이때 판이 추락하지 않고 점 O으로부터 밀어낼 수 있는 최대 y를 구하시오.

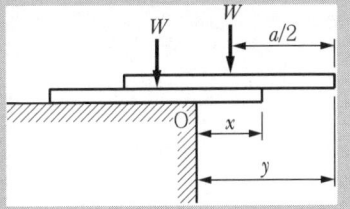

1. 전도에 대한 안정 조건

1) $x \geq y$일 때

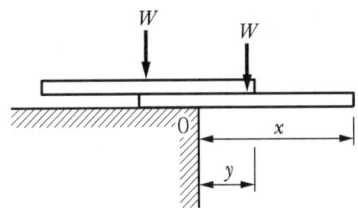

$$\sum M_0 = -W\left(\frac{a}{2} - y\right) + W\left(x - \frac{a}{2}\right)$$
$$= -Wa + W(x+y) \leq 0$$
$$\rightarrow (x+y) \leq a$$

2) $x \leq y$일 때

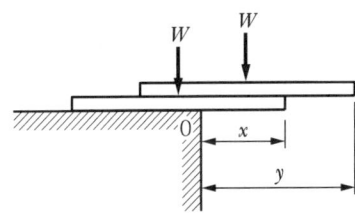

$$\sum M_0 = -W\left(\frac{a}{2} - x\right) + W\left(y - \frac{a}{2}\right)$$
$$= -Wa + W(x+y) \leq 0$$
$$\rightarrow (x+y) \leq a$$

3) 따라서 전도에 대한 안정 조건은 $y \leq -x + a$

2. 집중하중에 의한 두 판 사이의 상대적인 구속 조건

$$|x-y| \leq \frac{a}{2} \quad \therefore \quad y \geq x - \frac{a}{2}, \quad y \leq x + \frac{a}{2}$$

3. x, y의 상관 관계 그래프 ($x \geq 0, y \geq 0$)

1) 상관 관계 그래프

   판이 추락하지 않을 조건은 그래프의 빗금 구간에 해당하는 x, y 값일 경우임

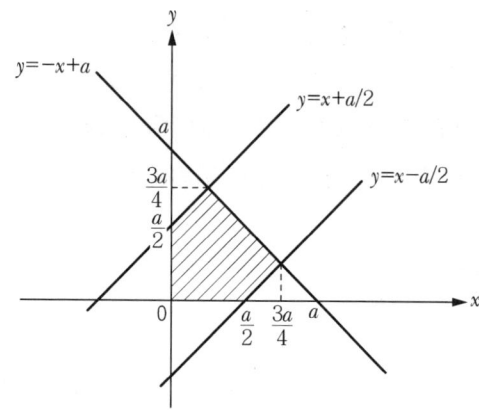

2) y의 최대값

   ① $y = x + \dfrac{a}{2}$, $y = -x + a$ 교점의 좌표

   ㉠ $x + \dfrac{a}{2} = -x + a \rightarrow x = \dfrac{a}{4}$

   ㉡ $y = x + \dfrac{a}{2} = \dfrac{a}{4} + \dfrac{a}{2} \rightarrow y = \dfrac{3a}{4}$

   ② 따라서 구하는 y의 최대값은 $\dfrac{3a}{4}$

> ▶▶▶ **건축구조기술사** 89-1-9
>
> 두 경간 이상의 보를 연속보 형태로 설계할 경우와 각 경간을 단순보로 설계할 경우를 비교하여 연속보 형태가 갖는 장점 5가지를 기술하시오.

1. 연속보 형태(부정정 구조물) 적용 이유

① 라멘 구조물이 가능한 철근콘크리트 구조물의 빈번한 사용(라멘구조 : 단일체로 됨)
② 강구조물의 용접기술 발달
③ 부정정 구조물 해석의 발달

2. 연속보 형태가 갖는 장점

① 연속구조물의 특성인 설계 모멘트 및 부재 크기의 감소로 재료가 절약된다.
② 강성증가로 정정구조물에 비해 더 큰 하중을 지탱할 수 있다.
③ 정정구조물로 만드는 힌지나 절점을 만들 필요가 없어 경제적이다.
④ 부정정구조물의 연속성으로 인하여 처짐이 감소된다. → 진동의 감소
⑤ 연속구조물의 반복으로 인해 외관상으로 경쾌하게 보이고 우아하고 아름답다.
 - 변단면으로 구성된 연속보, 가늘고 긴 부정정 아치, 부정정 라멘
⑥ 부재 내력의 응력재분배(과하중시 재분배 여력 확보) 능력으로 구조물의 안전도를 증가시킨다.

3. 단점

① 지점의 부등침하 발생 등으로 2차 응력이 발생(연약지반에서는 바람직하지 않음)
② 부정정 구조물의 해석과 설계가 정정구조물에 비해 어려움
 (응력이 결정되기 전 부재 크기 알 수 없음 → 반복해석)
③ 응력재분배 및 응력교체가 빈번히 발생하므로 부가적인 부재 설계 필요
④ 온도변화, 조립오차에 따른 응력고려 설계 필요

07 대칭과 역대칭을 이용한 구조해석

1. 개요

① 구조물이 대칭인 경우 구조물을 해석 모델링에 편리하다.
② 변형의 대칭은 구조물의 변형 전 형태가 대칭이어야 하고, 작용하는 하중도 대칭이어야 한다.
③ 변형의 역대칭은 구조물의 변형 전 형태가 대칭이고, 작용하는 하중은 역대칭이어야 한다.

2. 대칭 하중이 작용하는 기하학적 대칭 구조물

① 대칭점에서 운동학적, 정역학적 조건을 만족시키는 대칭축과 평행한 이동(롤러) 지점 적용
② 구조물 예

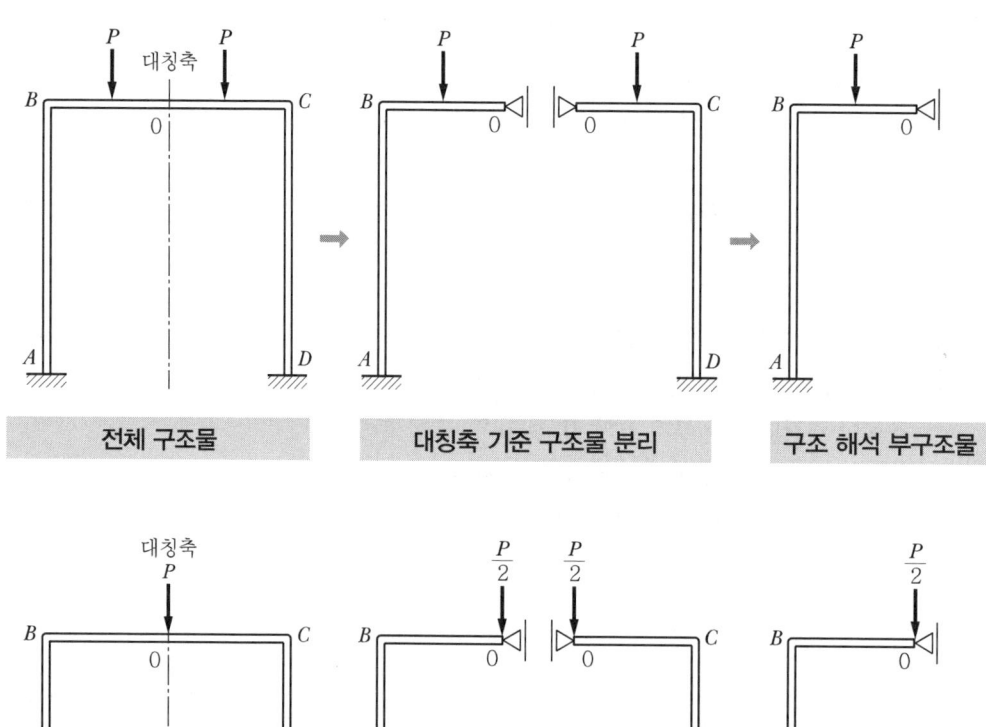

3. 역대칭 하중이 작용하는 기하학적 대칭 구조물

① 대칭점에서 운동학적, 정역학적 조건을 만족시키는 대칭축과 수직한 이동(롤러) 지점 적용
② 구조물 예

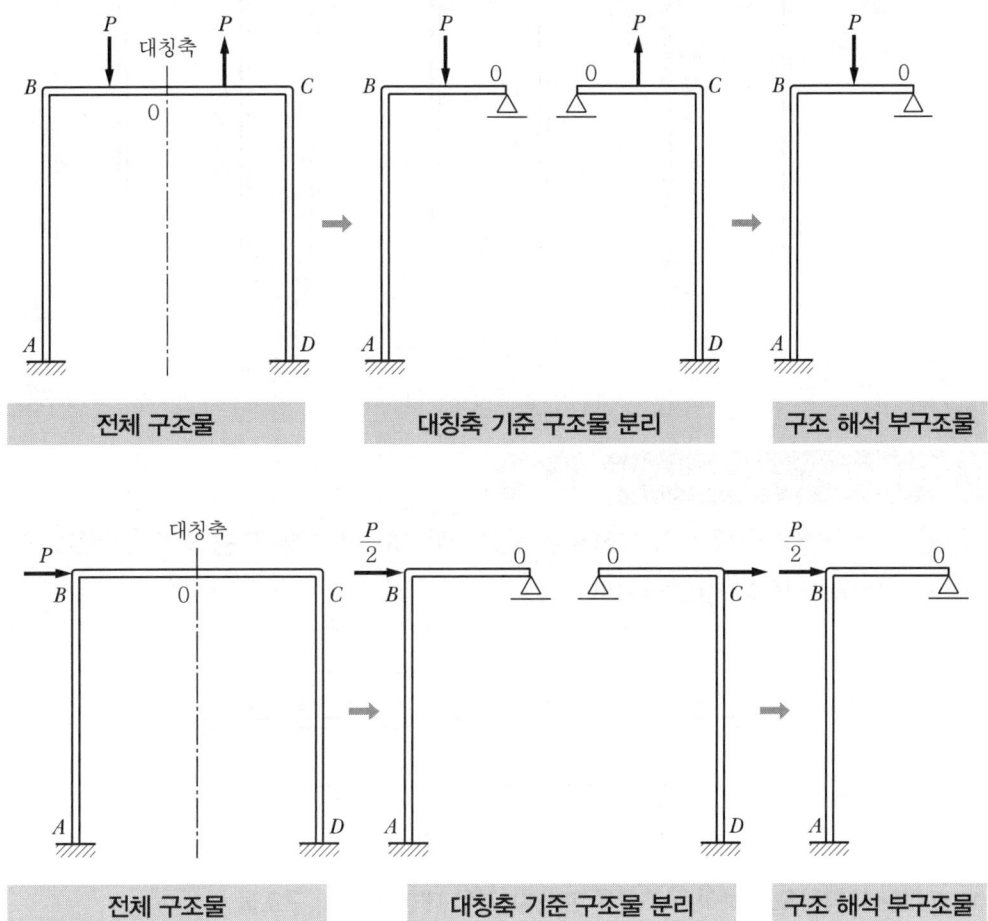

4. 작용 하중이 대칭 축선 상에 있는 경우

① 대칭 축선상의 부재는 원래 휨강성과 축강성의 반을 적용
② 최종 부재력은 산정된 부재력의 2배 적용
③ 대칭 축선상 부재는 대칭 하중이 작용 할 때는 오직 축력만 전달할 수 있다.(휨부재력과 전단력은 아님)
④ 대칭 축선상 부재는 역대칭 하중이 작용 할 때는 휨부재력과 전단력만 전달할 수 있다.(축력은 아님)

⑤ 구조물 예

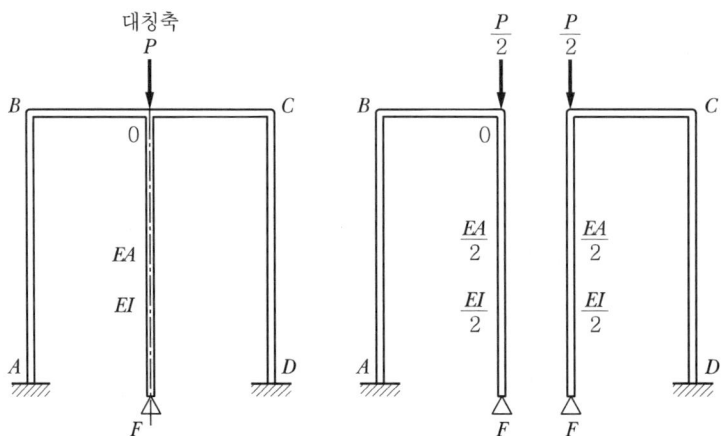

▶▶▶▶ 대칭 특성을 이용한 단순보 해석 예제

다음과 같이 등분포 하중 w가 작용하는 단순보를 대칭 특성을 이용하여 휨모멘트도, 전단력도, 중앙부 처짐을 산정하시오.

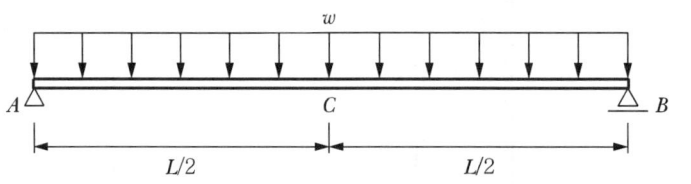

1. C점을 대칭점으로 하여 구조물을 분리할 경우 대칭 하중의 구조물

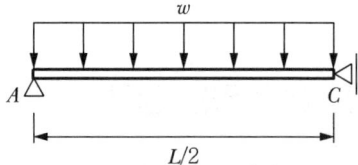

2. 부정정 차수 산정

   n = 부재수 + 강절점수 + 반력수 − 2 × 절점수
   $= 1 + 0 + 3 - 2 \times 2 = 0$

   따라서, 정정 구조물

3. 반력 산정

   1) $\sum V = 0$; $R_A - w\dfrac{L}{2} = 0$

   $\therefore R_A = \dfrac{wL}{2}(\uparrow)$

   2) $\sum M_C = 0$; $R_A \times \dfrac{L}{2} - \dfrac{wL}{2} \times \dfrac{L}{4} + M_C = 0$

   $\therefore M_C = \dfrac{wL^2}{8}$ (⟲)

4. 반력 및 외력도

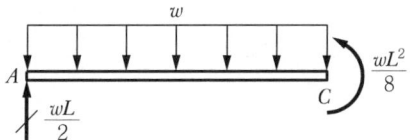

5. 휨 모멘트도

   1) 휨 모멘트 산정(A → C)

   $M_x = \dfrac{wL}{2}x - \dfrac{w}{2}x^2$

   2) 휨 모멘트도

6. 전단력도

   1) 전단력 산정(A → C)

   $M_x = \dfrac{wL}{2}x - \dfrac{w}{2}x^2$ 양변을 x에 대해서 미분하면

   $V_x = \dfrac{dM_x}{dx} = \dfrac{wL}{2} - wx$

2) 전단력도

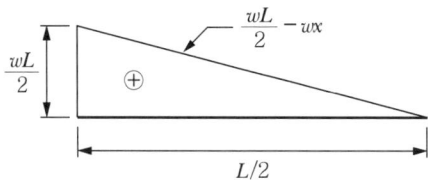

7. 전체 단순보의 휨모멘트도, 전단력도

1) 휨모멘트도

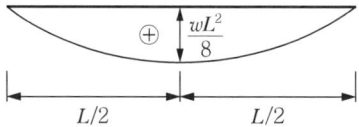

2) 전단력

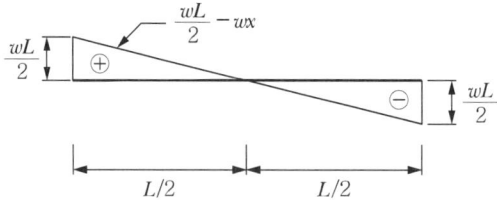

8. 처짐, 처짐각

1) 곡률과 모멘트 관계식으로부터 곡률 산정

$$M(x) = -EIy''(x) \rightarrow y''(x) = -\frac{1}{EI}\left(\frac{wL}{2}x - \frac{w}{2}x^2\right)$$

2) 산정된 곡률을 적분하여 처짐 산정

$$y'(x) = -\frac{1}{EI}\left(\frac{wL}{4}x^2 - \frac{w}{6}x^3\right) + C_1$$

$$y(x) = -\frac{1}{EI}\left(\frac{wL}{12}x^3 - \frac{w}{24}x^4\right) + C_1 x + C_2$$

3) 경계 조건에 의한 미지수 산정

① $y(0) = 0$; $C_2 = 0$

② $y'\left(\dfrac{L}{2}\right) = 0$; $-\dfrac{1}{EI}\left\{\dfrac{wL}{4}\left(\dfrac{L}{2}\right)^2 - \dfrac{w}{6}\left(\dfrac{L}{2}\right)^3\right\} + C_1 = 0$

$\rightarrow C_1 = \dfrac{wL^3}{24EI}$

4) 처짐

① $y(x) = -\dfrac{1}{EI}\left(\dfrac{wL}{12}x^3 - \dfrac{w}{24}x^4\right) + \dfrac{wL^3}{24EI}x$

② $x = \dfrac{L}{2}$에서의 처짐 $y\left(\dfrac{L}{2}\right) = \dfrac{5wL^4}{384EI}$

5) 처짐각

① $y'(x) = -\dfrac{1}{EI}\left(\dfrac{wL}{4}x^2 - \dfrac{w}{6}x^3\right) + \dfrac{wL^3}{24EI}$

② $x = 0$에서의 처짐각 $y'(0) = \dfrac{wL^3}{24EI}$

▶▶▶ 건축구조기술사 104-2-6

정팔면체 공간 강재 트러스의 압축하중이 작용하는 경우 좌굴하중 및 하중 방향의 변위를 산정하시오.(단, 모든 12개의 트러스 부재의 각각의 길이는 l, 단면적 A, 탄성 계수는 E 이며, 단면 2차 모멘트는 I이다.)

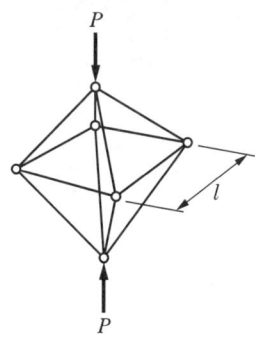

1. 대칭성을 이용하기 위해 입체 상하 분할

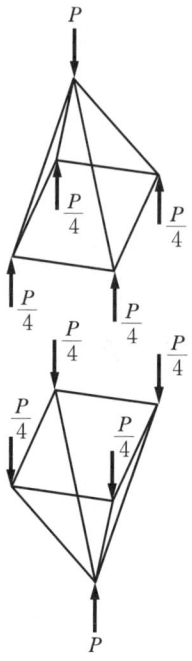

2. 분할된 입체 중 2차원 해석 단면 선정

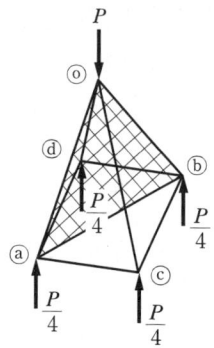

3. 2차원 해석 단면에 대한 축하중 산정

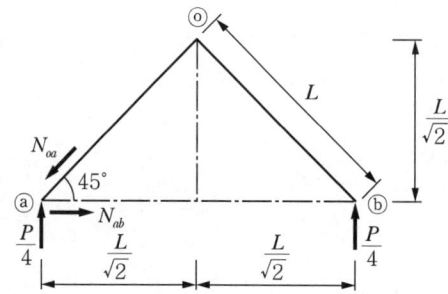

절점 ⓐ에서 평형 조건

$\sum V = 0$; $\dfrac{P}{4} - N_{oa}\sin 45° = 0$ $\therefore N_{oa} = \dfrac{\sqrt{2}}{4}P\,(압축)$

$\sum H = 0$; $N_{ab} - N_{oa}\cos 45° = 0$ $\therefore N_{ab} = \dfrac{P\sqrt{2}}{4} \times \dfrac{1}{\sqrt{2}} = \dfrac{P}{4}\,(인장)$

4. 좌굴하중 산정

압축력이 작용하는 부재 $\overline{oa}$에 대해서

$\dfrac{\sqrt{2}}{4}P_{cr} = \dfrac{\pi^2 EI}{l^2}$

$\therefore P_{cr} = \dfrac{4\pi^2 EI}{\sqrt{2}\, l^2}$

5. 수평 부재 축력 산정

1) 분할된 입체 중 상부 부분에 대한 부재력

$N_{ac} = N_{ad} = \dfrac{P}{4} \times \dfrac{1}{\sqrt{2}} = \dfrac{P}{4\sqrt{2}}\,(인장)$

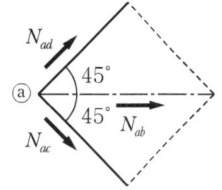

2) 수평부재가 대칭 축선에 있음을 고려

$N_{ac}{'} = N_{ad}{'} = 2 \times \dfrac{P}{4\sqrt{2}} = \dfrac{\sqrt{2}\,P}{4}\,(인장)$

6. 상하 절점에 단위 하중 $\overline{P} = 1$을 작용시킬 부재력 산정

1) 자유 물체도

2) 부재력

실제 하중 P가 작용할 때와 같이 산정하면

대각 부재력 $= \dfrac{\sqrt{2}}{4}$ (압축), 수평 부재력 $= \dfrac{\sqrt{2}}{4}$ (인장)

7. 가상일의 원리를 적용한 하중 방향 변위(상하부 절점의 절대 변위 합)

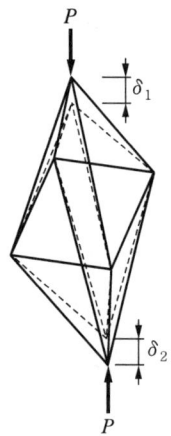

$$\delta = \delta_1 + \delta_2 = \sum \dfrac{N_0 N_1}{E_i A_i} L_i$$

$$= \dfrac{1}{EA}\left\{8 \times \left(-\dfrac{\sqrt{2}}{4}P\right) \times \left(-\dfrac{\sqrt{2}}{4}P\right) \times L + 4 \times \left(\dfrac{\sqrt{2}}{4}P\right) \times \left(\dfrac{\sqrt{2}}{4}P\right) \times L\right\}$$

$$= \dfrac{3PL}{2EA}$$

PART 02

재료역학

재료역학

01 구조재료의 특성

1. 응력의 정의

외부로부터 힘을 받아 변형이 발생함에 따라 물체 내부에 발생하는 힘으로 외력에 대해 견딜 수 있는 내재력이다. 표기는 텐서로 표기한다.

2. 강재의 응력 – 변형도 관계

1) 항복점이 뚜렷한 경우

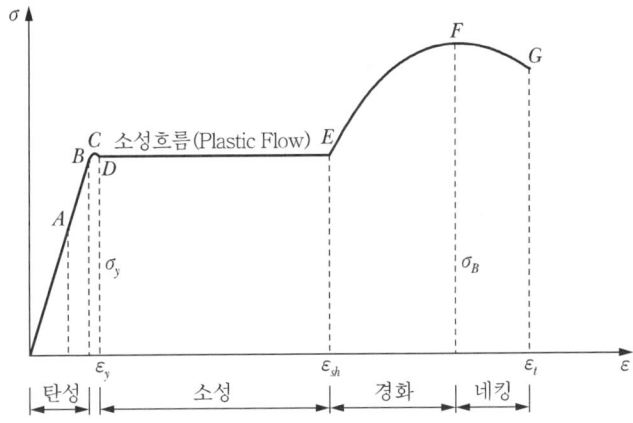

① A점 : Hook 법칙이 성립되는 점으로 비례한계(Proportion Limit)
② B점 : 탄성관계가 유지되는 한계로서 하중을 0으로 하면 변형도 0인 탄성한계(Elastic Limit)

③ C점 : 상위항복점(변형속도의 영향을 받기 쉽고, 보통 재하속도가 느리면 나타나지 않을 수도 있음)
④ D점 : 하위 항복점(광의의 의미에서 항복점)
⑤ $D \sim E$점
  ㉠ 응력의 증가 없이 변형이 진행되는 구간으로서 소성흐름(Plastic Flow)이 시작되며, 이러한 현상을 항복이라 함
  ㉡ 하중을 감소시켜 $\sigma = 0$이면 $\varepsilon \neq 0$으로 되는데 이러한 변형을 영구변형(Permanent Set)이라 하며 이러한 성질을 소성이라 함
⑥ E점 : 인장에 대한 저항이 회복되며, E점에서의 접선 기울기 E_{sh}를 변형도 경화 계수(Strain Hardening Modulus)라 함
⑦ F점 : 인장강도(Tensile Strength)
⑧ $F \sim G$점 : Necking의 범위

2) 항복점이 뚜렷하지 않는 경우(0.2% off-set 방법)

강재의 가공 및 재질에 따라서 뚜렷한 항복점을 나타내지 않는 경우가 있는데, 이때는 하중 제거 후 0.2% 영구변형을 남기는 응력도를 항복점으로 잡는다.

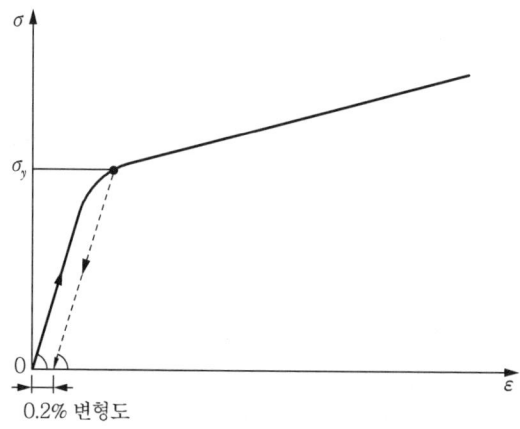

3. 강재의 비선형 거동

1) 개요

축하중 구조물의 응력이 항복응력을 상회하면 Hook의 법칙이 성립하지 않고, 중첩의 원리도 적용되지 않는다. 이 경우에는 재료의 응력-변형도($\sigma - \varepsilon$) 관계 곡선이 반드시 필요하다.

2) 선형, 비선형

① 선형 : 일정구간의 변형도에 대해 상수의 탄성계수를 갖는 재료의 성질로서 Hook의 법칙이 성립(예 강, 탄소섬유, 유리)
② 비선형 : 후크 법칙이 성립되지 않는 재료 특성(예 고무, 알루미늄, 흙)
③ 비선형 탄성 : 일정 구간 변형에 대해 일정한 상수를 갖지 않는 비선형 특성을 갖지만 하중을 제거하면 원래 모양으로 되돌아가는 특성의 재료(예 고무, 부드러운 신체조직)

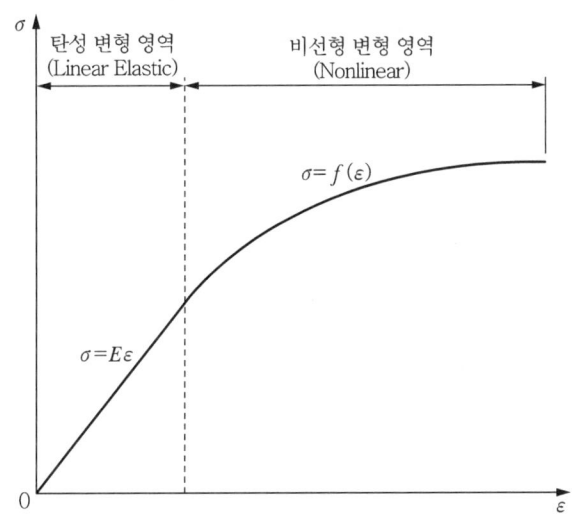

3) 탄소성 재료(Elastic-Plastic Material)

① 연강, 구조용 강재
② 항복할 때까지는 Hook의 법칙이 적용되고, 이후 일정 응력 상태 아래에서 항복상태 유지(소성흐름)
③ 변형 경화는 무시함(안전성, 기능성 측면)

④ 소성 해석

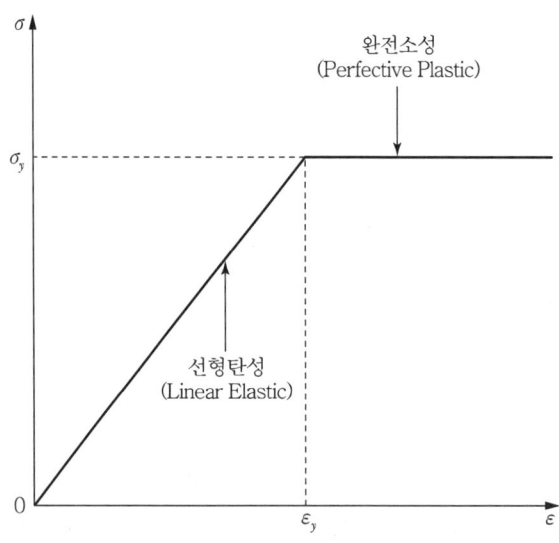

4) 2중 직선형 재료(Billinear Material)

① 선형, 비선형 재료를 Billinear의 형태로 모델링(이상화)
② 변형 경화를 고려하여야 할 경우에 적용

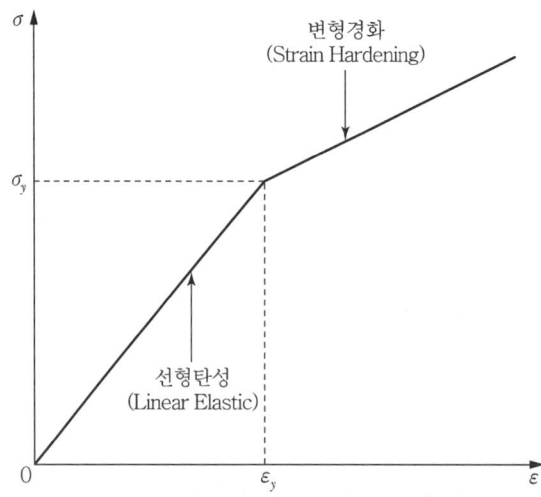

5) 강소성

힘을 가해도 거의 변형하지 않다가 어떤 힘에 도달하면 소성이 되는 특성

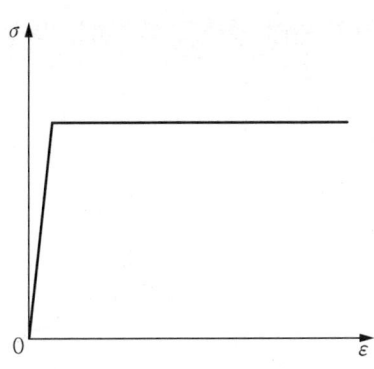

6) 취성

① 물체에 가해진 힘이 어느 정도에 도달하면 형태가 무너져서 힘을 상실하는 특성

② 취성파괴에 영향을 주는 요소
- 흠집(notch), 크랙(crack), 기하학적 비연속성(geometrical discontinuity), 인장응력 상태(tensile stress), 변형률도(strain rate ; 재료의 변형되는 속도, 하중이 가해지는 속도), 온도

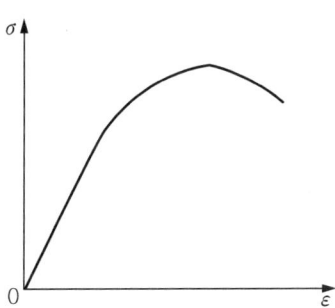

4. 점탄성(Visco Elastic)

힘이 가해지면 탄성적으로 변형하지만, 힘이 제거되면 변형이 순간적으로 회복되지 않고 시간의 경과와 함께 천천히 원래 상태로 회복하는 특성

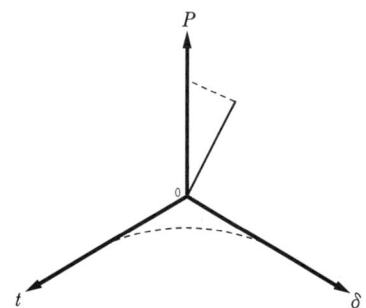

▶▶▶▶ 토목구조기술사   94-3-2

재료의 탄성과 비탄성, 선형과 비선형, 비선형 탄성, 등방성과 이방성, 균질성과 비균질성에 대해서 건설재료를 예로 들어 그림으로 설명하시오.

1. 재료의 탄성, 비탄성

① 탄성 : 재료에 외력이 작용하면 변형이 생기나 외력 제거 시 원래 모양으로 되돌아가는 성질
② 비탄성 : 재료에 작용하는 외력이 어느 한도를 넘으면 외력을 제거해도 원래의 모양과 크기로 되돌아가지 않는 성질
③ 탄성변형영역과 소성변형영역

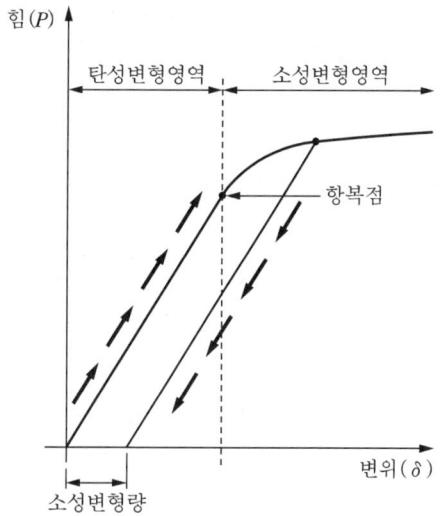

2. 선형, 비선형

1) 선형

① 많은 재료는 일정 구간의 변형도에 대해 상수의 탄성 계수를 갖는데, 이런 종류의 재료를 선형 재료라 하며, Hook의 법칙을 따른다고 한다.
② 강, 탄소 섬유, 유리 등이 있다.

2) 비선형

① Hook의 법칙이 성립되지 않는 재료의 특성
② 고무, 알루미늄, 흙 등이 있다.

3) 비선형 탄성

① 일정 구간 변형에 대해 일정한 상수를 갖지 않는 비선형 특성을 갖지만, 하중을 제거하면 원래의 모양으로 되돌아가는 특성

② 아주 작은 탄성변형 이외에는 비선형
③ 고무나 부드러운 신체조직인 피부에서 일어나는 큰 변형

3. 등방성, 이방성

1) 등방성

① 물체를 관찰할 때 관찰하는 방향이 달라져도 그 성질이 변하지 않는 성질
② 보통의 기체나 액체 및 비정질 고체는 등방성을 나타냄

2) 이방성

① 비등방성 재료는 하중이 작용하는 방향에 따라 탄성 계수의 값이 다른 성질
② 비등방성 재료에는 탄소 섬유, 목재와 철근 콘크리트 등을 예로 들 수 있다.

4. 균질성, 비균질성

1) 균질성

① 물질의 성질이 위치에 관계없이 일정한 것(재료 내 각 지점에서 재료 물성치(Material Property)가 동일)
② 엄밀한 의미에서 균질한 재료는 존재하지 않는다. 왜냐하면 재료를 전자현미경으로 들여다 보면 구성 입자들의 형상, 크기 그리고 결합되어 있는 조직이 일정하지 않기 때문이다.
③ 재료를 균질하다고 가정하는 것은 이러한 미세한(Micro) 구성 입자 수준을 의미하는 것이 아니라, 재료의 물성이 거시적(Macro)인 측면에서 측정하였을 때 그 값들이 재료 내 각 지점에서 거의 동일하다는 것을 의미
④ 단일 재질로 구성되어 있는 대부분의 금속, 플라스틱, 유리 등은 균질한 재료로 가정

2) 비균질성

① 물질의 성질이 위치에 따라 변하는 것
② 균질하지 않은 대표적인 재료로는 두 가지 이상의 재질로 구성되어 있는 복합재

▶▶▶▶ 건축구조기술사   108-2-3

그림 (a)와 같은 조건의 인장재에 대하여 다음 물음에 답하시오.(단, 인장재의 응력-변형률(stress-strain) 관계는 아래 그림 (b)와 같다.)

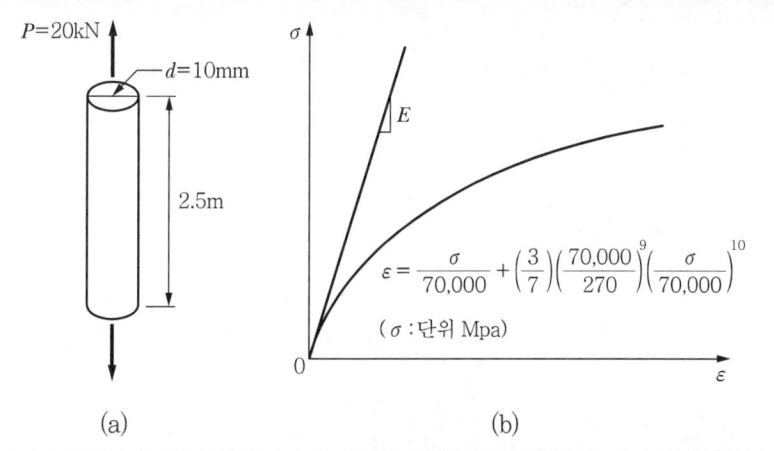

(a)   (b)

① 초기 탄성계수 E는 70,000Mpa임을 입증하시오.

② 인장력 $P = 20\text{kN}$ 작용 시 위 인장재의 신장량(Elongation)을 구하시오.

③ 하중 P를 제거했을 때 남게 되는 영구변형량을 구하시오.(단, 재하(Unloading) 강성은 초기강성을 따르는 것으로 가정하시오.)

1. 초기 탄성 계수 산정

1) 응력-변형률 곡선을 이용한 탄성계수

$$E = \frac{\delta\sigma}{\delta\varepsilon} \text{에서 } \frac{1}{E} = \frac{\delta\varepsilon}{\delta\sigma}$$

2) $\varepsilon = \dfrac{\sigma}{70,000} + \left(\dfrac{3}{7}\right)\left(\dfrac{70,000}{270}\right)^9 \left(\dfrac{\sigma}{70,000}\right)^{10}$ 에서 σ로 미분하면

$$\frac{\delta\varepsilon}{\delta\sigma} = \frac{1}{70,000} + \left(\frac{3}{7}\right)\left(\frac{70,000}{270}\right)^9 \left\{10\left(\frac{\sigma}{70,000}\right)^9 \frac{1}{70,000}\right\}$$

$$= \frac{1}{70,000} + \left(\frac{3}{49,000}\right)\left(\frac{70,000}{270}\right)^9 \left(\frac{\sigma}{70,000}\right)^9$$

3) 초기 탄성 계수 산정

$$\frac{1}{E_{int}} = \left[\frac{\delta\varepsilon}{\delta\sigma}\right]_{\sigma=0} = \frac{1}{70,000}$$

따라서, $E_{int} = 70,000\text{Mpa}$

2. 장력 $P = 20\text{kN}$ 작용 시 신장량

1) 단면적

$$A = \frac{\pi \times 10^2}{4} = 78.54\text{mm}^2$$

2) $P = 2{,}000\text{kN}$ 작용 시 응력

$$\sigma = \frac{P}{A} = \frac{20{,}000}{78.54} = 254.65\text{Mpa}$$

3) $P = 20\text{kN}$ 작용 시 신장량

① 변형률

$$\varepsilon = \frac{\sigma}{70{,}000} + \left(\frac{3}{7}\right)\left(\frac{70{,}000}{270}\right)^9\left(\frac{\sigma}{70{,}000}\right)^{10} \text{에 } \sigma = 254.65\text{Mpa 대입하면}$$

$$\varepsilon = \frac{254.65}{70{,}000} + \left(\frac{3}{7}\right)\left(\frac{70{,}000}{270}\right)^9\left(\frac{254.65}{70{,}000}\right)^{10} = 0.004558$$

② 신장량

$$\varepsilon = \frac{\delta}{l} \text{에서 } \delta = \varepsilon \times l$$

$$\delta = 0.004558 \times (2.5 \times 1{,}000) = 11.40\text{mm}$$

3. 하중을 제거했을 때 남게 되는 영구변형량

1) 하중 $P = 20\text{kN}$ 작용 시 응력과 변형률은 2.로부터

$(\varepsilon, \sigma) = (0.004558, 254.65\text{MPa})$

2) 응력 변형률 곡선(하중 $P = 20\text{kN}$ 작용 및 하중 제거 후 고려)

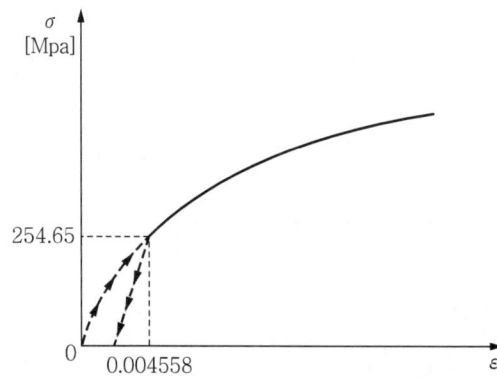

3) 하중 제거 시 영구 변형량

　① 하중 제거 후 직선의 방정식

　　직선의 방정식을 $\sigma = E\varepsilon + C$ 라면

　　$(\varepsilon,\ \sigma) = (0.004558,\ 254.65\text{MPa})$, $E = 70{,}000\text{Mpa}$ 대입하면

　　$254.65 = 70{,}000 \times 0.004558 + C \rightarrow C = -64.41$

　　따라서, 하중 제거 후 응력 변형 관계 직선방정식은 $\sigma = 70{,}000\varepsilon - 64.41$

　② 하중 제거 시 영구 변형률

　　$\sigma = 70{,}000\varepsilon - 64.41$에 $\sigma = 0$ 대입하면

　　$\varepsilon = 0.00092$

　③ 영구 변형량

　　$\Delta l = \varepsilon l = 0.00092 \times 2{,}500 = 2.3\text{mm}$

▶▶▶▶ 토목구조기술사   88-2-2

항복고원(Yielding Plateau)에 대해 정의하고 저탄소강 및 고탄소강 철근의 응력-변형률 특성 및 연관성에 대하여 설명하시오.

1. 항복고원의 정의

    철근의 응력-변형률 곡선에서 일정한 응력에서 변형이 계속 진행되는 곡선의 수평부분

2. 철근의 응력-변형률 곡선

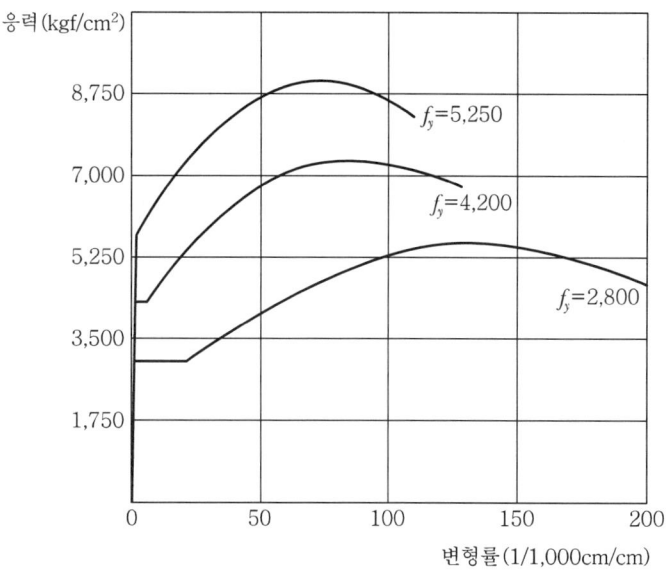

3. 응력-변형률 곡선 특징

    ① 저탄소강은 항복고원이 뚜렷하게 나타난 후 변형률 경화(Strain Hardening)의 특성을 보임
    ② 고탄소강은 매우 짧은 항복고원을 나타내거나 항복고원이 없이 즉시 변형률 경화에 들어감

▶▶▶ 토목구조기술사 93-3-4

다음 그림과 같이 양단이 고정된 봉 AC에서 B점에 축하중 P가 작용할 때, 응력-변형률 선도를 고려하여 B점의 연직처짐을 구하시오. (단, 부재 AB의 단면적은 $a = 1,000\,\text{mm}^2$, 부재 BC의 단면적은 $2a = 2,000\,\text{mm}^2$이며, 축하중 $P = 80\,\text{kN}$이다.)

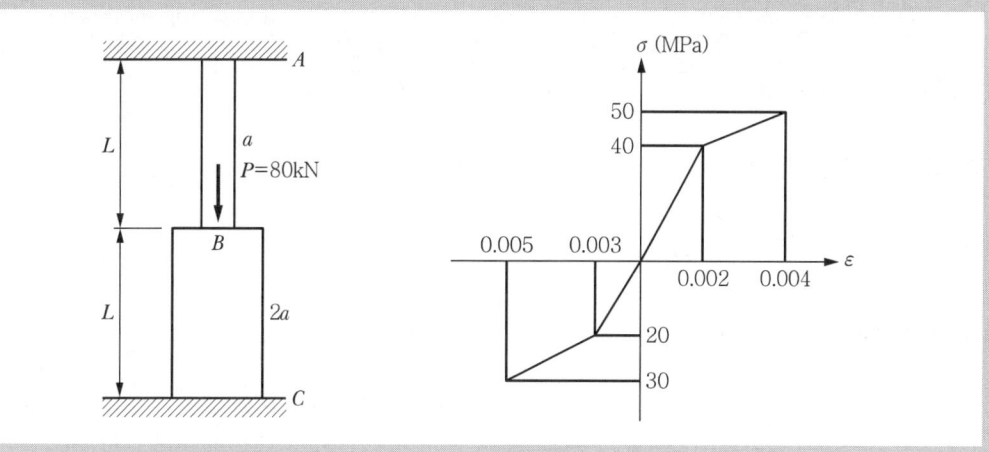

1. 부정정 구조물의 분리

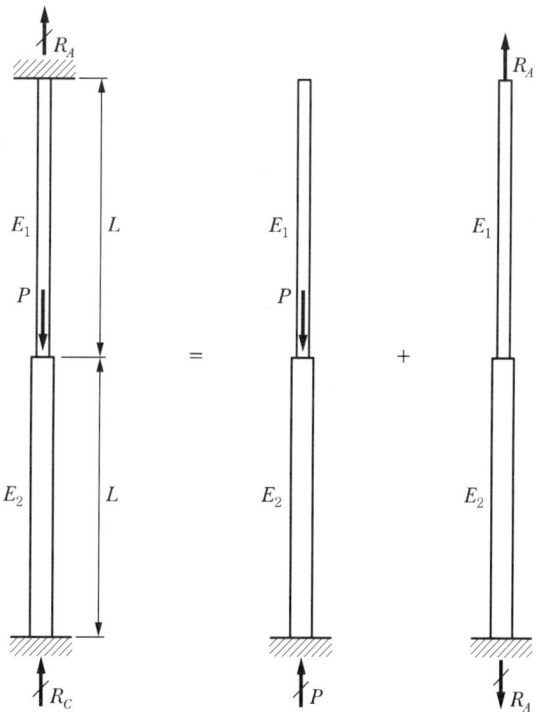

2. 평형 조건식

$$\sum Y = 0;$$
$$R_A + R_C = P$$

3. 변형의 적합 조건식

$$\delta_P = \delta_{R_A}\ ;\ \ \frac{P \cdot L}{E_2 \cdot 2a} = \frac{R_A \cdot L}{E_2 \cdot 2a} + \frac{R_A \cdot L}{E_1 \cdot a} \rightarrow R_A = \frac{P \cdot E_1}{E_1 + 2E_2}$$

4. 앞의 "2."와 "3."에서

$$R_C = P - R_A = \frac{2P \cdot E_2}{E_1 + 2E_2}$$

5. 탄성계수

1) $E_{1-1} = \dfrac{40}{0.002} = 20{,}000\text{MPa}\quad E_{1-2} = \dfrac{10}{0.002} = 5{,}000\text{MPa}$

2) $E_{2-1} = \dfrac{20}{0.003} = 6{,}666.67\text{MPa}\quad E_{2-2} = \dfrac{10}{0.002} = 5{,}000\text{MPa}$

6. Step-1

1) E_{1-1}, E_{2-1} 적용시 부재력

① $R_{A1} = \dfrac{P \times 20{,}000}{20{,}000 + 2 \times 6{,}666.67} = 0.6P = 48\text{kN}$

② $R_{C1} = \dfrac{P \times 2 \times 6{,}666.67}{20{,}000 + 2 \times 6{,}666.67} = 0.4P = 32\text{kN}$

③ $R_{A1} > R_{C1}$

2) 응력

① $\sigma_{A1} = \dfrac{R_{A1}}{a} = \dfrac{48 \times 10^3}{1{,}000} = 48\text{MPa}$

② $\sigma_{C1} = \dfrac{R_{C1}}{2a} = \dfrac{32 \times 10^3}{2{,}000} = 16\text{MPa}$

③ $\sigma_{A1} > 40\text{Mpa}$, $\sigma_{C1} < 20\text{Mpa}$ → 인장부재인 AB 부재 먼저 항복

3) $\sigma_{A1} = 40\text{Mpa}$일 경우

① $R_{A1} = \sigma_{A1} \times a = 40 \times 1{,}000 \times 10^{-3} = 40\text{kN}$

토목구조기술사 95-1-2

강재의 기계적 성질에 미치는 요인, 파괴 형태 및 그 특징에 대하여 설명하시오.

1. **강재의 기계적 성질에 미치는 요인**

   ① 비례한도(Proprotional Limit) : 응력과 변형의 관계가 선형으로 유지되는 영역의 최대응력을 의미하며 일반적으로 항복강도와 비슷한 값을 갖는다.
   ② 인장강도(f_u) : 인장시험에서 시편이 받을 수 있는 최대응력으로 변형도 경화영역의 최대응력을 의미한다.
   ③ 항복비(Yield Ratio) : 인장강도에 대한 항복강도의 비
   ④ 탄성계수(E) : 비례한도 내에서 변형도에 대한 응력의 비
   ⑤ 전단탄성계수(G) : 비례한도 내에서 전단변형도에 대한 전단응력의 비
   ⑥ 포아송비(ν) : 축력을 받는 부재의 하중작용 방향의 변형도에 대한 가로방향 변형도 비의 절대값
   ⑦ 연성(Ductility) : 재료가 하중을 받아 항복 후 파괴에 이르기까지 소성변형을 할 수 있는 능력

   변위 연성비 $R = \dfrac{\Delta u (\text{소성변위})}{\Delta y (\text{항복변위})}$, 곡률 연성비 $R = \dfrac{\phi u (\text{소성곡률})}{\phi y (\text{항복곡률})}$

   ⑧ 연신율 : 인장 시험편의 파단 후의 표점 간 거리와 시험 전의 표점 간 거리의 차이를 시험 전의 표점 간 거리에 대한 백분율로 나타낸 것
   ⑨ 단면 수축률 : 인장 시험편의 파단 후 단면적과 시험 전 단면적의 차이를 시험 전 단면적에 대한 백분율로 나타낸 것
   ⑩ 인성(Toughness) : 재료의 변형에 대하여 에너지를 흡수할 수 있는 능력으로서 응력-변형도 곡선에서 면적으로 정의되므로 인성은 강도와 연성도에 의하여 결정된다.

2. **파괴 형태**

   ① 상온에서 정적 외력에 의한 연성파괴
   ② 외력의 반복 작용에 의한 피로파괴
   ③ 저온에서 충격적인 외력에 의한 취성파괴
   ④ 고온에서 지속적인 하중에 의한 크리프 및 릴렉세이션
   ⑤ 수중, 다습, 산성 환경 속에서 지속하중을 받을 경우의 수소 취성에 의한 지연파괴
   ⑥ 알칼리 환경 속에서 지속하중에 의한 응력부식

3. 취성파괴

1) 취성파괴의 발생 요인
① 고강도 강재 사용
② 강재 두께의 증가
③ 사용 온도의 저하
④ 안전계수 감소
⑤ 응력 집중의 가능성을 증가시키는 부재들의 배열
⑥ 용접 사용의 증가

2) 취성파괴 방지 대책
① 결함 방지 : 세심한 제조과정 및 검사 요구
② 파괴 인성 확보
③ 노치 인성이 클 것
④ 사용 온도가 낮은 구조물에 대해 주의를 요함
⑤ 강재가 두꺼우면 응력은 3차원으로 생겨 노치 인성이 감소될 수 있다.

4. 피로(Fatigue)
① 정적하중보다 작은 외력의 반복작용에 의해 균열이 발생하여 진전되는 현상
② 피로강도는 하중의 반복 회수, 응력 범주, 응력 변동 범위에 의해 결정
③ 피로 설계 곡선(S-N Curve) : 응력 범위를 반복 회수의 함수로 나타냄
④ 응력 범위 : 2백만 회 이상의 반복회수에 대하여 제시된 허용응력 범위의 1/2.75에 해당되는 응력범위 사용

② 이때 축력 $P_1 = \dfrac{R_{A1}}{0.6} = 66.67\text{kN}$

③ $R_{C1} = 0.4P_1 = 26.67\text{kN}$

$\sigma_{C1} = \dfrac{26.67 \times 10^3}{2 \times 1,000} = 13.33\text{MPa}$

④ $R_{A1} + R_{C1} = 40 + 26.67 = 66.67\text{kN}$

7. Step-2

1) E_{1-2}, E_{2-1} 적용시 부재력

① $\Delta P = 80 - 66.67 = 13.33\text{kN}$

② $R_{A2} - R_{A1} = \dfrac{\Delta P \times 5,000}{5,000 + 2 \times 6,666.67} = 0.273\Delta P = 3.64\text{kN}$

→ $R_{A2} = 3.64 + R_{A1} = 3.64 + 40 = 43.64\text{kN}$

③ $R_{C2} - R_{C1} = \dfrac{\Delta P \times 2 \times 6,666.67}{5,000 + 2 \times 6,666.67} = 0.727\Delta P = 9.69\text{kN}$

→ $R_{C2} = 9.69 + R_{C1} = 9.69 + 26.67 = 36.36\text{kN}$

2) 응력

① $\sigma_{A2} - \sigma_{A1} = \dfrac{R_{A2} - R_{A1}}{a} = \dfrac{3.64 \times 10^3}{1,000} = 3.64\text{MPa}$

$\sigma_{A2} = \dfrac{R_{A2}}{a} = \dfrac{43.64 \times 10^3}{1,000} = 43.64\text{MPa}$

② $\sigma_{C2} - \sigma_{C1} = \dfrac{R_{C2} - R_{C1}}{2a} = \dfrac{9.69 \times 10^3}{2,000} = 4.85\text{MPa}$

$\sigma_{C2} = \dfrac{R_{C2}}{2a} = \dfrac{36.36 \times 10^3}{2,000} = 18.18\text{MPa}$

8. 변형

1) Step-1

$20 : 0.003 = 13.33 : \varepsilon_{c1}$

$\varepsilon_{c1} = 0.002 \quad \delta_{c1} = 0.002L$

2) Step-2

$20 : 0.003 = 18.18 : \varepsilon_{c1}$

$\varepsilon_{c2} = 0.00273 \quad \delta_{c2} = 0.00273L$

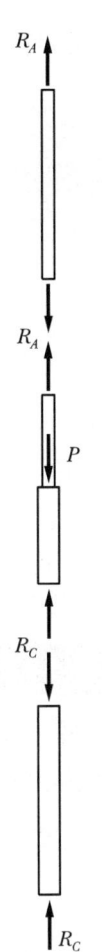

자유 물체도

3) 하중-변위 관계

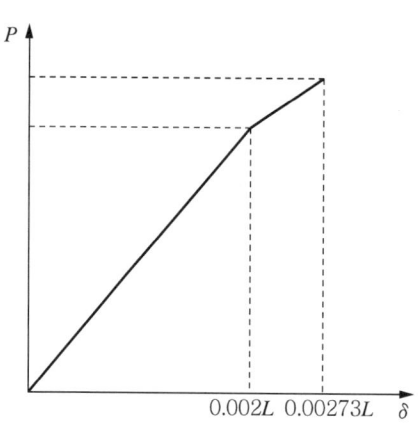

▶▶▶ 건축구조기술사 92-2-2

비선형 재료로 이루어진 부정정 트러스에 하중을 가했을 경우 ②번 부재의 응력에 대한 하중의 비율을 변위의 함수로 표현하시오.(단, 부재의 길이 및 단면적은 ①번 부재 : $2l$, $4A$, ②번 부재 : l, A, ③번 부재 : $2l$, $4A$이다.)

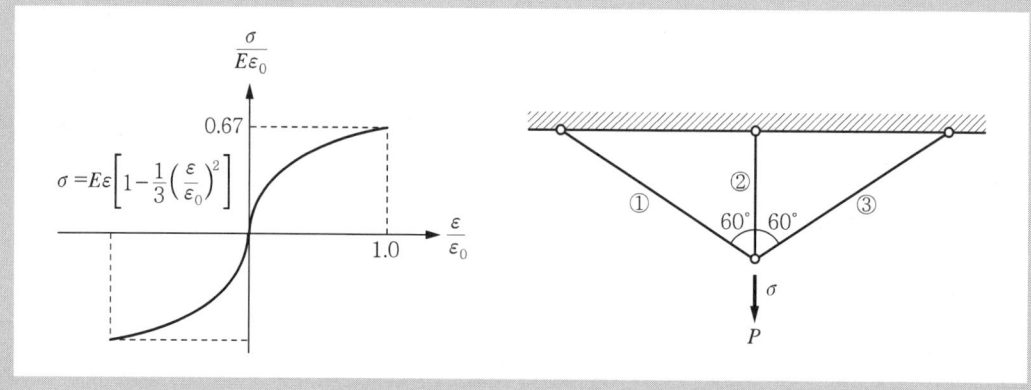

[변위 선도법을 이용한 변형의 일치 조건]

1. 변형 일치 조건 및 각 부재의 변형률 산정

   1) ①, ③ 부재의 축력을 F_1, ② 부재의 축력을 F_2라 가정

2) 자유 물체도

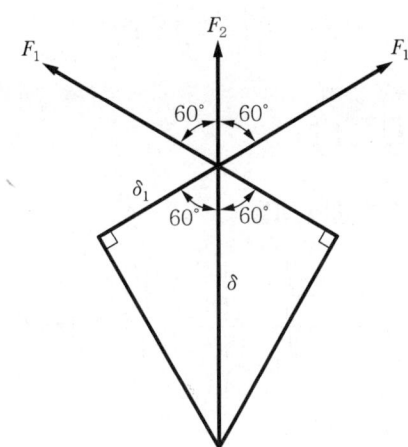

3) 변형 일치 조건

$$\delta \cos 60° = \delta_1 \to \delta_1 = \frac{\delta}{2}$$

4) 각 부재의 변형률

② 부재의 변형률 $\varepsilon = \frac{\delta}{l}$

①, ③ 부재의 변형률 $\varepsilon_1 = \frac{\delta_1}{l_1} = \frac{\delta}{2 \times 2l} = \frac{\delta}{4l} = \frac{1}{4}\varepsilon$

2. 각 부재의 비선형 특성에 따른 부재 응력 산정

1) $\sigma_1 = E\varepsilon_1 \left\{ 1 - \frac{1}{3} \left(\frac{\varepsilon_1}{\varepsilon_p} \right)^2 \right\} = E\frac{\varepsilon}{4} \left\{ 1 - \frac{1}{3} \left(\frac{\varepsilon}{4\varepsilon_p} \right)^2 \right\}$

2) $\sigma_2 = E\varepsilon \left\{ 1 - \frac{1}{3} \left(\frac{\varepsilon}{\varepsilon_p} \right)^2 \right\}$

3. 하중과 변형률과의 관계식 산정

1) 힘의 평형 조건

$2F_1 \cos 60° + F_2 = P \to F_1 + F_2 = P$

2) $F_1 = \sigma_1 A_1 = \frac{E\varepsilon}{4} \left\{ 1 - \frac{1}{3} \left(\frac{\varepsilon}{4\varepsilon_p} \right)^2 \right\} \times 4A = E\varepsilon \left\{ 1 - \frac{1}{3} \left(\frac{\varepsilon}{4\varepsilon_p} \right)^2 \right\} A$

$F_2 = \sigma_2 A_1 = E\varepsilon \left\{ 1 - \frac{1}{3} \left(\frac{\varepsilon}{\varepsilon_p} \right)^2 \right\} \times A$

3) 앞의 2)를 1)에 대입하면

$$E\varepsilon\left\{1-\frac{1}{3}\left(\frac{\varepsilon}{4\varepsilon_p}\right)^2\right\}A+E\varepsilon\left\{1-\frac{1}{3}\left(\frac{\varepsilon}{\varepsilon_p}\right)^2\right\}=P$$

$$\therefore P=E\varepsilon A\left\{2-\frac{17}{48}\left(\frac{\varepsilon}{\varepsilon_p}\right)^2\right\}$$

4. ②번 부재의 응력에 대한 하중의 비율

$$\frac{P}{\sigma_2}=\frac{E\varepsilon A\left\{2-\frac{17}{48}\left(\frac{\varepsilon}{\varepsilon_p}\right)^2\right\}}{E\varepsilon\left\{1-\frac{1}{3}\left(\frac{\varepsilon}{\varepsilon_p}\right)^2\right\}}=\frac{A\left\{2-\frac{17}{48}\left(\frac{\varepsilon}{\varepsilon_p}\right)^2\right\}}{\left\{1-\frac{1}{3}\left(\frac{\varepsilon}{\varepsilon_p}\right)^2\right\}} \quad (여기서,\ \varepsilon=\frac{\delta}{l})$$

02 단면의 성질

1. 단면 1차 모멘트(Geometrical Moment of Area)

1) 정의

임의 단면의 임의 축에 대한 모멘트로서 기하 모멘트 또는 면적 모멘트라고 함

2) x축에 대한 단면 1차 모멘트

G_x = 단면적 × x축에서 단면 도심까지 거리

$$=\int_A y\,dA=\sum a_i y_i=A\,y_0$$

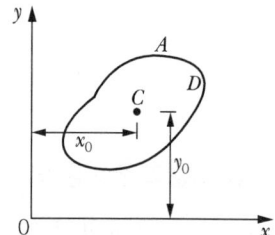

3) y축에 대한 단면 1차 모멘트

G_y = 단면적 × y축에서 단면 도심까지 거리

$$=\int_A x\,dA=\sum a_i x_i=A\,x_0$$

4) 장방형 단면의 단면 1차 모멘트

① $A = b\left(\dfrac{h}{2} - y\right)$

② $y_0 = \dfrac{h}{4} + \dfrac{y}{2}$

③ $G_x = A y_0 = b\left(\dfrac{h}{2} - y\right)\left(\dfrac{h}{4} + \dfrac{y}{2}\right) = \dfrac{1}{2}b\left(\dfrac{h^2}{4} - y^2\right)$

④ $y = \dfrac{h}{2}$; $G_x = \dfrac{1}{2}b\left(\dfrac{h^2}{4} - \dfrac{h^2}{4}\right) = 0$

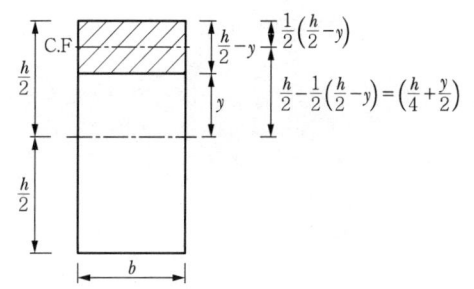

2. 단면의 도심(Center of Figure)

1) 개요

① 단면 1차 모멘트(기하모멘트)가 "0"인 점으로 단면 1차 모멘트의 기준점

② 도형의 두께가 일정한 경우, 도형의 무게 중심은 도심과 같다.

③ 평면 도형이 대칭축을 가지면 그 대칭축도 반드시 도심을 지나고, 그 축에 대한 단면 1차 모멘트는 "0"이 됨

2) x축에 대한 도심 : $y_0 = \dfrac{\sum a_i y_i}{A} = \dfrac{G_x}{A} = \dfrac{\int_A y\,dA}{\int_A dA}$

3) y축에 대한 도심 : $x_0 = \dfrac{\sum a_i x_i}{A} = \dfrac{G_y}{A} = \dfrac{\int_A x\,dA}{\int_A dA}$

4) 구형(矩形) 단면의 도심 위치 산정

① 단면적 : $A = bh$

② x축에 대한 단면 1차 모멘트

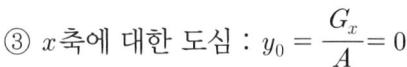

$G_x = \int_A y\,dA = \int_{-\frac{h}{2}}^{\frac{h}{2}} y(b\,dy) = b\left[y^2/2\right]_{-h/2}^{h/2} = 0$

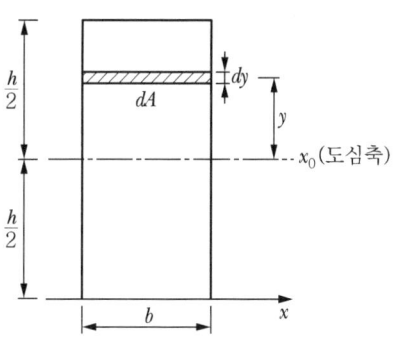

③ x축에 대한 도심 : $y_0 = \dfrac{G_x}{A} = 0$

※ 도심축에 대한 단면 1차 모멘트는 0이다.

5) 반원형 단면의 도심 위치 산정

① 단면 형상

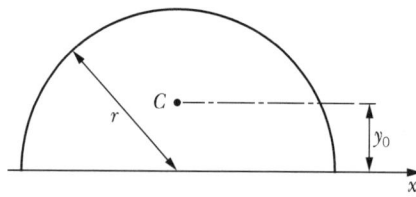

② 단면적 : $A = \dfrac{\pi r^2}{2}$

③ x축에 대한 단면 1차 모멘트

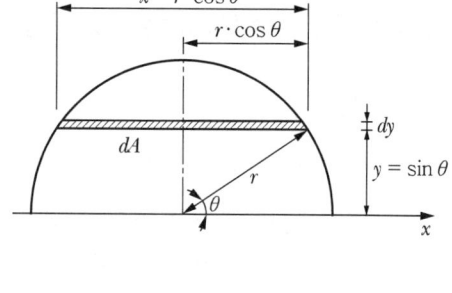

㉠ $x = 2r\cos\theta$

㉡ $y = r\sin\theta \rightarrow dy = r\cos\theta d\theta$

㉢ $G_x = \displaystyle\int_A y\,dA = \int_0^r y(x\,dy)$

$= \displaystyle\int_0^{\frac{\pi}{2}} (r\sin\theta)(2r\cos\theta)(r\cos\theta\,d\theta)$

$= \displaystyle\int_0^{\frac{\pi}{2}} 2r^3(\sin\theta\cos^2\theta)d\theta = 2r^3\left[-\cos^3\theta/3\right]_0^{\frac{\pi}{2}}$

$= \dfrac{2r^3}{3}\left[-(0)+1\right] = \dfrac{2r^3}{3}$

④ x축에 대한 도심 : $y_0 = \dfrac{G_x}{A} = \dfrac{(2r^3/3)}{(\pi r^2/2)} = \dfrac{4r}{3\pi}$

3. 단면 2차 모멘트(Second Moment of Area)

1) 개요

① 미소면적 dA와 직교축에서 미소면적까지의 거리를 x, y라 하면 $x^2 dA$와 $y^2 dA$를 각각 전단면에 관하여 적분한 것을 단면 2차 모멘트라 함

② 단면 모멘트를 정의할 때는 기준되는 축이 어디인지를 확인해야 함

2) 산정식

① $I_x = \int_A y^2 dA$

② $I_y = \int_A x^2 dA$

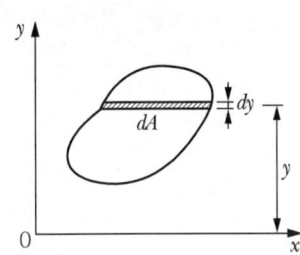 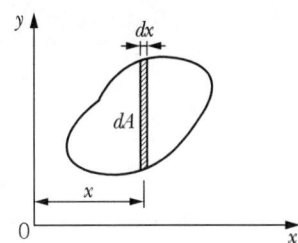

3) 평행축 정리 적용

① 개요

도심축에 대하여 단면 2차 모멘트를 구하는 것이 아니라 평행 이동한 임의의 축에 대해서 단면 2차 모멘트를 구할 경우 적용

② 평행축 정리를 이용한 단면 2차 모멘트 산정

$$I_x = \int_A (y-e)^2 dA = \int_A (y^2 - 2ye + e^2) dA$$
$$= \int_A y^2 dA - 2\int_A ye\, dA + \int_A e^2 dA$$
$$= I_{xo} - 0 + Ae^2 = I_{xo} + Ae^2$$

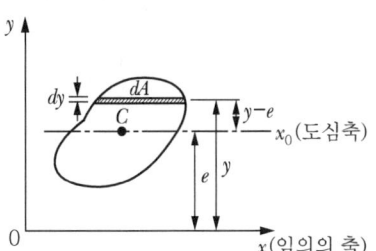

여기서, I_{xo} : 도심축에 대한 단면 2차 모멘트

$\int_A y\, dA = 0$: 도심축에 대한 단면 1차 모멘트=0

4) 구형 단면의 단면 2차 모멘트

$$I_{xo} = \int_A y^2 dA = \int_{-\frac{h}{2}}^{\frac{h}{2}} y^2 (b\, dy) = b\left[y^3/3\right]_{-\frac{h}{2}}^{\frac{h}{2}}$$
$$= \frac{2}{3}\left[y^3\right]_0^{\frac{h}{2}} = \frac{bh^3}{12}$$

$$I_x = I_{xo} + Ae^2 = \frac{bh^3}{12} + (bh)\left(\frac{h}{2}\right)^2 = \frac{bh^3}{3}$$

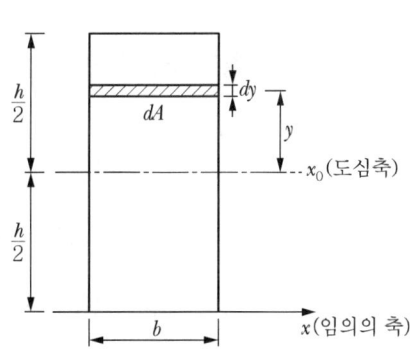

5) 삼각형 단면의 단면 2차 모멘트

① 도심축 위치

$y_o = \dfrac{h}{3}$

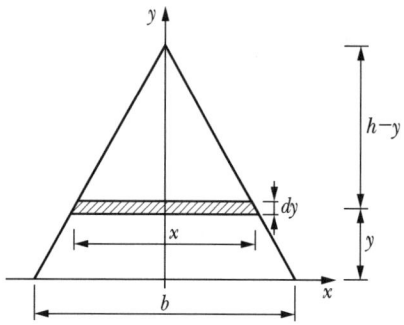

② 삼각형 밑변축에 대한 단면 2차 모멘트

$$I_x = \int_A y^2 dA = \int_0^h y^2 (x\,dy) = \int_0^h b\dfrac{y^2(h-y)}{h} dy = \dfrac{bh^3}{12}$$

여기서, $x : b = (h-y) : h \rightarrow x = b(h-y)/h$

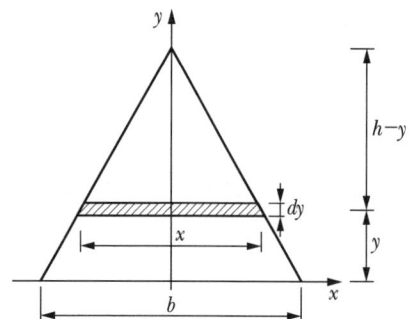

③ 도심축에 대한 단면 2차 모멘트

$$I_{xo} = I_x - Ae^2 = \dfrac{bh^3}{12} - \left(\dfrac{bh}{2}\right)\left(\dfrac{h}{3}\right)^2 = \dfrac{bh^3}{36}$$

6) 원형 단면의 단면 2차 모멘트

① 도심축에 대한 단면 2차 모멘트

㉠ $I_x = \displaystyle\int_A y^2 dA = 2\int_0^R y^2(2x\,dy) = 4\int_0^R xy^2 dy$

ⓛ 원의 방정식 $x^2+y^2=R^2$ 에서 $x=R\cos\theta$, $y=R\sin\theta$로 가정

$dy = R\cos\theta\,d\theta$

$$I_x = 4\int_0^{\frac{\pi}{2}}(R\cos\theta)(R\sin\theta)^2(R\cos\theta\,d\theta) = 4R^4\int_0^{\frac{\pi}{2}}\cos^2\theta\sin^2\theta\,d\theta$$

ⓒ 삼각함수 배각공식 $\sin2\theta = 2\sin\theta\cos\theta$ 이므로

$$I_x = 4R^4\int_0^{\frac{\pi}{2}}\left(\frac{\sin2\theta}{2}\right)^2 d\theta = R^4\int_0^{\frac{\pi}{2}}(\sin2\theta)^2\,d\theta$$

ⓔ $\cos4\theta = 1 - 2(\sin2\theta)^2 \rightarrow (\sin2\theta)^2 = \dfrac{1-\cos4\theta}{2}$ 이므로

$$I_x = R^4\int_0^{\frac{\pi}{2}}\left(\frac{1-\cos4\theta}{2}\right)d\theta = \frac{R^4}{2}\int_0^{\frac{\pi}{2}}(1-\cos4\theta)\,d\theta = \frac{\pi R^4}{4} = \frac{\pi D^4}{64}$$

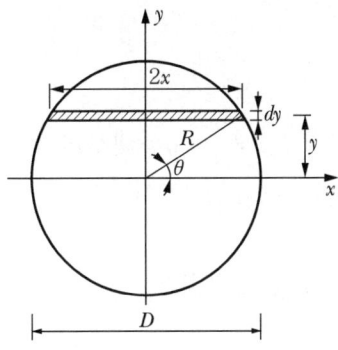

② 원형 단면 하단축에 대한 단면 2차 모멘트

$$I_x = I_{xo} + Ae^2 = \frac{\pi D^4}{64} + \frac{\pi D^2}{4}\left(\frac{D}{2}\right)^2 = \frac{5\pi D^4}{64}$$

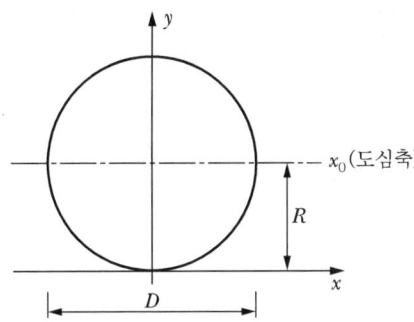

7) 단면 2차 중심

① 도형의 전면적이 어떠한 점에 집중하였다고 생각하고, 주어진 축에 대한 이 점의 단면 2차 모멘트 크기가 주어진 축에 대한 분포된 면적의 단면 2차 모멘트와 같은 크기가 되는 경우, 이 점을 단면 2차 중심이라고 한다.

② 단면 2차 중심에서 주어진 점까지 거리를 단면 2차 반지름, 회전 반지름 또는 관성 반지름이라고 한다.

③ 산정식

$$r_x = \sqrt{\frac{I_x}{A}}, \ r_y = \sqrt{\frac{I_y}{A}}$$

4. 단면 2차 상승 모멘트(Product of Inertia)와 주축(Principal Axis)

1) 정의

평면도형상의 미소면적 dA에 x, y축에서의 직각 거리 x, y를 곱하여 전 면적에 걸쳐 적분한 것을 단면 상승 모멘트라 함.

2) xy축에 대한 단면 상승 모멘트

$$I_{xy} = I_{x_0y_0} + \int_A (x \cdot y)dA$$

여기서, $I_{x_0y_0}$: 도형의 도심축에 대한 단면 상승 모멘트

(x_0, y_0 도심축 중 어느 한쪽이라도 도형이 대칭이면 $I_{x_0y_0} = 0$)

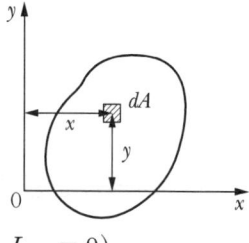

3) 주축(Principal Axis)

① 정의
  ㉠ 임의의 평면 좌표에서 원점 O를 중심으로 xy 직교좌표를 360도 회전시키면 I_x와 I_y가 계속 변화하면서 최대 단면 2차 모멘트를 나타내는 축과 최소 단면 2차 모멘트를 나타내는 축이 발생하는데, 이때 최대 및 최소 단면 2차 모멘트 값을 갖는 좌표축
  ㉡ 도형의 도심을 지나고 $I_{xy} = 0$이 되는 축

② 직교축을 회전각 θ만큼 회전시킬 경우 단면 2차 모멘트, 단면 상승 모멘트 산정
  ㉠ 좌표축의 회전에 대한 좌표 변환식

$$x' = x\cos\theta + y\sin\theta$$
$$y' = -x\sin\theta + y\cos\theta$$

ⓒ 회전 좌표축에 대한 단면 2차 모멘트, 단면 상승 모멘트

$$I_{x'} = \int y'^2 dA = \int (-x\sin\theta + y\cos\theta)^2 dA$$
$$= \cos^2\theta \int y^2 dA + \sin^2\theta \int x^2 dA - 2\sin\theta\cos\theta \int xy\, dA$$
$$= I_x \cos^2\theta + I_y \sin^2\theta - 2I_{xy}\sin\theta\cos\theta$$
$$= I_x \frac{1+\cos 2\theta}{2} + I_y \frac{1-\cos 2\theta}{2} - I_{xy}\sin 2\theta$$
$$= \left(\frac{I_x + I_y}{2}\right) + \left(\frac{I_x - I_y}{2}\right)\cos 2\theta - I_{xy}\sin 2\theta$$

여기서, $2\cos^2\theta = 1 + \cos 2\theta$, $2\sin^2\theta = 1 - \cos 2\theta$, $2\sin\theta\cos\theta = \sin 2\theta$

$$I_{y'} = \int x'^2 dA = \int (y\sin\theta + x\cos\theta)^2 dA$$
$$= \sin^2\theta \int y^2 dA + \cos^2\theta \int x^2 dA + 2\sin\theta\cos\theta \int xy\, dA$$
$$= I_x \sin^2\theta + I_y \cos^2\theta + 2I_{xy}\sin\theta\cos\theta$$
$$= I_x \frac{1-\cos 2\theta}{2} + I_y \frac{1+\cos 2\theta}{2} + I_{xy}\sin 2\theta$$
$$= \left(\frac{I_x + I_y}{2}\right) - \left(\frac{I_x - I_y}{2}\right)\cos 2\theta + I_{xy}\sin 2\theta$$

$$I_{x'y'} = \int x'y'\, dA = \int (y\sin\theta + x\cos\theta)(y\cos\theta - x\sin\theta) dA$$
$$= \sin\theta\cos\theta \int y^2 dA - \sin\theta\cos\theta \int x^2 dA + \cos^2\theta \int xy\, dA - \sin^2\theta \int xy\, dA$$
$$= (I_x - I_y)\sin\theta\cos\theta + I_{xy}(\cos^2\theta - \sin^2\theta)$$
$$= \left(\frac{I_x - I_y}{2}\right)\sin 2\theta + I_{xy}\cos 2\theta$$

③ 주축의 위치 산정

㉠ $I_{x'}$, $I_{y'}$가 최대, 최소가 되는 조건

$$\frac{dI_{x'}}{d\theta} = \frac{d}{d\theta}\left\{\left(\frac{I_x + I_y}{2}\right) + \left(\frac{I_x - I_y}{2}\right)\cos 2\theta - I_{xy}\sin 2\theta\right\}$$
$$= -2\left(\frac{I_x - I_y}{2}\right)\sin 2\theta - 2I_{xy}\cos 2\theta = 0$$

$$\therefore \tan 2\theta_P = \frac{-2I_{xy}}{I_x - I_y}$$

$$\frac{dI_{y'}}{d\theta} = \frac{d}{d\theta}\left\{\left(\frac{I_x + I_y}{2}\right) - \left(\frac{I_x - I_y}{2}\right)\cos 2\theta + I_{xy}\sin 2\theta\right\}$$

$$= 2\left(\frac{I_x - I_y}{2}\right)\sin 2\theta + 2I_{xy}\cos 2\theta = 0$$

$$\therefore \tan 2\theta_P = \frac{-2I_{xy}}{I_x - I_y}$$

ⓒ $\tan 2\theta_P = \dfrac{-2I_{xy}}{I_x - I_y}$ 일 경우 $\sin 2\theta_P$, $\cos 2\theta_P$

$\tan 2\theta_P = \dfrac{-2I_{xy}}{I_x - I_y}$ 일 경우 삼각함수를 도식화하면 아래 그림과 같이 표현할 수

있다. 이를 이용하면,

$$\cos 2\theta_P = \frac{I_x - I_y}{2\sqrt{\left(\dfrac{I_x - I_y}{2}\right)^2 + I_{xy}^2}}$$

$$\sin 2\theta_P = \frac{-I_{xy}}{\sqrt{\left(\dfrac{I_x - I_y}{2}\right)^2 + I_{xy}^2}}$$

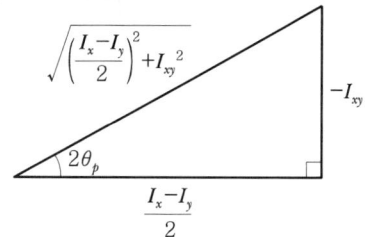

ⓒ $\tan 2\theta = \dfrac{-2I_{xy}}{I_x - I_y}$ 일 경우 $I_{x'y'}$

$$I_{x'y'} = \left(\frac{I_x - I_y}{2}\right)\sin 2\theta + I_{xy}\cos 2\theta$$

$$= -\left(\frac{I_x - I_y}{2}\right)\frac{I_{xy}}{\sqrt{\left(\dfrac{I_x - I_y}{2}\right)^2 + I_{xy}^2}} + I_{xy}\frac{I_x - I_y}{\sqrt{\left(\dfrac{I_x - I_y}{2}\right)^2 + I_{xy}^2}} = 0$$

따라서, 주축에서 단면 상승 모멘트는 0이다.

④ 주단면 2차 모멘트

㉠ $I_{x'} = \left(\dfrac{I_x + I_y}{2}\right) + \left(\dfrac{I_x - I_y}{2}\right)\cos 2\theta - I_{xy}\sin 2\theta$ 에

극값인 $\cos 2\theta_P$, $\sin 2\theta_P$ 를 대입하면

$$I_{x'} = \left(\frac{I_x + I_y}{2}\right) + \left(\frac{I_x - I_y}{2}\right)\frac{I_x - I_y}{2\sqrt{\left(\dfrac{I_x - I_y}{2}\right)^2 + I_{xy}^2}} - I_{xy}\frac{(-I_{xy})}{\sqrt{\left(\dfrac{I_x - I_y}{2}\right)^2 + I_{xy}^2}}$$

$$= \left(\frac{I_x + I_y}{2}\right) + \frac{1}{\sqrt{\left(\frac{I_x - I_y}{2}\right)^2 + I_{xy}^2}} \left\{\frac{(I_x - I_y)^2}{4} + I_{xy}^2\right\}$$

$$= \left(\frac{I_x + I_y}{2}\right) + \frac{1}{\sqrt{\left(\frac{I_x - I_y}{2}\right)^2 + I_{xy}^2}} \left\{\left(\frac{I_x - I_y}{2}\right)^2 + I_{xy}^2\right\}$$

$$= \left(\frac{I_x + I_y}{2}\right) + \sqrt{\left(\frac{I_x - I_y}{2}\right)^2 + I_{xy}^2}$$

ⓛ $I_{y'} = \left(\frac{I_x + I_y}{2}\right) - \left(\frac{I_x - I_y}{2}\right)\cos 2\theta + I_{xy}\sin 2\theta$ 에

극값인 $\cos 2\theta_P$, $\sin 2\theta_P$를 대입하면

$$I_{y'} = \left(\frac{I_x + I_y}{2}\right) - \left(\frac{I_x - I_y}{2}\right)\frac{I_x - I_y}{2\sqrt{\left(\frac{I_x - I_y}{2}\right)^2 + I_{xy}^2}} + I_{xy}\frac{(-I_{xy})}{\sqrt{\left(\frac{I_x - I_y}{2}\right)^2 + I_{xy}^2}}$$

$$= \left(\frac{I_x + I_y}{2}\right) - \frac{1}{\sqrt{\left(\frac{I_x - I_y}{2}\right)^2 + I_{xy}^2}} \left\{\frac{(I_x - I_y)^2}{4} + I_{xy}^2\right\}$$

$$= \left(\frac{I_x + I_y}{2}\right) - \frac{1}{\sqrt{\left(\frac{I_x - I_y}{2}\right)^2 + I_{xy}^2}} \left\{\left(\frac{I_x - I_y}{2}\right)^2 + I_{xy}^2\right\}$$

$$= \left(\frac{I_x + I_y}{2}\right) - \sqrt{\left(\frac{I_x - I_y}{2}\right)^2 + I_{xy}^2}$$

ⓒ 주단면 2차 모멘트

$$I_{\max, \min} = \frac{I_x + I_y}{2} \pm \sqrt{\left(\frac{I_x - I_y}{2}\right)^2 + (I_{xy})^2}$$

⑤ 주축의 특징

　ⓐ 도형의 대칭축에 대한 단면 상승 모멘트는 0이다.

　ⓑ 주축에서 단면 상승 모멘트 값은 0이다.

　ⓒ 주축은 한쌍의 직교축을 이룬다.

　ⓓ 주축에 대한 단면 2차 모멘트는 최대 및 최소이다.

　ⓔ 대칭축은 항상 주축이 되며, 그 축에 직교하는 축도 주축이 된다.

▶▶▶ 건축구조기술사   104-1-9

단면의 도심과 전단중심의 정의를 설명하시오.

1. 단면의 도심

1) 정의

단면 1차 모멘트(기하모멘트)가 "0"인 점으로 단면 1차 모멘트의 기준점

2) $x-y$평면에서 임의의 도형 도심 산정

① x축에 대한 도심

$$y_0 = \frac{\sum a_i y_i}{A} = \frac{G_x}{A} = \frac{\int_A y\,dA}{\int_A dA}$$

② y축에 대한 도심

$$x_0 = \frac{\sum a_i x_i}{A} = \frac{G_y}{A} = \frac{\int_A x\,dA}{\int_A dA}$$

3) 특징

① 도형의 두께가 일정한 경우, 도형의 무게중심은 도심과 같다.
② 평면 도형이 대칭축을 가지면 그 대칭축도 반드시 도심을 지나고, 그 축에 대한 단면 1차 모멘트는 "0"이 된다.

2. 전단중심

1) 정의

수평전단력의 비틀림 모멘트와 수직전단력의 비틀림 모멘트가 평형을 이루는 곳으로서 비틀림이 생기지 않고 휨변형만 발생하는 위치

2) 전단중심 위치 산정 기본식

웨브 중심에 대하여 취해지는 모멘트 평형으로 산정

$V \cdot e = F_f \cdot h$

여기서, F_f : 단면의 수평력(수평 전단 응력의 합)
h : 상하 수평력이 작용하는 위치의 수직 거리
V : 작용 수직 전단력
e : 단면의 전단 중심에 의한 거리

3) 특징

① 두 개의 축이 대칭인 보에 대해서, 전단 중심은 두 축의 교차점에 위치하여 도심과 일치

② 한 개의 축이 대칭인 보에 대해서, 전단 중심은 단면의 도심에 반드시 있지는 않음

③ 전단 중심은 단면이 휨에 대한 저항이 있으나 비틀림에 대한 저항이 없는 플레이트로 구성된 보에 대해서 중요함

▶▶▶ 건축구조기술사 　102-3-3

그림과 같은 타원에서 내접하는 직사각형의 y축에 대하여 다음을 구하시오.

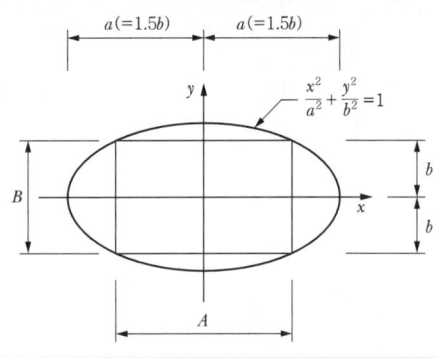

1 단면 2차 모멘트(I_y)가 최대로 되기 위한 $A:B$의 비를 구하고 이때의 단면 2차 모멘트 ($I_{y(\max)}$)를 구하시오.(단, $a = 1.5b$)

2 단면계수(S_y)가 최대로 되기 위한 $A:B$의 비를 구하고 이때의 단면계수($S_{y(\max)}$)를 구하시오.(단, $a = 1.5b$)

1. 단면 2차 모멘트(I_y)가 최대로 되기 위한 $A:B$의 비, 최대 단면 2차 모멘트 산정

1) 임의의 점에 대한 좌표 값

1사분면 타원과 직사각형 접점의 좌표를 (x, y)라 하면($x \geq 0, y \geq 0$)

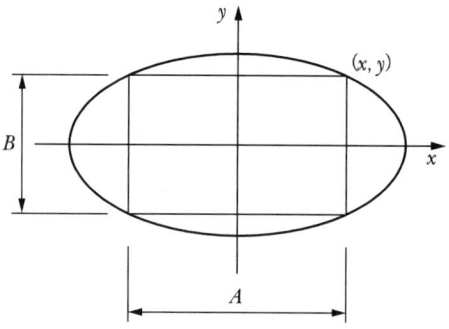

타원의 방정식 $\dfrac{x^2}{a^2} + \dfrac{y^2}{b^2} = 1$ 에서

문제 조건에서 $a = 1.5b$ 이므로

$\dfrac{x^2}{(1.5b)^2} + \dfrac{y^2}{b^2} = 1$

$\rightarrow y = b\sqrt{1 - \dfrac{x^2}{(1.5b)^2}} = b\sqrt{1 - \dfrac{4x^2}{9b^2}}$

2) 단면 2차 모멘트 산정

$A = 2x$, $B = 2y$

$I_y = \dfrac{BA^3}{12} = \dfrac{(2y)(2x)^3}{12} = \dfrac{4x^3 y}{3} = \dfrac{4x^3}{3} b\sqrt{1 - \dfrac{4x^2}{9b^2}}$

3) 단면 2차 모멘트가 최대일 경우 x, y 값

$\dfrac{dI_y}{dx} = \dfrac{4(\sin b)x^2 \sqrt{9b^2 - 4x^2}}{3} - \dfrac{16(\sin b)x^4}{9\sqrt{9b^2 - 4x^2}}$

$\dfrac{dI_y}{dx} = 0$ 인 $x = \dfrac{3\sqrt{3}\,b}{4}$

$y = b\sqrt{1 - \left(\dfrac{4}{9b^2}\right)\left(\dfrac{27b^2}{16}\right)} = \dfrac{b}{2}$

4) 단면 2차 모멘트 최댓값 $\left(x = \dfrac{3\sqrt{3}\,b}{4}\right)$

$I_{y(\max)} = \dfrac{4x^3}{3} b\sqrt{1 - \dfrac{4x^2}{9b^2}} = \dfrac{4}{3}\left(\dfrac{3\sqrt{3}\,b}{4}\right)^3 b\sqrt{1 - \dfrac{4}{9b^2}\left(\dfrac{3\sqrt{3}\,b}{4}\right)^2} = \dfrac{27\sqrt{3}\,b^4}{32}$

5) 단면 2차 모멘트(I_y)가 최대로 되기 위한 $A : B$의 비

$A : B = x : y = \dfrac{3\sqrt{3}}{4} b : \dfrac{b}{2} = \dfrac{3\sqrt{3}}{2} : 1$

2. 단면계수(S_y)가 최대로 되기 위한 $A : B$의 비, 최대 단면계수 산정

   1) 1사분면 임의의 좌표값 (x, y)를 꼭지점으로 하는 직사각형의 단면계수

   $A = 2x, \ B = 2y$

   $$S_y = \frac{BA^2}{6} = \frac{(2y)(2x)^2}{6} = \frac{4x^2 y}{3} = \frac{4x^2}{3} b \sqrt{1 - \frac{4x^2}{9b^2}}$$

   2) 단면계수가 최대일 경우 x, y 값

   $$\frac{dS_y}{dx} = \frac{8\sin(b) x \sqrt{9b^2 - 4x^2}}{9} - \frac{16\sin(b) x^3}{9\sqrt{9b^2 - 4x^2}}$$

   $$\frac{dS_y}{dx} = 0 \text{인 } x = \frac{\sqrt{6}\,b}{2}$$

   $$y = b\sqrt{1 - \frac{4x^2}{9b^2}} = \frac{\sqrt{3}}{3} b$$

   3) 단면계수(S_y)가 최대로 되기 위한 $A : B$의 비

   $$A : B = x : y = \frac{\sqrt{6}}{2}b : \frac{\sqrt{3}}{3}b = \frac{\sqrt{6}}{2} : \frac{\sqrt{3}}{3}$$

   4) 최대 단면계수

   $$S_{y(\max)} = S_{(x = \sqrt{6}\,b/2)} = \frac{2\sqrt{3}}{3} b^3$$

03 응력과 변형률

1 응력의 표기방법

1. 개요

수직응력이나 전단응력을 표기할 때는 아래 첨자를 사용하여 응력이 작용하는 면과 작용하는 방향 표시

2. 표기방법

1) 전단응력의 아래첨자

① 앞첨자 : 응력이 작용하는 면
② 뒤첨자 : 응력이 작용하는 방향
예 : τ_{xz} − x평면에서 z축 방향으로 작용하는 전단응력

2) 수직응력의 아래첨자

① 첨자를 1개 사용할 경우 : 수직응력이 작용하는 면
　예 σ_x − x평면에서 작용하는 수직응력
② 첨자를 2개 사용할 경우 : 응력이 작용하는 방향
　㉠ 앞첨자 : 응력이 작용하는 면
　㉡ 뒤첨자 : 좌표축 방향

$$\sigma_{xx} \begin{array}{l} \text{좌표축 방향} \\ \text{수직응력 작용면} \end{array}$$

※ $\sigma_x = \sigma_{xx}$
　수직응력은 응력이 작용하는 면에서 수직방향으로 작용하기 때문에 당연히 그 면의 좌표축을 향함

3. 표기방법 도식화

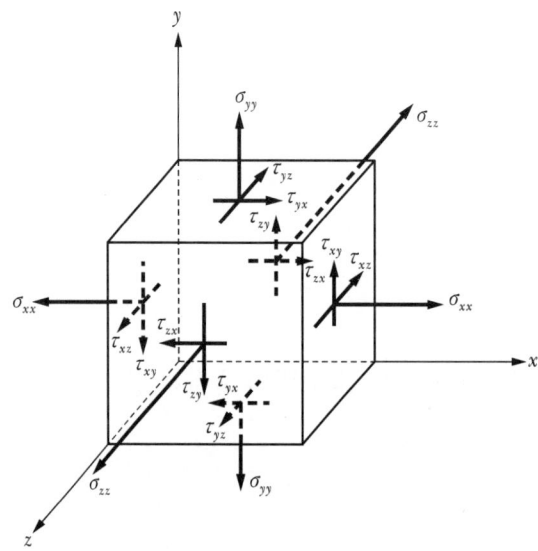

※ Stress Resultant
- 응력에 의해 발생된 힘
- 단면력 : 수직력, 휨 모멘트, 전단력, 비틀림 모멘트 등

2 응력분포

▶▶▶ 토목구조기술사 93-1-12

작용하중 P를 지지하기 위해 연약지반에 길이 $L=10\text{m}$인 강관말뚝을 설치하였고, 이 강관말뚝은 단위길이당 일정한 분포를 나타내는 마찰력(f)에 의해 지지되고 있다. 강관말뚝의 작용하중 $P=1,000\text{kN}$, 강관말뚝의 단면적 $A=0.01\text{m}^2$, 탄성계수 $E=200\text{GPa}$일 때 다음을 구하시오.(단, 강관말뚝의 자중은 무시하고, 작용하중 P만 고려한다.)

1 작용하중 P에 의해 줄어든 강관말뚝의 길이를 구하시오.
2 강관말뚝의 허용응력이 200MPa일 때, 강관말뚝의 안전성을 검토하고, 강관말뚝에 발생되는 응력분포를 구하시오.

1. 단위 길이당 마찰력

$$\sum V = 0\,;\, -P + fL = 0 \rightarrow f = P/L$$

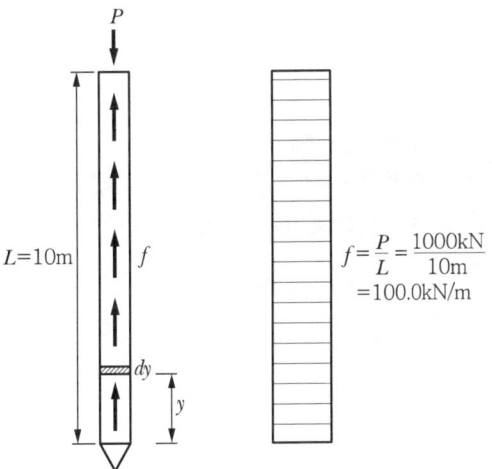

2. 파일 변형 길이

1) y점에서 축력
$$N(y) = f \cdot y$$

2) $d\delta = \dfrac{N(y)dy}{EA} = \dfrac{fy\,dy}{EA}$

3) $\delta = \int_0^L d\delta = \dfrac{f}{EA}\int_0^L y\,dy = \dfrac{fL^2}{2EA} = \dfrac{PL}{2EA}$

$= \dfrac{(1,000\times 10^3)\times(10\times 1,000)}{2\times(200\times 10^3)\times(0.01\times 10^6)} = 2.5\,\text{mm}$

3. 강관 말뚝의 응력

1) 응력 분포

$\sigma_c(y) = \dfrac{N(y)}{A} = \dfrac{fy}{A} = \dfrac{Py}{AL}$

$\sigma_c(L) = \dfrac{PL}{AL} = \dfrac{P}{A}$

2) 최대 응력 검토

$\sigma_{c-\max} = \sigma_c(L) = \dfrac{P}{A} = \dfrac{1,000\times 10^3}{(0.01\times 10^6)}$

$= 100\,\text{MPa} < {}_c\sigma_a = 200\,\text{MPa}$

안전함

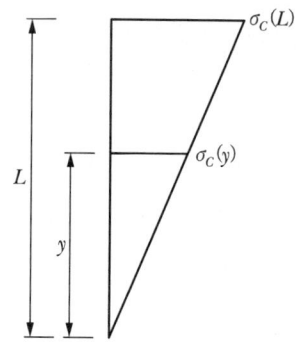

▶▶▶▶ 토목구조기술사 100-1-13

다음 그림과 같이 h = 25cm인 I빔에 2°의 경사로 휨 모멘트가 작용할 때, 수직으로 휨 모멘트가 작용할 경우보다 A점에서의 인장응력이 몇 % 증가하는지 계산하시오. (단, 단면 2차 모멘트 $I_z = 5,700\,\text{cm}^4$, $I_y = 330\,\text{cm}^4$이다.)

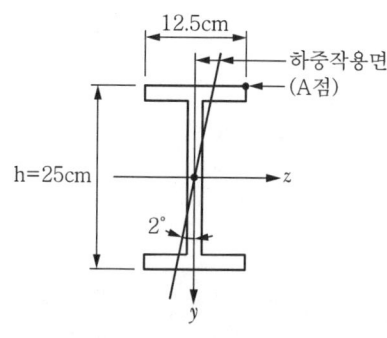

1. 수직으로 휨 모멘트가 작용할 경우($M = M_x$) A점의 인장응력

$$\sigma_x = \frac{M_x}{I_x} y = \frac{M}{5,700} \times 12.5 = 2.193 \times 10^{-3} M$$

2. 2°의 경사로 휨 모멘트가 작용할 때 경우 y, z축에 대한 휨 모멘트

경사각 $\theta = 0°$일 경우 $M_z = M$, $M_y = 0$이고 $\theta = 90°$일 경우 $M_z = 0$, $M_y = M$이므로 임의의 경사각 θ에 대해 각 축에 작용하는 휨 모멘트 $M_z = M\cos\theta$, $M_y = M\sin\theta$

3. A점의 좌표

$y = -12.5$cm, $z = 6.25$cm

4. $\theta = 2°$일 경우 A점의 인장응력

$$\sigma_x = \frac{M_y}{I_y} z - \frac{M_z}{I_z} y = \frac{M\sin 2°}{330}(6.25) - \frac{M\cos 2°}{5,700}(-12.5) = 2.853 \times 10^{-3} M$$

5. 인장응력 증가율

$$\frac{\sigma_x(2°경사)}{\sigma_x(수직)} = \frac{2.853 \times 10^{-3} M}{2.193 \times 10^{-3} M} = 1.3$$

∴ 인장응력은 30% 증가함

3 변형에너지(Strain Energy)

1. 개요

변형에너지는 구조물에 하중이 작용하는 동안 부재에 흡수된 에너지 내부일과 같고 하중 – 변위선도(Load Deflection Diagram)의 아랫부분의 면적과 같다.

2. 탄성, 비탄성 변형에너지

① 탄성 변형에너지 : 하중이 제거될 때 원형으로 회복 가능한 에너지
② 비탄성 변형에너지 : 하중이 제거 되어도 원상태로 회복이 안 되고 영구변형(잔류응력이 남게 되어, 그 과정에서 손상된 에너지)

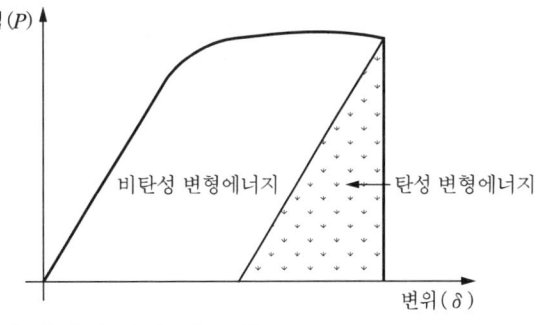

3. 탄성 축 변형에너지

1차 함수

$$U = \frac{1}{2}\int_0^L \frac{P^2}{EA}dx = \frac{1}{2}\int_0^L EA\varepsilon^2 dx = \frac{1}{2}\int_0^L P\varepsilon dx$$

4. 탄성 휨 변형에너지

2차 함수 변형

$$U = \frac{1}{2}\int_0^L \frac{M^2}{EI}dx = \frac{1}{2}\int_0^L (EIy'')^2 dx = \frac{1}{2}\int_0^L My''dx$$

※ 곡률과 휨 모멘트의 관계식

$$\phi = \frac{1}{\rho} = \frac{M}{EI},\ \phi = \frac{d^2y}{dx^2} \rightarrow \frac{d^2y}{dx^2} = \frac{M}{EI} \rightarrow M = EI\frac{d^2y}{dx^2} = EIy''$$

▶▶▶ 건축구조기술사 57-1-8

터프니스 계수(Modulus of Toughness)에 대해서 설명하시오.

1. 개요

1) 터프니스(Toughness)

① 재료가 파단되기 전까지 에너지를 흡수할 수 있는 능력
② 인성(靭性)이라고도 한다.
③ 재료가 손상을 입더라도 파단되지 않고 버틸 수 있는 능력

2) 터프니스 계수(인성 계수)

① 재료의 파괴지점까지 응력을 가했을 때 변형에너지 밀도를 말하며, 전체 응력-변형률 곡선하에 있는 면적
② 연성재료에서는 값이 크고, 취성재료일수록 값이 적다.

2. 연성 재료와 취성 재료의 변형에너지

1) 연성 재료

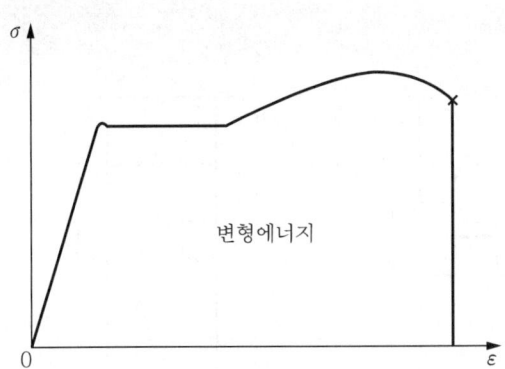

2) 취성 재료

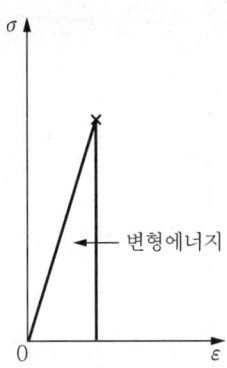

3. 인성의 종류

1) 인성은 재료의 강도와 연성에 의해 좌우된다.

2) 노치인성(Notch Toughness)

   노치가 있거나 다른 응력집중 현상이 있는 재료의 취성파괴에 대한 저항 능력

3) 파괴인성(Fracture Toughness)

   노치의 크기와 파괴응력에 관련하여 노치인성의 정량적인 비교값의 의미로 파괴인성이라고 한다.

▶▶▶▶ 건축구조기술사 99-2-1

다음 그림에서 원형단면 부재 (a)~(c)의 변형에너지를 구하고, 정하중과 동하중 작용시 효과에 대하여 설명하시오.

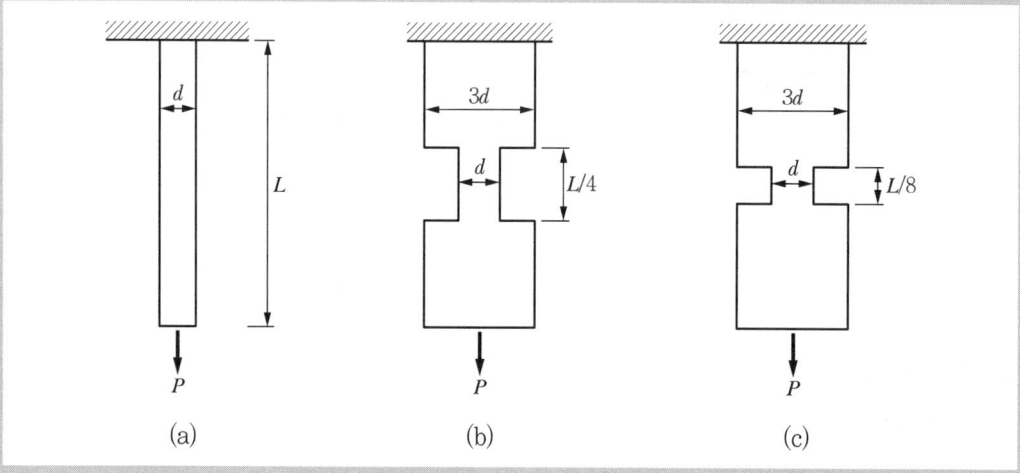

1. 가정

원형단면 부재의 자중은 무시

2. 축 부재의 탄성 변형에너지 일반식

$$U = \int_0^L \frac{P_x^2}{2EA_x} dx$$

3. (a) 부재의 탄성 변형에너지

$$U_1 = \int_0^L \frac{P_x^2}{2EA_x} dx = \frac{P^2}{2EA} L \quad \left(A = \frac{\pi d^2}{4} \right)$$

4. (b) 부재의 탄성 변형에너지

$$U_2 = \int_0^L \frac{P_x^2}{2EA_x} dx = \frac{P^2}{2EA} \left(\frac{L}{4} \right) + \frac{P^2}{2E(9A)} \left(\frac{3L}{4} \right)$$

$$= \frac{P^2}{8EA} L + \frac{3P^2}{72EA} L = \frac{P^2}{6EA} L = \frac{1}{3} U_1 \quad \left(A = \frac{\pi d^2}{4} \right)$$

5. (c) 부재의 탄성 변형에너지

$$U_3 = \int_0^L \frac{P_x^2}{2EA_x}dx = \frac{P^2}{2EA}\left(\frac{L}{8}\right) + \frac{P^2}{2E(9A)}\left(\frac{7L}{8}\right)$$

$$= \frac{P^2}{16EA}L + \frac{7P^2}{144EA}L = \frac{P^2}{9EA}L = \frac{2}{9}U_1 \quad \left(A = \frac{\pi d^2}{4}\right)$$

6. 결론

부재에 노치 또는 결함이 있을 경우 결함 구간의 길이가 짧을수록 탄성 변형에너지가 적음

7. 정하중 작용시 효과

① 하중이 정적으로 작용할 경우 세 개 봉은 모두 같은 최대 응력 P/A를 갖음
② 세 개의 봉은 모두 같은 정적 하중 부담 능력을 갖음

8. 동하중 작용시 효과

① 같은 양의 외부일이 세 개의 봉에 작용할 경우 에너지 흡수 능력인 탄성 변형에너지가 가장 작은 (c) 부재에 최대 응력이 발생함
② 단면적이 크더라도 작은 폭의 홈(Groove)을 갖는 부재의 경우 동적 에너지 흡수 능력이 작음
③ 하중이 동적으로 작용할 경우 에너지 흡수 능력인 변형에너지가 작은 부재는 동하중 작용시 큰 피해를 입음

▶▶▶ **토목구조기술사** 94-1-7

강재의 취성파괴 방지를 위한 설계 및 제작과정에서 고려해야 할 유의사항에 대하여 설명하시오.

1. 정의

강구조물에서 응력 집중원(Notch, Bolt Hole, 용접 등)이 많고, 저온으로 냉각하거나 충격하중이 적용될 경우 작용하중에 의한 응력이 강재의 인장강도나 항복강도 이하일지라도 변형을 일으키지 않고 갑자기 파괴되는 현상을 취성파괴라 함

2. 특징

① 파괴의 진행속도가 빠름
② 비교적 저온에서 발생

③ 구조적 절취부, 용접부 결함이 발생 원인
④ 비교적 낮은 평균응력에서 파괴

3. 원인

1) 사용강재의 인성 부족

① 재료의 화학성분 불량, 금속조직 결함
② 열처리 미흡, 용접열 영향으로 인한 이상 경화
③ 용접재료 불량, 용접작업 불량
④ 잔류응력의 영향
⑤ 경도가 너무 큰 고강도 강재 사용
⑥ 온도저하로 인한 인성 감소

2) 결함에 의한 응력 집중

① 용접결함(용접 균열)
② 강관 두께의 급결한 변화
③ 응력 부식
④ Bolt 구멍, Notch의 마모 및 소성변형

3) 반복하중에 의한 피로 현상

4. 대책

1) 부재 이음부 설계시 응력 집중 계수가 최소가 되도록 한다.
2) 고강도 강재 선택시 충격 흡수 에너지(Charpy 충격치)를 고려한다.
3) 동절기 용접 작업시 예열 등의 열처리를 실시한다.
4) 가설시 이음부에 과도한 외력이 작용하지 않도록 한다.

5. 결론

강재의 취성파괴는 소성변형을 동반하지 않고 갑자기 파괴되는 불안전한 파괴형식이므로 그 원인으로 거론되는 재료의 인성부족, 결함에 의한 응력집중, 반복하중에 의한 영향을 고려해야 한다.

4 전단응력과 전단 흐름

1. 연직 하중을 받는보의 자유 물체도

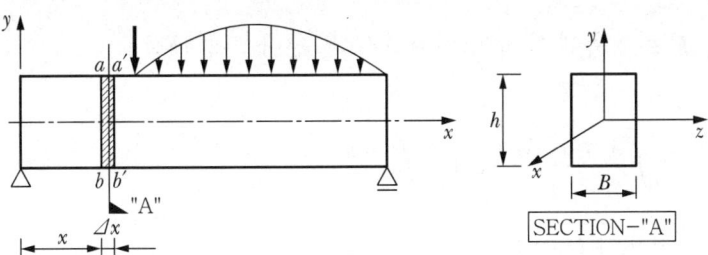

2. 길이 Δx인 부분에 대해서 요소의 부재력과 휨응력 분포

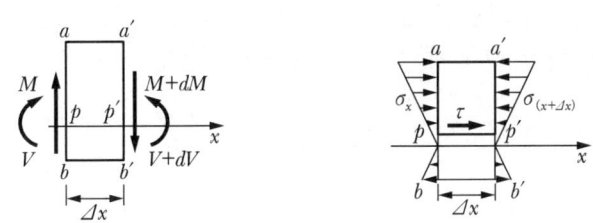

※ σ_x는 휨 모멘트에 의한 응력으로 $\sigma_x = M/y$로 산정

3. 전단응력 산정

1) 중립축으로부터 y만큼 떨어진 미소면적 dA에 대해서
   미소요소에 직각방향으로 작용하는 힘 $= \sigma_x dA$

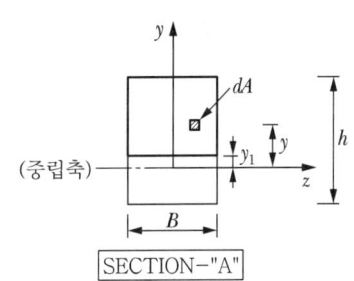

2) 미소요소가 $a-p$ 면에 존재한다면
   단면에 대한 직각방향 힘은 $\sigma_x dA = \dfrac{My}{I} dA$

3) $a-p$ 면에 작용하는 수평력 F_1

$$F_1 = \int \dfrac{My}{I} dA \text{ (적분구간은 } y_1 \text{로부터 상부면까지 구간)}$$

4) $a'-p'$ 면에 작용하는 수평력 F_2

$$F_2 = \int \dfrac{(M+dM)y}{I} dA \text{ (적분구간은 } y_1 \text{로부터 상부면까지 구간)}$$

5) $p-p'$면에 작용하는 수평력 F_3
   (전단응력 τ가 보의 폭 B를 따라 균일 분포로 가정)
   $F_3 = \tau B\,dx$ ($B\,dx$는 요소 하부면의 면적에 해당)

6) F_1, F_2, F_3는 x축에 대하여 평형조건식, 전단응력 산정
   $F_3 = F_2 - F_1$
   $\rightarrow \tau B\,dx = \int \dfrac{(M+dM)y}{I}dA - \int \dfrac{My}{I}dA$
   $\rightarrow \tau = \dfrac{dM}{dx}\left(\dfrac{1}{IB}\right)\int y\,dA$

   여기서, $\int y\,dA$은 전단응력이 작용하는 위치 $y=y_1$에서 상부면까지 중립축에 대한
   단면 1차 모멘트 Q
   전단력과 휨 모멘트와의 관계에서 $V = dM/dx$
   따라서 전단응력 $\tau = \dfrac{dM}{dx}\left(\dfrac{1}{IB}\right)Q = \dfrac{VQ}{IB}$

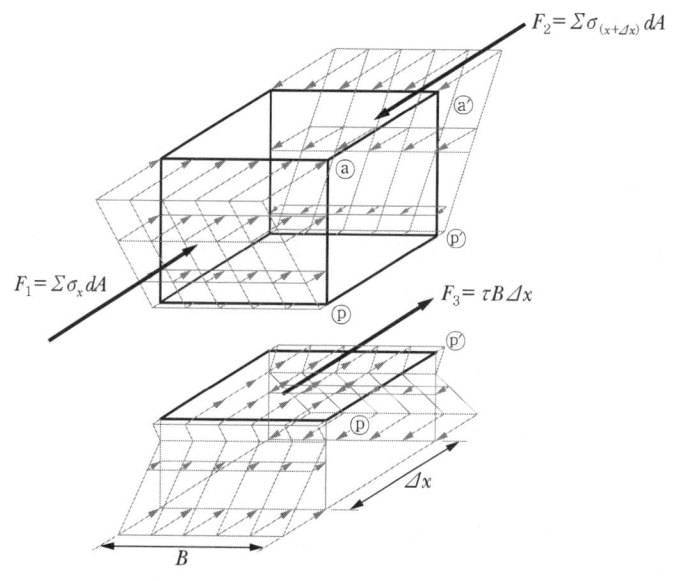

4. 전단흐름 정의 및 산정

1) 전단흐름의 정의 및 표현

① $p-p'$면에 작용하는 전단응력 τ가 보의 폭 B를 따라 일정한 분포로 작용하지 않다고 가정하면 $F_3 = f\,dx$로 표현할 수 있는데, 여기서, f는 보의 부재축을 따라 작용하는 전단력으로 전단흐름(Shear Flow)이라고 한다.

② 두께가 지름에 비해서 매우 작은 관에서 어느 단면이든지 전단응력(τ)과 부재단면 두께(t)의 곱 τt는 일정하다. 즉, $\tau t = f$(constant)이며 이 f를 전단흐름이라 한다. 이는 유체 역학에서 가는 관과 그 속을 통과하는 유속과의 관계와 유사하다. 관의 내공단면적 A와 유속 V 그리고 유량 Q와의 관계는 $Q = AV$로 단면적 A가 작으면 (t가 작으면) 유속 V(전단응력 τ)는 커지고 반대로 단면적이 커지면 유속은 감소한다. 전단흐름의 개념은 이런 유사성에서 붙여진 이름이다.

2) 전단흐름의 산정

$$F_3 = f\,dx = F_2 - F_1$$

$$\rightarrow f\,dx = \int \frac{(M+dM)y}{I}dA - \int \frac{My}{I}dA$$

$$f = \frac{dM}{dx}\left(\frac{1}{I}\right)\int y\,dA$$

따라서 전단흐름 $f = \dfrac{VQ}{I}$ ($p-p'$ 하부면에 작용하는 전단 흐름)

5. 전단흐름의 적용

전단흐름 공식은 y축에 대하여 대칭인 단면이라면 어떤 보에 대해서도 유용하며, 조립보의 경우 용접치수, 볼트의 크기 및 간격을 결정하는 데 적용됨

6. 전단흐름과 전단응력 산정 예

1) H – 형강

① 단면 형상

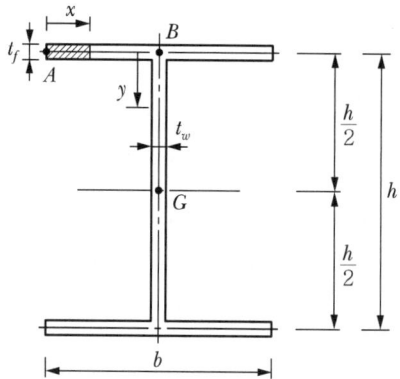

② 상부 Flange 단부에서 임의의 거리 x에서의 전단흐름, 전단응력

㉠ 단면 1차 모멘트 $Q_x = (t_f\, x)\dfrac{h}{2}$

㉡ 전단흐름

   단면에 작용하는 전단력을 V라 하면

   $$f_f = \dfrac{VQ_x}{I_x} = \dfrac{Vt_f h}{2I_x}x$$

㉢ 전단응력

   $$\tau_f = \dfrac{f_f}{t_f} = \dfrac{Vh}{2I_x}x$$

   ∴ 상부 Flange의 전단응력 τ_f는 Flange 단부에서의 거리 x에 비례함

③ 상부 Flange에서 Web 부분으로의 임의의 수직거리 y에서의 전단흐름, 전단응력

㉠ B점에서 단면 1차 모멘트

   $$Q_B = Q_{(x=b/2)} = \left(t_f\, \dfrac{b}{2}\right)\dfrac{h}{2} = \dfrac{t_f b h}{4}$$

㉡ 임의의 y에서 단면 1차 모멘트

   $$Q_y = Q_B + (yt_w)\left(\dfrac{h}{2} - \dfrac{y}{2}\right) = \dfrac{t_f b h}{4} + (yt_w)\left(\dfrac{h}{2} - \dfrac{y}{2}\right)$$

㉢ 전단흐름

   $$f_w = \dfrac{VQ_y}{I_x} = \dfrac{V}{I_x}\left\{\dfrac{t_f b h}{4} + t_w\left(\dfrac{h}{2}y - \dfrac{y^2}{2}\right)\right\}$$

㉣ 전단응력

   $$\tau_w = \dfrac{VQ_y}{I_x t_w} = \dfrac{V}{I_x t_w}\left\{\dfrac{t_f b h}{4} + t_w\left(\dfrac{h}{2}y - \dfrac{y^2}{2}\right)\right\}$$

   최대 전단응력점 $\tau_w' = \dfrac{V}{I_x t_w} t_w\left(\dfrac{h}{2} - y\right) = 0$인 $y = \dfrac{h}{2}$

웨브 중앙부인 O점에서의 전단응력

$$\tau_{\max} = \frac{V}{I_x t_w}\left\{\frac{t_f bh}{4} + t_w\left(\frac{h}{2} \times \frac{h}{2} - \frac{1}{2}\left(\frac{h}{2}\right)^2\right)\right\} = \frac{V}{I_x}\left(\frac{t_f bh}{4 t_w} + \frac{h^2}{8}\right)$$

④ 전단흐름 및 전단응력 분포

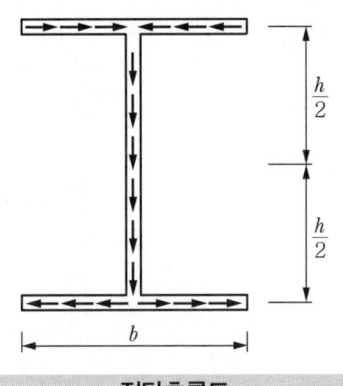

전단흐름도   전단응력도

2) ㄷ-형강

① 단면 형상

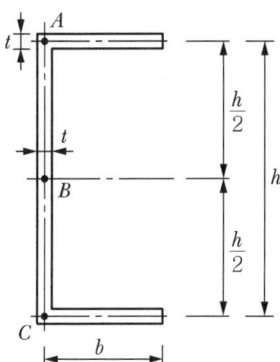

② 단면 2차 모멘트

$$I_x = \frac{1}{12} t h^3 + 2\left(\frac{b t^3}{12}\right) + 2 b t\left(\frac{h}{2}\right)^2$$

여기서, t^3은 거의 무시할 수 있으므로

$$I_x \fallingdotseq \frac{1}{12} t h^3 + 2 b t\left(\frac{h}{2}\right)^2 = \frac{t h^2}{2}\left(\frac{h}{6} + b\right)$$

③ 상부 Flange 단부에서 임의의 거리 x에서의 전단흐름, 전단응력
  ㉠ 단면 1차 모멘트
  $$Q_x = (tx)\frac{h}{2}$$

  ㉡ 전단흐름
  해당 단면에 작용하는 전단력이 V라면
  $$f_f = \frac{VQ_x}{I_x} = \frac{Vth}{2I_x}x$$

  ㉢ 전단응력
  $$\tau_f = \frac{f_f}{t} = \frac{Vh}{2I_x}x$$

  $x = b$일 때
  $$\tau_{f(A)} = \frac{Vh}{2I_x}b = \frac{Vh}{2}b \times \frac{2}{th^2\left(\frac{h}{6}+b\right)} = \frac{Vb}{th\left(\frac{h}{6}+b\right)}$$

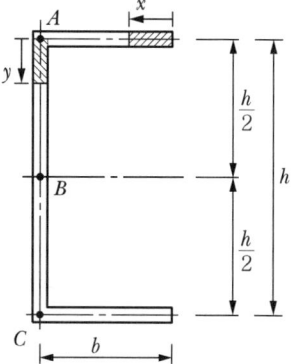

④ 상부 Flange에서 Web 부분으로의 임의의 수직거리 y에서의 전단흐름, 전단응력
  ㉠ A점에서 단면 1차 모멘트
  $$Q_A = Q_{(x=b)} = (tb)\frac{h}{2} = \frac{tbh}{2}$$

  ㉡ 임의의 y에서 단면 1차 모멘트
  $$Q_y = Q_A + (yt)\left(\frac{h}{2}-\frac{y}{2}\right) = \frac{tbh}{2} + (yt)\left(\frac{h}{2}-\frac{y}{2}\right)$$

  ㉢ 전단흐름
  $$f_y = \frac{VQ_y}{I_x} = \frac{V}{I_x}\left\{\frac{tbh}{2} + t\left(\frac{h}{2}y - \frac{y^2}{2}\right)\right\}$$

  ㉣ 전단응력
  $$\tau_y = \frac{VQ_y}{I_x t} = \frac{V}{I_x t}\left\{\frac{tbh}{2} + t\left(\frac{h}{2}y - \frac{y^2}{2}\right)\right\}$$

  최대 전단응력점 $\tau_y' = \frac{Vt}{I_x t}\left\{\left(\frac{h}{2}-y\right)\right\} = 0$인 $y = \frac{h}{2}$

  웨브 중앙부인 B점에서의 전단응력
  $$\tau_{y,\max} = \frac{V}{I_x t}\left\{\frac{tbh}{2} + t\left(\frac{h}{2} \times \frac{h}{2} - \frac{1}{2}\left(\frac{h}{2}\right)^2\right)\right\} = \frac{V}{I_x}\left\{\frac{bh}{2} + \left(\frac{h}{2} \times \frac{h}{2} - \frac{1}{2}\left(\frac{h}{2}\right)^2\right)\right\}$$
  $$= \frac{5Vbh^2}{8I_x} = \frac{5Vbh^2}{8} \times \frac{2}{th^2\left(\frac{h}{6}+b\right)} = \frac{5Vb}{4t\left(\frac{h}{6}+b\right)}$$

⑤ 전단흐름 및 전단응력 분포

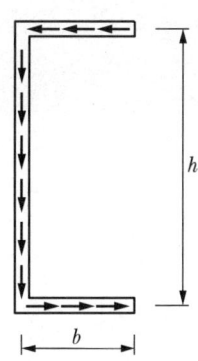
전단흐름도

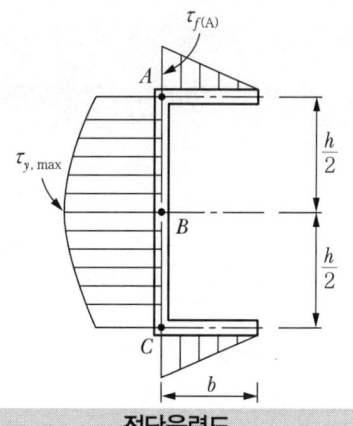
전단응력도

⑥ 전단중심

  ㉠ 상부 플랜지와 웨브의 교점 A의 전단흐름

  $$f_{f(A)} = \frac{Vth}{2I_x}b = \frac{Vth}{2I_x}b = \frac{Vthb}{2} \times \frac{2}{th^2\left(\dfrac{h}{6}+b\right)} = \frac{Vb}{h\left(\dfrac{h}{6}+b\right)}$$

  ㉡ 상부 플랜지의 수평전단력(전단흐름의 합)

  $$F_f = \frac{1}{2}f_{f(A)}b = \frac{1}{2} \times \frac{Vb}{h\left(\dfrac{h}{6}+b\right)} \times b = \frac{Vb^2}{2h\left(\dfrac{h}{6}+b\right)}$$

⑦ 전단중심 위치 산정

  $\Sigma M_B = 0$

  $F_f\, h = Ve$

  $$e = \frac{F_f\, h}{V} = \left\{\frac{Vb^2}{2h\left(\dfrac{h}{6}+b\right)}\right\}\frac{h}{V} = \frac{b^2}{2\left(\dfrac{h}{6}+b\right)}$$

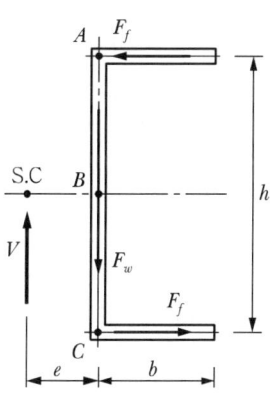

▶▶▶▶ 전단중심 위치 산정   예제 [상하부 플랜지 폭이 같은 비대칭 H-형강]

다음과 같은 단면을 갖는 두께 t가 균일한 얇은 벽으로 된 보의 전단중심의 위치를 결정하시오. (단, $a = 600mm$, $b = 800mm$, $h = 1,500mm$)

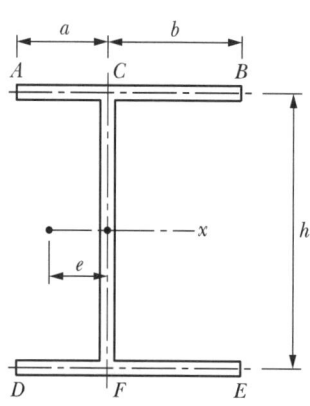

1. 단면 2차 모멘트

$$I_x = 2 \times \left\{ \frac{(a+b)t^3}{12} + (a+b)t\left(\frac{h}{2}\right)^2 \right\} + \frac{th^3}{12}$$

여기서, t^3은 매우 작은 값이므로 무시하면

$$I_x \fallingdotseq \frac{t}{12}(6a + 6b + h)h^2$$

2. A → C 임의의 점 x에서의 전단흐름, 작용 전단력

1) 단면 1차 모멘트

$$Q = tx\frac{h}{2}$$

2) 전단흐름

단면에 작용하는 전단력을 V라 하면

$$q = \frac{VQ}{I_x} = \frac{V}{I_x}\left(tx\frac{h}{2}\right) = \frac{Vthx}{2I_x}$$

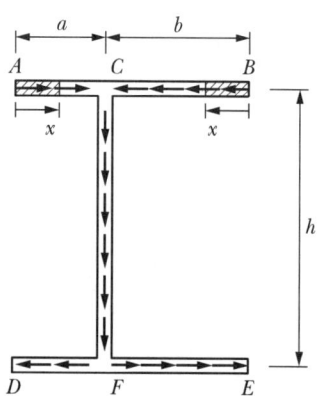

3) A → C 부분에 작용되는 수평전단력 F_1

$$F_1 = \int qdx = \int_0^a \frac{Vth}{2I_x}xdx = \frac{Vth}{2I_x}\int_0^a xdx = \frac{Vtha^2}{4I_x}$$

3. B → C 임의의 점 x에서의 전단흐름, 작용 전단력

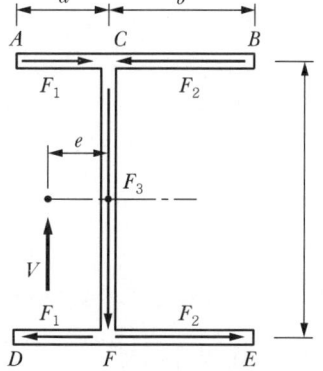

1) 단면 1차 모멘트

$$Q = tx\frac{h}{2}$$

2) 전단흐름

$$q = \frac{VQ}{I_x} = \frac{V}{I_x}\left(tx\frac{h}{2}\right) = \frac{Vthx}{2I_x}$$

3) B → C 부분에 작용되는 전단력 F_2

$$F_2 = \int qdx = \int_0^b \frac{Vth}{2I_x}xdx = \frac{Vth}{2I_x}\int_0^b xdx = \frac{Vthb^2}{4I_x}$$

4. 전단중심 산정

$$\sum M_F = 0$$

$$V \times e + F_1 h - F_2 h = 0$$

$$e = \frac{F_2 h - F_1 h}{V} = \frac{Vth^2(b^2-a^2)}{4VI_x} = \frac{Vth^2(b^2-a^2)}{4V \times \frac{t}{12}(6a+6b+h)h^2} = \frac{(b^2-a^2)}{4\cdot\frac{1}{12}(6a+6b+h)}$$

$$= \frac{(800^2-600^2)}{\frac{1}{3}(6\times 800 + 6\times 600 + 1{,}500)} = 84.85\text{mm}$$

건축구조기술사 69-2-1

다음 단면의 전단중심 위치(S.C)를 구하시오.

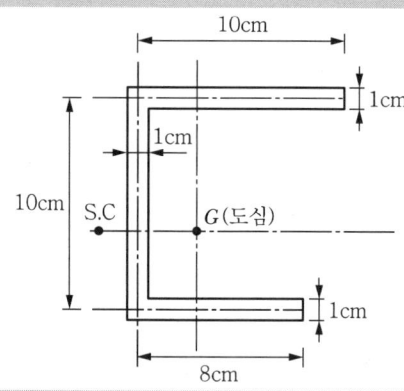

1. 도심(G) 위치 산정

$$\overline{y} = \frac{(8.5 \times 1) \times 0.5 + (1 \times 9) \times 5.5 + (10.5 \times 1) \times 10.5}{8.5 \times 1 + 1 \times 9 + 10.5 \times 1} = 5.86\,\text{cm}$$

$$\overline{x} = \frac{(8.5 \times 1) \times (8.5/2) + (1 \times 9) \times 0.5 + (10.5 \times 1) \times (10.5/2)}{8.5 \times 1 + 1 \times 9 + 10.5 \times 1} = 3.42\,\text{cm}$$

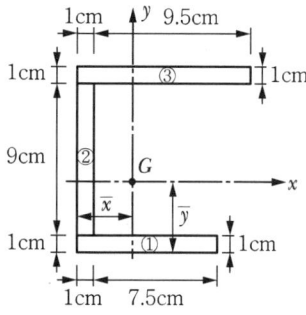

2. 단면 2차 모멘트, 단면 상승 모멘트 산정

$$I_x = \frac{8.5 \times 1^3}{12} + (8.5 \times 1) \times (0.5 - 5.86)^2 + \frac{1 \times 9^3}{12} + (1 \times 9) \times (5.5 - 5.86)^2$$

$$\quad + \frac{10.5 \times 1^3}{12} + (10.5 \times 1) \times (10.5 - 5.86)^2$$

$$= 533.76\,\text{cm}^4$$

$$I_y = \frac{1 \times 8.5^3}{12} + (1 \times 8.5) \times \left(\frac{8.5}{2} - 3.42\right)^2 + \frac{9 \times 1^3}{12} + (9 \times 1) \times (0.5 - 3.42)^2$$

$$\quad + \frac{1 \times 10.5^3}{12} + (1 \times 10.5) \times \left(\frac{10.5}{2} - 3.42\right)^2$$

$$= 266.15\,\mathrm{cm}^4$$

$$I_{xy} = (8.5 \times 1) \times \left(\frac{8.5}{2} - 3.42\right) \times (0.5 - 5.86) + (1 \times 9) \times (0.5 - 3.42) \times (5.5 - 5.86)$$

$$+ (10.5 \times 1) \times \left(\frac{10.5}{2} - 3.42\right) \times (10.5 - 5.86)$$

$$= 60.80\,\mathrm{cm}^4$$

3. 주축의 위치 산정

$$\tan 2\theta_P = \frac{-2I_{xy}}{I_x - I_y} = \frac{-2 \times 60.80}{533.76 - 266.15} = -0.454$$

$$\theta_P = \frac{1}{2}\tan^{-1}(-0.454) = -12.22°$$

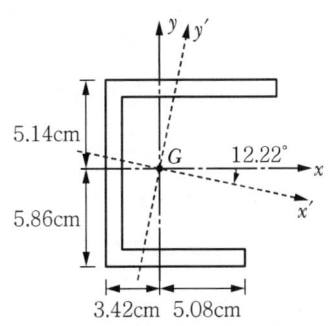

4. 최대 단면 2차 모멘트

$$I_{x'} = I_{\max} = \frac{I_x + I_y}{2} + \sqrt{\left(\frac{I_x - I_y}{2}\right)^2 + (I_{xy})^2}$$

$$= \frac{533.76 + 266.15}{2} + \sqrt{\left(\frac{533.76 - 266.15}{2}\right)^2 + (60.80)^2} = 546.93\,\mathrm{cm}^4$$

$$I_{y'} = I_{\min} = \frac{I_x + I_y}{2} - \sqrt{\left(\frac{I_x - I_y}{2}\right)^2 + (I_{xy})^2}$$

$$= \frac{533.76 + 266.15}{2} - \sqrt{\left(\frac{533.76 - 266.15}{2}\right)^2 + (60.80)^2} = 252.98\,\mathrm{cm}^4$$

5. 상부 플랜지에 대해 우측 단부의 좌표 변환

1) A점의 좌표

$$x_A = 10.5 - 3.42 = 7.08\,\mathrm{cm}$$

$$y_A = 10.5 - 5.86 = 4.64\,\mathrm{cm}$$

2) A점의 주축에 대한 변환 좌표

$$x_A' = x_A \cos\theta - y_A \sin\theta$$

$$= x_A \cos(12.22°) - y_A \sin(12.22°)$$

$$= 7.08 \times \cos(12.22°) - 4.64 \times \sin(12.22°) = 5.49\,\mathrm{cm}$$

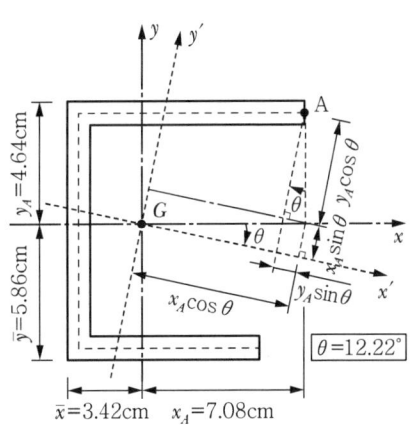

$$y_A' = x_A\sin\theta + y_A\cos\theta$$
$$= x_A\sin(12.22°) + y_A\cos(12.22°)$$
$$= 7.08 \times \sin(12.22°) + 4.64 \times \cos(12.22°) = 6.03\,cm$$

※ 좌표 변환 매트릭스를 이용할 경우

$$\begin{Bmatrix} x_A' \\ y_A' \end{Bmatrix} = \begin{Bmatrix} \cos\theta & \sin\theta \\ -\sin\theta & \cos\theta \end{Bmatrix} \begin{Bmatrix} x_A \\ y_A \end{Bmatrix}$$

$$x_A' = x_A\cos\theta + y_A\sin\theta = x_A\cos(-12.22°) + y_A\sin(-12.22°)$$
$$= x_A\cos(12.22) - y_A\sin(12.22°)$$
$$y_A' = -x_A\sin\theta + y_A\cos\theta = -x_A\sin(-12.22°) + y_A\cos(-12.22°)$$
$$= x_A\sin(12.22°) + y_A\cos(12.22°)$$

6. 전단중심의 y'축 좌표 산정

단면에 작용하는 수직전단력을 V, 상부 플랜지에 작용하는 수평전단력(전단흐름 합)을 F_f라 하면

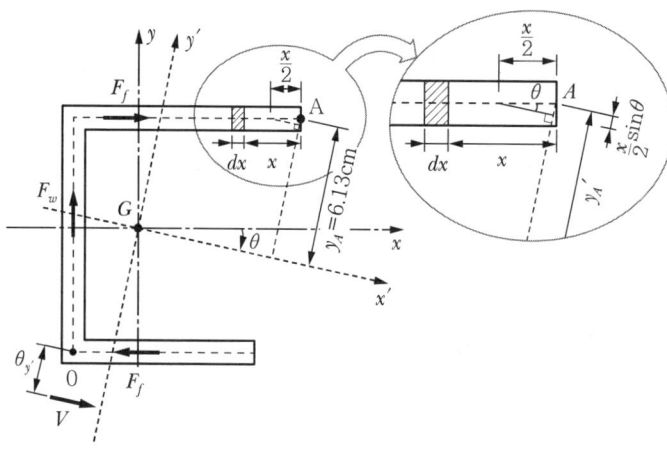

$$F_f = \int \tau_f\,dA = \int_0^{10} \frac{VQ}{I_{x'}t_f}dA = \frac{V}{I_{x'}t_f}\int_0^{10} Q\,dA = \frac{V}{I_{x'}t_f}\int_0^{10}(x\,t_f)\left(y_A' - \frac{x}{2}\sin\theta\right)(t_f \cdot dx)$$

$$= \frac{Vt_f^2}{I_{x'}t_f}\int_0^{10}(x)\left(y_A' - \frac{x}{2}\sin\theta\right)dx = \frac{Vt_f}{I_{x'}}\int_0^{10}(x)\left(y_A' - \frac{x}{2}\sin\theta\right)dx$$

$$= \frac{V \times 1}{546.93}\int_0^{10}(x)\left(6.03 - \frac{x}{2}\sin(12.22°)\right)dx = \frac{V \times 1}{546.93} \times 266.22 = 0.487\,V$$

$\sum M_O = 0$에서

$$F_f h - Ve_{y'} = 0 \rightarrow e_{y'} = \frac{F_f h}{V} = \frac{0.487\,V \times 10}{V} = 4.87\,cm$$

7. 전단중심의 x' 축 좌표 산정

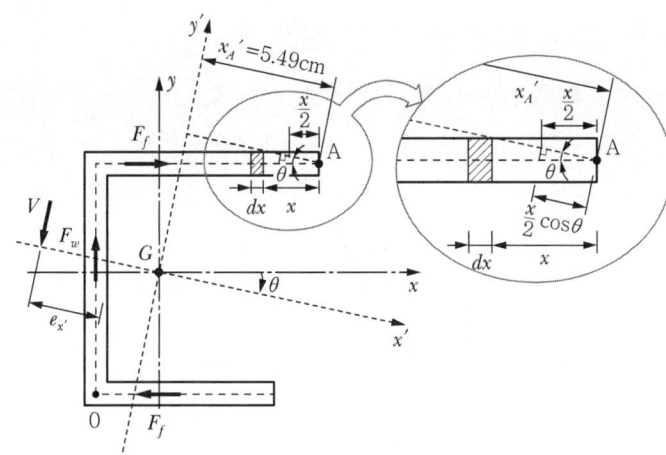

$$F_f = \int \tau_f \, dA = \int_0^{10} \frac{VQ}{I_{y'} t_f} dA = \frac{V}{I_{y'} t_f} \int_0^{10} Q \, dA$$

$$= \frac{V}{I_{y'} t_f} \int_0^{10} (x t_f) \left(x_A' - \frac{x}{2} \cos\theta \right) (t_f \cdot dx) = \frac{V t_f^2}{I_{y'} t_f} \int_0^{10} (x) \left(x_A' - \frac{x}{2} \cos\theta \right) dx$$

$$= \frac{V t_f}{I_{y'}} \int_0^{10} (x) \left(y_A' - \frac{x}{2} \cos\theta \right) dx = \frac{V \times 1}{252.98} \int_0^{10} (x) \left(5.49 - \frac{x}{2} \cos(12.22°) \right) dx$$

$$= \frac{V \times 1}{252.98} \times 111.61 = 0.441 V$$

$\sum M_O = 0$ 에서

$$F_f h - V e_{x'} = 0 \;\to\; e_{x'} = \frac{F_f h}{V} = \frac{0.441 V \times 10}{V} = 4.41 \text{ cm}$$

8. 전단중심의 위치 도시

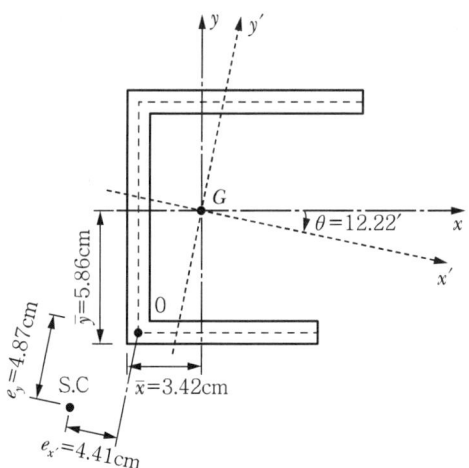

▶▶▶ 토목구조기술사 49-2-1

그림과 같은 반원형 단면에서 연직력 V가 작용할 때

① 전단중심에 대하여 용어를 간단히 정의하시오.

② 전단중심 e를 계산하시오.(단, 반원의 $I_x = \pi R^3 t/2$이다.)

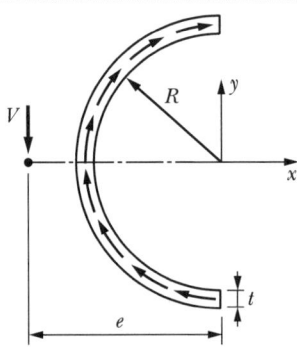

1. 전단중심

하중의 작용으로 인해 단면에 비틀림 모멘트가 발생되지 않을 하중의 작용점을 말한다.

※ 자세한 내용은 본서의 "건축구조기술사 104-1-9 풀이"(Part 02. 02 단면의 성질)를 참고할 것

2. 단면 1차 모멘트

1) 임의의 각 θ인 점에 대한 y축 좌표값, 미소면적 dA

   $y = R\cos\theta$

   $dA = t\,ds = tR\,d\theta$

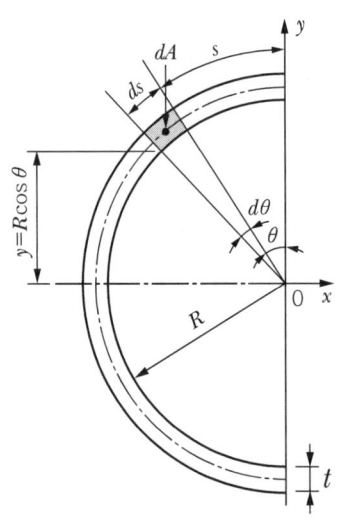

2) 단면 1차 모멘트

$$Q_\theta = \int y\,dA = \int_0^\theta (R\cos\theta)(tR\,d\theta)$$
$$= R^2 t \int_0^\theta \cos\theta\,d\theta = R^2 t \sin\theta$$

3. 단면 2차 모멘트

$$I_x = \int y^2 dA = 2\int_0^{\frac{\pi}{2}}(R^2\cos^2\theta)(tRd\theta) = 2R^3t\int_0^{\frac{\pi}{2}}\cos^2\theta\, d\theta$$

$$= 2R^3t\int_0^{\frac{\pi}{2}}\left(\frac{1+\cos2\theta}{2}\right)d\theta = \frac{\pi R^3 t}{2}$$

4. 전단중심 위치 산정

1) 임의의 각 θ인 점에 대한 전단응력

$$\tau_\theta = \frac{VQ_\theta}{I_x t} = \frac{V(R^2 t\sin\theta)}{I_x t} = \frac{VR^2\sin\theta}{I_x} = \frac{2VR^2\sin\theta}{\pi R^3 t} = \frac{2V\sin\theta}{\pi Rt}$$

2) 미소면적 dA에 작용하는 전단력 dF

$$dF = \tau_\theta dA = \tau_\theta Rt d\theta$$

3) 아치 단면 전체에 작용하는 전단력(전단흐름의 합)

$$F = \int dF = 2\int_0^{\frac{\pi}{2}}\tau_\theta Rt\, d\theta$$

$$= 2\int_0^{\frac{\pi}{2}}\left(\frac{2V\sin\theta}{\pi Rt}\right)Rt\, d\theta$$

$$= \frac{4V}{\pi}\int_0^{\frac{\pi}{2}}(\sin\theta)d\theta = \frac{4V}{\pi}$$

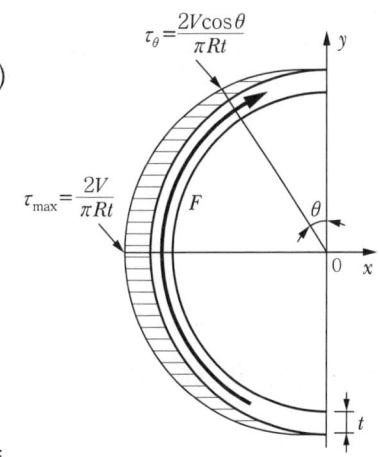

4) 전단력 F로 인해 발생하는 중심 O에 대한 모멘트

$$M_O = FR = \frac{4V}{\pi}R$$

5) 평형 조건을 이용한 전단중심 위치 산정

$$\Sigma M = 0 \;;\; M_O - Ve = 0$$

$$e = \frac{M_O}{V} = \frac{4VR}{\pi}\times\frac{1}{V} = \frac{4}{\pi}R = 1.27R$$

▶▶▶ 건축구조기술사 88-3-5

4개의 목판재가 못으로 연결되어 조립보를 구성한다. 각 못의 허용전단력은 Fn=1.6 kN, 보 단면에 작용하는 수직전단력은 4kN일 때 다음 사항에 답하시오.

1 a−a 부분의 못 간격

2 b−b 부분의 못 간격

3 각각의 목판재가 단일 부재로 구성된 경우로 가정하는 경우 a−a와 b−b에 작용하는 전단응력의 크기를 산정하시오.

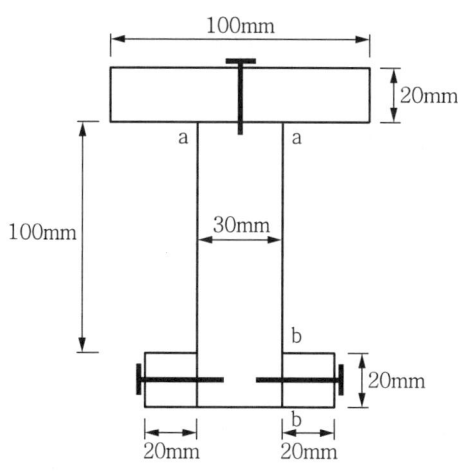

1. a−a 단면 못 간격 산정

1) 도심 산정

$$\bar{y} = \frac{2 \times 20 \times 20 \times 10 + 30 \times 120 \times 60 + 100 \times 20 \times 130}{2 \times 20 \times 20 + 30 \times 120 + 100 \times 20} = 75.625\,\text{mm}$$

2) 단면 2차 모멘트 산정

$$I = \frac{1}{12} \times 2 \times 20 \times 20^3 + 2 \times 20 \times 20 \times (75.625 - 10)^2 + \frac{1}{12} \times 30 \times 120^3$$

$$+ 30 \times 120 \times (75.625 - 60)^2 + \frac{1}{12} \times 100 \times 20^3 + 100 \times 20 \times (130 - 75.625)^2$$

$$= 3.472 \times 10^6 + 5.20 \times 10^6 + 5.980 \times 10^6 = 14.65 \times 10^6\,\text{mm}^4$$

3) 단면 1차 모멘트 산정

$$Q = \overline{A} \times \bar{y} = (100 \times 20) \times (130 - 75.625) = 108{,}750\,\text{mm}^3$$

4) 전단 흐름

$$f = \frac{V \cdot Q}{I} = \frac{4,000 \times 108,750}{14.65 \times 10^6} = 29.693 \text{N/mm}$$

5) 못 간격 산정

$$F_n \geq f \times s \rightarrow s \leq \frac{F_n}{f} = \frac{1,600}{29.693} = 53.88 \text{mm}$$

2. b−b 단면 못 간격 산정

1) 단면 1차 모멘트 산정

$$Q = \overline{A} \times \overline{y} = (20 \times 20) \times (75.625 - 10) = 26,250 \text{mm}^3$$

2) 못 1열당 전단 흐름

$$2f = \frac{V \times 2Q}{I} \rightarrow f = \frac{V \times 2Q}{2I} = \frac{4,000 \times 2 \times 26,250}{2 \times 14.65 \times 10^6} = 7.168 \text{N/mm}$$

3) 못 간격 산정

$$F_n \geq f \times s \rightarrow s \leq \frac{F_n}{f} = \frac{1,600}{7.168} = 223.21 \text{mm}$$

3. a−a와 b−b 단면 전단 응력 산정

1) a−a 단면 : $\sigma_{a-a} = \dfrac{f_{a-a}}{b_{a-a}} = \dfrac{29.693}{30} = 0.9897 \text{N/mm}^2$

2) b−b 단면 : $\sigma_{b-b} = \dfrac{f_{b-b}}{b_{b-b}} = \dfrac{7.168}{20} = 0.3584 \text{N/mm}^2$

5 전단 변형률

▶▶▶▶ 건축구조기술사 96-1-7

보의 처짐에서 휨변형과 전단변형의 형태상 차이점을 그림으로 간단히 설명하시오.(단, 아래와 같이 자유단에 집중하중을 받고 있는 캔틸레버보를 이용하여 그림을 그려 설명하시오.)

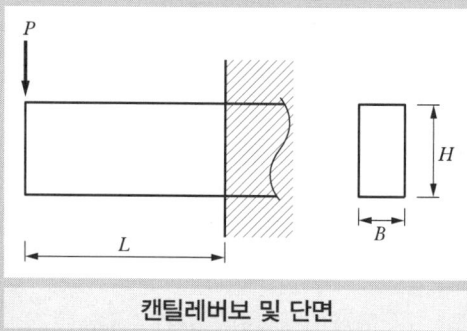

캔틸레버보 및 단면

1. 보의 휨 변형

① 보의 길이가 춤보다 10배 이상 클 경우($L \geq 10H$) 전단 변형은 휨 응력의 분포에 거의 영향을 주지 않는다.

② 변형 전 부재축에 수직한 평면은 변형 후에도 부재 축에 수직하다.

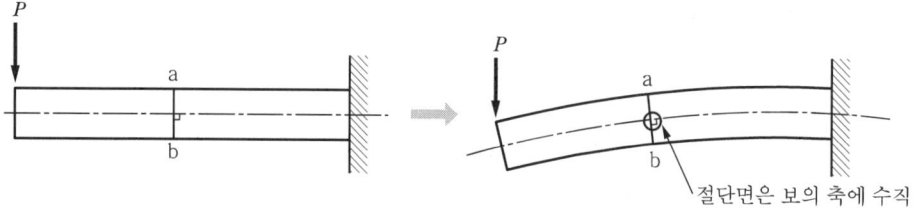

절단면은 보의 축에 수직

2. 보의 전단 변형

① 보의 길이가 춤보다 10배 미만일 경우($L < 10H$) 전단 변형은 휨 응력의 분포에 영향을 줌
② 접합되지 않는 판 사이의 변형

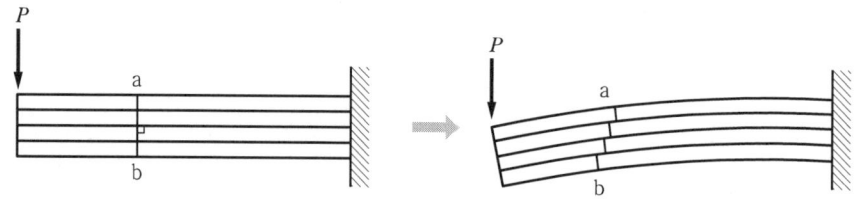

수평면에서는 접촉면을 따라 미끄러짐이 자유로움

수평면에서 접촉면을 따라 미끄러짐이 발생함에 따라 단면 a-b는 부재축에 수직하지 않음

③ 판들이 한 개의 보를 형성 할 수 있게 접합된 경우의 변형

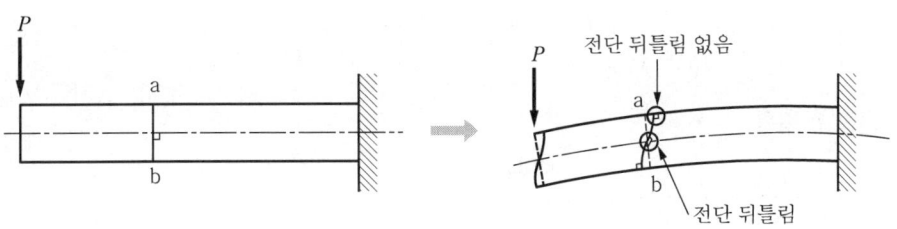

▶▶▶▶ 토목구조기술사 　93-1-2

유효전단 변형률(γ_{eff})을 설명하시오.

1. 변형의 종류

1) Dilatation(팽창, 확장)

크기의 변화만 발생하는 변형
수직 변형률(Normal Strain)로 설명

2) Distorsion(왜곡)

모양의 변화만 발생하는 변형
전단 변형률(Shear Strain)로 설명

2. 전단 변형

1) Thin Beam(베르누이 오일러 Beam)은 전단 변형이 휨 변형에 비하여 매우 적어 전단 변형은 무시됨

변형 전 축에 수직한 평면인 단면은 변형 후에도 축에 수직한 평면인 단면을 유지

2) 전단 변형 크기가 무시할 수 없을 정도로 큰 경우

변형 전 축에 수직한 평면의 단면은 변형 후에 축에는 수직하지 않음
단면 내의 전단응력 분포가 선형이 아니므로 단면 내의 각 점에서의 전단 변형의 크기가 일정하지 않기 때문

3) 휨변형이나 축변형과 전단 변형의 차이점

① 휨변형과 축변형은 임의의 한 단면 내 모든 점에서 동일한 하나의 대표 변형(ϕ, ε)이 존재함

② 전단 변형은 단면 내 모든 점에서 서로 다른 값을 가짐

4) 연직 방향 전단력이 작용하는 보의 전단응력 함수

$$\tau = \frac{V\{b(h/2-y)\}\{1/2(h/2+y)\}}{(bh^3/12)b} = \frac{3V}{2A}\left(\frac{c^2-y^2}{c^2}\right)$$

5) 전단 변형률

① $\gamma = \dfrac{\tau}{G} = \dfrac{3V}{2GA}\left(\dfrac{c^2-y^2}{c^2}\right)$

② 전단 변형률은 y에 대한 함수 : 한 단면에서 중립축에 대한 거리에 따라 전단 변형률은 값이 다름

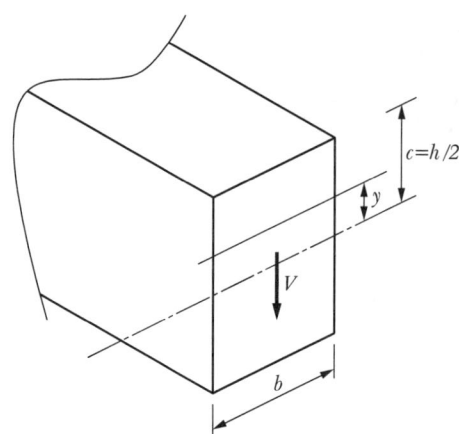

3. 유효 전단 변형률

1) 개요

실제 전단 변형률이 아닌 대표 변형률인 유효 전단 변형률(γ_{eff})을 도입하면 단면 내의 모든 점이 똑같은 전단 변형값을 갖게 되어 편리함

2) 정의, 산정식

① 평균 전단 변형률에 단면 형상계수 k를 곱한 것

② $\gamma_{eff} = k\gamma_{avg} = k\dfrac{V}{GA}$

4. 전단 변형에너지

1) 임의의 단면(x)에서 전단력(V)만 작용할 경우 전단 변형에너지

2) $U = \dfrac{1}{2}\displaystyle\int_{vol}\tau_{xy}\gamma_{xy}dx = \dfrac{1}{2}\int_{L}\left(\int_{A}\tau_{xy}dA\right)\gamma_{eff_{xy}}dx = \dfrac{1}{2}\int_{L}V\dfrac{kV}{GA}dx = \dfrac{1}{2}\int_{L}V\gamma_{eff}dx$

04 평면응력과 평면변형률

1. 정의

① 평면 응력 : 하중을 받는 물체가 한 평면에 평행한 응력만 받을 때의 응력
② 평면 변형률 : 하중을 받는 물체가 한 평면에 평행한 변형률만 받을 때의 변형률

2. 의미

1) 응력은 3차원 공간상에서 정의됨

6개의 독립적인 항(xx, xy, xz, yy, yz, zz)을 가진 대칭인 [3×3] 행렬 형태(텐서)로 표현

2) 평면 응력과 평면 변형률

공간상에 정의된 응력과 변형률을 3차원에서 2차원으로 단순화하여 [2×2] 행렬 형태로 표현

3. 평면 응력의 가정 조건과 대표적인 예

1) 가정 : 판의 두께 방향으로 수직응력과 전단응력은 0이다.

공간상에 놓인 판의 문제로 앞, 뒷면에 압력차가 없는 경우

2) 좌표축 가정

① 두께 방향 좌표축 : z축
② 평면 내 좌표축 : x축, y축

3) 응력 성분

응력 성분은 σ_x, σ_y, σ_z
(평면 응력에서 xz, yz, zz 응력 성분은 0이다.)

4) 평면응력의 예

① 얇고 평평한 판의 가장자리가 고정되거나 힘을 받는 경우
② 수직으로 설치된 창문 유리판의 응력 분포

4. 평면 변형률의 가정 조건과 대표적인 예

① 가정 : 판의 두께 방향으로 변형률은 0이다.
② 변형률 성분 중 xz, yz, zz 성분은 0이다.
③ 평면변형률의 예 : 단단하고 변형되지 않는 물체 사이에 끼여 있는 물체가 온도 변화로 팽창 또는 수축

5. 평면 응력과 평면 변형률 비교

구분	평면 응력	평면 변형률
응력 및 변형률 요소 (입체)		
응력 및 변형률 요소 (평면)		
응력	$\sigma_z = \tau_{xz} = \tau_{yz} = 0$ σ_x, σ_y, τ_{xy}는 0이 아닌 값을 가질 수 있다.	$\tau_{xz} = \tau_{yz} = 0$ σ_x, σ_y, σ_z, τ_{xy}는 0이 아닌 값을 가질 수 있다.
변형률	$\gamma_{xz} = \gamma_{yz} = 0$ ε_x, ε_y, ε_z, γ_{xy}는 0이 아닌 값을 가질 수 있다.	$\varepsilon_z = 0$, $\gamma_{xz} = 0$, $\gamma_{yz} = 0$ ε_x, ε_y, γ_{xy}는 0이 아닌 값을 가질 수 있다.

구분	평면 응력	평면 변형률
평면응력과 평면 변형률 비상관성	일반적으로 $\varepsilon_z \neq 0$이므로 평면응력의 요소는 평면 변형률이 아님	$\varepsilon_z = 0$인 조건인데, 응력 $\sigma_z \neq 0$이므로 평면 응력 상태가 아님
동시 발생	1) $\sigma_x = -\sigma_y$이면 $\varepsilon_z = 0$이 되며, 동시발생(순수전단) 2) $\nu = 0$이면 $\varepsilon_z = 0$이지만, 가설에 불과함. 일반적인 경우 동시 발생 안 함	

6. 반시계 방향으로 θ만큼 회전한 평면

1) 개요

수직응력과 전단응력을 이용하여 경사지게 잘려진 경사면에서의 응력 산정을 표현하기 위해 회전 좌표축 x_1, y_1 이용 → 임의의 경사에 대해 일반화된 응력 산정 목적

2) 회전 평면의 응력 및 변형률 요소(반시계 방향 회전 : $\theta > 0$)

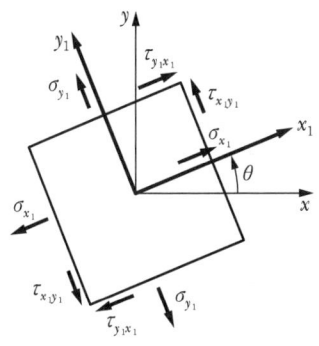 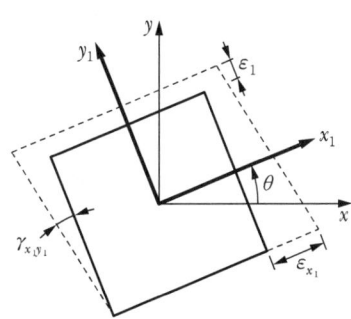

3) 회전 평면의 응력 및 변형률 변환식

평면 응력	
$\sigma_{x1} = \dfrac{\sigma_x + \sigma_y}{2} + \dfrac{\sigma_x - \sigma_y}{2}\boxed{\cos 2\theta} + \tau_{xy}\boxed{\sin 2\theta}$ $\tau_{x1y1} = -\dfrac{\sigma_x - \sigma_y}{2}\boxed{\sin 2\theta} + \tau_{xy}\boxed{\cos 2\theta}$	$\sigma_{x1} + \sigma_{y1} = \sigma_x + \sigma_y$
평면 변형률	
$\varepsilon_{x1} = \dfrac{\varepsilon_x + \varepsilon_y}{2} + \dfrac{\varepsilon_x - \varepsilon_y}{2}\boxed{\cos 2\theta} + \dfrac{\gamma_{xy}}{2}\boxed{\sin 2\theta}$ $\dfrac{\gamma_{x1y1}}{2} = -\dfrac{\varepsilon_x - \varepsilon_y}{2}\boxed{\sin 2\theta} + \dfrac{\gamma_{xy}}{2}\boxed{\cos 2\theta}$	$\varepsilon_{x1} + \varepsilon_{y1} = \varepsilon_x + \varepsilon_y$

※ 좌표 변환 매트릭스와 유사한 형태

7. 평면응력에 대한 Hook의 법칙

1) 가정

① 재료가 전 물체를 통하여 균일 또는 동질
② 모든 방향으로 같은 성질(등방성 재료, Isotropic Material)
③ 재료는 선형 탄성 거동을 함
　→ Hook 법칙 적용 가능

2) 수직 변형률과 응력의 관계

① 단위 입방체의 변형

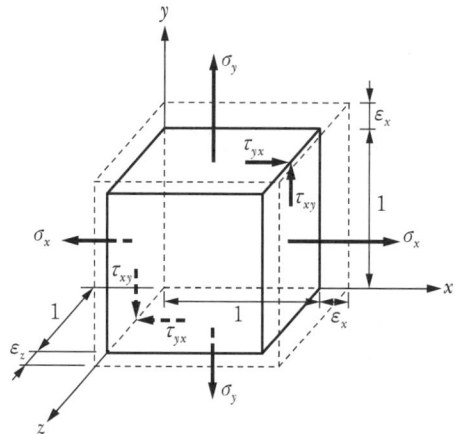

※ 이 그림에서는 요소의 면에 수직응력, 면에 평행한 전단응력만 작용하므로 전단 변형이 없음

② 개별적인 수직 응력에 대한 수직 변형률

$$\varepsilon_x = \frac{1}{E}(\sigma_x - \nu\sigma_y - \nu\sigma_z) = \frac{1}{E}(\sigma_x - \nu\sigma_y) \ (\because \ \sigma_z = 0)$$

$$\varepsilon_y = \frac{1}{E}(\sigma_y - \nu\sigma_x - \nu\sigma_z) = \frac{1}{E}(\sigma_y - \nu\sigma_x)$$

$$\varepsilon_z = \frac{1}{E}(\sigma_z - \nu\sigma_x - \nu\sigma_y) = -\frac{\nu}{E}(\sigma_x + \sigma_y)$$

3) 전단 응력과 전단 변형률 관계

① 입방체의 전단 변형률

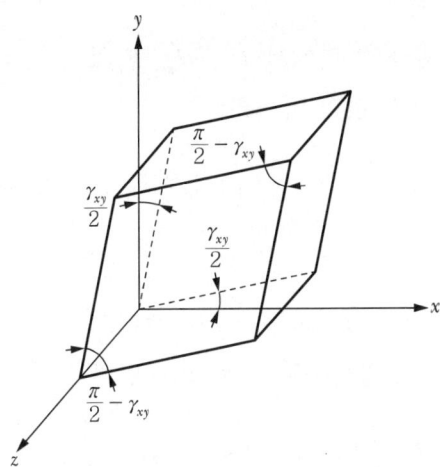

※ 전단 변형률 γ_{xy}는 요소의 x면과 y면 사잇각의 감소로 표현

② Hook 법칙에 따른 전단 응력에 의한 전단 변형률 관계

$$\gamma_{xy} = \frac{\tau_{xy}}{G}$$

여기서, 수직응력 σ_x, σ_y는 γ_{xy}에 아무런 영향을 주지 않는다.

4) 변형률에 의한 응력

① 수직 변형률

$$\varepsilon_x = \frac{1}{E}(\sigma_x - \nu\sigma_y), \ \varepsilon_y = \frac{1}{E}(\sigma_y - \nu\sigma_x) \text{로부터}$$

$$\begin{cases} E\varepsilon_x = \sigma_x - \nu\sigma_y \\ E\varepsilon_y = \sigma_y - \nu\sigma_x \end{cases} \rightarrow \sigma_x = \frac{E}{1-\nu^2}(\varepsilon_x + \nu\varepsilon_y), \ \sigma_y = \frac{E}{1-\nu^2}(\varepsilon_y + \nu\varepsilon_y)$$

② 전단 변형률

$$\gamma_{xy} = \frac{\tau_{xy}}{G} \text{ 로부터 } \tau_{xy} = G\gamma_{xy}$$

8. Hook 법칙의 일반형, 등방성 재료의 체적 변화율

1) 직육면체의 변형

① 직육면체 물체가 각 면에서 P_x, P_y, P_z의 하중을 받으면 각 면의 법선응력
$\sigma_x = \dfrac{P_x}{A_x}$, $\sigma_y = \dfrac{P_y}{A_y}$, $\sigma_z = \dfrac{P_z}{A_z}$가 발생

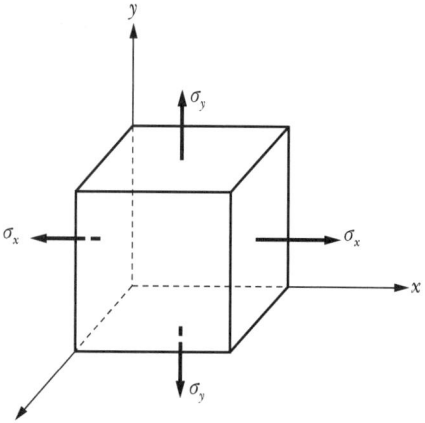

② x 방향 변형률
응력 σ_x에 의하여 발생하는 σ_x/E, 그리고 σ_y, σ_z에 의하여 발생하는 가로 방향 변형률 σ_y/E, σ_z/E 의 대수합 → $\varepsilon_x = \dfrac{\sigma_x}{E} - \dfrac{\nu(\sigma_y + \sigma_z)}{E}$

③ x, y, z 좌표축 각각 방향 변형률
$\varepsilon_x = \dfrac{1}{E}\{\sigma_x - \nu(\sigma_y + \sigma_z)\}$, $\varepsilon_x = \dfrac{1}{E}\{\sigma_y - \nu(\sigma_z + \sigma_x)\}$, $\varepsilon_x = \dfrac{1}{E}\{\sigma_z - \nu(\sigma_x + \sigma_y)\}$

2) Hook 법칙의 일반형

① 단일축 방향에 대한 Hook 법칙
$\sigma = E\varepsilon \rightarrow \varepsilon = \sigma/E$

② 3축 방향의 응력과 변형률로 표시할 경우 일반형
$\varepsilon_x = \dfrac{1}{E}\{\sigma_x - \nu(\sigma_y + \sigma_z)\}$, $\varepsilon_y = \dfrac{1}{E}\{\sigma_y - \nu(\sigma_z + \sigma_x)\}$, $\varepsilon_z = \dfrac{1}{E}\{\sigma_z - \nu(\sigma_x + \sigma_y)\}$

3) 등방성 재료의 체적 변형률

① $\varepsilon_v = \dfrac{\Delta V}{V}$, $\Delta V = V' - V$

② $V = abc$
$V' = abc(1+\varepsilon_x)(1+\varepsilon_y)(1+\varepsilon_z)$

▶▶▶ 토목구조기술사   88-2-2

아래 그림과 같이 내민보(단면 25×100mm)의 단부 B의 단면의 중앙 높이의 위치에 30° 하 방향으로 P가 작용할 때, 두 개의 Strain Gages를 보 단면의 중앙 높이의 위치에 있는 C점에 부착하였고, Gage 1은 수평방향, Gage 2는 60° 방향으로 그림과 같이 부착하였다. 여기서 P하중이 작용할 때 계측된 변형률이 각각 $\varepsilon_1 = 125 \times 10^{-6}$(Gage 1), $\varepsilon_2 = -375 \times 10^{-6}$(Gage 2)일 경우, 작용된 힘 P를 계산하시오.
(단, 보 단면의 탄성계수 $E = 2.0 \times 10^5$ MPa, 포와송 비 $\nu = 1/3$로 가정)

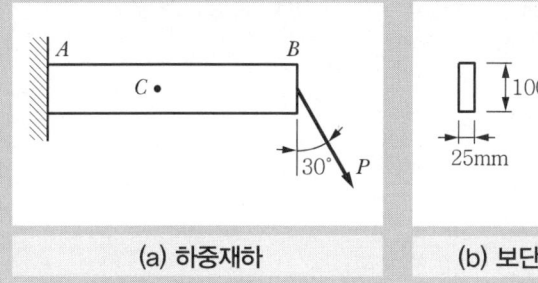
(a) 하중재하

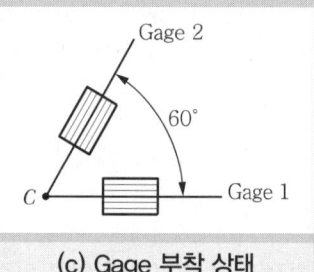
(b) 보단면 / (c) Gage 부착 상태

1. 단면성질

$A = 100 \times 25 = 2,500\,\mathrm{mm}^2$

$I = \dfrac{25 \times 100^3}{12} = 2.083 \times 10^6\,\mathrm{mm}^4$

$Q_C = (25 \times 50) \times 25 = 31,250\,\mathrm{mm}^3$

2. 하중 P에 의한 C점의 응력

1) 하중 분력과 자유 물체도

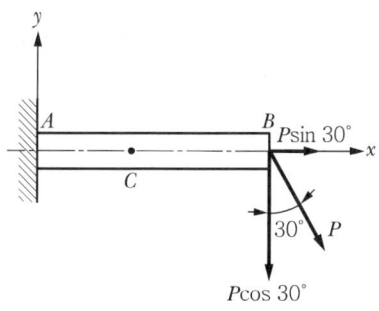

2) 휨응력

    C점은 보의 중심에 위치하므로 휨응력은 없음

3) 축응력

$$\sigma_x = \frac{P\sin30°}{A} = \frac{P \times 0.5}{2,500} = 2.0 \times 10^{-4} P$$

$$\sigma_y = 0$$

4) 전단응력

$$\tau_{xy} = \frac{VQ}{Ib} = \frac{P\cos30° \times 31,250}{(2.083 \times 10^6) \times 25} = 5.2 \times 10^{-4} P$$

3. 축방향 응력과 변형률에 의한 하중 P 산정

$$\varepsilon_x = \frac{1}{E}(\sigma_x - \nu\sigma_y) \text{에서}$$

$$125 \times 10^{-6} = \frac{1}{2 \times 10^5}\left(2.0 \times 10^{-4} P - \frac{1}{3} \times 0\right)$$

$$P = 125,000\text{N}$$

4. 회전 평면 변형률에 의한 하중 P 산정

1) 회전 평면 변형률

2) $\varepsilon_x = 125 \times 10^{-6}$

3) $\varepsilon_y = \frac{1}{E}(\sigma_y - \nu\sigma_x) = \frac{(0 - 1/3 \times 2.0 \times 10^{-4} P)}{2 \times 10^5} = -3.33 \times 10^{-10} P$

4) $\tau_{xy} = G\gamma_{xy} = \frac{E}{2(1+\nu)}\gamma_{xy} = \frac{2.0 \times 10^5}{2(1+1/3)}\gamma_{xy} = 5.2 \times 10^{-4} P \rightarrow \gamma_{xy} = 6.93 \times 10^{-9} P$

5) $\theta = 60°$

6) $\varepsilon_{x1} = \frac{\varepsilon_x + \varepsilon_y}{2} + \frac{\varepsilon_x - \varepsilon_y}{2}\cos2\theta + \frac{\gamma_{xy}}{2}\sin2\theta = -375 \times 10^{-6}$

$$\rightarrow \frac{125 \times 10^{-6} - 3.33 \times 10^{-10} P}{2} + \frac{125 \times 10^{-6} + 3.33 \times 10^{-10} P}{2}\cos(-120°)$$

$$+ \frac{6.93 \times 10^{-9} P}{2}\sin(-120°) = -375 \times 10^{-6}$$

$$\rightarrow P = 124,980\text{N} \fallingdotseq 125,000\text{N}$$

5. 결론

두 개의 Strain Gage의 변형률을 이용하여 검토한 결과 $P = 125,000$N 이다.

▶▶▶ 건축구조기술사   91-1-6

평면 변형률(Plan Strain) 이론을 적용할 수 있는 구조물과 이 구조물에 작용하는 하중상태를 3개의 직교축(x, y, z축)과 함께 도시하시오. 이때 그 값들을 무시할 수 있는 변형률(들)을 $\varepsilon_x = \frac{\delta u}{\delta x}, \varepsilon_y = \frac{\delta v}{\delta y}, \varepsilon_z = \frac{\delta w}{\delta z}, \gamma_{xy} = \frac{\delta v}{\delta x} + \frac{\delta u}{\delta y}, \gamma_{xz} = \frac{\delta v}{\delta x} + \frac{\delta w}{\delta z}, \gamma_{yz} = \frac{\delta u}{\delta y} + \frac{\delta w}{\delta z}$ 중에서 선정하여 명시하시오.(단, $u, v, w = x, y, z$축에 대한 각각의 변위를 나타낸다.)

1. 개요

① 가정 : 판의 두께 방향으로 변형률이 0이다.
② 변형률 성분 중 xz, yz, zz 성분은 0이다.

2. 평면 변형률을 적용할 수 있는 구조물 예

단단하고 변형되지 않는 물체 사이에 끼어 있는 물체가 인장, 압축, 전단, 온도변화 등으로 인해 평면적으로 팽창 혹은 수축하는 경우

3. 응력

$- \tau_{xz} = \tau_{yz} = 0$

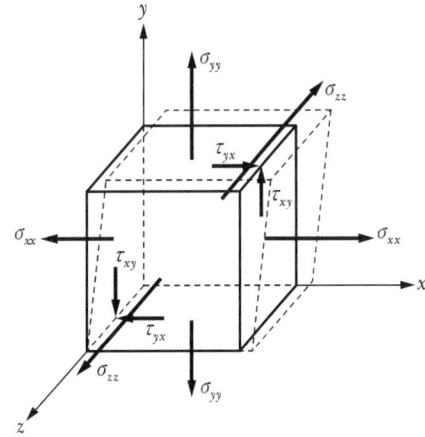

4. 변형률

$- \gamma_{xz} = \gamma_{yz} = \varepsilon_{zz} = 0$

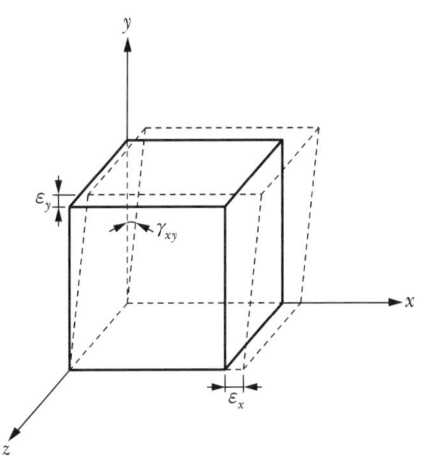

05 주응력

▶▶▶ 건축구조기술사 93-4-4

다음 그림과 같은 캔틸레버 보에서 플랜지 바로 밑 A점에 생기는 휨응력 및 전단응력을 구하시오. 또 Mohr의 응력원을 이용하여 이와 같은 응력상태 하에서 생기는 주응력(Principal Stress) 및 주전단응력의 크기와 방향(각도)을 구하시오.

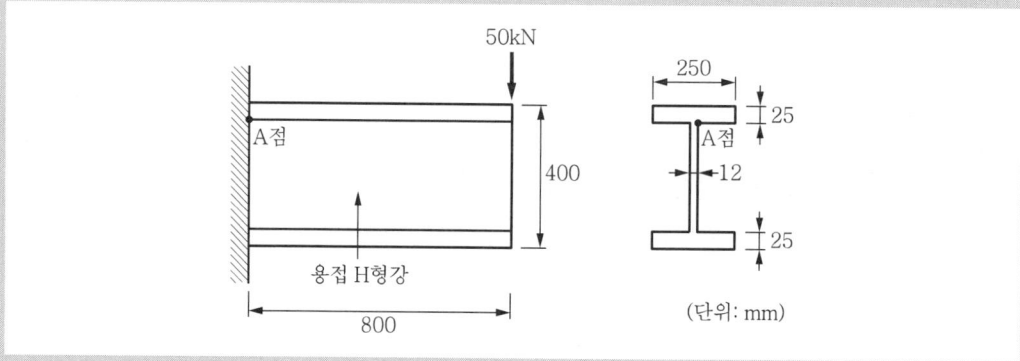

1. 부재력

1) 휨 부재력

$$M_A = 50 \times 0.8 = 40\,\text{kNm}\ (\frown)$$

2) 전단력

$$V_A = 50\,\text{kN}\ (\uparrow)$$

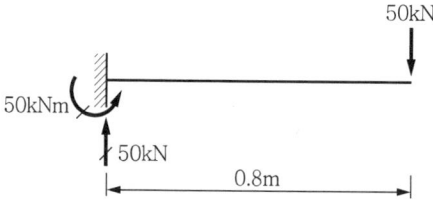

2. 단면 특성

1) $I = \dfrac{250 \times 400^3}{12} - \dfrac{(250-12) \times (400-2 \times 25)^3}{12} = 4.83 \times 10^8 \text{mm}^4$

2) $Q_A = \overline{A}\,\overline{y} = (250 \times 25) \times 187.5 = 1.17 \times 10^6 \text{mm}^3$

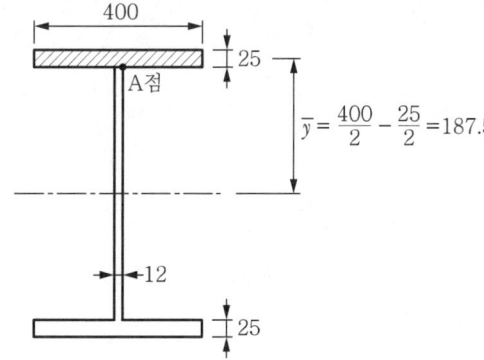

3) $b = 12\text{mm}$

4) $y_t = 400/2 - 25 = 175\text{mm}$

3. 응력

1) 휨응력(인장)

$$\sigma = \dfrac{M}{I} y_t = \dfrac{40 \times 10^6 \times 175}{4.83 \times 10^8} = 14.49\text{MPa}$$

2) 전단응력

$$\sigma = \dfrac{VQ}{Ib} = \dfrac{-50 \times 10^3 \times 1.17 \times 10^6}{4.83 \times 10^8 \times 12.0} = -10.09\text{MPa}$$

3) 응력 요소

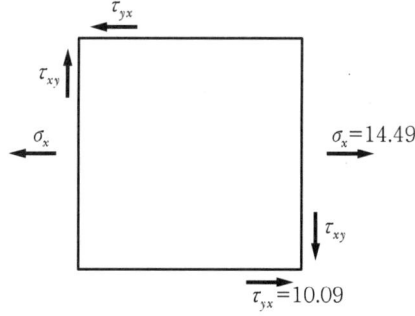

4. Mohr 응력원을 이용한 주응력, 회전각

1) Mohr 응력원

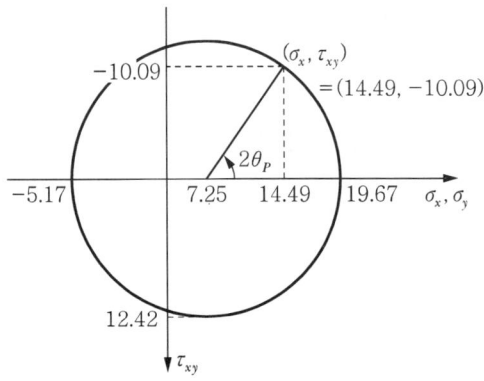

2) 반지름

$$R = \sqrt{\left(\frac{\sigma_x - \sigma_y}{2}\right)^2 + \tau_{xy}^2} = \sqrt{\left(\frac{14.19 - 0}{2}\right)^2 + (-10.09)^2} = 12.42\,MPa = \tau_{\max}$$

3) 중심점

$$\left(\frac{\sigma_x + \sigma_y}{2}\right) = \frac{14.09 + 0}{2} = 7.245\,\text{MPa}$$

4) 주응력면 각

$$2\theta_P = Tan^{-1}\left(\frac{-10.09}{14.49 - 7.25}\right) = -54.34° \quad \therefore \theta_P = -27.17°$$

5) 주응력

$$\sigma_{\max} = 7.25 + R = 19.672\,\text{MPa}$$
$$\sigma_{mix} = 7.25 - R = -5.172\,\text{MPa}$$

▶▶▶ 토목구조기술사 95-4-4

300×650mm의 직사각형 단면과 지간 12m를 갖는 PSC 단순보가 100mm의 일정 편심을 갖는 직선 케이블로 프리스트레싱된다. 12m에 걸쳐 24kN/m의 하중을 받으며, 케이블에서의 프리스트레싱 힘은 1,000kN이다. 지점으로부터 300mm 위치에 있는 단면부의 주응력을 구하시오.(단, 콘크리트의 단위질량(m_c)은 2,400 kg/m³이다.)

1. 프리스트레스트 콘크리트 보 자중

$$w_D = m_c \times g \times A = 2,400\text{kg/m}^3 \times 9.8\text{m/sec} \times 0.3\text{m} \times 0.65\text{m}$$
$$= 2,400\text{kg/m}^3 \times 9.8\text{m/sec} \times 0.3\text{m} \times 0.65\text{m} = 4.586\text{kN/m}$$

2. 작용 하중

1) $w_D = 4.586\text{kN/m}$, $w_L = 24\text{kN/m}$

2) 하중의 합계

$$w = w_D + w_L = 4.586 + 24 = 28.586\text{kN/m}$$

3. 보 단면 및 하중 작용도, 응력 검토 위치

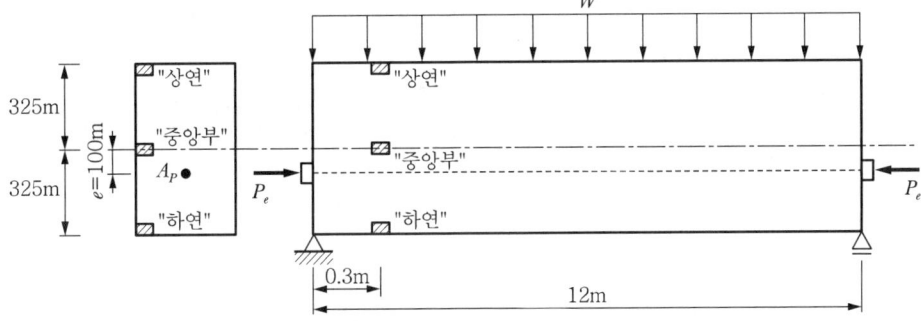

4. 지점부에서 300mm 위치 단면의 부재력 산정

1) 지점 반력

$$R = \frac{w \times l}{2} = \frac{28.586 \times 12}{2} = 171.516\text{kN}$$

2) 휨 모멘트

$$M_x = Rx - \frac{wx^2}{2} = 171.516x - \frac{28.586x^2}{2}$$

$$M_{(x=0.3m)} = 171.516 \times 0.3 - \frac{28.586 \times 0.3^2}{2} = 50.17\text{kN·m}$$

3) 전단력

$$V_x = R - wx = 171.516 - 28.586x$$

$$V_{(x=0.3)} = 171.516 - 28.586 \times 0.3 = 162.94 \text{kN}$$

5. 지점부에서 300mm 위치 단면부의 응력 산정

1) 콘크리트 단면 성질

$$A = 300 \times 650 = 195,000 \text{mm}^2 \quad I = \frac{bh^3}{12} = \frac{300 \times 650^3}{12} = 6.866 \times 10^9 \text{mm}^4$$

2) 휨 및 축응력

① 상연

$$\sigma_{xt} = \frac{P}{A} - \frac{Pe}{I}y_t + \frac{M}{I}y_t$$

$$= \frac{1,000 \times 10^3}{195,000} - \frac{(1,000 \times 10^3) \times 100}{6.866 \times 10^9} \times 325 + \frac{50.17 \times 10^6}{6.866 \times 10^9} \times 325$$

$$= 5.128 - 4.733 + 2.375 = 2.77 \text{MPa}$$

② 중앙부

$$\sigma_{xb} = \frac{P}{A} + \frac{Pe}{I}y_b - \frac{M}{I}y_b$$

$$= \frac{1,000 \times 10^3}{195,000} + \frac{(1,000 \times 10^3) \times 100}{6.866 \times 10^9} \times 0 - \frac{50.17 \times 10^6}{6.866 \times 10^9} \times 0$$

$$= 5.128 + 0 - 0 = 5.128 \text{MPa}$$

③ 하연

$$\sigma_{xb} = \frac{P}{A} + \frac{Pe}{I}y_b - \frac{M}{I}y_b$$

$$= \frac{1,000 \times 10^3}{195,000} + \frac{(1,000 \times 10^3) \times 100}{6.866 \times 10^9} \times 325 - \frac{50.17 \times 10^6}{6.866 \times 10^9} \times 325$$

$$= 5.128 + 4.733 - 2.375 = 7.486 \text{MPa}$$

3) 전단 응력

① 상연

$$\tau_{xy-t} = \frac{VQ}{Ib} = \frac{V\overline{A}}{Ib}\overline{y} = \frac{V\overline{A}}{(bh^3/12)b}\overline{y} = -\frac{(162.94 \times 10^3) \times 0}{(6.866 \times 10^9) \times 300} \times 350 = 0$$

② 중앙부

$$\tau_{xy-t} = \frac{V\overline{A}}{(bh^3/12)b}\overline{y} = \frac{V \times b \times h/2}{(bh^3/12)b} \times h/4 = \frac{3}{2} \times \frac{V}{bh}$$

$$= -\frac{3 \times 162.94 \times 10^3}{2 \times 300 \times 650} = -1.253 \mathrm{MPa}$$

③ 하연

$$\tau_{xy-b} = -\frac{(162.94 \times 10^3) \times 0}{(6.866 \times 10^9) \times 300} \times 350 = 0$$

6. 지점부에서 300mm 위치 단면부의 주응력, 최대 전단 응력 산정

1) 상연

$$\sigma_{1,2} = \frac{\sigma_x + \sigma_y}{2} \pm \sqrt{\left(\frac{\sigma_x - \sigma_y}{2}\right)^2 + \tau_{xy}^2}$$

$$= \frac{2.77 + 0}{2} \pm \sqrt{\left(\frac{2.77 - 0}{2}\right)^2 + 0^2} = 1.385 \pm 1.385 = 2.77 \mathrm{MPa} \text{ or } 0$$

$\tau_{\max} = 1.385 \mathrm{MPa}$

2) 중앙부

$$\sigma_{1,2} = \frac{\sigma_x + \sigma_y}{2} \pm \sqrt{\left(\frac{\sigma_x - \sigma_y}{2}\right)^2 + \tau_{xy}^2}$$

$$= \frac{5.128 + 0}{2} \pm \sqrt{\left(\frac{5.128 - 0}{2}\right)^2 + (-1.253)^2} = 2.564 \pm 2.854$$

$$= 5.418 \, MPa \text{ or } -0.29 \mathrm{MPa}$$

$\tau_{\max} = 2.854 \mathrm{MPa}$

3) 하연

$$\sigma_{1,2} = \frac{\sigma_x + \sigma_y}{2} \pm \sqrt{\left(\frac{\sigma_x - \sigma_y}{2}\right)^2 + \tau_{xy}^2}$$

$$= \frac{7.486 + 0}{2} \pm \sqrt{\left(\frac{7.486 - 0}{2}\right)^2 + 0^2} = 3.743 \pm 3.743 = 7.486 \mathrm{MPa} \text{ or } 0$$

$\tau_{\max} = 3.743 \mathrm{MPa}$

건축구조기술사 94-3-1

어떤 강체 내부에서 한 점의 응력 상태가 다음 그림과 같을 때 물음에 답하시오. (단, 단위는 Mpa)

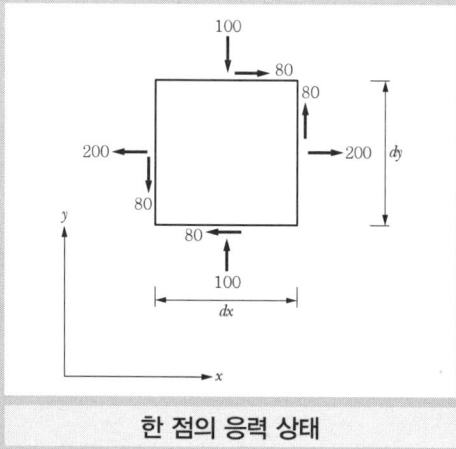

한 점의 응력 상태

1 위의 응력 상태를 2차원 응력 텐서(Stress Tensor)로 나타내시오.
2 주응력의 의미를 설명하고, 그 크기를 구하시오.

---

1. 응력 텐서(단위 : Mpa)

$$\{\sigma\} = \begin{Bmatrix} \sigma_{xx} & \tau_{xy} \\ \tau_{yx} & \sigma_{yy} \end{Bmatrix} = \begin{Bmatrix} 200 & 80 \\ 80 & -100 \end{Bmatrix}$$

2. 주응력의 의미

① 주응력(主應力, Principal Stresses)이란 주된 응력으로 단면 내의 여러 응력 중에서 최대, 최소의 응력을 말함
  – 외력을 받고 있는 물체 내의 임의의 한 점을 포함하는 미소요소 내에서 어떤 면에 전단응력은 작용하지 않고 수직응력만이 작용할 때 그 수직응력

② 주응력은 부재 내에서 부재를 설계할 때 기본이 되는 응력

③ 구조물의 설계 및 안전성 검토에서 주응력
  ㉠ 임의의 단면에 힘이 작용하면 단면 내에는 응력이 발생하는데 이 응력은 각 방향으로 여러 값을 갖게 되며, 그중에서 가장 크거나 작은 값(방향이 반대인 가장 큰 값)에 대하여 그 응력을 초과하지 않도록 해야만 구조물이 붕괴되지 않음
  ㉡ 구조설계자는 주응력을 찾아서 그 주응력 방향으로 단면 내에 재료를 선정함에 있어 필요한 주응력을 견딜 수 있도록 해야 함

ⓒ 단면 크기 및 어떤 재료의 강도가 주응력값보다 큰 값을 가져야 함
ⓔ 보(Beam, Girder) : 수직하중을 받는 보의 중앙부 하면에서의 주응력과 방향은 보와 평행한 방향으로 최대 인장력이 주응력이 됨. 그러므로 이 방향으로 철근을 배치해서 주응력에 저항하도록 설계
ⓕ 기둥 : 축하중만을 받는 기둥의 경우는 기둥 축방향으로 최대 압축력이 주응력이 됨
ⓗ 주응력의 크기를 보나 기둥에서와 같이 쉽게 경험적으로 알지 못하는 부분 : 접합부, 철골 브라켓, 또는 여러 가지 크기와 방향을 갖는 힘이 작용하는 부재의 경우는 우리가 예상치 못한 방향과 크기의 주응력이 존재할 수 있기 때문에 주응력의 크기와 방향을 해석적으로 찾아야 함

3. 주응력의 크기

① 주응력은 고유치(Eigne Value) 문제임
② $\{\sigma\}\{n\} = \lambda\{I\}\{n\}$
 → $[\{\sigma\} - \lambda\{I\}]\{n\} = \{0\}$
 여기서, λ는 주응력, $\{n\}$은 주응력 방향 x, y축 사이의 방향 여현(Direction Cosine)

③ 임의의 $\{n\}$에 대해 성립할 조건은
 $Det[\{\sigma\} - \lambda\{I\}] = 0$; 특성 방정식

 ㉠ $\{\sigma\} = \begin{Bmatrix} \sigma_{xx} & \tau_{xy} \\ \tau_{yx} & \sigma_{yy} \end{Bmatrix} = \begin{Bmatrix} 200 & 80 \\ 80 & -100 \end{Bmatrix}$

 ㉡ $\{I\} = \begin{Bmatrix} 1 & 0 \\ 0 & 1 \end{Bmatrix}$

 ㉢ $Det[\{\sigma\} - \lambda\{I\}] = Det\begin{pmatrix} 200-\lambda & 80 \\ 80 & -100-\lambda \end{pmatrix} = (200-\lambda)(-100-\lambda) - 80^2 = 0$
  → $\lambda_1 = 220\text{Mpa}, \lambda_2 = -120\text{Mpa}$

▶▶▶ 토목구조기술사 94-2-5

다음 그림과 같이 설치된 교통안전시설에 대해 지주와 앵커볼트의 응력을 검토하고 앵커볼트의 매입 길이를 구하라.

교통표지판의 중량은 10,000N, 작용하는 풍압은 5,000Pa이고,
지주는 중공 강관으로서 외경 $d_o = 300$mm, 두께 $t = 10$mm,
허용 휨인장 응력 $f_{sta} = 140$MPa, 허용 휨압축 응력 $f_{sca} = 100$MPa,
허용 전단 응력 $f_{sva} = 80$MPa이며, 콘크리트의 허용 부착응력 $f_{cwa} = 2.0$MPa,
앵커볼트의 유효 외경 30mm, 허용 인장응력 $f_{bta} = 180$MPa,
허용 전단 응력 $f_{bva} = 100$MPa이다.
지주의 중량은 무시하며, 지주와 교통 표지판의 중심선은 일치한다.
(단, 단위 : mm)

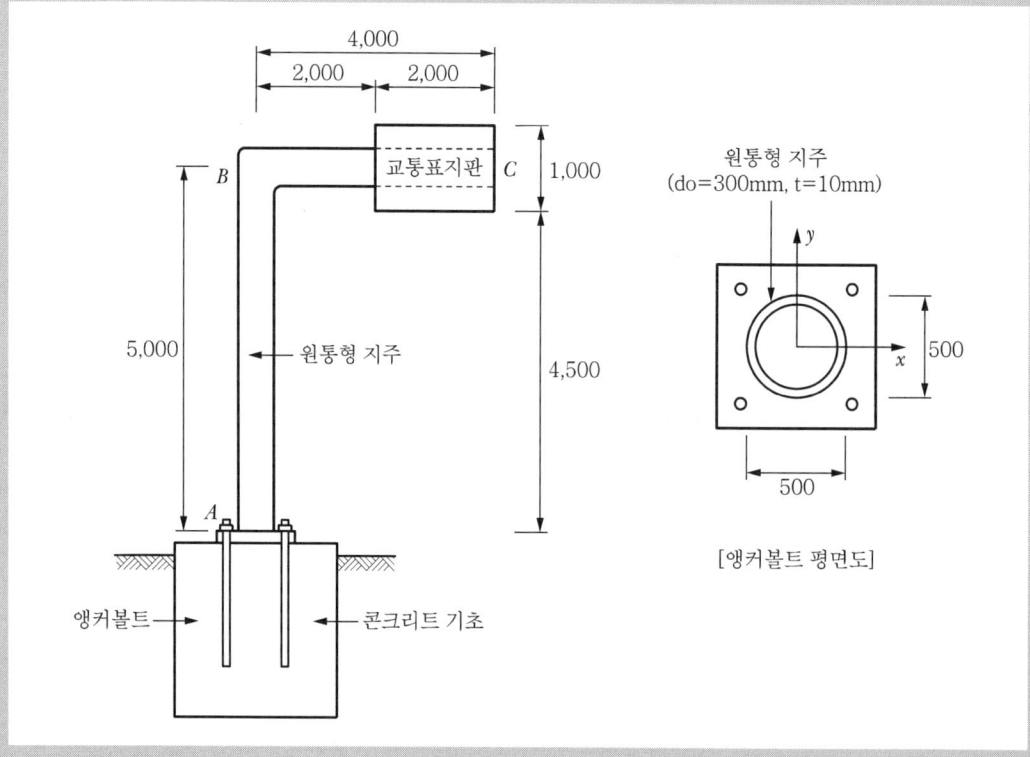

[앵커볼트 평면도]

1. 풍하중 산정

① 풍압 : $P_f = 5{,}000 \text{ Pa} = 5{,}000 \text{N/m}^2$

② 풍하중 : $W_f = P_f A = 5{,}000 \times (2.0 \times 1.0) = 10{,}000\text{N} = 10.0\text{kN}$

2. 자유 물체도

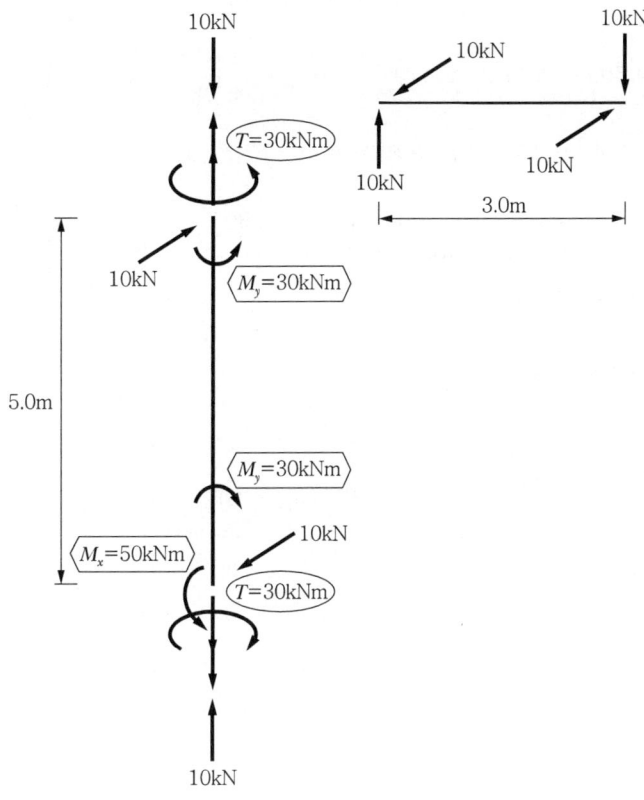

3. 지주 하단부(A점)에 작용하는 부재력

① 축압축력 $R = 10\text{kN}$
② 전단력 $V = 10\text{kN}$
③ 휨 모멘트 $M_x = 50\text{kNm}$, $M_y = 30\text{kNm}$
④ 비틀림 모멘트 $T = 30\text{kNm}$

4. 강관 포스트 부재 단면 특성

1) 산정 단면

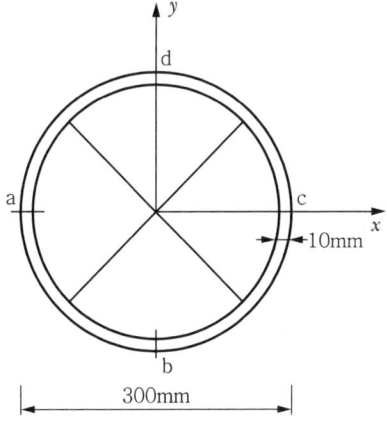

2) Mid-Line 면적 : $A_m = \dfrac{\pi}{4} \times 290^2 = 66,052 \text{mm}^2$

3) $A_g = \dfrac{\pi}{4} \times (300^2 - 280^2) = 9,110.62 \text{mm}^2$

4) $I_g = \dfrac{\pi}{64} \times (300^4 - 280^4) = 9.59 \times 10^7 \text{mm}^4$

5) $Q_{a,c} = \dfrac{1}{2} \times \dfrac{\pi \times 300^2}{4} \times \dfrac{4 \times 150}{3\pi} - \dfrac{1}{2} \times \dfrac{\pi \times 280^2}{4} \times \dfrac{4 \times 140}{3\pi} = 420,667 \text{mm}^3$

6) $b_{a,c} = 2 \times 10 = 20 \text{mm}$

5. 부재력에 대한 응력

1) 축응력

$$\sigma_N = -\dfrac{R}{A_g} = -\dfrac{10,000}{9,110.62} = -1.0976 \text{Mpa (압축)}$$

2) 휨응력(x축)

① $_{a,c}\sigma_x = 0$

② $_b\sigma_x = \dfrac{M_x}{I_g} y_t = +\dfrac{50 \times 10^6}{9.59 \times 10^7} \times 150 = 78.21 \text{Mpa}$

③ $_d\sigma_x = -78.21 \text{Mpa}$

3) 휨응력(y축)

① $_{b,d}\sigma_y = 0$

② $_b\sigma_y = \dfrac{M_x}{I_g} y_t = +\dfrac{30 \times 10^6}{9.59 \times 10^7} \times 150 = 46.93 \text{Mpa}$

③ $_c\sigma_y = -46.93 \text{Mpa}$

4) 전단력에 의한 전단응력

① $_{b,d}\tau_v = 0 \ (\because \overline{Q} = \overline{A}\,\overline{y} = 0)$

② $_a\tau_v = \dfrac{VQ}{I_g b} = +\dfrac{10 \times 10^3 \times 420,667}{9.59 \times 10^7 \times 20} = 2.193 \text{Mpa}$

③ $_c\tau_v = -2.193 \text{Mpa}$

5) 비틀림에 의한 전단응력

$$_{all}\tau_t = \dfrac{T}{2tA_m} = +\dfrac{30 \times 10^6}{2 \times 10 \times 66,052} = 22.71 \text{Mpa}$$

6) 각각 위치에서 발생 응력(단위 : Mpa)

구분	σ_N	σ_x	σ_y	τ_t	τ_v
a	−1.1	0	+46.93	22.71	2.193
b	−1.1	+78.21	0	22.71	0
c	−1.1	0	−46.93	22.71	−2.193
d	−1.1	−78.21	0	22.71	0

σ_N, σ_x, σ_y 부호 : 압축 −/ 인장 +

여기서 전단 흐름 방향은

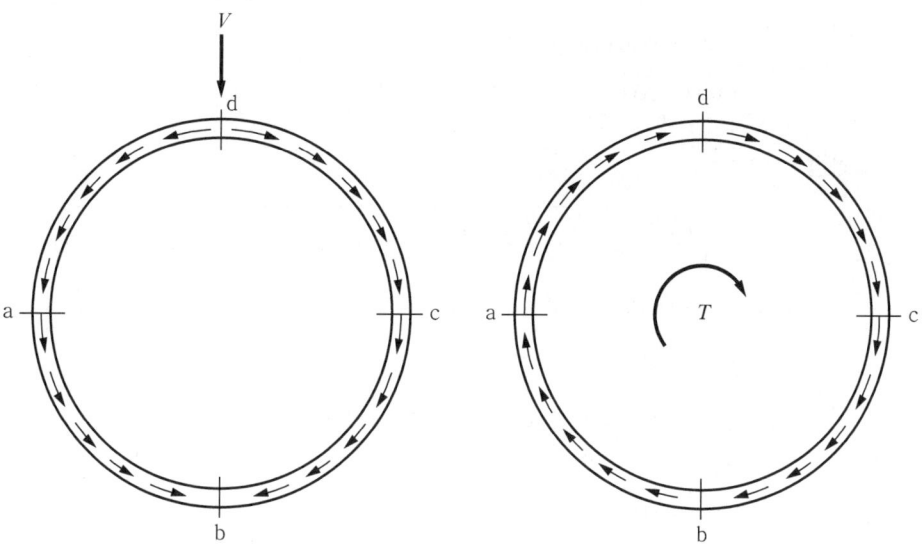

6. 주응력 및 최대 전단응력

1) 산정식

$$\sigma_2^1 = \frac{\sigma}{2} \pm \sqrt{\left(\frac{\sigma}{2}\right)^2 + \tau^2}$$

$\tau = \tau_t + \tau_v$ / $\sigma = \sigma_N + \sigma_x$ or $\sigma = \sigma_N + \sigma_y$

2) 각 위치별 주응력 산정값(단위 : Mpa)

① a점

$$\sigma_2^1 = \frac{-1.1 + 46.93}{2} \pm \sqrt{\left(\frac{-1.1 + 46.93}{2}\right)^2 + (22.71 - 2.193)^2} = 22.915 \pm 30.76$$

$= 53.675$ or -7.845 (Mpa)

$\tau_{max} = 30.76$ (Mpa)

② b점

$$\sigma_2^1 = \frac{-1.1+78.21}{2} \pm \sqrt{\left(\frac{-1.1+78.21}{2}\right)^2 + (22.71)^2} = 38.56 \pm 44.75$$

$$= 83.31 \text{ or} -6.19\,(\text{Mpa})$$

$$\tau_{\max} = 44.75\,(\text{Mpa})$$

③ c점

$$\sigma_2^1 = \frac{-1.1-46.93}{2} \pm \sqrt{\left(\frac{-1.1-46.93}{2}\right)^2 + (22.71+2.193)^2} = -24.02 \pm 34.59$$

$$= 10.57 \text{ or} -58.61\,(\text{Mpa})$$

$$\tau_{\max} = 34.59\,(\text{Mpa})$$

④ d점

$$\sigma_2^1 = \frac{-1.1-78.21}{2} \pm \sqrt{\left(\frac{-1.1-78.21}{2}\right)^2 + (22.71)^2} = -39.65 \pm 45.70$$

$$= 6.05 \text{ or} -85.35\,(\text{Mpa})$$

$$\tau_{\max} = 45.70\,(\text{Mpa})$$

※ 참고 : 응력 Tensor를 이용한 주응력 산정(d점)

1) $[\{\sigma\}-\lambda\{I\}]\{\eta\}=0$

2) nontrivial solution $Det|\{\sigma\}-\lambda\{I\}|=0$

$Det|\{\sigma\}-\lambda\{I\}|=0$

$$Det\begin{vmatrix} -1.1-78.21-\lambda & 22.71+0 \\ 22.71+0 & -\lambda \end{vmatrix} = Det\begin{vmatrix} -79.31-\lambda & 22.71 \\ 22.71 & -\lambda \end{vmatrix} = 0$$

$\rightarrow \lambda = -85.35\,\text{Mpa or } 6.04\,\text{Mpa}$

7. 지주의 응력 검토

① $f_{sta} = 140\,\text{MPa} > {}_t\sigma_{\max} = 83.31\,(\text{Mpa})$

② $f_{sca} = 100\,\text{MPa} > {}_c\sigma_{\max} = 85.35\,(\text{Mpa})$

③ $f_{sva} = 80\,\text{MPa} > {}_v\sigma_{\max} = 45.70\,(\text{Mpa})$

8. 앵커볼트의 응력 검토

1) 편심 전단력 10kN을 받는 볼트군에 생기는 최대 전단력

① 편심 전단을 받는 고력 볼트군

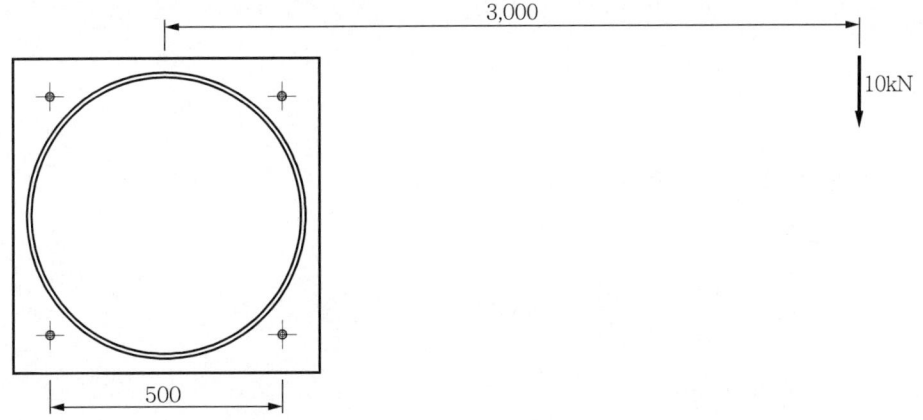

② 편심 전단에 의한 모멘트 및 전단력

$$M_e = Pe = 10 \times 3.0 = 30.0 \text{kN} \cdot \text{m}$$

③ $\sum x^2 + \sum y^2 = 4 \times (250^2 + 250^2) = 5 \times 10^5 \text{mm}^2$

④ 볼트 개당 분담 전단력

$$R_v = \frac{V}{4} = \frac{10}{4} = 2.5 \text{kN/ea}$$

⑤ 볼트 개당 비틀림에 의한 전단력

$$R_{mx} = \frac{M_e y_m}{\sum x^2 + \sum y^2} = \frac{30 \times 10^6 \times 250}{5.0 \times 10^5} \times 10^{-3} = 15 \text{kN}$$

$$R_{my} = \frac{M_e x_m}{\sum x^2 + \sum y^2} = \frac{30 \times 10^6 \times 250}{5.0 \times 10^5} \times 10^{-3} = 15 \text{kN}$$

⑥ 볼트 최대 전단력

$$R_{\max} = \sqrt{R_{mx}^2 + (R_{my} + R_v)^2} = \sqrt{15^2 + (15 + 2.5)} = 23.05 \text{kN}$$

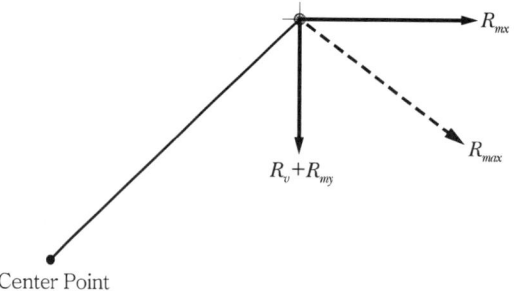

2) 볼트의 최대 전단 응력

① 볼트 단면적

$$A_{Bolt} = \frac{\pi d^2}{4} = \frac{\pi 30^2}{4} = 706.86 \text{mm}^2$$

② 최대 전단 응력

$$\tau_{\max} = \frac{R_{\max}}{A_{bolt}} = \frac{23.05 \times 10^3}{706.86} = 32.61 \text{Mpa}$$

③ 볼트 최대 전단 응력 검토

$$\tau_{\max} < f_{bva} = 100 \text{Mpa} (\text{O.K})$$

9. 앵커볼트 매입 깊이 계산, 응력 검토

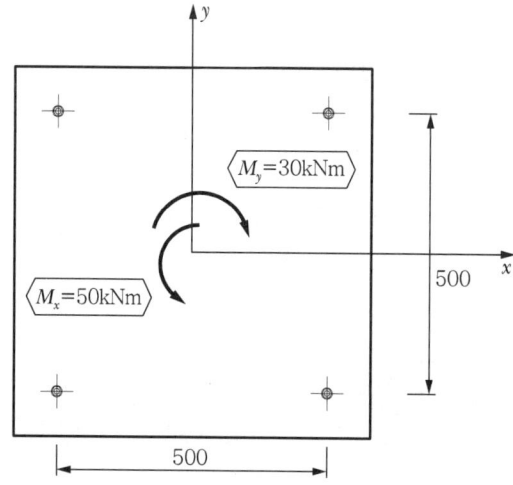

1) 앵커볼트에 작용하는 최대 인장력

$$R_{\max} = \frac{50\text{kNm}}{500\text{mm}} = \frac{50 \times 10^6}{500} = 100,000\text{N} = 100\text{kN}$$

따라서, 인장력을 지지하는 볼트는 2개이므로 각 볼트당 인장력 50kN을 발휘해야 함

2) 앵커볼트 인장 응력도 검토

$$\sigma_t = \frac{R_{\max}}{A_{bolt}} = \frac{50 \times 10^3}{706.86} = 70.74\,\text{Mpa} \;\langle\; f_{bta} = 180\text{MPa}(\text{O.K})$$

06 소성해석

❶ 소성 해석 개요

> **▶▶▶▶ 건축구조기술사** 93-1-6
>
> ❶ 강구조 모멘트 골조가 지진하중에 저항할 때, 소성힌지가 발생할 가능성이 있는 영역은 어디이며 그 속성은 무엇인지 답하시오.
> ❷ 구조물의 내진설계 관점에서 어떤 순서로 소성힌지 발생영역을 유도하는 것이 바람직한지 답하시오.

1. **소성이론의 3대 원칙**

    Yield Condition(항복 조건), Equilibrium Condition(평형 조건), Mechanism Condition(메커니즘 조건)

2. **메커니즘 조건(Mechanism condition)**

    ① 구조물이 붕괴하기 위한 메커니즘을 형성하기 위해서는 충분한 수의 소성힌지가 발생하여야 한다는 조건
    ② 충분한 수의 소성힌지라는 것은 구조물의 부정정 차수 +1을 의미
    ③ 구조물이 가지는 부정정 차수 +1개의 소성힌지가 발생하면 붕괴 또는 파괴가 발생한다는 의미

3. 파괴 메커니즘

1) 개요

무수히 많은 부정정 차수를 가지는 구조물에서 파괴 메커니즘은 여러 가지 메커니즘의 조합이 복합적으로 발생함으로써 일어날 수 있는 가능성을 의미

2) 파괴 메커니즘 종류

Beam Mechanism(보 붕괴형 메커니즘), Column Sway Mechanism(기둥 붕괴형 메커니즘), Combined Mechanism(조합 붕괴형 메커니즘)이고 이러한 메커니즘들이 복합되어 발생함으로써 구조물은 부분적으로 또는 전체적으로 파괴 또는 붕괴가 발생하게 됨

Beam Mechanisms for Beams and Columns

Sway Mechanism   Combined Mechanism

4. 소성힌지 발생영역의 유도

1) 능력설계(Capacity Design)

① 뉴질랜드에서 오래전부터 적용되었던 내진설계 철학의 한 방법
② 현재 성능에 기초한 내진설계의 개념과 일맥상통
③ 가장 핵심은 바로 구조 부재의 능력을 제대로 파악하고 이러한 부재의 조합으로 이루어진 시스템의 파괴 메커니즘을 엔지니어가 의도한 대로 유도하는 것
④ 대상 구조물의 파괴 메커니즘을 미리 가정하고 이러한 메커니즘을 발생할 수 있도록 구조부재와 전체 시스템을 설계하는 것

2) 강기둥-약보에 대한 설계

① 기둥의 파괴는 곧 구조물에 치명적인 피해를 입힐 수 있기 때문에 능력설계에서는 기둥에 대한 설계모멘트를 산정할 때 반드시 인접한 보의 모멘트보다 크도록 고려함
② 기둥에 대한 설계모멘트는 인접한 보의 모멘트(횡력과 중력하중의 영향에 의한)에 초과강도(Overstrength Factor)와 동적 모멘트 증폭계수(Dynamic Moment Magnification Factor)를 곱한 값보다도 커야 함

③ 강기둥 약보에 의하여 설계된 구조물에서는 보가 가지고 있는 소성모멘트가 작기 때문에 하중에 의하여 발생하는 모멘트에 의하여 기둥보다 먼저 소성힌지가 발생함. 물론 이것도 휨 모멘트에 대해서만 적용되고, 축력에 의한 영향과 전단 및 접합부에 대한 상황을 고려한다면 훨씬 복잡함
④ 강기둥 약보 설계로 된 구조물에서 대부분의 소성힌지는 보에서 발생하지만, 1층 기둥의 하단부와 최상층 기둥의 하단부는 예외임
  ㉠ Columns of the First Story
    - 1층 기둥의 경우는 수직하중과 수평하중이 작용하는 경우에 축력과 모멘트가 가장 크게 나타나는 위치임
    - 일반적으로 소성힌지가 발생하는 기둥의 하단부는 고정단(Fixed Base)으로 가정되고, 이곳에서 소성힌지가 발생하게 됨
    - 소성힌지가 발생하게 되는 것이 Sway 메커니즘
    - 1층 기둥의 경우는 횡력과 중력하중에 의하여 발생하는 기둥 자체에서의 모멘트에 의하여 설계됨
    - 다른 층의 경우는 기둥의 설계모멘트를 결정할 때 반드시 인접하는 보의 모멘트를 고려해야 하지만 1층의 경우는 인접하는 보가 없을 뿐 아니라 베이스를 고정으로 가정하였다면 Foundation System의 영향도 고려 대상에서 제외됨
    - 1층 기둥의 설계모멘트에는 다른 층에서 적용되는 보의 초과강도계수 등의 영향과는 무관하게 됨
    - 1층 기둥은 단독으로 캔틸레버 액션을 하고, 캔틸레버에서는 지점 부근에서 소성힌지가 발생하게 됨
    - Sway 메커니즘에서는 1층 기둥의 상부에서는 소성힌지가 발생하면 안 되므로 능력설계에서는 바로 초과강도계수와 동적 모멘트 확대계수 등을 적용함으로써 1층 기둥 상부의 설계모멘트를 안전하게 고려
  ㉡ Columns in the Top Story
    - 최상층에서 중력하중이 일반적으로 보의 설계를 지배하는 요소임
    - 최상층 기둥은 축력이 일반적으로 가장 작기 때문에 요구되는 소성힌지의 회전연성도(Rotational Ductility)는 인접보에서 사용되는 횡방향 철근의 양과 비슷하게 배근을 하여도 무방함
    - 최상층에서 발생하는 기둥의 힌지는 시스템의 메커니즘에 그렇게 영향을 미치지 않으며, 최상층의 경우에는 보 또는 기둥에서 소성힌지를 발생시킬 것인가를 선택할 수 있음

- 다만 만약 기둥에서 소성힌지를 발생할 수 있다고 가정하였다면, 힌지 발생에 따른 횡방향 철근과 Lap Splice(겹침이음) 등의 배근 상세는 반드시 지켜야 함

3) 가새골조시스템

① 가새골조시스템이 바로 내진설계에서는 이중골조시스템으로 분류할 수 있음[횡력 부담을 가새가 3/4(75%)를 하며, 보와 기둥으로 된 골조가 나머지 1/4(25%)를 부담]
② 대부분의 횡력을 가새가 부담한다는 설계 개념으로 가새골조시스템의 경우 대부분의 소성힌지는 가새에 집중하게 됨
③ 가새설계가 능력설계의 원리를 따른다면 인접하는 보와 기둥 부재보다도 능력이 작아야 함
④ 가새의 경우는 축력에 따른 좌굴에 의하여 파괴가 될 수 있고, 그 외 접합부 및 전단에 대해서는 소성파괴가 발생할 수 있음

4) 고층건물과 저층건물 소성 거동

① 고층건물
- 고층건물의 경우 하중의 형태에 따라 다르지만 국부적으로 소성거동이 집중되는 경향은 일반적인 현상인데, 이는 고차모드의 효과에 의한 것임
- 고차모드는 주로 상부층에 영향을 많이 미치기 때문에 상부층의 소성화 집중현상이 두드러짐
- 고층건물의 경우는 소성화 현상이 일부 국부적으로 집중될 수 있으므로 지진응답, 즉 소성화 현상이 집중되는 층에 국부적으로 감쇠기를 설치하는 것이 가장 효과적임

② 저층건물
- 저층의 경우 최상층 및 한두 개 층은 제외될 수도 있지만, 10층 이내에서는 거의 전 층에 골고루 소성화 경향이 나타남
- 소성화 현상은 주로 하부층에서부터 진행이 되는 것이 일반적임(하중의 진동수 성분과 구조물의 진동수 성분의 상호 영향을 고려하면 다른 경우도 발생)
- 1차 모드의 영향으로 인하여 저층의 경우는 주로 하부층에서 큰 소성 회전각이 발생하고 상부층으로 진행되는 형태를 보임

▶▶▶▶ 건축구조기술사   96-1-5

단순소성론(Simple Plastic Theory)에서 재료에 대한 기본 가정 및 "소성힌지(Plastic Hinge)"라는 용어의 개념을 설명하고 소성힌지와 실제 힌지의 차이점을 설명하시오.

1. 개요

1) 소성해석과 소성설계

① 구조용 강과 같은 재료는 상당히 큰 항복영역을 동반하는 선형탄성영역을 가지며 이와 같은 재료에 대한 응력-변형률 선도는 두 개의 직선으로 이상화시킬 수 있다. 항복점까지는 Hooke의 법칙을 따르며 그 후에는 일정한 응력하에서 항복한다고 가정하고 시행하는 해석을 구조물의 소성해석(Plastic Analysis) 또는 극한해석(Limit Analysis)이라 한다.

② 일반적으로 강구조에서는 소성해석이라 하고, 철근콘크리트에서는 극한해석이라는 용어로 통용되고 있다.

③ 단면이 완전소성상태가 되어 소성힌지가 형성되고 나면 추가하중에 대해 응력이 작은 부분의 모멘트가 증가해가는 모멘트 재분배가 생긴다.

④ 소성설계에서는 우선 구조물에 대한 사용하중을 설정한 후 그것에 하중계수(Load-Factor)를 곱하여 극한하중을 구한 다음, 소성해석의 개념을 이용하여 극한하중조건에 맞는 구조물을 설계하게 된다.

2) 소성힌지(Plastic Hinge)

① 어떤 하중에 대한 최대모멘트가 항복모멘트(M_y)보다는 크지만 소성모멘트(M_P)보다 적을 때는 부재의 최연단에 부분적인 소성영역이 발생하다가 하중이 증가하여 최대휨 모멘트가 소성 모멘트 M_P값에 근사할 때 소성영역이 중립축 쪽으로 점점 확장해 M_{Max}가 M_P와 같게 되면 보는 완전소성이 되어 마치 Hinge로 연결되어 있는 것처럼 작용하는데 이 Hinge를 소성 Hinge라 한다.

② 소성 Hinge는 항상 최대 휨 모멘트가 생기는 단면에서 형성된다.

3) Collapse Mechanism

① 구조물에 극한하중이 작용하여 소성힌지가 형성되면 마치 2개의 봉이 힌지로 연결되어 있는 것처럼 거동하고, 이런 조건하에 있는 보가 계속 변형을 일으키는 Mechanism을 파괴, 붕괴 Mechanism이라 한다.

② 소성힌지가 하나밖에 없는 경우에는 한 개의 파괴 메커니즘이 고려되지만 여러 소성힌지가 가능할 때는 여러 개의 메커니즘을 만들 수 있고 각 메커니즘을 하나씩 검토해서 그에 대응하는 하중을 결정해서 가장 적은 값에서 발생하는 메커니즘이 정확한 메커니즘이며,

이 하중이 그 구조물의 극한하중이다.

2. 소성힌지와 실제힌지 비교

1) 소성힌지

① 계산된 공칭 휨강도에 도달한 후에는 작용 휨 모멘트가 변하지 않더라도 변형은 계속 증가한다고 가정하며, 탄성곡선이 급작하게 변하여 그 단면이 마치 회전 힌지가 있는 것과 같이 거동

② 마찰이 없는 힌지로 가정하지만, 회전에 일정한 저항 모멘트를 갖는다.

2) 실제힌지

마찰이 없으며, 회전에 일정한 저항 모멘트를 갖고 있지 않다.

3. 소성힌지와 실제힌지를 비교할 수 있는 구조해석 예

1) 조건

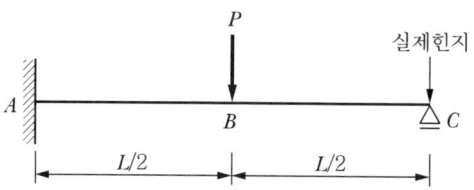

보의 상부와 하부는 대칭으로 동일한 단면 성능을 가짐
→ 부휨 모멘트 저항강도＝정 휨 모멘트 저항강도

2) 탄성 해석

① 부정정 차수

n＝부재수＋강절점수＋반력수－2×절점수＝2＋1＋4－2×3＝1

따라서, 1차 부정정 구조로서 소성힌지 2개 발생 시 붕괴

지점 C의 반력을 부정정 반력으로 함

② 부정정 반력 산정

㉠ 자유 물체도

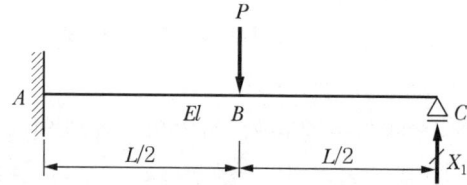

ⓒ 휨 부재력 (C → A)
- $M_x = X_1 x$ $(0 \leq x \leq L/2)$
- $M_x = X_1 x - P(x - L/2)$ $(L \leq x \leq L)$

ⓒ 최소일 원리 적용 : 평형상태에서 지점 부정정 반력에 대한 적합 조건식을 만족시키기 위한 편미분 방정식

$$\frac{\delta U}{\delta X_1} = 0 \; ; \; \frac{\delta U}{\delta X_1} = \frac{1}{EI}\int_0^{L/2}(X_1 x)(x)dx + \frac{1}{EI}\int_{L/2}^L \{X_1 x - P(x - L/2)\}(x)dx$$

$$= \frac{(16X_1 - 5P)L^3}{48EI} = 0$$

$$\therefore X_1 = \frac{5}{16}P$$

ⓔ 자유 물체도

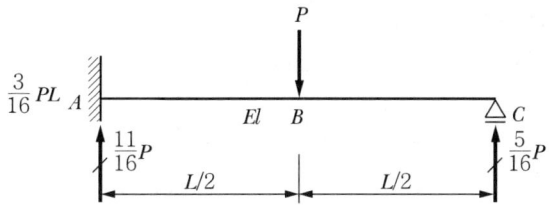

$\sum V = 0 \; ; \; R_A = \frac{11}{16}P$

$\sum M_A = 0 \; ; \; P \times \frac{L}{2} - \frac{5}{16}P \times L - M_A = 0 \rightarrow M_A = \frac{3}{16}PL$

ⓜ 하중점 B의 휨 모멘트

$M_B = \frac{5P}{16} \times \frac{L}{2} = \frac{5PL}{32}$

ⓗ 휨 모멘트도

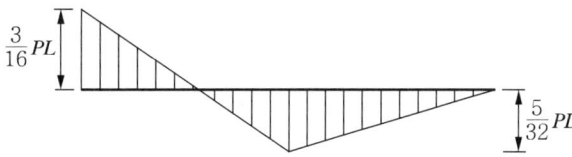

3) 소성 해석

① 첫 번째 소성힌지 발생

㉠ A점에서 발생한다고 가정할 경우 극한하중

$$M_A = M_P = \frac{3PL}{16} \to P = \frac{16M_P}{3L} = \frac{5.33M_P}{L}$$

㉡ B점에서 발생한다고 가정할 경우 극한하중

$$M_B = M_P = \frac{5PL}{32} \to P = \frac{32M_P}{5L} = \frac{6.4M_P}{L}$$

㉢ 극한하중이 작은 점에서 첫 번째 소성힌지가 발생하므로 탄성 내력 모멘트가 큰 A점에서 발생

② A점 소성힌지 발생 후 해석

㉠ 자유 물체도

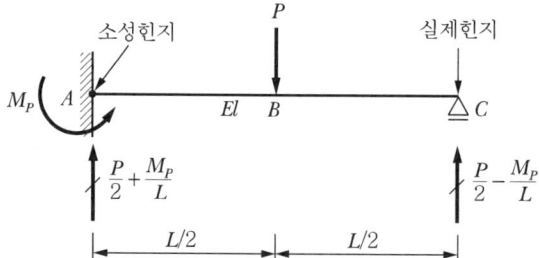

㉡ 반력

$$\sum M_A = 0 \; ; \; -M_P - R_C \times L + P \times \frac{L}{2} = 0 \to R_C = \frac{P}{2} - \frac{M_P}{L}$$

$$\sum V = 0 \; ; \; R_A = P - R_C = P - \frac{P}{2} + \frac{M_P}{L} = \frac{P}{2} + \frac{M_P}{L}$$

③ B점에 소성힌지 발생시 극한하중

㉠ 자유 물체도

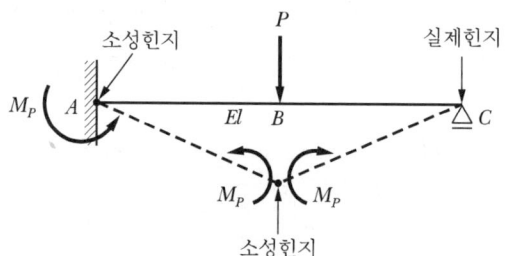

ⓛ 극한하중

$$M_B = R_C \times \frac{L}{2} = \left(\frac{P}{2} - \frac{M_P}{L}\right) \times \frac{L}{2} = M_P$$

$$\rightarrow P_u = \frac{6M_P}{L}$$

ⓒ 휨 모멘트도

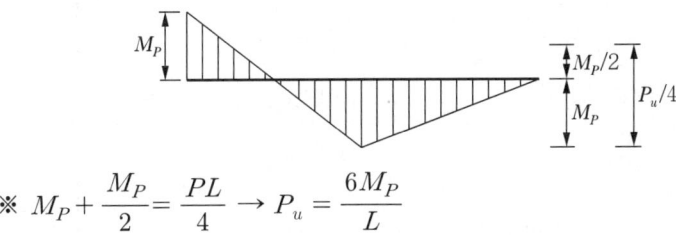

※ $M_P + \dfrac{M_P}{2} = \dfrac{PL}{4} \rightarrow P_u = \dfrac{6M_P}{L}$

2 소성 단면 계수 및 소성해석

1. 개요

1) 전단면이 동일 재질일 경우

① 소성 상태의 중립축

전 단면적을 2등분하는 축

② 소성 단면 계수

전 단면적을 2등분하는 축에 대한 상하 단면의 계수(상하 단면의 단면 1차 모멘트 절대값의 합)

2) 단면이 이질 재질일 경우

① 소성 상태의 중립축

전 단면적에 대한 항복응력과 해당 단면적의 곱을 2등분하는 축

② 소성 단면 계수(Plastic Section Modulus : Z_P)

전 단면적을 2등분하는 축에 대한 상하 단면의 계수(상하 단면의 단면 1차 모멘트 절대값의 합)

2. 전 단면의 재질이 동일한 경우의 예

1) 직사각형 단면의 소성 단면 계수

① 소성 중립축 위치

$\sum A = bd$

$b \cdot y_{PB} = \dfrac{b \cdot d}{2} \rightarrow y_{PB} = \dfrac{d}{2}$

$y_{PT} = d - y_{PB} = \dfrac{d}{2}$

② 소성 단면 계수

$Z_P = A_c y_c + A_t y_t = \dfrac{bd}{2} \cdot \dfrac{d}{4} + \dfrac{bd}{2} \cdot \dfrac{d}{4} = \dfrac{bd^2}{4}$

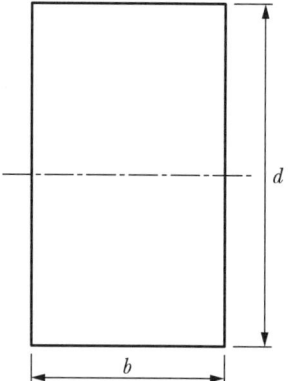

2) T형 단면의 소성 단면 계수

① 소성 중립축 위치

$\sum A = 30 \times 220 + (90 + 30 + 90) \times 30 = 12{,}900 \mathrm{mm}^2$

$30 \cdot y_{PB} = \dfrac{\sum A}{2} = \dfrac{12{,}900}{2} = 6{,}450 \rightarrow y_{PB} = 215\mathrm{mm}$

$y_{PT} = d - y_{PB} = (30 + 220) - 215 = 35\mathrm{mm}$

② 소성 단면 계수

$Z_P = A_{c1} y_{c1} + A_{c2} y_{c2} + A_t y_t = (90 + 30 + 90) \times 30 \times (35 - 15)$

$\quad + 30 \times 5 \times 2.5 + 30 \times 215 \times \dfrac{215}{2} = 819{,}750 \mathrm{mm}^3$

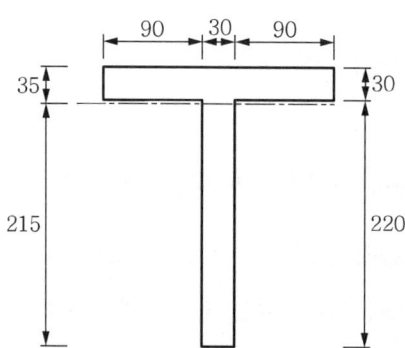

3) 비대칭 H-형강 단면의 소성 단면 계수

① 소성 중립축 위치

$$\sum A = 150 \times 50 + 150 \times 50 + (75 + 50 + 75) \times 50 = 25{,}000\,\text{mm}^2$$

$$(75 + 50 + 75) \times 50 + 50 \times (y_{PB} - 50) = \frac{\sum A}{2} = \frac{25{,}000}{2} = 12{,}500$$

$\rightarrow y_{PB} = 100\,\text{mm}$

$y_{PT} = d - y_{PB} = (50 + 150 + 50) - 100 = 150\,\text{mm}$

② 소성 단면 계수

$$Z_P = A_{c1}y_{c1} + A_{c2}y_{c2} + A_{t1}y_{t1} + A_{t2}y_{t2}$$

$$= 150 \times 50 \times (150 - 25) + 50 \times (150 - 50) \times \frac{(150 - 50)}{2}$$

$$+ 50 \times 50 \times 25 + 200 \times 50 \times (100 - 25) = 2{,}000{,}000\,\text{mm}^3$$

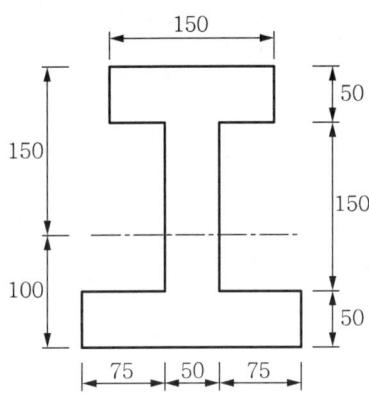

3. 전 단면의 재질이 동일하지 않는 경우의 예

1) 소성 중립축 위치

① 등가 단면적

$$\sum A_e = 30 \times 230 \times 1.0 + (90 + 30 + 90)$$
$$\times 20 \times 4.0$$
$$= 23{,}700\,\text{mm}^2$$

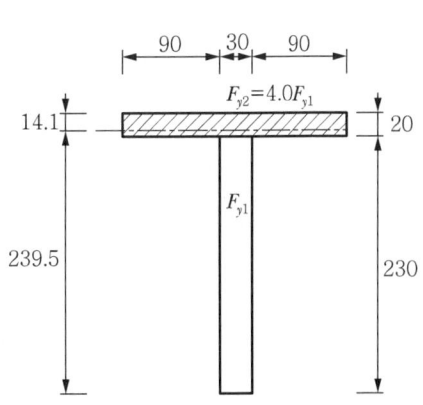

② 소성 중립축

$$A_{eT} = (90+30+90) \times 20 \times 4.0 = 16{,}800 \text{mm}^2$$

$$A_{eB} = 30 \times 230 \times 1.0 = 6{,}900 \text{mm}^2$$

$$A_{eT} > A_{eB} \rightarrow \text{소성 중립축은 상부 단면에 존재}$$

$$(210) \cdot 4 \cdot y_{PB} = \frac{\sum A_e}{2} = \frac{23{,}700}{2} = 11{,}850 \rightarrow y_{PT} = 14.1 \text{mm}$$

③ $y_{PB} = d - y_{PT} = (20+230) - 14.1 = 235.9 \text{mm}$

2) 소성 단면 계수

$$Z_P = A_c y_c + A_{t1} y_{t1} + A_{t2} y_{t2} = (210 \times 14.1 \times 4.0) \times \left(\frac{14.1}{2}\right)$$

$$+ \{210 \times (20-14.1) \times 4.0\} \times \frac{(20-14.1)}{2}$$

$$+ (30 \times 230) \times \left\{(20-14.1) + \frac{230}{2}\right\} = 932{,}330 \text{mm}^3$$

건축구조기술사 94-2-1

아래 단면에 대한 물음에 답하시오.

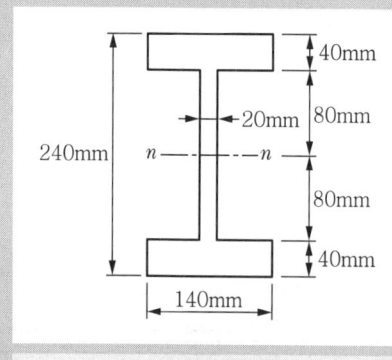

단면 치수

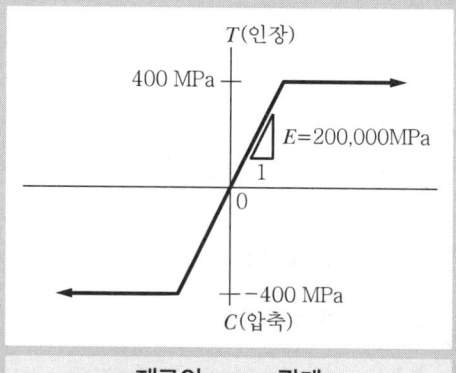

재료의 $\sigma - \varepsilon$ 관계

1 다음 6개 항목의 값을 구하시오.

- 탄성단면계수 Z_e
- 소성단면계수 Z_p
- 형상계수 f
- 항복모멘트 M_y
- 항복곡률 ϕ_y
- 전소성모멘트 M_p

2 아래 단순보에서 집중하중 P를 서서히 증가시키는 경우, 항복하중 P_y 및 종국하중 P_u를 구하시오.(단, 보의 단면과 재료는 앞에서 주어진 것으로 한다.)

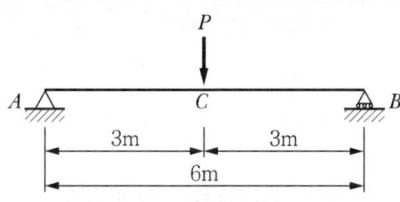

1. 탄성 단면 계수 Z_e

1) 단면 2차 모멘트

$$I = \frac{140 \times 240^3}{12} - \frac{120 \times 160^3}{12} = 120{,}320{,}000 \text{mm}^4$$

2) 탄성 단면 계수

$$Z_e = \frac{I}{y_t} = \frac{120{,}320{,}000}{120} = 1{,}002{,}667 \text{mm}^3$$

2. 소성 단면 계수 Z_p

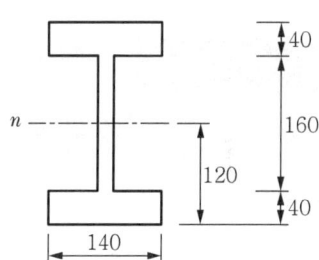

1) 소성 중립축 위치

대칭 단면이므로 단면적을 양분하는 축은 밑면에서 120mm 높이

2) 소성 단면 계수

$$Z_P = A_c y_c + A_t y_t$$
$$= 2 \times (140 \times 40 \times 100) + 2 \times (20 \times 80 \times 40)$$
$$= 1{,}248{,}000 \text{mm}^3$$

3. 형상 계수 f

$$f = \frac{Z_P}{Z_e} = \frac{1{,}248{,}000}{1{,}002{,}667} = 1.245$$

4. 항복 모멘트 M_y

$$M_y = \sigma_y Z_e = 400 \times 1{,}002{,}667 \times 10^{-6} = 401.07 \text{kN} \cdot \text{m}$$

5. 항복곡률 ϕ_y

$$\phi_y = \frac{M_y}{EI} = \frac{401.07 \times 10^6}{200{,}000 \times 120{,}320{,}000} = 1.7 \times 10^{-5}$$

6. 전 소성 모멘트 M_p

$$M_p = \sigma_y Z_p = 400 \times 1{,}248{,}000 \times 10^{-6} = 499.2 \text{kN} \cdot \text{m}$$

7. 단순보에서 중앙 집중 하중 작용시 항복 하중과 종국 하중

1) 휨 모멘트 $M = \dfrac{PL}{4}$

2) 항복 하중 $P_y = \dfrac{4M_y}{L} = \dfrac{4 \times 401.07}{6} = 267.3 \text{kN}$

3) 종국 하중 $P_u = \dfrac{4M_p}{L} = \dfrac{4 \times 499.2}{6} = 332.8 \text{kN}$

▶▶▶ 토목구조기술사   92-2-4

그림과 같은 2경간 연속보에서 소성붕괴 하중을 구하시오. (단, 강종은 SM400 사용)

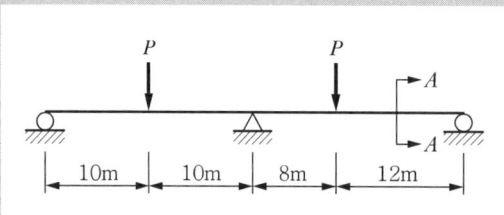
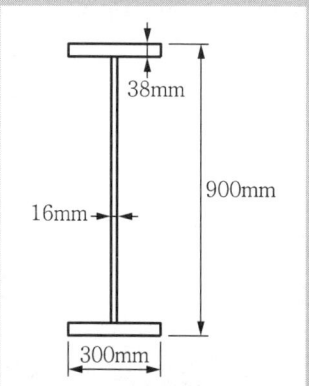

A-A 단면
(H-900×300×16×38)

풀이1 가상일법

1. 부정정 차수

n = 부재수 + 강절점수 + 반력수 − 2 × 절점수
  = 2 + 1 + 4 − 2 × 3 = 1

따라서 소성힌지 2개 이상 발생시 붕괴

2. 제1붕괴 모드

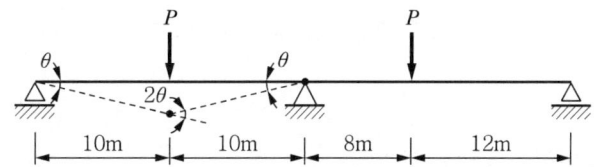

1) 외부 일

$$W_{ext} = P \times (10\theta)$$

2) 내부 에너지

$$W_{int} = M_p \times (3\theta)$$

3) 내부 에너지

$$W_{ext} = W_{int} \rightarrow P = (3/10)M_p$$

3. 제2붕괴 모드

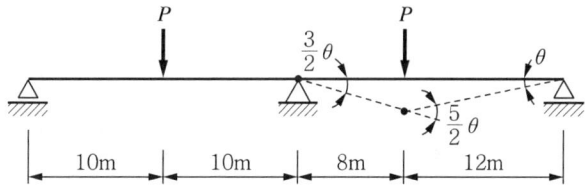

1) 외부 일

$$W_{ext} = P \times (12\theta)$$

2) 내부 에너지

$$W_{int} = M_p \times (4\theta)$$

3) 내부 에너지

$$W_{ext} = W_{int} \rightarrow P = (1/3)M_p$$

4. 극한하중(소성붕괴 하중)은 붕괴 모드 중 최소 하중

$P_u = (3/10)M_p$

5. 소성모멘트 산정

1) 소성 단면계수

$Z_p = 2\{(300 \times 38) \times (450-19) + (450-38) \times 16 \times (450-38)/2\} = 12,542,704 \text{mm}^3$

2) 소성모멘트

$M_p = F_y Z_p = 235 \times 12,542,704 \times 10^{-6} = 2,947.54 \text{kNm}$

6. 소성 붕괴 하중

$P_u = (3/10)M_p = 9,825.12 \text{kN} \cdot \text{m}$

풀이 2 탄성 해석법

1. 부정정 차수

n = 부재수 + 강절점수 + 반력수 − 2 × 절점수
  = 2 + 1 + 4 − 2 × 3 = 1

따라서 소성힌지 2개 이상 발생시 붕괴

2. 탄성 해석

1) 자유 물체도

① 구조계

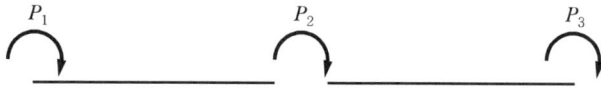

② 요소계

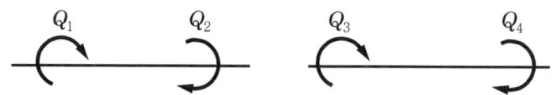

2) 평형 방정식

$P_1 = Q_1$ $P_2 = Q_2 + Q_3$ $P_3 = Q_4$

3) 평형 매트릭스

$\{P\} = \{A\}\{Q\}$

$\{A\} = \begin{Bmatrix} 1 & 0 & 0 & 0 \\ 0 & 1 & 1 & 0 \\ 0 & 0 & 0 & 1 \end{Bmatrix}$

4) 요소 강성 매트릭스

$\{Q\} = \{S\}\{e\}$

$\{S\} = EI \begin{Bmatrix} 4/L & 2/L & 0 & 0 \\ 2/L & 4/L & 0 & 0 \\ 0 & 0 & 4/L & 2/L \\ 0 & 0 & 2/L & 4/L \end{Bmatrix}$

5) 구조물 강성 매트릭스

$\{K\} = \{A\}[S]\{A\}^T$

$\{K\} = EI \begin{Bmatrix} 4/L & 2/L & 0 \\ 2/L & 8/L & 2/L \\ 0 & 2/L & 4/L \end{Bmatrix}$

6) 고정단 매트릭스

$\{f\} = \left\{ -\dfrac{P \times 20}{8} \ ; \ \dfrac{P \times 20}{8} \ ; \ -\dfrac{P \times 12^2 \times 8}{20^2} \ ; \ \dfrac{P \times 12 \times 8^2}{20^2} \right\}$

$= \left\{ -\dfrac{5P}{2} \ ; \ \dfrac{5P}{2} \ ; \ -\dfrac{72P}{25} \ ; \ \dfrac{48P}{25} \right\}$

7) 하중 매트릭스

$\{P\} = \left\{ \dfrac{5P}{2} \ ; \ \dfrac{19P}{50} \ ; \ -\dfrac{48P}{25} \right\}$

8) 격점 변위 매트릭스

$\{d\} = \{K\}^{-1}\{P\}$

$\{d\} = \{d_1 \ ; d_2 \ ; d_3 \ ; d_4\} = \dfrac{PL}{EI}\{0.6175; \ 0.015; \ -0.4875\}$

9) 부재력 매트릭스

$\{Q\} = \{S\}\{A^T\}\{d\} + \{f\}$

$\{Q\} = \{Q_1 \ ; Q_2 \ ; Q_3 \ ; Q_4\} = \{0; \ 3.795P; \ -3.795P; \ 0\}$

10) 자유 물체도

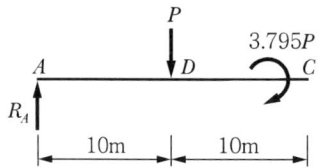 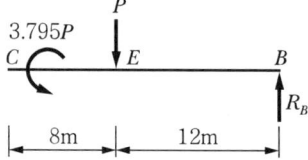

11) 집중 하중점 모멘트

① AC 부재

$$\sum R_C = 0$$
$$R_A \times 20 - P \times 10 + 3.795P = 0$$
$$R_A = 0.31P$$
$$M_D = 0.31P \times 10 = 3.1P$$

② BC 부재

$$\sum R_C = 0$$
$$R_B \times 20 - P \times 8 + 3.795P = 0$$
$$R_B = 0.21P$$
$$M_E = 0.21P \times 12 = 2.52P$$

12) 휨 모멘트도

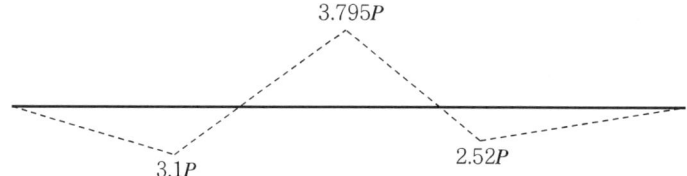

3. 1차 소성힌지 발생 후

1) 하중도

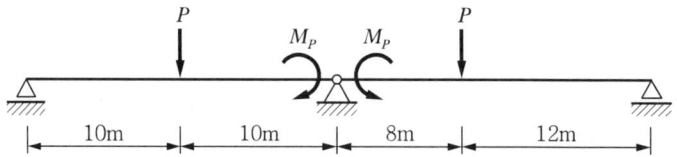

2) 1차 소성힌지 발생시 하중

$$3.795P = M_P \rightarrow P = 0.2635 M_P$$

3) 자유 물체도

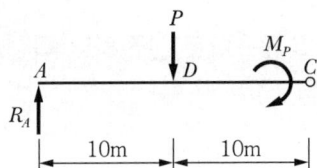 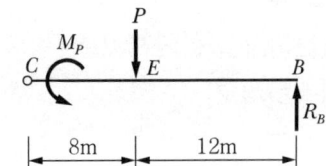

4) 집중 하중점 모멘트

① AC 부재

$\sum R_C = 0$

$R_A \times 20 - P \times 10 + M_P = 0$

$R_A = \dfrac{10P - M_P}{20}$

$M_D = R_A \times 10 = \dfrac{10P - M_P}{2}$

② BC 부재

$\sum R_C = 0$

$R_B \times 20 - P \times 8 + M_P = 0$

$R_B = \dfrac{8 - M_P}{20}$

$M_E = R_B \times 12 = \dfrac{3(8P - M_P)}{5}$

5) 집중하중점이 소성화될 경우 하중 P

① $M_D = M_P$ 이면

$P = 0.3 M_P$

② $M_E = M_P$ 이면

$P = 0.33 M_P$

6) B지점 우측부가 소성화될 경우 하중 P

$3.795P = 2M_P, \ P = 0.2635 M_P$

건축구조기술사 88-2-4

다음 보의 극한하중을 상한계 이론(항복 메커니즘)으로 산정하고 극한하중 도달시 중앙부 처짐을 산정하시오.

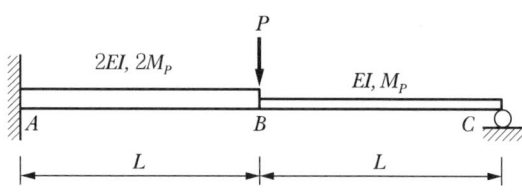

1. 상계정리(Upper-Bound Theorem)

가정된 소성붕괴기구에 대해서, 가상변위의 원리로부터 계산된 붕괴하중은 진 붕괴하중과 같거나 크다. 즉, 붕괴 기구 조건을 만족하는 모든 허용 붕괴기구에 대해서 구해지는 붕괴하중은 허용하중 중에서 최소인 것이다.

2. 부정정 차수

n = 부재수 + 강절점수 + 반력수 $- 2 \times$ 절점수 $= 2 + 1 + 4 - 2 \times 3 = 1$

따라서, 1차 부정정 구조

지점 C의 반력을 부정정 반력으로 함

3. 부정정 반력 산정

1) 자유 물체도

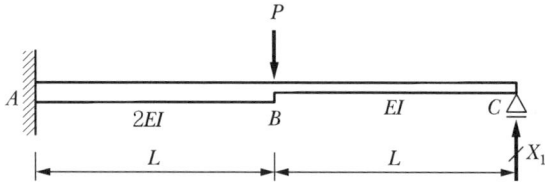

2) 휨 부재력(C → A)

① $M_x = X_1 x \ (0 \leq x \leq L)$

② $M_x = X_1 x - P(x - L) \ (L \leq x \leq 2L)$

3) 최소일 원리 적용

평형상태에서 지점 부정정 반력에 대한 적합 조건식을 만족시키기 위한 편미분 방정식

$$\frac{\delta U}{\delta X_1} = 0 \; ; \; \frac{\delta U}{\delta X_1} = \frac{1}{EI}\int_0^L (X_1 x)(x)dx + \frac{1}{2EI}\int_L^{2L}\{X_1 x - P(x-L)\}(x)dx$$

$$= \frac{1}{EI}\frac{X_1 L^3}{3} + \frac{1}{2EI}\frac{(14X_1 - 5P)L^3}{6} = 0$$

$$\therefore X_1 = \frac{5}{18}P$$

4. 최초 소성힌지 발생 위치 및 최초 소성힌지 발생시 하중

1) 자유 물체도

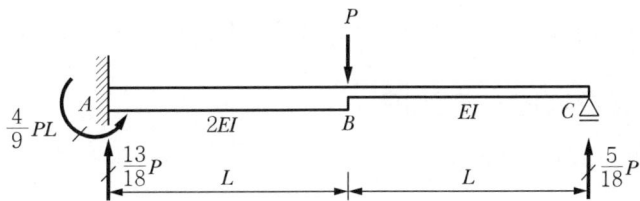

2) $\sum V = 0 \; ; \; R_A = \frac{13}{18}P$

3) $\sum M_A = 0 \; ; \; PL - \frac{5}{18}P \times 2L - M_A = 0 \rightarrow M_A = \frac{4}{9}PL$

A점이 소성화될 경우

$$M_A = \frac{4}{9}PL = 2M_P \rightarrow P = \frac{18}{4L}M_P = 4.5\frac{M_P}{L}$$

4) $M_B = -\frac{4}{9}PL + \frac{13}{18}PL = \frac{5}{18}PL$

B점이 소성화될 경우

$$M_B = \frac{5}{18}PL = M_P \rightarrow P = \frac{18}{5L}M_P = 3.6\frac{M_P}{L}$$

5) 따라서, B점에서 먼저 소성힌지가 발생하며, 이때 하중은 $P = 3.6(M_P/L)$

5. B점 소성힌지 발생 후 해석

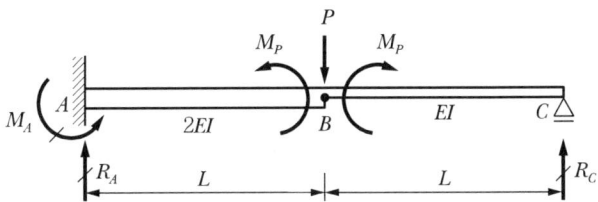

1) $\sum_{우} M_B = 0$;

$$M_P - R_C \times L = 0 \to R_C = \frac{M_P}{L}$$

2) $\sum V = 0$;

$$R_A = P - R_C = P - \frac{M_P}{L} = \frac{1}{L}(PL - M_P)$$

3) $\sum_{좌} M_B = 0$;

$$-M_A + R_A L - M_P = 0 \to M_A = \frac{1}{L}(PL - M_P)L - M_P = PL - 2M_P$$

4) A점에 소성힌지 발생시 극한하중

$$M_A = PL - 2M_P = 2M_P$$

$$\to P_u = \frac{4M_P}{L}$$

6. 극한 하중 도달시 중앙부 처짐

1) 하중도

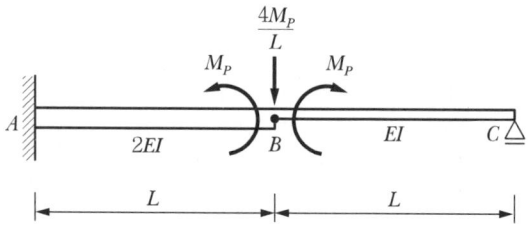

2) 자유 물체도

① 구조계

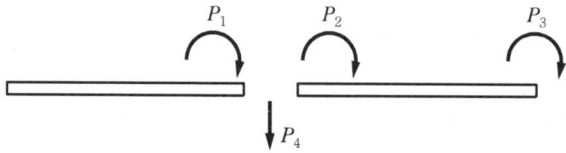

② 요소계

3) 평형 방정식

$P_1 = Q_2 \quad P_2 = Q_3$

$P_3 = Q_4 \quad P_4 = -\dfrac{Q_1}{L} - \dfrac{Q_2}{L} + \dfrac{Q_3}{L} + \dfrac{Q_4}{L}$

4) 평형 매트릭스

$\{P\} = \{A\}\{Q\}$

$\{A\} = \begin{Bmatrix} 0 & 1 & 0 & 0 \\ 0 & 0 & 1 & 0 \\ 0 & 0 & 0 & 1 \\ -\dfrac{1}{L} & -\dfrac{1}{L} & \dfrac{1}{L} & \dfrac{1}{L} \end{Bmatrix}$

5) 요소 강성 매트릭스

$\{Q\} = \{S\}\{e\}$

$\{S\} = EI \begin{Bmatrix} 8/L & 4/L & 0 & 0 \\ 4/L & 8/L & 0 & 0 \\ 0 & 0 & 4/L & 2/L \\ 0 & 0 & 2/L & 4/L \end{Bmatrix}$

6) 구조물 강성 매트릭스

$\{K\} = \{A\}[S]\{A\}^T$

$\{K\} = EI \begin{Bmatrix} 8/L & 0 & 0 & -12/L^2 \\ 0 & 4/L & 2/L & 6/L^2 \\ 0 & 2/L & 4/L & 6/L^2 \\ -12/L^2 & 6/L^2 & 6/L^2 & 36/L^3 \end{Bmatrix}$

7) 하중 매트릭스

$\{P\} = \{-M_P;\ M_P\ ;\ 0\ ;\ 4M_P/L\}$

8) 격점 변위 매트릭스

$\{d\} = \{K\}^{-1}\{P\}$

$\{d\} = \{d_1;d_2;d_3;d_4\} = \dfrac{M_P L}{EI}\{1/4;\ 1/12;\ -5/12;\ L/4\}$

9) 극한하중 작용시 중앙부 처짐

$\delta_B = \dfrac{M_P L^2}{4EI}$

기술고시 2008 — 구조역학 제2문

실제로 구조물은 변형이 일어난 상태에서 힘의 평형을 만족하여야 한다. 그러나 대부분의 구조물에서 변형은 미소하기 때문에 이를 무시하고 변형 전 형상을 기준으로 힘의 평형을 적용하는 것이 일반적이다. 〈그림 a〉는 물탱크와 이를 지지하는 두 기둥을 나타내고 있다. 수평하중이 커지면 기둥은 일단 탄성적으로 휨변형을 보이다가 〈그림 b〉와 같이 4개의 소성힌지가 동시에 발생하며 붕괴할 것이다. 이에 대하여 다음 물음에 답하시오.(단, 4개 소성힌지의 소성모멘트는 모두 $2,000 kN \cdot m$로 동일하다고 가정한다.)

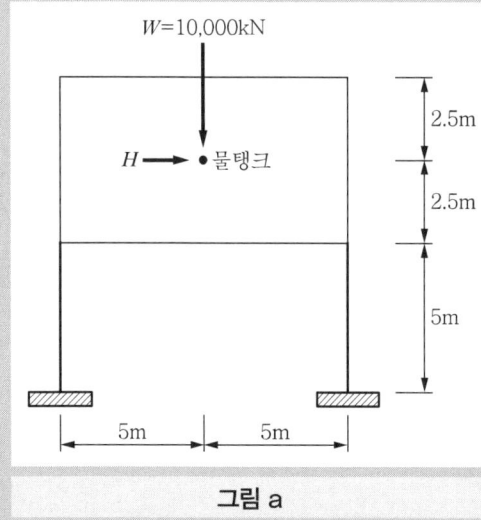
그림 a

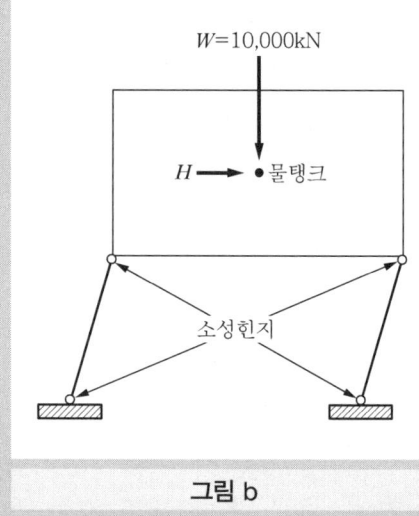
그림 b

1 만일 소성힌지가 발생하기 전에 기둥의 휨 변형이 무시할만 하다면, 즉 기둥이 Rigid-Plastic 거동을 보인다면, 이때의 붕괴하중 H를 구하시오.

2 이번에는 기둥의 휨 변형을 고려하기 위하여 소성힌지가 발생하기 전에 물탱크가 5cm만큼 수평 이동했다고 가정하면, 이때의 붕괴하중 H를 구하시오.

1. 부정정 차수

   $n =$ 부재수 + 강절점수 + 반력수 $- 2 \times$ 절점수 $= 3 + 2 + 6 - 2 \times 4 = 3$

   따라서, 3차 부정정 구조

2. 기둥의 휨 변형을 무시할 경우

1) 붕괴모드 : 기둥 붕괴형

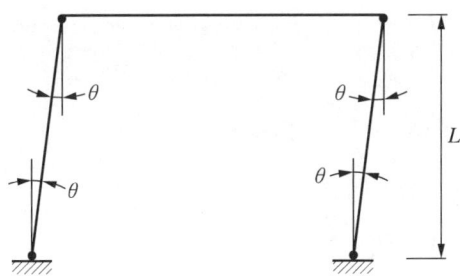

2) 에너지 평형 원리 적용

① 내부 에너지 $W_{int} = 4M_P\theta$

② 외부 에너지 $W_{ext} = HL\theta$

③ $W_{int} = W_{ext}$

$4M_P\theta = HL\theta$

$\therefore H = \dfrac{4M_P}{L} = \dfrac{4 \times 2,000}{5.0} = 1,600\text{kN}$

3. 소성힌지 발생 전 5cm 탄성 처짐 발생시

1) 붕괴모드

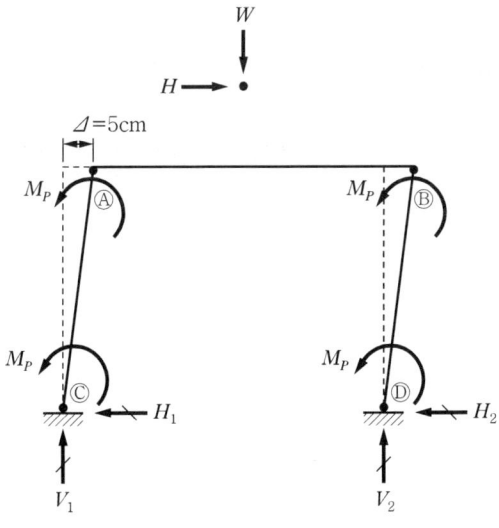

2) 힘의 평형 조건식

① $V_1 + V_2 = W = 10,000\text{kN}$ ·················· ⓐ

② $H_1 + H_2 = H$ ·················· ⓑ

3) AC 기둥

$\sum M_A = 0$

$-2M_P + V_1 \Delta + H_1 \times 5.0 = 0$

→ $2M_P = V_1 \Delta + H_1 \times 5.0$ ·················· ⓒ

4) BD 기둥

$\sum M_B = 0$

$-2M_P + V_2 \Delta + H_2 \times 5.0 = 0$

→ $2M_P = V_2 \Delta + H_2 \times 5.0$ ·················· ⓓ

5) ⓒ+ⓓ 하면

$4M_P = (V_1 + V_2)\Delta + (H_1 + H_2) \times 5.0$

6) ⓐ, ⓑ 대입하면

$4M_P = W\Delta + H \times 5.0$

$H = \dfrac{4M_P - W\Delta}{5.0} = \dfrac{4 \times 2,000 - 10,000 \times 0.05}{5.0} = 1,500\text{kN}$

건축구조기술사 99-3-3

BC부재에 W가 작용하고 있을 때 붕괴하중 P_u를 산정하시오.

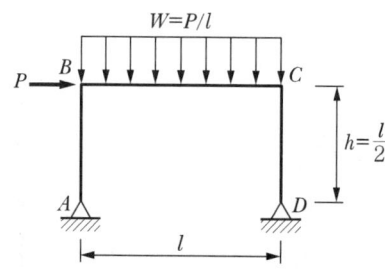

1. 보 붕괴형 붕괴 모드

1) 자유 물체도

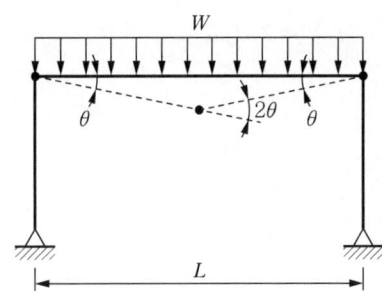

2) 에너지 평형 원리를 통한 극한하중

① 내부 에너지

$$W_{int} = M_P \theta + M_P \times 2\theta + M_P \theta = 4M_P \theta$$

② 외부 에너지

$$W_{ext} = \frac{1}{2} wL \times \left(\frac{L}{2}\theta\right) = \frac{wL^2}{4}\theta$$

$w = \dfrac{P}{L}$ 이므로

$$W_{ext} = \frac{PL}{4}\theta$$

③ $W_{int} = W_{ext}$

$$\therefore P_u = \frac{16M_P}{L}$$

2. 기둥 붕괴형 붕괴 모드

1) 자유 물체도

2) 에너지 평형 원리를 통한 극한하중

① 내부 에너지
$$W_{int} = M_P\theta + M_P\theta = 2M_P\theta$$

② 외부 에너지
$$W_{ext} = P \times \left(\frac{L}{2}\theta\right) = \frac{PL}{2}\theta$$

③ $W_{int} = W_{ext}$
$$\therefore P_u = \frac{4M_P}{L}$$

3. 조합 붕괴형 붕괴 모드

1) 자유 물체도

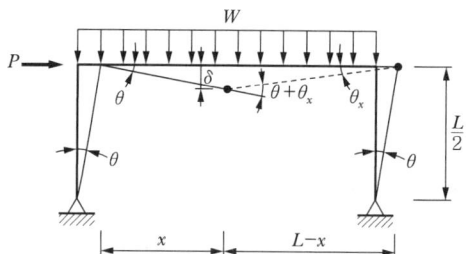

$$\delta = \theta x = \theta_x(L-x) \rightarrow \theta_x = \frac{\theta x}{(L-x)}$$

2) 에너지 평형 원리를 통한 극한하중

① 내부 에너지
$$W_{int} = M_P(\theta + \theta_x) + M_P\theta_x + M_P\theta = 2M_P(\theta + \theta_x) = 2M_P\left(\theta + \frac{x}{L-x}\theta\right)$$
$$= \frac{2L}{L-x}M_P\theta$$

② 외부 에너지
$$W_{ext} = P \times \left(\frac{L}{2}\theta\right) + \left(\frac{1}{2}wL\right)(x\theta)$$

$w = \frac{P}{L}$ 이므로

$$W_{ext} = \frac{PL}{2}\theta + \frac{Px\theta}{2} = \frac{P}{2}(L+x)\theta$$

③ $W_{int} = W_{ext}$

$$\frac{2L}{L-x}M_P\theta = \frac{P}{2}(L+x)\theta$$

$$P_u = \frac{4L}{(L-x)(L+x)}M_P$$

④ 극한하중은 발생 가능한 하중 중 최소값이므로

$$\frac{dP_u}{dx} = \frac{8L}{(L-x)^2(L+x)^2}M_P\,x\;(0 \leq x \leq L)$$

$x = 0$일 때 $\dfrac{dP_u}{dx} = 0$으로서 최소값을 가짐

$$P_{u(x=0)} = \frac{4L}{(L-0)(L+0)}M_P = \frac{4}{L}M_P$$

4. 붕괴하중 산정

앞의 1. ~ 3. 극한 하중 중 최소값은 $P_u = \dfrac{4M_P}{L}$

▶▶▶ 건축구조기술사 92-3-1

직사각형 보단면(폭 50mm × 높이 120mm)에 휨 모멘트 36.8kN·m를 작용한 후 제거하였다. 그에 따른 잔류응력과 곡률을 산정하시오. (단, 재료의 탄성계수는 200GPa, 항복강도는 240MPa로 탄성-완전소성의 거동을 한다.)

1. 작용 모멘트에 대한 보의 응력 상태 검토

1) 보의 항복 모멘트

$$M_y = \frac{\sigma_y bh^2}{6} = \frac{1}{6} \times 240 \times 50 \times 120^2 = 2.88 \times 10^7 \text{N·mm} = 28.8\text{kN·m}$$

2) 보의 전소성 모멘트

$$M_p = \frac{\sigma_y bh^2}{4} = \frac{1}{4} \times 240 \times 50 \times 120^2 = 4.32 \times 10^7 \text{N·mm} = 43.2\text{kN·m}$$

3) 따라서 보는 작용 외부 휨 모멘트에 대해 국부 소성화 상태

① 국부 소성화된 상태의 단면　② 응력도

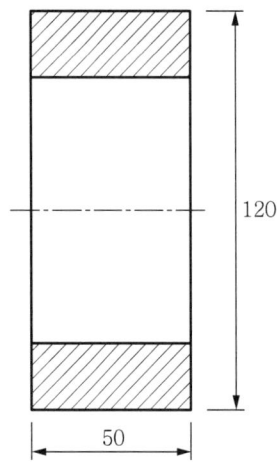 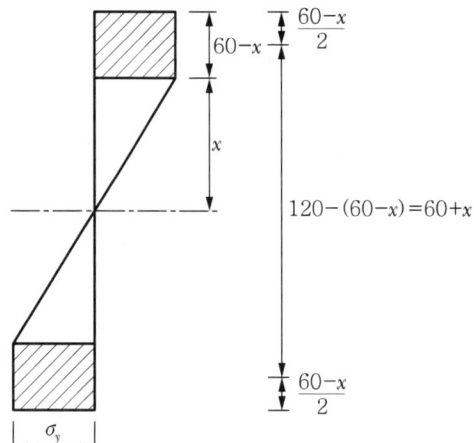

③ 소성 깊이 산정

$$M = M_{px} + M_y$$

$$\to 36.8 \times 10^6$$

$$= 240 \times 50 \times (60-x) \times (60+x) + 240 \times 1/2 \times 50 \times x \times (2 \times 2x/3)$$

$$\therefore x = 40.0\text{mm}$$

2. 외부 모멘트 제거 후 잔류 응력

1) 최대 탄성 복원 응력

$$(\sigma_{er})_{\max} = -\frac{M \cdot y}{I} = -\frac{(-M_p)(h/2)}{\left(\dfrac{bh^3}{12}\right)} = \frac{(\sigma_y bh^2/4)(h/2)}{\left(\dfrac{bh^3}{12}\right)} = \frac{3}{2}\sigma_y = 360\text{MPa}$$

2) 작용 모멘트에 대한 최외단부 응력

$$\sigma_t = \frac{M \cdot y}{I} = \frac{M(h/2)}{\left(\dfrac{bh^3}{12}\right)} = \frac{(36.8 \times 10^6)(120/2)}{\left(\dfrac{50 \times 120^3}{12}\right)} = 306.7\text{MPa} < (\sigma_{er})_{\max} = 360\text{MPa}$$

(O.K)

3) 작용 모멘트 제거 이후 중첩에 의한 잔류 응력

① 국부 소성화 상태의 단면 응력   ② 탄성 회복 상태 단면 응력   ③ 잔류 응력

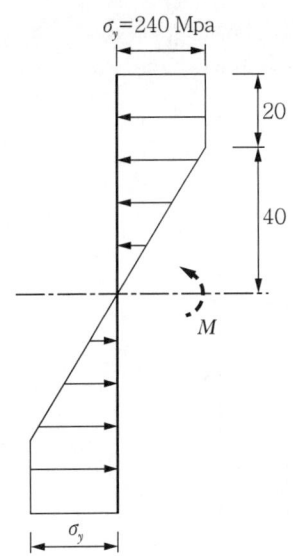 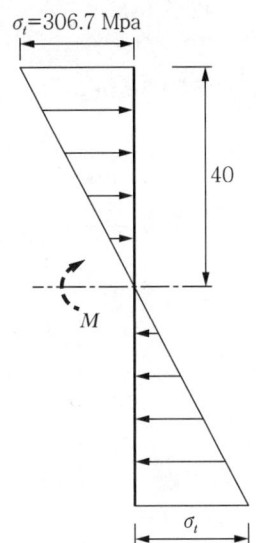 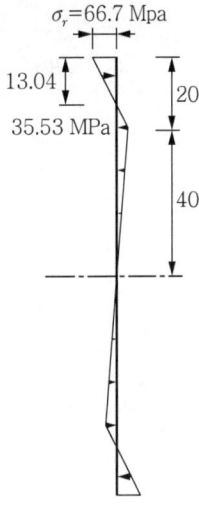

④ 주요 잔류 응력

㉠ 최외단부 잔류 응력

$$\sigma_{r-\max} = \sigma_t - \sigma_y = 306.7 - 240 = 66.7 \text{MPa}$$

㉡ 소성화 시작 깊이에서 복원 응력

$$\sigma_t : \sigma_e = 60 : 40 \rightarrow \sigma_e = (40 \times 306.7)/60 = 204.47$$

㉢ 소성화 시작 깊이에서 잔류 응력

$$\sigma_r = \sigma_y - \sigma_e = 240 - 204.67 = 35.53 \text{MPa}$$

㉣ 잔류 응력이 '0'인 위치

$$\sigma_t : \sigma_{r-\max} = 60 : x_0 \rightarrow x_0 = (66.67 \times 60)/306.7 = 13.04 \text{mm}$$

3. 외부 모멘트 제거 후 잔류 곡률 산정

1) 작용력도

① $W_1 = \dfrac{1}{2} \times 50 \times 40 \times 35.53 = 35{,}530 \text{N}$

$W_2 = \dfrac{1}{2} \times 50 \times 6.96 \times 35.53 = 6{,}182.22 \text{N}$

$W_3 = \dfrac{1}{2} \times 50 \times 13.04 \times 66.67 = 21{,}538.8 \text{N}$

② $y_1 = 40 \times \dfrac{2}{3} = 26.67\text{mm}$

$y_2 = 40 + 6.96 \times \dfrac{1}{3} = 42.32\text{mm}$

$y_3 = 60 - 13.04 \times \dfrac{1}{3} = 55.65\text{mm}$

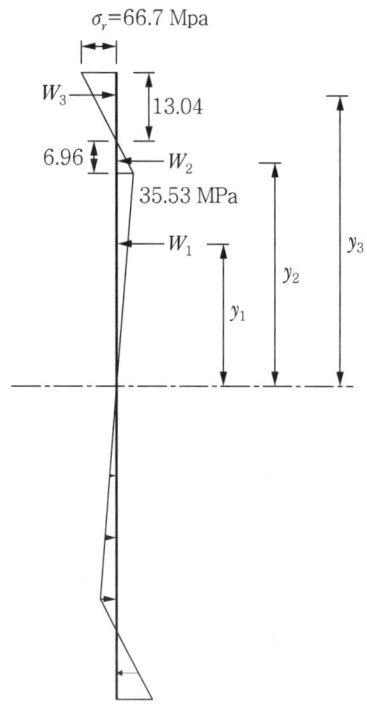

2) 잔류 모멘트

$M_r = \sum W_i \times 2y_i$

$\quad = -21{,}164.9 \times 10^6 \text{N}\cdot\text{mm}$

$\quad = -(35{,}530 \times 2 \times 26.67 + 6{,}182.22 \times 2 \times 42.32) + 21{,}538.8 \times 2 \times 55.65$

3) 곡률 산정

$y'' = -\dfrac{M_r}{EI} = -\dfrac{(-1.22 \times 10^6)}{200 \times 10^3 \times (50 \times 120^3/12)} = 1.47 \times 10^{-8}\left(\dfrac{1}{\text{mm}}\right)$

PART
03

구조역학

구조역학

01 최소일법과 변형의 적합성

1. 탄성 변형에너지

내력(단면력) 휨 모멘트, 축력, 전단력, 비틀림에 의한 내부 일

$$W_i = \int \frac{M^2}{2EI}dx + \int \frac{N^2}{2EA}dx + k\int \frac{N^2}{2GA}dx + \int \frac{T^2}{2GJ}dx$$

2. 카스티리아노(Castigliano's)의 정리 1

구조물에 외력이 작용할 때, 그 외력의 작용점이 힘의 방향으로 일으키는 변위(δ 또는 처짐각 θ)는 내력의 일을 그 힘(또는 모멘트)으로 편미분한 값과 같다.

1) 변위

$$\delta = \frac{dW_i}{dP_n} = \frac{1}{EI}\int M\left(\frac{dM}{dP_n}\right)dx + \frac{1}{EA}\int N\left(\frac{dN}{dP_n}\right)dx + \frac{k}{GA}\int V\left(\frac{dV}{dP_n}\right)dx + \frac{1}{GJ}\int T\left(\frac{dT}{dP_n}\right)dx$$

2) 처짐각

$$\theta = \frac{dW_i}{dM_n} = \frac{1}{EI}\int M\left(\frac{dM}{dM_n}\right)dx + \frac{1}{EA}\int N\left(\frac{dN}{dM_n}\right)dx + \frac{k}{GA}\int V\left(\frac{dV}{dM_n}\right)dx + \frac{1}{GJ}\int T\left(\frac{dT}{dM_n}\right)dx$$

3. 카스티리아노의 정리 2(최소일법)

구조물에 생기는 반력 또는 모멘트의 작용점이 이동을 하지 않거나($\delta = 0$), 회전각을 일으키지 않을 경우($\theta = 0$) 내력의 일을 그 반력이나 반력모멘트로 편미분한 값은 "0"이다.

1) 변위

$$\delta = \frac{dW_i}{dP_n} = \frac{1}{EI}\int M\left(\frac{dM}{dP_n}\right)dx + \frac{1}{EA}\int N\left(\frac{dN}{dP_n}\right)dx + \frac{k}{GA}\int V\left(\frac{dV}{dP_n}\right)dx$$
$$+ \frac{1}{GJ}\int T\left(\frac{dT}{dP_n}\right)dx$$

$\delta = 0$인 경우, 반력을 산정할 수 있다.

2) 처짐각

$$\theta = \frac{dW_i}{dM_n} = \frac{1}{EI}\int M\left(\frac{dM}{dM_n}\right)dx + \frac{1}{EA}\int N\left(\frac{dN}{dM_n}\right)dx + \frac{k}{GA}\int V\left(\frac{dV}{dM_n}\right)dx$$
$$+ \frac{1}{GJ}\int T\left(\frac{dT}{dM_n}\right)dx$$

$\theta = 0$인 경우, 반력을 산정할 수 있다.

4. 적합 조건

변형의 연속 조건식으로서 구조물의 지점, 절점에 대한 경계 조건, 부재의 임의 점에서의 회전각, 변형의 경계 조건 등

▶▶▶▶ 토목구조기술사   90-2-2

모든 부재의 길이가 L인 정사각형 구조물에서 AD 부재의 중앙(E점, L/2 지점)에서 절단되어 있다. 이때 구조물 평면에 직각으로 서로 반대방향의 수평력 P가 E점에 작용할 때 절단부 사이의 수평 변위량(Δ)을 구하시오. (단, 모든 부재의 휨강성 EI와 비틀림 강성 GJ는 일정함)

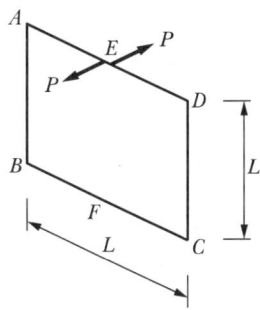

1. F점을 기준으로 대칭 구조물 특성 이용한 자유 물체도

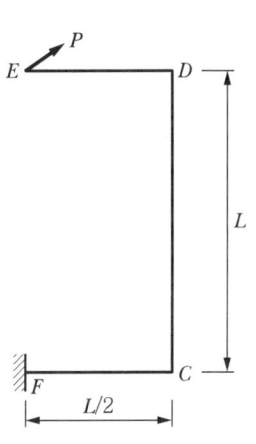
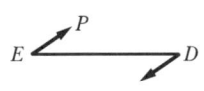
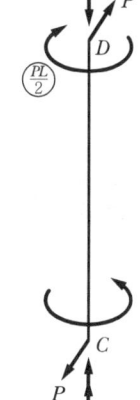

2. 구간별 부재력 산정

1) ED 구간 ($0 \leq x \leq L/2$)

$M_x = Px$

2) DC 구간 ($0 \leq x \leq L$)

$M_x = Px$

$$T_x = -\frac{PL}{2}$$

3) FC 구간($0 \leq x \leq L/2$)

$$M_x = Px$$

$$T_x = -PL$$

3. 대칭 구조의 수평 변위(Δ_{E1})

$$\Delta_{E1} = \frac{1}{EI}\left\{2\int_0^{L/2}(Px)(x)dx + \int_0^L(Px)(x)dx\right\}$$

$$+ \frac{1}{GJ}\left\{\int_0^L(\frac{PL}{2})(\frac{L}{2})dx + \int_0^{L/2}(PL)(L)dx\right\}$$

$$= \frac{1}{EI}\left\{2\frac{P}{3}\left(\frac{L}{2}\right)^3 + \frac{P}{3}(L)^3\right\} + \frac{1}{GJ}\left\{\left(\frac{PL^2}{4}\right)L + (PL^2)\frac{L}{2}\right\}$$

$$= \frac{1}{EI}\left(\frac{5P}{12}L^3\right) + \frac{1}{GJ}\left(\frac{3PL^3}{4}\right)$$

4. 전체 구조물의 절단부 사이의 상대 수평 변위

$$\Delta_E = 2\Delta_{E1} = \frac{1}{EI}\left(\frac{5P}{6}L^3\right) + \frac{1}{GJ}\left(\frac{3PL^3}{2}\right)$$

기술고시 2008 구조역학 제1문

그림의 단순보 AB는 중간점 C에서 스프링 상수 k를 갖는 스프링에 의해서 지지되어 있다. 보의 휨강성은 EI이고 길이는 2L이다. 등분포하중 q로 인한 보의 최대모멘트가 최소가 되기 위한 스프링 상수 k의 값을 구하시오.

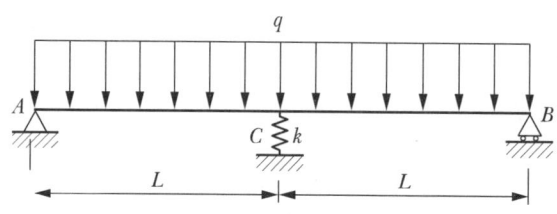

1. 구조물의 분리

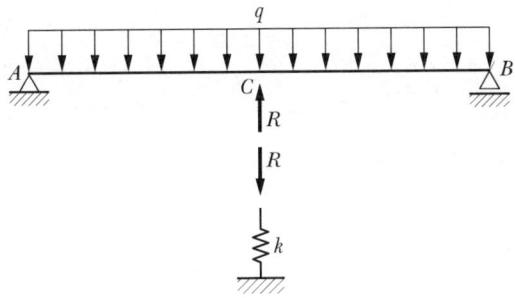

2. 변형의 적합 조건

  1) 단순보 구조의 처짐

  $$\delta_{c1} = \frac{5q(2L)^4}{384EI} - \frac{R(2L)^3}{48EI}$$

  2) 스프링 구조의 처짐

  $$\delta_{c2} = \frac{R}{K}$$

  3) 변형일치 조건으로부터 R값 산정

  $$\delta_{c1} = \delta_{c2}$$

  $$R = \frac{5qKL^4}{4(6EI + KL^3)}$$

3. A → C 구간 최대 휨 모멘트

  1) 자유 물체도

  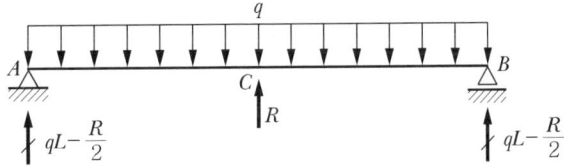

  2) A → C 구간 휨 모멘트

  $$M_x = \left(qL - \frac{R}{2}\right)x - \frac{q}{2}x^2$$

3) 최대 휨 모멘트(정모멘트)

① $\dfrac{\delta M_x}{\delta x} = -qx - \dfrac{5qKL^4}{8(6EI+KL^3)} + qL = 0 \;\; ; \;\; x = \dfrac{3(16EI+KL^3)L}{8(6EI+KL^3)}$

② 최대 정모멘트

$$M_{MAX}{}^+ = \dfrac{9q(16EI+KL^3)^2 L^2}{128(6EI+KL^3)^2}$$

4) 최대 휨 모멘트(부모멘트)

$$M_{MAX}{}^- = M_C = \dfrac{qL^2}{2} - \dfrac{5qKL^5}{8(6EI+KL^3)}$$

4. A → C 구간 최대 휨 모멘트의 최소구간

1) 최대 휨 모멘트(최대 정모멘트 또는 최대 부모멘트)가 최소값을 갖기 위한 조건은
'|최대 정모멘트|=|최대 부모멘트|'임

2) $M_{MAX}{}^+ = -M_{MAX}{}^- \rightarrow K = \dfrac{89.63EI}{L^3}$

건축구조기술사 92-2-3

그림과 같이 부정정 구조물에서 Tie Rod 부재(BC)의 부재력을 최소일법으로 구하시오.
(단, 부재 자중은 무시하고 Tie Rod와 보는 같은 재료를 사용한다.)

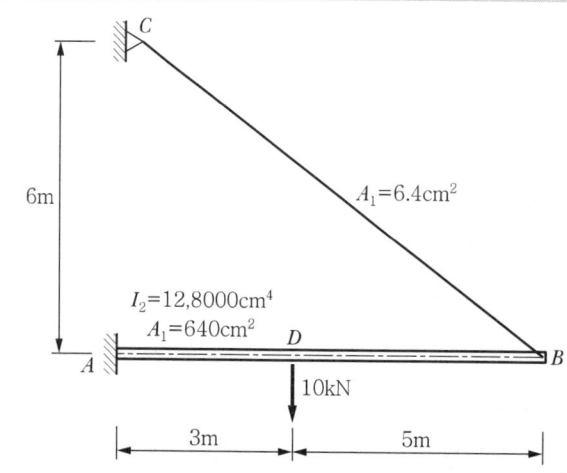

1. 부정정 차수 산정

n = 부재수 + 강절점수 + 반력수 − 2 × 절점수
  = 2 + 0 + 5 − 2 × 3 = 1

따라서, 1차 부정정 구조물

2. 부정정력 가정 및 반력

1) C점 반력을 부정정 반력(X_1)으로 가정한 자유 물체도

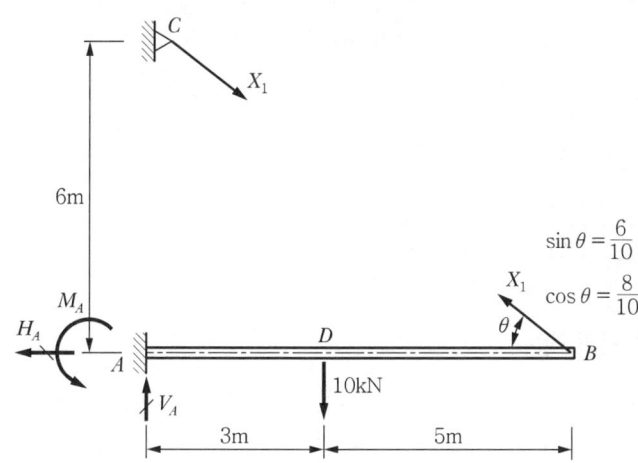

2) 반력 산정

① $\sum M_A = 0$;

$-M_A + 10 \times 3 - X_1 \times 8\sin\theta = 0$

$M_A = 30 - X_1 \times 8 \dfrac{6}{10} = 30 - 4.8X_1$

② $\sum M_C = 0$;

$-M_A + 6H_A + 10 \times 3 = 0$

$H_A = (M_A - 30)/6 = (30 - 4.8X_1 - 30)/6 = -0.8X_1$

※ 또는, 절점 B에서 $\sum H_B = 0$; $-X_1\cos\theta + N_{AB} = 0 \rightarrow N_{AB} = 0.8X_1$ (압축)

③ $\sum M_B = 0$;

$-M_A + V_A \times 8 - 10 \times 5 = 0$

$V_A = \dfrac{M_A + 50}{8} = \dfrac{30 - 4.8X_1 + 50}{8} = 10 - 0.6X_1$

3. 부재력 산정

1) A → D 구간 $(0 \leq x \leq 3.0)$

$$M_x = -M_A + V_A \times x = -(30 - 4.8X_1) + (10 - 0.6X_1)x$$
$$= -30 + 10x + (4.8 - 0.6x)X_1$$

2) D → B 구간 $(3.0 \leq x \leq 10.0)$

$$M_x = -M_A + V_A \times x - 10 \times (x-3) = -(30 - 4.8X_1) + (10 - 0.6X_1)x - 10 \times (x-3)$$
$$= -30 + 4.8X_1 + 10x - 0.6X_1 x - 10x + 30 = (4.8 - 0.6x)X_1$$

3) A → B 구간 $(0 \leq x \leq 8.0)$

$$A_x = -0.8X_1$$

4) B → C 구간 $(0 \leq x \leq 10.0)$

$$A_x = X_1$$

4. 최소일의 원리 적용

선형 탄성 구조물에 부정정 외력이 작용할 때, 부정정력의 조합은 변형에너지가 최소인 경우 가장 안정된 상태(평형상태)를 유지한다.

1) $\dfrac{dU_M}{dX_1} = \dfrac{1}{EI_2}\int M_x \dfrac{dM_x}{dX_1}dx$

$$= \frac{1}{EI_2}\int_0^3 \{-30 + 10x + (4.8 - 0.6x)X_1\}(4.8 - 0.6x)dx$$

$$+ \frac{1}{EI_2}\int_3^8 \{(4.8 - 0.6x)X_1\}(4.8 - 0.6x)dx$$

$$= \frac{1}{EI_2}\left[\{46.44(X_1 - 4.07) + 15.96X_1\} + (15.0X_1)\right]$$

$$= \frac{1}{E(12,800 \times 10^{-8})}(61.44X_1 - 189)$$

$$= \frac{1}{E}480,000(X_1 - 3.076)$$

2) $\dfrac{dU_A}{dX_1} = \dfrac{1}{EA_1}\int A_x \dfrac{dA_x}{dX_1}dx + \dfrac{1}{EA_2}\int A_x \dfrac{dA_x}{dX_1}dx$

$= \dfrac{1}{EA_2}\int_0^8 (-0.8X_1)(-0.8)dx + \dfrac{1}{EA_1}\int_0^{10}(X_1)(1)dx$

$= \dfrac{1}{E\times 640\times 10^{-4}}0.64X_1\times 8 + \dfrac{1}{E\times 6.4\times 10^{-4}}X_1\times 10 = \dfrac{1}{E}15{,}705X_1$

3) $\dfrac{dU}{dX_1} = \dfrac{dU_M}{dX_1} + \dfrac{dU_A}{dX_1} = \dfrac{1}{E}(495{,}705X_1 - 1.476\times 10^6) = 0$

$\therefore X_1 = 2.98\,kN$

5. Tie Rod BC 부재의 인장력

$X_1 = N_{BC} = 2.98\text{kN}$

▶▶▶ 건축구조기술사　83-2-2

다음 구조물의 부재력을 구하시오.

1 보(AB) : 목재 300×450

2 부재CD : 목재 300×300

3 AD, BD : 철봉 $\phi 40$

4 탄성계수 : 목재=7,000MPa
　　　　　　강재=210,000MPa

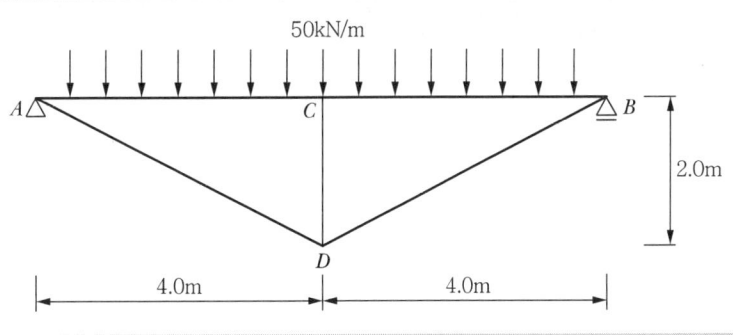

풀이 1 변형일치법 + 가상일법

1. 구조물의 분리

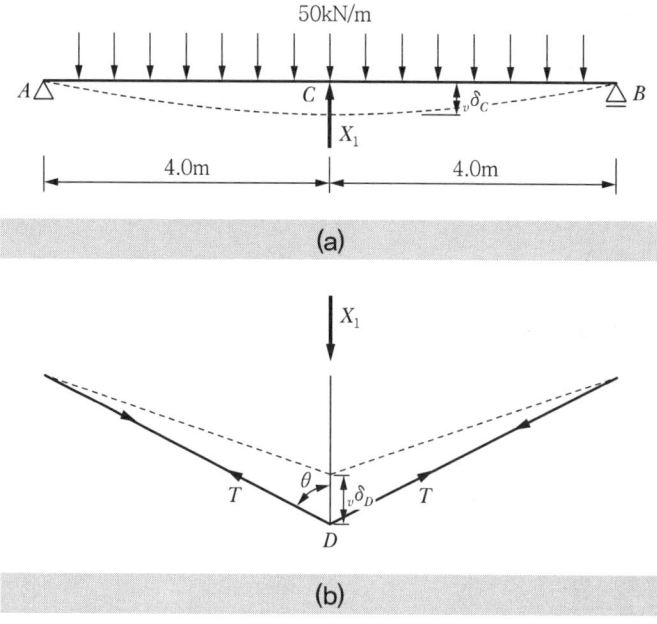

(a)

(b)

2. 구조물 (a)의 변위 산정

$$\delta_C = \frac{5\,w\,l^4}{384 E_{목재} I_{AB}} - \frac{X_1 l^3}{48 E_{목재} I_{AB}}$$

$$= \frac{5 \times (50\text{N/mm}) \times (8{,}000\text{mm})^4}{384 \times (7{,}000\text{MPa}) \times \left(\dfrac{300 \times 450^3}{12}\text{mm}^4\right)}$$

$$- \frac{X_1 \times (8{,}000\text{mm})^3}{48 \times (7{,}000\text{MPa}) \times \left(\dfrac{300 \times 450^3}{12}\text{mm}^4\right)} = 167.22 - 0.00067 X_1$$

3. 구조물 (b)의 변위 산정

1) 평형 조건

$$2F_1 \cos\theta = X_1$$

$$F_1 = \frac{X_1}{2\cos\theta} = \frac{1}{2} \times \frac{1}{\left(\dfrac{2}{2\sqrt{5}}\right)} = \frac{\sqrt{5}}{2} X_1$$

2) $\delta_D = \sum \dfrac{N_0 N_1}{E_i A_i} L_i$

$= \dfrac{1}{7,000 \times 300^2} \times X_1 \times (1) \times 2,000 + 2 \times \dfrac{1}{210,000 \times \left(\dfrac{\pi \times 40^2}{4}\right)} \times \dfrac{\sqrt{5}}{2} X_1$

$\qquad \times \left(\dfrac{\sqrt{5}}{2}\right) \times (2\sqrt{5} \times 1,000)$

$= 0.000046 X_1$

4. 변형 일치 조건

$\delta_C = \delta_D$

$167.22 - 0.00067 X_1 = 0.000046 X_1$

$X_1 = 233,547 \text{N} = 233.55 \text{kN}$

5. 트러스($\overline{AD}$, $\overline{BD}$) 부재 부재력

$F_1 = \dfrac{\sqrt{5}}{2} X_1 = 261.12 \text{kN}$

6. 보($\overline{AB}$) 부재 부재력

1) 자유 물체도

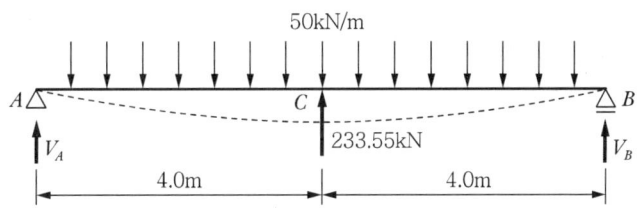

2) 반력

① $\sum M_B = 0$; $V_A \times 8 - (50 \times 8) \times 4 + 233.55 \times 4 = 0$

∴ $V_A = 83.22 \text{kN}$

② $\sum V = 0$; $(50 \times 8) - 233.55 - 75.21 - V_B = 0$

∴ $V_B = 83.22 \text{kN}$

3) 휨 부재력(A → C)

$M_x = 83.22 x - \dfrac{50}{2} x^2$

4) 전단 부재력(A → C)

$$S_x = 83.22 - 50x$$

$$S_x = 0 \; ; \; x = 1.66\text{m}$$

$$S_{(x=4.0)} = 83.22 - 50x = -116.78\text{kN}$$

5) 최대 · 최소 휨 부재력

$$M_{(x=1.66)} = 83.22x - \frac{50}{2}x^2 = 69.25\text{kN}\cdot\text{m}$$

$$M_{(x=4.0)} = 83.22x - \frac{50}{2}x^2 = -67.12\text{kN}\cdot\text{m}$$

6) 휨 모멘트도(단위 : kN·m)

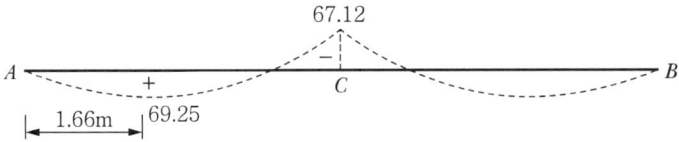

7) 전단력도(단위 : kN)

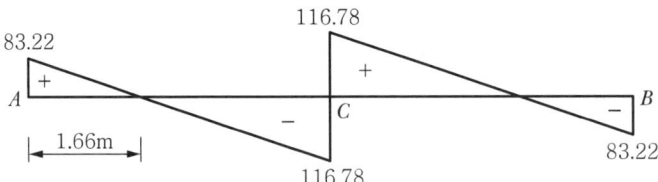

7. 트러스 부재 축력도(단위 : kN, 인장력 : +)

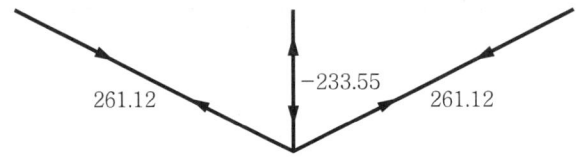

풀이 2 매트릭스 변위법

1. 자유 물체도

1) 구조계

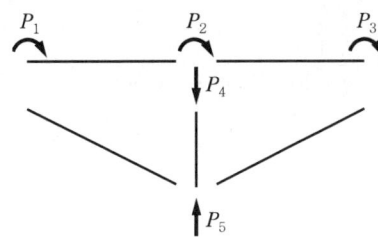

2) 요소계

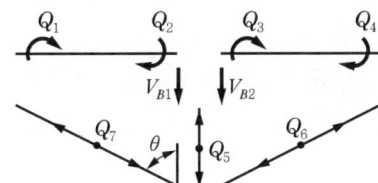

$$\cos\theta = 1/\sqrt{5}$$

2. 평형 방정식

1) $P_1 = Q_1$

2) $P_3 = Q_4$

3) $P_2 = Q_2 + Q_3$

4) $P_4 = V_{B1} + V_{B2} + Q_5 = -\left(\dfrac{Q_1 + Q_2}{4,000}\right) + \dfrac{Q_3 + Q_4}{4,000} - Q_5$

   여기서, $\overline{AB'}$ 부재에서 $\sum M_A = 0$; $Q_1 + Q_2 + V_{B1} \times 4 = 0$

   $$\to V_{B1} = -\left(\dfrac{Q_1 + Q_2}{4,000}\right)$$

   $\overline{B'E}$ 부재에서 $\sum M_E = 0$; $Q_3 + Q_4 - V_{B2} \times 4 = 0$

   $$\to V_{B2} = \dfrac{Q_3 + Q_4}{4,000}$$

5) $P_5 = Q_5 + Q_6\cos\theta + Q_7\cos\theta = Q_5 + \dfrac{1}{\sqrt{5}}Q_6 + \dfrac{1}{\sqrt{5}}Q_7$

3. 평형 매트릭스

1) $\{P\} = \{A\}\{Q\}$

$$\begin{Bmatrix} P_1 \\ P_2 \\ P_3 \\ P_4 \\ P_5 \end{Bmatrix} = \begin{Bmatrix} 1 & 0 & 0 & 0 & 0 & 0 & 0 \\ 0 & 1 & 1 & 0 & 0 & 0 & 0 \\ 0 & 0 & 0 & 1 & 0 & 0 & 0 \\ -\dfrac{1}{4,000} & -\dfrac{1}{4,000} & \dfrac{1}{4,000} & \dfrac{1}{4,000} & -1 & 0 & 0 \\ 0 & 0 & 0 & 0 & 1 & \dfrac{1}{\sqrt{5}} & \dfrac{1}{\sqrt{5}} \end{Bmatrix} \begin{Bmatrix} Q_1 \\ Q_2 \\ Q_3 \\ Q_4 \\ Q_5 \\ Q_6 \\ Q_7 \end{Bmatrix}$$

2) 평형 매트릭스

$$\{A\} = \begin{Bmatrix} 1 & 0 & 0 & 0 & 0 & 0 & 0 \\ 0 & 1 & 1 & 0 & 0 & 0 & 0 \\ 0 & 0 & 0 & 1 & 0 & 0 & 0 \\ -\dfrac{1}{4,000} & -\dfrac{1}{4,000} & \dfrac{1}{4,000} & \dfrac{1}{4,000} & -1 & 0 & 0 \\ 0 & 0 & 0 & 0 & 1 & \dfrac{1}{\sqrt{5}} & \dfrac{1}{\sqrt{5}} \end{Bmatrix}$$

4. 전 부재 강도 매트릭스

1) $\{Q\} = \{S\}\{e\}$

2) $\{S\} = \begin{Bmatrix} [a] & 0 & 0 & 0 & 0 \\ 0 & [a] & 0 & 0 & 0 \\ 0 & 0 & [b] & 0 & 0 \\ 0 & 0 & 0 & [c] & 0 \\ 0 & 0 & 0 & 0 & [c] \end{Bmatrix}$

여기서,

$$E_{목재}I_{AB} = (7,000\text{N/mm}^2) \times \left(\dfrac{300 \times 450^3}{12}\text{mm}^4\right) = 1.595 \times 10^{13}\,\text{N}\,\text{mm}^2$$

$$E_{목재}A_{CD} = (7,000\text{N/mm}^2) \times (300 \times 300\,\text{mm}^2) = 6.3 \times 10^8\,\text{N}$$

$$E_s A_s = (210,000\text{N/mm}^2) \times \left(\dfrac{\pi \times 40^2}{4}\,\text{mm}^2\right) = 2.64 \times 10^8\,\text{N}$$

$$[a] = \dfrac{1.595 \times 10^{13}}{4,000}\begin{Bmatrix} 4 & 2 \\ 2 & 4 \end{Bmatrix}\text{N/mm},\quad [b] = \dfrac{6.3 \times 10^8}{2,000} = 315,000\,\text{N/mm},$$

$$[c] = \dfrac{2.64 \times 10^8}{2,000\sqrt{5}} = 59,032.2\text{N/mm}$$

5. 구조물 강도 매트릭스

1) $\{K\} = \{A\}[S]\{A\}^T$

2) $\{K\} = \begin{Bmatrix} 1.595 \times 10^{10} & 7.975 \times 10^9 & 0 & -5.981 \times 10^6 & 0 \\ 7.975 \times 10^9 & 3.19 \times 10^{10} & 7.975 \times 10^9 & 0 & 0 \\ 0 & 7.975 \times 10^9 & 1.595 \times 10^{10} & 5.981 \times 10^6 & 0 \\ -5.981 \times 10^6 & 0 & 5.981 \times 10^6 & 3.21 \times 10^5 & -3.15 \times 10^5 \\ 0 & 0 & 0 & -3.15 \times 10^5 & 3.386 \times 10^5 \end{Bmatrix}$

6. 고정단 매트릭스(단위 : Nmm)

1) 고정단 모멘트

$$f_1 = f_3 = \frac{-wl^2}{12} = \frac{-50 \times 4{,}000^2}{12} = -6.67 \times 10^7 \text{Nmm}$$

$$f_2 = f_4 = \frac{wl^2}{12} = \frac{50 \times 4{,}000^2}{12} = 6.67 \times 10^7 \text{Nmm}$$

2) 고정단 매트릭스

$\{f\} = \{f_1 ; f_2 ; f_3 ; f_4 ; f_5 ; f_6 ; f_7\}$
$= \{-6.67 \times 10^7 ; 6.67 \times 10^7 ; -6.67 \times 10^7 ; 6.67 \times 10^7 ; 0 ; 0 ; 0\}$

7. 하중 매트릭스(단위 : kN·m)

$\{P\} = \{P_1 ; P_2 ; P_3 ; P_4 ; P_5\} = \left\{-f_1 ; -f_2 - f_3 ; -f_4 ; \dfrac{50}{2}(4{,}000 + 4{,}000) ; 0\right\}$
$= \{6.67 \times 10^7 ; 0 ; -6.67 \times 10^7 ; 200{,}000 ; 0\}$

8. 격점 변위 매트릭스(단위 : rad, mm)

1) $\{d\} = \{K\}^{-1}\{P\}$

2) $\{d\} = \{d_1 ; d_2 ; d_3 ; d_4 ; d_5\} = \{\theta_1 ; \theta_2 ; \theta_3 ; v_4 ; v_5\}$
$= \{0.008178 ; 0 ; -0.008178 ; 10.657\text{mm} ; 9.913\text{mm}\}$

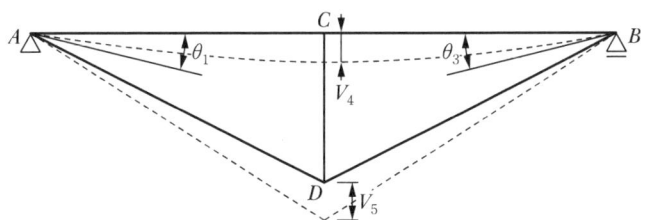

9. 부재단 부재력 매트릭스

$$\{Q\} = \{S\}\{A^T\}\{d\} + \{f\} = \{Q_1\ ;\ Q_2\ ;\ Q_3\ ;\ Q_4\ ;\ Q_5\ ;\ Q_6\ ;\ Q_7\}$$
$$= \{0\ ;\ 6.82 \times 10^7 \text{Nmm}\ ;\ -6.82 \times 10^7 \text{Nmm}\ ;\ 0\ ;\ -234{,}090\text{N}\ ;\ 261{,}720\text{N}\ ;\ 261{,}720\text{N}\}$$
$$= \{0\ ;\ 68.2\text{kN}\cdot\text{m}\ ;\ -68.2\text{kNm}\ ;\ 0\ ;\ -234.09\text{kN}\ ;\ 261.72\text{kN}\ ;\ 261.72\text{kN}\}$$

▶▶▶ 건축구조기술사 90-2-5

다음 부정정 변단면보를 해석하여 지점반력을 구하시오.

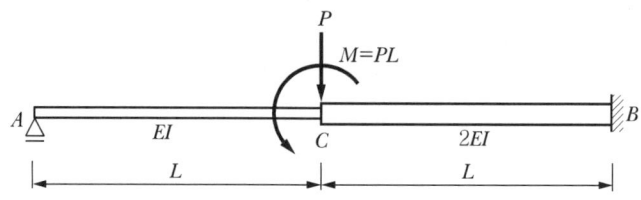

풀이 1 변형 일치법

1. 구조물 분리

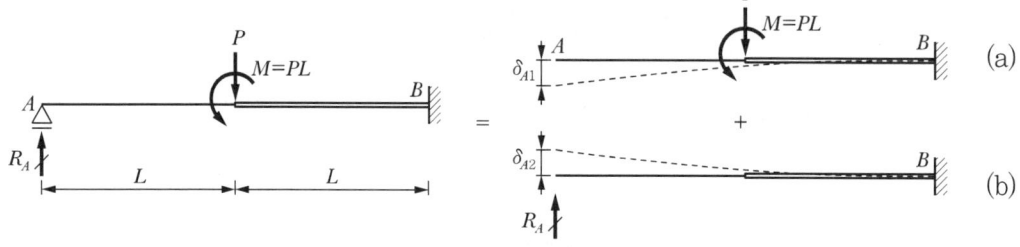

2. δ_{A1} 산정

1) 구조물 (a)의 휨 모멘트도

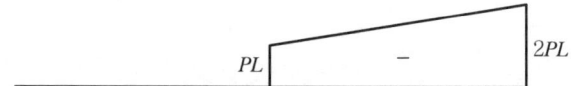

2) 구조물 (b)의 휨 모멘트도

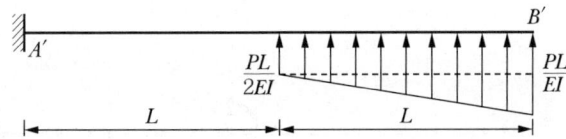

3) δ_{A1} 산정

$$\delta_{A1} = M_{A'} = \frac{PL}{2EI} \times L \times \left(L + \frac{L}{2}\right) + \left(\frac{1}{2} \times \frac{PL}{2EI} \times L\right) \times \left(L + \frac{2L}{3}\right)$$

$$= \frac{3PL^3}{4EI} + \frac{5PL^3}{12EI} = \frac{7PL^3}{6EI}$$

3. δ_{A2} 산정

1) 구조물 (b)의 휨 모멘트도

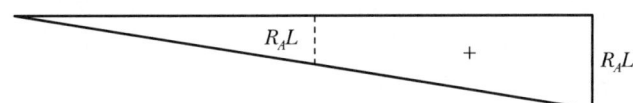

2) 구조물 (b)의 공액보

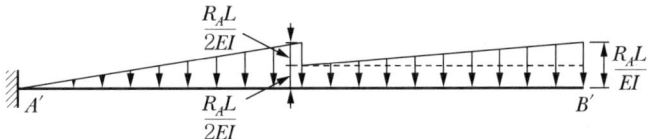

3) δ_{A2} 산정

$$\delta_{A2} = M_{A'} = -\frac{1}{2} \times \left(\frac{R_A L}{EI} \times L\right) \times \left(\frac{2L}{3}\right) - \left(\frac{PL}{2EI} \times L\right) \times \left(L + \frac{L}{2}\right) - \frac{1}{2} \times \left(\frac{R_A L}{2EI} \times L\right)$$

$$\times \left(L + \frac{2L}{3}\right) = -\frac{3R_A L^3}{2EI}$$

4. 적합 조건식을 이용하여 R_A 산정

$\delta_{A1} + \delta_{A2} = 0$

$\rightarrow \delta_{A1} + \delta_{A2} = 0$

$\rightarrow \dfrac{7PL^3}{6EI} - \dfrac{3R_A L^3}{2EI} = 0$

$\therefore R_A = \dfrac{14}{18} P$

5. 지점 반력 산정

1) 자유 물체도

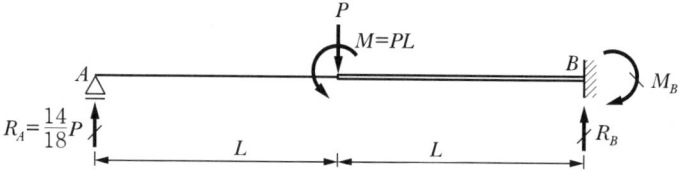

2) 반력 산정

① $\sum M_B = 0$

$\rightarrow \dfrac{14}{18}P \times 2L - PL - PL + M_B = 0$

$\therefore M_B = \dfrac{4}{9}PL\ (\curvearrowright)$

② $\sum V = 0$

$\rightarrow \dfrac{14}{18}P - P + R_B = 0$

$\therefore R_B = \dfrac{2}{9}P\ (\uparrow)$

풀이 2 최소일법

1. 부정정 차수 산정

$n =$ 부재수 + 강절점수 + 반력수 − 2 × 절점수
$= 2 + 1 + 4 - 2 \times 3 = 1$
따라서, 1차 부정정 구조물

2. 부정정력 가정 및 반력

1) A점 수직 반력을 부정정 반력(X_1)으로 가정한 자유 물체도

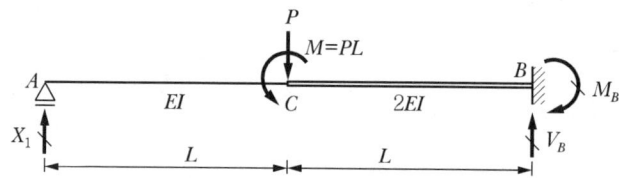

2) 반력 산정

① $\sum V = 0$;

$X_1 + V_B - P = 0$

∴ $V_B = P - X_1$

② $\sum M_A = 0$;

$-(P - X_1)2L + PL - P \times L + M_B = 0$

$M_B = (P - X_1)2L$

3. 부재력 산정

1) A → C 구간 $(0 \leq x \leq L)$

$M_x = X_1 x$

2) C → B 구간 $(L \leq x \leq 2L)$

$M_x = X_1 x - PL - P(x - L) = X_1 x - Px$

4. 최소일의 원리

$\dfrac{\delta U}{\delta X_1} = 0$;

$\dfrac{\delta U}{\delta X_1} = \dfrac{1}{EI}\displaystyle\int_0^L (X_1 x)\, x\, dx + \dfrac{1}{2EI}\displaystyle\int_0^L (-Px + X_1 x)\, x\, dx$

$= \dfrac{X_1 L^3}{3EI} + \dfrac{1}{2EI} \times \dfrac{7L^3(X_1 - P)}{3} = 0$

∴ $X_1 = \dfrac{7}{9}P \,(\uparrow)$

5. 반력 산정

1) A점 수직 반력

$R_A = X_1 = \dfrac{7}{9}P \,(\uparrow)$

2) B점 수직 반력

$R_B = P - R_A = \dfrac{2}{9}P \,(\uparrow)$

3) B점 휨 반력

$$M_B = (P - X_1)2L = \left(P - \frac{7}{9}P\right)2L$$

$$\therefore M_B = \frac{4}{9}PL \; (\curvearrowright)$$

풀이 3 매트릭스 변위법

1. 자유 물체도

1) 구조계

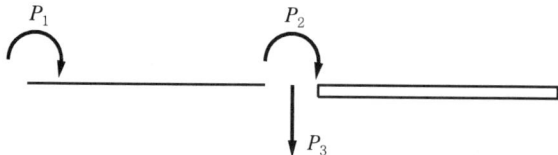

2) 요소계

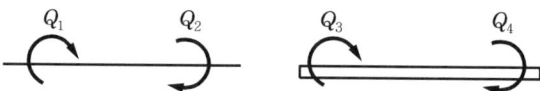

2. 평형 방정식 및 평형 매트릭스

1) 평형 방정식

① $P_1 = Q_1$

② $P_2 = Q_2 + Q_3$

③ $P_3 = \dfrac{-Q_1 - Q_2}{L} + \dfrac{Q_3 + Q_4}{L}$

2) 평형 매트릭스

① $\{P\} = \{A\}\{Q\}$

$$\begin{Bmatrix} P_1 \\ P_2 \\ P_3 \end{Bmatrix} = \begin{Bmatrix} 1 & 0 & 0 & 0 \\ 0 & 1 & 1 & 0 \\ -\dfrac{1}{L} & -\dfrac{1}{L} & \dfrac{1}{L} & \dfrac{1}{L} \end{Bmatrix} \begin{Bmatrix} Q_1 \\ Q_2 \\ Q_3 \\ Q_4 \end{Bmatrix}$$

② $\{A\} = \begin{Bmatrix} 1 & 0 & 0 & 0 \\ 0 & 1 & 1 & 0 \\ -\dfrac{1}{L} & -\dfrac{1}{L} & \dfrac{1}{L} & \dfrac{1}{L} \end{Bmatrix}$

3. 전 부재 강도 매트릭스

1) $\{Q\} = \{S\}\{e\}$

2) $\{S\} = \dfrac{EI}{L}\begin{Bmatrix} 4 & 2 & 0 & 0 \\ 2 & 4 & 0 & 0 \\ 0 & 0 & 8 & 4 \\ 0 & 0 & 4 & 8 \end{Bmatrix}$

4. 구조물 강도 매트릭스

1) $\{K\} = \{A\}[S]\{A\}^T$

2) $\{K\} = \begin{Bmatrix} \dfrac{4EI}{L} & \dfrac{2EI}{L} & -\dfrac{6EI}{L^2} \\ \dfrac{2EI}{L} & \dfrac{12EI}{L} & \dfrac{6EI}{L^2} \\ -\dfrac{6EI}{L^2} & \dfrac{6EI}{L^2} & \dfrac{36EI}{L^3} \end{Bmatrix}$

5. 하중 매트릭스

$\{P\} = \{P_1 \ ; \ P_2 \ ; \ P_3\} = \{0 \ ; \ -PL \ ; \ P\}$

6. 격점 변위 매트릭스

1) $\{d\} = \{K\}^{-1}\{P\}$

2) $\{d\} = \{d_1 \ ; \ d_2 \ ; \ d_3\} = \{\theta_A \ ; \ \theta_C \ ; \ v_C\} = \dfrac{P}{EI}\left\{\dfrac{2}{9}L^2 \ ; \ -\dfrac{L^2}{6} \ ; \ \dfrac{5L^3}{54}\right\}$

7. 부재단 부재력 매트릭스

$\{Q\} = \{S\}\{A^T\}\{d\} = \{Q_1 \ ; \ Q_2 \ ; \ Q_3 \ ; \ Q_4\}$

$= PL\left\{0 \ ; \ -\dfrac{7}{9} \ ; \ -\dfrac{2}{9} \ ; \ \dfrac{4}{9}\right\}$

8. 자유 물체도 및 반력 산정

1) 자유 물체도

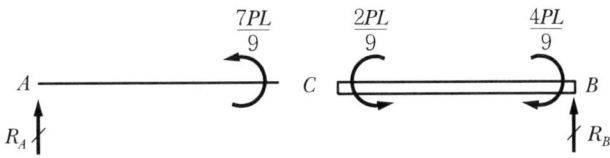

2) 부재 $\overline{AC}$에서 $\sum M_C = 0$

$$R_A \times L - \frac{7PL}{9} = 0$$

$$\therefore R_A = \frac{7P}{9} \ (\uparrow)$$

3) 부재 $\overline{CB}$에서 $\sum M_C = 0$

$$-\frac{2PL}{9} + \frac{4PL}{9} - R_B \times L = 0$$

$$\therefore R_B = \frac{2P}{9} \ (\uparrow)$$

▶▶▶▶ 건축구조기술사   74-2-2

아래의 구조물에서 BC(Tie Rod) 부재의 부재력을 구하라.(단, 축응력을 고려하여 최소일의 원리를 이용하여 해석하시오.)

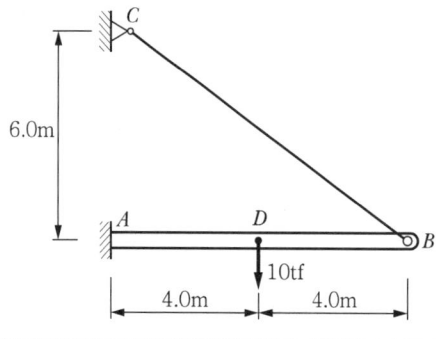

- BC 부재 : $A_1 = 6.83 \text{cm}^2$
- AB 부재 : $A_2 = 683 \text{cm}^2$
  $I_2 = 12,800 \text{cm}^4$

풀이 1 최소일법

1. 부정정 차수

n = 부재수 + 강절점수 + 반력수 − 2 × 절점수 = 2 + 0 + 5 − 2 × 3 = 1

따라서, 1차 부정정 구조. 부정정력은 케이블 단부 인장력으로 함

2. 자유 물체도

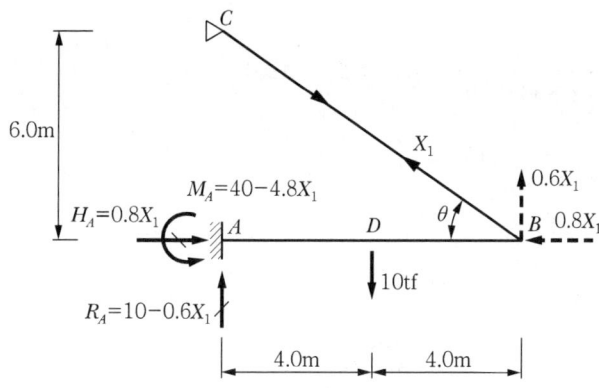

$\overline{AB}$에서 $\sum V = 0$; $R_A = 10 - X_1 \sin\theta = 10 - 0.6X_1$

$\overline{AB}$에서 $\sum M_A = 0$; $-M_A + 10 \times 4 - X_1 \sin\theta \times 8 = 0 \rightarrow M_A = 10 \times 4 - 4.8X_1$

3. 단면력 산정

구분	구간	M_x(모멘트)	$\dfrac{\delta M_x}{\delta X_1}$	N_x(축력)	$\dfrac{\delta N_x}{\delta X_1}$
BD	$0 \sim 4\text{m}$	$0.6X_1 x$	$0.6x$	$-0.8X_1$	-0.8
DA	$4 \sim 8\text{m}$	$40 + 0.6X_1 x - 10x$	$0.6x$	$-0.8X_1$	-0.8
BC	$0 \sim 10\text{m}$	—	—	X_1	1

DB 구간 휨 모멘트 $M_x = 0.6X_1 x - 10(x-4) = 40 + 0.6X_1 x - 10x$

4. 최소일의 원리 적용 및 장력 X_1 산정

1) 최소일의 원리

선형 탄성인 부정정 구조물에 외력이 작용할 때 부정정력의 조합은 변형에너지가 최소일 때 평형상태를 가짐 ; $\dfrac{\delta U}{\delta X_1} = 0$

2) $\dfrac{\delta U}{\delta X_1} = \int \dfrac{M_x}{EI_i} dx + \int \dfrac{N_x}{EA_i} dx$

$= \dfrac{1}{EI_2} \int_0^4 (0.6X_1 x)(0.6x) dx + \dfrac{1}{EI_2} \int_4^8 (40 + 0.6X_1 x - 10x)(0.6X_1) dx$

$+ \dfrac{1}{EA_2} \int_0^8 (-0.8X_1)(-0.8) dx + \dfrac{1}{EA_1} \int_0^{10} (X_1)(1) dx$

$$= \frac{1}{EI_2}(61.44X_1 - 320) + \frac{1}{EA_2}(5.12X_1) + \frac{1}{EA_1}(10X_1)$$

$$= \frac{1}{E}\left\{\frac{1}{12{,}800\times 10^{-8}}(61.44X_1 - 320) + \frac{1}{683\times 10^{-4}}(5.12X_1) + \frac{1}{6.83\times 10^{-4}}(10X_1)\right\} = 0$$

$$X_1 = 5.05\text{tf}$$

5. 축력도(단위 : tf)

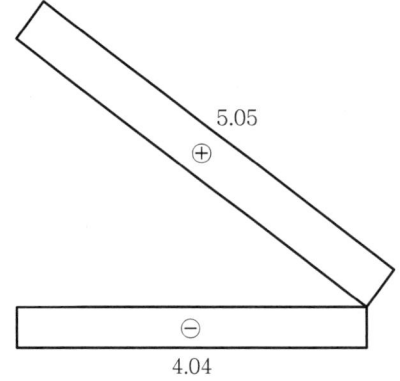

6. 휨 모멘트도

1) BD 구간($0 \leq x \leq 4.0\text{m}$)

$M_x = 0.6X_1 x = 3.03x$

$M_D = 3.03 \times 4 = 12.12\text{tf}\cdot\text{m}$

2) DA 구간($4.0\text{m} \leq x \leq 8.0\text{m}$)

$M_x = 40 + 0.6X_1 x - 10x = 40 - 6.97x$

$M_A = 40 - 6.97 \times 8 = -15.76\text{tf}\cdot\text{m}$

3) 휨 모멘트도(단위 : $\text{tf}\cdot\text{m}$)

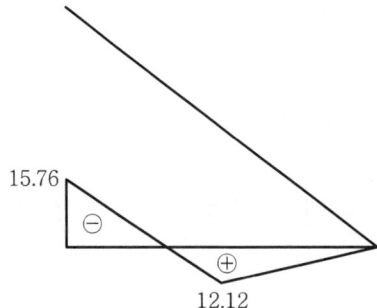

7. 전단력도

1) $R_A = 10 - 0.6X_1 = 10 - 0.6 \times 5.05 = 6.97 \text{tf}$

2) 전단력도(단위 : tf)

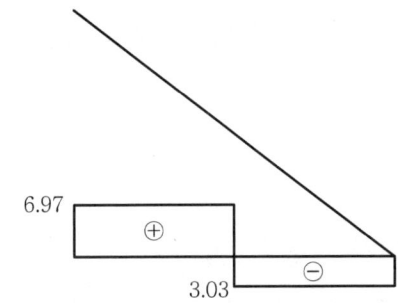

풀이 2 매트릭스 변위법

1. 자유 물체도

1) 구조계

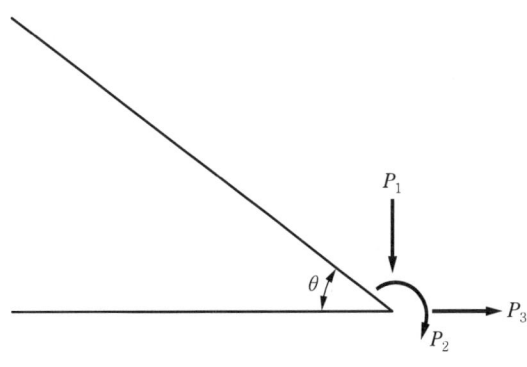

2) 요소계

※ $\sin\theta = \dfrac{3}{5}$, $\cos\theta = \dfrac{4}{5}$

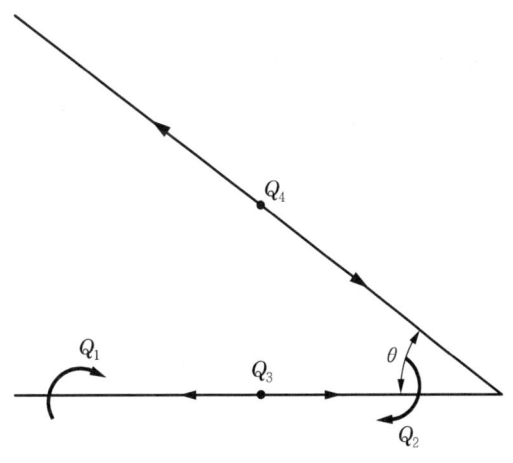

2. 평형 방정식 및 평형 매트릭스

1) 절점 B에서 $\sum V = 0$

$$P_1 = -\frac{Q_1}{L_2} - \frac{Q_2}{L_2} - Q_4\sin\theta = -\frac{Q_1}{L_2} - \frac{Q_2}{L_2} + \frac{3}{5}Q_4$$

(※ 합성부재의 평형 방정식에서 트러스 부재의 절점 부재력의 부호는 반대, $L_2 = 8.0\text{m}$)

2) $P_2 = Q_2$

3) 절점 B에서 $\sum H = 0$

$$P_3 = +Q_3 + Q_4\cos\theta = +Q_3 + \frac{4}{5}Q_4$$

(※ 합성부재의 평형 방정식에서 트러스 부재의 절점 부재력의 부호는 반대)

3. 평형 매트릭스

1) $\{P\} = \{A\}\{Q\}$

$$\begin{Bmatrix} P_1 \\ P_2 \\ P_3 \end{Bmatrix} = \begin{Bmatrix} -\dfrac{1}{L_2} & -\dfrac{1}{L_2} & 0 & +\dfrac{3}{5} \\ 0 & 1 & 0 & 0 \\ 0 & 0 & +1 & +\dfrac{4}{5} \end{Bmatrix} \begin{Bmatrix} Q_1 \\ Q_2 \\ Q_3 \end{Bmatrix}$$

2) $\{A\} = \begin{Bmatrix} -\dfrac{1}{L_2} & -\dfrac{1}{L_2} & 0 & +\dfrac{3}{5} \\ 0 & 1 & 0 & 0 \\ 0 & 0 & +1 & +\dfrac{4}{5} \end{Bmatrix}$

4. 전 부재 강도 매트릭스

1) $\{Q\} = \{S\}\{e\}$

2) $\{S\} = \begin{Bmatrix} 4\dfrac{EI_2}{L_2} & 2\dfrac{EI_2}{L_2} & 0 & 0 \\ 2\dfrac{EI_2}{L_2} & 4\dfrac{EI_2}{L_2} & 0 & 0 \\ 0 & 0 & \dfrac{EA_2}{L_2} & 0 \\ 0 & 0 & 0 & \dfrac{EA_1}{L_1} \end{Bmatrix} = E\begin{Bmatrix} 64 & 32 & 0 & 0 \\ 32 & 64 & 0 & 0 \\ 0 & 0 & 0.854 & 0 \\ 0 & 0 & 0 & 0.00683 \end{Bmatrix}$

여기서, $\dfrac{A_2}{L_1} = \dfrac{6.83\,\text{cm}^2}{1{,}000\,\text{cm}} = 0.00683\,\text{cm}$,

$\dfrac{I_2}{L_2} = \dfrac{12{,}800\,\text{cm}^4}{800\,\text{cm}} = 16\,\text{cm}^3$,

$\dfrac{A_2}{L_2} = \dfrac{683\,\text{cm}^2}{800\,\text{cm}} = 0.854\,\text{cm}$

5. 구조물 강도 매트릭스

$$\{K\} = \{A\}[S]\{A\}^T$$
$$= E\begin{Bmatrix} 0.002759 & -0.12 & 0.003278 \\ -0.12 & 64 & 0 \\ 0.003278 & 0 & 0.858371 \end{Bmatrix}$$

6. 고정단 매트릭스(단위 : tf·cm)

$$\{f\} = \{f_1\,;\,f_2\,;\,f_3\,;\,f_4\} = \{-F\,;\,F\,;\,0\,;\,0\} = \{-1{,}000\,;\,1{,}000\,;\,0\,;\,0\}$$

$$F = \dfrac{PL}{8} = \dfrac{10 \times 800}{8} = 1{,}000\,\text{tf·cm}$$

7. 하중 매트릭스

$$\{P\} = \{P_1\,;\,P_2\,;\,P_3\} = \{10/2\,;\,-f_2\,;\,0\} = \{5\,\text{tf}\,;\,-1{,}00\,\text{tf·cm}\,;\,0\,\}$$

8. 격점 변위 매트릭스

1) $\{d\} = \{K\}^{-1}\{P\}$

2) $\{d\} = \{d_1\,;\,d_2\,;\,d_3\} = \{v_B\,;\,\theta_B\,;\,u_B\} = \dfrac{1}{E}\{1{,}239.45\,;\,-13.30\,;\,-4.73\}$

9. 부재단 부재력 매트릭스

$$\{Q\} = \{S\}\{A^T\}\{d\} + \{f\} = \{Q_1\,;\,Q_2\,;\,Q_3\,;\,Q_4\}$$
$$= \{-1{,}574.37\,\text{tf·cm}\,;\,0\,;\,4.04\,\text{tf}\,;\,-5.05\,\text{tf}\}$$
$$= \{-15.38\,\text{tf·m}\,;\,0\,;\,-4.04\,\text{tf}\,;\,5.05\,\text{tf}\}$$

▶▶▶▶ 토목구조기술사　50-2-4

다음 1차 부정정 구조물을 변위 일치법으로 해석하려고 한다. 스프링의 축력을 미지력 X로 두고 다음에 답하시오. (단, 들보의 E, I는 일정하다.)

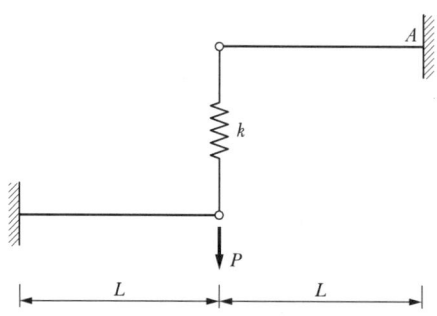

1. 기본 구조물(Base Structure)을 그리시오.
2. 적합 방정식을 적으시오.
3. 적합 방정식 각 항의 물리적 의미를 설명하시오.
4. 스프링 상수 K가 0에서 무한대로 변함에 따라 A점의 휨 모멘트 값의 범위를 설명하시오.

풀이 1　변형의 적합 조건 이용

1. 구조물의 부정정 차수

　　n＝부재수＋강절점수＋반력수－2×절점수＝3＋0＋6－2×4＝1
　　∴ 1차 부정정 구조로서 부정정력을 스프링의 내력 X로 가정

2. 기본 구조물(구조물의 분리)

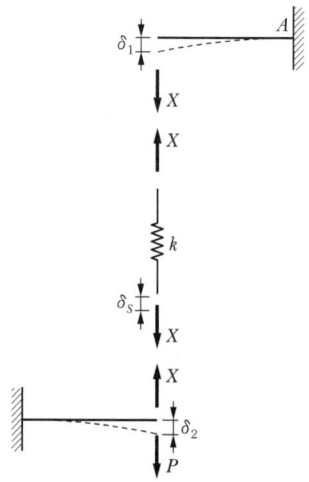

3. 적합 방정식, 부정정력의 산정

1) $\delta_s = \delta_2 - \delta_1$

2) 적합 방정식 각 항의 물리적 의미

① $\delta_s = \dfrac{X}{K}$; 부정정력 X에 의한 스프링 변위

② $\delta_1 = \dfrac{XL^3}{3EI}$; 부정정력 X에 의한 상부 캔틸레버 보의 수직 변위

③ $\delta_2 = \dfrac{(P-X)L^3}{3EI}$; 부정정력 X와 작용하중 P의 차이에 의한 하부 캔틸레버 보의 수직 변위

3) 앞의 1)과 2)에서

$$\dfrac{X}{K} = \dfrac{(P-X)L^3}{3EI} - \dfrac{XL^3}{3EI} \rightarrow X = \dfrac{PKL^3}{3EI + 2KL^3}$$

4. A점의 휨 모멘트

1) $M_A = -XL = -\dfrac{PKL^4}{3EI + 2KL^3}$

2) $K = 0$일 때

$M_A = 0$

3) $K = \infty$일 때

$M_A = -\dfrac{PL}{2}$

4) 따라서, $-\dfrac{PL}{2} \leq M_A \leq 0$ 값을 가짐

풀이 2 최소일법 이용

1. 구조물의 부정정 차수

n = 부재수 + 강절점수 + 반력수 $-2\times$ 절점수
$= 3 + 0 + 6 - 2 \times 4 = 1$

∴ 1차 부정정 구조로서 부정정력을 스프링의 내력 X로 가정

2. 자유 물체도(절점의 부호는 그림과 같이 가정)

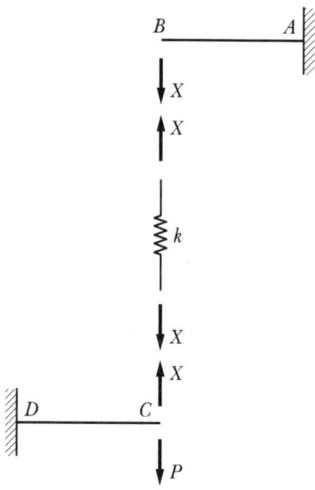

3. 부재력

1) C~D 구간($0 \leq x \leq L$)

   $M_x = (X - P)x$

2) B~A 구간($0 \leq x \leq L$)

   $M_x = -Xx$

3) B~C 구간

   $N_x = X$

4. 내부 에너지

$$U_{Beam} = \int \frac{M_x^2}{2EI}dx = \frac{1}{2EI}\int_0^L \{(X-P)\cdot x\}^2 dx + \frac{1}{2EI}\int_0^L (-X\cdot x)^2 dx$$

$$U_{Spring} = \frac{1}{2}\frac{X^2}{K}$$

5. 최소일의 원리

1) 선형 탄성인 부정정 구조물에 외력이 작용할 때, 부정정력의 조합은 변형에너지가 최소인 경우에 가정한 평형상태를 유지한다.

2) $\dfrac{\delta U}{\delta X} = \dfrac{1}{EI}\int_0^L \{(X-P)\cdot x\}\cdot x\, dx + \dfrac{1}{EI}\int_0^L (-X\cdot x)(-x)dx + \dfrac{X}{K} = 0$

$$\to X = \frac{PKL^3}{3EI + 2KL^3}$$

6. A점의 휨 모멘트

   1) $M_A = -XL$

   $$= -\frac{PKL^4}{3EI + 2KL^3}$$

   2) $K = 0$일 때

   $M_A = 0$

   3) $K = \infty$일 때

   $M_A = -\dfrac{PL}{2}$

   4) 따라서, $-\dfrac{PL}{2} \leq M_A \leq 0$ 값을 가짐

▶▶▶▶ 토목구조기술사   93-4-5

등분포 하중을 받는 단순보의 최대모멘트를 감소시키기 위해 그림과 같이 보의 중앙부에 케이블을 설치하였다. 이때 설치된 케이블은 한쪽이 고정된 캔틸레버 보에 연결되어 있고, 설치된 케이블은 하중이 작용하기 전에 설치를 하였다. 등분포 하중 6kN/m가 작용할 때 다음을 구하시오.

1 케이블에 작용하는 힘(F)
2 캔틸레버 보에 작용하는 최대모멘트(M)
3 단순보에 발생하는 최대모멘트의 발생위치와 최대모멘트를 계산하고, 단순보의 전단력도(SFD)와 모멘트도(BMD)를 작성하시오.

구분	캔틸레버빔(AB)	케이블(AC)	단순보(DE)
단면 2차 모멘트	$1,519 \times 10^4 \text{mm}^4$	—	—
단면형상	—	$\phi = 6\text{mm}$	$\square = 100 \times 300\text{mm}$
탄성계수	200GPa	200GPa	10GPa
적용길이(Li)	1.8m		6.0m

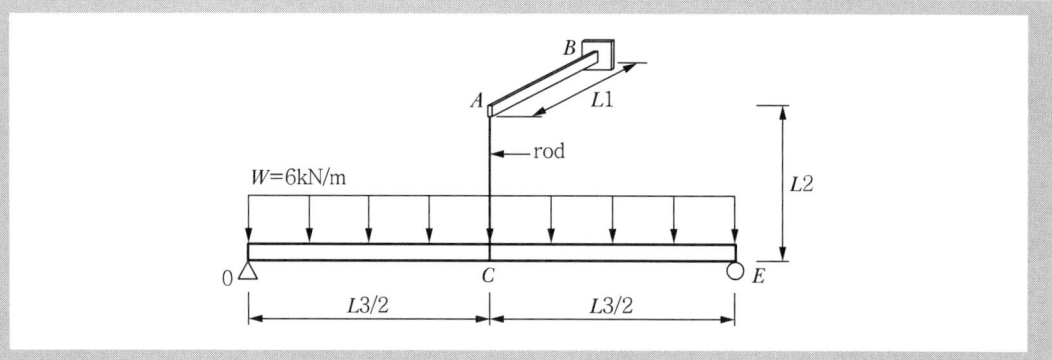

풀이 1 변형의 적합 조건 이용

1. 부정정 차수

n = 부재수 + 강절점수 + 반력수 − 2 × 절점수 = 4 + 2 + 6 − 2 × 5 = 1

∴ 1차 부정정 구조

부정정력은 케이블 단부 인장력으로 함

2. 구조물의 분리

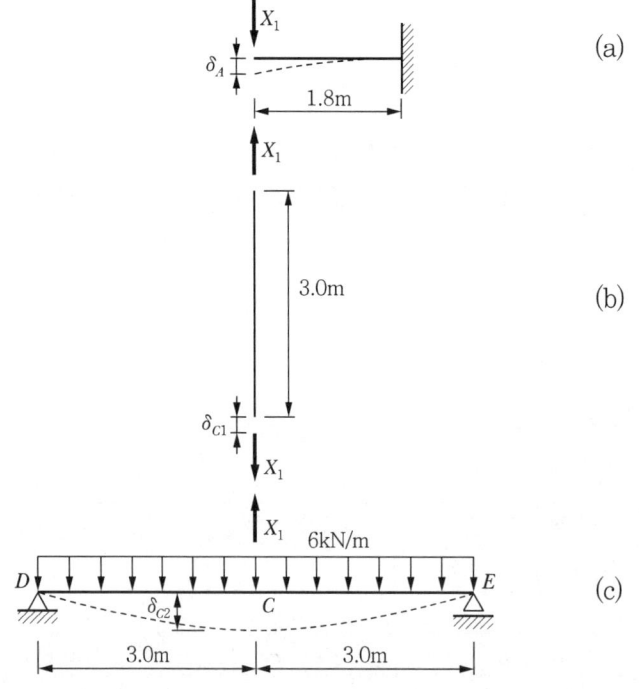

3. 구조물별 변위 산정

1) 구조물 (a)에서

$$\delta_A = \frac{X_1(1,800)^3}{3(EI)_{AB}} \ ; \ E_{AB} = 200,000\text{MPa}, \ I_{AB} = 1,519 \times 10^3 \text{mm}^4$$

2) 구조물 (b)에서

$$\delta_{C1} = \frac{X_1(3,000)}{(EA)_{AC}} \ ; \ E_{AC} = 200,000\text{MPa}, \ A_{AC} = \frac{\pi}{4} \times 6^2 = 28.274 \text{mm}^2$$

3) 구조물 (c)에서

$$\delta_{C2} = \frac{5 \times 6 \times (6,000)^4}{384(EI)_{DE}} - \frac{X_1(6,000)}{48(EI)_{DE}} \ ; \ E_{DE} = 10,000\text{MPa},$$

$$I_{DE} = \frac{100 \times 300^3}{12} = 2.25 \times 10^8 \text{mm}^4$$

4. 변형일치 조건을 이용한 부정정력 산정

$$\delta_{C2} = \delta_A + \delta_{C1} \rightarrow X_1 = 14,193.7\text{N}$$

∴ 케이블에 작용하는 힘 = 14.19 kN (Tension)

5. 켄틸레버 보에 작용하는 최대 모멘트

$$M_B = -X_1 \times 1.8 = -25.55 \text{kN} \cdot \text{m}$$

6. 단순보에 대한 해석

1) 자유 물체도

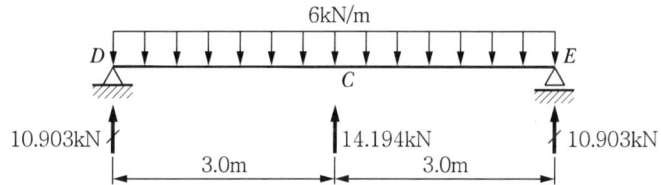

반력 $R_D = R_E = 6.0 \times 3.0 - 14.194/2 = 10.903 \text{kN}$

2) D → C 구간 부재력

① $M_x = 10.903x - 1/2 \times 6 \times x^2$

② $S_x = dM_x/dx = 10.903 - 6 \times x$

$S_x = 0$인 $x = 1.817$m

$S_{x=3} = -7.097\text{kN}$

③ $M_{x=1.817} = 9.906 \text{kN·m}$

④ $M_{x=3.0} = 5.709 \text{kN·m}$

3) E → C 구간은 D → C 구간과 대칭임

4) 휨 모멘트도(단위 : kN·m)

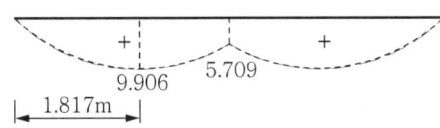

5) 전단력도(단위 : kN)

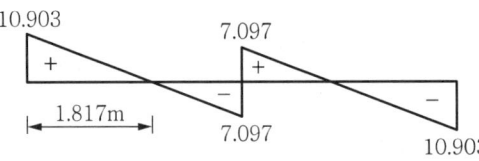

▶▶▶ 토목구조기술사 93-2-3

다음 그림과 같이 외부 케이블을 퀸포스트(Queen Post) 형식으로 보강한 단순거더의 지간 중앙에 집중하중 2P를 작용시켰을 때 외부 케이블에 발생하는 장력 T를 구하시오. (단, 자중은 무시하고, 거더의 탄성계수 및 단면 2차 모멘트, 단면적은 각각 E_s, I_s, A_s이며, 케이블의 탄성계수 및 단면적은 각각 Ep, Ap이다. 여기서 a≦L/2이다.)

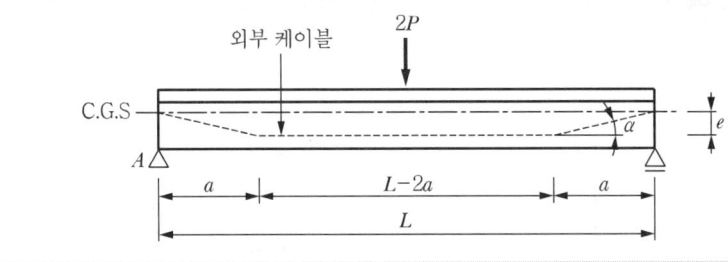

[풀이] 최소일의 원리, 대칭 구조물 특징 이용

1. 케이블 단부 연직 부재력을 X_1으로 가정할 경우 자유 물체도

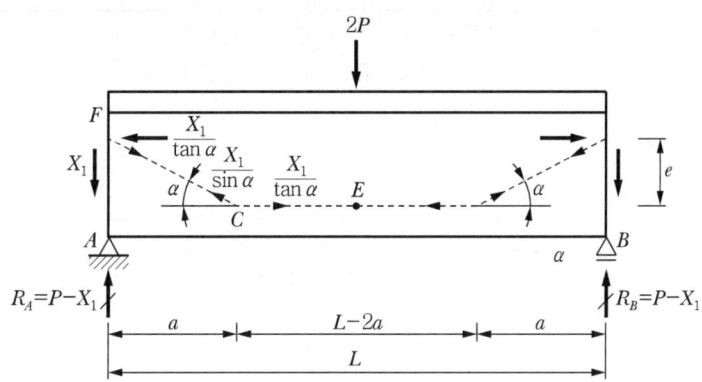

2. A~E 구간의 단면력 산정

구분	구간	M_x(모멘트)	$\dfrac{\delta M_x}{\delta X_1}$	N_x(축력)	$\dfrac{\delta N_x}{\delta X_1}$
AE	$0 \sim \dfrac{L}{2}$	$(P-X_1)x$	$-x$	$-\dfrac{X_1}{\tan\alpha}$	$-\dfrac{1}{\tan\alpha}$
FC	$0 \sim \sqrt{a^2+e^2}$	—	—	$\dfrac{X_1}{\sin\alpha}$	$\dfrac{1}{\sin\alpha}$
CE	$0 \sim \dfrac{L}{2}-a$	—	—	$\dfrac{X_1}{\tan\alpha}$	$\dfrac{1}{\tan\alpha}$

3. 최소일의 원리 적용 및 장력 T 산정

   1) 최소일의 원리

   선형 탄성인 부정정 구조물에 외력이 작용할 때 부정정력의 조합은 변형에너지가 최소일때 평형상태를 가짐 ; $\dfrac{\delta U}{\delta X_1}=0$

   2) $\dfrac{\delta U}{\delta X_1} = \int \dfrac{M_x}{EI_i}dx + \int \dfrac{N_x}{EA_i}dx$

   $= 2\left\{\dfrac{1}{E_sI_s}\int_0^{L/2}(P-X_1)\cdot x \cdot (-x)dx + \dfrac{1}{E_sA_s}\left(\dfrac{-X_1}{\tan\alpha}\right)\left(\dfrac{-1}{\tan\alpha}\right)\left(\dfrac{L}{2}\right)\right\}$

   $+ 2\left\{\dfrac{1}{E_pA_p}\left(\dfrac{X_1}{\sin\alpha}\right)\left(\dfrac{1}{\sin\alpha}\right)\sqrt{a^2+e^2} + \dfrac{1}{E_pA_p}\left(\dfrac{X_1}{\tan\alpha}\right)\left(\dfrac{1}{\tan\alpha}\right)\left(\dfrac{L}{2}-a\right)\right\} = 0$

여기서, $\tan\alpha = \dfrac{e}{a}$, $\sin\alpha = \dfrac{e}{\sqrt{a^2+e^2}}$ ($L_{FC} = L_{DG} = \sqrt{a^2+e^2}$)

$$\rightarrow X_1 = \dfrac{e^2 L^3 P A_p A_s E_p}{24(a^2+e^2)^{3/2} A_s E_s I_s - 24a^3 A_s E_s I_s + 12a^2 L(A_p E_p + A_s E_s)I_s + e^2 L^3 A_p A_s E_p}$$

3) 장력 T 산정

$$T = \dfrac{X_1}{\tan\alpha} = \dfrac{X_1 a}{e} = \dfrac{eaL^3 P A_p A_s E_p}{24(a^2+e^2)^{3/2} A_s E_s I_s - 24a^3 A_s E_s I_s + 12a^2 L(A_p E_p + A_s E_s)I_s + e^2 L^3 A_p A_s E_p}$$

4. 참고

1) 퀸 포스트(쌍대공)

지붕의 뼈대를 세로로 받치는 한 쌍의 지주 중 하나

2) 퀸 포스트 트러스(Queen Post Truss)

나무 트러스 또는 목재 거더교나 철재 거도교의 보강에 이용되는 트러스 구조

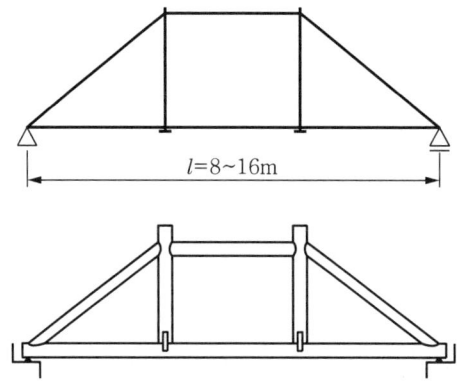

▶▶▶▶ 토목구조기술사   89-4-3

다음 그림과 같이 타이로드가 설치된 강재 프레임에서 타이로드에 걸리는 인장력 T를 구하시오. (단, $A_b = 24,000\text{mm}^2$, $I_b = 1.50 \times 10^9 \text{mm}^4$, $E = 200\text{kN/mm}^2$(모든 부재), $A_c = 18,000\text{mm}^2$, $I_c = 1.20 \times 10^9 \text{mm}^4$이다.)

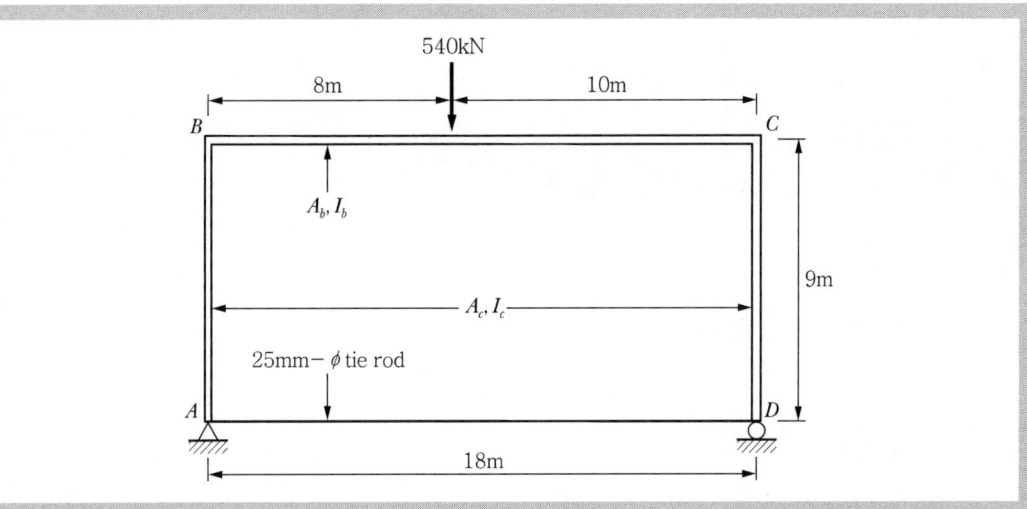

풀이 1 최소일법 적용

1. 가정

라멘에서 축방향력으로 인한 영향은 미소할 것으로 판단되므로 축방향력 영향 무시

2. 부정정 차수

1) $n = $ 부재수 + 강절점수 + 반력수 $- 2 \times$ 절점수 $= 4 + 2 + 3 - 2 \times 4 = 1$

∴ 1차 부정정 구조물

2) Tie Rod의 인장력을 부정정력(잉여력) X_1이라고 가정

3. 자유 물체도

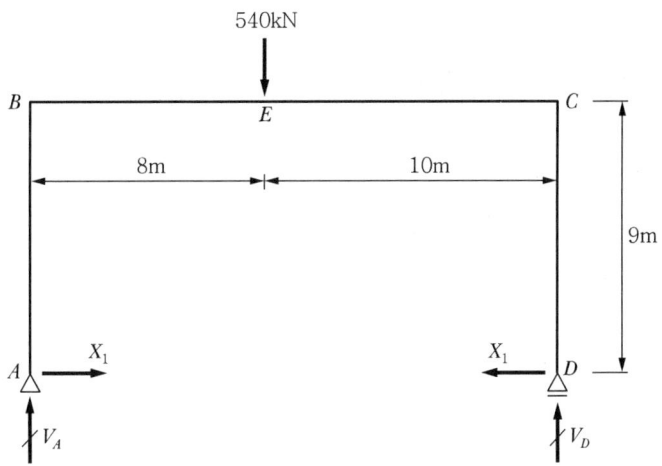

4. 반력 산정

1) $\sum M_A = 0$; $540 \times 8 - V_D \times 18 = 0$

   $\therefore\ V_D = 240\text{kN}\ (\uparrow)$

2) $\sum V = 0$; $V_A = 540 - 240 = 300\text{kN}\ (\uparrow)$

5. 부재력 산정

1) A → B 구간 휨 부재력

   $M_x = -X_1 x\ (0 \leq x \leq 9.0\text{m})$

2) B → E 구간 휨 부재력

   $M_x = -9X_1 + 300x\ (0 \leq x \leq 8.0\text{m})$

3) D → C 구간 휨 부재력

   $M_x = -X_1 x\ (0 \leq x \leq 9.0\text{m})$

4) C → E 구간 휨 부재력

   $M_x = -9X_1 + 240x\ (0 \leq x \leq 10.0\text{m})$

5) A → D 구간 축력

   $N_x = X_1\ (0 \leq x \leq 18.0\text{m})$

6. 부재 강성 산정(단위는 kN, m로 통일)

1) $I_b E = \{1.50 \times 10^9 \times (10^{-3})^4\} \times \{200/(10^{-3})^2\} = 3.0 \times 10^5\ \text{kN} \cdot \text{m}^2$

2) $I_c E = \{1.20 \times 10^9 \times (10^{-3})^4\} \times \{200/(10^{-3})^2\} = 2.4 \times 10^5\ \text{kN} \cdot \text{m}^2$

3) $A_{tie} E = \left(\dfrac{\pi \times 0.025^2}{4}\right) \times \{200/(10^{-3})^2\} = 98,175\text{kN}$

7. 인장재의 인장력 X_1 산정

1) 부정정력에 대한 내부에너지 변화량

   ① AB, CD 구간

   $$\dfrac{dU_1}{dX_1} = 2\dfrac{1}{I_c E} \int_0^{9.0} M_x \dfrac{dM_x}{dX_1} = 2\dfrac{1}{2.4 \times 10^5} \int_0^{9.0} (-X_1 x)(-x)dx = 0.002025 X_1$$

② BE 구간

$$\frac{dU_2}{dX_1} = \frac{1}{I_b E} \int_0^{8.0} M_x \frac{dM_x}{dX_1}$$

$$= \frac{1}{3.0 \times 10^5} \int_0^{8.0} (-9X_1 + 300x)(-9)dx = 0.00072(3X_1 - 400)$$

③ CE 구간

$$\frac{dU_3}{dX_1} = \frac{1}{I_b E} \int_0^{10.0} M_x \frac{dM_x}{dX_1}$$

$$= \frac{1}{3.0 \times 10^5} \int_0^{10.0} (-9X_1 + 240x)(-9)dx = 0.0009(3X_1 - 400)$$

④ AD 인장 부재 구간

$$\frac{dU_4}{dX_1} = \frac{1}{A_{tie} E} \int_0^{18.0} N_x \frac{dN_x}{dX_1} = \frac{1}{98,175} \int_0^{18.0} (X_1)(1)dx = 0.000183 X_1$$

2) 평형상태에서는 부정정력에 의한 내부 에너지 변화량이 최소

$$\frac{dU}{dX_1} = 0 \;;$$

$$\frac{dU}{dX_1} = 0.002025 X_1 + 0.00072(3X_1 - 400) + 0.0009(3X_1 - 400) + 0.000183 X_1 = 0$$

$$X_1 = 91.68 \text{kN}$$

풀이 2 매트릭스 변위법 적용

1. 자유 물체도

1) 구조계

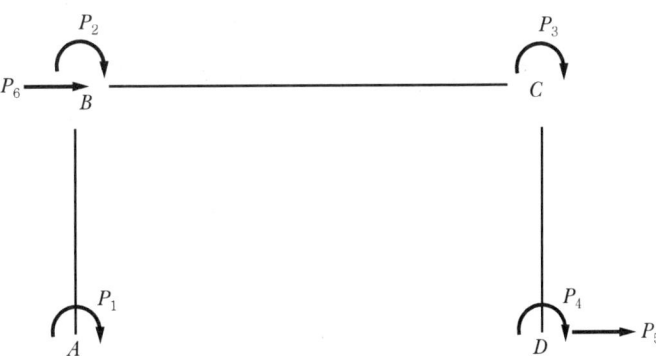

2) 요소계

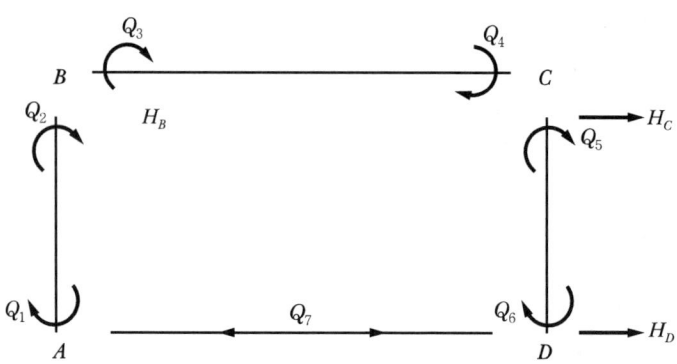

2. 평형 방정식

1) $P_1 = Q_1$

2) $P_2 = Q_2 + Q_3$

3) $P_3 = Q_4 + Q_5$

4) $P_4 = Q_6$

5) $P_5 = H_D + Q_7 = \dfrac{Q_5}{9} + \dfrac{Q_6}{9} + Q_7$

   여기서, $\overline{CD}$ 부재에서 $\sum M_C = 0$; $Q_5 + Q_6 - H_D \times 9 = 0 \to H_D = \dfrac{Q_5 + Q_6}{9}$

6) $P_6 = H_B + H_C = -\dfrac{Q_1}{9} - \dfrac{Q_2}{9} - \dfrac{Q_5}{9} - \dfrac{Q_6}{9}$

   여기서, $\overline{AB}$ 부재에서 $\sum M_A = 0$; $Q_1 + Q_2 + H_B \times 9 = 0$
   $$\to H_B = -\left(\dfrac{Q_1 + Q_2}{9}\right)$$

   $\overline{CD}$ 부재에서 $\sum M_D = 0$; $Q_5 + Q_6 - H_C \times 9 = 0$
   $$\to H_D = -\left(\dfrac{Q_5 + Q_6}{9}\right)$$

3. 평형 매트릭스

1) $\{P\} = \{A\}\{Q\}$

$$\begin{Bmatrix} P_1 \\ P_2 \\ P_3 \\ P_4 \\ P_5 \\ P_6 \end{Bmatrix} = \begin{Bmatrix} 1 & 0 & 0 & 0 & 0 & 0 & 0 \\ 0 & 1 & 1 & 0 & 0 & 0 & 0 \\ 0 & 0 & 0 & 1 & 1 & 0 & 0 \\ 0 & 0 & 0 & 0 & 0 & 1 & 0 \\ 0 & 0 & 0 & 0 & \frac{1}{9} & \frac{1}{9} & 1 \\ -\frac{1}{9} & -\frac{1}{9} & 0 & 0 & -\frac{1}{9} & -\frac{1}{9} & 0 \end{Bmatrix} \begin{Bmatrix} Q_1 \\ Q_2 \\ Q_3 \\ Q_4 \\ Q_5 \\ Q_6 \\ Q_7 \end{Bmatrix}$$

2) 평형 매트릭스

$$\{A\} = \begin{Bmatrix} 1 & 0 & 0 & 0 & 0 & 0 & 0 \\ 0 & 1 & 1 & 0 & 0 & 0 & 0 \\ 0 & 0 & 0 & 1 & 1 & 0 & 0 \\ 0 & 0 & 0 & 0 & 0 & 1 & 0 \\ 0 & 0 & 0 & 0 & \frac{1}{9} & \frac{1}{9} & 1 \\ -\frac{1}{9} & -\frac{1}{9} & 0 & 0 & -\frac{1}{9} & -\frac{1}{9} & 0 \end{Bmatrix}$$

4. 전 부재 강도 매트릭스

1) $\{Q\} = \{S\}\{e\}$

2) $\{S\} = \begin{Bmatrix} \frac{4EI_c}{9} & \frac{2EI_c}{9} & 0 & 0 & 0 & 0 & 0 \\ \frac{2EI_c}{9} & \frac{4EI_c}{9} & 0 & 0 & 0 & 0 & 0 \\ 0 & 0 & \frac{4EI_b}{18} & \frac{2EI_b}{18} & 0 & 0 & 0 \\ 0 & 0 & \frac{2EI_b}{18} & \frac{4EI_b}{18} & 0 & 0 & 0 \\ 0 & 0 & 0 & 0 & \frac{4EI_c}{9} & \frac{2EI_c}{9} & 0 \\ 0 & 0 & 0 & 0 & \frac{2EI_c}{9} & \frac{4EI_c}{9} & 0 \\ 0 & 0 & 0 & 0 & 0 & 0 & \frac{EA_{tie}}{18} \end{Bmatrix}$

여기서, $EI_b = \{200/(10^{-3})^2\} \times \{1.50 \times 10^9 \times (10^{-3})^4\} = 3.0 \times 10^5 \text{kN} \cdot \text{m}^2$

$EI_c = \{200/(10^{-3})^2\} \times \{1.20 \times 10^9 \times (10^{-3})^4\} = 2.4 \times 10^5 \text{kN} \cdot \text{m}^2$

$EA_{tie} = \{200/(10^{-3})^2\} \times \left(\frac{\pi \times 0.025^2}{4}\right) = 98,175 \text{kN}$

5. 구조물 강도 매트릭스

1) $\{K\} = \{A\}[S]\{A\}^T$

2) $\{K\} = \begin{Bmatrix} 106{,}667 & 53{,}333.3 & 0 & 0 & 0 & -17{,}777.8 \\ 53{,}333.3 & 173{,}333 & 33{,}333.3 & 0 & 0 & -17{,}777.8 \\ 0 & 33{,}333.3 & 173{,}333 & 53{,}333.3 & 17{,}777.8 & -17{,}777.8 \\ 0 & 0 & 53{,}333.3 & 106{,}667 & 17{,}777.8 & -17{,}777.8 \\ 0 & 0 & 17{,}777.8 & 17{,}777.8 & 9{,}404.78 & -3{,}950.62 \\ -17{,}777.8 & -17{,}777.8 & -17{,}777.8 & -17{,}777.8 & -3{,}950.62 & 7{,}901.23 \end{Bmatrix}$

6. 고정단 매트릭스(단위 : kN·m)

1) 고정단 모멘트

$$f_3 = \frac{-Pab^2}{l^2} = \frac{-540 \times 8 \times 10^2}{18^2} = -1{,}333.33 \text{ kN·m}$$

$$f_4 = \frac{Pba^2}{l^2} = \frac{540 \times 10 \times 8^2}{18^2} = 1{,}066.67 \text{ kN·m}$$

2) 고정단 매트릭스

$\{f\} = \{f_1 ; f_2 ; f_3 ; f_4 ; f_5 ; f_6 ; f_7\} = \{0 ; 0 ; -1{,}333.33 ; 1{,}066.67 ; 0 ; 0 ; 0\}$

7. 하중 매트릭스(단위 : kN·m)

$\{P\} = \{P_1 ; P_2 ; P_3 ; P_4 ; P_5 ; P_6\} = \{0 ; -f_3 ; -f_4 ; 0 ; 0 ; 0\}$
$= \{0 ; 1{,}333.33 ; -1{,}066.67 ; 0 ; 0 ; 0\}$

8. 격점 변위 매트릭스(단위 : rad, m)

1) $\{d\} = \{K\}^{-1}\{P\}$

2) $\{d\} = \{d_1 ; d_2 ; d_3 ; d_4 ; d_5 ; d_6\} = \{\theta_1 ; \theta_2 ; \theta_3 ; \theta_4 ; u_5 ; u_6\}$
$= \{-0.00289 ; 0.012581 ; -0.009914 ; 0.005556 ; 0.016808 ; 0.020404\}$

9. 부재단 부재력 매트릭스

$\{Q\} = \{S\}\{A^T\}\{d\} + \{f\} = \{Q_1 ; Q_2 ; Q_3 ; Q_4 ; Q_5 ; Q_6 ; Q_7\}$
$= \{0 ; 825.09 \text{ kN·m} ; -825.09 \text{ kN·m} ; 825.09 \text{ kN·m} ; -825.09 \text{ kN·m} ; 0 ; 91.67 \text{ kN}\}$

10. 인장재 부재력

$Q_7 = 91.67 \text{ kN}$

▶▶▶▶ 토목구조기술사   100-2-4

그림과 같이 스프링 상수가 k인 탄성스프링으로 지지된 보에 대하여 각 지점의 반력 (M_1, F_1, F_2, F_3)과 처짐(δ_2, δ_3)을 구하시오.

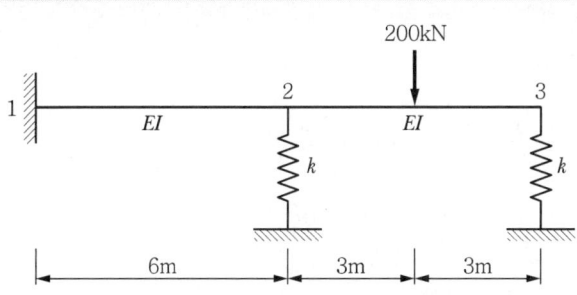

〈조건〉
- 단면 2차 모멘트 $I = 0.1728\text{m}^4$
- 재료의 탄성계수 $E = 21,000\text{MPa}$
- 스프링 상수 $k = 13,440\text{kN/m}$

1. 부정정 차수 산정

n = 부재수 + 강절점수 + 반력수 $- 2 \times$ 절점수
   $= 2 + 1 + 5 - 2 \times 3 = 2$

따라서, 2차 부정정 구조물

2. 부정정력 가정 및 부재력 산정

1) 3절점 수직 부정정 반력을 X_1, 2절점 수직 부정정 반력을 X_2로 가정한 자유 물체도

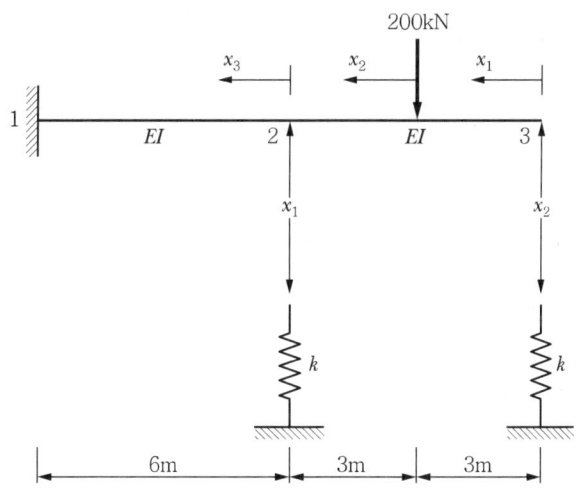

2) 부재력 산정

$$M_{x1} = X_2 x \ (0 \leq x \leq 3)$$
$$M_{x2} = X_2(x+3) - 200x \ (0 \leq x \leq 3)$$
$$M_{x3} = X_2(x+6) - 200(x+3) + X_1 x \ (0 \leq x \leq 6)$$

3. 변형에너지

$$U = \int_0^3 \frac{M_{x1}^2}{2EI}dx + \int_0^3 \frac{M_{x2}^2}{2EI}dx + \int_0^6 \frac{M_{x3}^2}{2EI}dx + \frac{X_1^2}{2k} + \frac{X_2^2}{2k}$$

$$= \int_0^3 \frac{(X_2)^2}{2EI}dx + \int_0^3 \frac{\{X_2(x+3)-200x\}^2}{2EI}dx$$

$$+ \int_0^6 \frac{\{X_2(x+6)-200(x+3)+X_1 x\}^2}{2EI}dx + \frac{X_1^2}{2k} + \frac{X_2^2}{2k}$$

$$= \frac{3X_2^2}{2EI} + \frac{9(7X_2^2 - 1{,}000X_2 + 40{,}000)}{2EI}$$

$$+ \frac{36\{X_1^2 + 5X_1(X_2-140) + 7X_2^2 - 1{,}900X_2 + 130{,}000\}}{EI} + \frac{X_1^2}{2k} + \frac{X_2^2}{2k}$$

4. 최소일의 원리 적용하여 부정정 반력 X_1, X_2 산정

   선형 탄성구조물에 부정정 외력이 작용할 때, 부정정력의 조합은 변형에너지가 최소인 경우 가장 안정된 상태(평형상태)를 유지한다.

   1) $\dfrac{dU}{dX_1} = 0 + 0 + \dfrac{36\{2X_1 + 5(X_2-140)\}}{EI} + \dfrac{X_1}{k}$

   $= \dfrac{1}{EI}(72X_1 + 180X_2 - 25{,}200) + \dfrac{X_1}{k} = 0$

   2) $\dfrac{dU}{dX_2} = \dfrac{3X_2}{EI} + \dfrac{9(7X_2-500)}{EI} + \dfrac{36\{14X_2 + 5(X_1-380)\}}{EI} + 0 + \dfrac{X_2}{k}$

   $= \dfrac{1}{EI}(180X_1 + 570X_2 - 72{,}900) + \dfrac{X_2}{k} = 0$

   3) 연립 방정식을 통한 X_1, X_2 산정

   ① $\begin{cases} \dfrac{1}{EI}(72X_1 + 180X_2 - 25{,}200) + \dfrac{X_1}{k} = 0 \\ \dfrac{1}{EI}(180X_1 + 570X_2 - 72{,}900) + \dfrac{X_2}{k} = 0 \end{cases}$

② $\left\{\begin{array}{cc}\dfrac{72}{EI}+\dfrac{1}{k} & \dfrac{180}{EI} \\ \dfrac{180}{EI} & \dfrac{570}{EI}+\dfrac{1}{k}\end{array}\right\}\left\{\begin{array}{c}X_1 \\ X_2\end{array}\right\}=\left\{\begin{array}{c}\dfrac{25,200}{EI} \\ \dfrac{72,900}{EI}\end{array}\right\}$

$\rightarrow \left\{\begin{array}{c}X_1 \\ X_2\end{array}\right\}=\left\{\begin{array}{cc}\dfrac{72}{EI}+\dfrac{1}{k} & \dfrac{180}{EI} \\ \dfrac{180}{EI} & \dfrac{570}{EI}+\dfrac{1}{k}\end{array}\right\}^{-1}\left\{\begin{array}{c}\dfrac{25,200}{EI} \\ \dfrac{72,900}{EI}\end{array}\right\}$

③ 재료 정수

$EI = (21,000 N/\text{mm}^2) \times (0.1728 \text{m}^4) = (21,000 \times 10^3 \text{kN/m}^2) \times (0.1728 \text{m}^4)$
$\quad = 3.6288 \times 10^6 \text{kN} \cdot \text{m}^2$

$k = 13,440 \text{kN} \cdot \text{m}$

④ $\left\{\begin{array}{c}X_1 \\ X_2\end{array}\right\}=\left\{\begin{array}{cc}\dfrac{72}{EI}+\dfrac{1}{k} & \dfrac{180}{EI} \\ \dfrac{180}{EI} & \dfrac{570}{EI}+\dfrac{1}{k}\end{array}\right\}^{-1}\left\{\begin{array}{c}\dfrac{25,200}{EI} \\ \dfrac{72,900}{EI}\end{array}\right\}$

$\quad = \left\{\begin{array}{cc}0.000094 & 0.00005 \\ 0.00005 & 0.000231\end{array}\right\}^{-1}\left\{\begin{array}{c}0.006944 \\ 0.020089\end{array}\right\} = \left\{\begin{array}{c}31.57 \text{kN} \\ 80.02 \text{kN}\end{array}\right\}$

5. 각 지점의 반력 산정

1) 산정된 부정정 반력으로부터

$F_2 = X_1 = 31.57 \text{kN}, \ F_3 = X_2 = 80.02 \text{kN}$

2) M_1, F_1 산정

① 자유 물체도

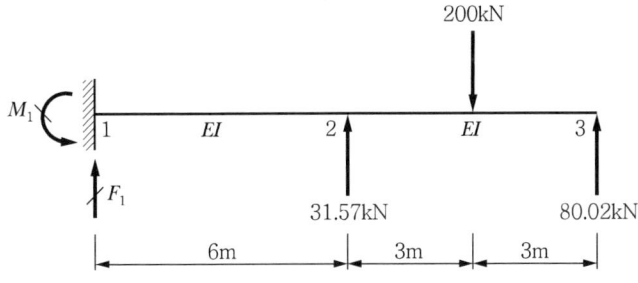

② $\sum V = 0 \ ; \ -200 + F_1 + 31.57 + 80.02 = 0$

$\therefore F_1 = 200 - 31.57 - 80.02 = 88.41 \text{kN} \ (\uparrow)$

③ $\sum M_1 = 0$; $-M_1 - 31.57 \times 6 + 200 \times 9 - 80.02 \times 12 = 0$

∴ $M_1 = -31.57 \times 6 + 200 \times 9 - 80.02 \times 12 = 650.34 \text{kN} \cdot \text{m}$

6. 처짐(δ_2, δ_3) 산정

$$\delta_2 = \frac{F_2}{k} = \frac{31.57 \text{kN}}{13,440 \text{ kN/m}} = 0.002349 \text{m} = 2.349 \text{mm}$$

$$\delta_3 = \frac{F_3}{k} = \frac{80.02 \text{kN}}{13,440 \text{ kN/m}} = 0.005954 \text{m} = 5.954 \text{mm}$$

▶▶▶▶ **변형의 적합성**   예제   [교차보＋스프링 지점 구조물 해석]

다음 교차보의 중앙 처짐을 구하라. (단, $L_1 = 10.0\text{m}$, $L_2 = 15.0\text{m}$, $E = 1,000\text{tf/cm}^2$, $I_1 = 100,000\text{cm}^4$, $I_2 = 110,000\text{cm}^4$, $k = 10\text{tf/cm}$)

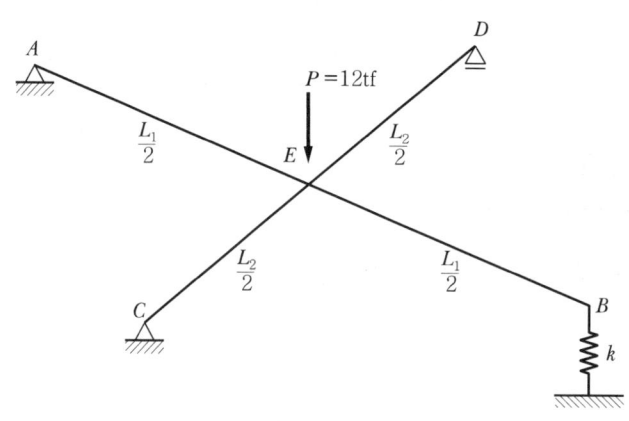

풀이 1 적합 조건식 적용

1. $\overline{AB}$ 부재에 작용하는 분력을 R이라 가정하여 구조물 분리

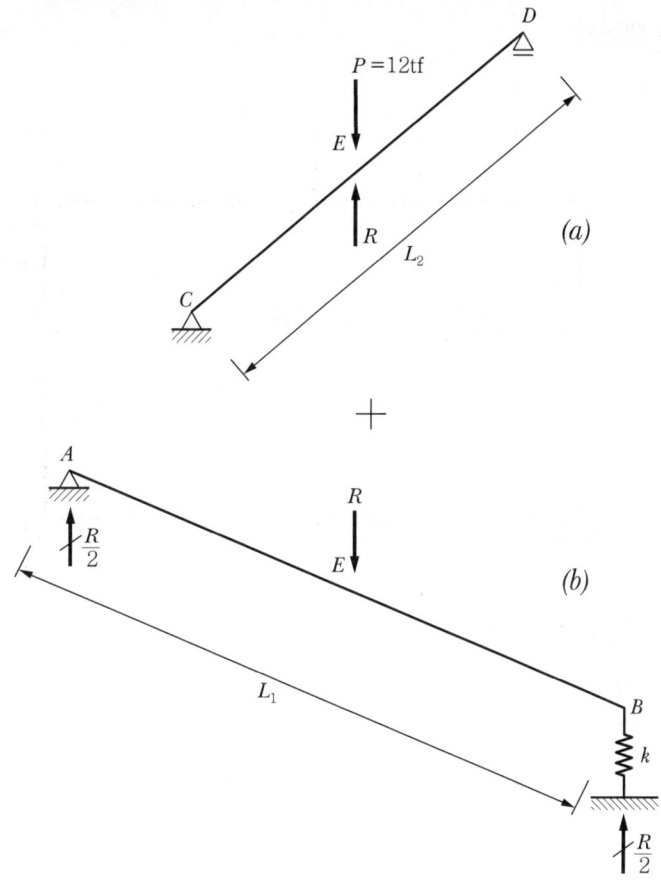

2. 구조물 (a)에 대해서

   1) 자유 물체도

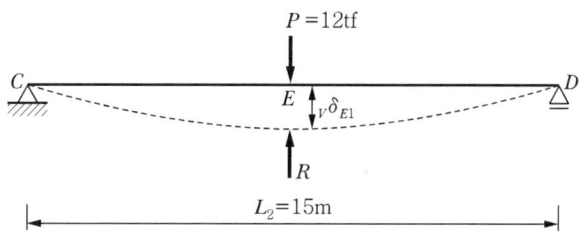

2) 중앙부 처짐 $_v\delta_{E1}$ 산정

$$_v\delta_{E1} = \frac{(P-R)L_2^3}{48EI_2}$$

3. 구조물 (b)에 대해서

1) 자유 물체도

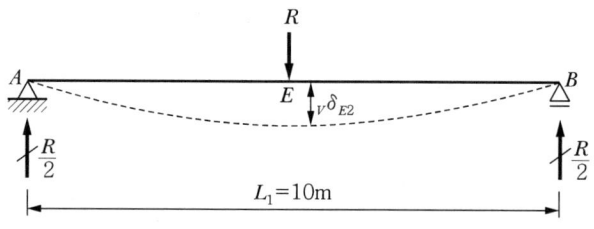

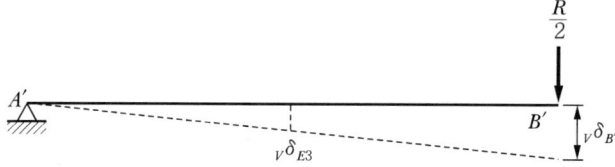

2) 처짐 $_v\delta_{E2}$, $_v\delta_{B'}$, $_v\delta_{E3}$ 산정

① $_v\delta_{E2} = \dfrac{RL_1^3}{48EI_1}$

② $_v\delta_{B'} = \dfrac{(R/2)}{k} = \dfrac{R}{2k}$

③ $_v\delta_{E2} = \dfrac{_v\delta_{B'}}{2} = \dfrac{R}{4k}$

4. 적합조건식을 적용하여 R 산정

$_v\delta_{E1} = {_v\delta_{E2}} + {_v\delta_{E3}}$

$\to \dfrac{(P-R)L_2^3}{48EI_2} = \dfrac{RL_1^3}{48EI_1} + \dfrac{R}{4k}$

$\to \dfrac{(12-R) \times 1,500^3}{48 \times 1,000 \times 110,000} = \dfrac{R \times 1000^3}{48 \times 1,000 \times 100,000} + \dfrac{R}{4 \times 10}$

$\therefore R = 8.79\,\text{tf}$

5. 중앙부 처짐 산정

$$_v\delta_{E1} = \frac{(P-R)L_2^3}{48EI_2} = \frac{(12-8.79) \times 1,500^3}{48 \times 1,000 \times 110,000} = 2.05\text{cm}$$

풀이2 매트릭스 변위법 적용

1. 자유 물체도

1) 구조계

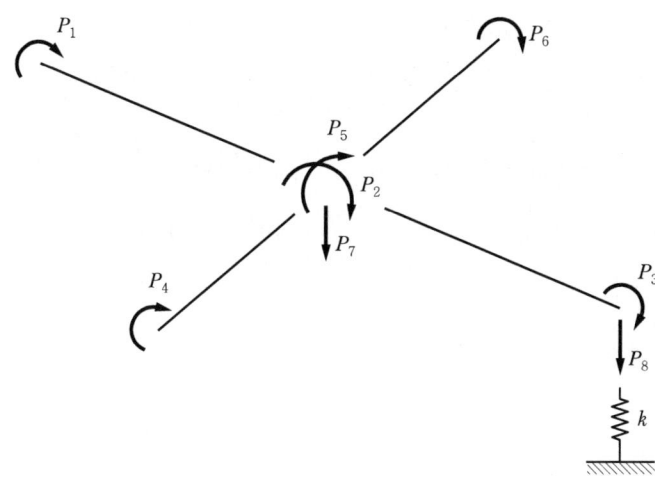

2) 요소계

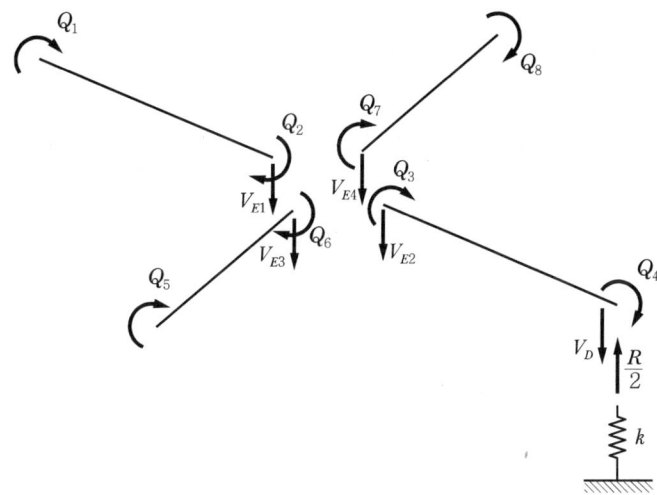

2. 평형 방정식

1) $P_1 = Q_1$
2) $P_2 = Q_2 + Q_3$
3) $P_3 = Q_4$
4) $P_4 = Q_5$
5) $P_5 = Q_6 + Q_7$
6) $P_6 = Q_8$
7) $P_7 = V_{E1} + V_{E2} + V_{E3} + V_{E4}$

$$= -\frac{(Q_1+Q_2)}{500} + \frac{(Q_3+Q_4)}{500} - \frac{(Q_5+Q_6)}{750} + \frac{(Q_7+Q_8)}{750}$$

여기서, $\overline{AE}$ 부재에서 $\sum M_A = 0$; $Q_1 + Q_2 + V_{E1} \times \left(\frac{L_1}{2}\right) = 0$

$$\rightarrow V_{E1} = -\frac{Q_1+Q_2}{(L_1/2)} = -\frac{Q_1+Q_2}{500}$$

$\overline{EB}$ 부재에서 $\sum M_B = 0$; $Q_3 + Q_4 - V_{E2} \times \left(\frac{L_1}{2}\right) = 0$

$$\rightarrow V_{E2} = \frac{Q_3+Q_4}{(L_1/2)} = \frac{Q_3+Q_4}{500}$$

$\overline{CE}$ 부재에서 $\sum M_C = 0$; $Q_5 + Q_6 + V_{E3} \times \left(\frac{L_2}{2}\right) = 0$

$$\rightarrow V_{E3} = -\frac{Q_5+Q_6}{(L_3/2)} = -\frac{Q_5+Q_6}{750}$$

$\overline{ED}$ 부재에서 $\sum M_D = 0$; $Q_7 + Q_8 - V_{E4} \times \left(\frac{L_2}{2}\right) = 0$

$$\rightarrow V_{E4} = \frac{Q_7+Q_8}{(L_2/2)} = \frac{Q_7+Q_8}{750}$$

8) $P_8 = V_D - \frac{R}{2} = -\frac{Q_3+Q_4}{500} - \frac{R}{2}$

여기서, $\overline{EB}$ 부재에서 $\sum M_E = 0$; $Q_3 + Q_4 + V_D \times \left(\frac{L_1}{2}\right) = 0$

$$\rightarrow V_D = -\frac{Q_3+Q_4}{(L_1/2)}$$

3. 평형 매트릭스

1) $\{P\} = \{A\}\{Q\}$

$$\begin{Bmatrix} P_1 \\ P_2 \\ P_3 \\ P_4 \\ P_5 \\ P_6 \\ P_7 \\ P_8 \end{Bmatrix} = \begin{Bmatrix} 1 & 0 & 0 & 0 & 0 & 0 & 0 & 0 & 0 \\ 0 & 1 & 1 & 0 & 0 & 0 & 0 & 0 & 0 \\ 0 & 0 & 0 & 1 & 0 & 0 & 0 & 0 & 0 \\ 0 & 0 & 0 & 0 & 1 & 0 & 0 & 0 & 0 \\ 0 & 0 & 0 & 0 & 0 & 1 & 1 & 0 & 0 \\ 0 & 0 & 0 & 0 & 0 & 0 & 0 & 1 & 0 \\ -\dfrac{1}{500} & -\dfrac{1}{500} & \dfrac{1}{500} & \dfrac{1}{500} & -\dfrac{1}{750} & -\dfrac{1}{750} & \dfrac{1}{750} & \dfrac{1}{750} & 0 \\ 0 & 0 & -\dfrac{1}{500} & -\dfrac{1}{500} & 0 & 0 & 0 & 0 & -1 \end{Bmatrix} \begin{Bmatrix} Q_1 \\ Q_2 \\ Q_3 \\ Q_4 \\ Q_5 \\ Q_6 \\ Q_7 \\ Q_8 \\ R/2 \end{Bmatrix}$$

2) 평형 매트릭스

$$\{A\} = \begin{Bmatrix} 1 & 0 & 0 & 0 & 0 & 0 & 0 & 0 \\ 0 & 1 & 1 & 0 & 0 & 0 & 0 & 0 \\ 0 & 0 & 0 & 1 & 0 & 0 & 0 & 0 \\ 0 & 0 & 0 & 0 & 1 & 0 & 0 & 0 \\ 0 & 0 & 0 & 0 & 0 & 1 & 1 & 0 \\ 0 & 0 & 0 & 0 & 0 & 0 & 0 & 1 \\ -\dfrac{1}{500} & -\dfrac{1}{500} & \dfrac{1}{500} & \dfrac{1}{500} & -\dfrac{1}{750} & -\dfrac{1}{750} & \dfrac{1}{750} & \dfrac{1}{750} & 0 \\ 0 & 0 & -\dfrac{1}{500} & -\dfrac{1}{500} & 0 & 0 & 0 & 0 & -1 \end{Bmatrix}$$

4. 전부재 강도 매트릭스

1) $\{Q\} = \{S\}\{e\}$

2) $\{S\}$

$$= \begin{Bmatrix} 4\times200,000 & 2\times200,000 & 0 & 0 & 0 & 0 & 0 & 0 & 0 \\ 2\times200,000 & 4\times200,000 & 0 & 0 & 0 & 0 & 0 & 0 & 0 \\ 0 & 0 & 4\times200,000 & 2\times200,000 & 0 & 0 & 0 & 0 & 0 \\ 0 & 0 & 2\times200,000 & 4\times200,000 & 0 & 0 & 0 & 0 & 0 \\ 0 & 0 & 0 & 0 & 4\times146,667 & 2\times146,667 & 0 & 0 & 0 \\ 0 & 0 & 0 & 0 & 2\times146,667 & 4\times146,667 & 0 & 0 & 0 \\ 0 & 0 & 0 & 0 & 0 & 0 & 4\times146,667 & 2\times146,667 & 0 \\ 0 & 0 & 0 & 0 & 0 & 0 & 2\times146,667 & 4\times146,667 & 0 \\ 0 & 0 & 0 & 0 & 0 & 0 & 0 & 0 & 10 \end{Bmatrix}$$

$$= \begin{Bmatrix} 800,000 & 400,000 & 0 & 0 & 0 & 0 & 0 & 0 & 0 \\ 400,000 & 800,000 & 0 & 0 & 0 & 0 & 0 & 0 & 0 \\ 0 & 0 & 800,000 & 400,000 & 0 & 0 & 0 & 0 & 0 \\ 0 & 0 & 400,000 & 800,000 & 0 & 0 & 0 & 0 & 0 \\ 0 & 0 & 0 & 0 & 586,668 & 293,334 & 0 & 0 & 0 \\ 0 & 0 & 0 & 0 & 293,334 & 586,668 & 0 & 0 & 0 \\ 0 & 0 & 0 & 0 & 0 & 0 & 586,668 & 293,334 & 0 \\ 0 & 0 & 0 & 0 & 0 & 0 & 293,334 & 586,668 & 0 \\ 0 & 0 & 0 & 0 & 0 & 0 & 0 & 0 & 10 \end{Bmatrix}$$

여기서, $\dfrac{EI_1}{(L_1/2)} = \dfrac{1,000\text{tf}/\text{cm}^2 \times 100,000\text{cm}^4}{500\text{cm}} = 200,000\text{tf}\cdot\text{cm}$

$\dfrac{EI_2}{(L_2/2)} = \dfrac{1,000\text{tf}/\text{cm}^2 \times 110,000\text{cm}^4}{750\text{cm}} = 146,667\text{tf}\cdot\text{cm}$

$k = 10\text{tf}\cdot\text{cm}$

5. 구조물 강도 매트릭스

1) $\{K\} = \{A\}[S]\{A\}^T$

2) $\{K\} = \begin{Bmatrix} 800,000 & 400,000 & 0 & 0 & 0 & 0 & -2,400 & 0 \\ 400,000 & 1.6 \times 10^6 & 400,000 & 0 & 0 & 0 & 0 & -2,400 \\ 0 & 400,000 & 800,000 & 0 & 0 & 0 & 2,400 & -2,400 \\ 0 & 0 & 0 & 586.668 & 293,334 & 0 & -1,173.34 & 0 \\ 0 & 0 & 0 & 293,334 & 1.173 \times 10^6 & 293,334 & 0 & 0 \\ 0 & 0 & 0 & 0 & 293,334 & 586,668 & 1,173.34 & 0 \\ -2,400 & 0 & 2,400 & -1,173.34 & 0 & 1,173.34 & 25.46 & -9.6 \\ 0 & -2,400 & -2,400 & 0 & 0 & 0 & -9.6 & 19.6 \end{Bmatrix}$

6. 하중 매트릭스(단위 : tf)

$\{P\} = \{P_1\ ;\ P_2\ ;\ P_3\ ;\ P_4\ ;\ P_5\ ;\ P_6\ ;\ P_7\ ;\ P_8\} = \{0\ ;\ 0\ ;\ 0\ ;\ 0\ ;\ 0\ ;\ 0\ ;\ 12\ ;\ 0\}$

7. 격점 변위 매트릭스(단위 : rad, cm)

1) $\{d\} = \{K\}^{-1}\{P\}$

2) $\{d\} = \{d_1\ ;\ d_2\ ;\ d_3\ ;\ d_4\ ;\ d_5\ ;\ d_6\ ;\ d_7\ ;\ d_8\} = \{\theta_1\ ;\ \theta_2\ ;\ \theta_3\ ;\ \theta_4\ ;\ \theta_5\ ;\ \theta_6\ ;\ u_7\ ;\ u_8\}$

$= \{0.005934\ ;\ 0.00044\ ;\ -0.005055\ ;\ 0.004102\ ;\ 0.0\ ;$
$-0.004102\ ;\ 2.05123\ ;\ 0.439548\}$

8. 부재단 부재력 매트릭스(단위 : tf, cm)

$\{Q\} = \{S\}\{A^T\}\{d\} = \{Q_1\ ;\ Q_2\ ;\ Q_3\ ;\ Q_4\ ;\ Q_5\ ;\ Q_6\ ;\ Q_7\ ;\ Q_8\ ;\ R/2\}$

$= \{-1.0 \times 10^{-10}\ ;\ -2,197.74\ ;\ 2,197.74\ ;\ 2.4 \times 10^{-10}\ ;\ 0\ ;$
$-1,203.39\ ;\ 1,203.39\ ;\ 0\ ;\ -4.40\}$

9. 교차점 변위

격점 변위 매트릭스에서 $u_7 = 2.05\text{cm}(\downarrow)$

10. 참고 : 스프링 지점 반력

부재단 부재력 매트릭스에서 $\dfrac{R}{2} = 4.40\text{tf}$

따라서 $R = 8.80\text{tf}(\uparrow)$

▶▶▶▶ 건축구조기술사 77-3-4

그림과 같이 중앙이 2개의 $\phi 32$ 강봉에 경사지게 지지되는 $H-300\times150\times6.5\times9$ $\left(I_g = 72.1\times10^6\,\text{mm}^4\right)$ 단순보에 20kN/m의 등분포 하중이 작용 시 보 중앙부의 모멘트와 처짐을 계산하시오.(단, 강봉과 H-형강의 탄성계수는 $E_s = 210{,}000\,\text{MPa}$)

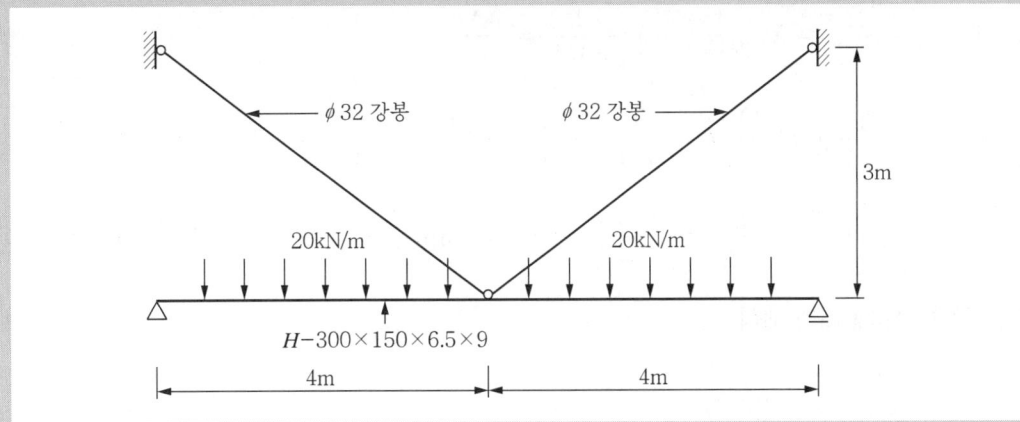

1. 구조물의 분리

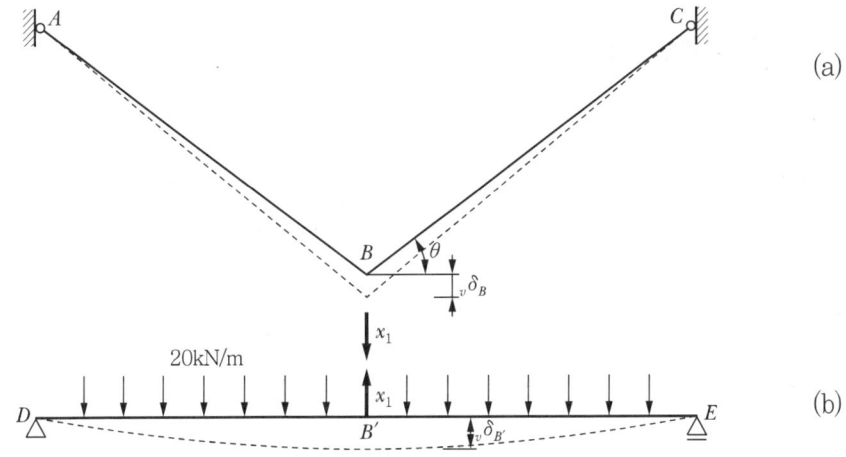

$\sin\theta = \dfrac{3}{5}$

$_v\delta_B$: 절점 B의 수직 변위

$_v\delta_{B'}$: 절점 B'의 수직 변위

2. 구조물 (a)에 대한 해석

1) $\sum H = 0$; $(N_{BA} + N_{BC})\sin\theta = X_1$

2) $N_{BA} = N_{BC}$

3) $N_{BA} = N_{BC} = X_1 \dfrac{1}{2\sin\theta} = X_1 \dfrac{1}{2(3/5)} = \dfrac{5X_1}{6}$

4) $_v\delta_B = \dfrac{1}{EA}\sum N_i \dfrac{dN_i}{dX_i}L_i = \dfrac{1}{EA} \times 2\left(\dfrac{5}{6}X_1\right)\left(\dfrac{5}{6}\right) \times 5 = \dfrac{250X_1}{36EA} = 4.11 \times 10^{-8} X_1$

여기서, $A = \dfrac{\pi D^2}{4} = \dfrac{\pi \times 32^2}{4} = 804.248 \text{mm}^2$, $E_s = 210,000 \text{MPa}(\text{N}/\text{mm}^2)$

3. 구조물 (b)에 대한 해석

$_v\delta_{B'} = \dfrac{5wl^4}{384 E_s I_g} - \dfrac{X_1 l^3}{48 E_s I_g}$

$= \dfrac{5 \times 20 \times (8,000)^4}{384 \times 210,000 \times 72.1 \times 10^6} - \dfrac{X_1 \times 8,000^3}{48 \times 210,000 \times 72.1 \times 10^6}$

4. 변형 일치 조건 및 부정정력

$_v\delta_B = {_v\delta_{B'}}$;

$4.11 \times 10^{-8} X_1 = \dfrac{5 \times 20 \times (8,000)^4}{384 \times 210,000 \times 72.1 \times 10^6} - \dfrac{X_1 \times 8,000^3}{48 \times 210,000 \times 72.1 \times 10^6}$

$\therefore X_1 = 99,994.2 \text{N} \fallingdotseq 100 \text{kN}$

5. 중앙부 처짐

$_v\delta_B = 4.11 \times 10^{-8} X_1 = (4.11 \times 10^{-8}) \times 99,994.2 = 0.00411 \text{mm}$

6. 중앙부 모멘트

$M_{cen} = \dfrac{1}{8}wl^2 - \dfrac{X_1 l}{4} = \dfrac{1}{8} \times 20 \times 8^2 - \dfrac{100 \times 8}{4} = -40 \text{kNm}$

▶▶▶ 최소일의 원리   예제   [최소일의 원리를 이용한 지점침하 구조물 해석]

다음과 같은 부정정보의 지점 B에 지점침하(Δ)가 발생하였다. 지점 B의 반력을 산정하시오.

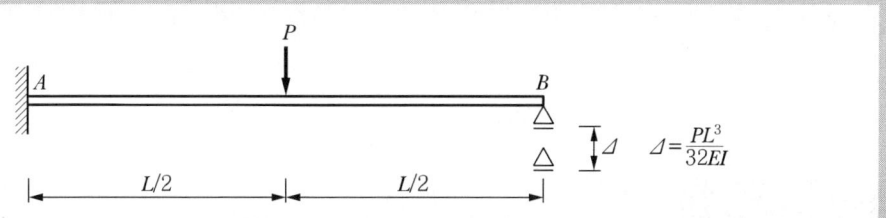

1. B점 반력을 부정정력 X_1으로 가정할 경우 자유 물체도

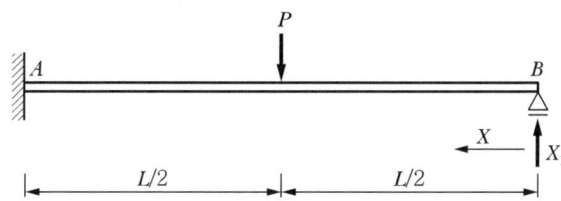

2. 휨부재력

1) $0 \leq x \leq L/2$

$M_x = X_1 x$

2) $L/2 \leq x \leq L$

$M_x = X_1 x - P(x - L/2)$

3. 구조물의 내부 에너지

$$U = \frac{1}{2EI}\int_o^{L/2} M_x^2 dx + \frac{1}{2EI}\int_{L/2}^{L} M_x^2 dx$$

$$= \frac{1}{2EI}\int_o^{L/2} (X_1 x)^2 dx + \frac{1}{2EI}\int_{L/2}^{L} \{X_1 x - P(x - L/2)\}^2 dx$$

$$= \frac{X_1 L^3}{48EI} + \frac{(7X_1^2 - 5PX_1 + P^2)L^3}{48EI} = \frac{(8X_1^2 - 5PX_1 + P^2)L^3}{48EI}$$

4. 최소일의 원리 적용

선형 탄성인 부정정 구조물에 외력이 작용할 때 부정정력의 조합은 변형에너지가 최소일 때 평형상태를 가지므로

(가상힘의 원리로부터 부정정력에 의한 상대 처짐=0)

$$\frac{dU}{dX_1} + \Delta = 0 \;\rightarrow\; \frac{(16X_1 - 5P)L^3}{48EI} + \frac{PL^3}{32EI} = 0 \;\rightarrow\; X_1 = \frac{7P}{32}$$

5. B점의 반력

$$X_1 = R_B = \frac{7P}{32}$$

▶▶▶ 토목구조기술사 116-3-6

외팔보 AB에 균일분포하중이 작용하기 전에 외팔보 AB 끝 단과 외팔보 CD 끝 단 사이에 $\delta_0 = 1.5\,\text{mm}$의 간격이 있다. 하중작용 후의 (1) A점의 반력, (2) D점의 반력을 구하시오. (단, $E = 105\,\text{GPa}$, $w = 35\,\text{kN/m}$ 이다.)

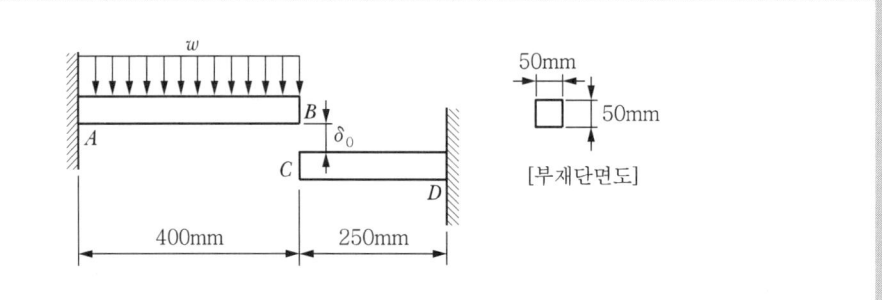

1. 외팔보 AB의 처짐이 $\delta_0 = 1.5\,\text{mm}$ 일 경우 등분포 하중 w

$$\delta = \frac{w_1 L^4}{8EI} = \delta_0 \text{에서}$$

$$w_1 = \frac{8EI\delta_0}{L^4} = \frac{8 \times 105{,}000 \times (5.21 \times 10^5) \times 1.5}{400^4} = 25.64\,\text{N/mm} = 25.64\,\text{kN/m}$$

여기서, $I = \dfrac{50 \times 50^3}{12} = 5.21 \times 10^5\,\text{mm}^4$

2. 외팔보 AB의 초기처짐 $\delta_0 = 1.5\,\text{mm}$ 이후 추가처짐을 발생시키는 하중 w_2

$$w_2 = w - w_1 = 35 - 25.64 = 9.36\,\text{kN/m}$$

3. 외팔보 AB의 처짐이 $\delta_0 = 1.5\text{mm}$ 발생되어 두 부재 AB와 CD가 접합된 이후 거동 시 해석

1) 자유물체도

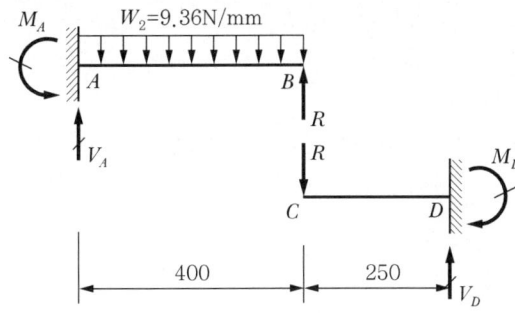

2) B점에서의 변형 일치 조건

① AB부재의 처짐

$$\delta_1 = \frac{w_2 L_1^4}{8EI} - \frac{RL_1^3}{3EI}$$

② CD부재의 처짐

$$\delta_2 = \frac{RL_2^3}{3EI}$$

③ 변형 일치 조건

$\delta_1 = \delta_2$

$$\frac{w_1 L_1^4}{8EI} - \frac{RL_1^3}{3EI} = \frac{RL_2^3}{3EI}$$

$$\frac{9.36 \times 400^4}{8} - \frac{R \times 400^3}{3} = \frac{R \times 250^3}{3}$$

$R = 1,128.49\,\text{N}$

4. 반력 산정

1) AB부재에 대해

$\sum M_A = 0$에서

$-M_A + \dfrac{w_2 L_1^2}{2} - RL_1 = 0$

$$M_A = \frac{w_2 L_1^2}{2} - RL_1$$

$$= \frac{9.36 \times 400^2}{2} - 1{,}128.49 \times 400 = 297{,}404\,\text{N} \cdot \text{mm} = 0.30\,\text{kN} \cdot \text{m}\ (\curvearrowleft)$$

$\sum V = 0$에서

$V_A - w_2 L_1 - R = 0$

$V_A = w_2 L_1 - R = 9.36 \times 400 - 1{,}128.49 = 2{,}615.51\,\text{N} \fallingdotseq 2.62\,\text{kN}\ (\uparrow)$

2) CD부재에 대해

$\sum M_D = 0$에서

$M_D - RL_2 = 0$

$M_D = RL_2 = 1{,}128.49 \times 250 = 282{,}120\,\text{N} \cdot \text{mm} = 0.28\,\text{kN} \cdot \text{m}\ (\curvearrowright)$

$\sum V = 0$에서

$V_D - R = 0$

$V_D = R = 1{,}128.49\,\text{N} \fallingdotseq 1.13\,\text{kN}\ (\uparrow)$

▶▶▶▶ 토목구조기술사 84-3-6

다음 그림과 같이 단순보 ABCD의 B점에 선형 탄성스프링을 보강하였다. 이때, E점에서의 반력을 구하시오. (단, 스프링의 유연도(flexibility) $f = 2\text{mm/kN}$ 이며, 보의 휨강도는 AB 구간에서 $EI = 30,000\text{kN} \cdot \text{m}^2$, BCD구간에서 $2EI = 60,000\text{kN} \cdot \text{m}^2$이다.

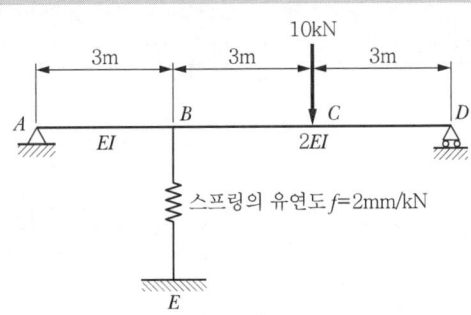

풀이 1 최소일법 적용

1. 부정정 차수 산정

n = 부재수 + 강절점수 + 반력수 − 2 × 절점수
  = 2 + 1 + 4 − 2 × 3 = 1

따라서, 1차 부정정 구조물

2. 스프링 강성도

$$k = \frac{1}{f} = \frac{1}{2\text{mm/kN}} = 0.5\text{kN/mm} = 500\text{kN/m}$$

3. 부정정력 가정 및 부재력 산정

1) B절점 수직 부정정 반력을 X_1로 가정한 자유 물체도

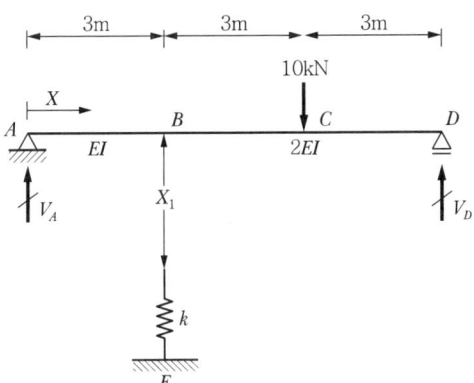

2) 반력 산정

$$\sum M_D = 0 \; ; \; V_A \times 9 + X_1 \times 6 - 10 \times 3 = 0 \rightarrow V_A = \frac{-6X_1 + 30}{9}$$

3) 휨 부재력 산정

① A→B 구간

$$M_x = V_A x = \frac{-6X_1 + 30}{9} x = -\frac{2x}{3} X_1 + \frac{10x}{3} \quad (0 \leq x \leq 3)$$

② B→C 구간

$$M_x = V_A x + X_1(x-3) = \frac{-6X_1 + 30}{9} x + X_1(x-3) = \left(\frac{x}{3} - 3\right) X_1 + \frac{10x}{3}$$

$(3 \leq x \leq 6)$

③ C→D 구간

$$M_x = V_A x + X_1(x-3) - 10 \times (x-6) = \frac{-6X_1 + 30}{9} x + X_1(x-3) - 10 \times (x-6)$$

$$= \left(\frac{x}{3} - 3\right) X_1 - \frac{20x}{3} + 60 \quad (6 \leq x \leq 9)$$

4. 최소일의 원리 적용

선형 탄성구조물에 부정정 외력이 작용할 때, 부정정력의 조합은 변형에너지가 최소인 경우 가장 안정된 상태(평형상태)를 유지한다.

1) 변형에너지

$$U = \int \frac{M_x^2}{2EI_i} dx + \frac{X_1^2}{2k}$$

2) $\dfrac{dU}{dX_1} = \dfrac{1}{EI_i} \int M_x \dfrac{dM_x}{dX_1} dx + \dfrac{1}{dX_1}\left(\dfrac{X_1^2}{2k}\right)$

$$= \frac{1}{EI} \int_0^3 \left(-\frac{2x}{3} X_1 + \frac{10x}{3}\right)\left(-\frac{2x}{3}\right) dx$$

$$+ \frac{1}{2EI} \int_3^6 \left\{\left(\frac{x}{3} - 3\right) X_1 + \frac{10x}{3}\right\}\left(\frac{x}{3} - 3\right) dx$$

$$+ \frac{1}{2EI} \int_6^9 \left\{\left(\frac{x}{3} - 3\right) X_1 - \frac{20x}{3} + 60\right\}\left(\frac{x}{3} - 3\right) dx + \frac{X_1}{k}$$

$$= \frac{4}{EI}(X_1-5)+\frac{1}{2EI}(7X_1-65)+\frac{1}{2EI}(X_1-20)+\frac{X_1}{k}$$

$$= \frac{1}{EI}\left(7X_1-\frac{125}{2}\right)+\frac{X_1}{k}=0$$

3) 재료 정수 적용하여 X_1 산정

$EI = 30,000\text{kNm}^2$, $k = 500\text{kN/m}$를 대입하면

$$\frac{1}{30,000}\left(7X_1-\frac{125}{2}\right)+\frac{X_1}{500}=0$$

따라서, E점의 반력 $X_1 = 0.9328\text{kN}$

풀이2 매트릭스 변위법 적용

1. **자유 물체도**

   1) 구조계

   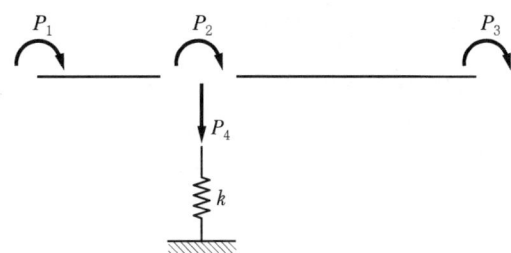

   2) 요소계

   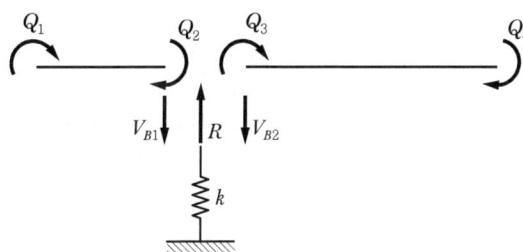

2. **평형 방정식**

   1) $P_1 = Q_1$

   2) $P_2 = Q_2 + Q_3$

   3) $P_3 = Q_4$

   4) $P_4 = V_{B1} + V_{B2} - R = -\dfrac{(Q_1+Q_2)}{3.0}+\dfrac{(Q_3+Q_4)}{6.0}-R$

여기서, $\overline{AB}$ 부재에서 $\sum M_A = 0$; $Q_1 + Q_2 + V_{B1} \times 3.0 = 0 \rightarrow V_{B1} = -\dfrac{Q_1 + Q_2}{3.0}$

$\overline{BD}$ 부재에서 $\sum M_D = 0$; $Q_3 + Q_4 - V_{B2} \times 6.0 = 0 \rightarrow V_{B2} = \dfrac{Q_3 + Q_4}{6.0}$

3. 평형 매트릭스

1) $\{P\} = \{A\}\{Q\}$

$$\begin{Bmatrix} P_1 \\ P_2 \\ P_3 \\ P_4 \end{Bmatrix} = \begin{Bmatrix} 1 & 0 & 0 & 0 & 0 \\ 0 & 1 & 1 & 0 & 0 \\ 0 & 0 & 0 & 1 & 0 \\ -\dfrac{1}{3.0} & -\dfrac{1}{3.0} & \dfrac{1}{6.0} & \dfrac{1}{6.0} & -1 \end{Bmatrix} \begin{Bmatrix} Q_1 \\ Q_2 \\ Q_3 \\ Q_4 \\ R \end{Bmatrix}$$

2) 평형 매트릭스

$$\{A\} = \begin{Bmatrix} 1 & 0 & 0 & 0 & 0 \\ 0 & 1 & 1 & 0 & 0 \\ 0 & 0 & 0 & 1 & 0 \\ -\dfrac{1}{3.0} & -\dfrac{1}{3.0} & \dfrac{1}{6.0} & \dfrac{1}{6.0} & -1 \end{Bmatrix}$$

4. 전 부재 강도 매트릭스

1) $\{Q\} = \{S\}\{e\}$

2) $\{S\} = \begin{Bmatrix} 4 \times \dfrac{30{,}000}{3.0} & 2 \times \dfrac{30{,}000}{3.0} & 0 & 0 & 0 \\ 2 \times \dfrac{30{,}000}{3.0} & 4 \times \dfrac{30{,}000}{3.0} & 0 & 0 & 0 \\ 0 & 0 & 4 \times \dfrac{60{,}000}{6.0} & 2 \times \dfrac{60{,}000}{6.0} & 0 \\ 0 & 0 & 2 \times \dfrac{60{,}000}{6.0} & 4 \times \dfrac{60{,}000}{6.0} & 0 \\ 0 & 0 & 0 & 0 & 500 \end{Bmatrix}$

$= \begin{Bmatrix} 40{,}000 & 20{,}000 & 0 & 0 & 0 \\ 20{,}000 & 40{,}000 & 0 & 0 & 0 \\ 0 & 0 & 40{,}000 & 20{,}000 & 0 \\ 0 & 0 & 20{,}000 & 40{,}000 & 0 \\ 0 & 0 & 0 & 0 & 500 \end{Bmatrix}$

여기서, AB구간 $EI = 30{,}000 \text{kN} \cdot \text{m}^2$

BCD구간 $2EI = 60{,}000 \text{kN} \cdot \text{m}^2$

$k = \dfrac{1}{f} = \dfrac{1}{2\text{mm/kN}} = 0.5 \text{kN/mm} = 500 \text{kN/m}$

5. 구조물 강도 매트릭스

1) $\{K\} = \{A\}[S]\{A\}^T$

2) $\{K\} = \begin{Bmatrix} 40,000 & 20,000 & 0 & -20,000 \\ 20,000 & 80,000 & 20,000 & -10,000 \\ 0 & 20,000 & 40,000 & 10,000 \\ -20,000 & -10,000 & 10,000 & 17,166.7 \end{Bmatrix}$

6. 고정단 매트릭스(단위 : kN·m)

1) 고정단 모멘트

$$f_3 = \frac{-PL}{8} = \frac{-10 \times 6.0}{8} = -7.5 \text{kN·m}$$

$$f_4 = \frac{PL}{8} = \frac{10 \times 6.0}{8} = 7.5 \text{kN·m}$$

2) 고정단 매트릭스

$\{f\} = \{f_1 ; f_2 ; f_3 ; f_4 ; f_5\} = \{0 ; 0 ; -7.5 ; 7.5 ; 0\}$

7. 하중 매트릭스(단위 : kN·m)

$\{P\} = \{P_1 ; P_2 ; P_3 ; P_4\} = \{0 ; -f_3 ; -f_4 ; 5\} = \{0 ; 7.5 ; -7.5 ; 5\}$

8. 격점 변위 매트릭스(단위 : rad, m)

1) $\{d\} = \{K\}^{-1}\{P\}$

2) $\{d\} = \{d_1 ; d_2 ; d_3 ; d_4\} = \{\theta_1 ; \theta_2 ; \theta_3 ; u_4\}$
$= \{-0.00021 ; 0.000243 ; -0.000474 ; 0.000662\}$

9. 부재단 부재력 매트릭스

$\{Q\} = \{S\}\{A^T\}\{d\} + \{f\} = \{Q_1 ; Q_2 ; Q_3 ; Q_4 ; R\}$
$= \{-1.0 \times 10^{-12} \text{kN·m}; -8.162 \text{kN·m}; 8.162 \text{kN·m}; -2.0 \times 10^{-13} \text{kN·m};$
$-0.919 \text{kN}\}$

10. E점의 반력

$V_E = 0.919 \text{kN}$

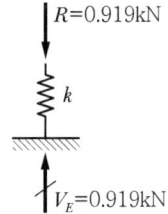

02 정정 합성 구조물

▶▶▶▶ 정정 합성 라멘   예제

다음과 그림과 같은 정정 합성 라멘의 반력과 단면력을 구하시오.

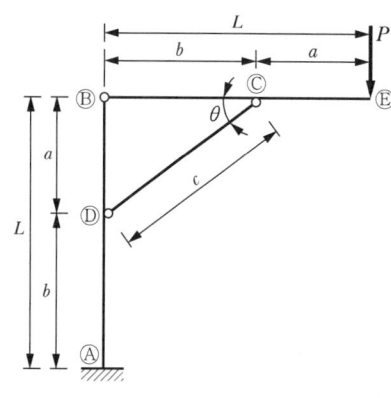

1. 구조물의 부정정 차수

n = 부재수 + 강절점수 + 반력수 − 2 × 절점수
  = 3 + 1 + 4 − 2 × 4 = 0

∴ 정정 합성 구조물임(힘의 평형 방정식만으로 반력을 구할 수 있다.)

2. 반력 산정

1) 반력도

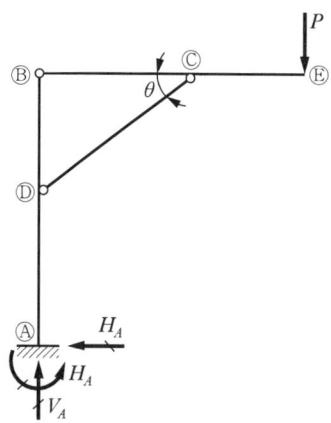

2) $\sum H = 0$; $H_A = 0$

3) $\sum V = 0$; $V_A = P$

4) $\sum M_A = 0$; $-M_A + PL = 0 \rightarrow M_A = PL$

3. 절점 B와 대각부재를 절단 및 절점 부재력 산정

1) 자유 물체도

$\sin\theta = \dfrac{a}{c}$

$\cos\theta = \dfrac{b}{c}$

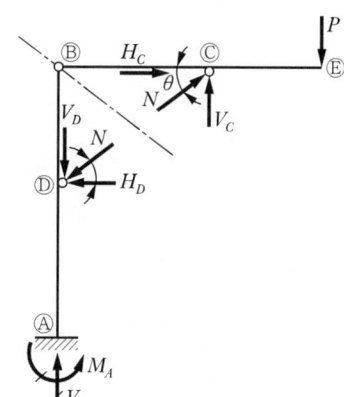

2) 절단면 우측에 대해

① $\sum_\text{우} M_B = 0$; $PL - V_C b = 0 \rightarrow V_C = \dfrac{PL}{b}$

② 절점 C에서

㉠ V_C는 N의 수직 분력이므로

$V_C = N\sin\theta \rightarrow N = \dfrac{V_C}{\sin\theta} = \dfrac{PL}{b} \times \dfrac{c}{a} = \dfrac{PLc}{b \cdot a}$

㉡ H_C는 N의 수평 분력이므로

$H_C = N\cos\theta = \dfrac{PLc}{ba} \dfrac{b}{c} = \dfrac{PL}{a}$

3) 절단면 좌측에 대해

① $\sum_\text{좌} M_B = 0$;

$-M_A + H_D a = 0 \rightarrow H_D = \dfrac{M_A}{a} = \dfrac{PL}{a}$

② 절점 D에서

  ㉠ H_D는 N의 수평 분력이므로

  $$H_D = N \cdot \cos\theta \rightarrow N = \frac{H_D}{\cos\theta} = \frac{PL}{a} \times \frac{c}{b} = \frac{PLc}{a \cdot b}$$

  ㉡ V_D는 N의 수직 분력이므로

  $$V_D = N \cdot \sin\theta = \frac{PLc}{a \cdot b} \frac{a}{c} = \frac{PL}{b}$$

4. 자유 물체도

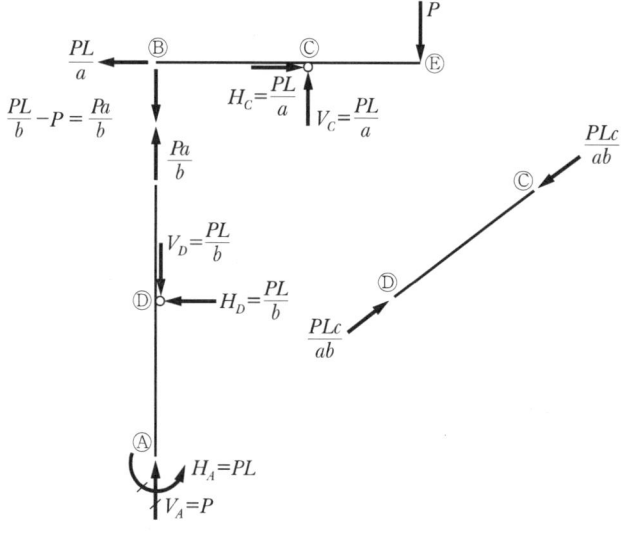

5. 부재력도

1) 전단력도

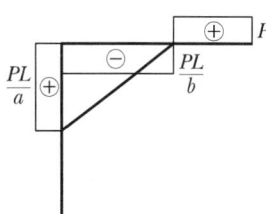

2) 휨 모멘트도

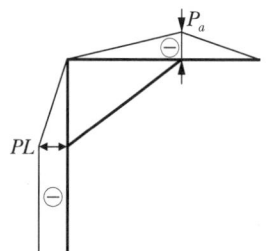

3) 축력도

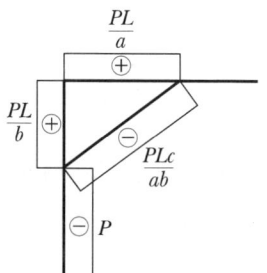

▶▶▶▶ 토목구조기술사   92-3-5

그림과 같은 구조물의 끝단에 하중 P가 작용할 경우에 C점의 변형에너지 및 연직변위 (δ_{CV})를 구하시오. (단, EI는 일정하다.)

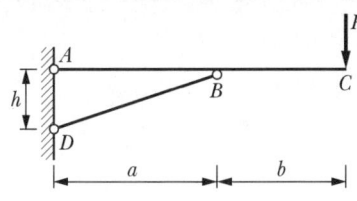

1. 구조물의 부정정 차수

$n = $ 부재수 + 강절점수 + 반력수 $- 2 \times$ 절점수

$= 3 + 1 + 4 - 2 \times 4 = 0$

∴ 정정 합성 구조물임

2. BD 부재를 절단한 자유 물체도 및 부재력 산정

1) AB 부재의 축강성은 EA_1, BD 부재의 축강성은 EA_2로 함

2) 자유 물체도

$\sin\theta = \dfrac{h}{c}$

$\cos\theta = \dfrac{a}{c}$

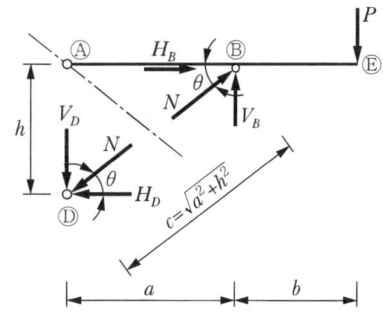

3) 절단면 우측에 대해

① $\sum_{\text{우}} M_A = 0$;

$P(a+b) - V_B a = 0 \rightarrow V_B = \dfrac{P(a+b)}{a}$

② 절점 B에서

㉠ V_B는 N의 수직 분력이므로

$$V_B = N\sin\theta \rightarrow N = \frac{V_B}{\sin\theta} = \frac{P(a+b)}{a} \times \frac{c}{h} = \frac{P(a+b)c}{a \cdot h}$$

㉡ H_B는 N의 수평 분력이므로

$$H_B = N\cos\theta = \frac{P(a+b)c}{a \cdot h}\frac{a}{c} = \frac{P(a+b)}{h}$$

4) 자유 물체도

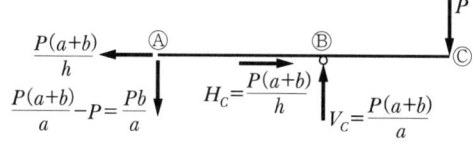
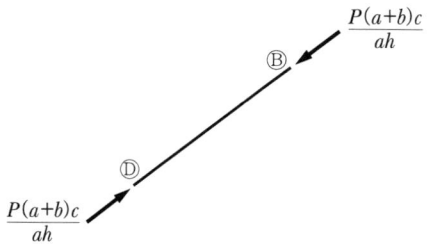

5) 부재력도

① 전단력도   ② 휨 모멘트도   ③ 축력도

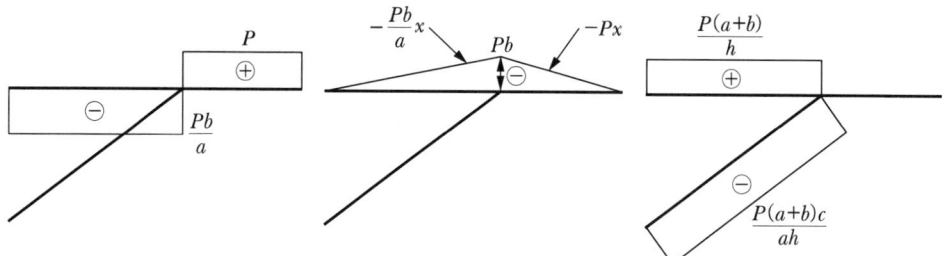

3. C점의 변형에너지

$$U = \frac{1}{2EI}\int (M_x)^2 dx + \frac{1}{2EA_i}\int (N_x)^2 dx$$

$$= \frac{1}{2EI}\int_0^a \left(-\frac{Pb}{a}x\right)^2 dx + \frac{1}{2EI}\int_0^b (-Px)^2 dx + \frac{1}{2EA_1}\int_0^a \left\{\frac{P(a+b)}{h}\right\}^2 dx$$

$$+ \frac{1}{2EA_2}\int_0^c \left\{-\frac{P(a+b)c}{ah}\right\}^2 dx$$

$$= \frac{1}{2EI}\frac{P^2 b^2}{a^2}\frac{a^3}{3} + \frac{1}{2EI}P^2 \frac{b^3}{3} + \frac{1}{2EA_1}\left\{\frac{P(a+b)}{h}\right\}^2 a + \frac{1}{2EA_2}\left\{\frac{P(a+b)c}{ah}\right\}^2 c$$

$$= \frac{1}{6EI}P^2 ab^2 + \frac{1}{6EI}P^2 b^3 + \frac{1}{2E}\frac{1}{A_1}\frac{P^2(a+b)^2}{h^2}a + \frac{1}{2E}\frac{1}{A_2}\frac{P^2(a+b)^2 c^3}{a^2 h^2}$$

$$= \frac{1}{6EI}P^2 b^2(a+b) + \frac{1}{2E}\frac{P^2(a+b)^2}{h^2}\left(\frac{a}{A_1} + \frac{1}{A_2}\frac{c^3}{a^2}\right)$$

$$= \frac{1}{6EI}P^2 b^2(a+b) + \frac{1}{2E}\frac{P^2(a+b)^2}{h^2}\left\{\frac{a}{A_1} + \frac{1}{A_2}\frac{(a^2+h^2)^{3/2}}{a^2}\right\}$$

4. C점의 연직변위(δ_{CV})

$$\delta_{CV} = \frac{dU}{dP}$$

$$= \frac{1}{3EI}Pb^2(a+b) + \frac{1}{E}\frac{P(a+b)^2}{h^2}\left\{\frac{a}{A_1} + \frac{1}{A_2}\frac{(a^2+h^2)^{3/2}}{a^2}\right\}$$

▶▶▶ 건축구조기술사   108-3-2

아래 등분포하중을 받는 케이블 구조의 처짐곡선 $y(x)$ 및 케이블 AOB의 신장량(Elongation)을 구하시오. (단, 케이블의 단면적과 탄성계수는 각각 A, E로 표시하고, 케이블의 자중은 무시한다.)

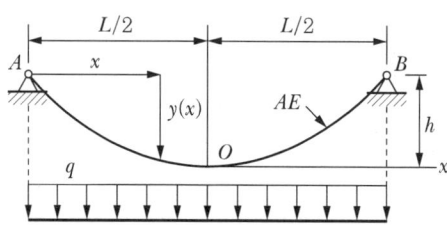

1. $y(x)$ 산정

1) 포물선의 방정식

   $y = ax^2 + bx + c$

2) 점 A가 원점일 때 경계 조건

   $x=0$, $y=0$이므로 $c=0$

   $y = ax^2 + bx$

3) 점 O, B에서의 경계 조건을 이용

   ① 점 O에 대해서 $x = L/2$, $y = h$

   $a\left(\dfrac{L}{2}\right)^2 + b\dfrac{L}{2} = h$

   ② 점 B에 대해서 $x = L$, $y = 0$

   $aL^2 + bL = 0 \rightarrow b = -aL$

   ③ ①, ②로부터 a, b 산정

   $b = -aL$를 $a\left(\dfrac{L}{2}\right)^2 + b\dfrac{L}{2} = h$에 대입하면

   $a\left(\dfrac{L}{2}\right)^2 - a\dfrac{L^2}{2} = h \rightarrow -a\dfrac{L^2}{4} = h$ $\therefore a = -\dfrac{4h}{L^2}$

   $b = -aL = -\left(-\dfrac{4h}{L^2}\right)L = \dfrac{4h}{L}$

④ 포물선의 방정식

$$y = ax^2 + bx = -\frac{4h}{L^2}x^2 + \frac{4h}{L}x$$

2. 점 O_1를 원점으로 할 경우 포물선의 방정식

$y = -\frac{4h}{L^2}x^2 + \frac{4h}{L}x$ 에 $x = x_1 + \frac{L}{2}$ 을 대입하면

$$y_1 = -\frac{4h}{L^2}\left(x_1 + \frac{L}{2}\right)^2 + \frac{4h}{L}\left(x_1 + \frac{L}{2}\right) = -\frac{4h}{L^2}\left(x_1^2 + Lx_1 + \frac{L^2}{4}\right) + \frac{4h}{L}\left(x_1 + \frac{L}{2}\right)$$

$$\therefore y_1 = -\frac{4h}{L^2}x_1^2 + h$$

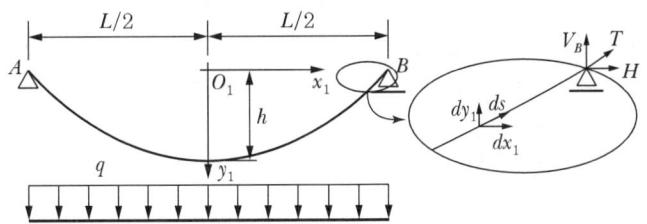

3. 케이블에 작용하는 힘과 변위 관계

1) 케이블에 작용하는 수평력이 H라면

$$\sum M_o = 0 \;;\; H \cdot h = \frac{qL^2}{8} \rightarrow H = \frac{qL^2}{8h}$$

2) 미소 신장량

$$ds = \sqrt{dx_1^2 + dy_1^2} \rightarrow ds = dx_1\sqrt{1 + \left(\frac{dy_1}{dx_1}\right)^2}$$

$$\frac{ds}{dx_1} = \sqrt{1 + \left(\frac{dy_1}{dx_1}\right)^2}$$

3) 인장력과 수평력의 관계

$$\frac{ds}{dx_1} = \frac{T}{H} \rightarrow T = H\frac{ds}{dx_1}$$

4. 케이블 신장량(δ) 산정

1) 신장량 일반식

$$\delta = \int \frac{T}{EA} ds = \frac{1}{EA} \int H \frac{ds}{dx_1} ds = \frac{H}{EA} \int \frac{(ds)^2}{dx_1}$$

$$ds = dx_1 \sqrt{1 + \left(\frac{dy_1}{dx_1}\right)^2} \text{ 이므로 } (ds)^2 = (dx_1)^2 \left\{1 + \left(\frac{dy_1}{dx_1}\right)^2\right\}$$

$$\delta = \frac{H}{EA} \int \left\{1 + \left(\frac{dy_1}{dx_1}\right)^2\right\} \frac{(dx_1)^2}{dx_1} = \frac{H}{EA} \int \left\{1 + \left(\frac{dy_1}{dx_1}\right)^2\right\} dx_1$$

$$y_1 = -\frac{4h}{L^2} x_1^2 + h \text{ 에서 } \frac{dy_1}{dx_1} = -2\frac{4h}{L^2} x_1 = -\frac{8h}{L^2} x_1$$

$$\delta = \frac{H}{EA} \int \left\{1 + \left(-\frac{8h}{L^2} x_1\right)^2\right\} dx_1$$

$$= \frac{H}{EA} \int \left\{1 + \frac{64h^2}{L^4} x_1^2\right\} dx_1$$

$$= \frac{H}{EA} \int \left\{1 + \frac{64h^2}{L^4} x_1^2\right\} dx_1$$

2) $0 \sim L(A \sim B)$ 구간 케이블 신장량 산정

$$\delta = 2\frac{H}{EA} \int_0^{L/2} \left\{1 + \frac{64h^2}{L^4} x_1^2\right\} dx_1$$

$$= 2\frac{H}{EA} \left[x_1 + \frac{64h^2}{3L^4} x_1^3\right]_0^{L/2}$$

$$= 2\frac{H}{EA} \left\{\frac{L}{2} + \frac{64h^2}{3L^4} \left(\frac{L^3}{8}\right)\right\}$$

$$= \frac{HL}{EA} + \frac{128Hh^2 L^3}{24EAL^4}$$

$$= \frac{qL^2}{8h} \frac{L}{EA} + \frac{qL^2}{8h} \frac{128h^2 L^3}{24EAL^4}$$

$$= \frac{qL^3}{8hEA} + \frac{2qhL}{3EA}$$

03 아치

▶▶▶▶ 토목구조기술사   75-2-3

아치의 구조적 장점을 단순보와 비교하여 설명하시오.

1. **아치의 정의 및 개요**

   1) 곡선으로 된 부재를 의미

   2) 아치의 역학적인 정의

   ① 원호 형상의 보가 양단에서 단순지지되어 있고, 지점이 수평방향으로 구속된 것
   ② 수평반력은 휘어진 아치의 부재에 휨 모멘트와 함께 축력을 주게 되는데, 수평반력으로 인해 발생하는 휨 모멘트는 하중에 의해 발생하는 휨 모멘트를 없애도록 거동하므로 이상적인 아치부재에서는 축력(압축력)만 발생

   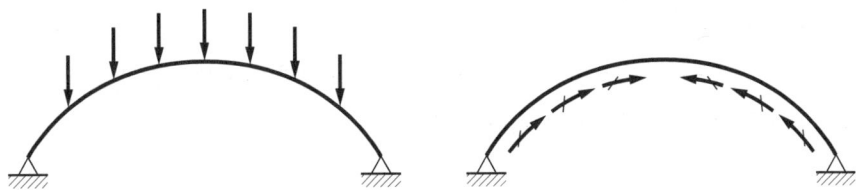

   3) 아치교는 아치부재를 주부재로 이용한 교량을 말함

2. **아치의 구성**

   1) 일반적인 아치교량은 상판, 스팬드럴(Spandrel), 아치리브, 스프링잉(Springing) 등으로 구성됨

   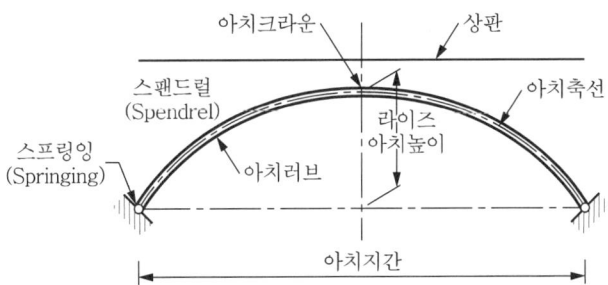

2) 상판 : 직접 차량 등의 상부 하중을 부담하는 구조로 거더의 바닥판과 같은 역할

3) 스팬드럴 : 상판과 아치리브 사이의 공간으로 주로 수직재가 설치되어 상판의 하중을 아치리브로 전달

4) 아치리브

① 아치교의 주부재로 스팬드럴 내의 수직재 등으로 전달된 상판의 수직 하중을 압축력으로 부담하여 지반에 수평력으로 전달하는 구조를 말함

② 아치리브의 중심선을 아치축선이라 함

5) 아치 크라운 부 : 아치축선의 정점

6) 스프링잉(Springing)

아치의 양끝 지점부

7) 아치 라이즈(Rise)

스프링잉을 연결하는 직선과 아치크라운 부의 연직거리

3. 아치구조물의 특징

아치는 수직외력으로 발생한 지점 수평력이 각 단면에서 휨 모멘트를 감소시키고 축방향력과 전단력의 부재력을 유발하는 특성이 있음

4. 단순보와 아치구조의 비교

1) 단순보와 아치구조물의 휨 모멘트도를 비교하면 휨 모멘트와 같이 단순보는 집중하중이 작용하는 위치까지 휨 모멘트가 계속 증가하나 아치구조물은 수평력으로 인해 휨 모멘트가 감소한다.

2) 동일한 조건을 가진 구조물을 설계할 때 아치구조물은 휨 모멘트가 감소되므로 단순보에 비해 훨씬 작은 단면으로도 동일한 조건의 설계가 가능함

3) 1경간 단순보와 아치구조의 휨 모멘트 비교

① 단순보의 휨 모멘트 : $M_x = V_A \times x$

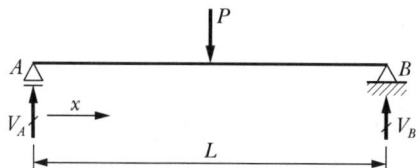

② 아치구조물의 휨 모멘트 : $M_x = V_A \times x - H_A \times y$

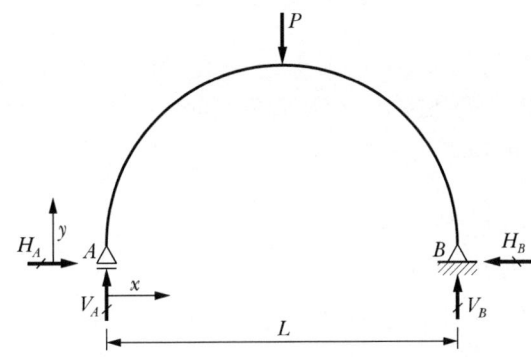

5. 아치교의 장점

1) 강성이 크고 완성 후 내풍 및 내진 안정성이 비교적 큼
2) 외적인 미관도 우수하고 다른 교량 형식에 비해 사용재료가 적게 소요됨

6. 아치교의 단점

1) 기초변위의 영향을 많이 받고 주로 압축을 받도록 되어 있어 좌굴에 대한 세심한 주의가 필요
2) 아치 형상의 초기 치수 오차는 아치교의 거동에 큰 영향을 미치므로 정밀시공이 요구됨

7. 아치교의 구조 역학적 분류

1) 고정아치교

① 아치교의 양단을 완전히 고정시킨 형식으로 양단의 고정모멘트가 크기 때문에 견고한 지반에 적용 가능

② 다른 형식과 비교할 때 하부구조가 커지는 단점이 있으나 강성이 크기 때문에 아치리브 단면을 줄일 수 있음

③ 구조역학적으로는 3차 부정정 구조물이며 콘크리트 아치교에 많이 적용됨

2) 1힌지 아치교

아치 크라운부에 힌지를 설치한 형식으로 이론적으로는 가능하나 실제 시 공예는 거의 없음

3) 2힌지 아치교

① 일반적으로 강아치교에 많이 채용되는 형식으로 구조역학적으로는 1차 부정정 구조

② 이 형식은 아치 스프링부가 힌지구조로 되어 있어 받침대에 휨 모멘트가 전달되지 않으므로 받침대의 단면을 작게 할 수 있음

③ 좌굴 저항성과 내진 안정성 등이 고정아치교에 비해 뒤떨어지고 아치 크라운 부의 단면이 크기 때문에 중간 규모의 교량에 주로 채용됨

4) 3힌지 아치교

① 아치크라운 부와 스프링 부에 힌지를 설치한 형식
② 가교지점의 지반이 불량함에도 불구하고 아치교를 채용해야 할 경우에 적용되는 구조

  ※ 가교(架 : 세울[가], 橋 : 다리[교])
    ㉠ 다리를 놓음
    ㉡ 서로 떨어져 있는 것을 이어 주는 사물이나 사실

③ 힌지가 크라운 부에 설치되어 있어 활하중에 의한 충격이 크게 되는 결점이 있음

5) 타이드 아치교

① 양 아치 지점을 타이로 연결한 구조형식
② 외적으로는 정정 구조물이나 내적으로는 1차 부정정 구조물로 됨
③ 이 형식은 아치리브의 축방향 압축력의 수평성분을 타이(보강형)가 지탱하도록 되어 있어 받침은 연직 하중만을 받게 되어 기초지반에는 수평력이 크게 작용하지 않음
④ 처짐에 의한 영향도 타 형식에 비해 특히 작다는 이점이 있어 지반 상태가 불량한 곳에도 적용 가능
⑤ 전반적으로 아치리브의 구조적 효율이 떨어짐
⑥ 타이드 아치교의 분류 : 아치리브의 보강형의 강성 분담, 행어의 배치 형상에 따라 구분
  ㉠ 타이형(Tied Girder)
    - 지점상의 횡변위를 타이드 바가 잡아주는 구조 형식
    - 리브 강성이 보강형 강성보다 커서 리브가 축력과 휨 모멘트에 대해 주로 저항
    - 보강형에는 축력이 주로 발생하는 구조임

한강대교

ⓛ 랭거형(Langer Girder)
- 아치부가 축력만을 받도록 설계되는 형식
- 보강형의 강성이 리브의 강성보다 커서 보강형이 축력과 휨 모멘트에 대해 주로 저항
- 리브에는 축력이 주로 발생하는 구조
- 라이즈비는 1/7~1/8 정도
- 보강형 높이는 L/30~L/50 정도
- 아치리브의 높이는 L/100~L/200 정도

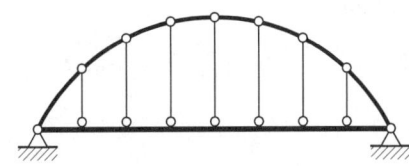

보강형(I-거더)

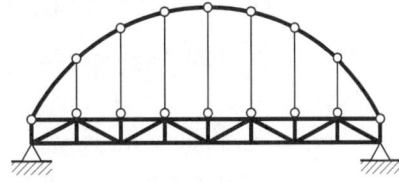

보강형(트러스)

동작대교 1

동작대교 2

ⓒ 로제형(Lohse Girder)
- 아치부가 축력과 휨에 저항하도록 설계하는 방식
- 리브와 보강형의 강성이 엇비슷하여 리브와 보강형이 축력과 휨 모멘트에 대해 같이 분담하는 구조

- 아치리브가 비교적 커다란 강성을 갖기 때문에 연직재의 간격을 랭거식보다 다소 넓게 할 수 있음
- 아치리브와 보강형의 접속부 연결이 용이

일본 천대진대교(泉大津大橋)

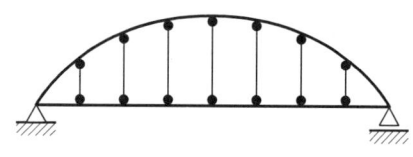

개념도

㉣ 닐센계(Nielsen System)
- 아치부의 행거가 케이블로 이루어져 있으며, 약간 경사지게 배치되는 형식
- 로제식 아치교의 복재를 중복 사재로 하여 전체적인 강성을 크게 한다는 형식으로 사재의 경사, 경사각을 적당하게 선정하면 사재는 인장력에 대해서만 설계할 수 있어 사재로서 케이블을 사용할 수 있으며 미관이 우수하게 됨
- 수직의 행어 대신 Cable이나 Rod와 같은 보다 Flexible한 소재로 경사지게 설치한 구조
- 자체의 부정정 차수가 커서 널리 사용되지 못하고 있다가 구조해석 프로그램의 발전으로 일반적인 적용이 가능
- 경사재가 교량의 전단변형 억제에 기여하여 일반아치교에 비해 처짐이 작으며 장경간에 유리한 구조

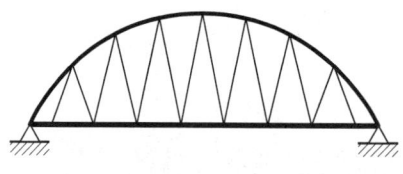

Single Warren

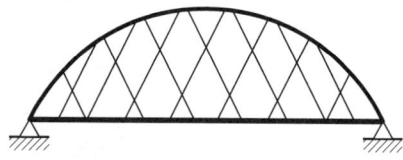

Double Warren

서강대교

백야대교

8. 공용형식에 따른 분류

1) 상로식 아치교

① 상판이 아치리브의 위쪽에 설치되어 있어 깊은 계곡이나 지면과 계획고와의 높이차가 심한 곳에 적용
② 지면과 상부구조와의 공간이 넓을 때에는 미관이 양호
③ 평수위와 홍수위와의 변화가 심한 구간에는 적용이 부적정
④ 상판과 아치리브 사이의 공간의 형태에 따라 개복식과 폐복식으로 분류됨

2) 중로식 및 하로식 아치교

① 콘크리트 아치교보다는 강아치교에 많이 적용되는 형식
② 상판이 아치리브의 중간 또는 하단에 설치되며 가교지점이 해협부 또는 하천, 호수에 위치할 경우나 도시 내에서 형하공간의 제한이 있는 경우에 주고 적용됨

※ 형하공간 : 다리 밑의 공간으로 차량이 통과할 수 있는 높이와 같음

건축구조기술사 106-2-1

그림과 같은 두 개의 아치가 B점에서 힌지로 서로 연결되어 있고 연결된 부위의 지점은 롤러로 지지되어 있다. 휨변형만을 고려하여 휨 모멘트 분포도를 그리시오. (단, 축력이나 전단력에 의한 변형은 무시함)

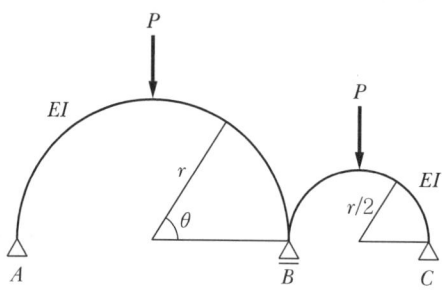

1. 부정정 차수 산정

$n =$ 부재수 + 강절점수 + 반력수 $- 2 \times$ 절점수
$= 2 + 1 + 5 - 2 \times 3 = 2$

따라서, 2차 부정정 구조물

2. 구조물의 분리 및 자유물체도

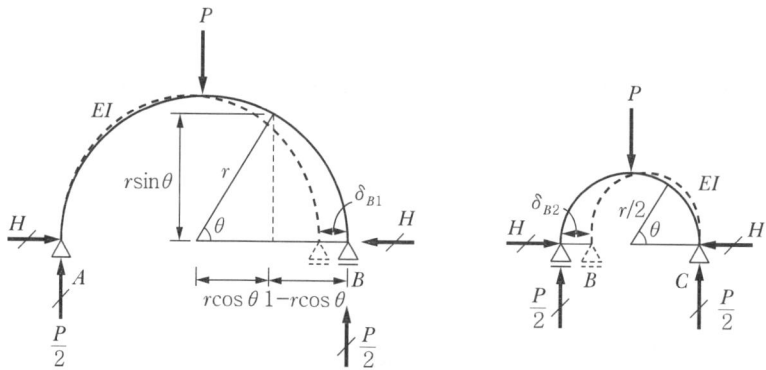

3. 반경이 r인 아치에 대해 지점 B의 수평변위 산정(최소일의 정리 이용)

1) B → A 구간 임의의 각 θ에서의 모멘트 산정

$$M_\theta = \frac{P}{2}r(1-\cos\theta) - Hr\sin\theta$$

2) 지점 B의 변위 산정

   $$\delta_{B1} = \frac{dW}{dH} = \frac{1}{EI}\int_0^{\pi/2} M_\theta \left(\frac{dM_\theta}{dH}\right)d\theta$$

   $$= 2 \times \frac{1}{EI}\int_0^{\pi/2} \left\{\frac{P}{2}r(1-\cos\theta) - Hr\sin\theta\right\}(-r\sin\theta)d\theta$$

   $$= \frac{2}{EI}\frac{r^2(\pi H - P)}{4}$$

4. 반경이 $r/2$인 아치에 대해 지점 B의 수평변위 산정

   1) C → B 구간 임의의 각 θ에서의 모멘트 산정

   $$M_\theta = \frac{P}{2}\frac{r}{2}(1-\cos\theta) - H\frac{r}{2}\sin\theta$$

   2) 지점 B의 변위 산정

   $$\delta_{B2} = \frac{dW}{dH} = \frac{1}{EI}\int_0^{\pi/2} M_\theta \left(\frac{dM_\theta}{dH}\right)d\theta$$

   $$= 2 \times \frac{1}{EI}\int_0^{\pi/2} \left\{\frac{P}{2}\frac{r}{2}(1-\cos\theta) - H\frac{r}{2}\sin\theta\right\}\left(-\frac{r}{2}\sin\theta\right)d\theta$$

   $$= \frac{2}{EI}\left\{\frac{r^2(\pi H - P)}{16}\right\}$$

5. 변형 일치 조건을 이용한 수평반력 산정

   $$\delta_{B1} = \delta_{B2}$$

   $$\frac{2}{EI}\left\{\frac{r^2(\pi H - P)}{4}\right\} = \frac{2}{EI}\left\{\frac{r^2(\pi H - P)}{16}\right\}$$

   $$H = \frac{P}{\pi}$$

6. B → A 구간 휨 모멘트의 주요 특징점

   1) B → A 구간 임의의 각 θ에서의 모멘트

   $$M_\theta = \frac{P}{2}r(1-\cos\theta) - Hr\sin\theta = \frac{P}{2}r(1-\cos\theta) - \frac{P}{\pi}r\sin\theta$$

   $$= Pr\left\{\frac{1}{2}(1-\cos\theta) - \frac{1}{\pi}\sin\theta\right\}$$

2) B → A 구간 임의의 각 θ에서의 전단력

$$S_\theta = Pr\left\{\frac{1}{2}\sin\theta - \frac{1}{\pi}\cos\theta\right\}$$

3) B → A 구간 임의의 각 θ에서의 최소 모멘트 산정

$$S_\theta = Pr\left\{\frac{1}{2}\sin\theta - \frac{1}{\pi}\cos\theta\right\} = 0 \text{일 때}$$

$$\frac{\sin\theta}{\cos\theta} = \tan\theta = \frac{2}{\pi} \text{인 } \theta = 32.48°$$

$$M_{\theta = 32.48°} = -0.0972Pr$$

4) B → A 구간 $M_\theta = 0$이 되는 변곡점 산정

$$M_\theta = Pr\left\{\frac{1}{2}(1-\cos\theta) - \frac{1}{\pi}\sin\theta\right\} = 0 \text{인 } \theta = 64.96°$$

5) B → A 구간 $\theta = 0°$일 때의 모멘트 산정

$$M_{\theta = 0°} = Pr\left\{\frac{1}{2}(1-\cos 0°) - \frac{1}{\pi}\sin 0°\right\} = 0$$

6) B → A 구간 $\theta = 90°$일 때의 모멘트 산정

$$M_{\theta = 90°} = Pr\left\{\frac{1}{2}(1-\cos 90°) - \frac{1}{\pi}\sin 90°\right\} = 0.1817Pr$$

7. B → C 구간 휨 모멘트의 주요 특징점

1) B → C 구간 임의의 각 θ에서의 모멘트

$$M_\theta = \frac{P}{2}\frac{r}{2}(1-\cos\theta) - H\frac{r}{2}\sin\theta = \frac{P}{2}\frac{r}{2}(1-\cos\theta) - \frac{P}{\pi}\frac{r}{2}\sin\theta$$
$$= \frac{Pr}{2}\left\{\frac{1}{2}(1-\cos\theta) - \frac{1}{\pi}\sin\theta\right\}$$

2) B → C 구간 임의의 각 θ에서의 전단력

$$S_\theta = \frac{Pr}{2}\left\{\frac{1}{2}\sin\theta - \frac{1}{\pi}\cos\theta\right\}$$

3) B → C 구간 임의의 각 θ에서의 최소 모멘트 산정

$$S_\theta = \frac{Pr}{2}\left\{\frac{1}{2}\sin\theta - \frac{1}{\pi}\cos\theta\right\} = 0 \text{일 때}$$

$$\frac{\sin\theta}{\cos\theta} = \tan\theta = \frac{2}{\pi} \text{인 } \theta = 32.48°$$

$$M_{\theta = 32.48°} = -0.0464Pr$$

4) B → C 구간 $M_\theta = 0$이 되는 변곡점 산정

$$M_\theta = \frac{Pr}{2}\left\{\frac{1}{2}(1-\cos\theta) - \frac{1}{\pi}\sin\theta\right\} = 0 \text{인 } \theta = 64.96°$$

5) B → A 구간 $\theta = 90°$일 때의 모멘트 산정

$$M_{\theta=0°} = \frac{Pr}{2}\left\{\frac{1}{2}(1-\cos 0°) - \frac{1}{\pi}\sin 0°\right\} = 0$$

6) B → A 구간 $\theta = 90°$일 때의 모멘트 산정

$$M_{\theta=90°} = \frac{Pr}{2}\left\{\frac{1}{2}(1-\cos 90°) - \frac{1}{\pi}\sin 90°\right\} = 0.0908\,Pr$$

8. 휨 모멘트도 작성

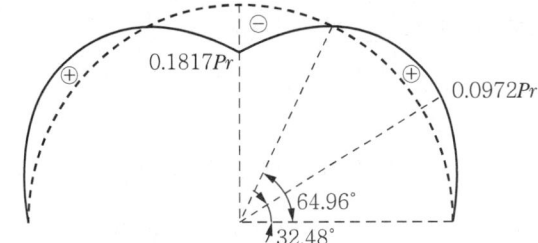
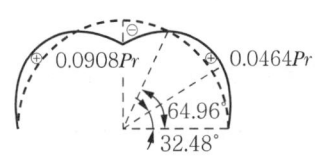

04 온도 변형, 기변형 및 지점 침하 효과

1 온도 변형 효과

1. 개요

1) **가역적 재료(Reversible Material)**

   온도를 원상태로 되돌렸을 때, 재료가 원상태로 복귀하며 가열 시에는 팽창하고 냉각 시에는 수축되는 재료

2) **비가역적 재료(Irreversible Material)**

   ① 가열 시에는 수축하고, 냉각 시에는 팽창되는 재료
   ② 예 물(냉각 시 팽창)

3) 정정구조물은 온도 변화 시에도 구조물 내에 응력이 발생하지 않는다.

   즉, 균일한 온도변화가 부재 내에서 발생하면 반력이 발생하지 않는다.

2. 온도 변형량

$$\delta_t = \varepsilon_t L = \alpha(\Delta T)L$$

여기서, $\varepsilon_t = \alpha(\Delta T)$: 온도 변형도
  α : 열팽창계수
  ΔT : 온도변형량(온도차)
  L : 부재 길이

3. 온도에 의한 휨 곡률, 휨 모멘트

1) 온도차에 의한 휨 변형도

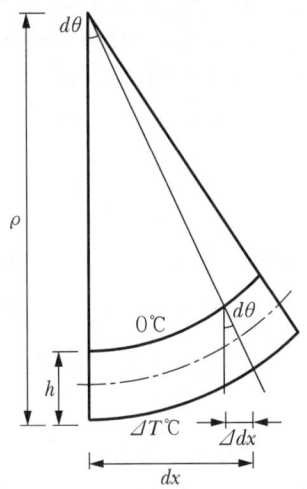

2) 온도차에 따른 휨 곡률 산정

① $h d\theta = \Delta dx \rightarrow h = \dfrac{\Delta dx}{d\theta} \rightarrow \dfrac{1}{h} = \dfrac{d\theta}{\Delta dx} = \dfrac{d\theta}{\alpha \Delta T dx}$

$\therefore \dfrac{d\theta}{dx} = \dfrac{\alpha \Delta T}{h}$

② $\rho d\theta = dx \rightarrow \rho = \dfrac{dx}{d\theta}$

$y'' = \dfrac{1}{\rho} = \dfrac{d\theta}{dx} = \dfrac{\alpha \Delta T}{h}$

3) 온도차에 따라 발생하는 휨 모멘트 산정

$y'' = -\dfrac{M}{EI} \rightarrow \dfrac{\alpha \Delta T}{h} = -\dfrac{M}{EI}$

$\therefore M = -EIy'' = -\dfrac{E \cdot I \cdot \alpha \cdot \Delta T}{h}$

토목구조기술사 94-1-13

아래와 같은 조건일 때 그림 속 고정단 B점에서의 반력을 구하시오.

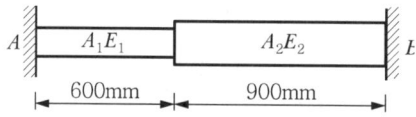

⟨조건⟩
- $\alpha = 1.0 \times 10^{-5}/℃$ (일정)
- $A_1 = 2,000 \text{mm}^2$
- $E_1 = 200,000 \text{MPa}$
- $\triangle T = 30℃$
- $A_2 = 6,000 \text{mm}^2$
- $E_2 = 30,000 \text{MPa}$

풀이 변형일치법 적용

1. B점의 반력을 부정정력으로 선정, 구조물을 분리한 자유 물체도

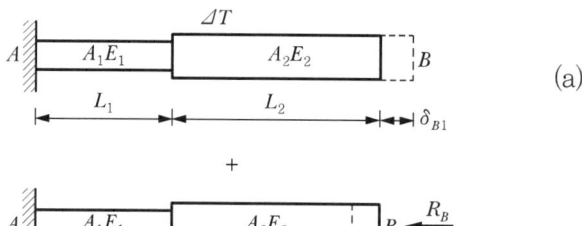

2. 변위 산정

1) 구조물 (a)

$$\delta_{B1} = \alpha \times \triangle T \times (L_1 + L_2) = 1.0 \times 10^{-5} \times 30 \times (600 + 900) = 0.45 \text{mm}$$

2) 구조물 (b)

$$\delta_{B2} = \left(\frac{L_1}{A_1 E_1} + \frac{L_2}{A_2 E_2}\right) R_B = \left(\frac{600}{2,000 \times 200,000} + \frac{900}{6,000 \times 30,000}\right) R_B$$
$$= 6.5 \times 10^{-6} R_B$$

3) 변형일치 조건 적용

$$\delta_{B1} = \delta_{B2} \; ; \; R_B = 69,230.8 \text{N}$$

토목구조기술사 116-2-5

온도 20℃에서 두 봉의 끝 간격이 0.4mm이다. 온도가 150℃에 도달했을 때, (1) 알루미늄 봉의 수직응력, (2) 알루미늄 봉의 길이 변화를 구하시오.

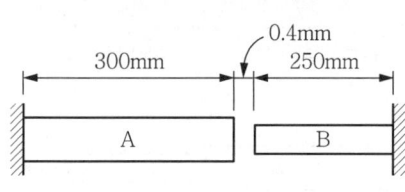

Aluminum
- $A = 2,000 \text{mm}^2$
- $E = 75 \text{GPa}$
- $\alpha = 23 \times 10^{-6}/℃$

Stainless steel
- $A = 800 \text{mm}^2$
- $E = 190 \text{GPa}$
- $\alpha = 17.3 \times 10^{-6}/℃$

1. A부재와 B부재가 접합되는 순간의 온도차, 접합된 이후의 온도차

1) 온도차

$$\delta = \sum \alpha_i \triangle T L_i = (23 \times 10^{-6}) \times \triangle T \times 300 + (17.3 \times 10^{-6}) \times \triangle T \times 250 = 0.4 \text{mm}$$

$$\therefore \triangle T = 35.63 ℃$$

2) 접합되는 순간의 온도

$$T = 20 + 35.63 = 55.63 ℃$$

3) 접합된 이후 온도가 150℃ 될 때의 온도차

$$\triangle T' = 150 - 55.63 = 94.37 ℃$$

2. 두 부재가 접합된 이후 거동에 대한 해석

1) 두 부재가 접합될 때 신장된 길이

$$\delta_1 = (23 \times 10^{-6}) \times 35.63 \times 300 = 0.25 \text{mm}$$

$$\delta_2 = (17.3 \times 10^{-6}) \times 35.63 \times 250 = 0.15 \text{mm}$$

2) B부재 단부 반력을 부정정력으로 선정, 구조물을 분리한 자유물체도

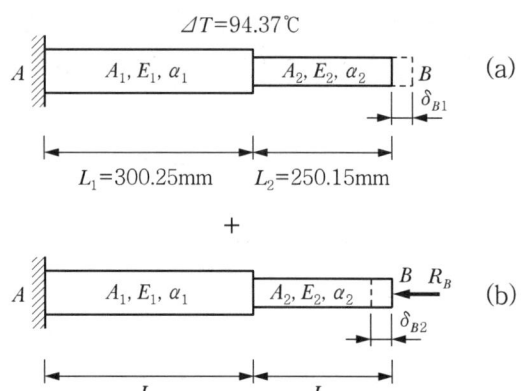

3. 변위 산정

1) 구조물 (a)

$$\delta_{B1} = \alpha_1 \times \Delta T' \times L_1 + \alpha_2 \times \Delta T' \times L_2$$
$$= (23 \times 10^{-6}) \times 94.74 \times 300.25 + (17.3 \times 10^{-6}) \times 94.74 \times 250.15 = 1.064 \text{mm}$$

2) 구조물 (b)

$$\delta_{B2} = \left(\frac{L_1}{A_1 E_1} + \frac{L_2}{A_2 E_2}\right) R_B = \left(\frac{300.25}{2,000 \times 75,000} + \frac{250.15}{800 \times 190,000}\right) R_B$$
$$= 3.65 \times 10^{-6} R_B$$

3) 변형 일치 조건 적용

$$\delta_{B1} = \delta_{B2} \; ; \; R_B = 291,507 \text{N}$$

4. 알루미늄 봉의 수직응력

$$\sigma = \frac{R_B}{A_1} = \frac{291,507}{2,000} = 145.75 \, \text{N/mm}^2$$

5. 알루미늄 봉의 길이 변화

1) 두 부재가 접합될 때까지 신장된 길이

$$\delta_1 = (23 \times 10^{-6}) \times 35.63 \times 300 = 0.25 \text{mm}$$
$$L_1 = 300 + 0.25 = 300.25 \text{mm}$$

2) 두 부재가 접합된 이후 압축력에 의해 축소된 길이

$$\delta_1' = \frac{R_B L_1}{E_1 A_1} = \frac{291{,}507 \times 300.25}{75{,}000 \times 2{,}000} = 0.58\,\text{mm}$$

온도가 $150\,℃$에 도달했을 때 길이

$$L_1' = L_1 - \delta_1' = 300.25 - 0.58 = 299.67\,\text{mm}$$

3) 알루미늄 봉의 길이 변화

$$\Delta L_1 = 300 - 299.67 = 0.33\,\text{mm}$$

즉, 길이가 $0.33\,\text{mm}$ 축소됨

▶▶▶ 토목구조기술사 95-4-6

다음 그림과 같은 구조물에서 온도 상승(ΔT) 시 부재의 신장량과 부재 내 응력을 구하시오.(단, 부재의 단면적(A), 탄성계수(E) 및 선팽창계수(α)는 일정하며, 스프링 상수는 k)

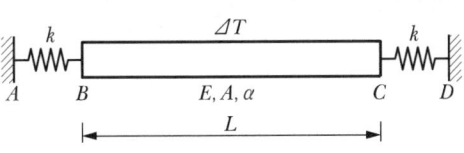

풀이 변형일치법 적용

1. 구조물의 분리

2. 적합 조건을 이용한 스프링 반력 산정

1) 온도 상승에 의한 신장 변위 산정

$$\delta_1 = \alpha \times \triangle T \times L$$

2) 스프링 반력에 의한 축소 변위 산정

$$\delta_2 = \frac{X_1 L}{EA}$$

3) 스프링 변위

$$X_1 = k\frac{\delta_3}{2} \rightarrow \delta_3 = \frac{2X_1}{k}$$

4) 적합방정식과 스프링 반력

$$\delta_1 - \delta_2 = \delta_3$$

$$\rightarrow \alpha \times \triangle T \times L - \frac{X_1 L}{EA} = \frac{2X_1}{k}$$

$$\therefore X_1 = \frac{\alpha \triangle T k E A L}{2EA + kL}$$

3. 부재의 신장량

$$\delta = \delta_3 = \frac{2X_1}{k} = \frac{2\alpha \triangle T E A L}{2EA + kL}$$

4. 부재 내 응력

$$\sigma = \frac{X_1}{A} = \frac{\alpha \triangle T k E L}{2EA + kL}$$

▶▶▶ 건축구조기술사 92-2-1

두 개의 다른 금속판으로 만들어진 캔틸레버 기둥에 동일한 온도 변화 ΔT가 있는 경우 기둥 단부의 수평방향 변위를 구하시오. (단, 단면적과 단면의 깊이는 각각 A와 d로 한다. E_L, E_R : 탄성계수, α_L, α_R : 열팽창 계수, I_L, I_R : 단면 2차 모멘트, $A_L = A_R = A$: 단면적)

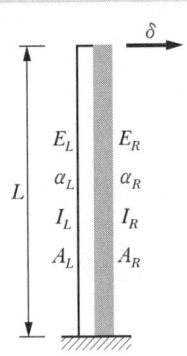

1. 자유 물체도

1) $A_L = A_R$, $d_L = d_R = d$ 이므로 $I_L = I_R$

   단면의 휨 방향 춤이 h라면
   $h = A/d$

2) 자유 물체도

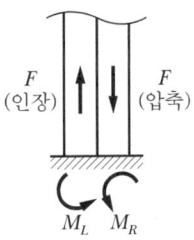

2. 평형 조건식

$Fh = M_L + M_R$

3. 수직 변형률 일치 조건식

1) $\varepsilon_L = \dfrac{F}{E_L A} + \dfrac{M_L h}{2 E_L I} + \alpha_L \Delta T$

2) $\varepsilon_R = -\dfrac{F}{E_R A} - \dfrac{M_R h}{2 E_R I} + \alpha_R \Delta T$

3) $\varepsilon_L = \varepsilon_R$

4. 곡률과 축력의 관계

1) $M_L = -E_L I y''$

   $M_R = -E_R I y''$

2) $F = M_L + M_R$에 대입하면

   $F = \dfrac{-(E_L + E_R) I y''}{h}$

> ※ 참고
> 1. 힘에 의한 수직 변형률
> $$\varepsilon = \dfrac{y_t \cdot d\theta}{\rho \cdot d\theta} = \dfrac{y_t}{\rho} = \dfrac{1}{\rho} \dfrac{h}{2} = y'' \dfrac{h}{2}$$
> $$= y'' \dfrac{h}{2} = -\dfrac{M}{EI} \dfrac{h}{2} = -\dfrac{Mh}{2EI}$$
> 2. 온도에 의한 휨곡률, 모멘트
> $$y'' = \dfrac{\alpha \cdot \Delta T}{h}$$
> $$M = -EIy'' = -\dfrac{E \cdot I \cdot \alpha \cdot \Delta T}{h}$$

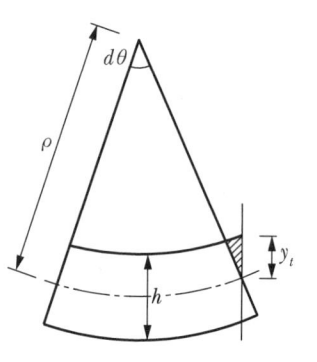

5. 곡률 산정

1) 산정한 축력을 변형률 일치 조건에 대입

2) $\dfrac{F}{E_L A} + \dfrac{M_L h}{2 E_L I} + \alpha_L \Delta T = -\dfrac{F}{E_R A} - \dfrac{M_R h}{2 E_R I} + \alpha_R \Delta T$

$\rightarrow \dfrac{F}{E_L A} + \dfrac{F}{E_R A} + \dfrac{M_L h}{2 E_L I} + \dfrac{M_R h}{2 E_R I} = \alpha_R \Delta T - \alpha_L \Delta T$

$$\to \frac{-(E_L+E_R)Iy''}{h}\left(\frac{1}{E_LA}+\frac{1}{E_RA}\right)+\frac{-E_LIy''h}{2E_LI}+\frac{-E_RIy''h}{2E_RI}=\alpha_R\Delta T-\alpha_L\Delta T$$

$$\to \frac{-(E_L+E_R)Iy''}{h}\left(\frac{1}{E_LA}+\frac{1}{E_RA}\right)-\frac{y''h}{2}-\frac{y''h}{2}=\alpha_R\Delta T-\alpha_L\Delta T$$

$$\to y''=\frac{AhE_LE_R(\alpha_L-\alpha_R)\Delta T}{(E_L+E_R)^2I+Ah^2E_LE_R}$$

6. 변형함수 산정

1) $y''=C$(상수)라 하면

2) $y'=Cx+A_1$

3) $y=\dfrac{C}{2}x^2+A_1x+A_2$

4) 경계 조건 $y(0)=0$, $y'(0)=0$을 대입하면

   $A_1=A_2=0$

5) 따라서 변형함수는

   $y=\dfrac{C}{2}x^2$

7. 수평 변위 산정

1) $\delta=y(l)=\dfrac{1}{2}\dfrac{AhE_LE_R(\alpha_L-\alpha_R)\Delta T}{(E_L+E_R)^2I+Ah^2E_LE_R}l^2$

2) $h=A/d$을 대입하면

$$\delta=y(l)=\frac{1}{2}\frac{A\left(\dfrac{A}{d}\right)E_LE_R(\alpha_L-\alpha_R)\Delta T}{(E_L+E_R)^2I+A\left(\dfrac{A^2}{d^2}\right)E_LE_R}l^2$$

$I=\dfrac{dh^3}{12}=\dfrac{A^3}{12d^2}$ 이므로

$$\delta=\frac{1}{2}\frac{12dIE_LE_R(\alpha_L-\alpha_R)\Delta T}{A\{(E_L+E_R)^2I+12IE_LE_R\}}l^2=\frac{6dE_LE_R(\alpha_L-\alpha_R)\Delta T}{A\{(E_L+E_R)^2+6E_LE_R\}}l^2$$

▶▶▶▶ 토목구조기술사 50-3-4

강합성형 교량에서 상부 슬래브의 온도가 주형에 비하여 상승하면 주형에 발생하는 휨 모멘트도와 주형의 변형상태를 설명과 함께 그리시오.

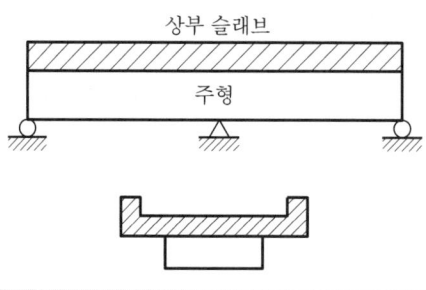

1. 가정

    1) 강합성교 교량 상부 슬래브 상승 온도 : ΔT℃

    2) 유효 휨 강성 : EI

2. 부정정 차수

    n = 부재수 + 강절점수 + 반력수 + 2 × 절점수 = 2 + 1 + 4 − 2 × 3 = 1

    n_e = 반력수 − (3 + c) = 4 − 3 = 1

    ∴ 외적 1차 부정정

3. 지점 A의 부정정 반력에 대한 해석

    1) 자유 물체도

    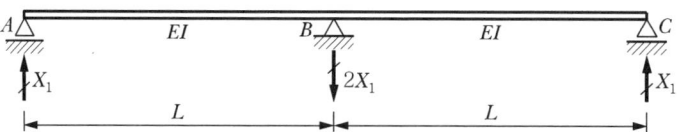

    2) 반력

    $\sum M_c = 0$; $X_1 \times 2L - R_B \times L = 0$

    ∴ $R_B = 2X_1$

    $\sum V = 0$; $X_1 - 2X_1 + R_C = 0$

    ∴ $R_C = X_1$

3) 구간별 휨 부재력, 내부 에너지

　① 구간별 휨 부재력

　　㉠ A → B 구간

　　　$M_x = X_1 \times x$

　　㉡ C → B 구간 : A → B 구간과 대칭

　　　$M_x = X_1 \times x$

　② 내부 에너지

$$U = \frac{1}{2EI}\int_0^L M_x^2 dx = \frac{1}{2EI}\left\{2\int_0^L (X_1 x)^2 dx\right\} = \frac{2X_1^2}{2EI}\left(\frac{L^3}{3}\right) = \frac{X_1^2}{3EI}L^3$$

4) 외부 퍼텐셜 에너지

　① 온도에 의한 곡률

$$y'' = -\frac{\alpha \Delta T}{h}$$

　② 외부 퍼텐셜 에너지

$$V = -\int_0^L y'' M_x dx$$

$$= -2\int_0^L \left(-\frac{\alpha \Delta T}{h}\right)(X_1 x)dx = \left(\frac{\alpha \Delta T}{h}\right)X_1 L^2$$

5) 전체 퍼텐셜 에너지

$$\Pi = U + V = \frac{X_1^2 L^3}{3EI} + \frac{\alpha \Delta T X_1 L^2}{h}$$

4. 최소 퍼텐셜 원리 적용

$$\frac{d\Pi}{dX_1} = \frac{2X_1 L^3}{3EI} + \frac{\alpha \Delta T L^2}{h} = 0$$

$$X_1 = -\frac{3EI\alpha \Delta T}{2hL}$$

5. 휨 부재력

　1) A → B 구간 $M_x = X_1 x = -\dfrac{3EI\alpha \Delta T}{2hL}x$

2) $M_B = -\dfrac{3EI\alpha\,\Delta T}{2hL}L = -\dfrac{3EI\alpha\,\Delta T}{2h}$

3) 부재력도

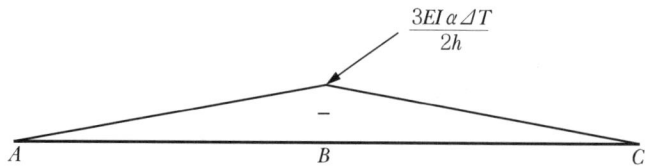

6. 부재 변형

1) $EIy'' = -\dfrac{3EI\alpha\,\Delta T}{2hL}x$

   $\to y'' = -\dfrac{3\alpha\,\Delta T}{2hL}x$

2) $y' = -\dfrac{3\alpha\,\Delta T}{4hL}x^2 + C_1$

3) $y = -\dfrac{3\alpha\,\Delta T}{12hL}x^3 + C_1 x + C_2$

4) 경계조건

   ① $y(0) = 0$; $C_2 = 0$

   ② $y(L) = 0$; $y = -\dfrac{3\alpha\,\Delta T}{12hL}L^3 + C_1 L = 0$

   $\qquad C_1 = \dfrac{3\alpha\,\Delta T}{12h}L$

   $\therefore y = -\dfrac{3\alpha\,\Delta T}{12hL}x^3 + \dfrac{3\alpha\,\Delta TL}{12h}x$

7. 부재 변형도

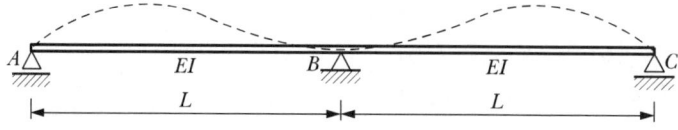

▶▶▶▶ 토목구조기술사   71-2-2

그림과 같은 뼈대구조 ABC가 A점과 C점에서 핀(pin)으로 지지되었다. 뼈대구조 ABC 내측의 온도가 외측의 온도보다 70℃ 높다면($T_1 - T_2 = 70℃$) 이 온도차이로 인하여 발생하는 B점의 모멘트는 얼마인가?(단, $I_{AB} = 8,000 \text{cm}^4$, $I_{BC} = 24,000 \text{cm}^4$, $\alpha = 1.0 \times 10^{-5}/℃$ 이고, $E = 2.5 \times 10^5 \text{kgf/cm}^2$, AB 부재 단면의 높이=20cm, BC 부재 단면의 높이=30cm이며, 모든 부재는 직사각형 단면이다.)

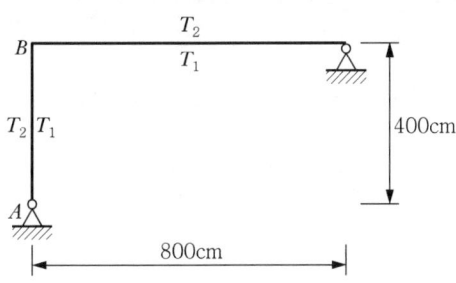

풀이 1 처짐각법

1. 가정

    부재의 축방향 변위는 무시

2. 온도하중에 의한 고정단 모멘트

    1) $y'' = \dfrac{d^2 y}{dx^2} = \dfrac{\alpha \Delta T}{h}$

    2) $M = -EIy'' = -\dfrac{E \cdot I \cdot \alpha \cdot \Delta T}{h}$

    3) 온도에 의한 변형도 및 고정단 모멘트 방향

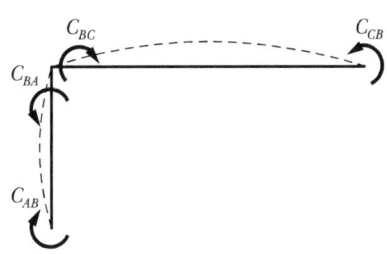

4) 고정단 모멘트

① $C_{AB} = EI_{AB}\dfrac{\alpha \Delta T}{h} = (2.5 \times 10^5 \times 8{,}000) \times \left(\dfrac{1.0 \times 10^{-5} \times 70}{20}\right)$
$= 70{,}000 \text{kgfcm} = 0.7 \text{tfm}$

② $C_{BA} = -0.7 \text{tfm}$

③ $C_{BC} = EI_{BC}\dfrac{\alpha \Delta T}{h} = (2.5 \times 10^5 \times 24{,}000) \times \left(\dfrac{1.0 \times 10^{-5} \times 70}{30}\right)$
$= 140{,}000 \text{kgfcm} = 1.4 \text{tfm}$

④ $C_{CB} = -1.4 \text{tfm}$

5) 지점 A, C의 핀 지점 조건을 이용한 수정 고정단 모멘트

① $H_{BA} = C_{BA} - \dfrac{1}{2}C_{AB} = \dfrac{3}{2} \times (-0.7) = -1.05 \text{tfm}$

② $H_{BC} = C_{BC} - \dfrac{1}{2}C_{CB} = \dfrac{3}{2} \times (1.4) = 2.1 \text{tfm}$

6) 절점 B에 작용하는 고정단 모멘트

$\sum C_B = H_{BA} + H_{BC} = -1.05 + 2.1 = 1.05 \text{tfm}\ (\curvearrowright)$

3. 절점 회전 강성

1) 자유 물체도

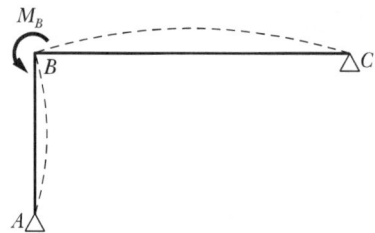

2) $M_{BA} = \dfrac{2EI_{BA}}{L_{BA}}\left(2\theta_B \times \dfrac{3}{4}\right) = \dfrac{3EI_{BA}}{L_{BA}}\theta_B = \dfrac{3EI_{BA}}{4}\theta_B$

3) $M_{BC} = \dfrac{2EI_{BC}}{L_{BC}}\left(2\theta_B \times \dfrac{3}{4}\right) = \dfrac{3EI_{BC}}{L_{BC}}\theta_B = \dfrac{3EI_{BC}}{8}\theta_B$

4) $M_B = M_{BA} + M_{BC}\ (M_B = k_{B\theta}\theta_B)$에 대해서

$M_B = \dfrac{3EI_{BA}}{4}\theta_B + \dfrac{3EI_{BC}}{8}\theta_B$

$$\rightarrow M_B = \frac{3 \times (2.5 \times 10^5 \times 8{,}000 \times 10^{-7})}{4}\theta_B$$
$$+ \frac{3(2.5 \times 10^5 \times 24{,}000 \times 10^{-7})}{8}\theta_B = 375\theta_B$$

5) 절점 B의 회전 강성

$M_B = k_{B\theta}\theta_B = 375\theta_B$ 이므로

$k_{B\theta} = 375\,(\mathrm{tfm/rad})$

4. 작용 모멘트에 대해 절점 B의 회전각

$$\theta_B = \frac{M_B}{k_{B\theta}} = \frac{-C_B}{k_{B\theta}} = \frac{-1.05}{375} = -0.0028\,\mathrm{rad}\,(\curvearrowright)$$

5. 재단 모멘트

1) $M_{BA} = \dfrac{2EI_{BA}}{L_{BA}}\left(2\theta_B \times \dfrac{3}{4}\right) + H_{BA}\,(\curvearrowright)$

$$= \frac{2(2.5 \times 10^5 \times 8{,}000 \times 10^{-7})}{4}\left\{2 \times (-0.0028) \times \frac{3}{4}\right\} - 1.05 = -1.47\,\mathrm{tfm}$$

2) $M_{BC} = \dfrac{2EI_{BC}}{L_{BC}}\left(2\theta_B \times \dfrac{3}{4}\right) + H_{BC}\,(\curvearrowright)$

$$= \frac{2(2.5 \times 10^5 \times 24{,}000 \times 10^{-7})}{8}\left\{2 \times (-0.0028) \times \frac{3}{4}\right\} + 2.1 = 1.47\,\mathrm{tfm}$$

풀이 2 최소일법

1. 부정정 차수 산정

$n =$ 부재수 $+$ 강절점수 $+$ 반력수 $- 2 \times$ 절점수

$= 2 + 1 + 4 - 2 \times 3 = 1$

∴ 1차 부정정 구조물

2. 부정정력 가정 및 반력

1) A점 수직 반력을 부정정 반력(X_1)으로 가정한 자유 물체도

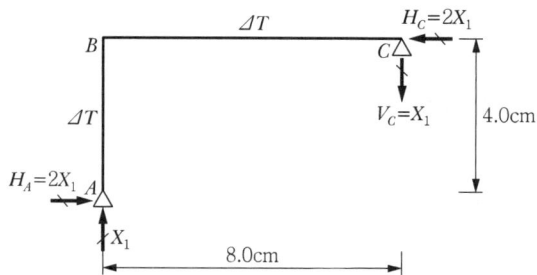

2) 반력 산정

① $\sum V = 0$;

$V_C = X_1 (\downarrow)$

② $\sum M_A = 0$;

$X_1 \times 8 - H_C \times 4 = 0$

$H_C = 2X_1 (\leftarrow)$

③ $\sum H = 0$;

$H_A = 2X_1 (\rightarrow)$

3. 부재력 산정

1) A → B 구간 ($0 \leq x \leq 4.0$m)

$M_x = -2X_1 x$

2) C → B 구간 ($0 \leq x \leq 8.0$m)

$M_x = -X_1 x$

4. 전체 퍼텐셜 에너지

$$\Pi = U + V = \frac{1}{2}\int \frac{M^2}{EI}dx - \int y'' M dx$$

5. 최소 퍼텐셜 에너지 원리 적용

1) 최소 퍼텐셜 원리 ; $\dfrac{d\Pi}{dX_1} = 0$

$\rightarrow \dfrac{d\Pi}{dX_1} = \int \dfrac{M}{EI}\left(\dfrac{dM}{dX_1}\right)dx - \int y''\left(\dfrac{dM}{dX_1}\right)dx = 0$

2) $\int \dfrac{M}{EI}\left(\dfrac{dM}{dX_1}\right)dx$

$$= \int_0^4 \frac{-2X_1 x}{EI_{AB}}(-2x)dx + \int_0^8 \frac{-X_1 x}{EI_{BC}}(-x)dx$$

$$= \int_0^4 \frac{-2X_1 x}{EI_{AB}}(-2x)dx + \int_0^8 \frac{-X_1 x}{EI_{BC}}(-x)dx = \frac{32}{45}X_1$$

여기서, 휨강성

$$EI_{AB} = 2.5 \times 10^5 \times 8,000 = 2.0 \times 10^9 \mathrm{kgf\,cm^2} = 200 \mathrm{tf\,m^2}$$

$$EI_{BC} = 2.5 \times 10^5 \times 24,000 = 6.0 \times 10^9 \mathrm{kgf\,cm^2} = 600 \mathrm{tf\,m^2}$$

3) $\int y'' \left(\dfrac{dM}{dX_1} \right) dx$ 산정

① $y'' = \dfrac{d^2 y}{dx^2} = \dfrac{\alpha \Delta T}{h}$

② $\int y'' \left(\dfrac{dM}{dX_1} \right) dx$

$$= \int_0^4 \left(\frac{\alpha \Delta T}{h_{AB}} \right)\left(\frac{dM}{dX_1} \right) dx + \int_0^8 \left(\frac{\alpha \Delta T}{h_{BC}} \right)\left(\frac{dM}{dX_1} \right) dx$$

$$= \int_0^4 \left(\frac{1.0 \times 10^{-5} \times 70}{0.2} \right)(-2x)\,dx + \int_0^8 \left(\frac{1.0 \times 10^{-5} \times 70}{0.3} \right)(-x)\,dx$$

$$= -0.130656$$

4) $\dfrac{d\Pi}{dX_1} = \int \dfrac{M}{EI}\left(\dfrac{dM}{dX_1} \right)dx - \int y''\left(\dfrac{dM}{dX_1} \right)dx = 0$

→ $\dfrac{32}{45}X_1 + 0.130656 = 0$

→ $X_1 = -0.184 \mathrm{tf}$

∴ A점의 수직 반력 $X_1 = 0.184 \mathrm{tf}(\downarrow)$

6. 자유 물체도

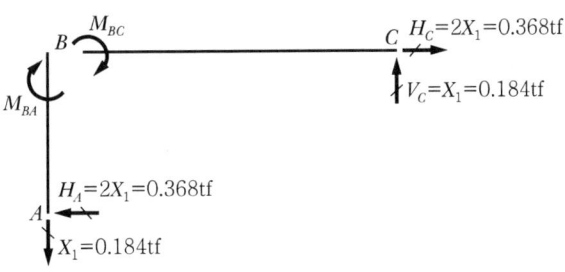

1) $\overline{AB}$ 부재에서

$\sum M_B = 0$

$0.368 \times 4 + M_{BA} = 0$

$M_{BA} = 0.368 \times 4 = -1.472 \text{tfm}(\curvearrowright)$

2) $\overline{BC}$ 부재에서

$\sum M_B = 0$

$-0.184 \times 8 + M_{BC} = 0$

$M_{BC} = 1.472 \text{tfm}(\curvearrowleft)$

풀이 3 매트릭스 변위법

1. 자유 물체도

1) 구조계

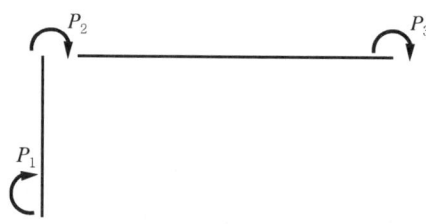

2) 요소계

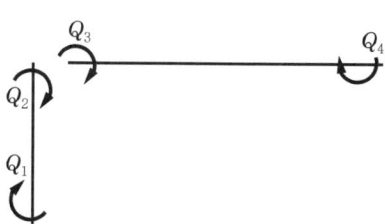

2. 평형 방정식 및 평형 매트릭스

1) 평형 방정식

① $P_1 = Q_1$

② $P_2 = Q_2 + Q_3$

③ $P_3 = Q_4$

2) 평형 매트릭스

① $\{P\} = \{A\}\{Q\}$

$$\begin{Bmatrix} P_1 \\ P_2 \\ P_3 \end{Bmatrix} = \begin{Bmatrix} 1 & 0 & 0 & 0 \\ 0 & 1 & 1 & 0 \\ 0 & 0 & 0 & 1 \end{Bmatrix} \begin{Bmatrix} Q_1 \\ Q_2 \\ Q_3 \\ Q_4 \end{Bmatrix}$$

② $\{A\} = \begin{Bmatrix} 1 & 0 & 0 & 0 \\ 0 & 1 & 1 & 0 \\ 0 & 0 & 0 & 1 \end{Bmatrix}$

3. 전 부재 강도 매트릭스

1) $\{Q\} = \{S\}\{e\}$

2) 휨강성

① $EI_{AB} = 2.5 \times 10^5 \times 8{,}000 = 2.0 \times 10^9 \mathrm{kgfcm}^2 = 200 \mathrm{tfm}^2$

② $EI_{BC} = 2.5 \times 10^5 \times 24{,}000 = 6.0 \times 10^9 \mathrm{kgfcm}^2 = 600 \mathrm{tfm}^2$

3) $\{S\} = \begin{Bmatrix} \dfrac{4 \times 200}{4} & \dfrac{2 \times 200}{4} & 0 & 0 \\ \dfrac{2 \times 200}{4} & \dfrac{4 \times 200}{4} & 0 & 0 \\ 0 & 0 & \dfrac{4 \times 600}{8} & \dfrac{2 \times 600}{8} \\ 0 & 0 & \dfrac{2 \times 600}{8} & \dfrac{4 \times 600}{8} \end{Bmatrix}$

4. 구조물 강도 매트릭스

1) $\{K\} = \{A\}[S]\{A\}^T$

2) $\{K\} = \begin{Bmatrix} 200 & 100 & 0 \\ 100 & 500 & 150 \\ 0 & 150 & 300 \end{Bmatrix}$

5. 고정단 매트릭스

1) 고정단 모멘트

① $C_{AB} = EI_{AB} \dfrac{\alpha \Delta T}{h} = (2.5 \times 10^5 \times 8{,}000) \times \left(\dfrac{1.0 \times 10^{-5} \times 70}{20} \right)$

$\quad = 70{,}000 \mathrm{kgfcm} = 0.7 \mathrm{tfm}$

② $C_{BA} = -0.7 \text{tfm}$

③ $C_{BC} = EI_{BC}\dfrac{\alpha \Delta T}{h} = (2.5 \times 10^5 \times 24{,}000) \times \left(\dfrac{1.0 \times 10^{-5} \times 70}{30}\right)$

$\qquad = 140{,}000 \ kgf\,cm = 1.4 \text{tfm}$

④ $C_{CB} = -1.4 \text{tfm}$

2) 고정단 매트릭스(단위 : tfm)

$\{f\} = \{f_1 ; f_2 ; f_3 ; f_4\} = \{0.7 ; -0.7 ; 1.4 ; -1.4\}$

6. 하중 매트릭스(단위 : tfm)

$\{P\} = \{P_1 ; P_2 ; P_3\} = \{-f_1 ; -f_3 - f_2 ; -f_4\} = \{-0.7 ; -0.7 ; 1.4\}$

7. 격점 변위 매트릭스(단위 : radian)

1) $\{d\} = \{K\}^{-1}\{P\}$

2) $\{d\} = \{d_1 ; d_2 ; d_3\} = \{\theta_A ; \theta_B ; \theta_C\} = \{-0.0021 ; -0.0028 ; 0.0061\}$

8. 부재단 부재력 매트릭스(단위 : tfm)

$\{Q\} = \{Q_1 ; Q_2 ; Q_3 ; Q_4\} = \{S\}\{A^T\}\{d\} + \{f\} = \{0 ; -1.47 ; 1.47 ; 0\}$

2 기변형 및 지점침하 효과

1. 기변형 효과

제작 오차에 의해서 구조물 조립 시부터 이미 응력이 발생(Pre-stress)한 상태를 유발한다.

2. 기변형 효과

지점 침하에 의해서 구조물 하중작용 전부터 이미 응력이 발생한 상태를 유발한다.

▶▶▶▶ 토목구조기술사   91-4-6

복공판 시공과정에서 중앙지점 B의 위치가 A점과 C점에 비해 낮게 위치하여 ($\Delta = 10\text{mm}$) 단순지지 형태로 설치되었다. 복공판의 총 길이($2L$)는 2m이고, 휨강성 $EI = 1.2 \times 10^6 \text{Nm}^2$이다. 등분포하중 q의 크기가 0에서 500kN/m까지 변화할 때, B점의 모멘트 M_B와 q의 관계를 그림으로 나타내시오.

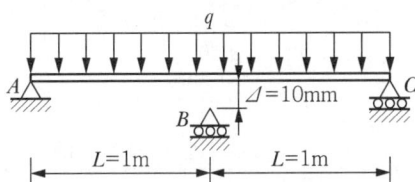

1. STEP – 1(단순보일 경우)

   1) 처짐이 10mm일 때 하중

   $$\Delta = \frac{5ql^4}{384EI} = \frac{5q(2.0)^2}{384 \times 1.2 \times 10^6 \times 10^{-3}} = 10 \times 10^{-3} \rightarrow q = 57.6 \text{kN/m}$$

   2) 처짐이 10mm일 때(즉, $q = 57.6\text{kN/m}$) 휨 모멘트 (정모멘트)

   $$M_B = \frac{ql^2}{8} = \frac{57.6 \times 2.0^2}{8} = 28.8 \text{kN} \cdot \text{m}$$

2. STEP – 2(초기 처짐이 10mm인 2경간 연속보일 경우)

   1) 초기 처짐에 의한 모멘트

   ① $M_{AB} = \dfrac{2EI}{l_{AB}} \left(2\theta_A + \theta_B - 3\dfrac{\Delta}{l_{AB}} \right)$

   $= \dfrac{2 \times 1.2 \times 10^6 \times 10^{-3}}{1.0} \left(2\theta_A + 0 - 3\dfrac{10 \times 10^{-3}}{1.0} \right) = 0$

   $2{,}400(2\theta_A - 0.03) = 0 \rightarrow \theta_A = 0.015 \text{rad}$

   ② $M_{BA} = \dfrac{2EI}{l_{AB}} \left(2\theta_B + \theta_A - 3\dfrac{\Delta}{l_{AB}} \right)$

   $= \dfrac{2 \times 1.2 \times 10^6 \times 10^{-3}}{1.0} \left(0 + 0.015 - 3\dfrac{10 \times 10^{-3}}{1.0} \right)$

   $= 2{,}400(0.015 - 0.03) = -36 \text{kN} \cdot \text{m}$

   전체 좌표계에서 $M_{B1} = 36 \text{kN} \cdot \text{m}$

2) 하중 $q(57.6 \leq q \leq 500.0) \to q' = q - 57.6 (0.0 \leq q' \leq 442.4)$에 대해

① 고정단 모멘트

$$C_{AB} = -\frac{q' \cdot l_{AB}^2}{12} = -\frac{q'}{12}, \quad C_{BA} = \frac{q' \cdot l_{AB}^2}{12} = \frac{q'}{12}$$

② $M_{AB} = \dfrac{2EI}{l_{AB}}(2\theta_A + \theta_B) - \dfrac{q'}{12} = \dfrac{2 \times 1.2 \times 10^6 \times 10^{-3}}{1.0}(2\theta_A + 0) - \dfrac{q'}{12} = 0$

$\to 2,400(2\theta_A) - \dfrac{q'}{12} = 0 \to \theta_A = \dfrac{q'}{57,600}$

③ $M_{BA} = \dfrac{2EI}{l_{AB}}(2\theta_B + \theta_A) + \dfrac{q'}{12} = \dfrac{2 \times 1.2 \times 10^6 \times 10^{-3}}{1.0}(\theta_A + 0) + \dfrac{q'}{12}$

$= 2,400 \cdot \theta_A + \dfrac{q'}{12} = 2,400 \cdot \dfrac{q'}{57,600} + \dfrac{q'}{12}$

전체 좌표계에서 $M_{B2} = -2,400 \cdot \dfrac{q'}{57,600} - \dfrac{q'}{12} = -\dfrac{1}{8}q' = -\dfrac{1}{8}(q - 57.6)$

3. 하중 변화에 따른 M_B

1) $0.0 \leq q \leq 57.6$

$$M_B = \frac{ql^2}{8} = \frac{4q}{8} = 0.5q$$

2) $57.6 \leq q \leq 500.0$

$$M_B = M_{B1} + M_{B2} = 36 - \frac{1}{8}(q - 57.6)$$

3) 하중 변화에 따른 M_B 값 관계 그래프

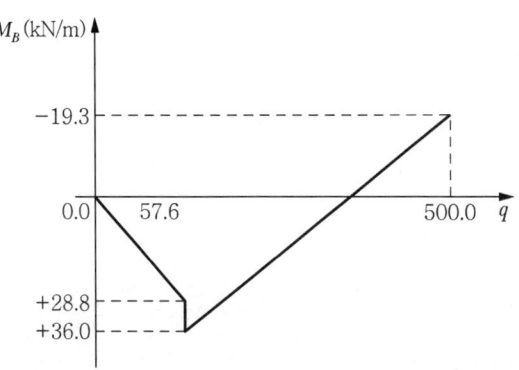

05 모멘트 면적법과 모어의 정리

1. 개요

1) 모멘트 면적법 정의 1
탄성곡선 상 임의의 두 점 간의 접선각의 차이는 두 점 사이에 있는 M/EI도의 면적과 같다.

2) 모멘트 면적법 정의 2
임의의 점에서의 처짐은 그 점에서 M/EI도의 1차 모멘트의 값과 같다.

3) 모어의 정리(Mohr's Theorem, 탄성하중법)
단순보의 임의점에서 처짐각 θ와 처짐 δ는 각 점의 M/EI도를 가상하중으로 생각할 때, 그 점에 생기는 전단력 및 휨 모멘트와 같다.

2. 공액보(Conjugate Beam)

1) 개요
모어의 정리를 적용시킬 수 있도록 단부 조건을 변화시킨 보를 공액보라 한다.

2) 단부 조건

실제보 단부 조건		공액보
고정단	→	자유단
자유단	→	고정단
내부힌지	→	내측지점
내측지점	→	내부힌지

3) 공액보 적용 예

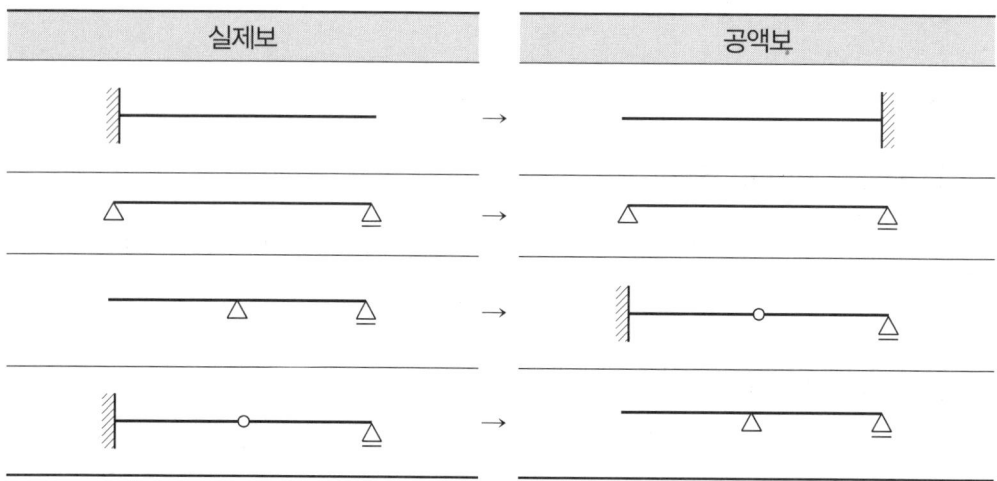

▶▶▶ 건축구조기술사 81-4-4

보의 춤이 직선으로 변하는 변단면 내민보(켄틸레버보)의 자유단에 집중하중 P=10kN 이 작용할 때 자유단의 처짐을 구하시오.

1 경간은 6.0m
2 단면치수는 H−300×300×13×20(자유단), H−600×300×13×20(고정단)
3 플랜지와 웨브 사이의 필렛은 무시
4 보자중은 무시하고, 모멘트 면적법 이용 시 분할은 5등분으로 함
5 $E_s = 200,000\text{N/mm}^2$

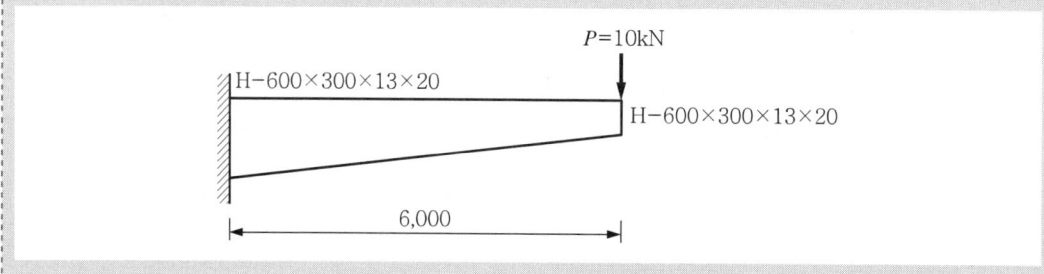

풀이 1 모멘트 면적법

1. 단면의 분할

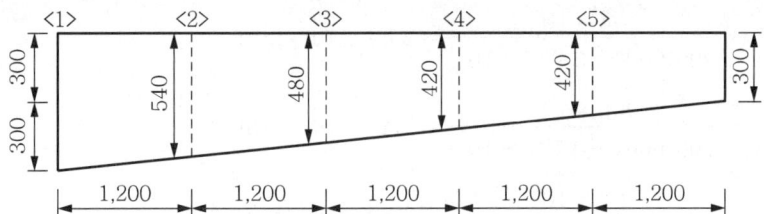

2. 각 절점에서 휨 부재력 및 휨 모멘트도

   1) 휨 부재력

   $M_1 = -(10 \times 10^3) \times 6,000 = -6.0 \times 10^7 \mathrm{Nmm}$

   $M_2 = -(10 \times 10^3) \times 4,800 = -4.8 \times 10^7 \mathrm{Nmm}$

   $M_3 = -(10 \times 10^3) \times 3,600 = -3.6 \times 10^7 \mathrm{Nmm}$

   $M_4 = -(10 \times 10^3) \times 2,400 = -2.4 \times 10^7 \mathrm{Nmm}$

   $M_5 = -(10 \times 10^3) \times 1,200 = -1.2 \times 10^7 \mathrm{Nmm}$

   2) 휨 모멘트도(단위 : Nmm)

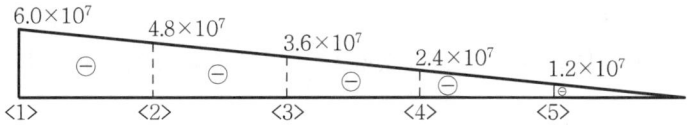

3. 공액보

   1) 각 단면의 단면 2차 모멘트

   $I_1 = \dfrac{1}{12}(300 \times 600^3 - 287 \times 560^3) = 1.2 \times 10^9 \mathrm{mm}^4$

   $I_2 = \dfrac{1}{12}(300 \times 540^3 - 287 \times 500^3) = 0.947 \times 10^9 \mathrm{mm}^4$

   $I_3 = \dfrac{1}{12}(300 \times 480^3 - 287 \times 440^3) = 0.727 \times 10^9 \mathrm{mm}^4$

   $I_4 = \dfrac{1}{12}(300 \times 420^3 - 287 \times 380^3) = 0.540 \times 10^9 \mathrm{mm}^4$

   $I_5 = \dfrac{1}{12}(300 \times 360^3 - 287 \times 320^3) = 0.383 \times 10^9 \mathrm{mm}^4$

2) M/EI

$$\frac{M_1}{EI_1} = \frac{6.0 \times 10^7}{200{,}000 \times (1.2 \times 10^9)} = 2.5 \times 10^{-7} \text{mm}^{-1}$$

$$\frac{M_2}{EI_2} = \frac{4.8 \times 10^7}{200{,}000 \times (0.947 \times 10^9)} = 2.53 \times 10^{-7} \text{mm}^{-1}$$

$$\frac{M_3}{EI_3} = \frac{3.6 \times 10^7}{200{,}000 \times (0.727 \times 10^9)} = 2.47 \times 10^{-7} \text{mm}^{-1}$$

$$\frac{M_4}{EI_4} = \frac{2.4 \times 10^7}{200{,}000 \times (0.540 \times 10^9)} = 2.22 \times 10^{-7} \text{mm}^{-1}$$

$$\frac{M_5}{EI_5} = \frac{1.2 \times 10^7}{200{,}000 \times (0.380 \times 10^9)} = 1.56 \times 10^{-7} \text{mm}^{-1}$$

3) M/EI 도

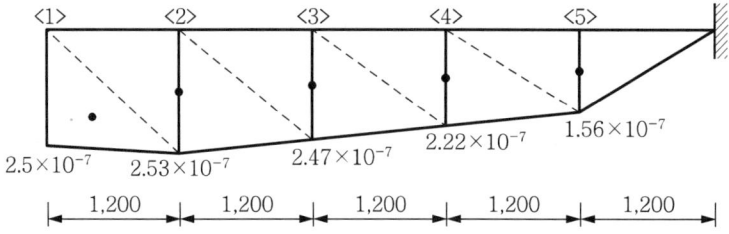

4. 자유단의 처짐

$$\delta = \frac{1}{2} \times 2{,}400 \times (1.56 \times 10^{-7}) \times 1{,}200 + \frac{1}{2} \times 2{,}400 \times (2.22 \times 10^{-7}) \times 2{,}400 + \frac{1}{2}$$
$$\times 2{,}400 \times (2.47 \times 10^{-7}) \times 3{,}600 + \frac{1}{2} \times 2{,}400 \times (2.53 \times 10^{-7}) \times 4{,}800 + \frac{1}{2} \times 1{,}200$$
$$\times (2.53 \times 10^{-7}) \times \left(4{,}800 + 1{,}200 \times \frac{2}{3}\right) = 4.24 \text{mm}$$

풀이 2 가상일법

1. 실제 힘에 의한 부재력 산정

    1) 자유 물체도

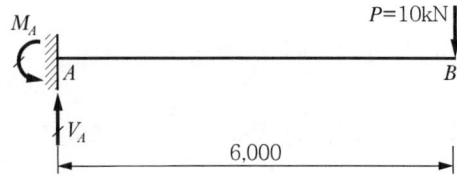

① $\sum V = 0$; $V_A = 10\text{kN}$ (↑)
② $\sum M_A = 0$; $-M_A + 10 \times 6.0 = 0$
∴ $M_A = 60\text{kNm}$ (↻)

2) 휨 부재력도

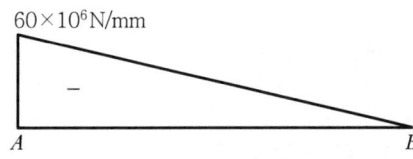

2. 임의의 점에서의 단면2차 모멘트(x : 자유단 → 고정 지점)

1) 단면의 형상

$h_x = 300 + ax$

$h_{(x=6,000)} = 300 + a \times 6,000 = 600 \rightarrow a = 0.05$

∴ $h_x = 300 + 0.05x$

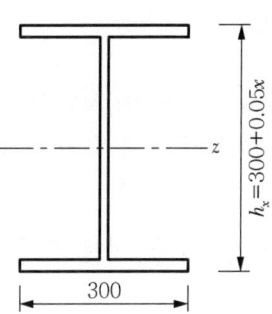

2) 단면 2차 모멘트 I_z 산정

$I_z = \dfrac{1}{12}\{300{h_x}^3 - 287(h_x - 2 \times 20)^3\}$

$= 0.000135(x^3 + 70,984.6x^2 + 7.014 \times 10^8 x + 1.88 \times 10^{12})$

3. 자유단의 처짐

1) 실제 작용력에 의한 휨 부재력

$M_x = 10,000\,x$

2) 가상힘에 의한 휨 부재력

$M_x = x$

3) 자유단의 처짐

$\delta = \displaystyle\int_0^{6,000} \dfrac{M_{x0}M_{x1}}{EI_z}dx = \int_0^{6,000} \dfrac{10,000x \times x}{200,000\,I_z}dx = 4.27\,\text{mm}$

06 가상일법

1. 개요

① 에너지법의 일종
② 단위하중(Unit Load)법 이라고 함
③ 부정정 구조물의 반력 산정
④ 라멘, 트러스 등의 구조물의 변형 계산

2. 원리

평형을 유지하고 있는 구조물에 가상의 외력에 의해 평형 위치로부터 미소한 변위를 일으킬 때 실제 외력 및 구조물이 얻은 가상일의 총합은 "0"이다.

3. 가상일의 원리를 이용한 부재별 변위의 산정

1) 외력에 의한 가상일 = 내력에 의한 가상일

외력이 한 일		내력이 한 일(휨 모멘트, 축력, 전단력, 비틀림)
$P\delta$	=	$\int \dfrac{M_0 M_1}{EI} dx + \int \dfrac{N_0 N_1}{EA} dx + k \int \dfrac{V_0 V_1}{GA} dx \int \dfrac{T_0 T_1}{GJ} dx$

여기서, M_0, N_0, V_0, T_0 : 실제 하중에 의한 부재의 부재력(휨 모멘트, 축력, 전단력, 비틀림)
M_1, N_1, V_1, T_1 : 단위 하중 $\overline{P}=1$에 의한 부재의 부재력
(휨 모멘트, 축력, 전단력, 비틀림)
k : 전단력에 의한 형상계수

2) 외력 P에 단위하중 $\overline{P}=1$을 적용

$$\delta = \int \dfrac{M_0 M_1}{EI} dx + \int \dfrac{N_0 N_1}{EA} dx + k \int \dfrac{V_0 V_1}{GA} dx \int \dfrac{T_0 T_1}{GJ} dx$$

① 휨재(축력, 전단력, 비틀림의 영향 무시)

$$\delta = \int \dfrac{M_0 M_1}{EI} dx$$

② 트러스 부재(절점 Pin 조건)

㉠ 일반식

$$\delta = \int \frac{N_0 N_1}{EA} dx$$

㉡ 개별 부재의 단면적이 일정할 경우
트러스 전체에 대한 총 내력의 가상일은 부재수의 합

$$\delta = \sum \frac{N_0 N_1}{E_i A_i} L_i$$

3) 부호(계산한 처짐 또는 처짐각의 부호)

① "+" : 실제 방향은 가상 단위하중의 작용 방향과 같은 방향
② "−" : 실제 방향은 가상 단위하중의 작용 방향과 반대 방향

4. 참고

1) 가상 변위법(Virtual Displacement Method, 통칭하여 가상일의 원리)

① 강체(Rigid Body)의 경우

평형상태에 있는 강체에 단부 조건과 적합한 모든 가상변위에 의한 가상일은 0이다.
$\delta W = 0$

② 변형체(Deformable Body)의 경우

평형상태에 있는 변형체에 단부 조건과 적합한 모든 가상변위에 의한 외적 가상일과 내적 가상일의 합은 0임

$\delta W = \delta W_E + \delta W_I = 0, \quad \therefore \delta W_E = -\delta W_I$

여기서, $\delta W_E = P \cdot (\delta \Delta), \; \delta W_I = s \cdot (\delta v)$

여기서, P : 실제 힘 $\delta \Delta$: 가상의 구조물 변위
s : 실제 단면적 δv : 가상의 요소 변형

2) 가상힘의 법(Virtual Force Method, 통칭하여 가상 상보일의 원리)

① 변위나 변형률이 단부조건과 적합하다면, 평형을 만족시키는 가상힘이나 가상응력에 의한 외적 가상 상보일(External Virtual Complementary Work)과 내적 가상 상보일의 합은 0이다.

$$\delta W^* = \delta W_E^* + \delta W_I^* = 0, \quad \therefore \delta W_E^* = -\delta W_I^*$$

여기서, $\delta W_E^* = (\delta P)\Delta$, $-\delta W_I^* = (\delta s)v$

여기서, δP : 가상 힘 Δ : 실제 구조물 변위
δs : 가상 단면력 v : 실제 요소 변형
* : 위첨자 표기는 가상 변위법과 구분하기 위한 표기임

② 특징 및 적용

㉠ 이론적으로 어떠한 응력−변형률 관계에서도 적용 가능하다. 그러나 실제적으로 응력과 변형률이 Coupling되어 있기 때문에 적용하기 어렵다.

㉡ Non−Conservative한 System에서도 적용 가능하다.

㉢ 적합조건을 유도함 → Matrix 응력법 유도 시 사용

3) 전단력에 의한 형상계수(k, Form Factor for Shear)

① 의미

단면의 형상에 따라 결정되는 상수, 전단에 의한 전단 변형을 구하기 위한 보정계수이다.

② 전단력이 단면에 작용할 경우 단면위치에 따라 전단 응력 분포가 다르다. 예를 들면, H형강의 경우 상하 플랜지는 삼각형 분포의 전단응력이 복부판에는 포물선 형태의 전단응력이 발생한다. 따라서 단면에 전단력이 작용할 때 전단 변형량을 산정하기 위해서는 단면에 전단응력의 분포가 어떠한지를 고려하여 변형을 산정하여야 하는데 이때 사용되는 보정계수가 전단형상계수이다.

③ 직사각형 단면에 대해서 $k = 1.2$, 원형 단면에 대하여 $\dfrac{10}{9}$, 그리고 I형 단면에 대해서는 단면적을 복부(web)의 단면적 A_w로 치환했을 때 $k = 1.0$이다.

▶▶▶ 건축구조기술사   93-2-3

다음 그림과 같은 트러스에서 C점의 수직처짐(δ_C)을 구하시오. (단, 각 부재는 동일 재료이며, 탄성계수 $E = 205,000\text{N/mm}^2$, 단면적 $A_o = 400\text{mm}^2$)

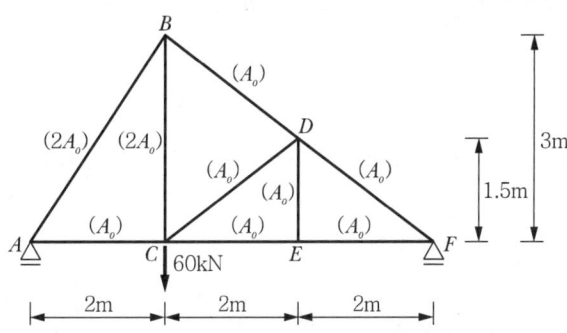

1. 반력 산정

   1) $\sum M_A = 0$

   $60 \times 2 - V_F \times 6 = 0$

   $\therefore V_F = 20\text{kN} (\uparrow)$

   2) $\sum V = 0$

   $V_A - 60 + V_F = 0$

   $\therefore V_A = 40\text{kN} (\uparrow)$

2. 외력도 및 부재력도(단위 : kN)

   1) 자유 물체도

   $\overline{AB} = \sqrt{2^2 + 3^2} = \sqrt{13}$

   $\overline{BF} = \sqrt{4^2 + 3^2} = 5$

   $\sin\theta_1 = \dfrac{3}{\sqrt{13}}$

   $\cos\theta_1 = \dfrac{2}{\sqrt{13}}$

   $\sin\theta_2 = \dfrac{3}{5}$

   $\cos\theta_2 = \dfrac{4}{5}$

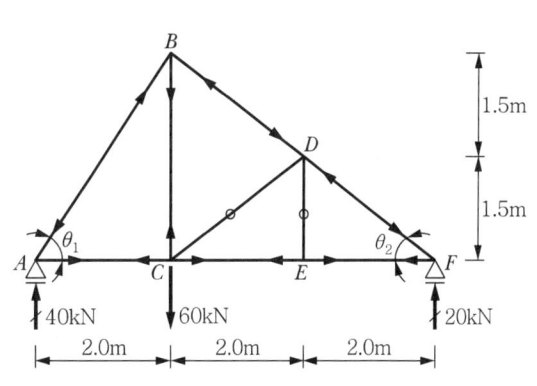

※ 영부재

ⓐ 3개의 부재가 모이는 절점에서 외력이 없을 때 일직선 상의 2개 부재가 아닌 나머지 부재는 영부재이므로 $\overline{DE}$ 부재는 영부재이다.(E절점 기준)

ⓑ $\overline{CD}$ 부재는 영부재이다.(D절점 기준)

2) 절점 A에서

① $\sum V = 0$;

$$40 - N_{AB}\sin\theta_1 = 0 \rightarrow N_{AB} = \frac{40}{\sin\theta_1} = \frac{40\sqrt{13}}{3}\text{kN (압축)}$$

② $\sum H = 0$;

$$N_{AB}\cos\theta_1 + N_{AC} = 0 \rightarrow N_{AC} = \frac{40\sqrt{13}}{3} \times \frac{2}{\sqrt{13}} = \frac{80}{3}\text{kN (인장)}$$

3) 절점 F에서

① $\sum V = 0$;

$$20 - N_{DF}\sin\theta_2 = 0 \rightarrow N_{DF} = \frac{20}{\sin\theta_2} = \frac{100}{3}\text{kN (압축)}$$

② $\sum H = 0$;

$$N_{DF}\cos\theta_2 - N_{FE} = 0 \rightarrow N_{FE} = \frac{100}{3} \times \frac{4}{5} = \frac{80}{3}\text{kN (인장)}$$

4) 절점 E에서 $\sum H = 0$;

$$N_{EC} = N_{EF} = \frac{80}{3}\text{kN (인장)}$$

5) 절점 C에서

① $\sum H = 0$;

$$N_{DC}\sin\theta_2 + N_{CE} - N_{CA} = 0 \rightarrow N_{DC} = \frac{1}{\sin\theta_2}\left(\frac{80}{3} - \frac{80}{3}\right) = 0$$

② $\sum V = 0$;

$$N_{CB} - 60 = 0 \rightarrow N_{CB} = 60\text{kN (인장)}$$

6) 부재력도(단위 : kN)

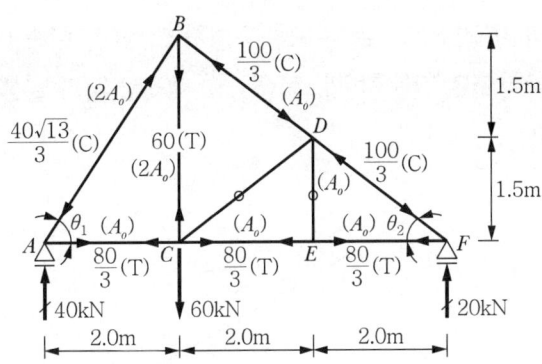

3. 가상일의 원리를 적용한 C점의 수직 변위 산정

1) 실제 하중에 의한 부재력을 N_o, C점의 단위하중 $\overline{P_C}=1$에 대한 부재력을 N_1이라 한다.

2) $\delta_C = \sum \dfrac{N_o N_1}{(A_o E)_i} L_i$

$= \dfrac{1}{(400 \times 10^{-6}) \times (2.05 \times 10^8)} [\dfrac{80}{3} \times \left(\dfrac{80}{3 \times 60}\right) \times 2.0 \times 3 + \dfrac{1}{2} \times 60 \times \left(\dfrac{60}{60}\right) \times 3.0$

$\times 1 + \dfrac{1}{2} \times \dfrac{40\sqrt{13}}{3} \times \left(\dfrac{1}{60} \times \dfrac{40\sqrt{13}}{3}\right) \times \sqrt{13} \times 1 + \dfrac{100}{3} \times \dfrac{100}{3 \times 60} \times 2.5 \times 2]$

$= 0.00394\text{m} = 3.94\text{mm}$

여기서, $A_o = 400\text{mm}^2 = 400 \times 10^{-6}\text{m}^2$,

$E = 205,000\,\text{N}/\text{mm}^2 = 205,000 \times 10^{-3}/10^{-6}\,\text{N}/\text{mm}^2$

$= 2.05 \times 10^8 \text{kN}/\text{m}^2$

▶▶▶ 건축구조기술사 86-2-2

같은 재료로 된 강재 AC와 BC가 트러스를 구성하고 있다. 하중 P_1과 P_2가 절점 C에서 각각 부재 AC와 BC 방향으로 작용할 때, 절점 C의 수직변위가 발생하지 않을 경우, 하중비 (P_1/P_2)를 구하시오.

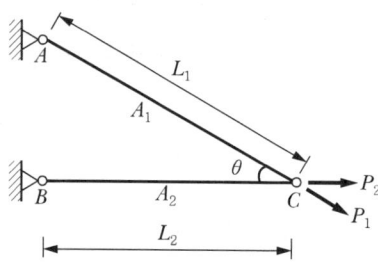

1. 절점 C에 대한 평형 조건

    1) 자유 물체도

    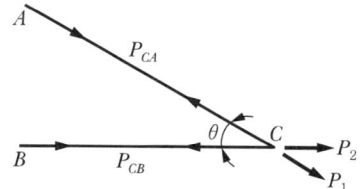

    2) $\sum V = 0$; $-P_1 \sin\theta + P_{CA} \sin\theta = 0$

    $\therefore P_{CA} = P_1$ (인장)

    3) $\sum H = 0$; $P_1 \cos\theta + P_2 - P_{CA} \cos\theta - P_{CB} = 0$

    → $P_1 \cos\theta + P_2 - P_1 \cos\theta - P_{CB} = 0$

    $\therefore P_{CB} = P_2$ (인장)

2. 절점 C에 가상 수직 하중 $\overline{P_C} = 1$에 대해서

    1) 자유 물체도

    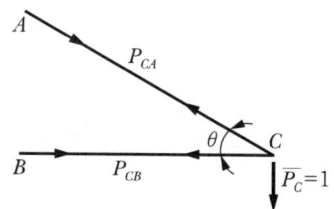

2) $\sum V = 0$; $-1 + P_{CA}\sin\theta = 0$

∴ $P_{CA} = \dfrac{1}{\sin\theta}$ (인장)

3) $\sum H = 0$; $-P_{CA}\cos\theta - P_{CB} = 0$

∴ $P_{CB} = -P_{CA}\cos\theta = -\dfrac{\cos\theta}{\sin\theta}$ (압축)

3. $_v\delta_C$ 산정 및 $_v\delta_C = 0$ 조건을 이용한 P_1/P_2 산정

$$_v\delta_C = \dfrac{1}{EA_1}P_1\dfrac{1}{\sin\theta}L_1 + \dfrac{1}{EA_2}P_2\left(-\dfrac{\cos\theta}{\sin\theta}\right)L_2 = 0 \;\rightarrow\; \dfrac{P_1}{A_1}L_1 = \dfrac{P_2}{A_2}L_2\cos\theta$$

∴ $\dfrac{P_1}{P_2} = \dfrac{A_1 L_2}{A_2 L_1}\cos\theta$

▶▶▶▶ 내부 힌지가 있는 라멘   예제

다음 구조물의 절점 E의 변위를 산정하시오. (단, EI는 일정함)

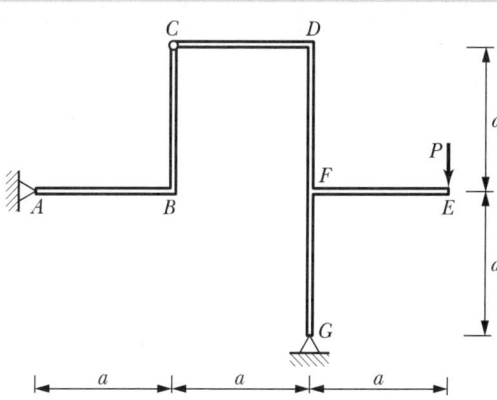

1. 구조물의 부정정 차수

$n =$ 부재수 + 강절점수 + 반력수 $- 2 \times$ 절점수
$\quad= 6+4+4-2\times 7 = 0$: 정정 구조물

2. 반력 산정

1) 자유 물체도

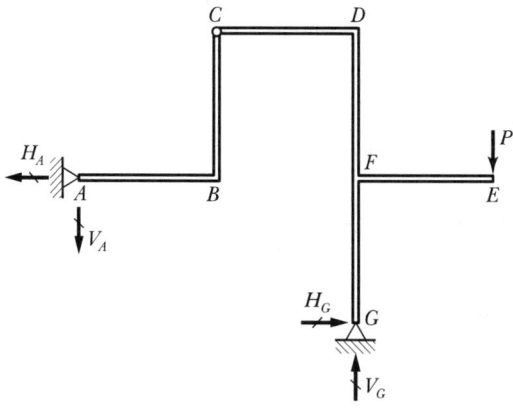

2) $\sum M_G = 0$; $-V_A \times 2a - H_A \times a + P \times a = 0 \rightarrow 2V_A + H_A = P$

3) $\sum M_{C(좌)} = 0$; $-V_A \times a + H_A \times a = 0 \rightarrow V_A = H_A$

   2)에 대입하면 $V_A = H_A = \dfrac{P}{3}$

4) $\sum V = 0$; $V_G = \dfrac{4P}{3}$

5) $\sum H = 0$; $H_G = \dfrac{P}{3}$

3. 부재력 산정

1) A → B 부재 ; $M_x = -V_A \times x = -\dfrac{P}{3}x$

2) B → C 부재 ; $M_x = -V_A \times a + H_A x = -\dfrac{P}{3}a + \dfrac{P}{3}x$

3) E → F 부재 ; $M_x = -P \times x$

4) G → F 부재 ; $M_x = -\dfrac{P}{3} \times x$

5) C → D 부재 ; $M_x = -\dfrac{P}{3} \times x$

6) D → F 부재 ; $M_x = -\dfrac{P}{3} \times a - \dfrac{P}{3} \times x$

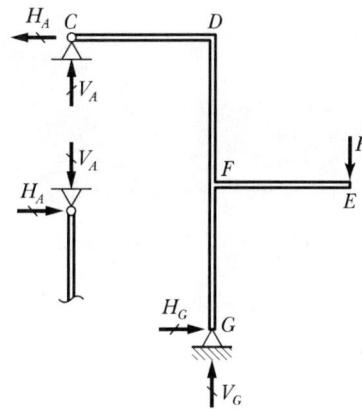

4. E점 수직변위 산정

$$\delta_{Ev} = \frac{1}{EI}\int M_x \frac{dM_x}{dP}dx$$

$$= \frac{1}{EI}\left\{3\times\int_0^a\left(-\frac{P}{3}x\right)\left(-\frac{x}{3}\right)dx + \int_0^a\left(-\frac{P}{3}a + \frac{P}{3}x\right)\left(-\frac{a}{3} + \frac{x}{3}\right)dx\right.$$

$$\left. + \int_0^a(-Px)(-x)dx + \int_0^a\left(-\frac{P}{3}a - \frac{P}{3}x\right)\left(-\frac{a}{3} - \frac{x}{3}\right)dx\right\}$$

$$= \frac{1}{EI}\left(3\times\frac{Pa^3}{27} + \frac{Pa^3}{27} + \frac{Pa^3}{3} + \frac{7Pa^3}{27}\right) = \frac{1}{EI}\frac{20Pa^3}{27}$$

5. E점에 가상 수평력 $\overline{H_E} = 1$이 작용할 경우

1) 자유 물체도

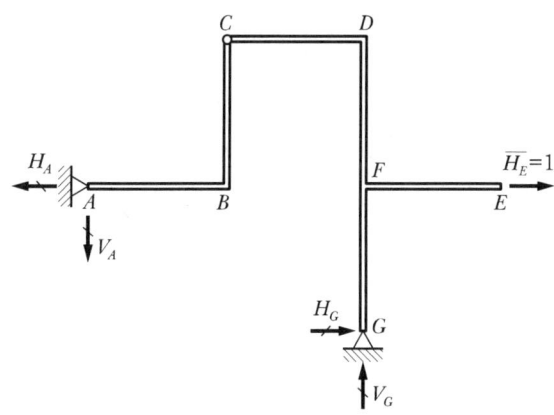

2) 반력 산정

① $\sum M_G = 0$; $-V_A \times 2a - H_A \times a + 1 \times a = 0 \rightarrow 2V_A + H_A = 1$

② $\sum M_{C(좌)} = 0$; $-V_A \times a + H_A \times a = 0 \rightarrow V_A = H_A$

　① 결과식 $2V_A + H_A = 1$에 $V_A = H_A$ 대입하면

③ $\sum V = 0$; $V_G = \dfrac{1}{3}$

④ $\sum H = 0$; $H_G = \dfrac{2}{3}$

3) 부재력 M_{x1} 산정

① A → B 부재 ; $M_{x1} = -V_A \times x = -\dfrac{1}{3}x$

② B → C 부재 ; $M_{x1} = -V_A \times a + H_A x = -\dfrac{1}{3}a + \dfrac{1}{3}x$

③ E → F 부재 ; $M_{x1} = 0$

④ G → F 부재 ; $M_{x1} = \dfrac{2}{3} \times x$

⑤ C → D 부재 ; $M_{x1} = -\dfrac{1}{3} \times x$

⑥ D → F 부재 ; $M_{x1} = -\dfrac{1}{3} \times a - \dfrac{1}{3} \times x$

6. E점 수평변위 산정

$$\delta_{Eh} = \dfrac{1}{EI} \int M_x M_{x1} dx$$

$$= \dfrac{1}{EI} \left\{ 2\int_0^a \left(-\dfrac{P}{3}x\right)\left(-\dfrac{x}{3}\right)dx + \int_0^a \left(-\dfrac{P}{3}a + \dfrac{P}{3}x\right)\left(-\dfrac{a}{3} + \dfrac{x}{3}\right)dx \right\}$$

$$+ \dfrac{1}{EI} \left\{ \int_0^a \int_0^a (-Px)(0)dx + \int_0^a \left(-\dfrac{P}{3}x\right)\left(\dfrac{2x}{3}\right)dx \right\}$$

$$+ \int_0^a \left(-\frac{P}{3}a - \frac{P}{3}x\right)\left(-\frac{a}{3} - \frac{x}{3}\right)dx \right\}$$

$$= \frac{1}{EI}\left(2 \times \frac{Pa^3}{27} + \frac{Pa^3}{27} + 0 - \frac{2Pa^3}{27} + \frac{7Pa^3}{27}\right) = \frac{1}{EI}\frac{8Pa^3}{27}$$

7. 수직 · 수평변위 벡터 합에 의한 절점 E의 변위

$$\delta_E = \sqrt{\delta_{Ev}^2 + \delta_{Eh}^2} = \frac{1}{EI}\frac{1}{27}\sqrt{8^2 + 20^2} = \frac{4\sqrt{29}}{27EI}$$

▶▶▶ 건축구조기술사 80-4-2

다음 변단면 단순보의 처짐각 θ_A, 처짐 δ_C를 구하시오. (단, A점에서 x 떨어진 단면의 단면 2차 모멘트 $I_x = \frac{2x}{l}I$ 이고, 보중앙 대칭단면임. 탄성계수 E)

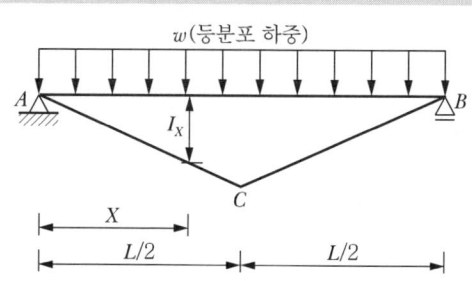

1. 실제 하중에 의한 휨 모멘트

   1) 자유 물체도

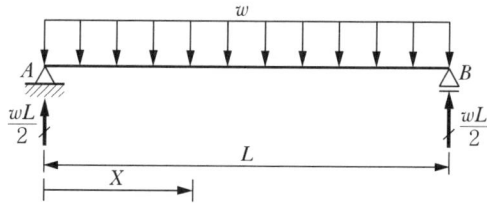

2) 실제 하중에 의한 부재력

① A → C 구간 $(0 \leq x \leq L/2)$

$$M_{x0} = \frac{wL}{2}x - \frac{w}{2}x^2$$

② B → C 구간 $(0 \leq x \leq L/2)$

$$M_{x0} = \frac{wL}{2}x - \frac{w}{2}x^2$$

2. 가상 모멘트 하중 $\overline{M_A} = 1.0$에 의한 휨 모멘트

1) 자유물체도 및 지점반력 산정

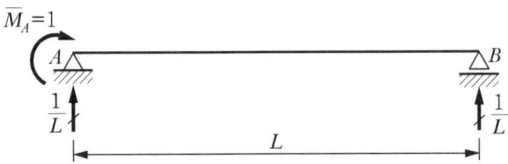

$\sum M_A = 0$;

$1 - V_B L = 0 \rightarrow V_B = 1/L (\uparrow)$

$\sum V = 0$; $V_A = 1/L (\downarrow)$

2) 가상 하중에 의한 부재력

① A → C 구간 $(0 \leq x \leq L/2)$

$$M_{x1} = 1 - \frac{1}{L}x$$

② B → C 구간 $(0 \leq x \leq L/2)$

$$M_{x1} = \frac{1}{L}x$$

3) 처짐각 θ_A

$$\theta_A = \frac{1}{E}\int_0^{L/2}\left(\frac{1}{I_x}\right)\left(\frac{wL}{2}x - \frac{w}{2}x^2\right)\left(1 - \frac{x}{L}\right)dx + \frac{1}{E}\int_0^{L/2}\left(\frac{1}{I_x}\right)\left(\frac{wL}{2}x - \frac{w}{2}x^2\right)\left(\frac{x}{L}\right)dx$$

$$= \frac{7wL^3}{96EI} + \frac{wL^3}{48EI} = \frac{3wL^3}{32EI}$$

3. 가상하중에 의한 부재력 산정

 1) 가상 집중 하중 $\overline{P_c} = 1.0$에 의한 자유 물체도

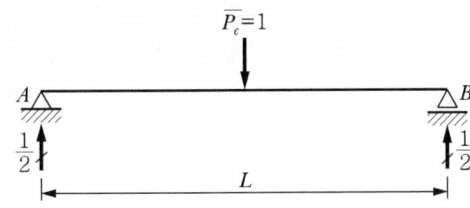

 2) 가상 하중에 의한 부재력

  ① A → C 구간($0 \leq x \leq L/2$)

  $$M_{x1} = \frac{1}{2}x$$

  ② B → C 구간($0 \leq x \leq L/2$)

  $$M_{x1} = \frac{1}{2}x$$

4. 처짐 δ_C

$$\delta_C = \frac{2}{E}\int_0^{L/2}\left(\frac{1}{I_x}\right)\left(\frac{wL}{2}x - \frac{w}{2}x^2\right)\left(\frac{x}{2}\right)dx = \frac{wL^4}{48EI}$$

▶▶▶▶ 건축구조기술사 100-3-3

등분포하중 w가 작용하는 지간 l의 캔틸레버보에서 전단처짐 및 굽힘처짐에 대한 방정식을 구하고, 자유단의 전단처짐(δ_1)과 굽힘처짐(δ_2)의 비 δ_1/δ_2를 구하시오. (단, $l = 200$cm, 재료의 탄성계수비 $E/G = 2.5$이며, 보의 단면은 $I-600 \times 190 \times 16 \times 35$이고 단면적 $A = 224.5$cm^2, 단면 2차 모멘트 $I = 130,000$mm^{4}이다.)

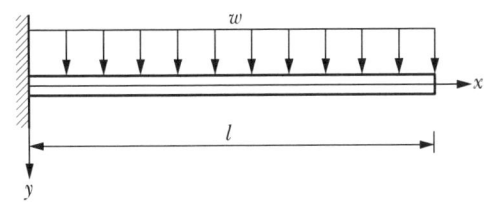

1. 처짐에 대한 방정식 및 처짐 산정

1) 실제 작용력에 대한 자유 물체도 및 부재력

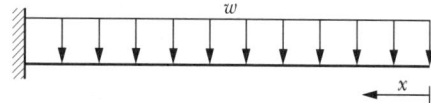

$$M_0 = -\frac{1}{2}wx^2, \quad V_0 = wx$$

2) 가상힘에 대한 자유 물체도 및 부재력

$$M_1 = -x, \quad V_1 = 1$$

3) 처짐 산정

① 전단처짐(δ_1)

$$\delta_1 = k\int_0^l \frac{V_0 V_1}{GA}dx = 1.0\int_0^l \frac{(wx)(1)}{GA}dx = \frac{wl^2}{2GA}$$

여기서, H 형강의 경우 단면적을 복부(web)의 단면적 A_w로 치환했을 때 전단력에 의한 형상계수 $k = 1.0$이다.

② 굽힘처짐(δ_2)

$$\delta_2 = \int_0^l \frac{M_0 M_1}{EI}dx = \int_0^l \left(-\frac{wx^2}{2}\right)(-x)\frac{dx}{EI} = \frac{wl^4}{8EI}$$

2. 전단처짐과 굽힘처짐의 비

$$\frac{\delta_1}{\delta_2} = \left(\frac{wl^2}{2GA}\right)\bigg/\left(\frac{wl^4}{8EI}\right) = \frac{4I}{Al^2}\frac{E}{G} = \frac{4 \times 130{,}000 \text{cm}^4}{224.5\,\text{cm}^2 \times (200\,\text{cm})^2} \times 2.5 = 0.1447$$

▶▶▶ 건축구조기술사 117-3-3

길이 5m의 보가 지점 C에서 2개의 축부재와 함께 핀 접합으로 연결되어 있고 지점 D는 힌지로 되어 있다. 부재 AC와 부재 BC의 부재력 및 지점 D의 반력을 구하시오.

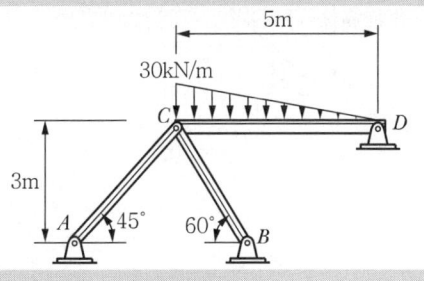

〈조건〉
- 재료의 탄성계수 : $2.1 \times 10^5 \, \mathrm{MPa}$
- 보의 단면적 : $25 \, \mathrm{cm}^2$
- 단면 2차 모멘트 : $4 \times 10^4 \, \mathrm{cm}^4$

풀이 1 가상일법 적용

1. 부정정 차수 산정

$n =$ 부재수 + 강절점수 + 반력수 $- 2 \times$ 절점수
$\quad = 3 + 0 + 6 - 2 \times 4 = 1$

따라서, 1차 부정정 구조물

2. 부정정력 가정과 구조물을 분리한 자유물체도

1) 부정정력 가정

   BC부재의 축부재력을 부정정력 X_1으로 가정

2) 자유물체도

   ① 전체 구조물의 자유물체도

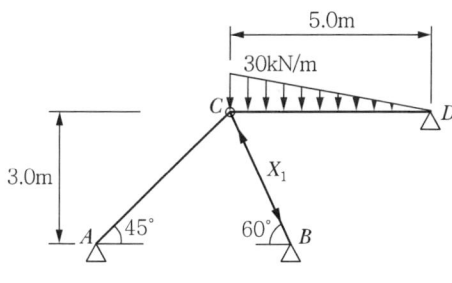

② 구조물의 분리

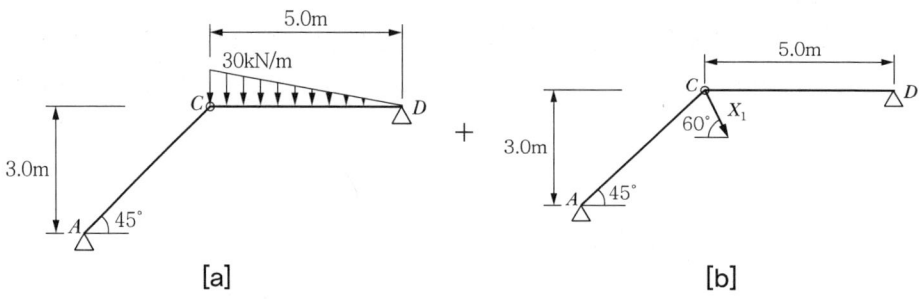

[a] + [b]

3. 가상일의 원리를 이용한 변형의 적합 조건

1) [a] 구조물에 대한 절점 변위 δ_{CB1} 산정

① 자유물체도

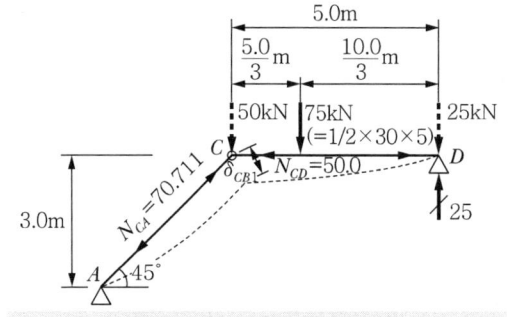

실제 하중에 대한 자유물체도

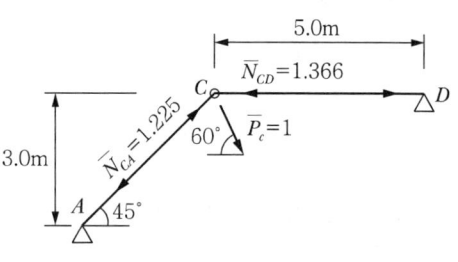

가상 하중에 대한 자유물체도

② 실제 하중의 부재력 산정

절점 C에서

$\sum V = 0$; $N_{CA}\sin45° - 50 = 0$

$\rightarrow N_{CA} = 70.711\,\text{kN}\,(Compression)$

$\sum H = 0$; $N_{CA}\cos45° - N_{CD} = 0$

$\rightarrow N_{CD} = 50.0\,\text{kN}\,(Compression)$

③ 가상 하중의 부재력 산정

절점 C에서

$\sum V = 0$; $\overline{N}_{CA}\sin45° - \overline{P}_C\sin60° = 0$

$\rightarrow \overline{N}_{CA} = 1.225\,(Compression)$

$$\sum H = 0 \ ; \ \overline{N_{CA}}\cos 45° + \overline{P_C}\cos 60° - N_{CD} = 0$$
$$\rightarrow N_{CD} = 1.366 \ (Compression)$$

④ 절점 변위 δ_{CB1} 산정

$$\delta_{CB1} = \int \frac{M_0 M_1}{EI} dx + \int \frac{N_0 N_1}{EA} dx$$

여기서, 가상하중에 의한 휨 모멘트가 발생되지 않으므로 CD부재의 휨에 의한 변형은 산정 불필요

$$\delta_{CB1} = \frac{1}{EA}(-70.711)(-1.225)\left(\frac{3.0}{\sin 45°}\right) + \frac{1}{EA}(-50)(-1.366)(5.0)$$
$$= \frac{709.0}{EA}$$

2) [b] 구조물에 대한 절점 변위 δ_{CB2} 산정

① 자유물체도

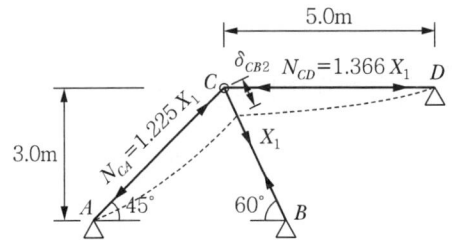
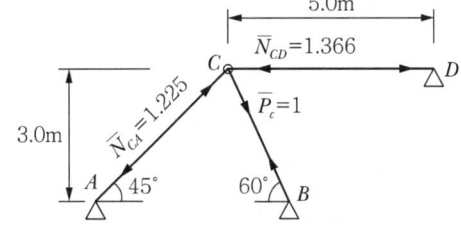

| 실제 하중에 대한 자유물체도 | 가상 하중에 대한 자유물체도 |

② 절점 변위 δ_{CB2} 산정

$$\delta_{CB2} = \frac{1}{EA}(-1.225X_1)(-1.225)\left(\frac{3.0}{\sin 45°}\right) + \frac{1}{EA}(-1.366X_1)(-1.366)(5.0)$$
$$+ \frac{1}{EA}(X_1)(1)\left(\frac{3.0}{\sin 60°}\right) = \frac{19.1605}{EA}X_1$$

여기서, 보 부재 CD의 축변형은 무시

3) 변형의 적합 조건

$$\delta_{CB1} + \delta_{CB2} = \frac{709.0}{EA} + \frac{19.1605}{EA}X_1 = 0$$

$X_1 = -37.0\text{kN} \ (Compression)$

즉 BC부재의 부재력 $N_{BC} = 37.0\text{kN} \ (Compression)$

4) AC부재의 부재력

$$N_{AC} = 70.711 + 1.225X_1 = 70.711 + 1.225(-37.0) = 25.39\text{kN}\ (Compression)$$

4. D점의 반력

1) 자유물체도

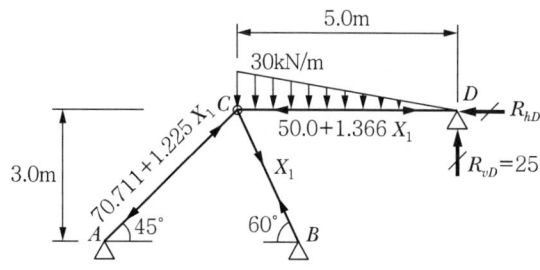

2) 수직반력

$$R_{vD} = 25\text{kN}\ (\uparrow)$$

3) 수평반력

$$\sum H_D = 0\ ;\ (50 + 1.366X_1) - R_{hD} = \{50 + 1.366(-37.0)\} - R_{hD} = 0$$

$$\rightarrow -0.542 - R_{hD} = 0$$

$$\rightarrow R_{hD} = -0.542$$

$$\therefore R_{hD} = 0.542\text{kN}\ (\rightarrow)$$

풀이 2 매트릭스 변위법 적용

1. 자유 물체도

1) CD부재의 휨 변형은 산정하려고 하는 CB부재의 부재력에 영향을 미치지 않으므로 휨 부재력은 산정에서 제외

2) 구조계

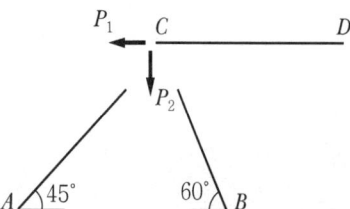

3) 요소계

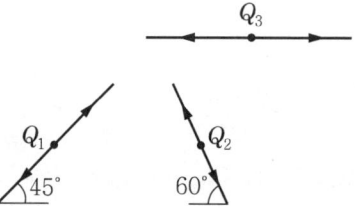

2. 평형 방정식

1) $P_1 = -Q_1\cos 45° + Q_2\cos 60° + Q_3 = -\dfrac{1}{\sqrt{2}}Q_1 + \dfrac{1}{2}Q_2 + Q_3$

2) $P_2 = -Q_1\sin 45° - Q_2\sin 60° = -\dfrac{1}{\sqrt{2}}Q_1 - \dfrac{\sqrt{3}}{2}Q_1$

3. 평형 매트릭스

1) $\{P\} = \{A\}\{Q\}$

$$\begin{Bmatrix} P_1 \\ P_2 \end{Bmatrix} = \begin{Bmatrix} -\dfrac{1}{\sqrt{2}} & \dfrac{1}{2} & 1 \\ -\dfrac{1}{\sqrt{2}} & -\dfrac{\sqrt{3}}{2} & 0 \end{Bmatrix} \begin{Bmatrix} P_1 \\ P_2 \\ P_3 \end{Bmatrix}$$

2) 평형 매트릭스

$$\{A\} = \begin{Bmatrix} -\dfrac{1}{\sqrt{2}} & \dfrac{1}{2} & 1 \\ -\dfrac{1}{\sqrt{2}} & -\dfrac{\sqrt{3}}{2} & 0 \end{Bmatrix}$$

4. 전 부재 강도 매트릭스

1) $\{Q\} = \{S\}\{e\}$

2) $\{S\} = \begin{Bmatrix} \dfrac{EA}{(3/\sin 45°)} & 0 & 0 \\ 0 & \dfrac{EA}{(3/\sin 60°)} & 0 \\ 0 & 0 & \dfrac{EA}{5} \end{Bmatrix} = EA \begin{Bmatrix} \dfrac{1}{3\sqrt{2}} & 0 & 0 \\ 0 & \dfrac{1}{2\sqrt{3}} & 0 \\ 0 & 0 & \dfrac{1}{5} \end{Bmatrix}$

5. 구조물 강도 매트릭스

1) $\{K\} = \{A\}[S]\{A\}^T$

2) $\{K\} = EA \begin{Bmatrix} 0.39002 & -0.007149 \\ -0.007149 & 0.334357 \end{Bmatrix}$

6. 하중 매트릭스

$$\{P\} = \{P_1\ ;\ P_2\} = \left\{0\ ;\ \left(\frac{1}{2} \times 30 \times 5\right) \times \frac{2}{3}\right\} = \{0\ ;\ 50\text{kN}\}$$

7. 격점 변위 매트릭스

1) $\{d\} = \{K\}^{-1}\{P\}$

2) $\{d\} = \{d_1\ ;\ d_2\} = \dfrac{1}{EA}\{-2.742\ ;\ 149.599\}$

8. 부재력 매트릭스

$$\{Q\} = \{S\}\{A^T\}\{d\} = \{Q_1\ ;\ Q_2\ ;\ Q_3\} = \{-25.39\text{kN}\ ;\ -37.0\text{kN}\ ;\ 0.55\text{kN}\}$$

9. AC, BC 부재력

$N_{AC} = Q_1 = -25.39\text{kN}\ (Compression)$

$N_{BC} = Q_2 = -37.0\text{kN}\ (Compression)$

인장부재로 가정하여 해석하였으므로 음의 부호는 압축을 의미

10. D점의 반력

1) 수직반력

$$R_{vD} = \frac{1}{3}\left(\frac{1}{2} \times 30 \times 5\right) = 25.0\,\text{kN}\ (\uparrow)$$

2) 수평반력

$R_{vH} = -Q_4 = -0.55\,\text{kN}\ (\rightarrow)$

절점을 인장하는 방향으로 반력이 작용함

07 충격처짐

1. 개요

① 충격에 의한 보의 동역학적 처짐
② 충격하중에 의한 일 = 보에 저장되는 탄성 변형에너지
③ 충돌 중에 에너지 손질이 없고, 보의 질량이 낙하하는 물체의 질량에 비교해서 무시할 정도라고 가정
④ 위치 변화에 의한 보의 위치에너지는 무시

▶▶▶ 토목구조기술사 94-4-5

집중하중(P)을 받는 길이가 L인 캔틸레버 보에 대한 휨 변형에너지 식을 유도하고, 연직으로 200mm 간격의 일단 고정 캔틸레버 보로 설치된 가설 발판을 몸무게(W) 700N인 인부가 내려오고 있을 때, 가설발판에 발생하는 최대 휨 응력을 구하시오.

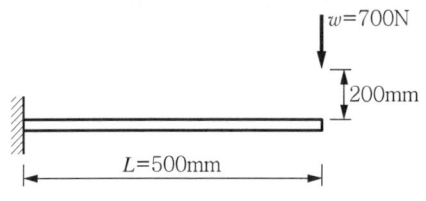

〈조건〉
보의 길이는 500mm, 보의 단면은 구형이고 폭 500mm, 높이 50mm이며, 보 재료의 탄성계수는 50,000MPa이고, 전단변형에 의한 영향은 무시한다.

1. 휨 변형에너지 일반식

1) 회전각-모멘트 관계

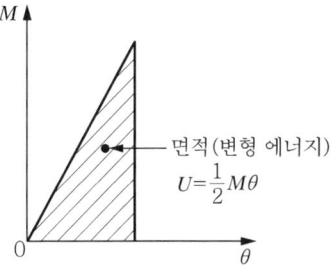

면적(변형 에너지)
$U = \frac{1}{2}M\theta$

여기서, $\theta = \int \frac{M}{EI}dx$

2) 휨 변형에너지

$$U = \frac{1}{2}M\theta = \frac{1}{2}M\int \frac{M}{EI}dx = \frac{1}{2}\int \frac{M^2}{EI}dx$$

2. 고정 캔틸레버 보의 휨 변형에너지

1) 자유 물체도

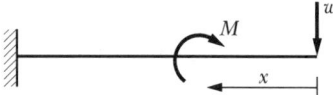

2) 휨 모멘트

$$M_x = -wx$$

3) 보의 처짐

보의 처짐 형태를 정하중 w 가 작용할 때와 같고, 그때의 처짐이 최대라면

$$\delta = \frac{wL^3}{3EI} \to w = \frac{3EI\delta}{L^3}$$

4) 변형에너지

$$U = \frac{1}{2}\int_0^L \frac{M_x^2}{EI}dx = \frac{1}{2}\int_0^L \frac{(wx)^2}{EI}dx = \frac{w^2L^3}{6EI} = \left(\frac{3EI\delta}{L^3}\right)^2 \frac{L^3}{6EI} = \frac{1}{2}\left(\frac{3EI}{L^3}\right)\delta^2$$

3. 충격하중에 의한 처짐 산정

1) 낙하 물체에 의한 일=보의 변형에너지

$$w(h + \delta_i) = \frac{1}{2}\left(\frac{3EI}{L^3}\right)\delta_i^2$$

$$\delta_i = \frac{wL^2}{3EI} \pm \sqrt{\left(\frac{wL^3}{3EI}\right)^2 + 2h\left(\frac{wL^3}{3EI}\right)} = \delta_{st} \pm \sqrt{\delta_{st}^2 + 2h\delta_{st}}$$

여기서, $\delta_{st} = \dfrac{wL^3}{3EI}$: 정하중에 대한 처짐

2) 정하중에 대한 처짐 산정

$$\delta_{st} = \frac{wL^3}{3EI} = \frac{700 \times 500^3}{3 \times 50,000 \times (5.208 \times 10^6)} = 0.112\,\text{mm}$$

여기서, $I = \dfrac{500 \times 50^3}{12} = 5.208 \times 10^6\,\text{mm}^4$

3) 충격하중에 의한 처짐 δ_i 산정

$$\delta_i = 0.112 + \sqrt{0.112^2 + 2 \times 200 \times 0.112} = 6.806 \text{mm}$$

4) 충격계수 i 산정

$$i = \delta_i/\delta_{st} = 6.806/0.112 = 60.77$$

5) 최대 휨응력 산정

① $M_{\max} = i(wL) = 60.77 \times (700 \times 500) = 2.127 \times 10^7 \text{Nmm}$

② $\sigma_{\max} = \dfrac{M_{\max}}{I} y = \dfrac{2.127 \times 10^7}{5.208 \times 10^6} \times \left(\dfrac{50}{2}\right) = 102.1 \text{MPa}$

▶▶▶ 토목구조기술사 93-1-13

다음 그림과 같이 고리추가 달린 길이 L의 봉에 높이 h 위치에서 질량 M인 추를 자유낙하시킬 때, 봉이 늘어난 최대길이 $\delta_{\max}$를 구하시오. (단, 봉이 늘어난 최대길이는 정적 처짐(δ_{st})의 항으로 표현하고, 봉의 단면적은 A, 탄성계수는 E이다.)

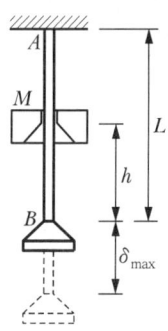

1. 기본 가정

1) 낙하 물체 질량의 모든 운동에너지가 봉재의 변형에너지로 변환됨
2) 에너지는 보존되며, 봉재의 위치에너지 변화는 무시
3) 봉재 내의 응력은 선형 탄성 범위 내에서 유지되며, 응력분포는 정하중을 받을 때와 동일

2. 봉의 신장 길이

1) 위치에너지 감소량

$$W_{ext} = W \times (h + \delta)$$

여기서, $W = Mg$

2) 보의 처짐

보의 처짐 형태가 정하중 W가 작용할 때와 같고, 그때의 신장량이 최대라면

$$\delta = \frac{WL}{EA} \rightarrow W = \frac{EA}{L}\delta$$

3) 봉재의 변형에너지

$$U = \frac{1}{2}W\delta = \frac{EA}{2L}\delta^2$$

4) 위치에너지 감소량(외부 일) = 변형에너지(내부 일)

$$W \times (h + \delta_i) = \frac{EA}{2L}\delta_i^2$$

$$\rightarrow \delta_i = \frac{WL}{EA} \pm \sqrt{\left(\frac{WL}{EA}\right)^2 + 2h\left(\frac{WL}{3EA}\right)} = \delta_{st} \pm \sqrt{\delta_{st}^2 + 2h\delta_{st}}$$

여기서, $\delta_{st} = \dfrac{WL}{EA}$: 정하중에 대한 처짐

5) 최대 처짐량

$\delta_{\max} \geq 0$ 이므로

$$\delta_i = \delta_{st} + \sqrt{\delta_{st}^2 + 2h\delta_{st}}$$

▶▶▶ 토목구조기술사 108-1-12

다음 그림과 같은 길이(L)인 수평봉 AB의 자유단(A)에 V의 속도로 수평으로 움직이는 질량 m인 블록이 충돌한다. 이때 충격에 의한 봉의 최대 수축량 $\delta_{\max}$와 이에 대응하는 충격계수를 구하시오. (단, $L = 1.0\,\mathrm{m}$, $V = 5.0\,\mathrm{m/sec}$, $m = 10.0\,\mathrm{kg}$, 봉의 축강성 $EA = 1.0 \times 10^5\,\mathrm{N}$, 중력가속도 $g = 9.8\,\mathrm{m/sec^2}$, A점은 자유단, B점은 고정단이다. 충돌 시의 정적하중은 mg로 가정한다.)

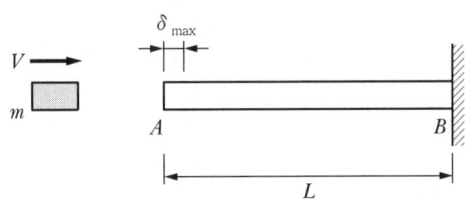

1. 기본가정

1) 블록의 모든 운동에너지가 수평봉의 변형에너지로 변환됨
2) 에너지는 보존됨
3) 수평봉 내의 응력은 선형 탄성 범위 내에서 유지되며, 응력분포는 정하중을 받을 때와 동일

2. 봉의 최대 수축량

1) 충돌 후 블록의 운동에너지 감소량

$$W_{ext} = \frac{1}{2}mv^2$$

2) 봉의 수축량과 정하중

봉의 수축 형태가 정하중 P가 작용할 때와 같고, 그때의 수축량이 최대라면

$$\delta_{\max} = \frac{PL}{EA} \to P = \frac{EA}{L}\delta_{\max}$$

3) 봉의 변형 에너지

$$U = \frac{1}{2}P\delta_{\max} = \frac{1}{2}\frac{EA}{L}\delta_{\max}^2$$

4) 봉의 최대 수축량

에너지 보존 법칙에서
운동에너지 감소량(외부일) = 변형 에너지(내부일)

$$\frac{1}{2}mv^2 = \frac{EA}{2L}\delta_{\max}^2$$

$$\rightarrow \delta_{\max} = \sqrt{\frac{1}{2}mv^2 \times \frac{2L}{EA}} = \sqrt{\frac{mV^2L}{EA}} = \sqrt{\frac{10\text{kg}\times(5.0\text{m/s})^2\times1.0\text{m}}{1.0\times10^5\text{N}}}$$

$$= 5.0\times10^{-2}\text{m}$$

(여기서 $1\text{N} = 1\text{kg}\,\text{m}/\text{s}^2$)

3. 정적 하중에 대한 수축량

$$\delta_{st} = \frac{(mg)L}{EA} = \frac{(10.0\text{kg}\times9.8\text{m/s}^2)\times1.0\text{m}}{1.0\times10^5\text{N}} = 9.8\times10^{-4}\text{m}$$

4. 충격계수

$$i = \delta_{\max}/\delta_{st} = \frac{5.0\times10^{-2}\text{m}}{9.8\times10^{-4}} = 51.02$$

08 처짐각법(요각법, Slope-Deflection Method)

1. 개요

① 구조물의 휨변형만을 고려하므로, 부정정 트러스의 해법에는 부적합함
② 골조의 변형량을 미지수로 하고, 재단응력과 각 부재의 변형과의 관계를 평형 조건식(절점 방정식, 층방정식)에 적용하여 응력을 구하는 방법

2. 재단모멘트 M_{AB}, M_{BA}에 의하여 생기는 절점의 회전각 산정

1) 절점 A에 재단 모멘트 M_{AB}가 작용할 경우 회전각 산정

① 자유 물체도(작용 절점 힘 하중 및 휨 변형)

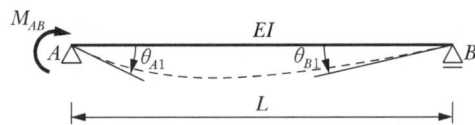

② 반력 산정

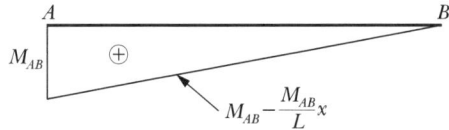

㉠ $\sum M_B = 0$; $M_{AB} - R_A L = 0$ $\therefore R_A = \dfrac{M_{AB}}{L}(\downarrow)$

㉡ $\sum V = 0$; $-R_A + R_B = 0 \rightarrow R_B = R_A$ $\therefore R_B = \dfrac{M_{AB}}{L}(\uparrow)$

③ 휨 모멘트도

㉠ A → B 구간에 대해 $M_x = M_{AB} - R_A x = M_{AB} - \dfrac{M_{AB}}{L}x$

㉡ 휨 모멘트도

④ 공액보

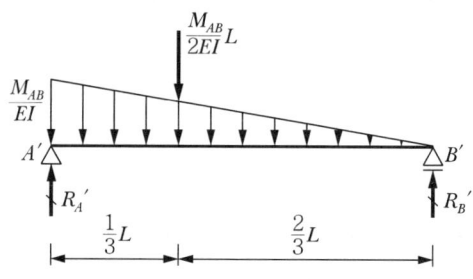

㉠ $\sum M_{B'} = 0$; $R_A'L - \dfrac{M_{AB}}{2EI} \times \dfrac{2}{3}L = 0$ $\therefore R_A' = \dfrac{M_{AB}}{3EI}L$

㉡ $\sum V = 0$; $R_A' + R_B' = \dfrac{M_{AB}}{2EI}L$ $\therefore R_B' = \dfrac{M_{AB}}{2EI}L - \dfrac{M_{AB}}{3EI}L = \dfrac{M_{AB}}{6EI}L$

⑤ 양단 회전각

양단에서의 회전각은 공액보 양단에서의 전단력 산정

$\theta_{A1} = R_A' = \dfrac{M_{AB}}{3EI}L\ (\curvearrowright)$, $\theta_{B1} = R_B' = \dfrac{M_{AB}}{6EI}L\ (\curvearrowleft)$

2) 절점 B에 재단 모멘트 M_{BA}가 작용할 경우 회전각 산정

① 자유 물체도(작용 절점 휨 하중 및 휨 변형)

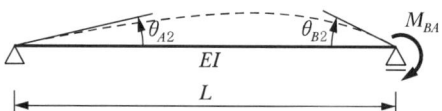

② 반력 산정

㉠ $\sum M_B = 0$; $M_{BA} - R_A L = 0$ $\therefore R_A = \dfrac{M_{BA}}{L}\ (\downarrow)$

㉡ $\sum V = 0$; $-R_A + R_B = 0 \rightarrow R_B = R_A$ $\therefore R_B = \dfrac{M_{BA}}{L}\ (\uparrow)$

③ 휨 모멘트도

㉠ A → B 구간에 대해 $M_x = -R_A x = -\dfrac{M_{BA}}{L}x$

ⓒ 휨 모멘트도

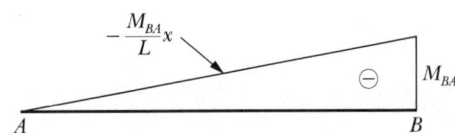

④ 공액보

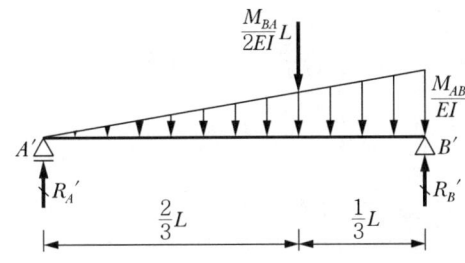

㉠ $\sum M_{B'} = 0$; $R_A' L - \dfrac{M_{AB}}{2EI} \times \dfrac{1}{3} L = 0$ ∴ $R_A' = \dfrac{M_{BA}}{6EI} L$

㉡ $\sum V = 0$; $R_A' + R_B' = \dfrac{M_{AB}}{2EI} L$ ∴ $R_B' = \dfrac{M_{AB}}{2EI} L - \dfrac{M_{AB}}{6EI} L = \dfrac{M_{AB}}{3EI} L$

⑤ 양단 회전각

양단에서의 회전각은 공액보 양단에서의 전단력 산정

$\theta_{A2} = R_A' = \dfrac{M_{BA}}{6EI} L\ (\curvearrowleft)$, $\theta_{B2} = R_B' = \dfrac{M_{AB}}{3EI} L\ (\curvearrowright)$

3) 재단 모멘트 M_{AB}, M_{AB}와 절점 회전각 θ_A, θ_B 관계 정리

① 자유 물체도

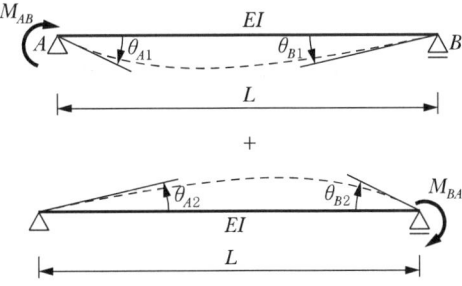

② 재단 모멘트와 절점 회전각과의 관계

앞의 1), 2)를 정리하면

$$\theta_{A1} = \frac{M_{AB}}{3EI}L\ (\curvearrowright),\quad \theta_{B1} = \frac{M_{AB}}{6EI}L\ (\curvearrowleft)$$

$$\theta_{A2} = \frac{M_{BA}}{6EI}L\ (\curvearrowright),\quad \theta_{B2} = R_A{'} = \frac{M_{AB}}{3EI}L\ (\curvearrowleft)$$

$$\rightarrow \begin{cases} \theta_A = \theta_{A1} + \theta_{A2} = \dfrac{M_{AB}}{3EI}L - \dfrac{M_{BA}}{6EI}L \\ \theta_B = \theta_{B1} + \theta_{B2} = -\dfrac{M_{AB}}{6EI}L + \dfrac{M_{BA}}{3EI}L \end{cases}$$

$$\rightarrow \begin{Bmatrix} \theta_A \\ \theta_B \end{Bmatrix} = \begin{Bmatrix} \dfrac{L}{3EI} & -\dfrac{L}{6EI} \\ -\dfrac{L}{6EI} & \dfrac{L}{3EI} \end{Bmatrix} \begin{Bmatrix} M_{AB} \\ M_{BA} \end{Bmatrix}$$

$$\rightarrow \begin{Bmatrix} M_{AB} \\ M_{BA} \end{Bmatrix} = \begin{Bmatrix} \dfrac{L}{3EI} & -\dfrac{L}{6EI} \\ -\dfrac{L}{6EI} & \dfrac{L}{3EI} \end{Bmatrix}^{-1} \begin{Bmatrix} \theta_A \\ \theta_B \end{Bmatrix}$$

$$\rightarrow \begin{Bmatrix} M_{AB} \\ M_{BA} \end{Bmatrix} = \begin{Bmatrix} \dfrac{4EI}{L} & \dfrac{2EI}{L} \\ \dfrac{2EI}{L} & \dfrac{4EI}{L} \end{Bmatrix} \begin{Bmatrix} \theta_A \\ \theta_B \end{Bmatrix}$$

여기서, 절점 회전에 대한 강성 매트릭스 $[K] = \begin{Bmatrix} \dfrac{4EI}{L} & \dfrac{2EI}{L} \\ \dfrac{2EI}{L} & \dfrac{4EI}{L} \end{Bmatrix}$

$$\therefore \begin{cases} M_{AB} = \dfrac{2EI}{L}(2\theta_A + \theta_B) \\ M_{BA} = \dfrac{2EI}{L}(\theta_A + 2\theta_B) \end{cases}$$

3. 지점의 상대적 처짐에 의한 절점 회전각(부재각) 산정

1) 자유 물체도

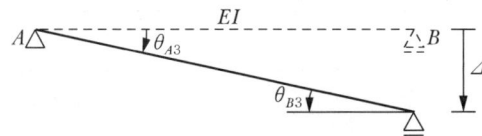

2) A지점과 B지점의 상대적 처짐이 Δ일 때 양단의 회전각(부재각)

① $\tan\theta_{A3} = \tan\theta_{B3} = \dfrac{\Delta}{L}$

$\theta_{A3} = \theta_{B3} = \tan^{-1}\left(\dfrac{\Delta}{L}\right)$

② Δ 크기가 매우 작을 경우 $\tan^{-1}\theta_{A3} \fallingdotseq \theta_{A3} = \theta_{B3}$ 이므로

$\theta_{A3} = \theta_{B3} = \dfrac{\Delta}{L} = R$

4. 재단모멘트 M_{AB}, M_{BA} 와 절점의 상대적 처짐에 의한 절점 회전각 산정

1) 처짐각법 정해식 산정

위 2. 3.의 결과를 종합

$\begin{cases} \theta_A = \theta_{A1} + \theta_{A2} + \theta_{A3} = \dfrac{M_{AB}}{3EI}L - \dfrac{M_{BA}}{6EI}L + R \\ \theta_B = \theta_{B1} + \theta_{B2} + \theta_{B3} = -\dfrac{M_{AB}}{6EI}L + \dfrac{M_{BA}}{3EI}L + R \end{cases}$

$\rightarrow \begin{cases} \dfrac{M_{AB}}{3EI}L - \dfrac{M_{BA}}{6EI}L = \theta_A - R \\ -\dfrac{M_{AB}}{6EI}L + \dfrac{M_{BA}}{3EI}L = \theta_B - R \end{cases}$

$\rightarrow \begin{Bmatrix} \dfrac{L}{3EI} & -\dfrac{L}{6EI} \\ -\dfrac{L}{6EI} & \dfrac{L}{3EI} \end{Bmatrix} \begin{Bmatrix} M_{AB} \\ M_{BA} \end{Bmatrix} = \begin{Bmatrix} \theta_A - R \\ \theta_B - R \end{Bmatrix}$

$\rightarrow \begin{Bmatrix} M_{AB} \\ M_{BA} \end{Bmatrix} = \begin{Bmatrix} \dfrac{L}{3EI} & -\dfrac{L}{6EI} \\ -\dfrac{L}{6EI} & \dfrac{L}{3EI} \end{Bmatrix}^{-1} \begin{Bmatrix} \theta_A - R \\ \theta_B - R \end{Bmatrix}$

$\therefore \begin{cases} M_{AB} = \dfrac{2EI}{L}(2\theta_A + \theta_B - 3R) \\ M_{BA} = \dfrac{2EI}{L}(\theta_A + 2\theta_B - 3R) \end{cases}$

2) 양단이 완전 고정된 보의 경우 부재각 R만 발생시키는 재단 모멘트

$\theta_A = \theta_B = 0$ 이므로

$$\begin{cases} M_{AB} = \dfrac{2EI}{L}(2\theta_A + \theta_B - 3R) = -\dfrac{6EI}{L}R = -\dfrac{6EI\Delta}{L^2} \\ M_{BA} = \dfrac{2EI}{L}(\theta_A + 2\theta_B - 3R) - \dfrac{6EI}{L}R = -\dfrac{6EI\Delta}{L^2} \end{cases}$$

$$\therefore M_{AB} = M_{BA} = -\dfrac{6EI\Delta}{L^2}$$

5. 고정단 모멘트(하중항)를 포함하는 처짐각법 정해식

1) 고정단 모멘트

$\theta_A = \theta_B = \Delta = 0$ 조건을 만족(부재 양단의 완전고정으로 가정)시키는 작용하중으로 인하여 부재 단부에 발생하는 재단 모멘트

2) 고정단 모멘트 작용에 대한 예

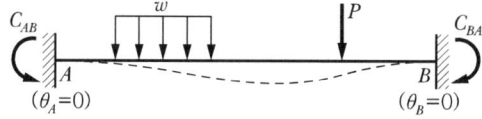

※ 고정단 모멘트의 의미 : 외부 하중이 작용할 경우 단부의 변형을 억제하는 절점 휨 부재력

3) 고정단 모멘트(하중항)를 포함하는 처짐각법 정해식

$$M_{AB} = \dfrac{2EI}{L}(2\theta_A + \theta_B - 3R) + C_{AB}$$

$$M_{BA} = \dfrac{2EI}{L}(\theta_A + 2\theta_B - 3R) + C_{BA}$$

6. 강도와 강비

1) 강도(K)

① 부재의 단면 2차 모멘트 I를 그 부재길이 L로 나눈 것을 강성도(강도)라 한다.

② $K = I/L$

2) 표준 강도(K_o)

임의의 표준재 강도를 표준강도라 하고 강비를 산정하는 데 이용된다.

3) 강비(k)

① 휨 부재의 휨변형에 대한 저항의 대소를 표시하는 계수로서 임의의 부재 K_{ij}를 표준강도 K_o로 나눈 값을 부재의 강비라 한다.

② 강비의 표기

$$k_{ij} = K_{ij}/K_o$$

7. 처짐각법 약산식(실용식)

1) 처짐각법 정해식을 강도를 이용하여 표현

$$M_{AB} = \frac{2EI}{L}(2\theta_A + \theta_B - 3R) + C_{AB} \rightarrow M_{AB} = 2EK_{AB}(2\theta_A + \theta_B - 3R) + C_{AB}$$

$$M_{BA} = \frac{2EI}{L}\left(\theta_A + 2\theta_B - 3\frac{\Delta}{L}\right) + C_{BA} \rightarrow M_{BA} = 2EK_{BA}(2\theta_B + \theta_A - 3R) + C_{BA}$$

2) 처짐각법 약산식

$2EK_{AB}\theta_A = k_{AB}\phi_A$, $2EK_{BA}\theta_B = k_{BA}\phi_B$, $2EK_{AB}(-3R) = k_{AB}\Psi$라 하면

$M_{AB} = k_{AB}(2\phi_A + \phi_B + \Psi) + C_{AB}$

$M_{BA} = k_{BA}(2\phi_B + \phi_A + \Psi) + C_{BA}$

8. 부재가 일단 고정, 타단 힌지일 때 처짐각 방정식

1) 자유 물체도

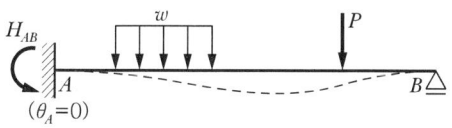

2) 수정 고정단 모멘트

① 개요
부재 AB가 양단 고정일 때는 고정단 모멘트를 C_{AB}, C_{BA}로 표시하지만, 일단 고정 타단힌지일 때는 수정 고정단 모멘트 H_{AB}로 표시함

② H_{AB}의 의미
A단 고정, B단 힌지를 의미

③ H_{AB} 관계식

$$H_{AB} = C_{AB} - \frac{C_{BA}}{2}$$

3) 처짐각 방정식 산정

① 처짐각법 정해식에서 $M_{BA} = 0$; $M_{BA} = \frac{2EI}{L}(2\theta_B + \theta_A - 3R) + C_{BA} = 0$

$$\rightarrow \theta_B = -\frac{1}{2}(\theta_A - 3R) - \frac{L}{4EI}C_{BA}$$

② 고정단 모멘트 C_{BA}

$$H_{AB} = C_{AB} - \frac{C_{BA}}{2} \rightarrow C_{AB} = \frac{1}{2}C_{BA} + H_{AB}$$

③ 처짐각 방정식 산정

$\theta_B = -\frac{1}{2}(\theta_A - 3R) - \frac{L}{4EI}C_{BA}$, $C_{AB} = \frac{1}{2}C_{BA} + H_{AB}$ 를

정해식 $M_{AB} = \frac{2EI}{L}(2\theta_A + \theta_B - 3R) + C_{AB}$ 에 대입하면

$$M_{AB} = \frac{2EI}{L}\left(\frac{3}{2}\theta_A - \frac{3}{2}R\right) + H_{AB}$$

④ 약산식

$2E\frac{I}{L}\theta_A = 2EK\theta_A = k\phi_A$, $2E\frac{I}{L}(-3R) = 2EK(-3R) = k\psi$ 라 하면

$$M_{AB} = k\left(\frac{3}{2}\phi_A + \frac{\psi}{2}\right) + H_{AB}$$

▶▶▶ 건축구조기술사 94-3-6

다음 구조물의 A지점이 시계방향으로 3° 회전하였다. $EI = 9,300 \text{kN} \cdot \text{m}^2$ 일 때 M_A를 구하고, B.M.D를 그리시오.

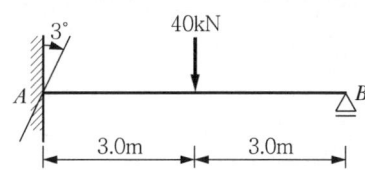

1. 고정단 모멘트

$$C_{AB} = -\frac{PL}{8} = -\frac{40 \times 6}{8} = -30.0 \text{kN} \cdot \text{m}, \quad C_{BA} = \frac{PL}{8} = \frac{40 \times 6}{8} = 30.0 \text{kN} \cdot \text{m}$$

2. 처짐각법 정해식을 통한 M_A 산정

1) $M_{AB} = \dfrac{2EI}{L}(2\theta_A + \theta_B + 0) - 30$

   여기서 $\theta_A = 3° \times \dfrac{\pi}{180} = 0.05236 \text{rad}$

2) $M_{BA} = \dfrac{2EI}{L}(2\theta_B + \theta_A + 0) + 30$

   $M_{BA} = 0$, $\theta_A = 0.05236 \text{rad}$을 대입하면 $\theta_B = -0.031 \text{rad}$

3) M_A 산정

$$M_A = M_{AB} = \frac{2 \times 9,300}{6.0}(2 \times 0.05236 - 0.031) - 30 = 198.53 \text{kN} \cdot \text{m}$$

3. 반력 산정

1) 자유 물체도

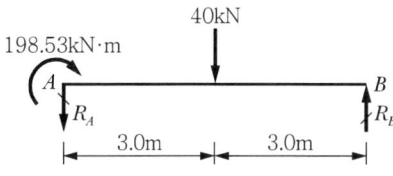

2) 반력 산정

① $\sum M_A = 0$; $198.53 + 40 \times 3.0 - R_B \times 6.0 = 0$

$$\therefore R_B = 53.09 \text{kN} (\uparrow)$$

② $\sum V = 0$; $-R_A - 40 + R_B = 0 \rightarrow R_A = 13.09 \text{kN} (\downarrow)$

4. 휨 모멘트도(B.M.D)

1) A → B 휨 모멘트 ($0 \leq x \leq 3.0$)

$M_x = 198.53 - 13.09x$

$x = 3.0$; $M_{x=3.0} = 159.26 \text{kNm}$

2) B → A 휨 모멘트 ($0 \leq x \leq 3.0$)

$M_x = 53.09x$

$x = 3.0$; $M_{x=3.0} = 159.26 \text{kNm}$

3) 휨 모멘트도

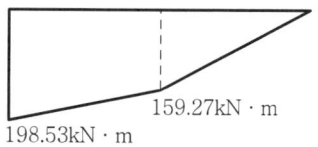

86-3-4

(a)에 주어진 비대칭 골조에 대하여 다음 물음에 답하시오.(단, C점의 횡지지를 고려하여 횡변위가 발생하지 않는 상황에서 구한 휨 모멘트도는 (b)와 같다.)

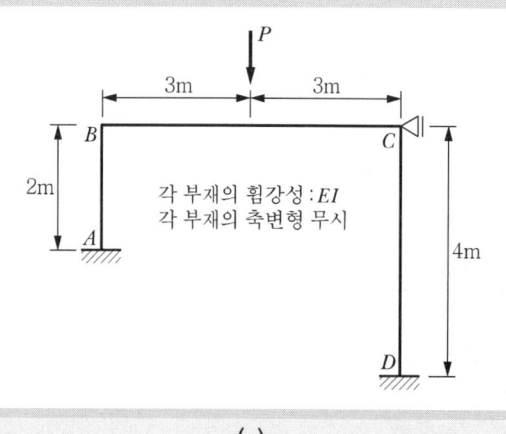

(a)

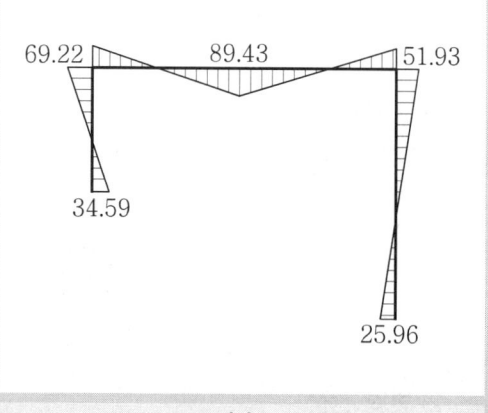

(b)

❶ 집중하중 P의 값을 구하시오.
❷ C점의 수평반력을 구하시오.
❸ C점의 횡지지가 제거되었을 때 변형 형상을 스케치하시오.

풀이 1 처짐각법 적용

1. 강비

$k_{AB} = \dfrac{I}{2}$, $k_{BC} = \dfrac{I}{6}$, $k_{CD} = \dfrac{I}{4}$

$k_{AB} : k_{BC} : k_{CD} = 1/2 : 1/6 : 1/4 = 6 : 2 : 3$

2. 고정단 모멘트

$C_{BC} = -\dfrac{6}{8}P$, $C_{CB} = \dfrac{6}{8}P$

3. 처짐각법 기본식(수평 횡변위 무시)

$M_{AB} = k_{AB}(2\phi_A + \phi_B) = 6\phi_B$
$M_{BA} = k_{AB}(2\phi_B + \phi_A) = 6(2\phi_B)$
$M_{BC} = k_{BC}(2\phi_B + \phi_C) + C_{BC} = 2(2\phi_B + \phi_C) - 6/8P$
$M_{CB} = k_{BC}(2\phi_C + \phi_B) + C_{CB} = 2(2\phi_C + \phi_B) + 6/8P$
$M_{CD} = k_{CD}(2\phi_C + \phi_D) = 3(2\phi_C)$
$M_{DC} = k_{CD}(2\phi_D + \phi_C) = 3(\phi_C)$

4. 집중하중 P 산정

1) $M_{BC} = 2(2\phi_B + \phi_C) - 6/8P = -69.22$
2) $M_{BA} = 12\phi_B = 69.22$ (↷) → $\phi_B = 5.7683$
3) $M_{CD} = 6\phi_C = -51.93$ → $\phi_C = -8.655$
4) $M_{BC} = 2(2\phi_B + \phi_C) - 6/8P = -69.22$에 $\phi_B = 5.7683$, $\phi_C = -8.655$를 대입하면
   $2(2 \times 5.7683 - 8.655) - 6/8P = -69.22$
   ∴ $P = 99.978$

5. C점의 수평 반력

1) 자유 물체도 및 변형도

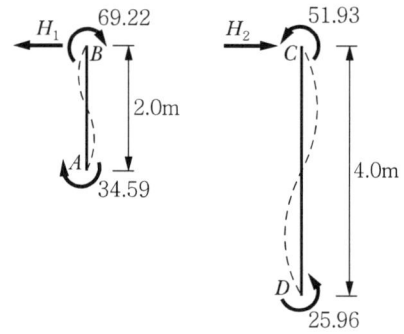

2) AB 부재에서 $\sum M_A = 0$

$69.22 + 34.59 - H_1 \times 2 = 0$

$\therefore H_1 = 51.91 (\leftarrow)$

3) CD 부재에서 $\sum M_D = 0$

$-51.93 + 25.96 + H_2 \times 4 = 0$

$\therefore H_2 = 19.47 (\rightarrow)$

4) C점 수평 반력

$H_C = H_1 + H_2 = 51.91 - 19.47 = 32.44 (\leftarrow)$

6. C점의 횡지지 제거 시 변형도

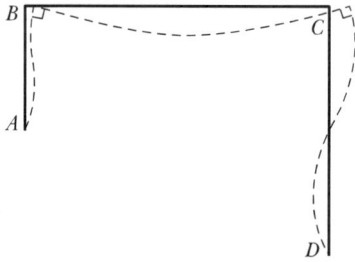

7. 특기사항

하중 단위는 제시되지 않았으므로 부재력 산정 시 무시하였음

풀이 2 매트릭스 변위법 적용

1. 자유 물체도

   1) 구조계

   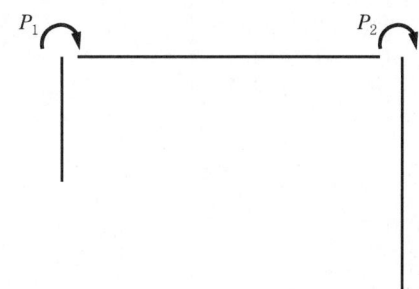

   2) 요소계

   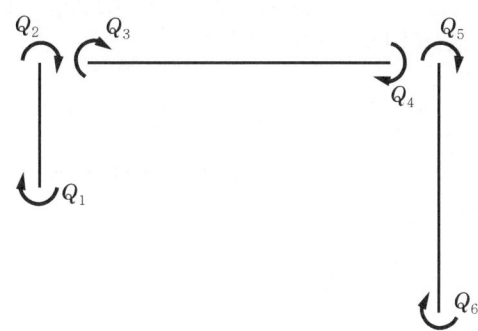

2. 평형 방정식

   1) $P_1 = Q_2 + Q_3$

   2) $P_2 = Q_4 + Q_5$

3. 평형 매트릭스

   1) $\{P\} = \{A\}\{Q\}$

   $$\begin{Bmatrix} P_1 \\ P_2 \end{Bmatrix} = \begin{Bmatrix} 0 & 1 & 1 & 0 & 0 & 0 \\ 0 & 0 & 0 & 1 & 1 & 0 \end{Bmatrix} \begin{Bmatrix} Q_1 \\ Q_2 \\ Q_3 \\ Q_4 \\ Q_5 \\ Q_6 \end{Bmatrix}$$

   2) $\{A\} = \begin{Bmatrix} 0 & 1 & 1 & 0 & 0 & 0 \\ 0 & 0 & 0 & 1 & 1 & 0 \end{Bmatrix}$

4. 요소 강도 매트릭스

1) $\{Q\} = \{S\}\{e\}$

2) $\{S\} = EI \begin{Bmatrix} 4/2 & 2/2 & 0 & 0 & 0 & 0 \\ 2/2 & 4/2 & 0 & 0 & 0 & 0 \\ 0 & 0 & 4/6 & 2/6 & 0 & 0 \\ 0 & 0 & 2/6 & 4/6 & 0 & 0 \\ 0 & 0 & 0 & 0 & 4/4 & 2/4 \\ 0 & 0 & 0 & 0 & 2/4 & 4/4 \end{Bmatrix}$

5. 구조물 강도 매트릭스

1) $\{K\} = \{A\}[S]\{A\}^T$

2) $\{K\} = EI \begin{Bmatrix} 2.67 & 0.33 \\ 0.33 & 1.67 \end{Bmatrix}$

6. 하중 매트릭스

1) 고정단 모멘트와 고정단 매트릭스

$C_{BC} = -\dfrac{6}{8}P,\ C_{CB} = \dfrac{6}{8}P$

$\{f\} = \{f_1\,;\,f_2\,;\,f_3\,;\,f_4\,;\,f_5\,;\,f_6\} = \{0\,;\,0\,;\,-6/8P\,;\,6/8P\,;\,0\,;\,0\}$

2) 하중 매트릭스

$\{P\} = \{P_1\,;\,P_2\} = \{-f_3\,;\,-f_4\} = \{6/8P\,;\,-6/8P\}$

7. 격점 변위 매트릭스

1) $\{d\} = \{K\}^{-1}\{P\}$

2) $\{d\} = \{d_1\,;\,d_2\} = \{\theta_B\,;\,\theta_C\}$

$= \left\{\dfrac{0.346P}{EI}\,;\,-\dfrac{0.519P}{EI}\right\}$

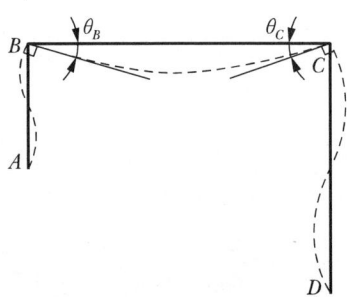

8. 부재단 부재력 매트릭스

$$\{Q\} = \{S\}\{A^T\}\{d\} + \{f\} = \{Q_1\ ;\ Q_2\ ;\ Q_3\ ;\ Q_4\ ;\ Q_5\ ;\ Q_6\}$$
$$= \{0.346P\ ;\ 0.692P\ ;\ -0.692P\ ;\ 0.519P\ ;\ -0.519P\ ;\ -0.259P\}$$

9. 부재 변형도

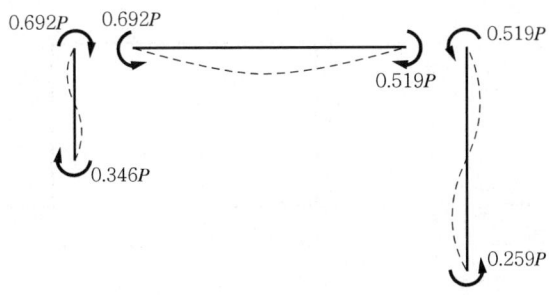

10. P값 산정

$M_{AB} = Q_1 = 0.346P = 34.59$

$\therefore P = 99.97$

11. C점의 수평 반력

1) AB 부재에서 $\sum M_A = 0$

   $0.346P + 0.692P - H_1 \times 2 = 0$

   $\therefore H_1 = 0.519P(\leftarrow)$

2) CD 부재에서 $\sum M_D = 0$

   $-0.519P - 0.259P + H_2 \times 4 = 0$

   $\therefore H_2 = 0.195P(\rightarrow)$

3) C점 수평 반력

   $H_C = H_1 + H_2 = 0.519P - 0.195P = 32.39(\leftarrow)$

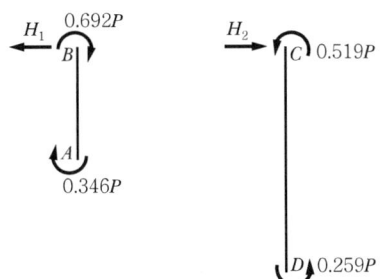

건축구조기술사 54-2-1

A, B, C의 Base Shear를 구하시오.

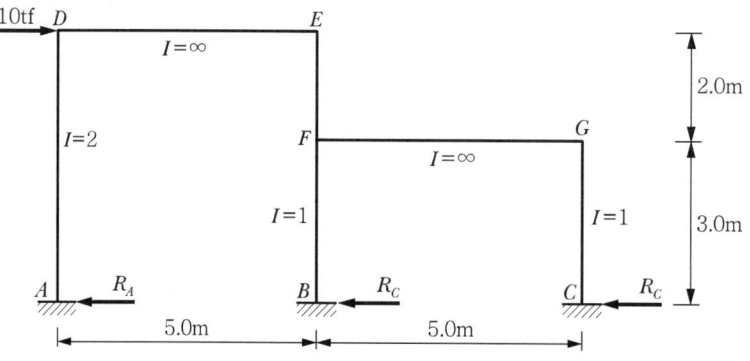

풀이 1 처짐각법

1. 절점 및 지점 조건

1) 변형도

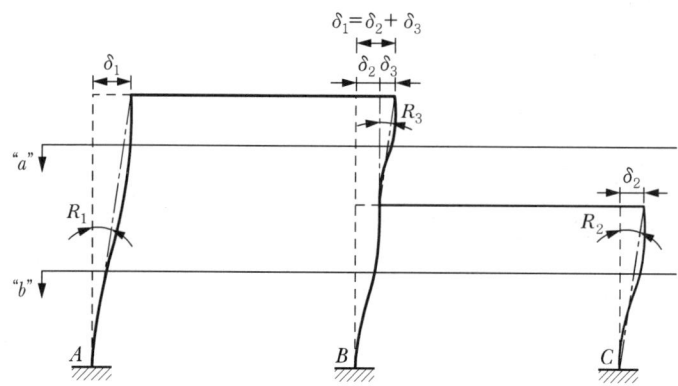

2) 절점의 회전각 조건

$\phi_A = \phi_B = \phi_C = 0, \ \phi_D = \phi_E = \phi_G = 0$

3) 부재각 조건

$R_1 = \dfrac{\delta_1}{5}, \ R_2 = \dfrac{\delta_2}{3}, \ R_3 = \dfrac{\delta_3}{2}$

2. 처짐각법 약산 기본식

1) $M_{AD} = 2E\left(\dfrac{I_{AD}}{l_{AD}}\right)(2\phi_A + \phi_D - 3R_1) = 2E\left(\dfrac{2}{5}\right)\left(2\times 0 + 0 - 3\dfrac{\delta_1}{5}\right) = -\dfrac{12E}{25}\delta_1$

2) $M_{DA} = 2E\left(\dfrac{I_{AD}}{l_{AD}}\right)(2\phi_D + \phi_A - 3R_1) = 2E\left(\dfrac{2}{5}\right)\left(2\times 0 + 0 - 3\dfrac{\delta_1}{5}\right) = -\dfrac{12E}{25}\delta_1$

3) $M_{EF} = 2E\left(\dfrac{I_{EF}}{l_{EF}}\right)(2\phi_E + \phi_F - 3R_1) = 2E\left(\dfrac{1}{2}\right)\left(2\times 0 + 0 - 3\dfrac{\delta_3}{2}\right) = -\dfrac{6E}{4}\delta_3$

4) $M_{FE} = 2E\left(\dfrac{I_{EF}}{l_{EF}}\right)(2\phi_F + \phi_E - 3R_1) = 2E\left(\dfrac{1}{2}\right)\left(2\times 0 + 0 - 3\dfrac{\delta_3}{2}\right) = -\dfrac{6E}{4}\delta_3$

5) $M_{BF} = 2E\left(\dfrac{I_{BF}}{l_{BF}}\right)(2\phi_B + \phi_F - 3R_1) = 2E\left(\dfrac{1}{3}\right)\left(2\times 0 + 0 - 3\dfrac{\delta_2}{3}\right) = -\dfrac{2E}{3}\delta_2$

6) $M_{FB} = M_{CG} = M_{GC} = -\dfrac{2E}{3}\delta_2$

3. 층 방정식

1) "a" 단면에 대해서

① 자유 물체도

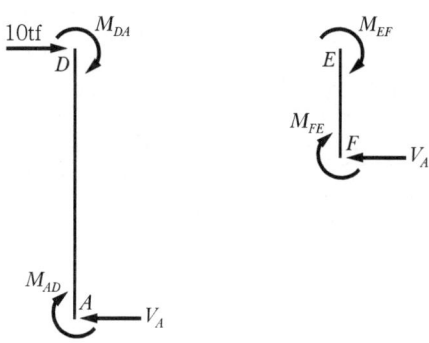

② AD에서 $\sum M_D = 0$

$M_{AD} + M_{DA} + V_A \times 5 = 0$

$\rightarrow V_A = -\dfrac{M_{AD} + M_{DA}}{5} = -\dfrac{1}{5}\times\left(-\dfrac{2\times 12E}{25}\delta_1\right) = \dfrac{24E}{125}\delta_1$

③ EF에서 $\sum M_E = 0$

$M_{EF} + M_{FE} + V_F \times 2 = 0$

$\rightarrow V_F = -\dfrac{M_{EF} + M_{FE}}{2} = -\dfrac{1}{2}\times\left(-\dfrac{2\times 6E}{4}\delta_3\right) = \dfrac{3E}{2}\delta_3$

④ $\sum H = 0$

$V_A + V_F = 10$

$\rightarrow \dfrac{24E}{125}\delta_1 + \dfrac{3E}{2}\delta_3 = 10$

$\delta_3 = \delta_1 - \delta_2$ 이므로 $\dfrac{24E}{125}\delta_1 + \dfrac{3E}{2}(\delta_1 - \delta_2) = 10 \rightarrow \dfrac{423E}{250}\delta_1 - \dfrac{3E}{2}\delta_2 = 10$

2) "b" 단면에 대해서

① 자유 물체도

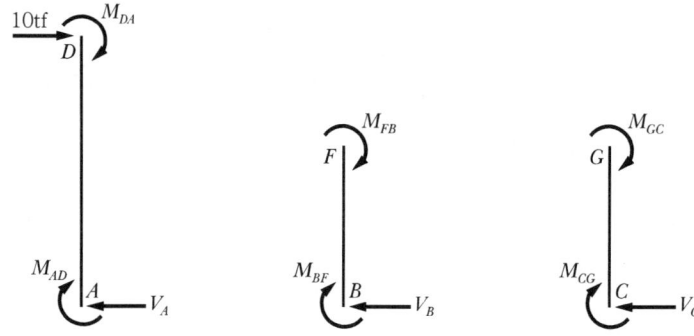

② AD에서 $\sum M_D = 0$

$M_{AD} + M_{DA} + V_A \times 5 = 0$

$\rightarrow V_A = -\dfrac{M_{AD} + M_{DA}}{5} = -\dfrac{1}{5} \times \left(-\dfrac{2 \times 12E}{25}\delta_1\right) = \dfrac{24E}{125}\delta_1$

③ BF에서 $\sum M_F = 0$

$M_{BF} + M_{FB} + V_B \times 3 = 0$

$\rightarrow V_B = -\dfrac{M_{EB} + M_{BE}}{3} = -\dfrac{1}{3} \times \left(-\dfrac{2 \times 2E}{3}\delta_2\right) = \dfrac{4E}{9}\delta_2$

④ CG에서 $\sum M_G = 0$

$M_{CG} + M_{GC} + V_C \times 3 = 0$

$\rightarrow V_C = -\dfrac{M_{CG} + M_{GC}}{3} = -\dfrac{1}{3} \times \left(-\dfrac{2 \times 2E}{3}\delta_2\right) = \dfrac{4E}{9}\delta_2$

⑤ $\sum H = 0$; $V_A + V_F = 10$

$\rightarrow \dfrac{24E}{125}\delta_1 + \dfrac{8E}{9}\delta_2 = 10$

3) δ_1, δ_2 산정

① δ_1, δ_2에 대한 연립 방정식

$$\frac{423E}{250}\delta_1 - \frac{3E}{2}\delta_2 = 10, \quad \frac{24E}{125}\delta_1 + \frac{8E}{9}\delta_2 = 10$$

② 행렬로 표현하면

$$\begin{Bmatrix} 423/250 & -3/2 \\ 24/125 & 8/9 \end{Bmatrix} E \begin{Bmatrix} \delta_1 \\ \delta_2 \end{Bmatrix} = \begin{Bmatrix} 10 \\ 10 \end{Bmatrix}$$

③ $\delta_1 = \dfrac{13.33}{E}$, $\delta_2 = \dfrac{8.37}{E}$

4. 부재단 모멘트 산정

1) $M_{AD} = M_{DA} = -\dfrac{12E}{25}\delta_1 = -6.40\text{tfm}$

2) $M_{EF} = -\dfrac{6E}{4}\delta_3 = -\dfrac{6E}{4}(\delta_1 - \delta_2) = -\dfrac{6E}{4}\left(\dfrac{13.33}{E} - \dfrac{8.37}{E}\right) = -7.44\text{tfm}$

3) $M_{BF} = M_{FB} = M_{CG} = M_{GC} = -\dfrac{2E}{3}\delta_2 = -5.58\text{tfm}$

5. Base Shear

앞의 3.-2) 층 방정식으로부터 산정된 V_A, V_B, V_C에 $\delta_1 = \dfrac{13.33}{E}$, $\delta_2 = \dfrac{8.37}{E}$을 대입하면,

1) $V_A = \dfrac{24E}{125}\delta_1 = 2.56\text{tf}$

2) $V_B = \dfrac{4E}{9}\delta_2 = 3.72\text{tf}$

3) $V_C = \dfrac{4E}{9}\delta_2 = 3.72\text{tfm}$

풀이 2 등가 강성을 이용하는 방법

1. 구조물 등가 횡강성

  1) BF, CG 기둥 병렬 연결의 등가 횡강성

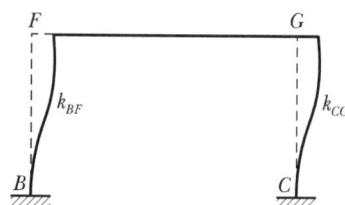

$$k_{e1} = k_{BF} + k_{CG} = \frac{12EI_{BF}}{l_{BF}^3} + \frac{12EI_{CG}}{l_{CG}^3} = 2 \times \frac{12E \times 1}{3^3} = \frac{24E}{27}$$

  2) CE 기둥 직렬 연결의 등가 횡강성

$$\frac{1}{k_{e2}} = \frac{1}{k_{EF}} + \frac{1}{k_{e1}} = \frac{1}{(12EI_{EF}/l_{EF}^3)} + \frac{1}{(24E/27)} = \frac{2^3}{12E} + \frac{27}{24E}$$

$$\rightarrow k_{e2} = \frac{24E}{43}$$

  3) 구조물의 등가 횡강성(AD와 BE 기둥의 병렬연결)

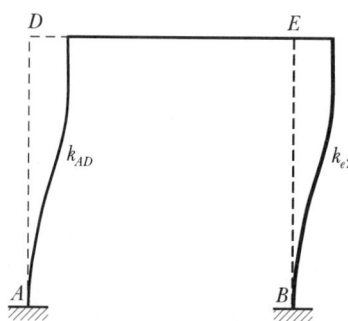

$$k_e = k_{AD} + k_{e2} = \frac{12EI_{AD}}{l_{AD}^3} + \frac{24E}{43} = \frac{12E \times 2}{5^3} + \frac{24E}{43} = \frac{4,032E}{5,375}$$

2. 밑면 전단력

1) $V_A = \dfrac{k_{AD}}{k_e} \times P = \dfrac{(24E/125)}{(4,032E/5,375)} \times 10 = 2.56\text{tf}$

2) $V_{BE} = P - V_{AD} = 10 - 2.56 = 7.44\text{tf}$

3) $k_{BF} = k_{CG}$ 이므로 $V_B = V_C = 7.44/2 = 3.72\text{tf}$

풀이 3 매트릭스 변위법

1. 자유 물체도

1) 구조계

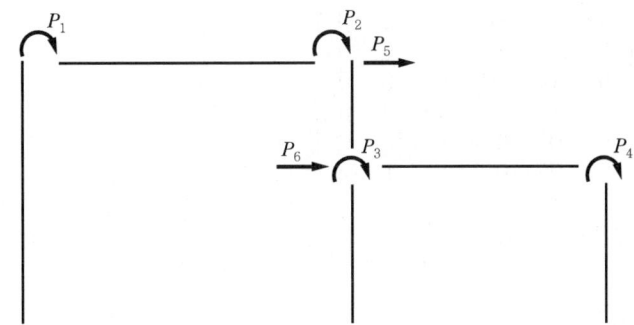

2) 요소계

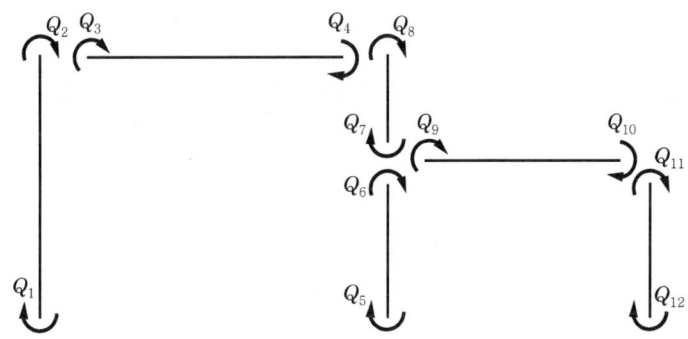

2. 평형 방정식

1) $P_1 = Q_2 + Q_3$

2) $P_2 = Q_4 + Q_8$

3) $P_3 = Q_6 + Q_7 + Q_9$

4) $P_4 = Q_{10} + Q_{11}$

5) $P_5 = -(Q_1 + Q_2)/5 - (Q_7 + Q_8)/2$

6) $P_6 = -(Q_5 + Q_6)/3 + (Q_7 + Q_8)/2 - (Q_{11} + Q_{12})/3$

3. 평형 매트릭스

1) $\{P\} = \{A\}\{Q\}$

2) $\{A\} = \begin{Bmatrix} 0 & 1 & 1 & 0 & 0 & 0 & 0 & 0 & 0 & 0 & 0 & 0 \\ 0 & 0 & 0 & 1 & 0 & 0 & 0 & 1 & 0 & 0 & 0 & 0 \\ 0 & 0 & 0 & 0 & 0 & 1 & 1 & 0 & 1 & 0 & 0 & 0 \\ 0 & 0 & 0 & 0 & 0 & 0 & 0 & 0 & 0 & 1 & 1 & 0 \\ -1/5 & -1/5 & 0 & 0 & 0 & 0 & -1/2 & -1/2 & 0 & 0 & 0 & 0 \\ 0 & 0 & 0 & 0 & -1/3 & -1/3 & 1/2 & 1/2 & 0 & 0 & -1/3 & -1/3 \end{Bmatrix}$

4. 요소 강도 매트릭스

1) $\{Q\} = \{S\}\{e\}$

2) $\{S\} = E \begin{Bmatrix} \{a\} & 0 & 0 & 0 & 0 & 0 \\ 0 & \{b\} & 0 & 0 & 0 & 0 \\ 0 & 0 & \{c\} & 0 & 0 & 0 \\ 0 & 0 & 0 & \{d\} & 0 & 0 \\ 0 & 0 & 0 & 0 & \{b\} & 0 \\ 0 & 0 & 0 & 0 & 0 & \{c\} \end{Bmatrix}$

$\{a\} = \begin{Bmatrix} 8/5 & 4/5 \\ 4/5 & 8/5 \end{Bmatrix}$, $\{b\} = \begin{Bmatrix} 10^{10} & 10^{10}/2 \\ 10^{10}/2 & 10^{10} \end{Bmatrix}$, $\{c\} = \begin{Bmatrix} 4/3 & 2/3 \\ 2/3 & 4/3 \end{Bmatrix}$, $\{d\} = \begin{Bmatrix} 4/2 & 2/2 \\ 2/2 & 4/2 \end{Bmatrix}$

5. 구조물 강도 매트릭스

1) $\{K\} = \{A\}[S]\{A\}^T$

2) $\{K\} = E \begin{bmatrix} 1 \times 10^{10} & 5 \times 10^9 & 0 & 0 & -0.48 & 0 \\ 5 \times 10^9 & 1 \times 10^{10} & 1 & 0 & -1.5 & 1.5 \\ 0 & 1 & 1 \times 10^{10} & 5.0 \times 10^9 & -1.5 & 0.833 \\ 0 & 0 & 5.0 \times 10^9 & 1 \times 10^{10} & 0 & -0.667 \\ -0.48 & -1.5 & -1.5 & 0 & 1.692 & -1.5 \\ 0 & 1.5 & 0.833 & -0.667 & -1.5 & 2.389 \end{bmatrix}$

6. 하중 매트릭스

$\{P\} = \{0\,;\,0\,;\,0\,;\,0\,;\,10\,;\,0\}$

7. 격점 변위 매트릭스

$\{d\} = \{K\}^{-1}\{P\}$

$= 1/E\{3.57 \times 10^{-9}\,;\, 3.57 \times 10^{-9}\,;\, 5.65 \times 10^{-10}\,;$
$\quad 1.36 \times 10^{-9}\,;\, -1.24 \times 10^{-10}\,;\, 13.33\,;\, 8.37\}$

8. 부재단 부재력 매트릭스(단위 : tfm)

$$\{Q\} = \{S\}\{A^T\}\{d\}$$
$$= \{Q_1 ; Q_2 ; Q_3 ; Q_4 ; Q_5 ; Q_6 ; Q_7 ; Q_8 ; Q_9 ; Q_{10} ; Q_{11} ; Q_{12}\}$$
$$= \{M_{AD} ; M_{DA} ; M_{DE} ; M_{ED} ; M_{BF} ; M_{FB} ; M_{FE} ; M_{EF} ; M_{FG} ; M_{GF} ;$$
$$M_{GC} ; M_{CG}\}$$
$$= \{-6.40; -6.40 ; 6.40 ; 7.44; -5.58 ; -5.58 ; -7.44 ; -7.44 ; 13.02 ;$$
$$5.58 ; -5.58 ; -5.58\}$$

9. 층 방정식 및 밑면 전단력

1) 구조물 변형도

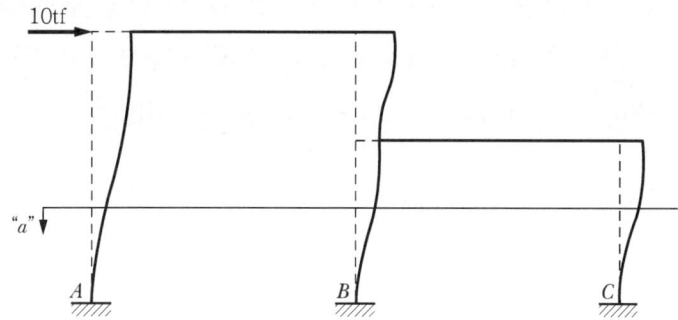

2) "a" 단면에 대해서 밑면 전단력 산정

① 자유 물체도

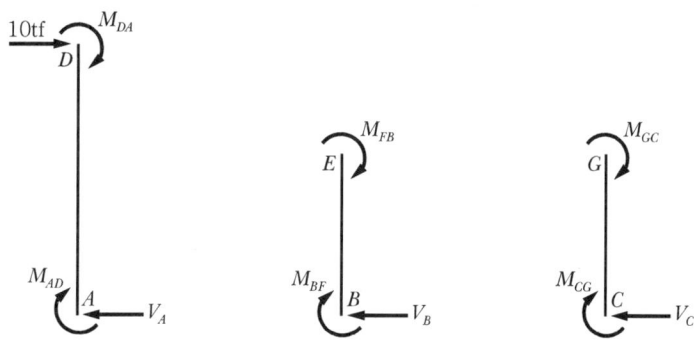

② AD에서 $\sum M_D = 0$

$$M_{AD} + M_{DA} + V_A \times 5 = 0 \rightarrow V_A = -\frac{M_{AD} + M_{DA}}{5} = -\frac{2 \times (-6.40)}{5} = 2.56 \text{tf}$$

③ EB에서 $\sum M_F = 0$

$$M_{BF} + M_{FB} + V_B \times 3 = 0 \rightarrow V_B = -\frac{M_{BF} + M_{FB}}{3} = -\frac{2 \times (-5.58)}{3} = 3.72 \text{tf}$$

④ CG에서 $\sum M_G = 0$

$$M_{CG} + M_{GC} + V_C \times 3 = 0 \rightarrow V_C = -\frac{M_{CG} + M_{GC}}{3} = -\frac{2 \times (-5.58)}{3} = 3.72 \text{tf}$$

▶▶▶ 건축구조기술사 118-3-1

그림과 같은 트러스 부재 BD, BE와 보 부재 AC의 합성 구조물에 대하여 트러스의 부재력(N_{BD}, N_{BE})을 구하고, 보의 휨 모멘트도 및 전단력도를 도시하시오. (단, 트러스의 길이는 각각 7m이며, $EA = 1,000$ kN, $EI = 6,000$ kN·m²이다.)

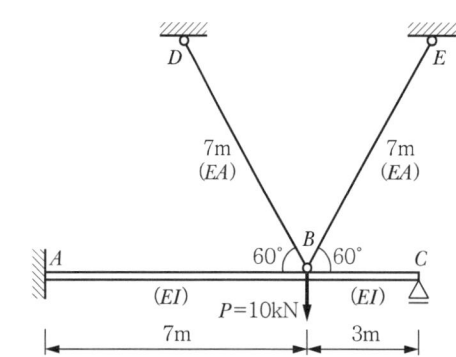

〈참고〉
집중하중을 받는 양단고정보의 휨모멘트

$$M_A = \frac{Pab^2}{(a+b)^2}$$

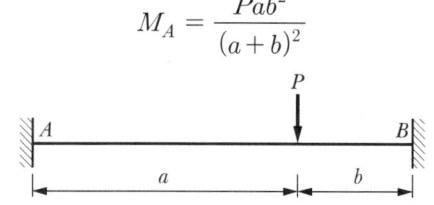

풀이 1 처짐각법 적용

1. 부정정 차수 산정

$n =$ 부재수 + 강절점수 + 반력수 $- 2 \times$ 절점수
$= 4 + 1 + 8 - 2 \times 5 = 3$

따라서, 3차 부정정 구조물

2. 구조물의 분리

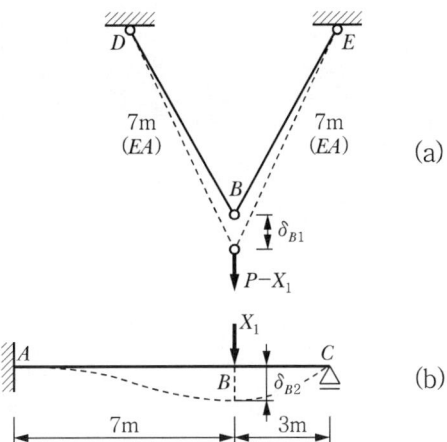

(a)

(b)

3. 구조물 (a)의 변위 산정

1) N_{BD}와 N_{BE} 축부재력 산정

절점 B에 대한 힘의 평형 조건으로부터

$\sum V = 0$

$2T\sin 60° - (P - X_1) = 0$

$T = \dfrac{(P - X_1)}{\sqrt{3}}$

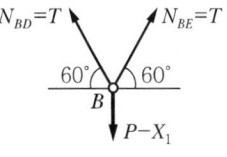

2) δ_{B1} 산정

$\delta_{B1} = \sum \dfrac{N_0 N_1}{E_i A_i} L_i = 2 \times \dfrac{\left(\dfrac{P - X_1}{\sqrt{3}}\right) \times \left(\dfrac{1}{\sqrt{3}}\right) \times L}{AE}$

$= 2 \times \dfrac{\left(\dfrac{10 - X_1}{\sqrt{3}}\right) \times \left(\dfrac{1}{\sqrt{3}}\right) \times 7}{1,000} = \dfrac{14(10 - X_1)}{3,000}$

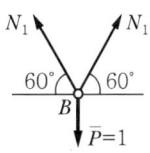

4. 구조물 (b)의 변위 산정

1) 고정단 모멘트

$C_{AC} = -\dfrac{Pab^2}{(a+b)^2} = -\dfrac{X_1 \times 7 \times 3^2}{(7+3)^2} = -\dfrac{63}{100} X_1$

$C_{CA} = \dfrac{Pba^2}{(a+b)^2} = \dfrac{X_1 \times 3 \times 7^2}{(7+3)^2} = \dfrac{147}{100} X_1$

2) 처짐각법 정해식을 통한 지점 모멘트 산정

$$M_{AC} = \frac{2EI}{L}(2\theta_A + \theta_C - 3R) + C_{AC} = \frac{2 \times 6,000}{10}(\theta_C) - \frac{63}{100}X_1$$

$$= 1,200\theta_C - \frac{63}{100}X_1$$

$$M_{CA} = \frac{2EI}{L}(2\theta_C + \theta_A - 3R) + C_{CA} = \frac{2 \times 6,000}{10}(2\theta_C) + \frac{147}{100}X_1$$

$$= 2,400\theta_C + \frac{147}{100}X_1$$

여기서,

$M_{CA} = 0$이므로 $2,400\theta_C + \frac{147}{100}X_1 = 0 \rightarrow \theta_C = -\frac{147}{240,000}X_1$

$$M_{AC} = 1,200\theta_C - \frac{63}{100}X_1 = 1,200 \times \left(-\frac{147}{240,000}X_1\right) - \frac{63}{100}X_1$$

$$= -\frac{147}{200}X_1 - \frac{63}{100}X_1 = -\frac{273}{200}X_1$$

3) 지점 수직반력 산정

① 자유물체도

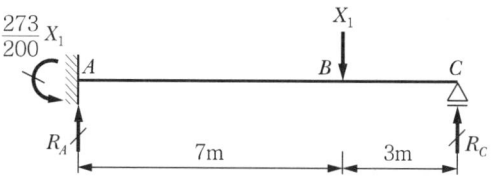

② 반력 산정

$$\sum M_A = 0 \; ; \; -\frac{273}{200}X_1 + X_1 \times 7 - R_C \times 10 = 0$$

$$\therefore R_C = \frac{1,127}{2,000}X_1 \; (\uparrow)$$

$$\sum V = 0 \; ; \; R_A - X_1 + \frac{1,127}{2,000}X_1 = 0$$

$$\therefore R_A = \frac{873}{2,000}X_1 \; (\uparrow)$$

4) B점의 수직처짐 δ_{B2} 산정

① A → B 구간 임의의 x점에서 휨 부재력

$$M_x = -\frac{273}{200}X_1 + \frac{873}{2,000}X_1 x$$

② C → B 구간 임의의 x점에서 휨 부재력

$$M_x = \frac{1,127}{2,000}X_1 x$$

③ B점의 수직처짐

$$\delta_{B2} = \frac{1}{EI}\int M\left(\frac{dM}{dX_1}\right)dx$$

$$= \frac{1}{EI}\int_0^7 \left(-\frac{273}{200}X_1 + \frac{873}{2,000}X_1 x\right)\left(-\frac{273}{200} + \frac{873}{2,000}x\right)dx$$

$$+ \frac{1}{EI}\int_0^3 \left(\frac{1,127}{2,000}X_1 x\right)\left(\frac{1,127}{2,000}x\right)dx$$

$$= \frac{33,957}{4,000EI}X_1 = \frac{33,957}{4,000\times 6,000}X_1 = \frac{11,319}{8,000,000}X_1$$

5. 변형 일치 조건 및 부정정력 산정

$$\delta_{B1} = \delta_{B2}$$

$$\frac{14(10-X_1)}{3,000} = \frac{11,319}{8,000,000}X_1$$

$$X_1 = 7.67\,\text{kN}$$

6. 트러스의 부재력

$$N_{BD} = N_{BE} = T = \frac{(P-X_1)}{\sqrt{3}} = \frac{(10-7.67)}{\sqrt{3}} = 1.35\,\text{kN}\,(Tension)$$

7. 보의 휨 모멘트도, 전단력도

1) 자유물체도

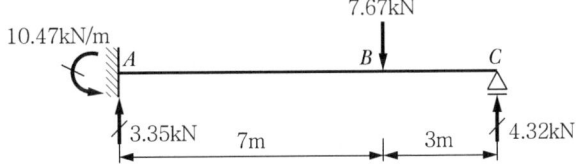

2) 휨 모멘트도

① A → B 구간 임의의 x점에서 휨 부재력

$$M_x = -10.47 + 3.35\,x$$

$M_x = 0$일 때 $x = 3.13\,\text{m}$

$$M_B = M_{(x=7)} = -10.47 + 3.35\,x = 12.98\,\text{kNm}$$

② C → B 구간 임의의 x점에서 휨 부재력

$M_x = 4.32\,x$

③ 휨 모멘트도 (단위 : kN · m)

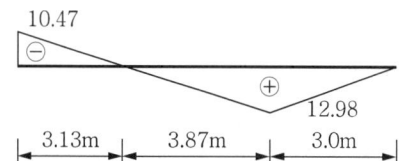

3) 전단력도(단위 : kN)

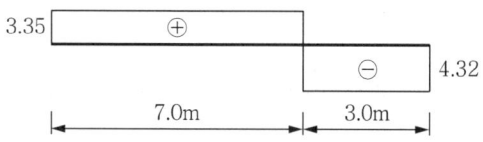

풀이 2 최소일법 적용

1. 부정정 차수 산정

n = 부재수 + 강절점수 + 반력수 − 2 × 절점수
  = 4 + 1 + 8 − 2 × 5 = 3

따라서, 3차 부정정 구조물

(여기서, AC부재의 수평 반력은 무시하고 2차 부정정 구조물로 해석)

2. 구조물의 분리 및 부정정력 가정

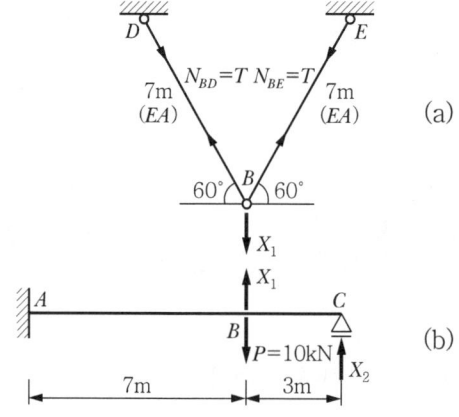

3. 부재력 산정

1) 구조물 (a)에 대해

절점 B에 대한 힘의 평형 조건으로부터

$$\sum V = 0\ ;\ 2T\sin 60° - X_1 = 0$$

$$T = \frac{X_1}{\sqrt{3}}$$

2) 구조물 (b)에 대해

① C → B 구간 임의의 x점에서 휨 부재력

$$M_x = X_2 x\ (0 \leq x \leq 3\,\mathrm{m})$$

② B → A 구간 임의의 x점에서 휨 부재력

$$M_x = X_2(x+3) + (X_1 - 10)x\ (0 \leq x \leq 7\,\mathrm{m})$$

4. 내부 에너지(변형 에너지)

$$U_{Beam} = \int \frac{M_x^2}{2EI}dx = \frac{1}{2EI}\int_0^3 (X_2 x)^2 dx + \frac{1}{2EI}\int_0^7 \{X_2(x+3) + (X_1-10)x\}^2 dx$$

$$= \frac{9X_2^2}{2EI} + \frac{1}{2EI} \times \frac{7}{3}\{49X_1^2 + 7X_1(23X_2 - 140) + 139X_2^2 - 1{,}610X_2 + 4{,}900\}$$

$$U_{Truss} = \int \frac{N_x^2}{2EA}dx = \frac{1}{2EA} \times \left(\frac{X_1}{\sqrt{3}}\right)^2 L \times 2 = \frac{LX_1^2}{3EA}$$

$$U = U_{Beam} + U_{Truss} = \frac{1}{2EI}\int_0^3 (X_2 x)^2 dx + \frac{1}{2EI}\int_0^7 \{X_2(x+3) + (X_1-10)x\}^2 dx$$

$$= \frac{9X_2^2}{2EI} + \frac{7}{6EI}\{49X_1^2 + 7X_1(23X_2 - 140) + 139X_2^2 - 1{,}610X_2 + 4{,}900\} + \frac{LX_1^2}{3EA}$$

여기서, $EA = 1{,}000\,\mathrm{kN}$, $EI = 6{,}000\,\mathrm{kNm^2}$, $L = 7\mathrm{m}$를 대입하면

$$U = \frac{427X_1^2}{36{,}000} + \frac{49X_1(23X_2 - 140)}{36{,}000} + \frac{X_2^2}{36} - \frac{1{,}127X_2}{3{,}600} + \frac{343}{360}$$

5. 최소일의 원리

1) 선형 탄성인 부정정 구조물에 외력이 작용할 때, 부정정력의 조합은 변형 에너지가 최소인 경우에 가정한 평형상태를 유지한다.

2) $\dfrac{\delta U}{\delta X_1} = 0$; $\dfrac{427X_1}{18{,}000} + \dfrac{49(23X_2 - 140)}{36{,}000} = 0 \rightarrow \dfrac{427X_1}{18{,}000} + \dfrac{1{,}127X_2}{36{,}000} = \dfrac{343}{1{,}800}$

3) $\dfrac{\delta U}{\delta X_2} = 0$; $\dfrac{1{,}127X_1}{36{,}000} + \dfrac{X_2}{18} - \dfrac{1{,}127}{3{,}600} = 0 \rightarrow \dfrac{1{,}127X_1}{36{,}000} + \dfrac{X_2}{18} = \dfrac{1{,}127}{3{,}600}$

4) 행렬식을 이용한 부정정력 산정

$$\begin{Bmatrix} \dfrac{427}{18,000} & \dfrac{1,127}{36,000} \\ \dfrac{1,127}{36,000} & \dfrac{1}{18} \end{Bmatrix} \begin{Bmatrix} X_1 \\ X_2 \end{Bmatrix} = \begin{Bmatrix} \dfrac{343}{1,800} \\ \dfrac{1,127}{3,600} \end{Bmatrix}$$

$$\begin{Bmatrix} X_1 \\ X_2 \end{Bmatrix} = \begin{Bmatrix} \dfrac{427}{18,000} & \dfrac{1,127}{36,000} \\ \dfrac{1,127}{36,000} & \dfrac{1}{18} \end{Bmatrix}^{-1} \begin{Bmatrix} \dfrac{343}{1,800} \\ \dfrac{1,127}{3,600} \end{Bmatrix} = \begin{Bmatrix} 2.327\text{kN} \\ 4.324\text{kN} \end{Bmatrix}$$

6. 트러스 부재력

$$N_{BD} = N_{BE} = T = \dfrac{X_1}{\sqrt{3}} = \dfrac{2.327}{\sqrt{3}} = 1.343\text{kN} \ (Tension)$$

7. 보의 휨 모멘트도, 전단력도

1) 자유물체도

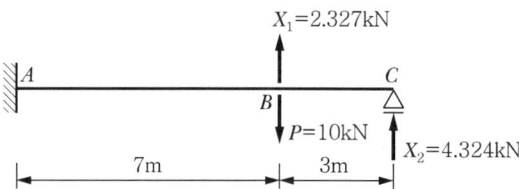

2) 휨 모멘트도

① C → B 구간 임의의 x 점에서 휨 부재력

$M_x = 4.324\, x$

$M_B = M_{(x=3)} = 4.324 \times 3 = 12.97 \text{kN} \cdot \text{m}$

② B → A 구간 임의의 x 점에서 휨 부재력

$M_x = 4.32(x+3) + (2.327 - 10)x = -3.346x + 12.981$

$M_x = 0$ 일 때 $x = 3.88\text{m}$

$M_A = M_{(x=7)} = -3.346 \times 7 + 12.981 = -10.44 \text{kN} \cdot \text{m}$

③ 휨 모멘트도(단위 : kN · m)

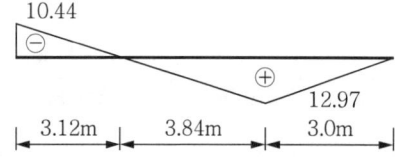

3) 전단력도(단위 : kN)

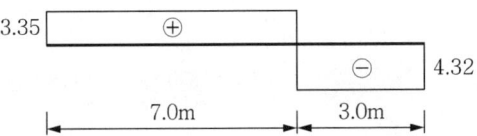

풀이 3 매트릭스 변위법 적용

1. 자유 물체도

1) 구조계

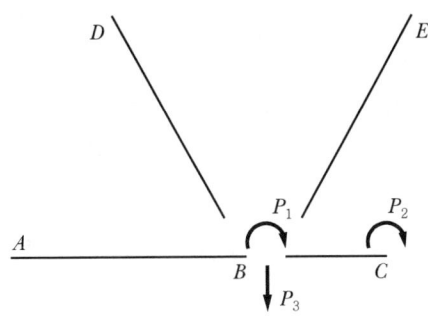

2) 요소계

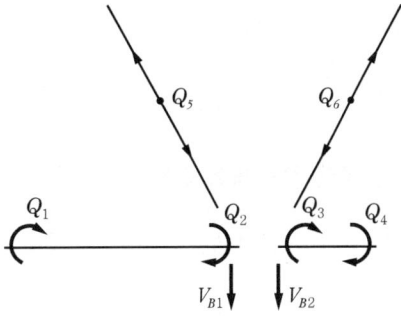

2. 평형 방정식

1) $P_1 = Q_2 + Q_3$

2) $P_2 = Q_4$

3) $P_3 = V_{B1} + V_{B2} + Q_5 \sin60° + Q_6 \sin60°$

$$= -\left(\frac{Q_1 + Q_2}{7}\right) + \frac{Q_3 + Q_4}{3} + \frac{\sqrt{3}}{2}Q_5 + \frac{\sqrt{3}}{2}Q_6$$

여기서, $\overline{AB}$부재에서 $\sum M_A = 0$; $Q_1 + Q_2 + V_{B1} \times 7 = 0 \to V_{B1} = -\left(\frac{Q_1 + Q_2}{7}\right)$

$\overline{BC}$부재에서 $\sum M_E = 0$; $Q_3 + Q_4 - V_{B2} \times 4 = 0 \to V_{B2} = \frac{Q_3 + Q_4}{3}$

3. 평형 매트릭스

1) $\{P\} = \{A\}\{Q\}$

$$\begin{Bmatrix} P_1 \\ P_2 \\ P_3 \end{Bmatrix} = \begin{Bmatrix} 0 & 1 & 1 & 0 & 0 & 0 \\ 0 & 0 & 0 & 1 & 0 & 0 \\ -\dfrac{1}{7} & -\dfrac{1}{7} & \dfrac{1}{3} & \dfrac{1}{3} & \dfrac{\sqrt{3}}{2} & \dfrac{\sqrt{3}}{2} \end{Bmatrix} \begin{Bmatrix} Q_1 \\ Q_2 \\ Q_3 \\ Q_4 \\ Q_5 \\ Q_6 \end{Bmatrix}$$

2) 평형 매트릭스

$$\{A\} = \begin{Bmatrix} 0 & 1 & 1 & 0 & 0 & 0 \\ 0 & 0 & 0 & 1 & 0 & 0 \\ -\dfrac{1}{7} & -\dfrac{1}{7} & \dfrac{1}{3} & \dfrac{1}{3} & \dfrac{\sqrt{3}}{2} & \dfrac{\sqrt{3}}{2} \end{Bmatrix}$$

4. 전 부재 강도 매트릭스

1) $\{Q\} = \{S\}\{e\}$

2) $\{S\} = \begin{Bmatrix} \dfrac{EI}{7}\begin{bmatrix} 4 & 2 \\ 2 & 4 \end{bmatrix} & 0 & 0 & 0 \\ 0 & \dfrac{EI}{3}\begin{bmatrix} 4 & 2 \\ 2 & 4 \end{bmatrix} & 0 & 0 \\ 0 & 0 & \dfrac{EA}{7} & 0 \\ 0 & 0 & 0 & \dfrac{EA}{7} \end{Bmatrix}$

$= \begin{Bmatrix} \dfrac{6{,}000}{7}\begin{bmatrix} 4 & 2 \\ 2 & 4 \end{bmatrix} & 0 & 0 & 0 \\ 0 & \dfrac{6{,}000}{3}\begin{bmatrix} 4 & 2 \\ 2 & 4 \end{bmatrix} & 0 & 0 \\ 0 & 0 & \dfrac{1{,}000}{7} & 0 \\ 0 & 0 & 0 & \dfrac{1{,}000}{7} \end{Bmatrix}$

5. 구조물 강도 매트릭스

1) $\{K\} = \{A\}[S]\{A\}^T$

2) $\{K\} = \begin{Bmatrix} \dfrac{80{,}000}{7} & 4{,}000 & \dfrac{160{,}000}{49} \\ 4{,}000 & 8{,}000 & 4{,}000 \\ \dfrac{160{,}000}{49} & 4{,}000 & \dfrac{3{,}180{,}500}{1{,}029} \end{Bmatrix}$

6. 하중 매트릭스

$\{P\} = \{P_1\,;\,P_2\,;\,P_3\} = \{0\,;\,0\,;\,10\,\text{kN}\}$

7. 격점 변위 매트릭스

1) $\{d\} = \{K\}^{-1}\{P\}$

2) $\{d\} = \{d_1\,;\,d_2\,;\,d_3\} = \{\theta_1\,;\,\theta_2\,;\,v_3\}$

$\quad = \{-0.001457\,\text{rad}\,;\,-0.0047\,\text{rad}\,;\,0.010857\,\text{m}\}$

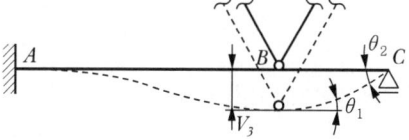

8. 부재력 매트릭스

$\{Q\} = \{S\}\{A^T\}\{d\} = \{Q_1\,;\,Q_2\,;\,Q_3\,;\,Q_4\,;\,Q_5\,;\,Q_6\}$

$\quad = \{-10.47\,\text{kN}\cdot\text{m}\,;\,-12.97\,\text{kN}\cdot\text{m}\,;\,12.97\,\text{kN}\cdot\text{m}\,;\,0\,;\,1.34\,\text{kN}\,;\,1.34\,\text{kN}\}$

9. 트러스 부재력

$N_{BD} = N_{BE} = Q_5 = Q_6 = 1.343\,\text{kN}\ (Tension)$

10. 보의 휨 모멘트도, 전단력도

1) 휨 모멘트도

① 단부 모멘트 M_A

$M_A = Q_1 = -10.47\,\text{kNm}$

② 절점 B의 모멘트 M_B

$M_B = Q_3 = 12.97\,\text{kNm}$

③ B → A 구간 전단력

$V_{BA} = -\left(\dfrac{Q_1 + Q_2}{7}\right) = -\left(\dfrac{-10.47 - 12.97}{7}\right) = -3.35\,\text{kN}\ (\uparrow)$

④ B → C 구간 전단력

$V_{BC} = \dfrac{Q_3 + Q_4}{3} = \dfrac{12.97 + 0}{3} = 4.32\,\text{kN}\ (\downarrow)$

⑤ A → B 구간 임의의 x점에서 휨 부재력

$M_x = -10.47 + 3.35\,x$

$M_x = 0$일 때 $x = 3.13$m

⑥ B → C 구간 임의의 x점에서 휨 부재력

$M_x = 12.97 + 3.35\,x = 12.98\,\text{kNm} - 4.32x$

⑦ 휨 모멘트도(단위 : kN · m)

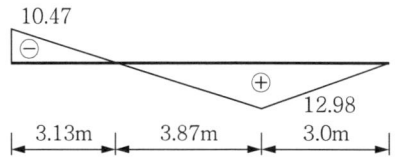

2) 전단력도(단위 : kN)

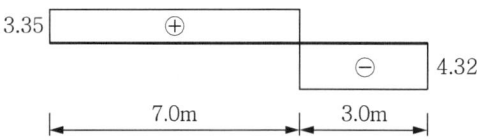

09 모멘트 분배법

▶▶▶ 대칭성 이용   예제

다음과 같은 라멘을 모멘트 분배법을 이용하여 해석하고 B.M.D를 그려라.

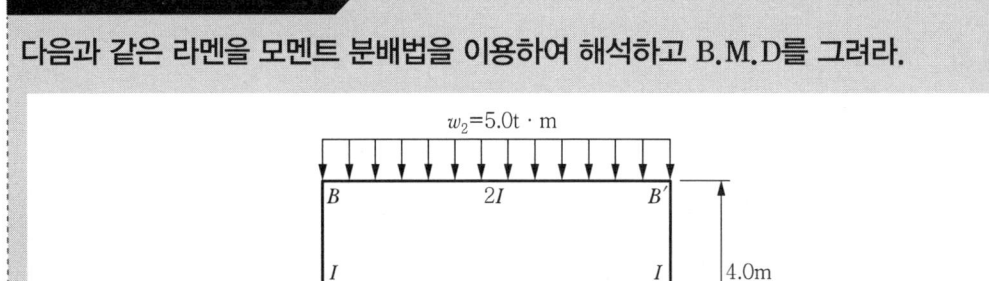

풀이 1

1. 강비 산정

$$k_{BB'} = k_{B'B} = \frac{2E(2I)}{L_{BB'}} = \frac{4I}{8.0} = 0.5EI, \quad k_{BA} = k_{B'A'} = \frac{2E(I)}{L_{BA}} = \frac{2I}{4.0} = 0.5EI$$

2. B, B'점에서 회전강성에 따른 분배율 산정

① $\sum k_i = \sum \frac{2EI_i}{L_i} = 2\left(\frac{1}{4} + \frac{2}{8}\right)EI = EI$

② 분배율 $\mu_{BA} = \mu_{BB'} = \mu_{B'B} = \mu_{B'A'} = \dfrac{0.5EI}{EI} = \dfrac{1}{2}$

3. 고정단 모멘트

$$C_{BB'} = -\frac{w_2 L^2}{12} = -\frac{5.0 \times 8^2}{12} = -26.67 \text{t·m}, \quad C_{B'B} = 26.67 \text{t·m}$$

4. 모멘트 분배(단위 : tf · m)

1) 절점 B, B'

MEM	B			B'		
	B−A	B−B'		B'−B	B'−A'	
D.F	1/2	1/2		1/2	1/2	
F.E.M	−	−26.67	(+26.67)	+26.67	−	(−26.67)
D.M$_1$	+13.33	+13.33		−13.33	−13.33	
C.M$_1$	−	−6.665	(6.665)	+6.665	−	(−6.665)
D.M$_2$	3.333	3.333		−3.333	−3.333	
C.M$_2$	−	−1.67	(1.67)	1.67	−	(−1.67)
D.M$_3$	0.835	0.835		−0.835	−0.835	
C.M$_3$	−	−0.418	(0.418)	0.148	−	(−0.418)
D.M$_4$	0.209	0.209		−0.209	−0.209	
C.M$_4$	−	−0.105		0.105	−	
$\sum M$	17.707	−17.821		17.821	−17.707	

2) 절점 A, A'

MEM	A		A'	
	A−B		A'−B'	
D.F	−		−	
F.E.M	−	(0)	−	(0)
D.M$_1$	−		−	
C.M$_1$	+6.665		−6.665	
D.M$_2$	−		−	
C.M$_2$	+1.67		−1.67	
D.M$_3$	−		−	
C.M$_3$	+0.418		−0.418	
D.M$_4$	−		−	
C.M$_4$	+0.105		−0.105	
$\sum M$	8.858		−8.858	

5. 휨 모멘트도(단위 : tf · m)

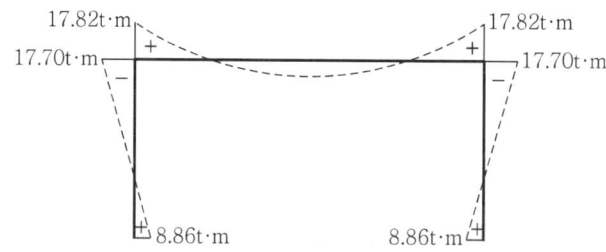

풀이 2 대칭성을 이용한 풀이

1. 강비 산정

$$k_{BB'} = k_{B'B} = \frac{2E(2I)}{L_{BB'}} = \frac{4I}{8.0} = 0.5EI$$

$$k_{BA} = k_{B'A'} = \frac{2E(I)}{L_{BA}} = \frac{2I}{4.0} = 0.5EI$$

2. 회전강성에 따른 분배율 산정

B, B' 점에서

① $\sum k_i = \sum \frac{2EI_i}{L_i} = 2\left(\frac{1}{4} + \frac{2}{8}\right)EI = EI$

② 분배율

$$\mu_{BA} = \mu_{BB'} = \mu_{B'B} = \mu_{B'A'} = \frac{0.5EI}{EI} = \frac{1}{2}$$

3. 고정단 모멘트

$$C_{BB'} = -\frac{w_2 L^2}{12} = -\frac{5.0 \times 8^2}{12} = -26.67 \text{t·m}$$

$$C_{B'B} = 26.67 \text{t·m}$$

4. 모멘트 분배(단위 : tf · m)

1) 절점 B

MEM	B		
	B−A	B−B'	
D.F	1/2	1/2	
F.E.M	−	−26.67	(+26.67)
D.M$_1$	+13.33	+13.33	⟨×−0.5⟩
C.M$_1$	−	−6.665	(6.665)
D.M$_2$	3.333	3.333	⟨×−0.5⟩
C.M$_2$	−	−1.67	(1.67)
D.M$_3$	0.835	0.835	⟨×−0.5⟩
C.M$_3$	−	−0.418	(0.418)
D.M$_4$	0.209	0.209	⟨×−0.5⟩
C.M$_4$	−	−0.105	
ΣM	17.707	−17.821	

2) 절점 A

MEM	A	
	A−B	
D.F	−	
F.E.M	−	(0)
D.M$_1$	−	
C.M$_1$	+6.665	
D.M$_2$	−	
C.M$_2$	+1.67	
D.M$_3$		
C.M$_3$	+0.418	
D.M$_4$		
C.M$_4$	+0.105	
ΣM	8.858	

▶▶▶▶ 다층 구조물   예제

다음과 같은 라멘을 모멘트 분배법을 이용하여 해석하고 B.M.D를 그려라.

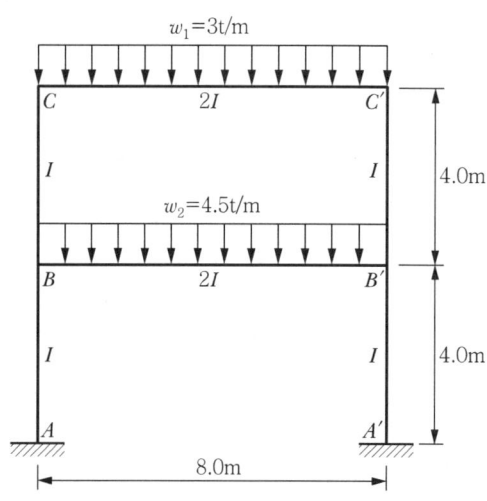

1. 고정단 모멘트

$$C_{CC'} = -\frac{w_2 L^2}{12} = -\frac{3 \times 8^2}{12} = -16.0 \text{t·m}$$

$$C_{C'C} = 16.0 \text{t·m}$$

$$C_{BB'} = -\frac{w_2 L^2}{12} = -\frac{4.5 \times 8^2}{12} = -24.0 \text{t·m}$$

$$C_{B'B} = 24.0 \text{t·m}$$

2. 회전 강성에 따른 분배율 산정

1) B, B' 점에서

① $\sum k_i = \sum \frac{2EI_i}{L_i} = 2\left(\frac{1}{4} + \frac{2}{8} + \frac{1}{4}\right)EI = \frac{3}{4}EI$

② 분배율

$$\mu_{BA} = \mu_{BC} = \mu_{BB'} = \mu_{B'A'} = \mu_{B'B} = \mu_{B'C'} = \frac{(1/4)}{(3/4)} = \frac{1}{3}$$

2) C, C' 점에서

① $\sum k_i = \sum \frac{2EI_i}{L_i} = 2\left(\frac{1}{4} + \frac{2}{8}\right)EI = \frac{1}{2}EI$

② 분배율

$$\mu_{CB} = \mu_{CC'} = \mu_{C'C} = \mu_{CB'} = \frac{(1/4)}{(1/2)} = \frac{1}{2}$$

3. 모멘트 분배(단위 : tf · m)

1) 절점 C, C'

	C				C'		
MEM	C−B	C−C'			C'−C	C'−B'	
D.F	1/2	1/2			1/2	1/2	
F.E.M	−	−16.0	(+16.0)		+16.0	−	(−16.0)
D.M$_1$	+8.0	+8.0			−8.0	−8.0	
C.M$_1$	+4.0	−4.0	(0)		+4.0	−4.0	
D.M$_2$	−	−	−		−	−	−
ΣM	12.0	−12.0			12.0	−12.0	

2) 절점 B, B'

	B				B'			
MEM	B−C	B−A	B−B'		B'−B	B'−A'	B'−C'	
D.F	1/3	1/3	1/3		1/3	1/3	1/3	
F.E.M	−	−	−24.0	(+24.0)	+24.0	−	−	(−24.0)
D.M$_1$	+8.0	+8.0	+8.0		−8.0	−8.0	−8.0	
C.M$_1$	+4.0	−	−4.0	(0)	+4.0	−	−4.0	(0)
D.M$_2$	−	−			−	−	−	
ΣM	+12.0	+8.0	−20.0		+20.0	−8.0	−12.0	

3) 절점 A, A'

	A			A'	
MEM	A−B			A'−B'	
D.F	−			−	
F.E.M	−	(0)		−	(0)
D.M$_1$	−			−	
C.M$_1$	+4.0			−4.0	
D.M$_2$	−			−	
ΣM	4.0			−4.0	

4. 휨 모멘트도(단위 : tf·m)

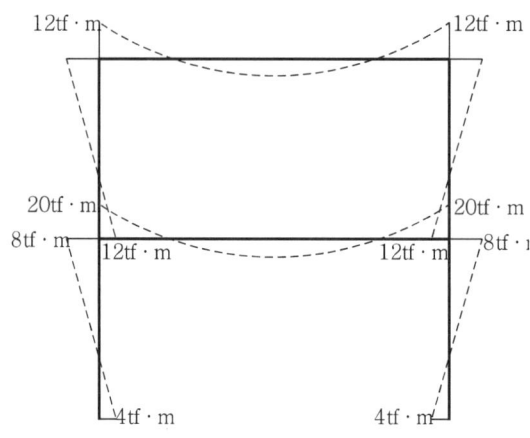

건축구조기술사 95-4-5

다음과 같은 골조에 대해 모멘트 분배법을 이용하여 해석하고 휨 모멘트 분포도를 작성하시오.

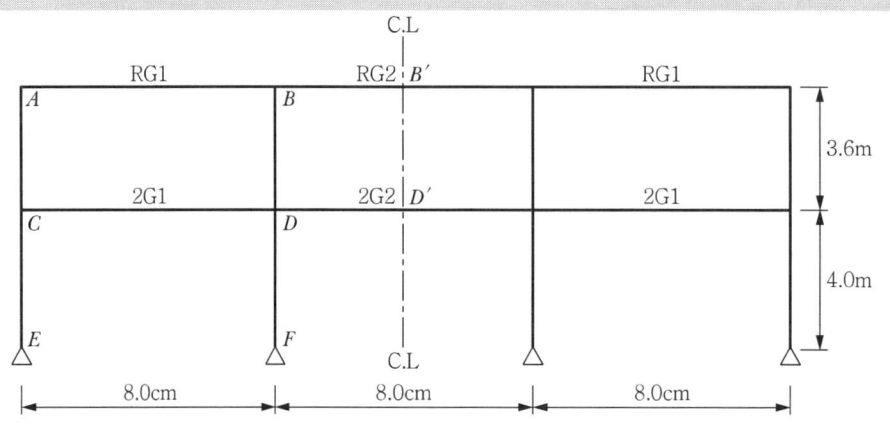

- 보 크기 : 400×600mm
- 기둥 크기 : 400×400mm
- RG1, RG2 : $C_{AB} = -C_{BA} = -110.21 \text{kN} \cdot \text{m}$, $M_0 = 170.40 \text{kN} \cdot \text{m}$
- 2G1, 2G2 : $C_{AB} = -C_{BA} = -153.36 \text{kN} \cdot \text{m}$, $M_0 = 237.84 \text{kN} \cdot \text{m}$

1. 회전 강성에 따른 분배율 산정

1) 보와 기둥의 단면 2차 모멘트

① 기둥의 단면 2차 모멘트

$$I_C = \frac{400 \times 400^3}{12} = 3.072 \times 10^{11} \text{mm}^4$$

② 보의 단면 2차 모멘트

$$I_G = \frac{400 \times 600^3}{12} = 1.0368 \times 10^{12} \text{mm}^4 = 3.375 I_C$$

2) 부재별 회전 강성

① 보 부재

$$k_G = \frac{2EI_i}{L_i} \times 2 = 4\frac{EI_G}{8} = \frac{3.375 I_C}{2} = 1.6875 EI_C$$

② 1층 기둥 부재

$$k_{C1} = \frac{2EI_i}{L_i} \times 2 \times \frac{3}{4} = \frac{3EI_C}{4.0} = 0.75 EI_C$$

③ 2층 기둥 부재

$$k_{C2} = \frac{2EI_i}{L_i} \times 2 = 4\frac{EI_C}{3.6} = 1.1111 EI_C$$

3) A점 분배율 산정

① $\sum k_i = k_G + k_{C2} = 2.7986\, EI_C$

② $\mu_{AB} = \dfrac{1.6875}{2.7986} = 0.603$

③ $\mu_{AC} = 1 - 0.603 = 0.397$

4) B점 분배율 산정

① $\sum k_i = 2k_G + k_{C2} = 4.4861\, EI_C$

② $\mu_{BA} = \mu_{BB'} = \dfrac{1.6875}{4.4861} = 0.376$

③ $\mu_{BD} = \dfrac{1.1111}{4.4861} = 0.248$

5) C점 분배율 산정

① $\sum k_i = k_G + k_{C1} + k_{C2} = 3.5486\, EI_C$

② $\mu_{CD} = \dfrac{1.6875}{3.5486} = 0.476$

③ $\mu_{CA} = \dfrac{1.1111}{3.5486} = 0.313$

④ $\mu_{CE} = \dfrac{0.75}{3.5486} = 0.211$

6) D점 분배율 산정

① $\sum k_i = 2k_G + k_{C1} + k_{C2} = 5.2361\, EI_C$

② $\mu_{DC} = \mu_{DD'} = \dfrac{1.6875}{5.2361} = 0.322$

③ $\mu_{DB} = \dfrac{1.1111}{5.2361} = 0.212$

④ $\mu_{DF} = \dfrac{0.75}{5.2361} = 0.143$

2. 모멘트 분배(단위 : kN·m)

1) 절점 A, B

MEM	A			B		
	A−C	A−B		B−A	B−D	B−B'
D.F	0.397	0.603		0.376	0.248	0.376
F.E.M	−	−110.21	(+110.21)	+110.21	−	−110.21	(0.0)
D.M₁	+43.75	+66.46		0.0	0.0	0.0	⟨×−0.5⟩
C.M₁	+24.0	0.0	(−24.0)	+33.23	−	0.0	(−33.23)
D.M₂	−9.53	−14.47		−12.49	−8.24	−12.49	⟨×−0.5⟩
C.M₂	−3.43	−6.25	(+9.68)	−7.24	−3.87	+6.25	(+4.86)
D.M₃	+3.84	+5.84		+1.83	+1.21	+1.83	⟨×−0.5⟩
C.M₃	+1.67	+0.92		+2.92	+0.365	−0.92
$\sum M$	+60.30	−57.71		128.46	−10.54	−127.65

2) 절점 C, D

MEM	C				D				
	C−A	C−E	C−D		D−C	D−B	D−F	D−D′	
D.F	0.313	0.211	0.476		0.322	0.212	0.143	0.322	
F.E.M	−	−	−153.36	(+153.36)	+153.36	−	−	−153.36	(0.0)
D.M_1	+48.0	+32.36	+73.00		0.0	0.0	0.0	0.0	⟨×−0.5⟩
C.M_1	+21.88	−	0.0	(−21.88)	+36.50	0.0	−	0.0	(−36.50)
D.M_2	−6.85	−4.62	−10.41		−11.75	−7.738	−5.22	−11.75	⟨×−0.5⟩
C.M_2	−4.77	−	−5.88	(+10.65)	−5.21	−4.12	−	+5.88	(+3.45)
D.M_3	+3.33	+2.25	+5.07		+1.11	+0.73	+0.49	+1.11	⟨×−0.5⟩
C.M_3	+1.92	−	+0.56		+2.54	+0.61	−	−0.56	
$\sum M$	+63.51	+29.99	−91.02		+176.55	−10.52	−4.73	−158.68	

3. 자유 물체도 및 변형도(단위 : kN·m)

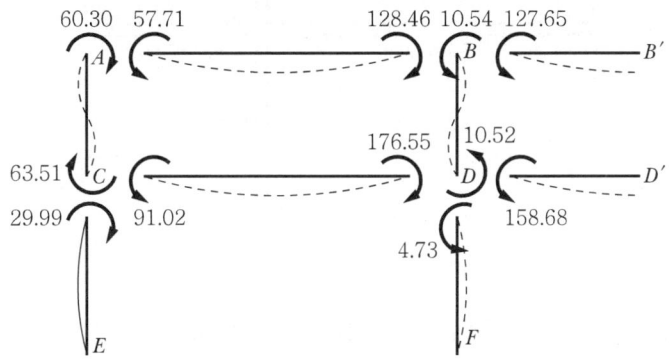

4. 휨 모멘트도(단위 : kN·m)

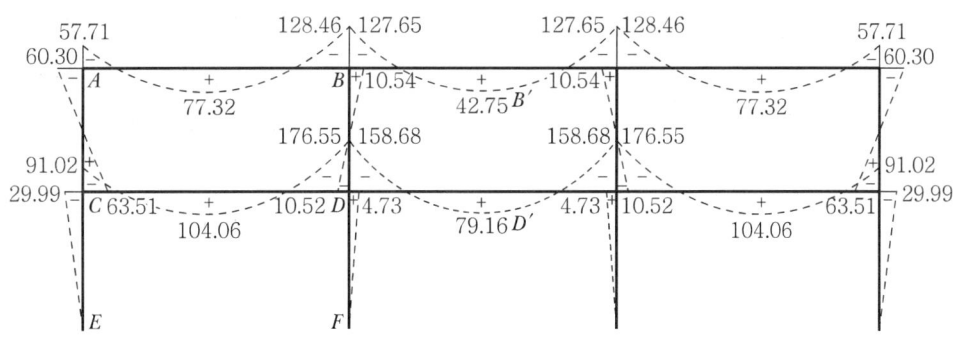

※ AB 부재 정모멘트 = 170.40 − (57.71+128.46)/2 = 77.32 kN·m, B′ 점 정모멘트
   = 170.40 − 127.65 = 42.75kN·m

※ CD 부재 정모멘트 = 237.84 − (91.02+176.55)/2 = 104.06 kN·m, D′ 점 정모멘트
   = 237.84 − 148.68 = 79.16kN·m

토목구조기술사 93-4-4

다음 그림과 같은 구조물에서 A는 강절점, B는 롤러지점, D는 힌지지점이며, E는 고정지점이다. A점에 시계방향의 모멘트 하중 M이 작용할 때, 각 부재의 분배모멘트 M_{AB}, M_{AC}, M_{AD}, M_{AE}를 구하시오.(단, 부재의 길이는 수평부재 $L_{AB}=2L$, $L_{AD}=L$ 및 수직부재 $L_{AC}=L$, $L_{AE}=L$이며, 부재 AC의 휨강성 EI는 무한대(∞)이고, 나머지 부재의 휨강성 EI는 일정하다.)

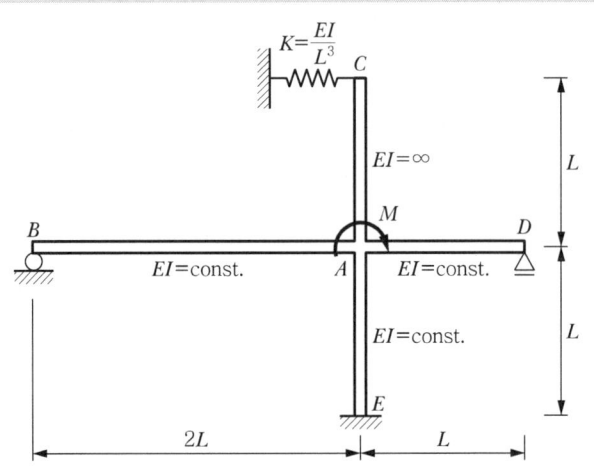

1. 각 부재의 회전강성(지점 조건에 따른 수정 등가 강비 고려)

  1) AC 부재

  ① $W_{int} = \dfrac{1}{2}k\Delta^2 = \dfrac{1}{2}\left(\dfrac{EI}{L^3}\right)(L\theta)^2$

  $W_{ext} = \dfrac{1}{2}M_{AC}\theta$

  ② $W_{ext} = W_{int}$

  $\dfrac{1}{2}M_{AC}\theta = \dfrac{1}{2}\left(\dfrac{EI}{L^3}\right)(L\theta)^2$

  $M_{AC} = \left(\dfrac{EI}{L}\right)\theta$

  $\therefore\ k_{AC} = \left(\dfrac{EI}{L}\right)$

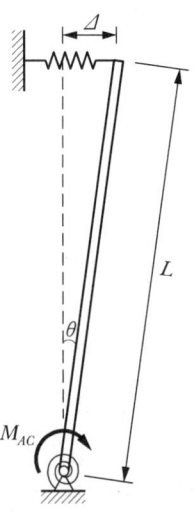

2) AB 부재

$$\therefore k_{AB} = \left(\frac{2EI}{2L}\right) \times 2 \times \frac{3}{4} = \frac{3EI}{2L}$$

3) AD 부재

$$\therefore k_{AD} = \left(\frac{2EI}{L}\right) \times 2 \times \frac{3}{4} = \frac{3EI}{L}$$

4) AE 부재

$$\therefore k_{AE} = \left(\frac{2EI}{L}\right) \times 2 = \frac{4EI}{L}$$

2. 회전 강성에 따른 분배율 산정

1) $\sum k_i = \frac{EI}{L}\left(1 + \frac{3}{2} + 3 + 4\right) = \frac{19}{2}\frac{EI}{L}$

2) 분배율

① $\mu_{AB} = \frac{(3/2)}{(19/2)} = \frac{3}{19}$

② $\mu_{AC} = \frac{1}{(19/2)} = \frac{2}{19}$

③ $\mu_{AD} = \frac{(3)}{(19/2)} = \frac{6}{19}$

④ $\mu_{AE} = \frac{(4)}{(19/2)} = \frac{8}{19}$

3. 분배 모멘트

1) $M_{AB} = \frac{3}{19}M$

2) $M_{AC} = \frac{2}{19}M$

3) $M_{AD} = \frac{6}{19}M$

4) $M_{AE} = \frac{8}{19}M$

4. 휨 모멘트도

1) 변형도

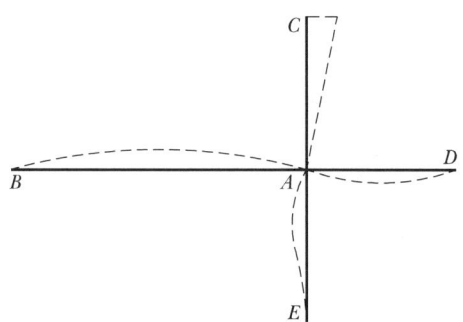

2) 휨 모멘트도

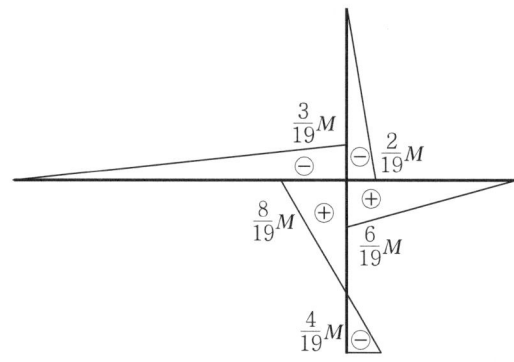

5. 스프링 변형과 축력

1) $M_{AC} = \left(\dfrac{EI}{L}\right)\theta = \dfrac{2}{19}M$

$\theta = \dfrac{2ML}{19EI}$

2) $\Delta = L \cdot \theta = \dfrac{2ML^2}{19EI}$

3) $F = k\Delta = \dfrac{EI}{L^3}\dfrac{2ML^2}{19EI} = \dfrac{2M}{19L}$

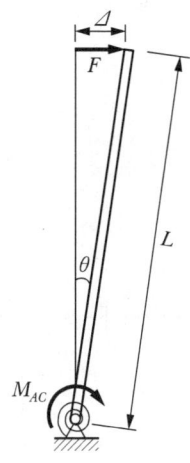

10 포탈법 – 횡하중을 받는 구조물 해석

1. 개요

① 비교적 저층 골조의 근사해석에 적합
② 1915년 A. Smith 개발

2. 횡하중을 받고 지점이 고정단인 골조의 거동(포탈 골조)

① 개략적인 처짐 형태로부터 골조의 각 부재 중앙 부근에 변곡점이 존재
② 근사 해석에서의 변곡점 위치는 부재 중앙으로 잡는 것이 정밀해석을 통한 결과에 비추어 근사적으로 타당
③ 변곡점에서는 휨 모멘트가 없으므로 내부 힌지를 부재 중앙에 삽입한 정정 구조물
④ 수평력의 평형 조건 : 임의층에서 모든 기둥의 총 전단력은 그 층 위에 작용하는 모든 수평하중의 총 합과 같고, 또 그 방향은 반대이다.
⑤ 양외측 기둥의 수평전단력은 서로 같고, 각 내측 기둥의 수평 전단력은 외측 기둥 수평 전단력의 2배이다.
⑥ 최하층 기둥의 변곡점은 기초 조건에 따라 위치를 다음과 같이 가정할 수 있다.
　㉠ 암반 또는 파일 기초 등 기초의 회전을 방지시킬 수 있을 경우

　　지반으로부터 $\dfrac{2h}{3}$에 위치

ⓛ 회전에 대한 저항이 없고, 압축성이 많은 지반(유연한 지반)인 경우 지반으로부터 $\dfrac{h}{3}$에 위치

3. 3차 부정정 라멘 구조물

1) 변형도 및 내부 힌지 가정

3차 부정정 구조물 → 내부 힌지 3개 삽입 → 정정 구조물

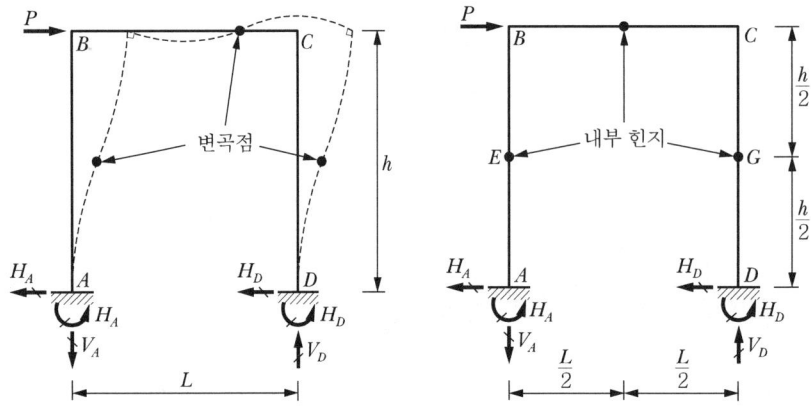

2) E, D, C, G 절점에 대한 평형 조건식

3개의 평형 방정식과 1개의 지점 조건식

① 자유 물체도

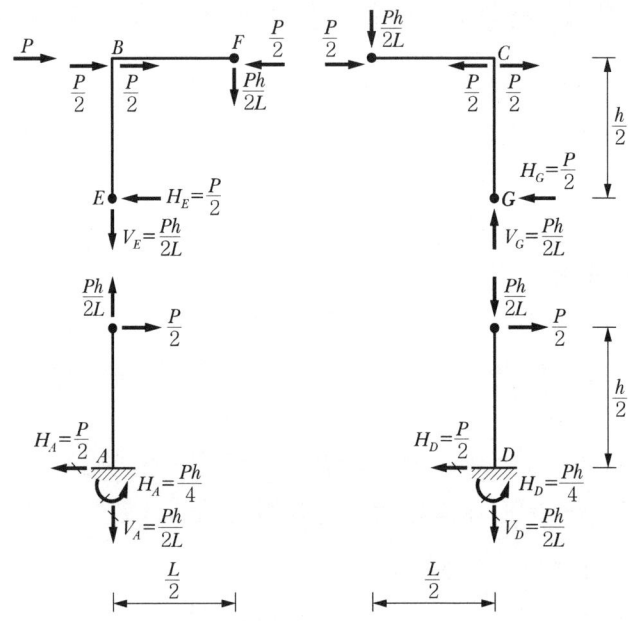

② E−B−F−C−G 부재에서 내부 힌지 E, G에 대하여

㉠ $\sum M_G = 0$; $-V_E L + P\left(\dfrac{h}{2}\right) = 0$

∴ $V_E = \dfrac{Ph}{2L}$ (↓)

㉡ $\sum V = 0$; $-V_E + V_G = 0$

∴ $V_G = \dfrac{Ph}{2L}$ (↑)

㉢ E−B−F 부재에서 내부 힌지 F에 대하여

$\sum M_{F(좌)} = 0$; $-V_E\left(\dfrac{L}{2}\right) + H_E\left(\dfrac{h}{2}\right) = 0$

→ $H_E = V_E\left(\dfrac{L}{2}\right)\left(\dfrac{2}{h}\right) = \dfrac{Ph}{2L}\left(\dfrac{L}{2}\right)\left(\dfrac{2}{h}\right) = \dfrac{P}{2}$ (←)

㉣ E−B−F−C−G 부재에서

$\sum H = 0$; $P - H_E - H_G = 0$ (←)

③ 지점 A의 반력(A−E 부재에 대하여)

㉠ $\sum H = 0$; $H_A = \dfrac{P}{2}$ (←)

㉡ $\sum V = 0$; $V_A = \dfrac{Ph}{2L}$ (↓)

㉢ $\sum M_A = 0$; $\dfrac{P}{2}\left(\dfrac{h}{2}\right) - M_A = 0$ ∴ $M_A = \dfrac{Ph}{4}$ (↺)

④ 지점 D의 반력

㉠ $\sum H = 0$; $H_D = \dfrac{P}{2}$ (←)

㉡ $\sum V = 0$; $V_D = \dfrac{Ph}{2L}$ (↑)

㉢ $\sum M_A = 0$; $\dfrac{P}{2}\left(\dfrac{h}{2}\right) - M_D = 0$ ∴ $M_A = \dfrac{Ph}{4}$ (↺)

3) 근사 휨 모멘트도

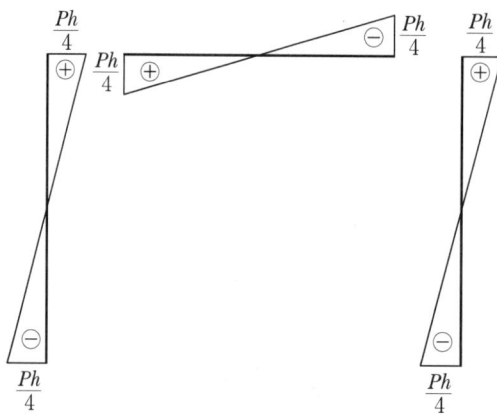

4) 근사 전단력도

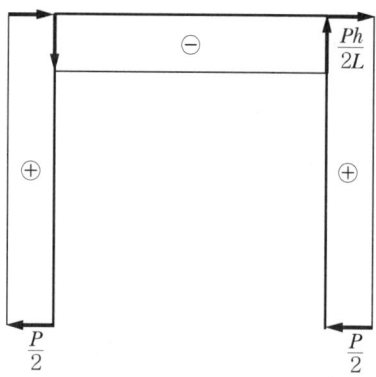

5) 근사 축력도(압축 ⊖, 인장 ⊕)

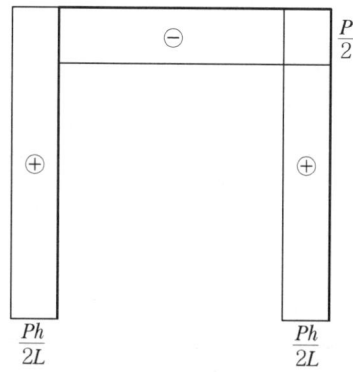

4. 2층 3스팬 라멘 구조물

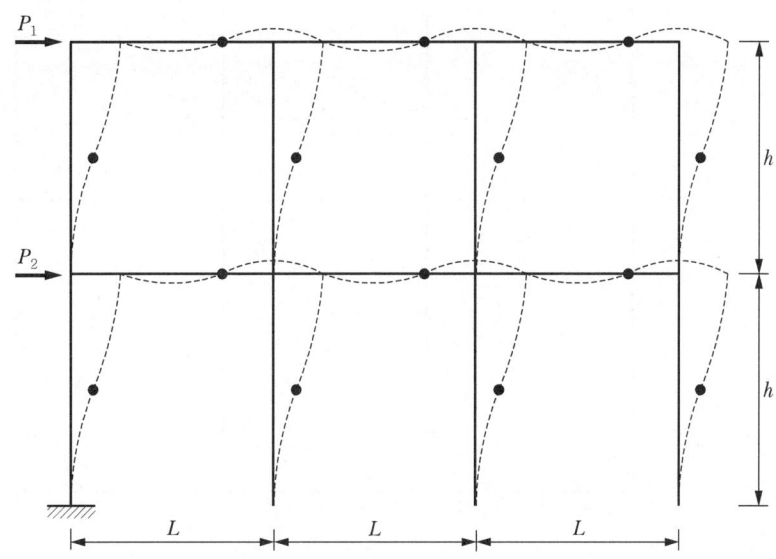

여기서, ● : 변곡점

1) 부정정차수

n = 부재수 + 강절점수 + 반력수 − 2 × 절점수
= 14 + 16 + 12 − 2 × 12 = 18

※ 강절점수
− ㄱ : 1개, ㅜ : 2개, ┼ : 3개

2) 개략적인 처짐 형태에서 변곡점이 각 부재의 중앙에 존재

3) 내부 힌지를 각 부재 중앙에 삽입하여 단순화된 골조로 변환

① 14개의 내부 힌지 삽입
② $n' = 18 - 14 = 4$차 부정정

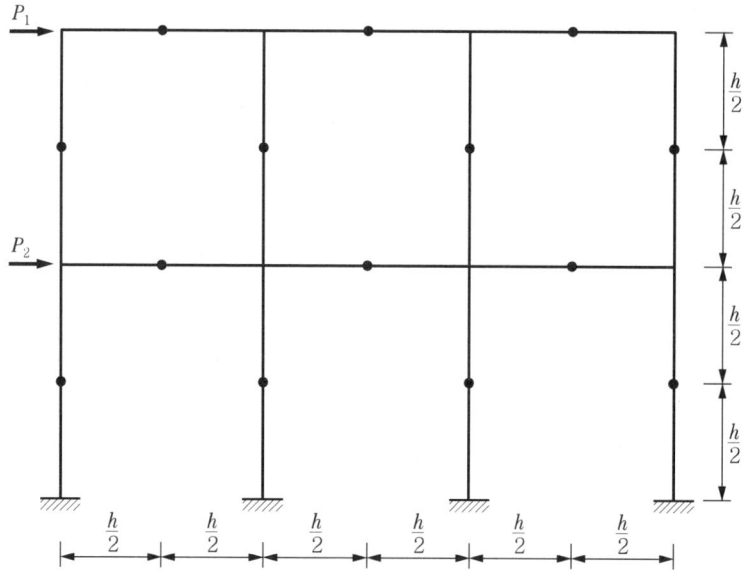

4) 등가 포털 골조

① 일련의 문형 골조로 이루어졌다고 가정
② 내부 기둥 1개는 단위 문형 골조에서 기둥 2개가 모여 이루어진 것
③ 외곽 기둥은 단위 문형 골조에서 기둥 1개로 구성
④ 다경간 골조의 내부 기둥의 전단력은 외부 기둥 전단력의 2배임

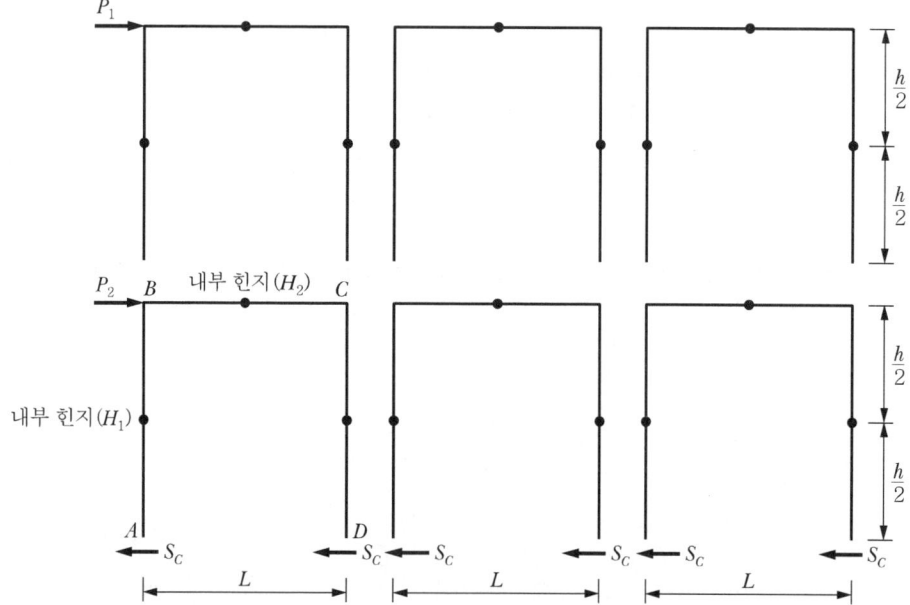

※ S_C : 최하층 기둥 1개에 작용하는 수평 전단력

5) 기둥 $\overline{AB}$에 대해서

① $\sum M_{H1(하)} = 0$;

$-M_{C1} + S_C \dfrac{h}{2} = 0$

$\therefore M_{C1} = S_C \dfrac{h}{2}$ (↶)

② $\sum M_{H1(상)} = 0$;

$-M_{C2} + S_C \dfrac{h}{2} = 0$

$\therefore M_{C2} = S_C \dfrac{h}{2}$ (↶)

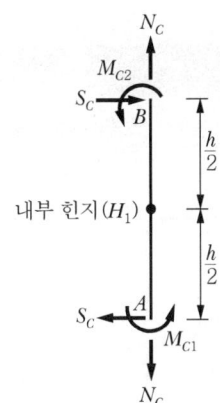

③ $\therefore M_{C1} = M_{C2}$

즉, $M_C = S_C \left(\dfrac{h}{2}\right)$가 골조의 모든 기둥에 대하여 단부 모멘트로 결정됨

6) 보 부재 $\overline{BC}$에 대하여

① 자유 물체도

② $\sum M_{H2(좌)} = 0$

$M_G - S_G \dfrac{L}{2} = 0$

$\therefore S_G = \dfrac{M_G}{\left(\dfrac{L}{2}\right)}$

③ $\sum M_{H2(우)} = 0$

$-S_G \dfrac{L}{2} + M_G = 0$

$\therefore S_G = \dfrac{M_G}{\left(\dfrac{L}{2}\right)}$

④ 보 양단부에서 축력과 전단력은 각각 반대 방향인 반면 단부 모멘트 2개와 방향은 같다.

▶▶▶ 포탈법 예제

그림과 같은 구조물의 근사적인 축력, 전단력, 휨 모멘트를 산정하시오.

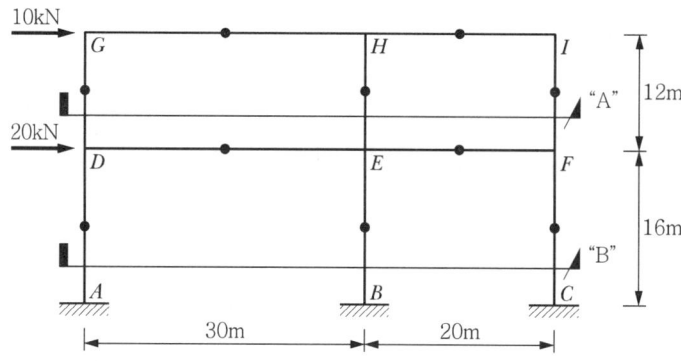

1. 중앙 변곡점에 내부 힌지를 삽입한 골조 치환

   1) 자유 물체도

   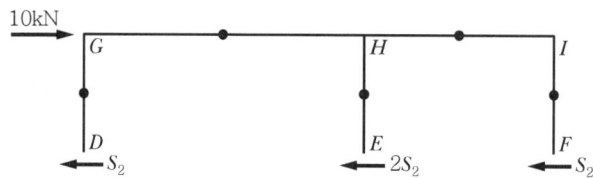

   2) 2층 단면 "A"에 대하여

   $\sum H = 0$

   $10 - S_2 \times 2 + 2S_2 = 0$

   $S_2 = 2.5 \text{kN} (\leftarrow)$

3) 1층 단면 "B"에 대하여

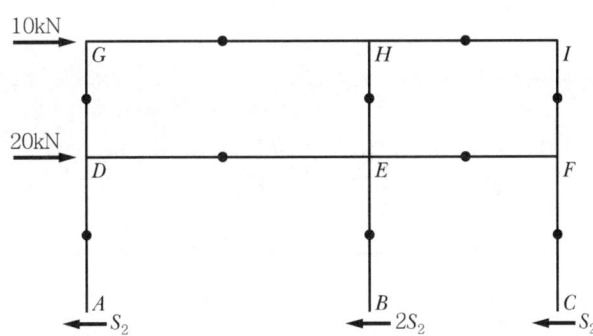

$\sum H = 0$

$10 + 20 - S_1 \times 2 + 2S_1 = 0$

$S_1 = 7.5\text{kN} \ (\leftarrow)$

4) 기둥 $\overline{DG}$에 대해서

① 자유 물체도

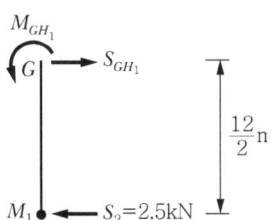

② $\sum H = 0 \ ; \ S_{GH_1} = 2.5\text{kN} \ (\rightarrow)$

③ $\sum M_{H_1(\text{상})} = 0 \ ; \ -M_{GH_1} + S_{GH_1} \dfrac{12}{2} = 0$

$M_{GH_1} = S_{GH_1} \dfrac{12}{2} = 2.5 \times \dfrac{12}{2} = 15\text{kN} \cdot \text{m} \ (\circlearrowleft)$

5) 보 $\overline{GH}$에 대해서

① 자유 물체도

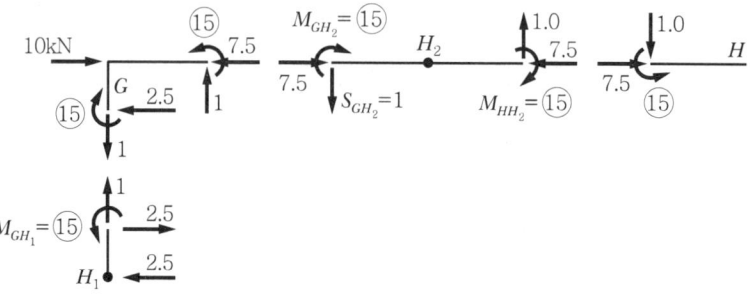

② $\sum M_{H_2(좌)} = 0$; $M_{GH_2} - S_{GH_2}\dfrac{30}{2} = 0$

$S_{GH_2} = M_{GH_2} \times \dfrac{2}{30} = 15 \times \dfrac{1}{15} = 1\text{kN}\ (\downarrow)$

③ 절점 G에 대해서

$\sum H = 0$; $10 - 2.5 - N_{H_2G} = 0 \to N_{H_2G} = 7.5\text{kN}\ (\leftarrow)$

$\sum V = 0$; $N_{GH_1} = 1\text{kN}(\downarrow)$

6) 보 $\overline{HI}$에 대해서

① 자유 물체도

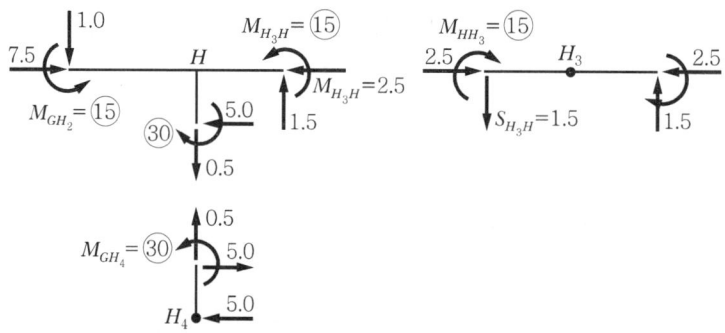

② $\sum M_{H_4(상)} = 0$; $-M_{HH_4} + 5 \times 6.0 = 0$

∴ $M_{HH_4} = 30\text{kN}\cdot\text{m}\ (\curvearrowleft)$

③ 절점 H에서

　㉠ $\sum H = 0$; $7.5 - 5.0 - N_{H_3H} = 0$

　　∴ $N_{H_3H} = 2.5\,\text{kN}\,(\leftarrow)$

　㉡ $\sum M_H = 0$; $-15 + 30 - M_{HH_3} = 0$

　　∴ $M_{HH_3} = 15\,\text{kNm}\,(\circlearrowleft)$

④ $\sum M_{H_3(\text{좌})} = 0$; $15 - S_{H_3H} \times 10 = 0$

　∴ $S_{H_3H} = 1.5\,\text{kN}\,(\downarrow)$

⑤ $\sum V_H = 0$; $1.0 + 1.5 - N_{HH_4} = 0$

　∴ $N_{HH_4} = 0.5\,\text{kN}\,(\downarrow)$

7) 기둥 $\overline{AD}$에 대해서

① 자유 물체도

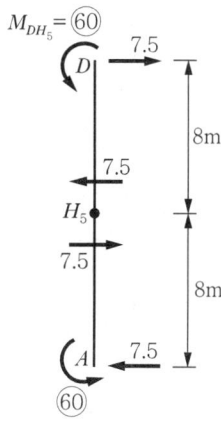

② $\sum M_{H_5(\text{상})} = 0$; $7.5 \times 8.0 - M_{DH_5} = 0$

　∴ $M_{DH_5} = 60\,\text{kN}\cdot\text{m}\,(\circlearrowleft)$

③ $\sum M_{H_5(\text{하})} = 0$; $7.5 \times 8.0 - M_{AH_5} = 0$

　∴ $M_{AH_5} = 60\,\text{kN}\cdot\text{m}\,(\circlearrowleft)$

8) 기둥 $\overline{CF}$에 대해서도 기둥 $\overline{AD}$와 같이 $M_{CF} = 60\,\text{kN}\cdot\text{m}\,(\circlearrowleft)$

9) 기둥 $\overline{BE}$에 대해서

① 자유 물체도

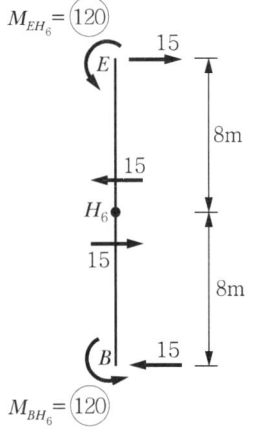

② $\sum M_{H_6(\text{상})} = 0$; $15 \times 8.0 - M_{EH_6} = 0$

∴ $M_{DH_5} = 120 \text{kN} \cdot \text{m}\,(\curvearrowleft)$

10) 기둥 $\overline{DE}$에 대해서

① 자유 물체도

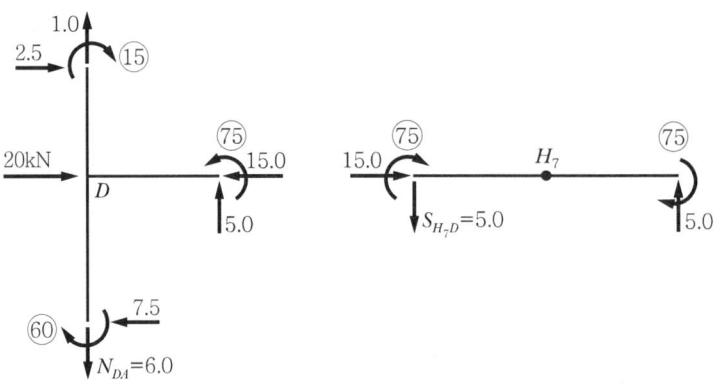

② $\sum M_D = 0$; $M_{H_7D} = 75 \text{kN} \cdot \text{m}\,(\curvearrowleft)$

③ $\sum M_{H_7(\text{좌})} = 0$; $75 - S_{H_7D} \times 15 = 0$

∴ $S_{H_7D} = 5.0 \text{kN}\,(\downarrow)$

④ $\sum H = 0$; $2.5 - 7.5 - N_{H_7D} + 20 = 0$

∴ $N_{H_7D} = 15.0$kN (←)

⑤ $\sum V_D = 0$; $1 + 5.0 - N_{DA} = 0$

∴ $N_{DA} = 6.0$kN (↓)

11) 보 $\overline{EF}$에 대해서

① 자유 물체도

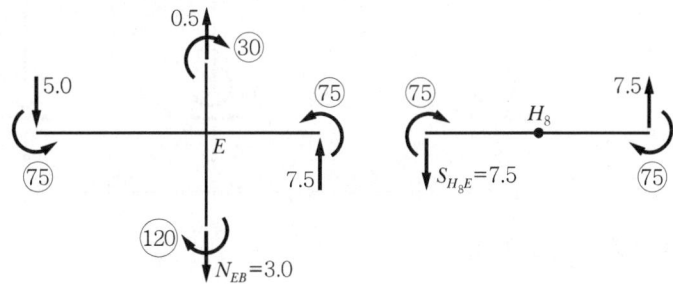

② $\sum M_{H_7(좌)} = 0$; $75 - S_E \times 10 = 0$

∴ $S_{H_8E} = 7.5$kN (↓)

③ $\sum V_E = 0$; $-5.0 + 0.5 + 7.5 - N_{EB} = 0$

∴ $N_{EB} = 3.0$kN (↓)

12) 기둥 $\overline{FC}$에 대해서

① 자유 물체도

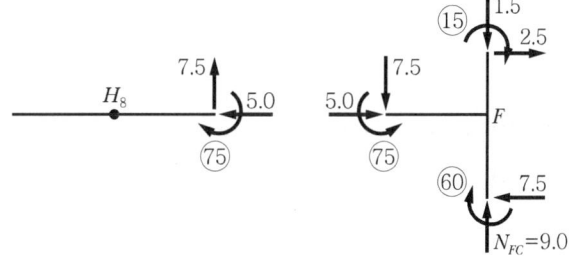

② $\sum V_F = 0$; $-7.5 - 1.5 + N_{FC} = 0$

∴ $N_{FC} = 9.0$kN (↑)

③ $\sum M_F = 0$; $-75 + 60 + M_{FI} = 0$

∴ $M_{FI} = 15$kN·m ( )

13) 지점 반력

지금까지 산정한 부재 내력을 바탕으로 기둥 하단부 반력을 정리

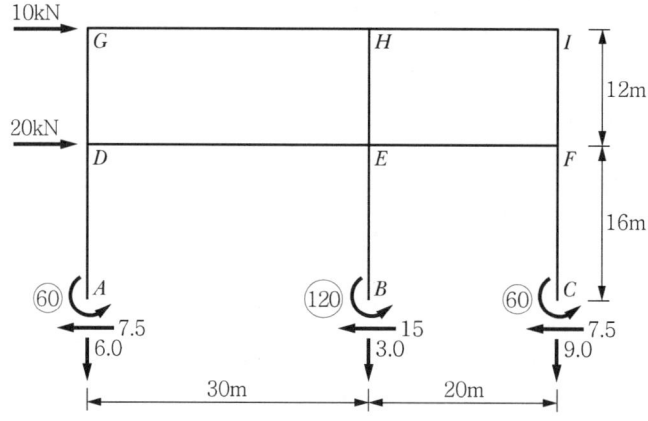

14) 전체 골조 평형 조건 검토

① $\sum H = 0$; $10 + 20 - 7.5 - 1.5 - 7.5 = 0$

② $\sum V = 0$; $-6 - 3 - 9 = 0$

③ $\sum M_A = 0$; $-60 - 120 - 60 + 20 \times 16 + 10 \times (12 + 16) + 3 \times 30 - 9 \times 50 = 0$

11 비렌딜 트러스(Vierendeel Truss) 해석

1. 개요

① 트러스의 상현재와 하현재 사이에 수직재로 구성되어 있으며, 각 절점은 강접합으로 이루어져 고층건물 최하층에 넓은 공간을 필요로 할 때나 많은 힘을 받을 때 사용하는 구조이다.

② 처음 생각한 사람은 벨기에 발명가인 베렌디엘(Vierendeel)이며, '비렌딜 트러스'는 그의 이름을 딴 명칭이다.

2. 형태

경사재가 없는 특수한 형태의 트러스

3. 특징

① 웨브에 공간이 형성되어 구조적으로 합리성을 이루었고, 그 공간으로 에어컨, 덕트 등을 설치할 수 있으며 창으로도 사용 가능
② H-형강을 상·하현재 외 수직재로 사용하여 트러스를 1층 높이로 제작하여 트러스 웨브를 창으로 사용 가능
③ 상부에 힘이 많이 작용할 때는 비렌딜 트러스를 여러 겹 겹쳐서 사용할 수 있음
④ 경사재가 있어 공간상 비효율적인 경우 경사재가 없는 특수한 형태의 트러스
⑤ 트러스 구조와 다른 점은 접합부가 힌지 접합이 아니라 강접합되었다는 것
  ※ 접합부가 핀접합되어 모멘트가 발생하지 않고 축력만 받는 것이 트러스 구조임
⑥ 여러 스팬의 복합골조가 일정한 간격으로 구성됨
⑦ 하중이 불균등하게 작용할 수 있고 또한 횡방향 하중에 의한 저항도 고려한다면 내부 기둥이 필요함. 이러한 복합 골조는 보와 기둥의 저항특성에 의하여 횡방향 하중을 흡수하는 데도 유리함

4. 용도

공장건물, 초고층 건물, 사무실, 교량 등

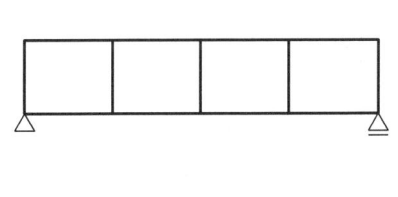

비렌딜 트러스 교량

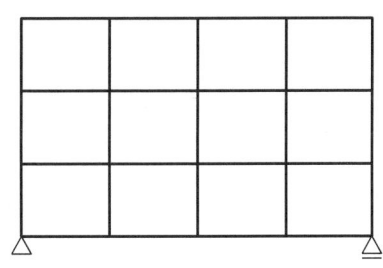

비렌딜 트러스 구조물

건축구조기술사 93-3-6

다음의 Vierendeel 트러스의 DE 부재 축력, DE 부재 휨 모멘트, DF 부재 전단력을 구하시오.

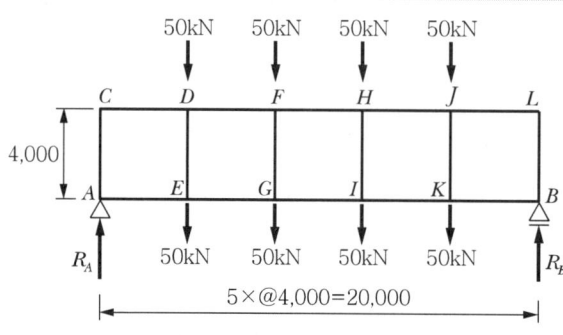

1. 반력 산정

   1) $\sum M_A = 0$; $(50+50) \times 4.0 + (50+50) \times 8.0 + (50+50)$
   $\times 12.0 + (50+50) \times 16.0 - R_B \times 20.0 = 0$
   $\to R_B = 200.0 \text{kN} \ (\uparrow)$

   2) $\sum V = 0$; $R_A + R_B = (50+50) \times 4$
   $\to R_A = 200.0 \text{kN} \ (\uparrow)$

2. 두 번째 경간(DF, EG 중앙부) 절단면

   1) 자유 물체도

   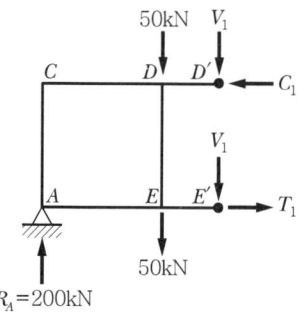

   2) $\sum M_{E'} = 0$; $200 \times 6 - 2 \times 50 \times 2.0 - C_1 \times 4.0 = 0$
   $\to C_1 = 250 \text{kN} \, (Compression)$

   3) $\sum H = 0$; $T_1 = 250 \text{kN} \, (Tension)$

   4) $\sum V = 0$; $2V_1 + 100 = 200$ $\qquad \therefore V_1 = 50 \text{kN} \ (\downarrow)$

3. 첫 번째 경간(CD, AE 중앙부) 절단면

1) 자유 물체도

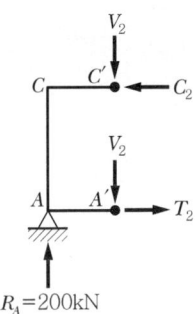

2) $\sum M_{A'} = 0$; $200 \times 2 - C_2 \times 4.0 = 0$

   $\rightarrow C_2 = 100\text{kN}\,(Compression)$

3) $\sum H = 0$; $T_2 = 100\text{kN}\,(Tension)$

4) $\sum V = 0$; $2V_2 = 200$

   $\rightarrow V_2 = 100\text{kN}\,(\downarrow)$

4. 절점 D 기준 주변 절단면

1) 자유 물체도

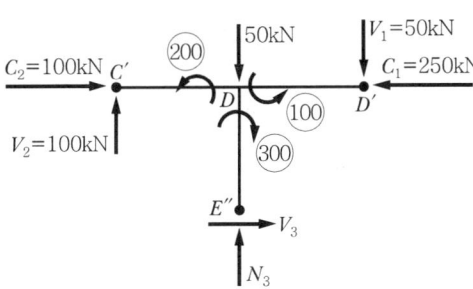

2) $\sum H = 0$; $V_3 = 150\text{kN}\,(\rightarrow)$

3) $\sum V = 0$; $V_2 - 50 - V_1 + N_3 = 0 \rightarrow 100 - 50 - 50 + N_3 = 0$

   $\therefore N_3 = 0$

4) $\overline{DC'}$ 부재에서

$$\sum M_{D(좌)} = 0 \; ; \; 100 \times 2.0 - M_{DC'} = 0$$

$$\therefore M_{DC'} = 200 \text{kN} \cdot \text{m} (\frown)$$

5) $\overline{DD'}$ 부재에서

$$\sum M_{D(우)} = 0 \; ; \; 50 \times 2.0 - M_{DD'} = 0$$

$$\therefore M_{DD'} = 100 \text{kN} \cdot \text{m} (\frown)$$

6) $\overline{DE''}$ 부재에서

$$\sum M_{(하)} = 0 \; ; \; -150 \times 2.0 + M_{DE'} = 0$$

$$\therefore M_{DE''} = 300 \text{kN} \cdot \text{m} (\frown)$$

5. 구하는 부재력

1) $V_{DE} = N_3 = 0$

2) M_{DE}

① 부재 휨 변형도

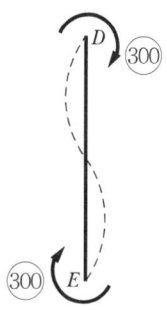

② 휨 부재력도

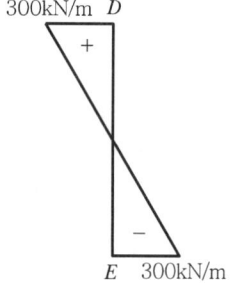

3) S_{DF}(전단력도)

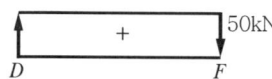

12 기둥

1 단주

▶▶▶ 건축구조기술사 56-1-3

단면의 핵(Core)에 대하여 4각형 단면의 예를 들어 설명하시오.

1. 개요

1) 편심하중 : 축방향력 P가 단면의 도심에서 벗어난 점에 작용할 때의 축하중

2) 핵의 반경(핵심거리) : 단면 내에 압축응력 또는 인장응력만 일어나는 하중의 편심거리의 한계치

3) 단면의 핵 : 편심거리 e를 구하여 연결하면 하나의 영역이 되는데 이 영역을 말함

4) 축력 P와 휨 모멘트 M에 의해 축응력 P/A와 휨응력 M/Z가 생기나, 편심거리 e의 위치에 따라서 단면의 가장자리에 생기는 응력은 0이 되는 경우가 발생함

5) 핵 영역 내에서 힘이 작용하는 경우에는 단면 내에 생기는 응력은 모두 인장 또는 압축의 응력상태가 된다.

6) 편심에 의해 발생하는 응력

   ① 편심거리를 e로 하면 휨 모멘트는 $M = Pe$로 표시된다.

   ② 축방향력 P와 휨 모멘트 M이 작용하는 것으로 생각되며, P/A에서 표시되는 축응력과 M/Z로 표시되는 휨응력으로 조합한 것으로 한다.

7) 편심거리 e인 축방향력 P가 작용할 경우 작용 부재력의 치환

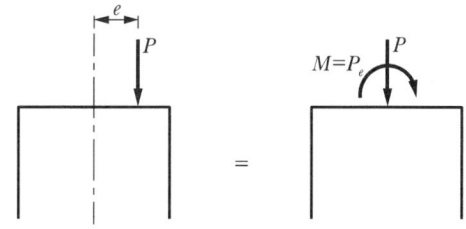

8) 편심거리 e인 축방향력 P가 작용할 경우 작용 부재력에 의한 응력의 조합

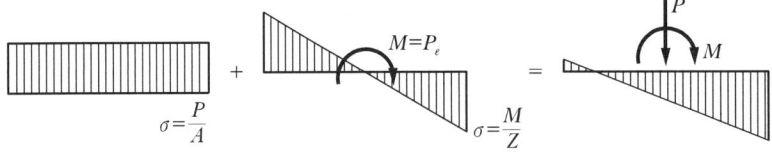

2. 2축 편심일 경우 응력 산정

1) 편심은 x축, y축에 동시에 존재할 경우 각 축에 대한 편심을 e_x, e_y라 할 경우, 재축에서 x 및 y만큼 떨어진 점의 연단응력은 개개의 응력에 대해서 구한 단면의 응력을 조합시켜서 구할 수가 있다.

2) x축 둘레에는 $M_x = Pe_y$가 작용하여 응력은 $\sigma = \dfrac{M_x}{I_x}y = \dfrac{M_x}{Z_x}$가 된다. (임의의 위치 y의 응력을 구할 수 있으나 일반적으로 응력이 가장 큰 연단응력을 산정함)

3) y축 둘레에는 $M_y = Pe_x$가 작용하여 응력은 $\sigma = \dfrac{M_y}{I_y}x = \dfrac{M_y}{Z_y}$가 된다.

4) 축방향력과 x축, y축 편심을 고려할 경우의 응력

$$\sigma = \dfrac{P}{A} \pm \dfrac{M_y}{Z_y} \pm \dfrac{M_x}{Z_x} = \dfrac{P}{A} \pm \dfrac{Pe_x}{I_y}x \pm \dfrac{Pe_y}{I_x}y$$

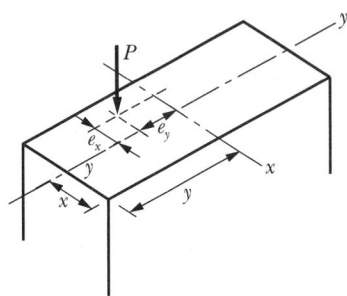

5) 축방향력 P가 압축력일 때, 부재 단부 응력이 0이 되기 위한 조건
   ① 휨 모멘트에 의한 응력은 인장응력
   ② 응력 조건식

$$\sigma = -\dfrac{P}{A} + \dfrac{M_y}{Z_y} + \dfrac{M_x}{Z_x} = -\dfrac{P}{A} + \dfrac{Pe_x}{I_y}x + \dfrac{Pe_y}{I_x}y = 0$$

$$\to \sigma = -\dfrac{P}{A} + \dfrac{Pe_x}{Z_y} + \dfrac{Pe_y}{Z_x} = 0$$

$$\rightarrow -\frac{1}{A} + \frac{e_x}{Z_y} + \frac{e_y}{Z_x} = 0$$

3. 장방향 단면의 핵 산정

1) 단면 정수 산정

① 단면적

$$A = bd$$

② 단면계수

$$Z_x = \frac{bd^2}{6},\ Z_y = \frac{b^2 d}{6}$$

2) 핵 영역 산정

① 부재 연단 응력이 0이 되는 조건식

$$-\frac{1}{A} + \frac{e_x}{Z_y} + \frac{e_y}{Z_x} = 0$$

② 핵영역의 최대 x축 편심거리 e_x 산정

$$e_y = 0\ ;\ e_x = \frac{Z_y}{A} = \frac{b^2 d}{6bd} = \frac{b}{6}$$

③ 핵영역의 최대 y축 편심거리 e_y 산정

$$e_x = 0\ ;\ e_y = \frac{Z_x}{A} = \frac{bd^2}{6bd} = \frac{d}{6}$$

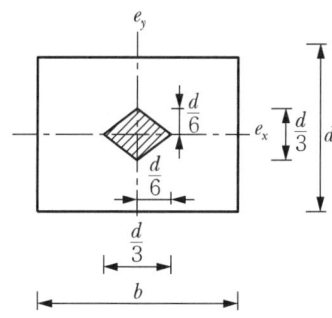

▶▶▶▶ 토목구조기술사 88-1-12

그림과 같이 한 변이 B인 정삼각형의 핵심거리를 핵에 대한 기본 개념을 이용하여 구하고, 핵구역을 그리시오.

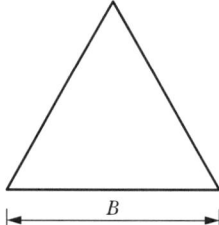

1. 핵심거리(σ)

   1) 정의 : 단면 내에서 압축응력 또는 인장응력만 일어나는 하중 편심거리의 한계치

   2) 축방향력 P가 압축력일 때, 부재 단부 응력이 0이 되기 위한 조건으로 핵심거리 e 산정

   ① 휨 모멘트에 의한 응력은 인장응력

   ② 응력 조건식 및 핵심거리

   $$\sigma = -\frac{P}{A} + \frac{M}{Z} = -\frac{P}{A} + \frac{Pe}{I}u = 0 \rightarrow e = \frac{I}{Au} = \frac{r^2}{u} = \frac{Z}{A}$$

   여기서, u : 도심에서 구하고자 하는 지점까지의 수직거리

   $r = \sqrt{\dfrac{I}{A}}$: 회전반경

2. 삼각형 단면의 핵심거리(e)

   1) 단면의 도심에서 연단까지의 거리

   ① $y_1 = \dfrac{2H}{3}$, $y_2 = \dfrac{H}{3}$

   ② $\dfrac{B}{2} : H = x : \dfrac{2H}{3} \rightarrow x = \dfrac{B}{3}$

   2) 단면적 및 단면 2차 모멘트

   $$A = \frac{BH}{2},\ I_x = \frac{BH^3}{36},\ I_y = 2 \times \frac{H\left(\dfrac{B}{2}\right)^2}{12} = \frac{HB^3}{48}$$

3) 회전반경

① x축에 대한 회전반경

$$r_x^{\,2} = \frac{I_x}{A} = \frac{BH^3/36}{BH/2} = \frac{H^2}{18}$$

② y축에 대한 회전반경

$$r_y^{\,2} = \frac{I_y}{A} = \frac{HB^3/48}{BH/2} = \frac{B^2}{24}$$

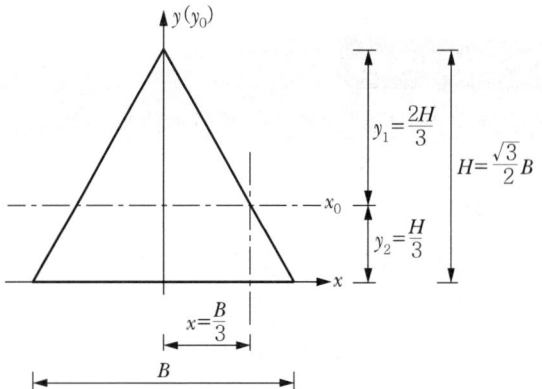

4) x축에 대한 핵심거리

$$e_{y1} = \frac{r_x^{\,2}}{y_1} = \frac{H^2/18}{2H/3} = \frac{H}{12} = \frac{1}{12}\left(\frac{\sqrt{3}}{2}B\right) = \frac{\sqrt{3}}{24}B$$

$$e_{y2} = \frac{r_x^{\,2}}{y_2} = \frac{H^2/18}{H/3} = \frac{H}{6} = \frac{1}{6}\left(\frac{\sqrt{3}}{2}B\right) = \frac{\sqrt{3}}{12}B$$

5) y축에 대한 핵심거리

$$e_x = \frac{r_y^{\,2}}{x_0} = \frac{B^2/24}{B/3} = \frac{B}{8}$$

6) 정삼각형의 핵구역

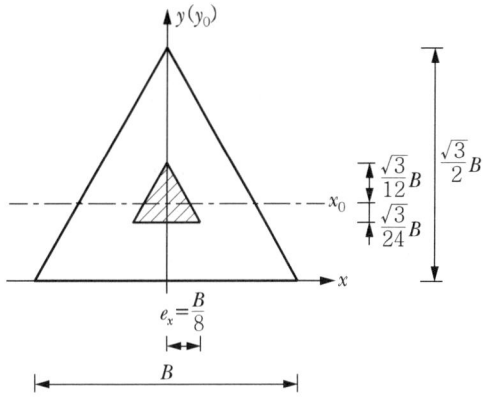

2 장주

> **토목구조기술사** 95-4-2
>
> **강구조물의 좌굴현상과 설계상 대책에 대하여 설명하시오.**

1. 개요
1) 강구조물의 좌굴현상이란 주요 부재가 압축을 받아 한계치를 초과하게 되면 이에 대응하는 변형상태가 급하게 변하여 불안정상태가 되는 것을 말한다.
2) 좌굴에 의해 부재는 내하력을 잃고 구조물은 파괴된다.

2. 좌굴의 분류
1) 구조물 전체가 동시에 불안정하게 되고 내하력을 잃어 붕괴되는 전체 좌굴
2) 구조계를 구성하는 부재의 좌굴

3. 좌굴의 원인

1) 중심 압축재(기둥)
   ① 이상적인 중심 압축 탄성 좌굴로 Euler 좌굴이라 하며, 실제 부재는 피할 수 없는 초기 변형과 하중의 편심이 단면 내에 존재하여 강도를 저하시켜 좌굴이 발생되는 경우이다.
   ② 잔류응력의 영향은 세장비가 작은 범위에서 나타나고, 초기 변형의 영향은 세장비가 큰 범위에서 나타난다.

2) 휨부재(보)
   횡좌굴 : 단면 강축면 내에서 휨이 작용할 때 부재는 약축 비틀림을 동반한 횡방향 변형의 발생으로 휨 내력이 저하하여 한계 상태에 도달하는데 이를 횡좌굴이라 함

3) 축방향 압축력과 휨 모멘트를 동시에 받는 부재
   ① 축방향 압축력과 휨 모멘트를 동시에 받는 부재는 강축은 휨 좌굴, 약축은 면 외로 작용하는 휨과 비틀림 좌굴이 발생할 가능성이 있다.
   ② 강축과 약축 2가지의 안전성을 검토해야 하는데, 일반적으로 약축 방향 좌굴 강도가 작다.

4) 판(Plate)
   ① 판의 면 내에 작용하는 순압축력과 휨을 받아 발생하는 압축응력이 어느 일정치에 도달하면 면 외 방향으로 휘는 좌굴현상이 발생한다.
   ② 판의 국부 좌굴은 실제 구조물에서는 초기 변형 및 잔류응력의 영향을 받으며 판의 좌굴에는 플레이트 거더의 웨브에서 많이 발생한다.

③ 후 좌굴 현상은 판에 좌굴이 발생하여도 축하중을 받는 축에서의 하중과 달리 급격히 파괴 하지 않고 서서히 변형되는 좌굴 현상을 말한다.

4. 설계상 대책

1) 허용 압축 응력 저감

2) 각종 보강재를 이용한 상세 구조설계 추가

① 철골 구조의 허용 압축 응력은 대부분 기둥의 좌굴강도, 보의 횡좌굴강도를 기본 부재 강도로 하여 결정된다.

② 철골 부재의 기본 부재 강도는 부재가 갖는 불완전성(잔류응력, 초기 변형 등)을 보완하여 계산할 수 있고 시험을 통해 결정할 수 있다.

③ 기둥 설계 시

㉠ 세장비에 의해 허용 압축 응력은 결정되며 세장비는 기둥의 유효좌굴길이에 의해 결정된다.

㉡ 기둥 부재의 양단지지 조건에 따라 기둥의 좌굴 형태 및 유효좌굴길이가 달리 평가된다.

④ 보 설계 시

압축 플랜지의 고정점 간의 거리(l)와 폭(b)의 비 l/b에 의해 허용 휨 압축 응력을 결정한다. l/b가 클 경우 횡좌굴 현상에 의해 허용 휨 압축 응력이 크게 저하되므로 l/b의 상한치로 제한하여 설계에 적용한다.

⑤ 판 부재 설계 시

㉠ 판 좌굴의 대책은 판폭두께비를 제한하고, 보강재를 설치하여 판 두께와 판의 지지상태 및 하중 조건에 의해 국부좌굴이 발생하지 않는 범위를 결정

㉡ 보강재를 설치하는 방법은 국부좌굴과 전체 좌굴의 연관성을 고려하여 보강재를 설치한다.

㉢ 보의 웨브판에서 휨 및 전단 좌굴에 대한 대책은 복부판 두께를 결정하고 필요한 간격, 강도를 산정하여 수평·수직 보강재를 설치한다.

▶▶▶▶ 건축구조기술사 86-3-6

다음 그림과 같이 길이 L인 부재에 압축력 P가 작용할 때 한계세장비 $\lambda = \sqrt{\dfrac{2\pi^2 E}{F_y}}$를 유도하시오. (단, 거리 x만큼 떨어진 단면의 휨 모멘트는 $-EI\dfrac{d^2y}{dx^2}$, 외력 P에 의해 x점에 가해지는 휨 모멘트는 $P_{cr} \cdot y$이다.)

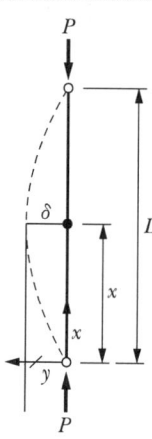

1. 임의의 x에 대한 미분 방정식

   1) $M_x - Py = 0 \rightarrow M_x = Py$

   2) $M_x = -EIy'' = -EI\dfrac{d^2y}{dx^2}$ 에서

   $Py = -EI\dfrac{d^2y}{dx^2} \rightarrow EI\dfrac{d^2y}{dx^2} + Py = 0$

   $\rightarrow \dfrac{d^2y}{dx^2} + \dfrac{P}{EI}y = 0$

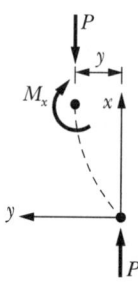

2. 해 산정

1) $k^2 = \dfrac{P}{EI}$ 로 가정하면

$$\dfrac{d^2y}{dx^2} + \dfrac{P}{EI}y = 0 \rightarrow y'' + k^2 y = 0$$

2) 미분 방정식 해를 $y = A\sin kx + B\cos kx$ 라 가정

3) 경계 조건

① $y(0) = 0$; $B = 0$

② $y(L) = 0$; $A\sin kL = 0$ $\qquad \therefore kL = n\pi \rightarrow k = \dfrac{n\pi}{L}$

③ $n = 1$인 모드에 대해서 $k = \dfrac{\pi}{L}$

3. 좌굴하중 산정

1) $k^2 = \dfrac{P}{EI} \rightarrow P = EIk^2$

2) $k = \dfrac{\pi}{L}$ 를 대입하면 $P_{cr} = EI\left(\dfrac{\pi}{L}\right)^2 = \dfrac{\pi^2 EI}{L^2}$

4. 한계 세장비

1) $\sigma_{cr} = \dfrac{P_{cr}}{A} = \dfrac{\pi^2 EI}{L^2 A} = \dfrac{\pi^2 E}{L^2(A/I)} = \dfrac{\pi^2 E}{L^2/r^2} = \dfrac{\pi^2 E}{\lambda^2} \rightarrow \lambda^2 = \dfrac{\pi^2 E}{\sigma_{cr}}$

2) $\sigma_{cr} = \dfrac{1}{2}F_y$ 일 경우

$$\lambda^2 = \dfrac{2\pi^2 E}{F_y} \rightarrow \lambda = \sqrt{\dfrac{2\pi^2 E}{F_y}}$$

▶▶▶▶ 토목구조기술사 96-4-1

그림과 같이 지지된 일정한 단면의 압축재가 축방향 하중 P에 의해서 좌굴이 발생하여 축방향으로 λ만큼의 수직 변위가 발생한 경우 수직 변위 λ를 구하시오. (단, 압축력에 의해 부재의 길이가 줄어드는 것은 무시하며, EI는 일정함)

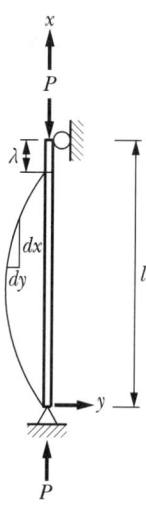

1. 임의의 x에 대한 미분 방정식과 해

   1) 자유 물체도

   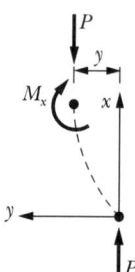

   2) $M_x - Py = 0 \rightarrow M_x = Py$

   3) $M_x = -EIy''$에서

   $-EIy'' = Py \rightarrow Py + EIy'' = 0 \rightarrow y + \dfrac{EI}{P}y'' = 0$

4) $k^2 = \dfrac{P}{EI}$ 로 가정하면

$$y'' + \dfrac{P}{EI}y = 0 \rightarrow y'' + k^2 y = 0$$

5) 미분 방정식 해를 $y = A\sin kx + B\cos kx$ 라 가정

2. 경계조건을 통한 수직 변위 λ의 산정

1) $x = 0$일 때 $y = 0$이므로

$y(0) = A\sin 0 + B\cos 0 = B = 0$

∴ $y = A\sin kx$

2) $x = l - \lambda$일 때 $y = 0$이므로

$y = A\sin kx \rightarrow 0 = A\sin k(l - \lambda)$

$A \neq 0$이므로 $\sin k(l - \lambda) = 0$

3) 좌굴하중 산정

$\sin k(l - \lambda) = 0$이기 위한 조건 $k(l - \lambda) = n\pi \, (n = 1, 2, 3, \cdots)$

$k^2 = \dfrac{P}{EI}$ 이므로 $\sqrt{\dfrac{P}{EI}}(l - \lambda) = n\pi$

∴ 좌굴하중 $P_{cr} = \dfrac{n^2\pi^2 EI}{(l - \lambda)^2}$

4) 수직 변위 λ의 산정

$P_{cr} = \dfrac{n^2\pi^2 EI}{(l - \lambda)^2} \rightarrow l - \lambda = \dfrac{n\pi\sqrt{EI}}{\sqrt{P_{cr}}}$

∴ $\lambda = l - n\pi\sqrt{\dfrac{EI}{P_{cr}}}$

5) 1차 모드에서의 수직 변위 λ의 산정

$\lambda = l - n\pi\sqrt{\dfrac{EI}{P_{cr}}}$ 에서 $n = 1$을 대입하면

∴ $\lambda = l - \pi\sqrt{\dfrac{EI}{P_{cr}}}$

건축구조기술사 82-4-2

길이가 6m이며, 상단이 자유이고, 하단이 고정인 H-200×200×8×12(SM490) 기둥에 중심축하중 P(=30kN)와 약축에 대해 휨을 발생시키는 횡하중 H(=2kN)가 동시에 작용하는 경우 기하학적 비선형 효과를 고려하여 하단 A점의 모멘트와 상단 B점의 횡변위를 구하시오.(단, 전단변위는 무시하고, 재료적 비탄성은 고려하지 않는다. 기둥의 $A_s = 6,350\text{mm}^2$, $I_y = 16.0 \times 10^6 \text{mm}^4$)

1. 휨 모멘트에 대한 평형 조건식, 좌굴 미분 방정식

   1) 평형 조건식

   $$M_x = Py + Hx$$
   $$\rightarrow M_x = 30y + 2x$$

   2) 좌굴 미분 방정식

   $$y'' = -\frac{M_x}{EI} = -\frac{1}{EI}(30y + 2x)$$
   $$\rightarrow y'' + \frac{30y}{EI} = -\frac{2x}{EI}$$

   여기서, $k^2 = \dfrac{P}{EI} = \dfrac{30}{EI}$이라 하면

   $$\rightarrow y'' + k^2 y = -k^2 \frac{1}{15} x$$

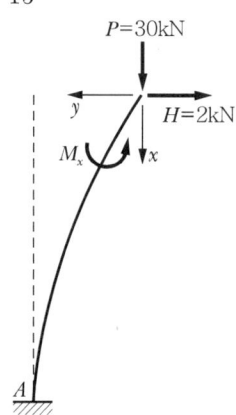

2. 미분 방정식의 해 산정

1) 동차해

$$y_h = A\sin kx + B\cos kx$$

2) 특이해

$$y'' + k^2 y = -k^2 \frac{1}{15}x \rightarrow k^2(Cx+D) = k^2\left(-\frac{1}{15}x\right) \therefore C = -\frac{1}{15}, D = 0$$

$$y_p = -\frac{1}{15}x$$

3) 일반해

$$y = y_h + y_p = A\sin kx + B\cos kx - \frac{1}{15}x$$

4) 경계조건을 이용한 미지수 산정

① $y_{(x=0)} = 0$; $B = 0$

② $y'_{(x=L)} = 0$

$$y' = Ak\cos kL - \frac{1}{15} = 0$$

$$\therefore A = \frac{1}{15k\cos kL}$$

5) 최종 일반해

① $y = \dfrac{1}{15k\cos kL}\sin kx - \dfrac{1}{15}x$

② k값 산정

$$EI = (205{,}000 \times 10^{-3}/10^{-6}) \times (16.0 \times 10^6 \times 10^{-12}) = 3{,}280 \text{kN} \cdot \text{m}^2$$

$$k = \sqrt{\frac{30}{EI}} = 0.095637$$

3. B점의 횡변위

$$\delta_B = y_{(x=L)} = \frac{1}{15k\cos kL}\sin kL - \frac{1}{15}L$$

$k = 0.095637$, $L = 6.0$을 대입하면

$$\therefore \delta_B = 0.0506\text{m} = 50.6\text{mm}$$

4. A점의 휨 모멘트

1) $y = \dfrac{1}{15k\cos kL}\sin kx - \dfrac{1}{15}x$

2) $y' = \dfrac{k}{15k\cos kL}\cos kx - \dfrac{1}{15}$

3) $y'' = -\dfrac{k^2}{15k\cos kL}\sin kx$

4) $M_A = EIy''_{(x=L)} = -EI\dfrac{k^2}{15k\cos kL}\sin kL$

$EI = 3,280 \text{kN} \cdot \text{m}^2$, $k = 0.095637$, $L = 6.0$을 대입하면

∴ $M_A = -13.52 \text{kN} \cdot \text{m}$

건축구조기술사 90-3-3

다음 보-기둥의 처짐 및 처짐각의 곡선식을 유도하시오. (단, EI= 일정)

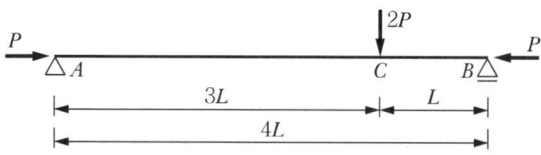

1. 자유 물체도 및 수직 반력

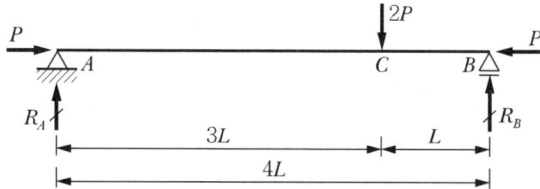

1) $\sum M_A = 0$; $2P \times 3L - R_B \times 4L = 0 \rightarrow R_B = \dfrac{3P}{2}$

2) $\sum V = 0$; $R_A = \dfrac{P}{2}$

2. 미분 방정식 및 일반해 산정

1) $0 \leq x \leq 3L$(A점 기준) 구간에 대하여

① $\sum V = 0$; $V_x = \dfrac{P}{2}$

② $\sum M_A = 0$; $P \times y + V_x \times x - M_x = 0$

③ $M_x = -EIy''$를 대입하여 미분 방정식 정리

$$y'' + \dfrac{P}{EI}y = -\dfrac{P}{2EI}x$$

$k^2 = P/EI$ 라면 $y'' + k^2 y = -\dfrac{1}{2}k^2 x$

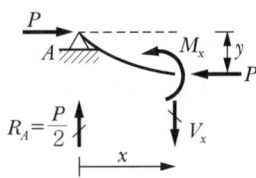

④ 동차해 $y_{h1} = A_1 \sin kx + B_1 \cos kx$

⑤ 특이해 $y_{p1} = C_1 x + D_1$ 라면

$y'' + k^2 y = -\dfrac{1}{2}k^2 x \;\rightarrow\; k^2(C_1 x + D_1) = k^2\left(-\dfrac{1}{2}x\right)$ $\qquad \therefore C_1 = -\dfrac{1}{2},\; D_1 = 0$

⑥ 일반해 $y_{G1} = y_{h1} + y_{p1} = A_1 \sin kx + B_1 \cos kx - \dfrac{1}{2}x$

2) $0 \leq x \leq L$(B점 기준) 구간에 대하여

① $\sum V = 0$; $V_x = \dfrac{3P}{2}$

② $\sum M_B = 0$; $P \times y + V_x \times x - M_x = 0$

③ $M_x = -EIy''$를 대입하여 미분 방정식 정리

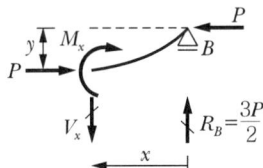

$$y'' + \dfrac{P}{EI}y = -\dfrac{3P}{2EI}x$$

$$y'' + k^2 y = -\dfrac{3}{2}k^2 x$$

④ 동차해 $y_{h2} = A_2 \sin kx + B_2 \cos kx$

⑤ 특이해 $y_{p2} = C_2 x + D_2$ 라면

$$y'' + k^2 y = -\frac{1}{2}k^2 x \rightarrow k^2(C_2 x + D_2) = k^2\left(-\frac{3}{2}x\right) \therefore C_2 = -\frac{3}{2}, D_2 = 0$$

⑥ 일반해 $y_{G2} = y_{h2} + y_{p2} = A_2 \sin kx + B_2 \cos kx - \frac{3}{2}x$

3. 경계 조건 & 적합 조건

1) $y_{G1}(0) = 0$; $y_{G1}(0) = A_1 \sin 0 + B_1 \cos 0 - \frac{1}{2} \times 0 = B_1 = 0$

2) $y_{G2}(0) = 0$; $y_{G2}(0) = A_2 \sin 0 + B_2 \cos 0 - \frac{3}{2} \times 0 = B_2 = 0$

3) $y_{G1}(3L) = y_{G2}(L)$

$\rightarrow A_1 \sin(3kL) - \frac{1}{2} \times 3L = A_2 \sin(kL) - \frac{3}{2} \times L$

$\therefore A_1 \sin(3kL) - A_2 \sin(kL) = 0$

4) $y'_{G1}(3L) = -y'_{G2}(L)$

① $y'_{G1} = A_1 k \cos kx - \frac{1}{2}$, $y'_{G2} = A_2 k \cos kx - \frac{3}{2}$

② $y'_{G1}(3L) = -y'_{G2}(L)$

$\rightarrow A_1 k \cos(3kL) - \frac{1}{2} = -A_2 k \cos(kL) + \frac{3}{2}$

$\therefore A_1 k \cos(3kL) + A_2 k \cos(kL) = 2$

4. 연립 방정식 풀이를 통한 계수 A_1, A_2 산정

$\begin{cases} A_1 \sin(3kL) - A_2 \sin(kL) = 0 \\ A_2 k \cos(3kL) + A_2 k \cos(kL) = 2 \end{cases}$

$\rightarrow \begin{Bmatrix} \sin(3kL) & -\sin(kL) \\ k\cos(3kL) & k\cos(kL) \end{Bmatrix} \begin{Bmatrix} A_1 \\ A_2 \end{Bmatrix} = \begin{Bmatrix} 0 \\ 2 \end{Bmatrix}$

$\rightarrow \begin{Bmatrix} A_1 \\ A_2 \end{Bmatrix} = \begin{Bmatrix} \sin(3kL) & -\sin(kL) \\ k\cos(3kL) & k\cos(kL) \end{Bmatrix}^{-1} \begin{Bmatrix} 0 \\ 2 \end{Bmatrix}$

$\rightarrow \begin{Bmatrix} A_1 \\ A_2 \end{Bmatrix} = \begin{Bmatrix} \dfrac{2\sin(kL)}{k\{\sin(kL)\cos(3kL) + \cos(kL)\sin(3kL)\}} \\ \dfrac{2\sin(3kL)}{k\{\sin(kL)\cos(3kL) + \cos(kL)\sin(3kL)\}} \end{Bmatrix} = \begin{Bmatrix} \dfrac{2\sin(kL)}{k\sin(4kL)} \\ \dfrac{2\sin(3kL)}{k\sin(4kL)} \end{Bmatrix}$

5. 처짐 및 처짐각 곡선식

1) $0 \leq x \leq 3L$(A점 기준) 구간에 대하여

① 처짐 곡선식 : $y_1 = y_{G1} = A_1 \sin kx - \dfrac{1}{2}x = \dfrac{2\sin(kL)}{k\sin(4kL)}\sin kx - \dfrac{1}{2}x$

② 처짐각 곡선식 : $y'_1 = y'_{G1} = A_1 k\cos kx - \dfrac{1}{2} = \dfrac{2\sin(kL)}{\sin(4kL)}\cos kx - \dfrac{1}{2}$

2) $0 \leq x \leq L$(B점 기준) 구간에 대하여

① 처짐 곡선식 : $y_2 = y_{G2} = A_2 \sin kx - \dfrac{3}{2}x = \dfrac{2\sin(3kL)}{k\sin(4kL)}\sin kx - \dfrac{3}{2}x$

② 처짐각 곡선식 : $y'_2 = y'_{G2} = A_2 k\cos kx - \dfrac{3}{2} = \dfrac{2\sin(3kL)}{\sin(4kL)}\cos kx - \dfrac{3}{2}$

▶▶▶ 토목구조기술사   100-4-4

다음 그림과 같은 동일한 EI 값을 갖는 보가 있다.(단, E는 재료의 탄성계수, I는 단면 2차모멘트, l은 보의 지간이다.)

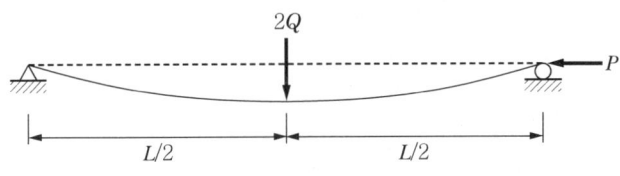

1 양단이 핀으로 지지되어 있고 $P < P_{cr} = \pi^2 EI/l^2$인 조건하에서 중앙점의 처짐을 구하시오.

2 보의 단면이 폭 30cm, 높이 50cm인 직사각형 단면으로 가정하고 지간은 $l = 3$m이며, $E = 210,000$MPa, $P = 5$kN, $Q = 20$kN일 때, 축력 P가 없는 경우에 중앙점의 처짐 δ_1과 축력 P가 작용하는 경우에 중앙점의 처짐 δ_2를 구하여 비교하시오.

1. $P < P_{cr} = \pi^2 EI/l^2$인 조건하에서 중앙점의 처짐

   1) 전체 구조물 자유 물체도

   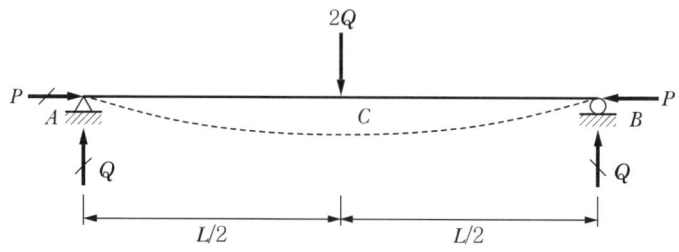

   2) 임의의 점에 대한 미분 방정식과 해

   ① A점을 기준으로 A~C구간 중 임의의 $x(0 \leq x \leq l/2)$점에 대한 자유 물체도

   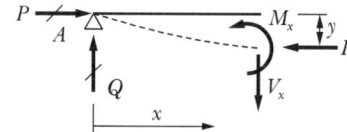

   ② $\sum V = 0$; $V_x = Q$

   ③ $\sum M_A = 0$; $P \times y + V_x \times x - M_x = 0$

   ④ $M_x = -EIy''$를 대입하여 미분 방정식 정리

   $$y'' + \frac{P}{EI} \times y = -\frac{Q}{EI} \times x$$

   $$\frac{P}{EI} = k^2 \text{ 라면 } y'' + k^2 y = -\frac{Q}{EI} \times x$$

   ⑤ 동차해 $y_h = A\sin kx + B\cos kx$

   ⑥ 특이해 $y_p = Cx + D$라면

   $$y'' + k^2 y = -\frac{Q}{EI} \times x \to k^2(Cx+D) = -\frac{Q}{EI} \times x \therefore C = -\frac{Q}{k^2 EI} = -\frac{Q}{P}, \ D = 0$$

   ⑦ 일반해 $y_G = y_h + y_p = A\sin kx + B\cos kx - \frac{Q}{P}x$

   ⑧ 경계조건

   ㉠ $y(0) = 0$; $y(0) = A\sin(0) + B\cos(0) - \frac{Q}{P} \times 0 = B = 0$

   ㉡ $y'(l/2) = 0$;

   $$y' = Ak\cos kx - \frac{Q}{P}$$

   $$y'(l/2) = Ak\cos\left(\frac{kl}{2}\right) - \frac{Q}{P} = 0 \to A = \frac{Q}{kP\cos(kl/2)}$$

⑨ 미분 방정식 해

$$y = \frac{Q}{kP\cos(kl/2)}\sin kx - \frac{Q}{P}x$$

2) $P < P_{cr} = \pi^2 EI/l^2$ 인 조건하에서 중앙점의 처짐

$$\delta_2 = y\left(\frac{l}{2}\right) = \frac{Q}{kP\cos(kl/2)}\sin kx - \frac{Q}{P}x = \frac{Q}{kP\cos(kl/2)}\sin(kl/2) - \frac{Ql}{2P}$$

$$= \frac{Q}{kP}\tan(kl/2) - \frac{Ql}{2P}$$

여기서, $k = \sqrt{\frac{P}{EI}}$

2. 축력이 없는 경우 처짐 산정

1) 축력이 없는 중앙 집중 하중 $2Q$를 받는 단순보의 처짐

$$\delta_1 = \frac{2Ql^3}{48EI}$$

2) 재료 정수, 및 하중 조건

① $E = 210,000\,\mathrm{Mpa} = 210,000\,\mathrm{N/mm^2} = 2.1\times10^8\,\mathrm{kN/m^2}$

② $I = \dfrac{0.3\times 0.5^3}{12} = 0.003125\,\mathrm{m^4}$

③ $Q = 20\,\mathrm{kN}$

④ $l = 3\,\mathrm{m}$

3) 축력이 없는 경우 처짐 δ_1

$$\delta_1 = \frac{2Ql^3}{48EI} = \frac{2\times 20\times 3.0^3}{48\times 2.1\times 10^8\times 0.003125} = 0.000034286\,\mathrm{m} = 0.034286\,\mathrm{mm}$$

3. 축력이 있는 경우 처짐 산정

1) $P < P_{cr} = \pi^2 EI/l^2$ 인 조건하에서 중앙점의 처짐

$$\delta_2 = \frac{Q}{kP}\tan(kl/2) - \frac{Ql}{2P} \;\text{(단, } k = \sqrt{\frac{P}{EI}}\text{)}$$

2) 재료 정수, 및 하중 조건

① $E = 2.1\times 10^8\,\mathrm{kN/m^2}$

② $I = 0.003125\,\mathrm{m^4}$

③ $P = 5\,\mathrm{kN}$, $Q = 20\,\mathrm{kN}$

④ $k = \sqrt{\dfrac{5\text{kN}}{2.1 \times 10^8 \text{kN/m}^2 \times 0.003125 \text{m}^4}} = 0.00276\left(\dfrac{1}{m}\right)$

⑤ $l = 3\text{m}$

3) 축력이 있는 경우 처짐

$$\delta_2 = \dfrac{Q}{kP}\tan(kl/2) - \dfrac{Ql}{2P} = \dfrac{20}{0.00276 \times 5} \times \tan\left(\dfrac{0.00276 \times 3.0}{2}\right) - \dfrac{20 \times 3.0}{2 \times 5}$$

$= 0.000034279\text{m} = 0.034279\text{mm}$

4. 축력이 없을 때의 처짐 δ_1과 축력이 있을 때의 처짐 δ_2 비교

$\delta_1 = 0.034286\text{mm}$, $\delta_2 = 0.034279\text{mm}$ 로서

두 처짐 간의 비는 $\delta_1/\delta_2 = 1.0002$, 즉 두 처짐은 0.02% 차이를 보임

따라서, 집중하중이 작용하는 단순보의 경우 축력으로 인한 중앙부 처짐 증가는 미미함

▶▶▶ 기술고시 2013 — 제1문

다음 그림과 같이 단순 지지된 강체 막대가 C점과 D점에서 선형 스프링으로 지지되어 있으며 압축력 P를 받고 있다. C점과 D점은 내부 힌지이며 연결된 스프링의 강성은 각각 k와 $2k$이다. 다음 물음에 답하시오.(단, 모든 계산상의 유효숫자는 3자리로 한다.)

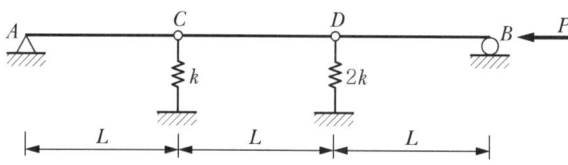

1. 좌굴 특성방정식(Characteristic Equation)을 구하시오.
2. 발생 가능한 모든 좌굴하중을 산정하시오.
3. 각 좌굴하중에 적합한 상대좌굴모드 벡터를 구하고 좌굴모드 형상을 그리시오.

1. 퍼텐셜 에너지 산정

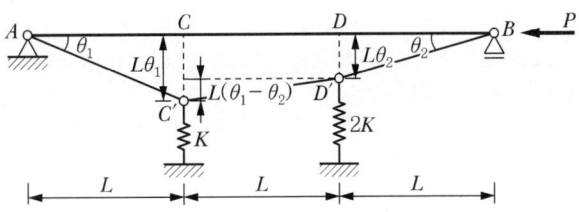

1) 외부 일

$$W_e = P\Delta = PL\{(1-\cos\theta_1)+(1-\cos\theta_2)+(1-\cos(\theta_1-\theta_2))\}$$

$$\cong PL\left\{\frac{\theta_1^{\,2}}{2}+\frac{\theta_2^{\,2}}{2}+\frac{(\theta_1-\theta_2)^2}{2}\right\}$$

(여기서, $\overline{CC'} = L\tan\theta_1 \cong L\theta_1$, $\overline{DD'} = L\tan\theta_2 \cong L\theta_2$, 매클로린(Maclaurin) 급수 전개식을 이용하면 $1-\cos\theta \cong \dfrac{\theta^2}{2}$)

2) 내부 에너지

$$W_i = \frac{1}{2}k(L\theta_1)^2 + \frac{1}{2}2k(L\theta_2)^2 = \frac{1}{2}kL^2(\theta_1^{\,2}+2\theta_2^{\,2})$$

3) 전체 퍼텐셜 에너지 = 내부 에너지 − 외부 일

$$\Pi = W_i - W_e = \frac{1}{2}kL^2(\theta_1^{\,2}+2\theta_2^{\,2}) - PL\left\{\frac{\theta_1^{\,2}}{2}+\frac{\theta_2^{\,2}}{2}+\frac{(\theta_1-\theta_2)^2}{2}\right\}$$

$$= \left(\frac{1}{2}kL^2 - PL\right)\theta_1^{\,2} + (kL^2 - PL)\theta_2^{\,2} + PL\theta_1\theta_2$$

2. 평형조건(최소 퍼텐셜 에너지 원리 적용) : 좌굴 특성 방정식 산정

1) 일반식 : $\dfrac{\delta\Pi}{\delta\theta_i} = 0$

2) $\dfrac{\delta\Pi}{\delta\theta_1} = (kL^2 - 2PL)\theta_1 + PL\theta_2$

3) $\dfrac{\delta\Pi}{\delta\theta_2} = PL\theta_1 + 2(kL^2 - PL)\theta_2$

3. 좌굴 하중 P_{cr} 산정

1) 매트릭스 정리

$$\begin{Bmatrix} kL^2-2PL & PL \\ PL & 2(kL^2-PL) \end{Bmatrix} \begin{Bmatrix} \theta_1 \\ \theta_2 \end{Bmatrix} = \begin{Bmatrix} 0 \\ 0 \end{Bmatrix} \rightarrow [A]\{\theta\}=\{0\}$$

2) 임의의 θ_1, θ_2에 대하여 성립할 조건

$Det[A]=0$

$\rightarrow P = \dfrac{3+\sqrt{3}}{3}kL$ or $P = \dfrac{3-\sqrt{3}}{3}kL$ ∴ $P_{cr} = \dfrac{3-\sqrt{3}}{3}kL$

4. 상대좌굴 벡터 및 좌굴모드

1) 좌굴모드 1

$P = \dfrac{3-\sqrt{3}}{3}kL$ 일 때

$$\begin{Bmatrix} kL^2-2PL & PL \\ PL & 2(kL^2-PL) \end{Bmatrix} \begin{Bmatrix} \theta_{11} \\ \theta_{21} \end{Bmatrix} = \begin{Bmatrix} 0.155kL^2 & 0.423kL^2 \\ 0.423kL^2 & 1.155kL^2 \end{Bmatrix} \begin{Bmatrix} \theta_{11} \\ \theta_{21} \end{Bmatrix} = \begin{Bmatrix} 0 \\ 0 \end{Bmatrix}$$

→ 상대좌굴모드 벡터

$$\begin{Bmatrix} \theta_{11} \\ \theta_{21} \end{Bmatrix} = \begin{Bmatrix} 1.0 \\ -0.366 \end{Bmatrix}$$

① 상대좌굴모드 벡터

$P = \dfrac{3-\sqrt{3}}{3}kL$ 일 때

$$\begin{Bmatrix} kL^2-2PL & PL \\ PL & 2(kL^2-PL) \end{Bmatrix} \begin{Bmatrix} \theta_{11} \\ \theta_{21} \end{Bmatrix} = \begin{Bmatrix} 0.155kL^2 & 0.423kL^2 \\ 0.423kL^2 & 1.155kL^2 \end{Bmatrix} \begin{Bmatrix} \theta_{11} \\ \theta_{21} \end{Bmatrix} = \begin{Bmatrix} 0 \\ 0 \end{Bmatrix}$$

→ 상대좌굴모드 벡터 : $\begin{Bmatrix} \theta_{11} \\ \theta_{21} \end{Bmatrix} = \begin{Bmatrix} 1.0 \\ -0.366 \end{Bmatrix}$

② 좌굴모드 형상

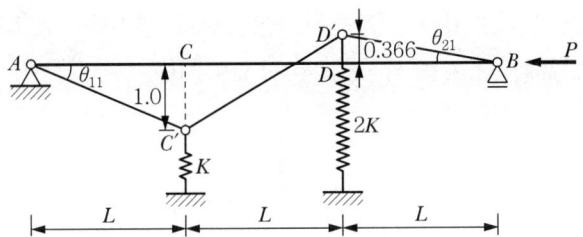

2) 좌굴모드 2

① 상대좌굴모드 벡터

$P = \dfrac{3+\sqrt{3}}{3}kL$ 일 때

$$\begin{Bmatrix} kL^2 - 2PL & PL \\ PL & 2(kL^2 - PL) \end{Bmatrix} \begin{Bmatrix} \theta_{12} \\ \theta_{22} \end{Bmatrix} = \begin{Bmatrix} -2.155kL^2 & 1.577kL^2 \\ 1.577kL^2 & -1.155kL^2 \end{Bmatrix} \begin{Bmatrix} \theta_{12} \\ \theta_{22} \end{Bmatrix} = \begin{Bmatrix} 0 \\ 0 \end{Bmatrix}$$

→ 상대좌굴모드 벡터 : $\begin{Bmatrix} \theta_{12} \\ \theta_{22} \end{Bmatrix} = \begin{Bmatrix} 1.0 \\ 1.366 \end{Bmatrix}$

② 좌굴모드 형상

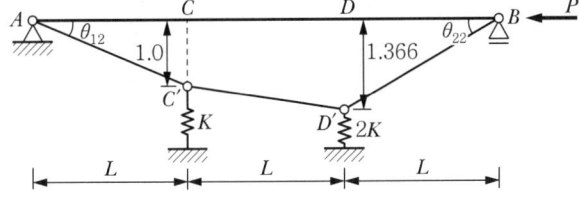

건축구조기술사 88-4-1

다음 골조의 A는 고정단, B, C, D는 힌지접합으로 연결되어 있다. 연직하중 P가 무한강성의 보 BC에 작용할 때 극한 하중 P를 산정하시오.

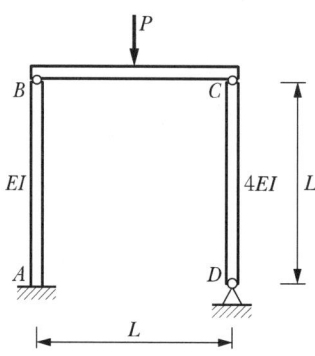

1. B점에 하중 P가 있을 경우

1) 좌굴모드

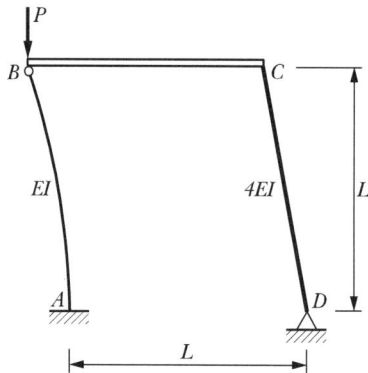

기둥 CD는 AB에 횡변위 발생 시 저항 능력 없음

2) 극한 하중

$$P_{cr} = \frac{\pi^2 EI}{(2L)^2} = 2.467 \frac{EI}{L^2}$$

2. C점에 하중 P가 있을 경우

1) CD 기둥이 휨변형 할 경우

① 좌굴모드

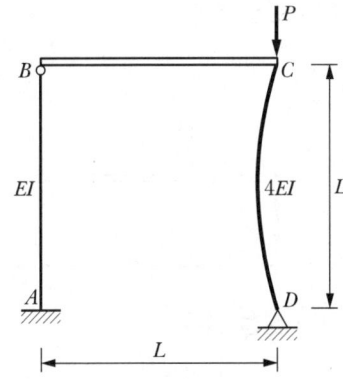

② 좌굴하중

$$P_{cr} = \frac{\pi^2(4EI)}{L^2} = 39.48\frac{EI}{L^2}$$

2) CD 기둥이 휨변형하지 않을 경우

① 좌굴모드

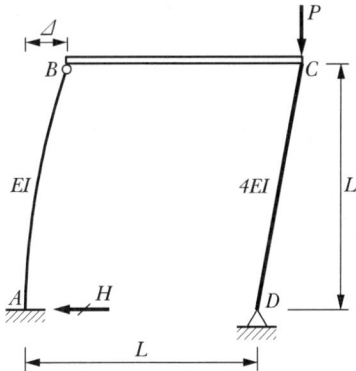

② CD 기둥은 저항하지 않음

③ $P_{cr}\Delta = HL$

$$P_{cr} = \frac{HL}{\Delta} = \frac{HL}{\left(\dfrac{HL^3}{3EI}\right)} = \frac{3EI}{L^2}$$

3. B점과 C점 사이에 하중 P가 있을 경우

1) 자유 물체도($0 \leq \beta \leq 1$)

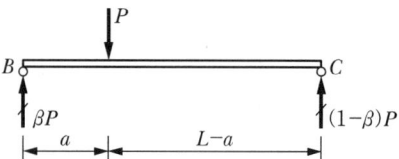

2) CD 기둥이 휨변형을 하지 않을 경우

BC 보 부재가 무한 강성의 보 부재이므로 B점에 하중 P가 작용하는 경우와 동일함

$$P_{cr} = \frac{\pi^2 EI}{(2L)^2} = 2.467 \frac{EI}{L^2}$$

3) CD 기둥이 휨 변형을 할 경우 극한 하중

① AB 기둥의 좌굴계수가 k_1 이라면 AB 기둥의 극한 하중

$$\beta P_{cr1} = \frac{\pi^2 EI}{(k_1 L)^2} \to P_{cr1} = \frac{\pi^2 EI}{\beta k_1^2 L^2} = \frac{\pi^2 EI}{(\sqrt{\beta}\,k_1)^2 L^2} > \frac{\pi^2 EI}{(2L)^2}$$

($\because \beta \leq 1,\ k_1 \leq 1 \to \sqrt{\beta}\,k_1 \leq 1$)

② CD 기둥 좌굴계수가 k_2 라면 CD 기둥의 극한 하중

$$(1-\beta)P_{cr2} = \frac{\pi^2 (4EI)}{(k_2 L)^2} \to P_{cr2} = \frac{\pi^2 (4EI)}{(1-\beta)(k_2 L)^2} = \frac{4\pi^2 EI}{(\sqrt{(1-\beta)}\,k_2)^2 L^2} > \frac{\pi^2 EI}{(2L)^2}$$

($\because \beta \leq 1,\ k_1 \leq 1 \to \sqrt{(1-\beta)}\,k_2 \leq 1$)

4. 극한 하중 최종 산정

구하는 극한 하중은 최소값이므로

$$P_{cr} = 2.467 \frac{EI}{L^2}$$

▶▶▶ 변단면 부재 좌굴하중   예제

부재의 좌굴하중 P_{cr}을 산정하라.

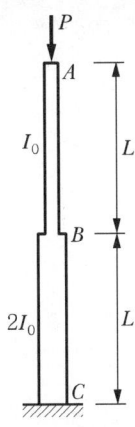

풀이 1 미분 방정식을 이용한 해 산정

1. 자유 물체도

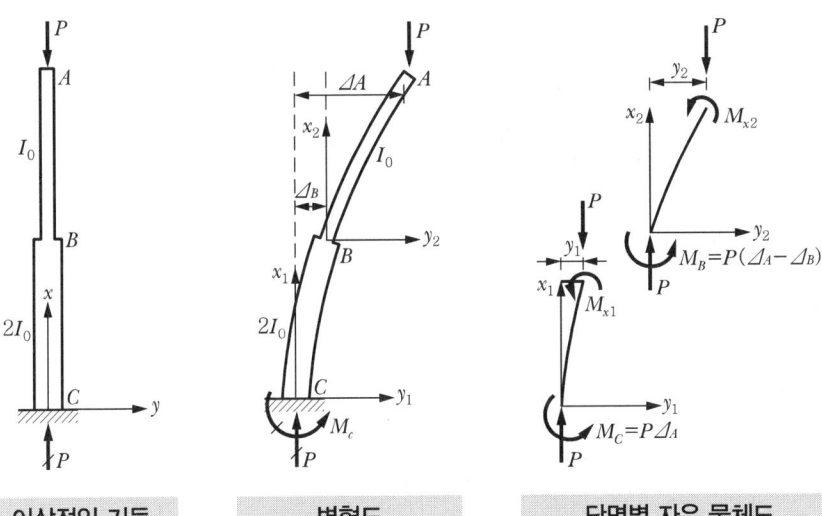

| 이상적인 기둥 | 변형도 | 단면별 자유 물체도 |

2. 임의점에서의 휨 모멘트

1) BC 구간

$$\sum M_{x1} = 0 \ ; \ -M_{x1} - M_c + P \cdot y_1 = 0 \rightarrow M_{x1} = P \cdot y_1 - M_C$$

2) AB 구간

$$\sum M_{x2} = 0 \ ; \ -M_{x2} - M_B + P \cdot y_2 = 0 \rightarrow M_{x2} = P \cdot y_2 - M_B$$

3. 처짐 곡선식

1) BC 구간

① $EIy_1'' = -M_{x1} = -P \cdot y_1 + M_C$

$y_1'' = -\dfrac{P}{EI} \cdot y_1 + \dfrac{M_C}{EI}$

② $y_1'' + \dfrac{P}{2EI_0} \cdot y_1 = \dfrac{M_C}{2EI_0}$

③ $k_1^{\ 2} = \dfrac{P}{2EI_0}$ 라 하면

$y_1'' + k_1^2 \cdot y_1 = k_1^2 \dfrac{M_C}{P}$

④ 해 산정

- 동차해 : $y_{1h} = A\sin k_1 x + B\cos k_1 x$
- 특이해 : $k_1^{\ 2} y_{1P} = k_1^{\ 2} \dfrac{M_C}{P} \rightarrow y_{1P} = \dfrac{M_C}{P}$
- 일반해 : $y_1 = y_{1h} + y_{1P} = A\sin k_1 x + B\cos k_1 x + \dfrac{M_C}{P}$

⑤ $y_1' = Ak_1 \cos k_1 x - Bk_1 \sin k_1 x$

2) AB 구간

① $EIy_2'' = -M_{x2} = -P \cdot y_2 + M_B$

$y_2'' = -\dfrac{P}{EI} \cdot y_2 + \dfrac{M_B}{EI}$

② $y_2'' + \dfrac{P}{EI_0} \cdot y_2 = \dfrac{M_B}{EI_0}$

③ $k_2^2 = \dfrac{P}{EI_0}$ 라 하면

$$y_2'' + k_2^2 \cdot y_2 = k_2^2 \dfrac{M_B}{P}$$

④ 해 산정

- 동차해 : $y_{2h} = C\sin k_2 x + D\cos k_2 x$
- 특이해 : $k_2^2 y_{2P} = k_2^2 \dfrac{M_B}{P} \rightarrow y_{2P} = \dfrac{M_B}{P}$
- 일반해 : $y_2 = y_{2h} + y_{2P} = C\sin k_2 x + D\cos k_2 x + \dfrac{M_B}{P}$

⑤ $y_2' = Ck_2 \cos k_2 x - Dk_2 \sin k_2 x$

4. 경계조건

1) $y_1(0) = 0$; $y_1(0) = B + \dfrac{M_C}{P} = 0 \rightarrow B = -\dfrac{M_C}{P}$

$k_1^2 = \dfrac{P}{2EI_0} \rightarrow P = 2EI_0 k_1^2$ 이므로 $\therefore B = -\dfrac{M_C}{2EI_0 k_1^2}$

2) $y_1'(0) = 0$; $y_1'(0) = Ak_1 = 0$

$k_1 \neq 0$이므로 $A = 0$

$\therefore y_1 = -\dfrac{M_C}{2EI_0 k_1^2} \cos k_1 x + \dfrac{M_C}{2EI_0 k_1^2}$

3) $y_1(L) = y_2(0) + \Delta_B$

① $y_1(L) = -\dfrac{M_C}{2EI_0 k_1^2} \cos k_1 L + \dfrac{M_C}{2EI_0 k_1^2}$

② $y_2(0) = D + \dfrac{M_B}{P}$

$k_2^2 = \dfrac{P}{EI_0} \rightarrow P = EI_0 k_1^2$ 이므로 $y_2(0) = D + \dfrac{M_B}{EI_0 k_2^2}$

③ $-\dfrac{M_C}{2EI_0 k_1^2} \cos k_1 L + \dfrac{M_C}{2EI_0 k_1^2} = D + \dfrac{M_B}{EI_0 k_2^2} + \Delta_B$

④ $M_C = P\Delta_A$, $M_B = P(\Delta_A - \Delta_B)$에서

$$M_B = P\Delta_A - P\Delta_B = M_C - P\Delta_B$$

$$\to \Delta_B = \frac{M_C}{P} - \frac{M_B}{P} = \frac{M_C - M_B}{2EI_0 k_1^2}$$

⑤ 앞의 ③과 ④로부터

$$-\frac{M_C}{2EI_0 k_1^{\,2}}\cos k_1 L + \frac{M_C}{2EI_0 k_1^{\,2}} = D + \frac{M_B}{EI_0 k_2^{\,2}} + \frac{M_C - M_B}{2EI_0 k_1^{\,2}}$$

$$\to D = -\frac{M_B}{EI_0 k_2^{\,2}} + \frac{M_B}{2EI_0 k_1^{\,2}} - \frac{M_C}{2EI_0 k_1^{\,2}}\cos k_1 L$$

4) $y_1'(L) = y_2'(0)$

① $y_1 = -\frac{M_C}{2EI_0 k_1^{\,2}}\cos k_1 x + \frac{M_C}{2EI_0 k_1^{\,2}} \to y_1' = \frac{M_C}{2EI_0 k_1^2} k_1 \sin k_1 x = \frac{M_C}{2EI_0 k_1}\sin k_1 x$

$$y_1'(L) = \frac{M_C}{2EI_0 k_1}\sin k_1 L$$

② $y_2'(0) = Ck_2$

③ $\dfrac{M_C}{2EI_0 k_1}\sin k_1 L = Ck_2$

$$\therefore C = \frac{M_C}{2EI_0 k_1 k_2}\sin k_1 L$$

④ 따라서, $y_2 = \dfrac{M_C}{2EI_0 k_1 k_2}\sin k_1 L \sin k_2 x$

$$+ \left(-\frac{M_C}{2EI_0 k_1^{\,2}}\cos k_1 L - \frac{M_B}{EI_0 k_2^{\,2}} + \frac{M_B}{2EI_0 k_1^{\,2}}\right)\cos k_2 x + \frac{M_B}{P}$$

5) $y_1(L) = \Delta_B$

① $y_1(L) = -\dfrac{M_C}{2EI_0 k_1^{\,2}}\cos k_1 L + \dfrac{M_C}{2EI_0 k_1^{\,2}} = \Delta_B$

② $k_1^2 = \dfrac{P}{2EI_0}$, $M_C = P\Delta_A$ 이므로

$$-\frac{P\Delta_A}{2EI_0\left(\dfrac{P}{2EI_0}\right)}\cos k_1 L + \frac{P\Delta_A}{2EI_0\left(\dfrac{P}{2EI_0}\right)} = \Delta_B$$

③ 따라서, $(1 - \cos k_1 L)\Delta_A - \Delta_B = 0$

6) $y_2(L) = \Delta_A - \Delta_B$

① $y_2(L) = \dfrac{M_C}{2EI_0 k_1 k_2} \sin k_1 L \sin k_2 L$

$\quad + \left(-\dfrac{M_C}{2EI_0 k_1^{\,2}} \cos k_1 L - \dfrac{M_B}{EI_0 k_2^{\,2}} + \dfrac{M_B}{2EI_0 k_1^{\,2}} \right) \cos k_2 L + \dfrac{M_B}{P}$

② 5)−① 식에서 $-\dfrac{M_C}{2EI_0 k_1^{\,2}} \cos k_1 L + \dfrac{M_C}{2EI_0 k_1^{\,2}} = \Delta_B$

$\rightarrow -\dfrac{M_C}{2EI_0 k_1^{\,2}} \cos k_1 L = \Delta_B - \dfrac{M_C}{2EI_0 k_1^{\,2}}$

$y_2(L) = \dfrac{M_C}{2EI_0 k_1 k_2} \sin k_1 L \sin k_2 L$

$\quad + \left(\Delta_B - \dfrac{M_C}{2EI_0 k_1^{\,2}} - \dfrac{M_B}{EI_0 k_2^{\,2}} + \dfrac{M_B}{2EI_0 k_1^{\,2}} \right) \cos k_2 L + \dfrac{M_B}{P}$

③ $y_2(L) = \Delta_A - \Delta_B$, $k_1^{\,2} = \dfrac{P}{2EI_0}$, $k_1 = \sqrt{\dfrac{P}{2EI_0}}$, $k_2^{\,2} = \dfrac{P}{EI_0}$, $k_2 = \sqrt{\dfrac{P}{EI_0}}$,

$M_C = P\Delta_A$, $M_B = P(\Delta_A - \Delta_B)$이므로

$\dfrac{P\Delta_A}{2EI_0 \sqrt{\dfrac{P}{2EI_0}} \sqrt{\dfrac{P}{EI_0}}} \sin k_1 L \sin k_2 L$

$+ \left(\Delta_B - \dfrac{P\Delta_A}{2EI_0 \dfrac{P}{2EI_0}} - \dfrac{P(\Delta_A - \Delta_B)}{EI_0 \dfrac{P}{EI_0}} + \dfrac{P(\Delta_A - \Delta_B)}{2EI_0 \dfrac{P}{2EI_0}} \right) \cos k_2 L + \dfrac{P(\Delta_A - \Delta_B)}{P}$

$= \Delta_A - \Delta_B$

$\rightarrow \dfrac{\Delta_A}{\sqrt{2}} \sin k_1 L \sin k_2 L + \{\Delta_B - \Delta_A - (\Delta_A - \Delta_B) + (\Delta_A - \Delta_B)\} \cos k_2 L$

$\quad + (\Delta_A - \Delta_B) = \Delta_A - \Delta_B$

$\rightarrow \dfrac{\Delta_A}{\sqrt{2}} \sin k_1 L \sin k_2 L + (-\Delta_A + \Delta_B) \cos k_2 L = 0$

$\therefore \left(\dfrac{1}{\sqrt{2}} \sin k_1 L \sin k_2 L - \cos k_2 L \right) \Delta_A + \cos k_2 L \, \Delta_B = 0$

5. 좌굴하중 산정

1) 3.-5)-③ 결과식에서

$$(1-\cos k_1 L)\Delta_A - \Delta_B = 0$$

2) 3.-6)-③ 결과식에서

$$\left(\frac{1}{\sqrt{2}}\sin k_1 L \sin k_2 L - \cos k_2 L\right)\Delta_A + \cos k_2 L \Delta_B = 0$$

3) 위의 1), 2) 식을 연립하면

$$\begin{Bmatrix} 1-\cos k_1 L & -1 \\ \frac{1}{\sqrt{2}}\sin k_1 L \sin k_2 L - \cos k_2 L & \cos k_2 L \end{Bmatrix}\begin{Bmatrix}\Delta_A \\ \Delta_B\end{Bmatrix} = \begin{Bmatrix}0 \\ 0\end{Bmatrix}$$

→ $\{A\}\{\Delta\} = \{0\}$

4) 임의의 $\{\Delta\}$에 대하여 성립할 조건은

$Det\{A\} = 0$

→ $(1-\cos k_1 L)\cos k_2 L + \frac{1}{\sqrt{2}}\sin k_1 L \sin k_2 L - \cos k_2 L = 0$

→ $-\cos k_1 L \cos k_2 L + \frac{1}{\sqrt{2}}\sin k_1 L \sin k_2 L = 0$

→ 양변을 $\frac{1}{\sqrt{2}}\cos k_1 L \cos k_2 L$으로 나누면

→ $-\sqrt{2} + \tan k_1 L \cdot \tan k_2 L = 0$

5) $k_1 = \sqrt{\frac{P}{2EI_0}}$, $k_2 = \sqrt{\frac{P}{EI_0}}$ 에서 $k_1 = \frac{k_2}{\sqrt{2}}$ 이므로

$-\sqrt{2} + \tan\frac{k_2}{\sqrt{2}}L \cdot \tan k_2 L = 0$

∴ $k_2 L = 1.0167$

6) 좌굴하중

$k_2{}^2 = \frac{P}{EI_0}$

→ $P_{cr} = k_2{}^2 EI_0 = \frac{1.0167^2}{L^2}EI_0 = \frac{1.0337 EI_0}{L^2}$

풀이 2 지배 방정식을 이용한 해 산정

1. 지배 방정식

$$EI_0 \frac{d^4y}{dx^4} + P\frac{d^2y}{dx^2} = -w(x) = 0$$

※ 축방향력 부재의 지배 미분 방정식

$$EA\frac{d^2u(x)}{dx^2} + q(x) = 0$$

    $q(x)$: 임의의 점 x에서 단위 길이당 작용하는 축력
    $u(x)$: 임의의 점 x에서 축변위

※ 휨변형에 대한 부재의 지배 미분 방정식

$$EI\frac{d^4y}{dx^4} + w(x) = 0$$

    $w(x)$: 임의의 점 x에서 단위길이당 작용하는 등분포 하중
    $y(x)$: 임의의 점 x에서 수직변위

2. 일반해 산정

  1) 구간별 해 가정

    ① $y_1(x) = a_1 + a_2x + a_3\cos k_1 x + a_4\sin k_1 x$

$$k_1 = \sqrt{\frac{P}{2EI_0}}$$

    ② $y_2(x) = a_5 + a_6x + a_7\cos k_2 x + a_8\sin k_2 x$

$$k_2 = \sqrt{\frac{P}{EI_0}}$$

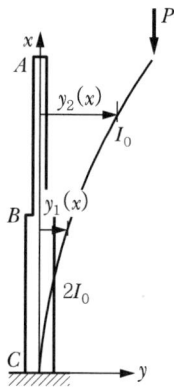

2) 절점 A, C에서의 경계조건

① 기울기와 변형에 대한 기하학적 경계조건

㉠ $y_1(0) = 0$

$y_1(0) = a_1 + a_3 = 0 \rightarrow a_1 = -a_3$

㉡ $y_1'(0) = 0$

$y_1'(x) = a_2 - a_3 k_1 \sin k_1 x + a_4 k_1 \cos k_1 x$

$y_1'(0) = a_2 + a_4 k_1 = 0 \rightarrow a_2 = -a_4 \sqrt{\dfrac{P}{2EI_0}}$

㉢ 따라서, $y_1(x) = -a_3 - a_4 k_1 x + a_3 \cos k_1 x + a_4 \sin k_1 x$

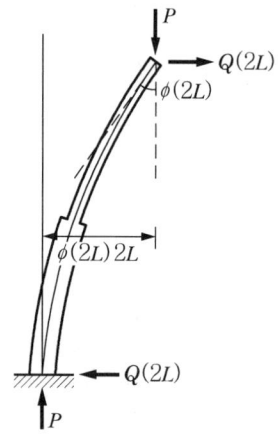

② 정역학적 경계조건

㉠ $EI_2 y_2''(2L) = 0 \ (\because M(2L) = 0)$

$y_2'(x) = a_6 - a_7 k_2 \sin k_2 x + a_8 k_2 \cos k_2 x$

$y_2''(x) = -a_7 k_2^2 \cos k_2 x - a_8 k_2^2 \sin k_2 x$

$$EI_2 y_2''(2L) = EI_2\{-a_7 k_2{}^2\cos(2k_2 L) - a_8 k_2{}^2\sin(2k_2 L)\} = 0$$
$$a_7\cos(2k_2 L) = -a_8\sin(2k_2 L)$$
$$a_7 = -a_8\tan(2k_2 L) = -a_8\tan\left(2\sqrt{\frac{P}{EI_0}}L\right)$$

ⓒ 캔틸레버 단부에 대해

$$\sum M_A = 0 \ ; \ P\times\phi(2L)\times 2L + Q(2L)\times 2L = 0$$
$$P\times\phi(2L) + Q(2L) = 0$$

여기서, $\phi(2L) = y_2'(2L)$, $Q(2L) = \dfrac{dM_2(x)}{dx}\Big|_{x=2L} = EI_2 y_2'''(2L)$

$$P\times y_2'(2L) + EI_2 y_2'''(2L) = 0$$

여기서, $y_2'(2L) = a_6 - a_7 k_2\sin(2k_2 L) + a_8 k_2\cos(2k_2 L)$
$\qquad y_2'''(x) = a_7 k_2{}^3\sin k_2 x - a_8 k_2{}^3\cos k_2 x$
$\qquad y_2'''(2L) = a_7 k_2{}^3\sin(2k_2 L) - a_8 k_2{}^3\cos(2k_2 L)$ 이므로

$$P\times\{a_6 - a_7 k_2\sin(2k_2 L) + a_8 k_2\cos(2k_2 L)\}$$
$$+ EI_2\{a_7 k_2{}^3\sin(2k_2 L) - a_8 k_2{}^3\cos(2k_2 L)\} = 0$$

$a_7 = -a_8\tan(2k_2 L)$ 이므로

$$P\times\{a_6 + a_8 k_2\tan(2k_2 L)\sin(2k_2 L) + a_8 k_2\cos(2k_2 L)\}$$
$$+ EI_2\{-a_8 k^3\tan(2k_2 L)\sin(2k_2 L) - a_8 k^3\cos(2k_2 L)\} = 0$$
$$P\times\left\{a_6 + a_8 k_2\frac{\sin^2(2k_2 L) + \cos^2(2k_2 L)}{\cos(2k_2 L)}\right\}$$
$$- EI_2\left\{a_8 k_2^3\frac{\sin^2(2k_2 L) + \cos^2(2k_2 L)}{\cos(2k_2 L)}\right\} = 0$$
$$P\times a_6 + a_8 k_2\sec(2k_2 L)\{P - EI_2 k_2{}^2\} = 0 \ \to\ P\times a_6 = 0$$
$$\therefore\ a_6 = 0$$

ⓒ 따라서, $y_2(x) = a_5 - a_8\tan(2k_2 L)\cos k_2 x + a_8\sin k_2 x$

3) 절점 B에서의 경계조건

① 기울기와 변형에 대한 기하학적 경계조건

㉠ $y_1(L) - y_2(L) = 0$

여기서, $y_1(x) = -a_3 - a_4 k_1 x + a_3\cos k_1 x + a_4\sin k_1 x$

$$\to y_1(L) = -a_3 - a_4 k_1 L + a_3 \cos k_1 L + a_4 \sin k_1 L$$
$$y_2(x) = a_5 - a_8 \tan(2k_2 L)\cos k_2 x + a_8 \sin k_2 x$$
$$\to y_2(L) = a_5 - a_8 \tan(2k_2 L)\cos k_2 L + a_8 \sin k_2 L$$
$$(\cos k_1 L - 1)a_3 + (\sin k_1 L - k_1 L)a_4 - a_5$$
$$+ \{\tan(2k_2 L)\cos k_2 L - \sin k_2 L\}a_8 = 0$$
$$\therefore (\cos k_1 L - 1)a_3 + (\sin k_1 L - k_1 L)a_4$$
$$- a_5 + \sin k_2 L \frac{1}{\cos^2 k_2 L - \sin^2 k_2 L} a_8 = 0$$

여기서, $\tan 2\theta = \dfrac{2\tan\theta}{1-\tan^2\theta}$ 를 적용하여 정리한 결과임

ⓒ $y_1{}'(L) - y_2{}'(L) = 0$

여기서, $y_1{}'(x) = -a_4 k_1 - a_3 k_1 \sin k_1 x + a_4 k_1 \cos k_1 x$
$$\to y_1{}'(L) = -a_4 k_1 - a_3 k_1 \sin(k_1 L) + a_4 k_1 \cos(k_1 L)$$
$$y_2{}'(x) = a_8 k_2 \tan(2k_2 L)\sin k_2 x + a_8 k_2 \cos k_2 x$$
$$\to y_2{}'(L) = a_8 k_2 \tan(2k_2 L)\sin(k_2 L) + a_8 k_2 \cos(k_2 L)$$
$$- k_1 \sin(k_1 L)a_3 + \{k_1 \cos(k_1 L) - k_1\}a_4$$
$$- \{k_2 \tan(2k_2 L)\sin(k_2 L) + k_2 \cos(k_2 L)\}a_8 = 0$$
$$\therefore -k_1 \sin(k_1 L)a_3 + \{k_1 \cos(k_1 L) - k_1\}a_4 - k_2 \frac{\cos k_2 L}{\cos^2 k_2 L - \sin^2 k_2 L} a_8 = 0$$

② 정역학적 경계조건

㉠ $EI_1 y_1{}''(L) = EI_2 y_2{}''(L) \to EI_1 y_1{}''(L) - EI_2 y_2{}''(L) = 0$

여기서, $y_1{}''(x) = -a_3 k_1{}^2 \cos k_1 x - a_4 k_1{}^2 \sin k_1 x$
$$\to y_1{}''(L) = -a_3 k_1{}^2 \cos(k_1 L) - a_4 k_1{}^2 \sin(k_1 L)$$
$$y_2{}''(x) = a_8 k_2{}^2 \tan(2k_2 L)\cos k_2 x - a_8 k_2{}^2 \sin k_2 x$$
$$\to y_2{}''(L) = a_8 k_2{}^2 \tan(2k_2 L)\cos(k_2 L) - a_8 k_2{}^2 \sin(k_2 L)$$
$$EI_1 = 2EI_2$$
$$2EI_2\{-a_3 k_1{}^2 \cos(k_1 L) - a_4 k_1{}^2 \sin(k_1 L)\}$$
$$- EI_2\{a_8 k_2{}^2 \tan(2k_2 L)\cos(k_2 L) - a_8 k_2{}^2 \sin(k_2 L)\} = 0$$
$$- 2a_3 k_1{}^2 \cos(k_1 L) - 2a_4 k_1{}^2 \sin(k_1 L)$$
$$- a_8 k_2{}^2 \tan(2k_2 L)\cos(k_2 L) + a_8 k_2{}^2 \sin(k_2 L) = 0$$
$$- 2k_1{}^2 \cos(k_1 L)a_3 - 2k_1{}^2 \sin(k_1 L)a_4$$

$$+ \{k_2{}^2 \sin(k_2 L) - k_2{}^2 \tan(2k_2 L)\cos(k_2 L)\}a_8 = 0$$

$$\therefore -2k_1{}^2\cos(k_1 L)a_3 - 2k_1{}^2\sin(k_1 L)a_4 - k_2{}^2 \frac{\sin(k_2 L)}{\cos^2(k_2 L) - \sin^2(k_2 L)}a_8 = 0$$

ⓒ $EI_1 y_1'''(L) + P y_1'(L) + \{EI_2 y_2'''(L) + P y_2'(L)\} = 0$

여기서, $y_1'(L) = -a_4 k_1 - a_3 k_1 \sin(k_1 L) + a_4 k_1 \cos(k_1 L)$

$\qquad y_2'(L) = a_8 k_2 \tan(2k_2 L)\sin(k_2 L) + a_8 k_2 \cos(k_2 L)$

$\qquad y_1'''(x) = a_3 k_1{}^3 \sin k_1 x - a_4 k_1{}^3 \cos k_1 x$

$\qquad \to y_1'''(L) = a_3 k_1{}^3 \sin(k_1 L) - a_4 k_1{}^3 \cos(k_1 L)$

$\qquad y_2'''(x) = -a_8 k_2{}^3 \tan(2k_2 L)\sin k_2 x - a_8 k_2{}^3 \cos k_2 x$

$\qquad \to y_2'''(x) = -a_8 k_2{}^3 \tan(2k_2 L)\sin(k_2 L) - a_8 k_2{}^3 \cos(k_2 L)$

$EI_1\{a_3 k_1{}^3 \sin(k_1 L) - a_4 k_1{}^3 \cos(k_1 L)\}$
$+ P\{-a_4 k_1 - a_3 k_1 \sin(k_1 L) + a_4 k_1 \cos(k_1 L)\}$
$+ EI_2\{-a_8 k_2{}^3 \tan(2k_2 L)\sin(k_2 L) - a_8 k_2{}^3 \cos(k_2 L)\}$
$+ P\{a_8 k_2 \tan(2k_2 L)\sin(k_2 L) + a_8 k_2 \cos(k_2 L)\} = 0$

$\to a_3 k_1 \sin(k_1 L)\{EI_1 k_1{}^2 - P\} + a_4 k_1 \cos(k_1 L)\{-EI_1 k_1{}^2 + P\} - a_4 P k_1$
$\qquad a_8 k_2 \tan(2k_2 L)\sin(k_2 L)\{-EI_2 k_2{}^2 + P\} + a_8 k_2 \cos(k_2 L)\{-EI_2 k_2{}^2 + P\} = 0$

$\to -a_4 P k_1 = 0 \quad \left(\because k_1{}^2 = \dfrac{P}{EI_1},\ k_2{}^2 = \dfrac{P}{EI_2}\right)$

③ 연립하면,

$$(\cos k_1 L - 1)a_3 + (\sin k_1 L - k_1 L)a_4 - a_5 + \sin k_2 L \frac{1}{\cos^2 k_2 L - \sin^2 k_2 L}a_8 = 0$$

$$-k_1 \sin(k_1 L)a_3 + \{k_1 \cos(k_1 L) - k_1\}a_4 - k_2 \frac{\cos k_2 L}{\cos^2 k_2 L - \sin^2 k_2 L}a_8 = 0$$

$$-2k_1{}^2 \cos(k_1 L)a_3 - 2k_1{}^2 \sin(k_1 L)a_4 - k_2{}^2 \frac{\sin(k_2 L)}{\cos^2(k_2 L) - \sin^2(k_2 L)}a_8 = 0$$

$$-a_4 P k_1 = 0$$

④ 매트릭스로 표현하면,

$$\begin{Bmatrix} (\cos k_1 L - 1) & (\sin k_1 L - k_1 L) & -1 & \dfrac{\sin k_2 L}{\cos^2 k_2 L - \sin^2 k_2 L} \\ -k_1 \sin(k_1 L) & k_1 \cos(k_1 L) - k_1 & 0 & -k_2 \dfrac{\cos k_2 L}{\cos^2 k_2 L - \sin^2 k_2 L} \\ -2{k_1}^2 \cos(k_1 L) & -2{k_1}^2 \sin(k_1 L) & 0 & -k_2 \dfrac{\sin k_2 L}{\cos^2 k_2 L - \sin^2 k_2 L} \\ 0 & -Pk_1 & 0 & 0 \end{Bmatrix} \begin{pmatrix} a_3 \\ a_4 \\ a_5 \\ a_8 \end{pmatrix}$$

$$= \begin{pmatrix} 0 \\ 0 \\ 0 \\ 0 \end{pmatrix} (k_2 = \sqrt{2}\, k_1)$$

$$\to \{M\}\{a\} = \{0\}$$

3. 좌굴하중 산정

1) 임의의 일반화 변위 $\{a\}$에 대해 성립할 조건은 $Det\{M\} = \{0\}$ (무용해가 아닌 해 산정)

   $k_1 L = 0.7189$

2) $k_1 = \sqrt{\dfrac{P}{2EI_0}}$ 이므로

   따라서, 좌굴하중 $P_{cr} = 2EI_0 {k_1}^2 = \dfrac{2 \times 0.7189^2}{L^2} EI_0 = 1.0336 \dfrac{EI_0}{L^2}$

▶▶▶ **2경간 연속보 좌굴하중** 예제

다음 부재의 좌굴하중 P_{cr}을 산정하라.

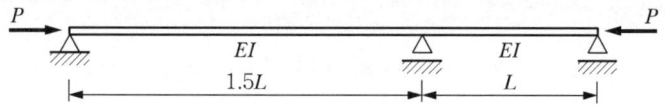

풀이 1 미분 방정식을 이용한 해 산정

1. 지배 미분 방정식

$$EI_0\frac{d^4y}{dx^4} + P\frac{d^2y}{dx^2} = -w(x) = 0$$

2. 일반해 산정

1) 구간별 해 가정

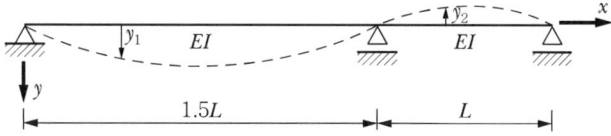

① $y_1(x) = a_1 + a_2 x + a_3\cos kx + a_4\sin kx \ (0 \leq x \leq 1.5L)$

② $y_2(x) = a_5 + a_6 x + a_7\cos kx + a_8\sin kx \ (1.5L \leq x \leq 2.5L)$

(단, $k = \sqrt{\dfrac{P}{EI}}$)

2) 절점 A, C에서의 경계조건

① 기울기와 변형에 대한 기하학적 경계조건

㉠ $y_1(0) = 0$

→ $y_1(0) = a_1 + a_3 \rightarrow a_1 = -a_3$

㉡ $y_1(1.5L) = 0$

→ $y_1(1.5L) = a_1 + a_2 \times 1.5L - a_1\cos(1.5kL) + a_4\sin(1.5kL) = 0$

→ $a_1\{1 - \cos(1.5kL)\} + a_2 \times 1.5L + a_4\sin(1.5kL) = 0$

㉢ $y_2(1.5L) = 0$

→ $y_2(1.5L) = a_5 + a_6 \times 1.5L + a_7\cos(1.5kL) + a_8\sin(1.5kL) = 0$

㉣ $y_2(2.5L) = 0$

　→ $y_2(2.5L) = a_5 + a_6 \times 2.5L + a_7\cos(2.5kL) + a_8\sin(2.5kL) = 0$

㉤ $y_1'(1.5L) = y_2'(1.5L) \rightarrow y_1'(1.5L) - y_2'(1.5L) = 0$

　여기서, $y_1'(x) = a_2 + a_1 k\sin kx + a_4 k\cos kx$

　　　　　$y_1'(1.5L) = a_2 + a_1 k\sin(1.5kL) + a_4 k\cos(1.5kL)$

　　　　　$y_2'(x) = a_6 - a_7 k\sin kx + a_8 k\cos kx$

　　　　　$y_2'(1.5L) = a_6 - a_7 k\sin(1.5kL) + a_8 k\cos(1.5kL)$

$a_2 + a_1 k\sin(1.5kL) + a_4 k\cos(1.5kL) - a_6 + a_7 k\sin(1.5kL) - a_8 k\cos(1.5kL) = 0$

② 정역학적 경계조건

㉠ $y_1''(0) = 0$ ($\because M(0) = 0$)

　$y_1''(x) = a_1 k^2 \cos kx - a_4 k^2 \sin kx$

　$y_1''(0) = a_1 k^2 = 0 \rightarrow a_1 = 0$

㉡ $y_2''(2.5L) = 0$

　$y_2''(x) = -a_7 k^2 \cos kx - a_8 k^2 \sin kx$

　$y_2''(2.5L) = -a_7 k^2 \cos(2.5kL) - a_8 k^2 \sin(2.5kL) = 0$

　$a_7 \cos(2.5kL) + a_8 \sin(2.5kL) = 0$

㉢ $y_2''(1.5L) = y_2''(1.5L) \rightarrow y_2''(1.5L) - y_2''(1.5L) = 0$

　$y_1''(1.5L) = -a_4 k^2 \sin(1.5kL)$

　$y_2''(1.5L) = -a_7 k^2 \cos(1.5kL) - a_8 k^2 \sin(1.5kL)$

　　$-a_4 k^2 \sin(1.5kL) + a_7 k^2 \cos(1.5kL) + a_8 k^2 \sin(1.5kL) = 0$

　　$-a_4 \sin(1.5kL) + a_7 \cos(1.5kL) + a_8 \sin(1.5kL) = 0$

③ 정리하면,

㉠ $a_2 \times 1.5L + a_4 \sin(1.5kL) = 0$

㉡ $a_5 + a_6 \times 1.5L + a_7 \cos(1.5kL) + a_8 \sin(1.5kL) = 0$

㉢ $a_5 + a_6 \times 2.5L + a_7 \cos(2.5kL) + a_8 \sin(2.5kL) = 0$

㉣ $a_2 + a_4 k\cos(1.5kL) - a_6 + a_7 k\sin(1.5kL) - a_8 k\cos(1.5kL) = 0$

㉤ $a_7 \cos(2.5kL) + a_8 \sin(2.5kL) = 0$

㉥ $-a_4 \sin(1.5kL) + a_7 \cos(1.5kL) + a_8 \sin(1.5kL) = 0$

④ 매트릭스로 표현하면

$$\begin{Bmatrix} 1.5L & \sin(1.5kL) & 0 & 0 & 0 & 0 \\ 0 & 0 & 1 & 1.5L & \cos(1.5kL) & \sin(1.5kL) \\ 0 & 0 & 1 & 2.5L & \cos(2.5kL) & \sin(2.5kL) \\ 1 & k\cos(1.5kL) & 0 & -1 & k\sin(1.5kL) & -k\cos(1.5kL) \\ 0 & 0 & 0 & 0 & \cos(2.5kL) & \sin(2.5kL) \\ 0 & -\sin(1.5kL) & 0 & 0 & \cos(1.5kL) & \sin(1.5kL) \end{Bmatrix} \begin{Bmatrix} a_2 \\ a_4 \\ a_5 \\ a_6 \\ a_7 \\ a_8 \end{Bmatrix} = \begin{Bmatrix} 0 \\ 0 \\ 0 \\ 0 \\ 0 \\ 0 \end{Bmatrix}$$

$\to \{M\}\{a\} = \{0\}$

3. 좌굴하중 산정

1) 임의의 일반화 변위 $\{a\}$에 대해 성립할 조건은 $Det\{M\} = \{0\}$ (무용해가 아닌 해 산정)

   $kL = 2.4265$

2) $k = \sqrt{\dfrac{P}{EI}}$ 이므로

   따라서, 좌굴하중 $P_{cr} = EIk^2 = \dfrac{2.4265^2}{L^2}EI = 5.888\dfrac{EI}{L^2}$

풀이 2 Rayleigh – Ritz 방법을 이용한 근사해 산정

1. 형상 함수 가정

$y_1(x) = a_1 \sin\left(\dfrac{\pi}{1.5L}x\right)$ $(0 \leq x \leq 1.5L)$

$y_2(x) = a_2 \sin\left\{\dfrac{\pi}{L}(x - 1.5L)\right\}$ $(1.5L \leq x \leq 2.5L)$

2. 경계조건

1) $y_1{}'(1.5L) = y_2{}'(1.5L)$

2) $y_1{}'(x) = a_1 \dfrac{\pi}{1.5L} \cos\left(\dfrac{\pi}{1.5L}x\right)$

   $y_2{}'(x) = a_2 \dfrac{\pi}{L} \cos\left\{\dfrac{\pi}{L}(x - 1.5L)\right\}$

3) $y_1{'}(1.5L) = -a_1\dfrac{\pi}{1.5L}$

$y_2{'}(1.5L) = a_2\dfrac{\pi}{L}$

4) 따라서, $-\dfrac{2}{3}a_1 = a_2$

3. 전체 퍼텐셜 에너지

1) $\Pi = U + V$

$= \dfrac{EI}{2}\int \{y''(x)\}^2 dx - w\int y(x)dx - \dfrac{P}{2}\int \{y'(x)\}^2 dx\ ;\ w = 0$

$= \dfrac{EI}{2}\left(\int_0^{1.5L}\{y''(x)\}^2 + \int_{1.5L}^{2.5L}\{y''(x)\}^2\right) - \dfrac{P}{2}\left(\int_0^{1.5L}\{y'(x)\}^2 + \int_{1.5L}^{2.5L}\{y'(x)\}^2\right)$

2) $y_1{''}(x) = -a_1\left(\dfrac{\pi}{1.5L}\right)^2 \sin\left(\dfrac{\pi}{1.5L}x\right)\ (0 \le x \le 1.5L)$

$y_2{''}(x) = -a_2\left(\dfrac{\pi}{L}\right)^2 \sin\left\{\dfrac{\pi}{L}(x-1.5L)\right\}\ (1.5L \le x \le 2.5L)$

3) $\Pi = \dfrac{EI}{2}\left\{a_1^2\left(\dfrac{\pi}{1.5L}\right)^4 \int_0^{1.5L}\sin^2\left(\dfrac{\pi}{1.5L}x\right)dx\right.$

$\left. + a_2^2\left(\dfrac{\pi}{L}\right)^4 \int_{1.5L}^{2.5L}\sin^2\left(\dfrac{\pi}{L}(x-1.5L)\right)dx\right\}$

$- \dfrac{P}{2}\left\{a_1^2\left(\dfrac{\pi}{1.5L}\right)^2 \int_0^{1.5L}\cos^2\left(\dfrac{\pi}{1.5L}x\right)dx\right.$

$\left. + a_2^2\left(\dfrac{\pi}{L}\right)^2 \int_{1.5L}^{2.5L}\cos^2\left(\dfrac{\pi}{L}(x-1.5L)\right)dx\right\}$

$= \dfrac{EI}{2}\left\{a_1^2\left(\dfrac{\pi}{1.5L}\right)^4 \dfrac{3}{4}L + a_2^2\left(\dfrac{\pi}{L}\right)^4 \dfrac{L}{2}\right\} - \dfrac{P}{2}\left\{a_1^2\left(\dfrac{\pi}{1.5L}\right)^2 \dfrac{3}{4}L + a_2^2\left(\dfrac{\pi}{L}\right)^2 \dfrac{L}{2}\right\}$

$a_2 = -\dfrac{2}{3}a_1$이므로

$\Pi = \dfrac{EI}{2}\left\{a_1^2\left(\dfrac{\pi}{1.5L}\right)^4 \dfrac{3}{4}L + \dfrac{4}{9}a_1^2\left(\dfrac{\pi}{L}\right)^4 \dfrac{L}{2}\right\} - \dfrac{P}{2}\left\{a_1^2\left(\dfrac{\pi}{1.5L}\right)^2 \dfrac{3}{4}L + \dfrac{4}{9}a_1^2\left(\dfrac{\pi}{L}\right)^2 \dfrac{L}{2}\right\}$

4. 평형상태에 대한 최소 퍼텐셜 에너지 원리 적용

$\dfrac{\delta \Pi}{\delta a_1} = 0$

$$\frac{\delta \Pi}{\delta a_1} = \frac{EI}{2}\left\{\frac{1}{2}a_1\left(\frac{\pi}{1.5L}\right)^4 \frac{3}{4}L + \frac{4}{18}a_1\left(\frac{\pi}{L}\right)^4 \frac{L}{2}\right\}$$

$$- \frac{P}{2}\left\{\frac{1}{2}a_1\left(\frac{\pi}{1.5L}\right)^2 \frac{3}{4}L + \frac{4}{18}a_1\left(\frac{\pi}{L}\right)^2 \frac{L}{2}\right\}$$

$$= a_1\left(EI\frac{9.02}{L^3} - 1.37\frac{P}{L}\right) = 0$$

임의의 일반화 변위 a_1에 대해 성립할 조건은

$$\left(EI\frac{9.02}{L^3} - 1.37\frac{P}{L}\right) = 0 \rightarrow P_{cr} = \frac{6.584EI}{L^2}$$

정해와 비교할 때 약 11.8% 과대 평가됨

▶▶▶ 건축구조기술사 96-3-3

다음 변단면 기둥의 좌굴하중을 계산하시오. (단, 변위함수는 $y = a\sin\frac{\pi x}{L}$ 로 가정하시오.)

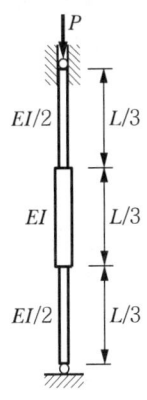

1. 개요

Rayleigh-Ritz 정리는 미분 방정식의 해가 길거나 복잡한 경우에 유용함

2. 근사 변위 가정

$y = a\sin\dfrac{\pi x}{L}$ 로 가정

여기서, a는 미지의 일반화 변위

3. 대칭 특성을 이용한 변형에너지 산정

$$U = 2\left\{\frac{EI}{2\times 2}\int_0^{L/3}(y'')^2 dx + \frac{EI}{2}\int_{L/3}^{L/2}(y'')^2 dx\right\} = 2\left(\frac{EI}{4}\frac{0.098a^2\pi^4}{L^3} + \frac{EI}{2}\frac{0.152a^2\pi^4}{L^3}\right)$$

$$= \frac{0.201a^2\pi^4}{L^3}EI$$

여기서,

$$\int_0^{L/3}(y'')^2 dx = a^2\frac{\pi^4}{L^4}\int_0^{L/3}\sin^2\frac{\pi x}{L}dx = a^2\frac{\pi^4}{L^4}\times 0.098L = \frac{0.098a^2\pi^4}{L^3}$$

$$\int_{L/3}^{L/2}(y'')^2 dx = a^2\frac{\pi^4}{L^4}\int_{L/3}^{L/2}\sin^2\frac{\pi x}{L}dx = a^2\frac{\pi^4}{L^4}\times 0.152L = \frac{0.152a^2\pi^4}{L^3}$$

4. 외력에 대한 퍼텐셜 에너지

$$V = -\frac{P}{2}\int_0^L (y')^2 dx = -\frac{P}{2}\frac{a^2\pi^2}{2L} = -\frac{Pa^2\pi^2}{4L}$$

여기서,

$$\int_0^L (y')^2 dx = a^2\frac{\pi^2}{L^2}\int_0^L \cos^2\frac{\pi x}{L}dx = a^2\frac{\pi^2}{L^2}\times\frac{L}{2} = \frac{a^2\pi^2}{2L}$$

5. 전체 퍼텐셜 에너지

$$\Pi = U + V = \frac{0.201a^2\pi^4}{L^3}EI - \frac{Pa^2\pi^2}{4L}$$

6. 근사평형 상태에서의 최소 퍼텐셜 에너지 원리를 적용하여 좌굴하중 산정

1) 최소 퍼텐셜 원리 ; $\dfrac{\delta \Pi}{\delta a} = 0$

2) 좌굴하중 산정

$$\frac{\delta \Pi}{\delta a} = \frac{39.1585a(EI - 0.126PL^2)}{L^3} = 0$$

임의의 일반화 변위에 대하여 항상 성립할 Nontrivial Solution

$$EI - 0.126PL^2 = 0 \rightarrow P_{cr} = \frac{7.936EI}{L^2}$$

▶▶▶ 건축구조기술사 92-4-2

다음 강체 기둥의 좌굴하중을 평형조건식이나 에너지 방법으로 구하시오.(단, 기둥 A의 하부와 기둥 C의 하부 및 중앙부는 힌지와 회전스프링으로 연결되어 있다.)

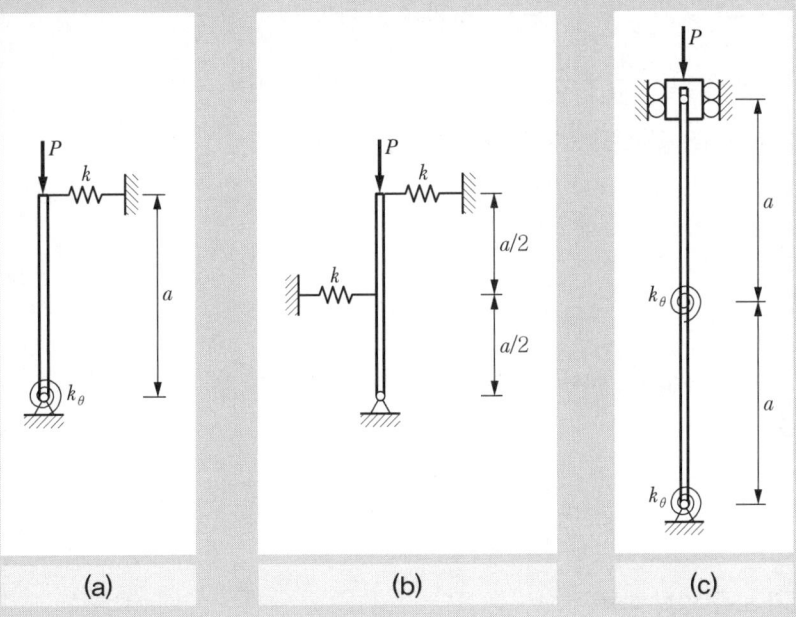

풀이 에너지 방법 이용

1. 구조물 (a)

1) 외부 일

$$W_e = P\Delta = Pa(1-\cos\theta) = Pa\frac{\theta^2}{2}$$

2) 내부 에너지

$$W_i = \frac{1}{2}k_\theta \theta^2 + \frac{1}{2}k(a\theta)^2$$

3) 에너지 보존 법칙 적용

$$W_e = W_i$$

$$Pa\frac{\theta^2}{2} = \frac{1}{2}k_\theta\theta^2 + \frac{1}{2}k(a\theta)^2$$

$$\therefore P_{cr} = \frac{k_\theta}{a} + ka$$

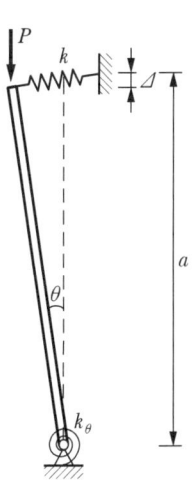

※ 매클로린(Maclaurin) 급수 전개식에서

$$\cos\theta = \cos(0) + \cos'(0)\theta + \frac{\cos''(0)\theta^2}{2!} + \frac{\cos'''(0)\theta^3}{3!} + \cdots$$

$$= \cos(0) - \sin(0)\theta - \frac{\cos(0)\theta^2}{2!} + \frac{\sin(0)\theta^2}{3!} + \cdots$$

$$\therefore \cos\theta = 1 - \frac{\theta^2}{2!} + \frac{\theta^4}{4!} + \cdots \cong 1 - \frac{\theta^2}{2} \to 1 - \cos\theta \cong \frac{\theta^2}{2}$$

※ 수평 외력은 없으므로 수평력에 대한 외부 일은 없음

2. 구조물 (b)

1) 외부 일

$$W_e = P\Delta = Pa(1 - \cos\theta) = Pa\frac{\theta^2}{2}$$

2) 내부 에너지

$$W_i = \frac{1}{2}k(a\theta)^2 + \frac{1}{2}k\left(\frac{a\theta}{2}\right)^2 = \frac{5}{8}k(a\theta)^2$$

3) 에너지 보존 법칙 적용

$$W_e = W_i$$

$$Pa\frac{\theta^2}{2} = \frac{5}{8}k(a\theta)^2$$

$$\therefore P_{cr} = \frac{5}{4}ka$$

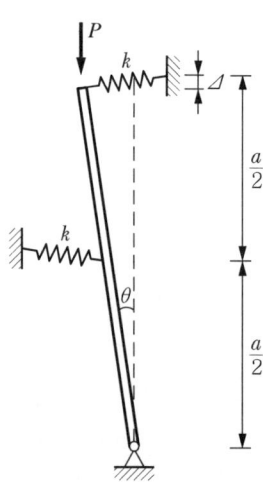

3. 구조물 (c)

1) 외부 일

$$W_e = P\Delta = P\{a(1-\cos\theta) + a(1-\cos\theta)\}$$
$$= 2Pa(1-\cos\theta) = Pa\theta^2$$

2) 내부 에너지

$$W_i = \frac{1}{2}k_\theta(\theta)^2 + \frac{1}{2}k_\theta(\theta+\theta)^2 = \frac{5}{2}k_\theta\theta^2$$

3) 에너지 보존 법칙 적용

$$W_e = W_i$$
$$Pa\theta^2 = \frac{5}{2}k_\theta\theta^2$$
$$\therefore P_{cr} = \frac{5k_\theta}{2a}$$

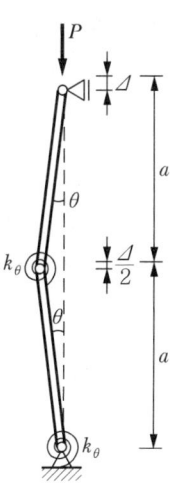

▶▶▶▶ 건축구조기술사   85-4-3

그림과 같은 단부 조건의 기둥에 회전강성 k_r인 절점으로 연결되어 있는 경우 좌굴하중을 산정하시오. (단, 기둥의 휨강성은 무한대로 가정하라.)

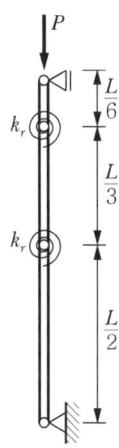

1. 퍼텐셜 에너지 산정

   1) 외부 일

   $$W_e = P\Delta = P\left\{\frac{L}{2}(1-\cos\theta_1) + \frac{L}{3}(1-\cos\theta_2) + \frac{L}{6}(1-\cos\theta_3)\right\}$$
   $$\cong P\left(\frac{L}{2} \times \frac{\theta_1^2}{2} + \frac{L}{3} \times \frac{\theta_2^2}{2} + \frac{L}{6} \times \frac{\theta_3^2}{2}\right)$$

   (∵ 매클로린(Maclaurin) 급수 전개식을 이용하면 $1-\cos\theta \cong \dfrac{\theta^2}{2}$)

   2) 내부 에너지

   $$W_i = \frac{1}{2}k_r\left\{(\theta_1+\theta_2)^2 + (\theta_3-\theta_2)^2\right\} = \frac{1}{2}k_r\left(\theta_1^2 + 2\theta_2^2 + 2\theta_1\theta_2 + \theta_3^2 - 2\theta_2\theta_3\right)$$

   3) 전체 퍼텐셜 에너지 = 내부 에너지 - 외부 일

   $$\Pi = W_i - W_e = \frac{1}{2}k_r\left(\theta_1^2 + 2\theta_2^2 + 2\theta_1\theta_2 + \theta_3^2 - 2\theta_2\theta_3\right) - P\left(\frac{L\theta_1^2}{4} + \frac{L\theta_2^2}{6} + \frac{L\theta_3^2}{12}\right)$$

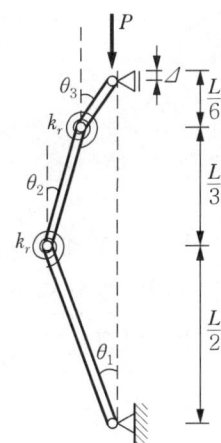

2. 평형조건(최소 퍼텐셜 에너지 원리 적용)

1) 일반식 : $\dfrac{\delta \Pi}{\delta \theta_i} = 0$

2) $\dfrac{\delta \Pi}{\delta \theta_1} = \dfrac{1}{2} k_r (2\theta_1 + 2\theta_2) - P\dfrac{L}{2}\theta_1 = \left(k_r - \dfrac{PL}{2}\right)\theta_1 + k_r \theta_2 = 0$

3) $\dfrac{\delta \Pi}{\delta \theta_2} = \dfrac{1}{2} k_r (4\theta_2 + 2\theta_1 - 2\theta_3) - P\dfrac{L}{3}\theta_2 = k_r \theta_1 + \left(2k_r - \dfrac{PL}{3}\right)\theta_2 - k_r \theta_3 = 0$

4) $\dfrac{\delta \Pi}{\delta \theta_3} = \dfrac{1}{2} k_r (2\theta_3 - 2\theta_2) - P\dfrac{L}{6}\theta_3 = -k_r \theta_2 + \left(k_r - \dfrac{PL}{6}\right)\theta_3 = 0$

3. P_{cr} 산정

1) 매트릭스 정리

$$\begin{Bmatrix} k_r - \dfrac{PL}{2} & k_r & 0 \\ k_r & 2k_r - \dfrac{PL}{3} & -k_r \\ 0 & -k_r & k_r - \dfrac{PL}{6} \end{Bmatrix} \begin{Bmatrix} \theta_1 \\ \theta_2 \\ \theta_3 \end{Bmatrix} = \begin{Bmatrix} 0 \\ 0 \\ 0 \end{Bmatrix} \rightarrow [A]\{\theta\} = \{0\}$$

2) 임의의 θ_1, θ_2, θ_3에 대하여 성립할 조건

$Det[A] = 0$

$\rightarrow P = \dfrac{10.61 k_r}{L}$ or $P = \dfrac{3.39 k_r}{L}$ or $P = 0$ $\therefore P_{cr} = \dfrac{3.39 k_r}{L}$

13 영향선(Influence line)

1. 개요

① **영향선** : 단위 이동 하중($P=1$)을 보 위에 이동시켜 그 작용 위치의 변화에 지점 반력과 전단력 및 휨 모멘트의 양이 어떻게 변화하는지 표시하는 선을 말한다.
② 작도는 일반적으로 (+)는 기선의 아래쪽에, (−)는 기선의 위쪽에 그린다.

2. 바리뇽(Varignon)의 정리

1) 임의의 한 점에 나란한 여러 힘이 작용할 때 모멘트의 합은 그 점에 대한 합력(R)의 모멘트와 같다. 즉, 분력의 모멘트 합은 합력의 모멘트와 같다.

2) 바리뇽(Varignon)의 정리를 적용한 합력의 위치 산정

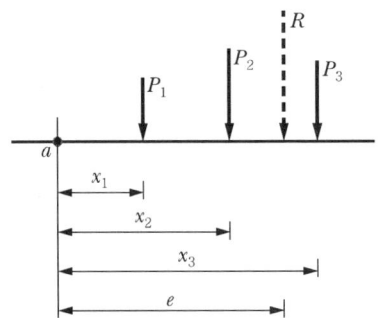

① 점 a에 대한 다수의 힘 P_1, P_2, P_3의 모멘트의 합 = $P_1 \times x_1 + P_2 \times x_2 + P_3 \times x_3$
② 합력 $R(=P_1+P_2+P_3)$에 의한 모멘트 = $R \times e$
③ 합력의 위치(e) 산정
바리뇽 정리를 적용하면
$$\therefore e = \frac{P_1 \times x_1 + P_2 \times x_2 + P_3 \times x_3}{R}$$

3. 단순보의 절대 최대 전단력과 절대 최대 모멘트

1) 절대 최대 전단력($_{abs}V_{\max}$)

① 지점의 최대 반력과 같다.
② 연행하중이 단순보 위를 지날 때 각 하중이 지점에 올 때마다 그 지점의 반력이 극대로 되는데, 가장 큰 것은 최대 반력이고 최대 전단력이 된다.

2) 절대 최대 모멘트($_{abs}M_{\max}$)

① 연행하중이 단순보 위를 지날 때의 절대 최대 모멘트는 보에 실리는 전체하중인 합력(R)의 작용점과 그와 가장 가까운 하중과의 사이가 보 스팬의 중앙($L/2$)에 의해 2등분될 때 가장 가까운 하중의 밑에서 발생한다.
② 합력과 가장 가까운 하중이 아주 작은 경우에는 합력 R 부근의 다른 큰 하중의 바로 밑에서 발생한다.

3) 절대 최대 휨 모멘트의 발생 위치 산정

① 임의의 위치 하중 상태에 대한 자유 물체도

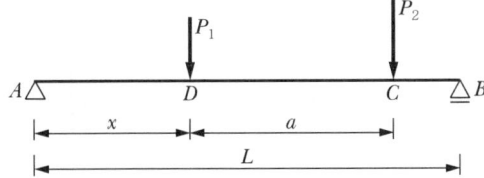

② 최대 휨 모멘트의 발생 위치 산정

㉠ 반력

$$\sum M_A = 0 \; ; \; P_1 x + P_2(x+a) - R_B L = 0$$

$$R_B = \frac{P_1 x + P_2(x+a)}{L}$$

㉡ 최대 모멘트(최대 휨 모멘트가 C점에 발생한다고 가정)

$$M_{\max} = R_B(L-x-a) = \frac{P_1 x + P_2(x+a)}{L}(L-x-a)$$

$$= \frac{(P_1+P_2)x + P_2 a}{L}(-x+L-a)$$

ⓒ 최대 모멘트 발생 시 x

$$\frac{dM_{\max}}{dx} = \frac{d}{dx}\left\{\frac{(P_1+P_2)x+P_2a}{L}(-x+L-a)\right\}$$

$$= \frac{(P_1+P_2)}{L}(-x+L-a)+\frac{(P_1+P_2)x+P_2a}{L}(-1)$$

$$= -2\frac{(P_1+P_2)}{L}x+(P_1+P_2)-\frac{(P_1+2P_2)}{L}a$$

$$\frac{dM_{\max}}{dx}=0인\ x=\frac{L}{2}-\frac{(P_1+2P_2)}{2(P_1+P_2)}a=\frac{L}{2}-\frac{a}{2}-\frac{P_2}{2(P_1+P_2)}a$$

③ 절대 최대 모멘트 발생 위치에 대한 검토

㉠ 합력점의 위치

$$e = \frac{P_1 \times x_1 + P_2 \times x_2}{R} = \frac{P_1 \times 0 + P_2 \times a}{P_1 + P_2} = \frac{P_2 a}{P_1 + P_2}$$

㉡ 절대 최대 모멘트 발생 위치에 대한 정의를 통한 발생 위치

ⓐ 절대 최대 모멘트는 보에 실리는 전체하중인 합력(R)의 작용점과 그와 가장 가까운 하중과의 사이가 보 스팬의 중앙($L/2$)에 의해 2등분될 때 가장 가까운 하중점 C 밑에서 발생하므로 이를 도식화하면

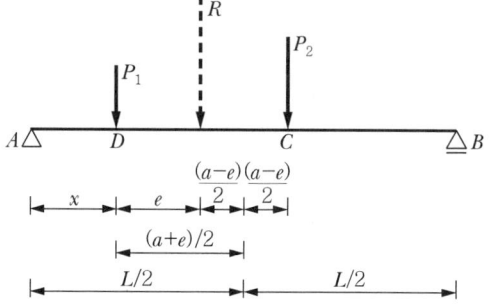

ⓑ A지점과 첫 번째 연행하중 사이 거리

$$x = \frac{L}{2} - \frac{a+e}{2} = \frac{L}{2} - \frac{a}{2} - \frac{e}{2} = \frac{L}{2} - \frac{a}{2} - \frac{P_2}{2(P_1+P_2)}a$$

ⓒ 절대 최대 모멘트 발생 시 x(A지점과 첫 번째 연행하중 사이 거리)
임의의 위치 하중 상태에서 절대 최대 모멘트 발생 시 x값과 절대 최대 모멘트 발생 위치에 대한 정의를 통해 산정한 x값은 일치함을 알 수 있음

4. 부정정 구조물의 영향선

① 부정정 구조물 힘의 영향선은 Müller-Breslau 원리로 산정할 수 있다.
부정정 구조물에서 반력 또는 단면력의 영향선은 특정 위치에서 구하고자 하는 힘에 대응하는 구속을 제거하고 힘의 방향으로 단위변위를 주었을 경우 변형과 동일

② 단위 변위를 주었을 경우 구조물의 타성곡선을 구하는 것은 어렵기 때문에 단위하중에 대한 변위를 단위 변위로 변환시키는 방법으로 영향선을 구함

③ 영향선에 대한 종거를 구하는 방법
  ㉠ 영향선 식을 구하는 방법
    ⓐ 하중이 절점에만 작용하고 하중과 휨에 의한 처짐곡선 사이의 관계식
    $EI\dfrac{d^4y}{dx^4} + w(x) = 0$ 관계 이용
    ⓑ 미분 방정식의 해는 $y = C_1 + C_2x + C_3x^2 + C_4x^3$로 가정하여 4개의 경계조건(양단 절점의 수직변위와 회전변위)에 대한 적합조건 산정
  ㉡ 특정한 위치에서 영향선 값(종거)을 구하는 방법
    ⓐ 원하는 위치에 절점을 추가하고, 해당 절점의 변위를 이용하여 종거를 산정
    ⓑ 모델링 방법은 Müller-Breslau 원리에 근거를 둠

토목구조기술사 70-4-3

Müller-Breslau의 원리에 대하여 설명하시오.

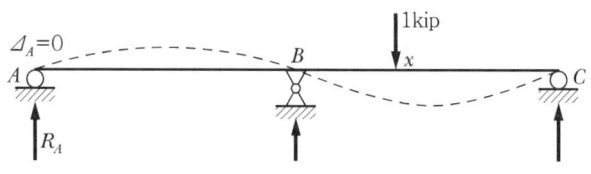

1. 개요

1) Müller-Breslau의 원리를 이용한 정적 부정정 시스템의 영향선을 찾는 것은 사실 Betti's Law와 Energe Method의 직접적인 응용임

2) 특정 하중응답 Q에 대한 영향함수 $a(x)$는 실제 구조물에서 응답 Q의 저항력을 제거하고, 가상의 장치로 치환한 후 이를 이용하여 +Q 방향으로 단위 변위를 작용시켰을 때 특정 변위 함수와 같다.

3) Müller-Breslau 원리에 의한 부정정 구조물 힘의 영향선 산정

    부정정 구조물에서 반력 또는 단면력의 영향선은 특정 위치에서 구하고자 하는 힘에 대응하는 구속을 제거하고 힘의 방향으로 단위변위를 주었을 경우 변형과 동일

4) Betti's Law와 같이 선형 탄성 구조물에만 적용됨

2. 증명

1) Betti's 이론 이용

    서로 다른 두 하중과 이에 대응하는 변위를 갖는 보에서 하중계(i)와 변위(j)에 연관된 외적 가상일은 하중계(j)와 변위(i)의 외적 가상일과 같음

    $W_{ij} = W_{ji}$

2) 반력 R_A의 영향선(외부 하중 P의 위치에 따른 반력 R_A)

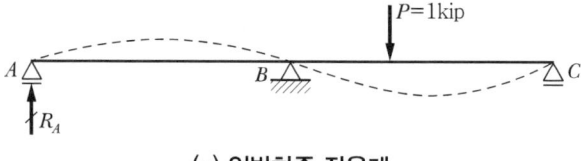

(a) 일반하중 작용계

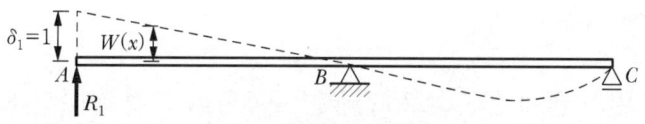

(b) A점 구속 해제 적용계

① 그림 (b)의 처짐을 따라 외력 P에 의해 한 일

$W_{ij} = R_A \cdot \delta_1 + P[-w(x)]$

② (그림 (a)의 처짐을 따라 R_1에 의해 한 일

$W_{ij} = R_1 \cdot \delta_x$

③ Betti's 이론에 따라 $W_{ij} = W_{ji} \rightarrow R_A \cdot \delta_1 + P[-w(x)] = R_1 \cdot \delta_x$

④ $\delta_1 = 1$, $P = 1$일 경우 $\delta_x = 0$이므로

$R_A - w(x) = R_1 \cdot 0 = 0 \rightarrow R_A = w(x)$

따라서, R_A의 영향선은 A점 구속을 제거한 후 R_1을 가하여 얻은 처짐곡선과 일치한다는 Müller-Breslau의 원리가 증명됨

건축구조기술사 104-1-7

맥스웰의 정리를 알기 쉽게 설명하고, 간단한 구조물을 그려서 나타내시오.(단, 정리를 증명할 필요는 없음)

1. **맥스웰의 상반 정리 설명**

    탄성체의 다른 두 점 i, j에 단위 하중 $P_i = 1$, $P_j = 1$(휨 모멘트, 전단력 등 부재력)이 따로따로 작용하는 경우를 생각할 때 단위하중 $P_i = 1$에 의한 j점의 P_j방향의 변위를 δ_{ji}, $P_j = 1$에 의한 i점의 P_i방향의 변위를 δ_{ij}라 할 때, $\delta_{ij} = \delta_{ji}$가 성립한다. 이것을 맥스웰의 상반 정리라 한다.

2. **맥스웰의 상반 정리 적용 구조물 예 1**

    1) 상반 정리 적용($\delta_{ij} = \delta_{ji}$)

    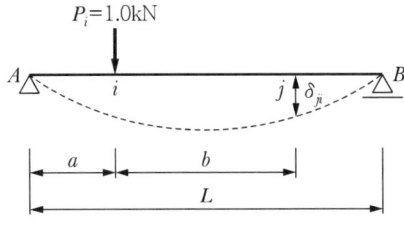 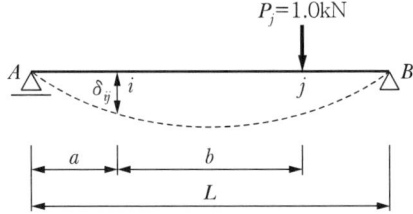

    (a) $P_i = 1$작용하는 경우 j점 변위 δ_{ji} (b) $P_j = 1$작용하는 경우 i점 변위 δ_{ij}

    2) 참고 : 증명

    ① $P_i = 1$작용하는 경우 j점 변위 δ_{ji} 산정

    ㉠ $P_i = 1$ 작용 시 자유 물체도 및 반력 산정

    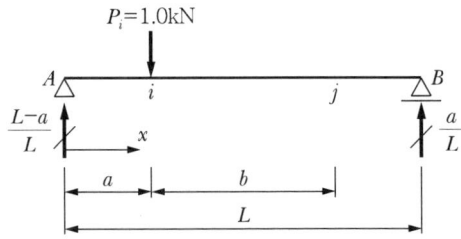

    $$\sum M_A = 0 \; ; \; 1.0 \times a - R_B \times L = 0 \rightarrow R_B = \frac{a}{L}$$

    $$\sum V = 0 \; ; \; R_A + R_B = 1.0 \rightarrow R_A = \frac{L-a}{L}$$

ⓒ 구간별 휨 부재력 산정

$$M_{0x} = \frac{L-a}{L}x \ (0 \leq x \leq a)$$

$$M_{0x} = \frac{L-a}{L}x - 1 \times (x-a) = -\frac{a}{L}x + a \ (a \leq x \leq a+b)$$

$$M_{0x} = -\frac{a}{L}x + a \ (a+b \leq x \leq L)$$

ⓒ j점에 가상하중 $\overline{P}=1$을 작용 시 자유 물체도 및 반력 산정

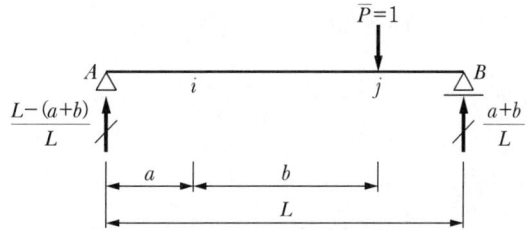

$$\sum M_A = 0 \ ; \ 1.0 \times (a+b) - R_B \times L = 0 \rightarrow R_B = \frac{a+b}{L}$$

$$\sum V = 0 \ ; \ R_A + R_B = 1.0 \rightarrow R_A = \frac{L-(a+b)}{L}$$

ⓔ 구간별 휨 부재력 산정

$$M_{1x} = \frac{L-(a+b)}{L}x \ (0 \leq x \leq a)$$

$$M_{1x} = \frac{L-(a+b)}{L}x \ (a \leq x \leq a+b)$$

$$M_{1x} = \frac{L-(a+b)}{L}x - 1 \times \{x-(a+b)\}$$

$$= -\frac{(a+b)}{L}x + (a+b)(a+b \leq x \leq L)$$

ⓜ 변위 δ_{ji} 산정

$$\delta_{ji} = \int_0^L \frac{M_{0x}M_{1x}}{EI}dx$$

$$= \frac{1}{EI}\int_0^a \left(\frac{L-a}{L}x\right)\left\{\frac{L-(a+b)}{L}x\right\}dx + \frac{1}{EI}\int_a^{a+b}\left(-\frac{a}{L}x+a\right)$$

$$\left\{\frac{L-(a+b)}{L}x\right\}dx + \frac{1}{EI}\int_{a+b}^L\left(-\frac{a}{L}x+a\right)\left\{-\frac{(a+b)}{L}x+(a+b)\right\}dx$$

$$= \frac{1}{EI}\frac{a^3(L-a)\{L-(a+b)\}}{3L^2}$$

$$+ \frac{1}{EI} \frac{a\{L-(a+b)\}\{-6a^2+6a(L-b)+b(3L-2b)\}b}{6L^2}$$

$$+ \frac{1}{EI} \frac{a(a+b)\{L-(a+b)\}^3}{3L^2}$$

$$= \frac{1}{EI} \frac{a\{L-(a+b)\}\{-2a^2+2a(L-b)+b(2L-b)\}}{6L}$$

② $P_j = 1$ 작용하는 경우 i점 변위 δ_{ij} 산정

㉠ δ_{ji} 산정한 방법과 동일하게 강상일의 원리를 적용하여 산정하면

$$\delta_{ij} = \frac{1}{EI} \frac{a\{L-(a+b)\}\{-2a^2+2a(L-b)+b(2L-b)\}}{6L}$$

③ 상반 정리 확인

$\delta_{ij} = \delta_{ji}$가 성립하므로 멕스웰 상반 정리가 적용됨

3. 맥스웰의 상반 정리 적용 구조물 예 2

1) 상반 정리 적용($\delta_{ij} = \theta_{ji}$)

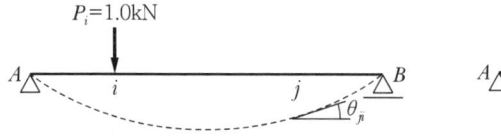
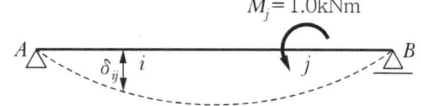

(a) $P_i = 1$작용하는 경우 j점 변위 θ_{ji} (b) $M_j = 1$작용하는 경우 i점 변위 δ_{ij}

2) 참고 : 증명(상세한 계산은 생략)

① $P_i = 1$이 작용하는 경우

외력에 의한 가상일 = 내력에 의한 가상일

$$\rightarrow P_i \theta_{ji} = \int \frac{M_{0i} M_{1j}}{EI} dx$$

여기서, M_{0i}는 P_i에 의해 발생하는 휨 부재력, M_{1j}은 j점에 단위 모멘트 $\overline{M}=1$(작용 방향은 θ_{ji}변형 방향과 동일)에 의한 휨 부재력

$P_i = 1$ 이므로 $\theta_{ji} = \int \frac{M_{0i} M_{1j}}{EI} dx$

② $M_j = 1$이 작용하는 경우

외력에 의한 가상일=내력에 의한 가상일

$$\rightarrow M_j \delta_{ij} = \int \frac{M_{0j} M_{1i}}{EI} dx$$

여기서, M_{0j}는 M_j에 의해 발생하는 휨 부재력, M_{1i}은 i점에 단위 하중 $\overline{P}= 1$(작용 방향은 δ_{ij}변형 방향과 동일)에 의한 휨 부재력

$M_j = 1$ 이므로 $\delta_{ij} = \int \frac{M_{0j} M_{1i}}{EI} dx$

③ 상반 정리 확인

$\theta_{ji} = \delta_{ij}$(단위는 다르지만 값은 동일함)가 성립하므로 멕스웰 상반 정리가 적용됨

4. 맥스웰의 상반 정리 적용 구조물 예 3

1) 상반 정리 적용($\delta_{ij} = \delta_{ji}$)

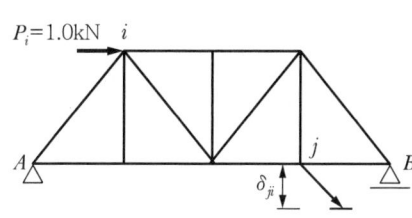 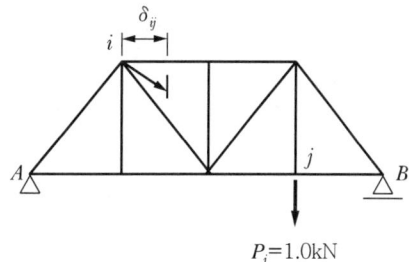

(a) $P_i = 1$작용하는 경우 j점 수직변위 δ_{ji} (b) $P_j = 1$작용하는 경우 i점 횡변위 δ_{ij}

2) 참고 : 증명(상세한 계산은 생략)

① $P_i = 1$이 작용하는 경우

외력에 의한 가상일=내력에 의한 가상일

$$\rightarrow P_i \delta_{ji} = \sum \frac{N_{0i} N_{1j}}{EA} L_x$$

여기서, N_{0i}는 P_i에 의해 발생하는 구조물 구성 부재의 축 부재력, N_{1j}은 j점에 단위 하중 $\overline{N}= 1$(작용 방향은 δ_{ji}변형 방향과 동일)에 의한 구조물 구성 부재의 축 부재력

$$P_i = 1 \text{ 이므로 } \delta_{ji} = \sum \frac{N_{0i}N_{1j}}{EA}L_x$$

② $P_j = 1$이 작용하는 경우

외력에 의한 가상일=내력에 의한 가상일

$$\to P_j \delta_{ij} = \sum \frac{N_{0j}N_{1i}}{EA}L_x$$

여기서, N_{0j}는 P_j에 의해 발생하는 구조물 구성 부재의 축 부재력, N_{1i}은 i점에 단위 하중 $\overline{N}= 1$(작용 방향은 δ_{ij}변형 방향과 동일)에 의한 구조물 구성 부재의 축 부재력

5. 맥스웰의 상반 정리의 이용

부정정 구조물의 해석 시 그 자체가 가지고 있는 평행 방정식(M, V, H)만으로는 미지의 힘이 언제나 1개 이상이므로 상반 정리를 이용하여 기하학적 조건식을 부정정 구조물의 평행 방정식에 추가함으로서 에너지의 개념으로 구조물을 해석해 낼 수 있다.

$$P_j = 1 \text{ 이므로 } \delta_{ij} = \sum \frac{N_{0j}N_{1i}}{EA}L_x$$

③ 상반 정리 확인

$\delta_{ij} = \delta_{ji}$가 성립하므로 멕스웰 상반 정리가 적용됨.

▶▶▶ 반력의 영향선 　예제

다음 구조물에서 R_A 영향선의 C점, D점 종거를 산정하라.

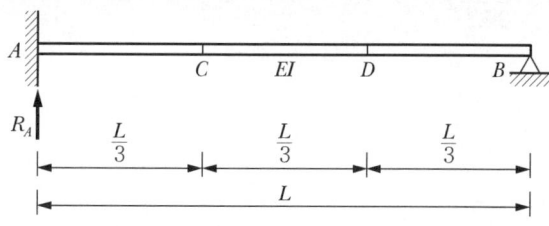

풀이 1 영향선 식을 이용

1. A점 단위 수직변위에 대한 변형도

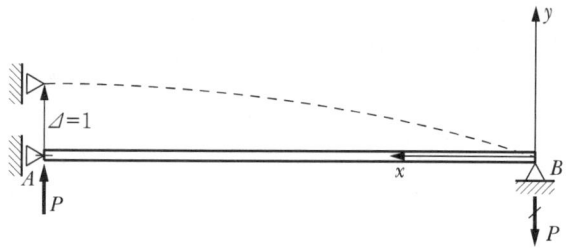

2. B→A 임의 점 x에서의 모멘트

$M_x = -Px$

3. 곡률과 모멘트 관계식으로부터 변위 산정

1) $y'' = -\dfrac{M_x}{EI} = \dfrac{Px}{EI}$

2) $y' = \dfrac{Px^2}{2EI} + C_1$

3) $y = \dfrac{Px^3}{6EI} + C_1 x + C_2$

4) 경계조건

① $y(0) = 0$; $C_2 = 0$

② $y'(L) = 0$; $C_1 = -\dfrac{P}{2EI}L^2$

$$\therefore y = \dfrac{Px^3}{6EI} - \dfrac{PL^2}{2EI}x$$

③ $y(L) = 1$; $P = -3\dfrac{EI}{L^3}$

$$\therefore y = -\dfrac{x^3}{2L^3} + \dfrac{3x}{2L}$$

4. C점, D점 종거 산정

1) C점의 종거

$x = \dfrac{2}{3}L$일 때 $y(\dfrac{2}{3}L) = 0.851$

2) D점의 종거

$x = \dfrac{1}{3}L$일 때 $y(\dfrac{1}{3}L) = 0.481$

풀이 2 매트릭스 변위법 이용

1. 자유도 가정, 자유 물체도

1) 구조계

2) 요소계

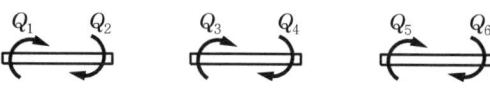

2. 평형 방정식

1) $P_1 = -Q_1\dfrac{3}{L} - Q_2\dfrac{3}{L}$

2) $P_2 = Q_2 + Q_3$

3) $P_3 = Q_1 \dfrac{3}{L} + Q_2 \dfrac{3}{L} - Q_3 \dfrac{3}{L} - Q_4 \dfrac{3}{L}$

4) $P_4 = Q_4 + Q_5$

5) $P_5 = Q_3 \dfrac{3}{L} + Q_4 \dfrac{3}{L} - Q_5 \dfrac{3}{L} - Q_6 \dfrac{3}{L}$

6) $P_6 = Q_6$

3. 평형 매트릭스

1) $\{P\} = \{A\}\{Q\}$

2) $\{A\} = \begin{Bmatrix} -3/L & -3/L & 0 & 0 & 0 & 0 \\ 0 & 1 & 1 & 0 & 0 & 0 \\ 3/L & 3/L & -3/L & -3/L & 0 & 0 \\ 0 & 0 & 0 & 1 & 1 & 0 \\ 0 & 0 & 3/L & 3/L & -3/L & -3/L \\ 0 & 0 & 0 & 0 & 0 & 1 \end{Bmatrix}$

4. 요소 강성 매트릭스

1) $\{Q\} = \{S\}\{e\}$

2) $\{S\} = EI \begin{Bmatrix} 4\times 3/L & 2\times 3/L & 0 & 0 & 0 & 0 \\ 2\times 3/L & 4\times 3/L & 0 & 0 & 0 & 0 \\ 0 & 0 & 4\times 3/L & 2\times 3/L & 0 & 0 \\ 0 & 0 & 2\times 3/L & 4\times 3/L & 0 & 0 \\ 0 & 0 & 0 & 0 & 4\times 3/L & 2\times 3/L \\ 0 & 0 & 0 & 0 & 2\times 3/L & 4\times 3/L \end{Bmatrix}$

5. 구조물 강성 매트릭스

1) $\{K\} = \{A\}[S]\{A\}^T$

2) $\{K\} = EI \begin{Bmatrix} \dfrac{324}{L^3} & \dfrac{-54}{L^2} & -\dfrac{324}{L^3} & 0 & 0 & 0 \\ \dfrac{-54}{L^2} & \dfrac{24}{L} & 0 & \dfrac{6}{L} & \dfrac{54}{L^2} & 0 \\ -\dfrac{324}{L^3} & 0 & \dfrac{648}{L^3} & -\dfrac{54}{L^2} & -\dfrac{324}{L^3} & 0 \\ 0 & \dfrac{6}{L} & -\dfrac{54}{L^2} & \dfrac{24}{L} & 0 & \dfrac{6}{L} \\ 0 & \dfrac{54}{L^2} & -\dfrac{324}{L^3} & 0 & \dfrac{648}{L^3} & -\dfrac{54}{L^2} \\ 0 & 0 & 0 & \dfrac{6}{L} & -\dfrac{54}{L^2} & \dfrac{12}{L} \end{Bmatrix}$

6. 하중 매트릭스

$\{P\} = \{1\,;\,0\,;\,0\,;\,0\,;\,0\,;\,0\}$

7. 격점 변위 매트릭스

1) $\{d\} = \{K\}^{-1}\{P\}$

2) $\{d\} = \dfrac{1}{EI}\left\{\dfrac{L^3}{3}\,;\,\dfrac{5L^2}{18}\,;\,\dfrac{23L^3}{81}\,;\,\dfrac{4L^2}{9}\,;\,\dfrac{13L^3}{81}\,;\,\dfrac{L^2}{2}\right\}$

8. $d_1 = 1$인 격점 변위 매트릭스 $\{\overline{d}\}$

$\{\overline{d}\} = \left\{1\,;\,\dfrac{0.833}{L}\,;\,0.851\,;\,\dfrac{1.333}{L}\,;\,0.481\,;\,\dfrac{1.5}{L}\right\}$

9. C점, D점 종거 산정

1) C점의 종거 : $\overline{d_3} = 0.851$

2) D점의 종거 : $\overline{d_5} = 0.481$

10. 영향선 산정(A → B)

1) 영향선 가정

휨 변형에 대한 부재의 지배 미분 방정식이 $EI\dfrac{d^4y}{dx^4} + w(x) = 0$이므로
$y = a_0 + a_1 x + a_2 x^2 + a_3 x^3$로 가정

2) 경계조건

　① $y(0) = 1$; $a_0 = 1$

　② $y(L) = 0$; $a_0 + a_1 L + a_2 L^2 + a_3 L^3 = 0$

　③ $y\left(\dfrac{L}{3}\right) = 0.851$

　　$y\left(\dfrac{L}{3}\right) = a_0 + a_1 \dfrac{L}{3} + a_2 \dfrac{L^2}{9} + a_3 \dfrac{L^3}{27} = 0.851$

　④ $y\left(\dfrac{2L}{3}\right) = 0.481$

　　$y\left(\dfrac{2L}{3}\right) = a_0 + a_1 \dfrac{2L}{3} + a_2 \dfrac{4L^2}{9} + a_3 \dfrac{8L^3}{27} = 0.481$

3) 매트릭스로 표현하여 일반화 변수 산정

$$\begin{Bmatrix} x & 0 & 0 & 0 \\ 1 & L & L^2 & L^3 \\ 1 & \dfrac{L}{3} & \dfrac{L^2}{9} & \dfrac{L^3}{27} \\ 1 & \dfrac{2L}{3} & \dfrac{4L^2}{9} & \dfrac{8L^3}{27} \end{Bmatrix} \begin{pmatrix} a_0 \\ a_1 \\ a_2 \\ a_3 \end{pmatrix} = \begin{pmatrix} 1 \\ 0 \\ 0.851 \\ 0.481 \end{pmatrix}$$

→ $a_0 = 1$, $a_1 = -\dfrac{0.0055}{L}$, $a_2 = -\dfrac{1.4895}{L^2}$, $a_3 = \dfrac{0.495}{L^3}$

4) 영향선

$$y = 1 - \dfrac{0.0055}{L}x - \dfrac{1.4895}{L^2}x^2 - \dfrac{0.495}{L^3}x^3$$

11. 영향선 산정(B → A)

1) 영향선 가정

　$y = a_0 + a_1 x + a_2 x^2 + a_3 x^3$ 로 가정

2) 경계조건

　① $y(0) = 0$; $a_0 = 0$

② $y(L) = 0$; $a_0 + a_1 L + a_2 L^2 + a_3 L^3 = 1$

③ $y\left(\dfrac{L}{3}\right) = 0.851$

$$y\left(\dfrac{L}{3}\right) = a_0 + a_1 \dfrac{L}{3} + a_2 \dfrac{L^2}{9} + a_3 \dfrac{L^3}{27} = 0.481$$

④ $y\left(\dfrac{2L}{3}\right) = 0.481$

$$y\left(\dfrac{2L}{3}\right) = a_0 + a_1 \dfrac{2L}{3} + a_2 \dfrac{4L^2}{9} + a_3 \dfrac{8L^3}{27} = 0.851$$

3) 매트릭스로 표현하여 일반화 변수 산정

$$\begin{Bmatrix} 1 & 0 & 0 & 0 \\ 1 & L & L^2 & L^3 \\ 1 & \dfrac{L}{3} & \dfrac{L^2}{9} & \dfrac{L^3}{27} \\ 1 & \dfrac{2L}{3} & \dfrac{4L^2}{9} & \dfrac{8L^3}{27} \end{Bmatrix} \begin{pmatrix} a_0 \\ a_1 \\ a_2 \\ a_3 \end{pmatrix} = \begin{pmatrix} 0 \\ 1 \\ 0.481 \\ 0.851 \end{pmatrix}$$

$\rightarrow a_0 = 0$, $a_1 = \dfrac{1.4995}{L}$, $a_2 = -\dfrac{0.0045}{L^2}$, $a_3 = -\dfrac{0.495}{L^3}$

4) 영향선

$$y = \dfrac{1.4995}{L}x - \dfrac{0.0045}{L^2}x^2 - \dfrac{0.495}{L^3}x^3 \rightarrow y = -\dfrac{x^3}{2L^3} + \dfrac{3x}{2L}$$

▶▶▶▶ 내부 힘 모멘트에 대한 영향선 예제

다음 구조물에서 M_B 영향선을 산정하라.

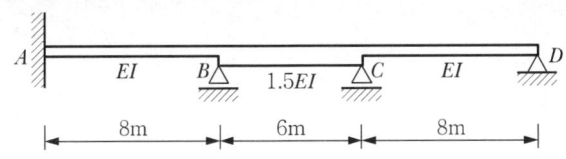

1. **부정정 차수**

   $n = $ 부재수 $+$ 강절점수 $+$ 반력수 $- 2 \times$ 절점수
   $= 3 + 2 + 6 - 2 \times 4 = 3$: 3차 부정정

2. **B점 내부 힌지 적용**

   1) 단위 회전각 적용(회전각 절대값 합이 1)

   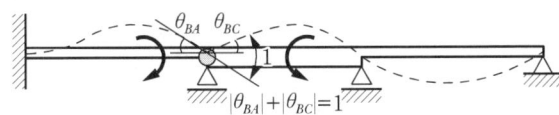

   2) 변위법 적용

   변위(영향선)를 산정하기 위해 하중을 작용하는 방법

3. **자유 물체도**

   1) 구조계

   2) 요소계

   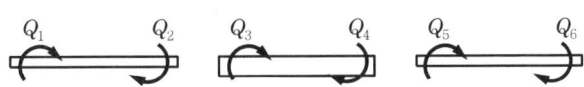

4. **평형 방정식**

   1) $P_1 = Q_2$

   2) $P_2 = Q_3$

   3) $P_3 = Q_4 + Q_5$

4) $P_4 = Q_6$

5. 평형 매트릭스

   1) $\{P\} = \{A\}\{Q\}$

   2) $\{A\} = \begin{Bmatrix} 0 & 1 & 0 & 0 & 0 & 0 \\ 0 & 0 & 1 & 0 & 0 & 0 \\ 0 & 0 & 0 & 1 & 1 & 0 \\ 0 & 0 & 0 & 0 & 0 & 1 \end{Bmatrix}$

6. 요소 강성 매트릭스

   1) $\{Q\} = \{S\}\{e\}$

   2) $\{S\} = EI \begin{Bmatrix} 4/8 & 2/8 & 0 & 0 & 0 & 0 \\ 2/8 & 4/8 & 0 & 0 & 0 & 0 \\ 0 & 0 & (1.5\times4)/6 & (1.5\times2)/6 & 0 & 0 \\ 0 & 0 & (1.5\times2)/6 & (1.5\times4)/6 & 0 & 0 \\ 0 & 0 & 0 & 0 & 4/8 & 2/8 \\ 0 & 0 & 0 & 0 & 2/8 & 4/8 \end{Bmatrix}$

7. 구조물 강성 매트릭스

   1) $\{K\} = \{A\}[S]\{A\}^T$

   2) $\{K\} = EI \begin{Bmatrix} 1/2 & 0 & 0 & 0 \\ 0 & 1 & 1/2 & 0 \\ 0 & 1/2 & 3/2 & 1/4 \\ 0 & 0 & 1/4 & 1/2 \end{Bmatrix}$

8. 하중 매트릭스

   $\{P\} = \{1\,;-1\,;0\,;0\}$

9. 격점 변위 매트릭스

   1) $\{d\} = \{K\}^{-1}\{P\}$

   2) $\{d\} = \{d_1\,;d_2\,;d_3\,;d_4\} = \dfrac{1}{EI}\left\{2\,;-\dfrac{11}{9}\,;\dfrac{4}{9}\,;-\dfrac{2}{9}\right\}$

10. $|d_1|+|d_2|=1$인 격점 변위 매트릭스 $\{\overline{d}\}$: 영향선의 경계조건

$$\{\overline{d}\} = \{d\}/(|d_1|+|d_2|) = \left\{\frac{18}{29}\ ;\ -\frac{11}{29}\ ;\ \frac{4}{29}\ ;\ -\frac{2}{29}\right\}$$

11. 영향선 산정

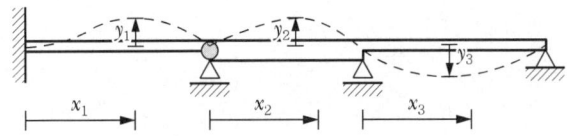

1) 영향선 y_1 산정

① 휨 변형에 대한 부재의 지배 미분 방정식이 $EI\dfrac{d^4y}{dx^4} + w(x) = 0$; $w(x) = 0$이므로

$$y_1(x_1) = a_0 + a_1 x_1 + a_2 x_1^2 + a_3 x_1^3 \quad (0 \leq x_1 \leq 8)\text{로 가정}$$

$$y_1{}'(x_1) = a_1 + 2a_2 x_1 + 3a_3 x_1^2$$

② 경계조건

$y_1(0) = 0$; $a_0 = 0$

$y_1{}'(0) = 0$; $a_1 = 0$

$y_1(8) = 0$; $y_1(8) = 64a_2 + 512a_3 = 0$

$y_1{}'(8) = \dfrac{18}{29}$; $y_1{}'(8) = 16a_2 + 192a_3 = \dfrac{18}{29}$

③ a_2, a_3 산정

$$\begin{Bmatrix}64 & 512 \\ 16 & 192\end{Bmatrix}\begin{Bmatrix}a_2 \\ a_3\end{Bmatrix} = \begin{Bmatrix}0 \\ \dfrac{18}{29}\end{Bmatrix} \rightarrow a_2 = -\dfrac{9}{116},\ a_3 = \dfrac{9}{928}$$

④ $y_1(x_1) = -\dfrac{9}{116}x_1^2 + \dfrac{9}{928}x_1^3$

$y_1{}'(x_1) = -\dfrac{9}{58}x_1 + \dfrac{27}{928}x_1^2$

⑤ $y_1{}'(x_1) = 0$; $x_1 = 5.3333\,\text{m}$

$y_1(5.3333) = -0.7356$

2) 영향선 y_2 산정

① $y_2(x_2) = b_0 + b_1 x_2 + b_2 x_2{}^2 + b_3 x_2{}^3 \ (0 \leq x_2 \leq 6)$로 가정

$y_2{}'(x_2) = b_1 + 2b_2 x_2 + 3b_3 x_2{}^2$

② 경계조건

$y_2(0) = 0$; $b_0 = 0$

$y_2{}'(0) = -\dfrac{11}{29}$; $b_1 = -\dfrac{11}{29}$

$y_2(6) = 0$; $y_2(6) = 6b_1 + 36b_2 + 216b_3 = 0 \to 36b_2 + 216b_3 = \dfrac{66}{29}$

$y_2{}'(6) = \dfrac{4}{29}$; $y_2{}'(6) = b_1 + 12b_2 + 108b_3 = \dfrac{4}{29} \to 12b_2 + 108b_3 = \dfrac{15}{29}$

③ b_2, b_3 산정

$\begin{Bmatrix} 36 & 216 \\ 12 & 108 \end{Bmatrix} \begin{Bmatrix} b_2 \\ b_3 \end{Bmatrix} = \begin{Bmatrix} 66/29 \\ 15/29 \end{Bmatrix} \to b_2 = \dfrac{3}{29},\ b_3 = -\dfrac{7}{1,044}$

④ $y_2(x_2) = -\dfrac{11}{29}x_2 + \dfrac{3}{29}x_2{}^2 - \dfrac{7}{1,044}x_2{}^3$

$y_2{}'(x_2) = -\dfrac{11}{29} + \dfrac{6}{29}x_2 - \dfrac{7}{348}x_2{}^2$

⑤ $y_2{}'(x_2) = 0$; $x_2 = 2.3875\text{m}$

$y_2(2.3875) = -0.4072$

3) 영향선 y_3 산정

① $y_3(x_3) = c_0 + c_1 x_3 + c_2 x_3{}^2 + c_3 x_3{}^3 \ (0 \leq x_3 \leq 8)$로 가정

$y_3{}'(x_3) = c_1 + 2c_2 x_3 + 3c_3 x_3{}^2$

② 경계조건

$y_3(0) = 0$; $c_0 = 0$

$y_3{}'(0) = \dfrac{4}{29}$; $c_1 = \dfrac{4}{29}$

$y_3(8) = 0$; $y_3(8) = 8c_1 + 64c_2 + 512c_3 = 0 \to 64c_2 + 512c_3 = -\dfrac{32}{29}$

$y_3{}'(8) = -\dfrac{2}{29}$; $y_3{}'(8) = c_1 + 16c_2 + 192c_3 = -\dfrac{2}{29} \to 16c_2 + 192c_3 = -\dfrac{6}{29}$

③ c_2, c_3 산정

$$\begin{Bmatrix} 64 & 512 \\ 16 & 192 \end{Bmatrix} \begin{Bmatrix} c_2 \\ c_3 \end{Bmatrix} = \begin{Bmatrix} -32/29 \\ -6/29 \end{Bmatrix} \to c_2 = -\frac{3}{116}, \ c_3 = \frac{1}{928}$$

④ $y_3(x_3) = \dfrac{4}{29}x_3 - \dfrac{3}{116}x_3{}^2 + \dfrac{1}{928}x_3{}^3$

$y_3{}'(x_3) = \dfrac{4}{29} - \dfrac{3}{58}x_3 + \dfrac{3}{928}x_3{}^2$

⑤ $y_3{}'(x_3) = 0$; $x_3 = 3.3812\text{m}$

$y_3(3.3812) = 0.2123$

12. 영향선도

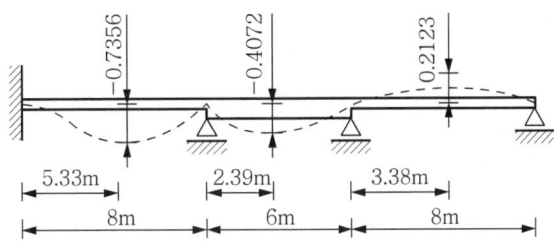

▶▶▶ 건축구조기술사 65-4-2

그림과 같이 집중하중 5tf, 등분포하중 2tf/m의 이동하중이 스팬 12m의 단순보를 지날 때, 절대 최대 휨 모멘트의 위치와 크기를 구하시오.

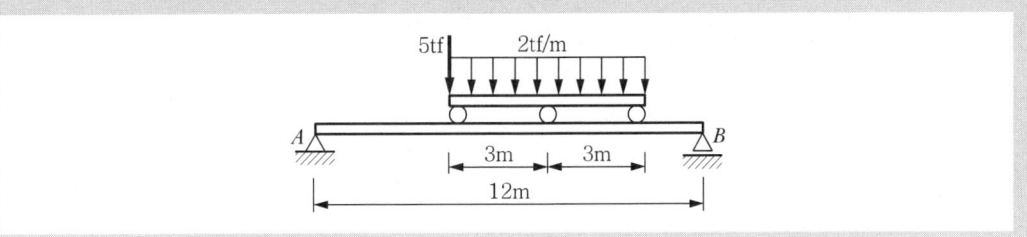

1. 단순보 2경간 연속 등분포 하중을 받는 상부 이동 구조물에 대한 해석

   1) 구조물의 분리

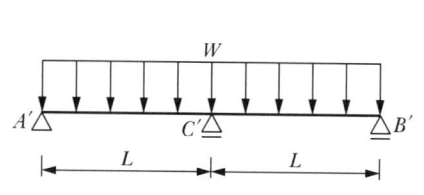
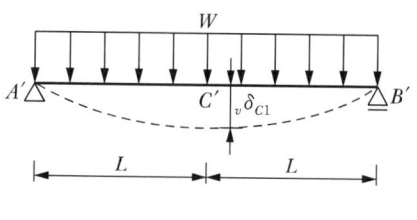
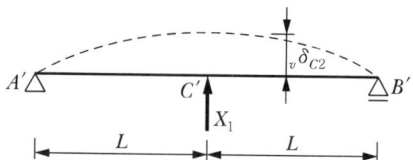

2) 구조물의 변위 산정

$$_v\delta_{C1} = \frac{5w(2L)^4}{384EI}, \quad _v\delta_{C2} = \frac{X_1(2L)^3}{48EI}$$

3) 변형 일치 조건

$$_v\delta_{C1} = {_v\delta_{C2}}$$

$$\frac{5w(2L)^4}{384EI} = \frac{X_1(2L)^3}{48EI}$$

$$\therefore X_1 = \frac{10wL}{8}$$

4) 지점 반력

$$V_{A'} = V_{B'} = \frac{(2wL - X_1)}{2} = \frac{\left(2wL - \frac{10wL}{8}\right)}{2} = \frac{3wL}{8}$$

2. 이동하중의 지점 반력

$$V_{A'} = 5 + \frac{3}{8}wL = 5 + \frac{3}{8} \times 2 \times 3 = 7.25\text{tf}$$

$$V_{B'} = \frac{3}{8}wL = \frac{3}{8} \times 2 \times 3 = 2.25\text{tf}$$

$$V_{C'} = \frac{10}{8}wL = \frac{10}{8} \times 2 \times 3 = 7.5\text{tf}$$

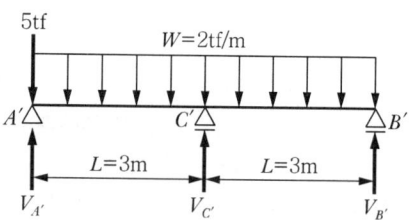

3. 합력의 위치

1) 합력 $R = 7.25 + 7.5 + 2.25 = 17\text{tf}$

2) 바리뇽 정리를 적용하면

$$e = \frac{P_1 \times x_1 + P_2 \times x_2 + P_3 \times x_3}{R} = \frac{7.25 \times 0 + 7.5 \times 3 + 2.25 \times 6}{17} \fallingdotseq 2.12\mathrm{m}$$

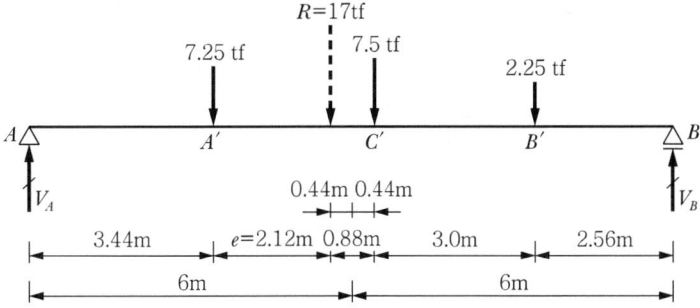

4. 절대 최대 모멘트

1) 연행하중이 단순보 위를 지날 때의 절대 최대 모멘트는 보에 실리는 전체 하중인 합력(R)의 작용점과 그와 가장 가까운 하중의 사이가 보 스팬의 중앙($L/2$)에 의해 2등분될 때 가장 가까운 하중의 밑에서 발생하며 이를 도식화하면,

2) V_B 산정

$$\sum M_A = 0 \; ; \; -V_B \times 12.0 + 17.0 \times 5.56 = 0$$

$$\therefore V_B = \frac{17.0 \times 5.56}{12.0} = 7.88\,tf$$

3) 절대 최대 모멘트 산정

① 합력과 가장 가까운 하중이 아주 작은 경우에는 합력 R 부근의 다른 큰 하중의 바로 밑에서 발생

② $_{abs}M_{\max} = M_{C'} = -(-7.88 \times 5.56 + 2.25 \times 3.0) = 37.06\mathrm{tfm}$

▶▶▶ 토목구조기술사   90-2-1

다음과 같은 구조물에서 A점과 B점의 수직반력에 대한 영향선을 구하시오. (단, EI는 일정하고, $0 < K < \infty$임)

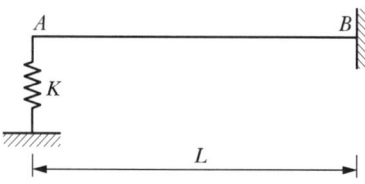

풀이 1 변형일치 + 공액보법

1. 부정정 차수

n = 부재수 + 강절점수 + 반력수 − 2 × 절점수
  = $1 + 0 + 4 - 2 \times 2 = 1$
n_e = 반력수 − $(3 + c) = 4 - 3 = 1$
외적 1차 부정정 구조

2. 구조물의 분리 (임의의 위치 x에 단위 집중하중이 적용)

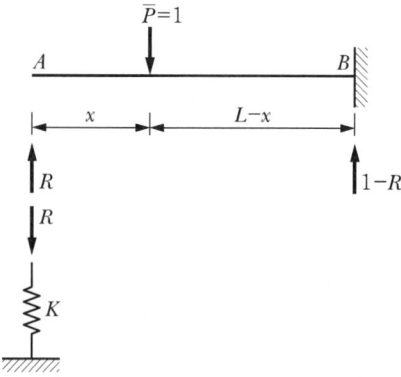

3. 캔틸레버 보 구조물의 처짐 산정

1) 작용 외력의 분리

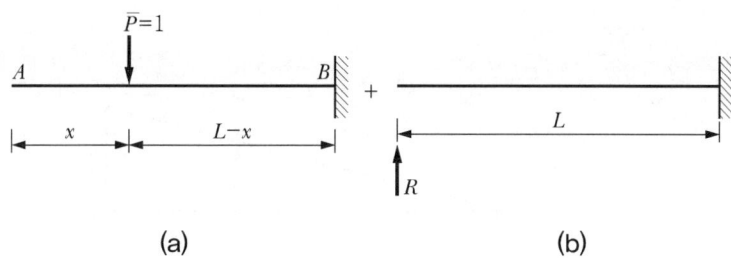

(a)　　　　　　　　　　(b)

2) 구조물 (a)

① 휨 모멘트도

$M_B = -(L-x)$

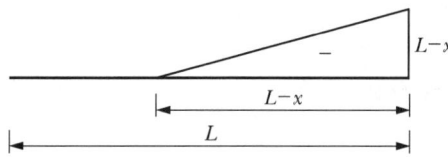

② 공액보

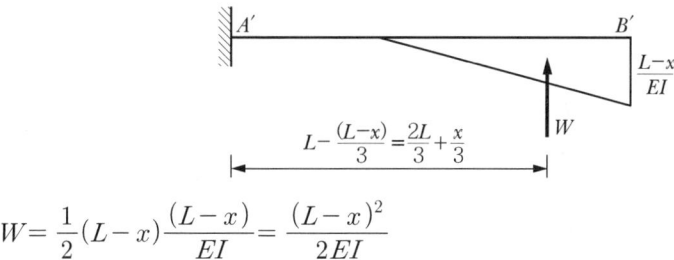

$W = \dfrac{1}{2}(L-x)\dfrac{(L-x)}{EI} = \dfrac{(L-x)^2}{2EI}$

③ 처짐 δ_{A1}

$\delta_{A1} = M_{A'} = W \times \left(\dfrac{2L}{3} + \dfrac{x}{3}\right) = \dfrac{(L-x)^2}{6EI}(2L+x)$

3) 구조물 (b)

① 휨 모멘트도

$M_x = x \quad (0 \leq x \leq L)$

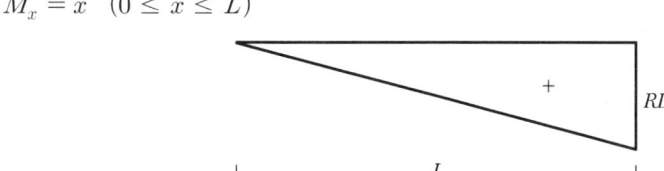

② 공액보

$$W = \frac{1}{2}L\frac{RL}{EI} = \frac{RL^2}{2EI}$$

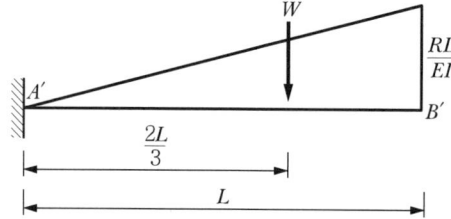

③ 처짐 δ_{A2}

$$\delta_{A2} = M_{A'} = W \times \left(\frac{2L}{3}\right) = \frac{RL^3}{3EI}$$

4. 스프링 구조물의 처짐 산정

$$\delta_s = \frac{R}{k}$$

5. 변형의 적합 조건

$$\delta_s = \delta_{A1} - \delta_{A2}$$

$$\frac{R}{k} = \frac{(L-x)^2(2L-x)}{6EI} - \frac{RL^3}{3EI}$$

$$R = \frac{k(L-x)^2(2L+x)}{2(3EI+kL^3)} = \frac{x^3 - 3L^2x + 2L^3}{2\left(\dfrac{3EI}{k} + L^3\right)}$$

6. 반력의 영향선

1) A점 수직 반력에 대한 영향선

$$y_A = R = \frac{x^3 - 3L^2x + 2L^3}{2\left(\dfrac{3EI}{k} + L^3\right)}$$

2) B점 수직 반력에 대한 영향선

$$y_B = 1 - R = \frac{-x^3 + 3L^2x + \dfrac{6EI}{k}}{2\left(\dfrac{3EI}{k} + L^3\right)}$$

풀이 2 최소일법

1. 부정정 차수

$n = $ 부재수 $+$ 강절점수 $+$ 반력수 $- 2 \times$ 절점수
$\quad = 1 + 0 + 4 - 2 \times 2 = 1$
$n_e = $ 반력수 $- (3 + c) = 4 - 3 = 1$
외적 1차 부정정 구조

2. 구조물의 분리(임의의 위치 a에 단위 집중하중이 적용, A점 반력을 부정정력 X_1으로 가정)

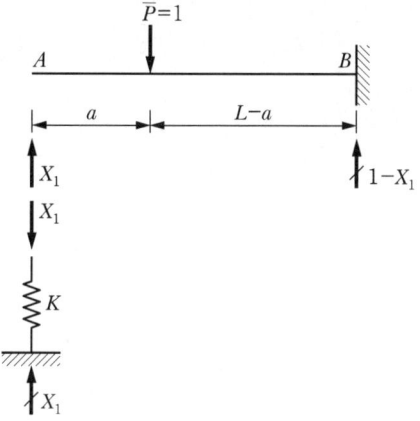

3. 캔틸레버 구조물의 휨 부재력

1) $0 \leq x \leq a$ 구간에 대해서

$M_x = X_1 x$

2) $a \leq x \leq L$ 구간에 대해서

$M_x = X_1 x - \overline{P}(x - a) = X_1 x - x + a$

4. 스프링 구조물의 축 부재력

$N_x = X_1$

5. 구조물의 내부 에너지

$$U = \frac{1}{2EI}\int_o^a M_x{}^2 dx + \frac{1}{2EI}\int_a^L M_x{}^2 dx + \frac{1}{2}X_1\frac{X_1}{K}$$

$$= \frac{1}{2EI}\int_o^a (X_1 x)^2 dx + \frac{1}{2EI}\int_a^L (X_1 x - x + a)^2 dx + \frac{1}{2}\frac{X_1^2}{K}$$

6. 최소일의 원리 적용

선형 탄성인 부정정 구조물에 외력이 작용할 때 부정정력의 조합은 변형에너지가 최소일 때 평형상태를 가지므로

$$\frac{dU}{dX_1} = \frac{X_1 a^3}{3EI} + \frac{1}{6EI}(L-x)\{2(L^2+aL+a^2)X_1 + a^2 + aL - 2L^2\} + \frac{X_1}{K} = 0$$

$$\to X_1 = \frac{a^3 - 3L^2 a + 2L^3}{2\left(\dfrac{3EI}{k} + L^3\right)}$$

7. 반력의 영향선

1) A점 수직 반력에 대한 영향선

$$y_A = X_1 = \frac{a^3 - 3L^2 a + 2L^3}{2\left(\dfrac{3EI}{k} + L^3\right)}$$

2) B점 수직 반력에 대한 영향선

$$y_B = 1 - X_1 = \frac{-a^3 + 3L^2 a + \dfrac{6EI}{k}}{2\left(\dfrac{3EI}{k} + L^3\right)}$$

▶▶▶▶ 토목구조기술사　93-2-5

다음 그림과 같은 2경간 연속교에서 중간교각(BD 부재)의 축방향 강성($0 \leq K \leq \infty$)이 K일 때 다음 3가지 경우에 지점 (B)의 수직반력(R_B)에 대한 영향선을 작성하시오.(단, 상부거더의 EI는 일정하고, D점의 수평반력과 모멘트 반력은 무시한다.)

1 $K = \infty$일 때
2 $K = 0$일 때
3 임의의 값 K일 때

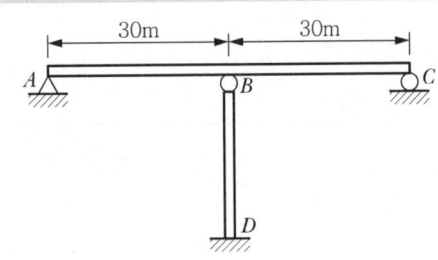

1. 구조물의 분리(단위 집중하중에 적용)

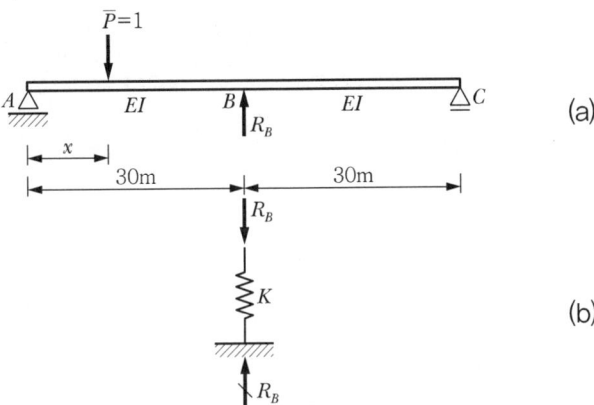

2. 구조물 (a)에서 B점의 처짐 산정

1) 단위 집중하중에 대한 B점 처짐

① 반력 산정

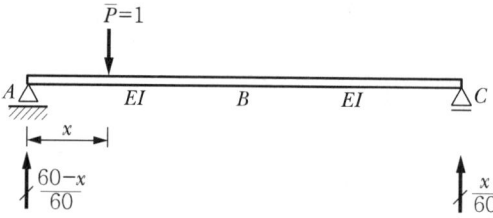

② 휨 모멘트도

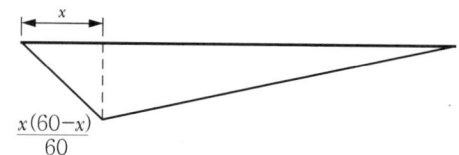

③ 공액보

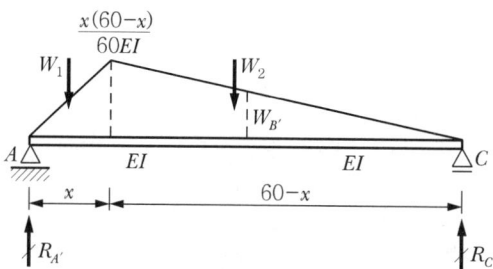

$$W_1 = \frac{1}{2}x\frac{x(60-x)}{60EI} = \frac{x^2(60-x)}{120EI}$$

$$W_2 = \frac{1}{2}(60-x)\frac{x(60-x)}{60EI} = \frac{x(60-x)^2}{120EI}$$

④ 반력 $R_{C'}$ 산정

$$\sum M_{A'} = 0$$

$$W_1 \cdot \frac{2}{3}x + W_2\left\{x + \frac{1}{3}(60-x)\right\} - R_{C'} \times 60 = 0$$

$$R_{C'} = \frac{1}{60}\left(\frac{x^2(60-x)}{120EI} \cdot \frac{2}{3}x + \frac{x(60-x)^2}{120EI}\left\{x + \frac{1}{3}(60-x)\right\}\right) = \frac{-x(x^2-60^2)}{360EI}$$

⑤ B점 처짐 δ_{B1} 산정

㉠ B'점에서의 하중 크기 W_B'

$$W_B' : 30 = \frac{x(60-x)}{60EI} : (60-x)$$

$$W_B' = \frac{x}{2EI}$$

㉡ $\delta_{B1} = M_B' = R_C' \times 30 - \frac{1}{2} \times W_B' \times 30 \times \frac{1}{3} \times 30$

$$= -\frac{x(x^2 - 60^2)}{360EI} \times 30 - \frac{1}{2} \times \frac{x}{2EI} \times 30 \times \frac{1}{3} \times 30 = \frac{-x(x^2 - 2{,}700)}{12EI} \ (\downarrow)$$

2) R_B에 의한 처짐 δ_{B2}

$$\delta_{B2} = \frac{R_B \cdot 60^3}{48EI} (\uparrow)$$

3. 구조물 (b)에서 B점의 처짐 δ_{B3} 산정

$$\delta_{B3} = \frac{R_B}{k} (\downarrow)$$

4. 변형의 적합 조건, R_B 산정

1) $\delta_{B1} - \delta_{B2} = \delta_{B3}$

$$\frac{-x(x^2 - 2{,}700)}{12EI} - \frac{R_B \cdot 60^3}{48EI} = \frac{R_B}{k}$$

$$R_B = \frac{-kx(x^2 - 2{,}700)}{12(EI + 4{,}500k)}$$

2) $\lim\limits_{k \to 0} R_B = 0$

3) $\lim\limits_{k \to \infty} R_B = \frac{-x(x^2 - 2{,}700)}{54{,}000}$

5. 영향선의 작도

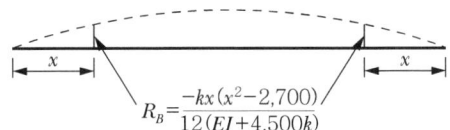

$R_B = \dfrac{-kx(x^2 - 2{,}700)}{12(EI + 4{,}500k)}$

▶▶▶▶ 토목구조기술사 94-3-5

아래 그림과 같이 DL-24 하중이 작용하는 연속보에서, 지점 B의 정(+), 부(-) 최대 휨모멘트를 구하기 위한 영향선, 종거 및 하중 재하위치를 구하시오.

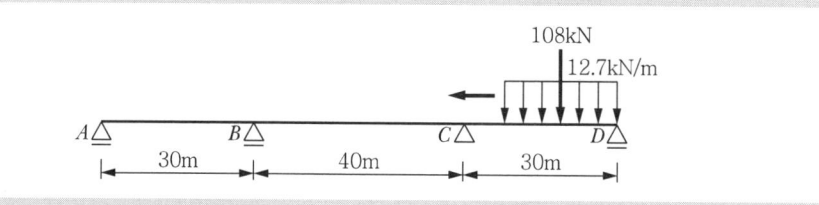

풀이 1 Müller – Breslau 원리 이용

1. 부정정 차수

   $n = $ 부재수 $+$ 강절점수 $+$ 반력수 $- 2 \times$ 절점수
   $= 4 + 3 + 5 - 2 \times 5 = 2$
   ∴ 2차 부정정

2. B점 내부 힌지 적용

   1) 단위 회전각 적용(회전각 절대값 합이 1)

   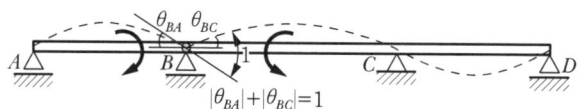

   2) 변위법 적용

   변위(영향선)를 산정하기 위해 하중을 작용하는 방법

3. 자유 물체도

   1) 구조계

   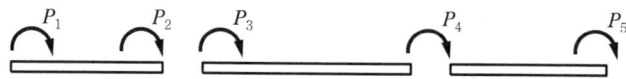

   2) 요소계

   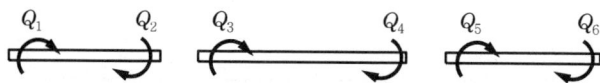

4. 평형 방정식

1) $P_1 = Q_1$

2) $P_2 = Q_2$

3) $P_3 = Q_3$

4) $P_4 = Q_4 + Q_5$

5) $P_5 = Q_6$

5. 평형 매트릭스

1) $\{P\} = \{A\}\{Q\}$

2) $\{A\} = \begin{Bmatrix} 1 & 0 & 0 & 0 & 0 & 0 \\ 0 & 1 & 0 & 0 & 0 & 0 \\ 0 & 0 & 1 & 0 & 0 & 0 \\ 0 & 0 & 0 & 1 & 1 & 0 \\ 0 & 0 & 0 & 0 & 0 & 1 \end{Bmatrix}$

6. 요소 강도 매트릭스

1) $\{Q\} = \{S\}\{e\}$

2) $\{S\} = EI \begin{Bmatrix} 4/30 & 2/30 & 0 & 0 & 0 & 0 \\ 2/30 & 4/30 & 0 & 0 & 0 & 0 \\ 0 & 0 & 4/40 & 2/40 & 0 & 0 \\ 0 & 0 & 2/40 & 4/40 & 0 & 0 \\ 0 & 0 & 0 & 0 & 4/30 & 2/30 \\ 0 & 0 & 0 & 0 & 2/30 & 4/30 \end{Bmatrix}$

7. 구조물 강도 매트릭스

1) $\{K\} = \{A\}[S]\{A\}^T$

2) $\{K\} = EI \begin{Bmatrix} 1/2 & 0 & 0 & 0 \\ 0 & 1 & 1/2 & 0 \\ 0 & 1/2 & 3/2 & 1/4 \\ 0 & 0 & 1/4 & 1/2 \end{Bmatrix}$

8. 하중 매트릭스

$\{P\} = \{0\,;\,1\,;\,-1\,;\,0\,;\,0\,;\}$

9. 격점 변위 매트릭스

1) $\{d\} = \{K\}^{-1}\{P\}$

2) $\{d\} = \{d_1; d_2; d_3; d_4\} = \dfrac{1}{EI}\left\{-5; 10; -\dfrac{80}{7}; \dfrac{20}{7}; -\dfrac{10}{7}\right\}$

10. $|d_2| + |d_3| = 1$인 격점 변위 매트릭스 $\{\overline{d}\}$: 영향선의 경계조건

$\{\overline{d}\} = \{d\}/(|d_2| + |d_3|) = \left\{-\dfrac{7}{30}; \dfrac{7}{15}; -\dfrac{8}{15}; \dfrac{2}{15}; -\dfrac{1}{15}\right\}$

11. 영향선 산정

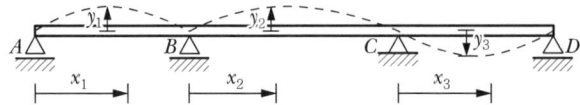

1) 영향선 y_1 산정

① 휨변형에 대한 부재의 지배 미분방정식이 $EI\dfrac{d^4y}{dx^4} + w(x) = 0$; $w(x) = 0$이므로

$y_1(x_1) = a_0 + a_1 x_1 + a_2 x_1^2 + a_3 x_1^3$ $(0 \leq x_1 \leq 30)$로 가정

$y_1{}'(x_1) = a_1 + 2a_2 x_1 + 3a_3 x_1^2$

② 경계조건

$y_1(0) = 0$; $a_0 = 0$

$y_1{}'(0) = -\dfrac{7}{30}$; $a_1 = -\dfrac{7}{30}$

$y_1(30) = 0$; $y_1(30) = -7 + 900a_2 + 27{,}000a_3 = 0$

$y_1{}'(30) = \dfrac{7}{15}$; $y_1{}'(30) = -\dfrac{7}{30} + 60a_2 + 2{,}700a_3 = \dfrac{7}{15}$

③ a_2, a_3 산정

$\begin{Bmatrix} 900 & 27{,}000 \\ 60 & 2{,}700 \end{Bmatrix} \begin{Bmatrix} a_2 \\ a_3 \end{Bmatrix} = \left\{\begin{array}{c} 7 \\ \dfrac{7}{10} \end{array}\right\} \rightarrow a_2 = 0,\ a_3 = \dfrac{7}{27{,}000}$

④ $y_1(x_1) = -\dfrac{7}{30}x_1 + \dfrac{7}{27{,}000}x_1^3$

$y_1{}'(x_1) = -\dfrac{9}{58}x_1 + \dfrac{27}{928}x_1^2$

⑤ $y_1{}'(x_1) = 0$; $x_1 = 17.32\text{m}$

　　$y_1(17.32) = -2.69$

2) 영향선 y_2 산정

① $y_2(x_2) = b_0 + b_1 x_2 + b_2 x_2{}^2 + b_3 x_2{}^3$ $(0 \leq x_2 \leq 40)$로 가정

　　$y_2{}'(x_2) = b_1 + 2b_2 x_2 + 3b_3 x_2{}^2$

② 경계조건

　　$y_2(0) = 0$; $b_0 = 0$

　　$y_2{}'(0) = -\dfrac{8}{15}$; $b_1 = -\dfrac{8}{15}$

　　$y_2(40) = 0$; $y_2(40) = -\dfrac{8}{15} \times 40 + 40^2 b_2 + 40^3 b_3 = 0$

　　→ $1{,}600 b_2 + 64{,}000 b_3 = \dfrac{64}{3}$

　　$y_2{}'(40) = \dfrac{2}{15}$; $y_2{}'(40) = -\dfrac{8}{15} + 2 \times 40 b_2 + 3 \times 40^2 b_3 = \dfrac{2}{15}$

　　→ $80 b_2 + 4{,}800 b_3 = \dfrac{2}{3}$

③ b_2, b_3 산정

$$\begin{Bmatrix} 1{,}600 & 64{,}000 \\ 80 & 4{,}800 \end{Bmatrix} \begin{Bmatrix} b_2 \\ b_3 \end{Bmatrix} = \begin{Bmatrix} 64/3 \\ 2/3 \end{Bmatrix} \rightarrow b_2 = \dfrac{7}{300},\ b_3 = -\dfrac{1}{4{,}000}$$

④ $y_2(x_2) = -\dfrac{8}{15} x_2 + \dfrac{7}{300} x_2{}^2 - \dfrac{1}{4{,}000} x_2{}^3$

　　$y_2{}'(x_2) = -\dfrac{8}{15} + \dfrac{7}{150} x_2 - \dfrac{3}{4{,}000} x_2{}^2$

⑤ $y_2{}'(x_2) = 0$; $x_2 = 15.09\text{m}$

　　$y_2(15.09) = -3.59$

3) 영향선 y_3 산정

① $y_3(x_3) = c_0 + c_1 x_3 + c_2 x_3{}^2 + c_3 x_3{}^3$ $(0 \leq x_3 \leq 30)$로 가정

$y_3{}'(x_3) = c_1 + 2c_2 x_3 + 3c_3 x_3{}^2$

② 경계조건

$y_3(0) = 0$; $c_0 = 0$

$y_3{}'(0) = \dfrac{2}{15}$; $c_1 = \dfrac{2}{15}$

$y_3(30) = 0$; $y_3(30) = \dfrac{2}{15} \times 30 + 30^2 c_2 + 30^3 c_3 = 0 \rightarrow 900 c_2 + 27{,}000 c_3 = -4$

$y_3{}'(30) = -\dfrac{1}{15}$; $y_3{}'(30) = \dfrac{2}{15} + 2 \times 30 c_2 + 3 \times 30^2 c_3 = -\dfrac{1}{15}$

$\rightarrow 60 c_2 + 2{,}700 c_3 = -\dfrac{1}{5}$

③ c_2, c_3 산정

$\begin{Bmatrix} 900 & 27{,}000 \\ 60 & 2{,}700 \end{Bmatrix} \begin{Bmatrix} c_2 \\ c_3 \end{Bmatrix} = \begin{Bmatrix} -4 \\ -1/5 \end{Bmatrix} \rightarrow c_2 = -\dfrac{1}{150},\ c_3 = \dfrac{1}{13{,}500}$

④ $y_3(x_3) = \dfrac{2}{15} x_3 - \dfrac{1}{150} x_3{}^2 + \dfrac{1}{13{,}500} x_3{}^3$

$y_3{}'(x_3) = \dfrac{2}{15} - \dfrac{1}{75} x_3 + \dfrac{1}{4{,}500} x_3{}^2$

⑤ $y_3{}'(x_3) = 0$; $x_3 = 12.68\text{m}$

$y_3(12.68) = 0.77$

12. 영향선도

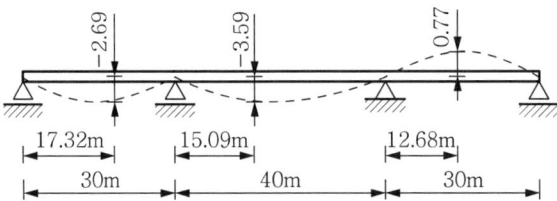

최대 부모멘트 종거 $= -2.69,\ -3.59$, 최대 정모멘트 종거 $= 0.77$

풀이 2 단위 집중하중, 등가 격점하중

1. **자유 물체도**

   1) 구조계

   2) 요소계

2. **평형 방정식**

   1) $P_1 = Q_1$

   2) $P_2 = Q_2 + Q_3$

   3) $P_3 = Q_4 + Q_5$ 4) $P_4 = Q_6$

3. **평형 매트릭스**

   1) $\{P\} = \{A\}\{Q\}$

   2) $\{A\} = \begin{Bmatrix} 1 & 0 & 0 & 0 & 0 & 0 \\ 0 & 1 & 1 & 0 & 0 & 0 \\ 0 & 0 & 0 & 1 & 1 & 0 \\ 0 & 0 & 0 & 0 & 0 & 1 \end{Bmatrix}$

4. **요소 강성 매트릭스**

   1) $\{Q\} = \{S\}\{e\}$

   2) $\{S\} = EI \begin{Bmatrix} 4/30 & 2/30 & 0 & 0 & 0 & 0 \\ 2/30 & 4/30 & 0 & 0 & 0 & 0 \\ 0 & 0 & 4/40 & 2/40 & 0 & 0 \\ 0 & 0 & 2/40 & 4/40 & 0 & 0 \\ 0 & 0 & 0 & 0 & 4/30 & 2/30 \\ 0 & 0 & 0 & 0 & 2/30 & 4/30 \end{Bmatrix}$

5. 구조물 강성 매트릭스

1) $\{K\} = \{A\}[S]\{A\}^T$

2) $\{K\} = EI \begin{Bmatrix} 2/15 & 1/15 & 0 & 0 \\ 1/15 & 7/30 & 1/20 & 0 \\ 0 & 1/20 & 7/30 & 1/15 \\ 0 & 0 & 1/15 & 2/15 \end{Bmatrix}$

6. 구간별 단위 하중에 대한 B절점 모멘트

1) 단위하중이 AB 구간에 있을 경우

① 자유 물체도

② 고정단 모멘트

$$C_{AB} = -\frac{\overline{P}x(L_{AB}-x)^2}{L_{AB}^2} = -\frac{x(30-x)^2}{30^2}, \quad C_{BA} = \frac{x^2(30-x)}{30^2}$$

③ 고정단 매트릭스

$$\{F\} = \left\{ -\frac{x(30-x)^2}{30^2} \; ; \; \frac{x^2(30-x)}{30^2} \; ; \; 0 \; ; \; 0 \; ; \; 0 \; ; \; 0 \right\}$$

④ 하중 매트릭스

$$\{P\} = \{P_1 \; ; \; P_2 \; ; \; P_3 \; ; \; P_4\} = \left\{ \frac{x(30-x)^2}{30^2} \; ; \; -\frac{x^2(30-x)}{30^2} \; ; \; 0 \; ; \; 0 \right\}$$

⑤ 격점 변위 매트릭스

$\{d\} = \{K\}^{-1}\{P\}$

⑥ 부재력 매트릭스

$\{Q\} = \{S\}\{A\}^T\{d\} + \{F\} = \{Q_1 \; ; \; Q_2 \; ; \; Q_3 \; ; \; Q_4 \; ; \; Q_5 \; ; \; Q_6\}$

$$= \left\{0 \ ; \ \frac{-7x(x-30)(x+30)}{27,000} \ ; \ \frac{7x(x-30)(x+30)}{27,000} \ ; \ \frac{x(x-30)(x+30)}{13,500} \ ; \ \frac{-x(x-30)(x+30)}{13,500} \ ; \ 0\right\}$$

⑦ 절점 B의 절점 모멘트

$$M_{BC1} = Q_3 = \frac{7x(x-30)(x+30)}{27,000}$$

⑧ B절점 모멘트의 최대값

$$\frac{\delta M_{BC1}}{\delta x} = \frac{7x^2}{9,000} - \frac{7}{30} = 0 \ ; \ x = 17.32\text{m}$$

$$\therefore \ M_{BC1}|_{x=17.32} = -2.694$$

2) 단위하중이 BC 구간에 있을 경우

① 자유 물체도

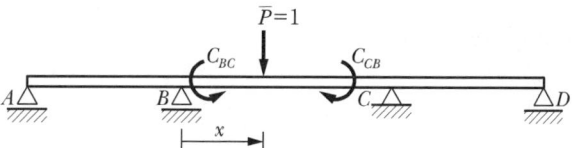

② 고정단 모멘트

$$C_{BC} = -\frac{\overline{P}x(L_{BC}-x)^2}{L_{BC}^2} = -\frac{x(40-x)^2}{40^2}, \ C_{CB} = \frac{x^2(40-x)}{40^2}$$

③ 고정단 매트릭스

$$\{F\} = \left\{0 \ ; \ 0 \ ; \ -\frac{x(40-x)^2}{40^2} \ ; \ \frac{x^2(40-x)}{40^2} \ ; \ 0 \ ; \ 0\right\}$$

④ 하중 매트릭스

$$\{P\} = \{P_1 \ ; \ P_2 \ ; \ P_3 \ ; \ P_4\} = \left\{0 \ ; \ \frac{x(40-x)^2}{40^2} \ ; \ -\frac{x^2(40-x)}{40^2} \ ; \ 0\right\}$$

⑤ 격점 변위 매트릭스

$$\{d\} = \{K\}^{-1}\{P\}$$

⑥ 부재력 매트릭스

$$\{Q\} = \{S\}\{A\}^T\{d\} + \{F\} = \{Q_1 \,;\, Q_2 \,;\, Q_3 \,;\, Q_4 \,;\, Q_5 \,;\, Q_6\}$$

$$= \left\{ 0 \,;\, \frac{x(x-40)(3x-160)}{12{,}000} \,;\, \frac{-x(x-40)(3x-160)}{12{,}000} \right.$$

$$\left. ;\, \frac{-x(x-40)(3x+40)}{12{,}000} \,;\, \frac{x(x-40)(3x+40)}{12{,}000} \,;\, 0 \right\}$$

⑦ 절점 B의 절점 모멘트

$$M_{BC2} = Q_3 = \frac{-x(x-40)(3x-160)}{12{,}000}$$

⑧ B절점 모멘트의 최대값

$$\frac{\delta M_{BC2}}{\delta x} = -\frac{3x^2}{4{,}000} + \frac{7x}{150} - \frac{8}{15} = 0 \,;\, x = 15.09\text{m}$$

$$\therefore M_{BC2}|_{x=15.09} = -3.594$$

3) 단위하중이 CD 구간에 있을 경우

① 자유 물체도

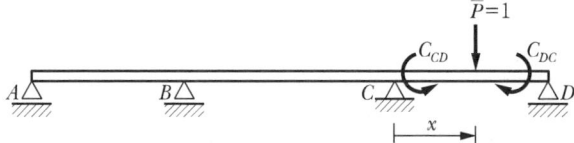

② 고정단 모멘트

$$C_{CD} = -\frac{\overline{P}x(L_{CD}-x)^2}{L_{CD}^2} = -\frac{x(30-x)^2}{30^2}, \quad C_{DC} = \frac{x^2(30-x)}{30^2}$$

③ 고정단 매트릭스

$$\{F\} = \left\{ 0 \,;\, 0 \,;\, 0 \,;\, 0 \,;\, -\frac{x(30-x)^2}{30^2} \,;\, \frac{x^2(30-x)}{30^2} \right\}$$

④ 하중 매트릭스

$$\{P\} = \{P_1 \,;\, P_2 \,;\, P_3 \,;\, P_4\} = \left\{ 0 \,;\, 0 \,;\, \frac{x(30-x)^2}{30^2} \,;\, -\frac{x^2(30-x)}{30^2} \right\}$$

⑤ 격점 변위 매트릭스

$$\{d\}=\{K\}^{-1}\{P\}$$

⑥ 부재력 매트릭스

$$\{Q\}=\{S\}\{A\}^T\{d\}+\{F\}=\{Q_1\,;\,Q_2\,;\,Q_3\,;\,Q_4\,;\,Q_5\,;\,Q_6\}$$
$$=\left\{0\,;\,\frac{-x(x-60)(x-30)}{13,500}\,;\,\frac{x(x-60)(x-30)}{13,500}\right.$$
$$\left.;\,\frac{7x(x-60)(x-30)}{27,000}\,;\,\frac{-7x(x-60)(x-30)}{27,000}\,;\,0\right\}$$

⑦ 절점 B의 절점 모멘트

$$M_{BC3}=Q_3=\frac{x(x-60)(x-30)}{13,500}$$

⑧ B절점 모멘트의 최대값

$$\frac{\delta M_{BC3}}{\delta x}=\frac{x^2}{4,500}-\frac{x}{75}+\frac{2}{15}=0\,;\,x=12.68\text{m}$$
$$\therefore M_{BC3}|_{x=12.68}=0.77$$

7. 영향선도

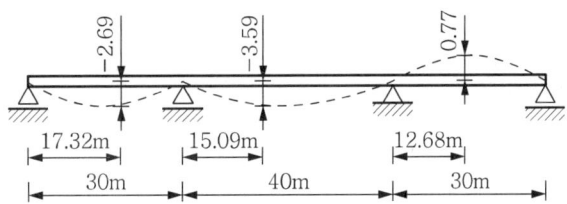

최대 부모멘트 종거 $=-2.69,\ -3.59$, 최대 정모멘트 종거 $=0.77$

8. 참고 : 최대 모멘트

1) 최대 부모멘트

① 하중 재하도

㉠ 등분포 하중은 해당 최대 부재력에 대한 영향선의 면적이 가장 크게 되도록 재하

㉡ 집중하중은 종거가 가장 큰 위치에 재하, 최대 부모멘트 계산 시 지점의 좌우 두 지간에 재하

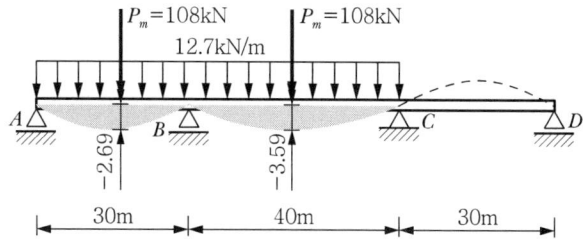

② 최대 부모멘트

$$M_{MAX}^- = \sum P_m \times y_{\max} + w \times \int M_{BCi}dx$$

$$= 108 \times (-2.69 - 3.59)$$

$$+ 12.7\left\{\int_0^{30}\frac{7x(x-30)(x+30)}{27,000}dx + \int_0^{40}\frac{-x(x-40)(3x-160)}{12,000}dx\right\}$$

$$= -678.29 + 12.7 \times (-141.389) = -2,473.93 \text{kN} \cdot \text{m}$$

2) 최대 정모멘트

① 하중 재하도

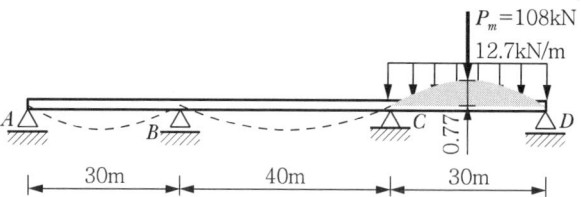

② 최대 정모멘트

$$M_{MAX}^+ = \sum P_m \times y_{\max} + w \times \int M_{BCi}dx$$

$$= 108 \times (0.77) + 12.7\left\{\int_0^{30}\frac{x(x-60)(x-30)}{13,500}dx\right\}$$

$$= 83.16 + 12.7 \times (15.0) = 273.66 \text{kN} \cdot \text{m}$$

PART
04

매트릭스 구조해석

매트릭스 구조해석

01 매트릭스 구조해석 개요

1. 개요

1) 평형 매트릭스("A" Matrix), 적합 매트릭스("B" Matrix), 응력 매트릭스("F" Matrix)

각 요소에서 축방향과 횡방향으로 정의되는 국부(요소) 좌표계와 전체 구조물에서 수직과 수평방향으로 정의되는 전체 구조 좌표계 두 개의 좌표계를 사용하여 전개

① 변위법(평형 매트릭스, 적합 매트릭스)
  절점의 변위(재단 변위와 회전각)를 미지수로 함

② 응력법(응력 매트릭스)
  절점응력(부재의 단면력과 반력)을 미지수로 함

2) 직접강도 매트릭스

전체 좌표계에서 정의된 구조계의 변위로부터 구조계에 대한 적합조건식을 이용하여 전개

2. 평형 매트릭스

1) 원리
구조계의 변위를 가상변위로 한 가상변위의 원리로 전개

2) 기본식

① $\{P\}=\{A\}\{Q\}$ ⇔ 외부 하중 매트릭스=평형 매트릭스×부재력 매트릭스

- 평형 매트릭스는 외부계(Global 좌표계)와 요소계(Local 좌표계)의 관계를 맺어 주는 매개체

② $\{Q\}=\{S\}\{e\}$ ⇔ 부재력 매트릭스=요소(부재) 강도 매트릭스×요소(부재) 변형 매트릭스

③ $\{e\}=\{B\}\{d\}$ ⇔ 요소(부재) 변형 매트릭스=적합 매트릭스×절점 변위 매트릭스

④ $\{A\}=\{B\}^T$ ⇔ 평형 매트릭스=적합 매트릭스의 전치

3) 기본식 이용 → 매트릭스 계산에서 실용화

① $\{P\}=\{A\}\{Q\}$

② $\{P\}=\{A\}\{S\}\{e\}$

③ $\{P\}=\{A\}\{S\}\{B\}\{d\}$

④ $\{P\}=\{A\}\{S\}\{A\}^T\{d\}=\{K\}\{d\}$

　　여기서, $\{K\}$: 구조물 강도 매트릭스
- 적합 매트릭스를 이용한 구조물 강도 매트릭스

　$\{K\}=\{B\}^T\{S\}\{B\}$

⑤ 격점 변위 매트릭스 $\{d\}=\{K\}^{-1}\{P\}$

　격점 변위 : 전체 좌표계에서 초기 격점의 자유도 변형

4) 부재(요소) 변형 매트릭스

$\{Q\}=\{S\}\{e\} \rightarrow \{e\}=\{S\}^{-1}\{Q\}$

5) 평형 매트릭스 풀이 순서

① 구조물의 자유도 가정, 자유 물체도 작성
- 자유도는 예상 가능한 변형 방향으로 가정

② 평형 방정식 산정

③ 평형 매트릭스 $\{A\}$ 산정

④ 요소 강도 매트릭스 $\{S\}$ 산정

⑤ 구조물 강도 매트릭스 $\{K\}=\{A\}\{S\}\{A\}^T$ 산정

⑥ 고정단 매트릭스 $\{f\}$ 산정

⑦ 하중 매트릭스 $\{P\}$ 산정

⑧ 격점 변위 매트릭스 $\{d\}=\{K\}^{-1}\{P\}$ 산정

⑨ 부재력 매트릭스 $\{Q\}$ 산정

$\{Q\} = \{S\}\{e\} + \{f\} = \{S\}\{B\}\{d\} + \{f\} = \{S\}\{A^T\}\{d\} + \{f\}$

여기서, $+\{f\}$: 하중 매트릭스에 적용하였던 고정단 모멘트에 음의 부호를 곱한 값을 다시 환원시킴을 의미

6) 초기 변형에 의한 영향을 고려할 경우

① 구조물의 자유도 가정, 자유 물체도 작성
② 평형 방정식 산정
③ 평형 매트릭스 $\{A\}$ 산정
④ 요소 강도 매트릭스 $\{S\}$ 산정
⑤ 구조물 강도 매트릭스 $\{K\} = \{A\}\{S\}\{A\}^T$ 산정
⑥ 제작오차로 인한 부재 기변형 매트릭스 $\{e_0\}$ 산정
⑦ 기변형 효과를 고려한 하중 매트릭스 $\{P^*\}$ 산정

$\{P^*\} = \{A\}\{Q^*\} = \{P\} - \{A\}\{\hat{Q}\} = \{A\}\{Q\} - \{A\}\{\hat{Q}\}$

$\quad = \{A\}\{S\}\{e\} - \{A\}\{S\}\{e_o\}$

$\quad = \{A\}\{S\}\{e\} - \{A\}\{S\}\{e_o\} = \{A\}\{S\}\{e\} - \{A\}\{S\}\{e_o\}$

$\quad = \{A\}\{S\}\{A^T\}\{d\} - \{A\}\{S\}\{e_o\}$

여기서, $\{\hat{Q}\}$: 기변형으로 발생하는 초기 하중에 의한 고정단 매트릭스임

⑧ 격점 변위 매트릭스 $\{d\}$ 산정

$\{P^*\} = \{A\}\{S\}\{A^T\}\{d\} - \{A\}\{S\}\{e_o\}$

$\rightarrow \{A\}\{S\}\{A^T\}\{d\} = \{P^*\} + \{A\}\{S\}\{e_o\}$

$\{d\} = [\{A\}\{S\}\{A^T\}]^{-1}[\{P^*\} + \{A\}\{S\}\{e_o\}] = \{K\}^{-1}[\{P^*\} + \{A\}\{S\}\{e_o\}]$

⑨ 부재력 매트릭스 $\{Q^*\}$ 산정

$\{Q^*\} = \{S\}\{A^T\}\{d\} - \{S\}\{e_0\}$

여기서, $-\{S\}\{e_0\}$: 제작오차로 변위가 바뀌므로 다시 복원해줌을 의미

토목구조기술사 90-1-13

Matrix 해석법에서의 직접강도법을 설명하시오.

1. 개요
① 변위법이나 응력법은 체계적이며 논리적이지만 Matrix 형성, 곱셈 등 평형 조건식 또는 적합 조건식으로부터 구조물 강도 매트릭스 $[K]$를 산정해야 하므로 컴퓨터 프로그램에 적용하기 위한 최적 조건은 아니다.

② $[K]$ 매트릭스를 직접 형성하여 적용할 수 있는 방법이 직접강도법인데, 컴퓨터 프로그래밍 위주로 전개한다.

2. 특징
① 전체 좌표계에서 정의된 구조계 변위로부터 구조계에 대한 적합조건식을 쉽게 구할 수 있다.

② 전체 좌표계에서 구조물 강도 매트릭스는 $\{K\} = \{T^T\}\{K_e\}\{T\}$의 매트릭스 연산으로 직접 산정 가능하다.

　　여기서, $\{T\}$: 좌표 변환 매트릭스
　　　　　$\{K_e\}$: 국부 좌표계에서의 강성 매트릭스

3. 해석방법
① 국부 좌표계로 각 부재의 부재강도 Matrix를 만들고 이를 전체 좌표계로 변환시킨다.

② 전체 좌표계로 변환된 개별부재강도 Matrix들을 적절하게 중첩(Superposition)으로써 전체 구조 강도 Matrix $[K]$ 산정 - 중첩 시 경계 조건을 이용

③ 절점 변위 $[d] = [K]^{-1}\{P\}$ 산정

④ 개별 부재 강성방정식을 이용하여 부재력 산정

▶▶▶ 건축구조기술사   89-1-3

매트릭스 구조해석에서 응력법(Flexibility Method)의 풀이과정을 설명하시오.

1. 자유도 결정
2. 부정정력 결정
3. 외적인 절점하중$\{P\}$과 내적인 부재력$\{Q\}$을 자유 물체도에 표기
4. 자유 물체도의 구조물, 절점에 대한 평형조건식 적용
5. 절점하중에 대한 힘 변환 매트릭스$\{b_P\}$, 부정정력에 대한 힘 변환 매트릭스$\{b_X\}$ 산정

$$\{Q\} = \{b_P : b_X\} \begin{Bmatrix} P \\ \cdots \\ X \end{Bmatrix}$$

6. 전 부재 유연도 매트릭스 산정
7. 적합 매트릭스

   ① $\begin{Bmatrix} d \\ d_X \end{Bmatrix} = \begin{Bmatrix} F_{PP} \, F_{PX} \\ F_{XP} \, F_{XX} \end{Bmatrix} \begin{Bmatrix} P \\ X \end{Bmatrix}$

   ② $\{F_{PP}\} = \{b_P\}^T \{f\} \{b_P\}$

   $\{F_{PX}\} = \{b_P\}^T \{f\} \{b_X\}$

   $\{F_{XP}\} = \{b_X\}^T \{f\} \{b_P\}$

   $\{F_{XX}\} = \{b_X\}^T \{f\} \{b_X\}$

8. 부정정력 산정

   ① $\{d_X\} = \{0\}$

   ② $\{F_{XP}\}\{P\} + \{F_{XX}\}\{X\} = 0 \to \{X\} = -\{F_{XX}\}^{-1}\{F_{XP}\}\{P\}$

   ③ 부정정력 반력 최종값 $\{R\} = \{X\} + \{Fix\}$

   여기서, $\{Fix\}$: 해당 부정정력에 해당하는 고정단 반력 매트릭스

9. 부재 내력 산정

   $\{Q\} = \{b_P\}\{P\} + \{b_X\}\{X\} + \{Fix\}$

   여기서, $\{Fix\}$: 부재 내력에 대한 고정단 매트릭스

10. 격점 변위 산정

    $\{d\} = \{F_{PP}\}\{P\} + \{F_{PX}\}\{X\}$

02 Truss 요소

1. 조건

1) 자유 물체도

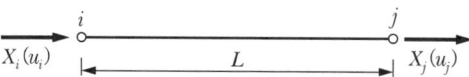

2) 단면 조건

부재 단면적 $= A$

탄성계수 $= E$

3) 변수

① X_i : i 절점에 작용하는 힘

② u_i : i 절점에서의 변위

2. 절점 j를 구속할 경우($u_j = 0$)

1) 자유 물체도

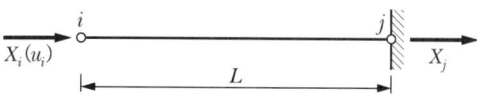

2) 축부재의 탄성 변위

$$u_i = \frac{L}{AE}X_i$$

3) 힘의 평형 조건

$\sum H = 0$; $X_i + X_j = 0$

$\rightarrow X_i = -X_j = \dfrac{AE}{L}u_i \qquad \therefore X_j = -\dfrac{AE}{L}u_i$

3. 절점 i를 구속할 경우($u_i = 0$)

1) 자유 물체도

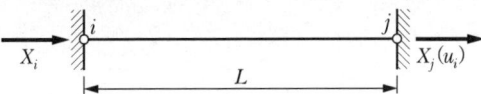

2) 축부재의 탄성 변위

$$u_j = \frac{L}{AE}X_j$$

3) 힘의 평형 조건

$$\sum H = 0 \; ; \; X_i + X_j = 0$$

$$\rightarrow X_j = -X_i = \frac{AE}{L}u_j \qquad \therefore X_i = -\frac{AE}{L}u_j$$

4. 1차원 트러스 요소의 강도 매트릭스 산정

$$\begin{Bmatrix} X_i \\ X_j \end{Bmatrix} = \frac{AE}{L}\begin{Bmatrix} 1 & -1 \\ -1 & 1 \end{Bmatrix}\begin{Bmatrix} u_i \\ u_j \end{Bmatrix}$$

▶▶▶ 건축구조기술사 84-4-1

아래 그림의 구조물에서 (1) 전체 강성매트릭스 K, (2) 절점변위 d_{2x}, d_{3x}, (3) 부재력 F_1, F_2를 구하시오.

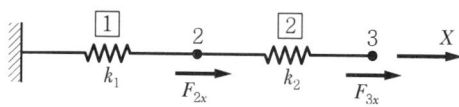

1. 자유 물체도

1) 구조계

2) 요소계

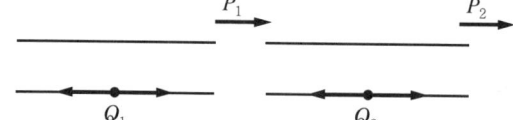

2. 평형 방정식 및 평형 매트릭스

1) 절점 2에서 평형조건

$P_1 = Q_1 - Q_2$

2) 절점 3에서 평형조건

$P_2 = Q_2$

3. 평형 매트릭스

1) $\{P\} = \{A\}\{Q\}$

$\begin{Bmatrix} P_1 \\ P_2 \end{Bmatrix} = \begin{Bmatrix} 1 & -1 \\ 0 & 1 \end{Bmatrix} \begin{Bmatrix} Q_1 \\ Q_2 \end{Bmatrix}$

2) $\{A\} = \begin{Bmatrix} 1 & -1 \\ 0 & 1 \end{Bmatrix}$

4. 전 부재 강도 매트릭스

1) $\{Q\} = \{S\}\{e\}$

2) $\{S\} = \begin{Bmatrix} k_1 & 0 \\ 0 & k_2 \end{Bmatrix}$

5. 구조물 강도 매트릭스

1) $\{K\} = \{A\}[S]\{A\}^T$

2) $\{K\} = \begin{Bmatrix} k_1 + k_2 & -k_2 \\ -k_2 & k_2 \end{Bmatrix}$

6. 하중 매트릭스

$\{P\} = \{P_1\ ;\ P_2\} = \{F_{2x}\ ;\ F_{3x}\}$

7. 격점 변위 매트릭스

1) $\{d\} = \{K\}^{-1}\{P\}$

2) $\{d\} = \{d_1\ ;\ d_2\} = \{u_2\ ;\ u_3\} = \left\{\dfrac{F_{2x} + F_{3x}}{k_1}\ ;\ \dfrac{F_{2x} + F_{3x}}{k_1} + \dfrac{F_{3x}}{k_2}\right\}$

8. 부재력 매트릭스

$\{Q\} = \{S\}\{A^T\}\{d\} = \{Q_1\ ;\ Q_2\} = \{F_{2x} + F_{3x}\ ;\ F_{3x}\}$

9. 구하는 값 정리

1) $\{k\} = \begin{bmatrix} k_1 + k_2 & -k_2 \\ -k_2 & k_2 \end{bmatrix}$

2) $d_{2x} = \dfrac{F_{2x} + F_{3x}}{k_1}$

$d_3 = \dfrac{F_{2x} + F_{3x}}{k_1} + \dfrac{F_{3x}}{k_2}$

3) $F_1 = F_{2x} + F_{3x}$

$F_2 = F_{3x}$

▶▶▶ 2차원 트러스 요소 해석 예제

그림과 같은 부정정 트러스의 부재력을 산정하시오. (단, $EA = 6.0 \times 10^7 \text{N}$ 으로 일정)

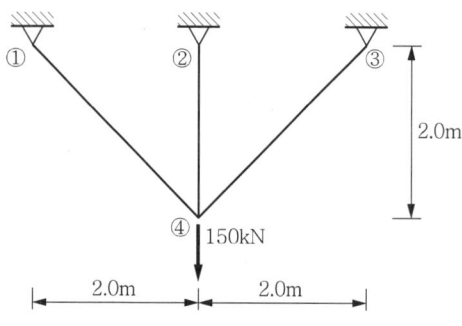

1. 자유 물체도

1) 구조계

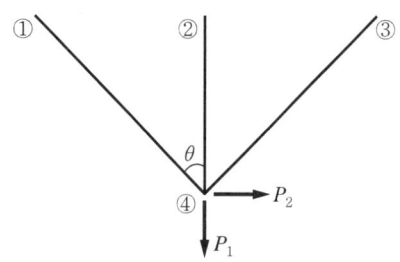

2) 요소계

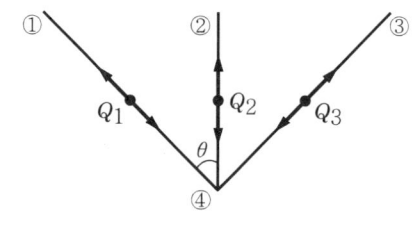

※ $\sin\theta = \cos\theta = \dfrac{1}{\sqrt{2}}$

2. 평형 방정식 및 평형 매트릭스

1) 절점 4에서 수직력에 대한 평형 조건

$$P_1 = Q_1\cos\theta + Q_2 + Q_3\cos\theta = \dfrac{1}{\sqrt{2}}Q_1 + Q_2 + \dfrac{1}{\sqrt{2}}Q_3$$

2) 절점 4에서 수평력에 대한 평형 조건

$$P_2 = Q_1\sin\theta - Q_3\sin\theta = \dfrac{1}{\sqrt{2}}Q_1 - \dfrac{1}{\sqrt{2}}Q_3$$

3. 평형 매트릭스

1) $\{P\} = \{A\}\{Q\}$

$$\begin{Bmatrix} P_1 \\ P_2 \end{Bmatrix} = \begin{Bmatrix} \dfrac{1}{\sqrt{2}} & 1 & \dfrac{1}{\sqrt{2}} \\ \dfrac{1}{\sqrt{2}} & 0 & -\dfrac{1}{\sqrt{2}} \end{Bmatrix} \begin{Bmatrix} Q_1 \\ Q_2 \\ Q_3 \end{Bmatrix}$$

2) $\{A\} = \begin{Bmatrix} \dfrac{1}{\sqrt{2}} & 1 & \dfrac{1}{\sqrt{2}} \\ \dfrac{1}{\sqrt{2}} & 0 & -\dfrac{1}{\sqrt{2}} \end{Bmatrix}$

4. 전 부재 강도 매트릭스

1) $\{Q\} = \{S\}\{e\}$

2) $\{S\} = \dfrac{EA}{L_i} \begin{Bmatrix} 1 & 0 & 0 \\ 0 & 1 & 0 \\ 0 & 0 & 1 \end{Bmatrix}$

여기서, $\dfrac{EA}{L_1} = \dfrac{EA}{L_3} = \dfrac{6.0 \times 10^7}{2,000\sqrt{2}} = 21{,}213.2\,\text{N/mm}$,

$\dfrac{EA}{L_2} = \dfrac{6.0 \times 10^7}{2,000} = 30{,}000\,\text{N/mm}$

5. 구조물 강도 매트릭스

1) $\{K\} = \{A\}[S]\{A\}^T$

2) $\{K\} = \begin{Bmatrix} 51{,}213.2 & 0 \\ 0 & 21{,}213.2 \end{Bmatrix}$

6. 하중 매트릭스(N)

$\{P\} = \{P_1\,;\,P_2\} = \{150 \times 10^3\,;\,0\}$

7. 격점 변위 매트릭스(mm)

1) $\{d\} = \{K\}^{-1}\{P\}$

2) $\{d\} = \{d_1\,;\,d_2\} = \{v_4\,;\,u_4\} = \{2.93\,;\,0\}$

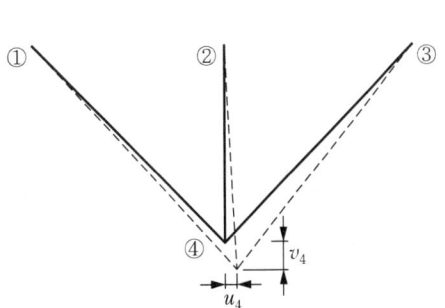

8. 부재력 매트릭스

$$\{Q\} = \{S\}\{A^T\}\{d\} = \{Q_1\ ;\ Q_2\ ;\ Q_3\} = \{43,934\,\text{N}\ ;\ 87,868\,\text{N}\ ;\ 43,934\,\text{N}\}$$
$$= \{43.93\,\text{kN}\ ;\ 87.87\,\text{kN}\ ;\ 43.93\,\text{kN}\}$$

9. 부재력도(부호 : +인장, -압축)

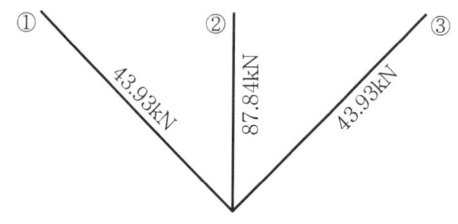

▶▶▶ 건축구조기술사 37-2-1

다음 트러스에서 단부의 처짐을 강성 매트릭스법(Stiffness Matrix Method)으로 구하시오. (단, $E = 2,100\,\text{tf/cm}^2$, $A = 5\,\text{cm}^2$, 모든 부재 동일)

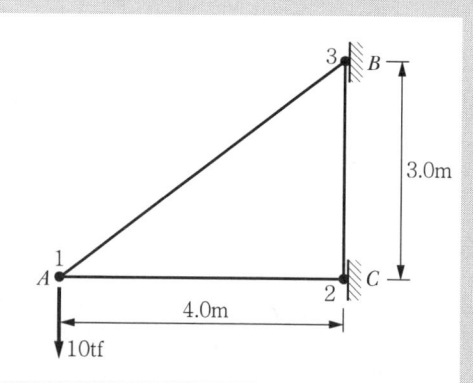

1. 자유 물체도

1) 구조계

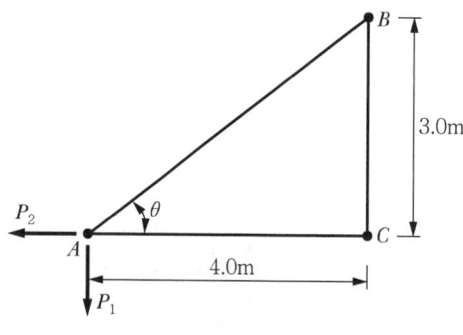

2) 요소계

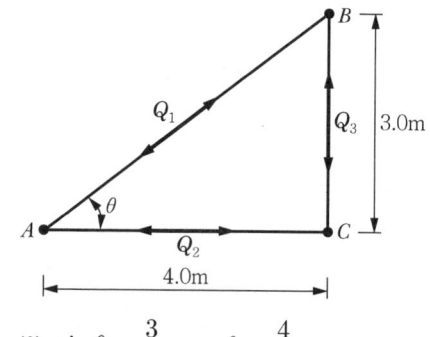

※ $\sin\theta = \dfrac{3}{5}$, $\cos\theta = \dfrac{4}{5}$

2. 평형 방정식 및 평형 매트릭스

1) 절점 A에서 수직력에 대한 평형 조건 $P_1 = Q_1 \sin\theta = \dfrac{3}{5}Q_1$

2) 절점 A에서 수평력에 대한 평형 조건 $P_2 = Q_1 \cos\theta + Q_2 = \dfrac{4}{5}Q_1 + Q_2$

3. 평형 매트릭스

1) $\{P\} = \{A\}\{Q\}$

$$\begin{Bmatrix} P_1 \\ P_2 \end{Bmatrix} = \begin{Bmatrix} \dfrac{3}{5} & 0 & 0 \\ \dfrac{4}{5} & 1 & 0 \end{Bmatrix} \begin{Bmatrix} Q_1 \\ Q_2 \\ Q_3 \end{Bmatrix}$$

2) $\{A\} = \begin{Bmatrix} \dfrac{3}{5} & 0 & 0 \\ \dfrac{4}{5} & 1 & 0 \end{Bmatrix}$

4. 전 부재 강도 매트릭스

1) $\{Q\} = \{S\}\{e\}$

2) $\{S\} = EA \begin{Bmatrix} 1/500 & 0 & 0 \\ 0 & 1/400 & 0 \\ 0 & 0 & 1/300 \end{Bmatrix}$

여기서, $EA = 2,100 \times 5 = 10,500 \text{tf}$

5. 구조물 강도 매트릭스

1) $\{K\} = \{A\}[S]\{A\}^T$

2) $\{K\} = \begin{Bmatrix} 7.56 & 10.08 \\ 10.08 & 39.69 \end{Bmatrix}$

6. 하중 매트릭스(단위 : tf)

$\{P\} = \{P_1 \,;\, P_2\} = \{10 \,;\, 0\}$

7. 격점 변위 매트릭스(단위 : cm)

1) $\{d\} = \{K\}^{-1}\{P\}$

2) $\{d\} = \{d_1 \,;\, d_2\} = \{v_A \,;\, u_A\}$
   $= \{2.0 \,;\, -0.508\}$

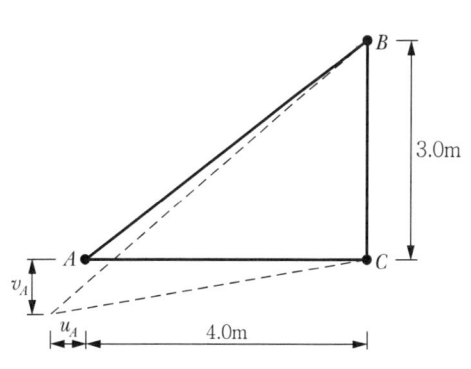

8. 부재력 매트릭스(단위 : tf)

$\{Q\} = \{S\}\{A^T\}\{d\} = \{Q_1 \ ; \ Q_2 \ ; \ Q_3\} = \{16.67 \ ; \ -13.33 \ ; \ 0\}$

9. 부재력도(단위 : tf), (부호 : +인장, −압축)

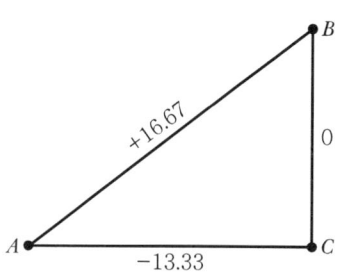

▶▶▶ 제작오차   예제

그림과 같이 부재 ②−④의 길이가 오제작으로 인해 5mm 짧게 제작될 경우 부정정 트러스의 부재력을 산정하시오. (단, $EA = 6.0 \times 10^7 \text{N}$으로 일정)

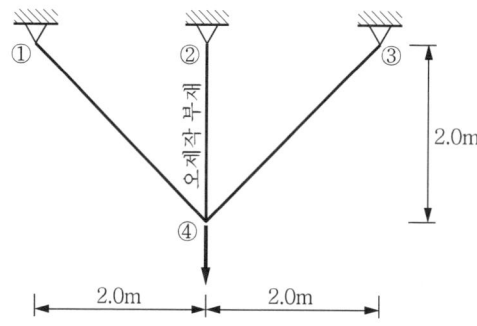

1. 자유 물체도

1) 구조계

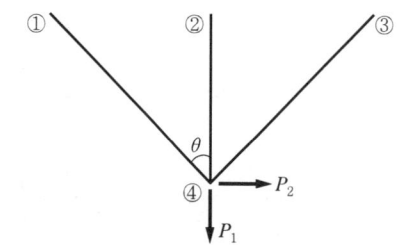

2) 요소계

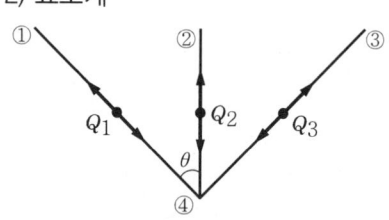

※ $\sin\theta = \cos\theta = \dfrac{1}{\sqrt{2}}$

2. 평형 방정식 및 평형 매트릭스

1) 절점 ④에서 수직력에 대한 평형 조건

$$P_1 = Q_1\cos\theta + Q_2 + Q_3\cos\theta = \frac{1}{\sqrt{2}}Q_1 + Q_2 + \frac{1}{\sqrt{2}}Q_3$$

2) 절점 ④에서 수평력에 대한 평형 조건

$$P_2 = Q_1\sin\theta - Q_3\sin\theta = \frac{1}{\sqrt{2}}Q_1 - \frac{1}{\sqrt{2}}Q_3$$

3. 평형 매트릭스

1) $\{P\} = \{A\}\{Q\}$

$$\begin{Bmatrix} P_1 \\ P_2 \end{Bmatrix} = \begin{Bmatrix} \dfrac{1}{\sqrt{2}} & 1 & \dfrac{1}{\sqrt{2}} \\ \dfrac{1}{\sqrt{2}} & 0 & -\dfrac{1}{\sqrt{2}} \end{Bmatrix} \begin{Bmatrix} Q_1 \\ Q_2 \\ Q_3 \end{Bmatrix}$$

2) $\{A\} = \begin{Bmatrix} \dfrac{1}{\sqrt{2}} & 1 & \dfrac{1}{\sqrt{2}} \\ \dfrac{1}{\sqrt{2}} & 0 & -\dfrac{1}{\sqrt{2}} \end{Bmatrix}$

4. 전 부재 강도 매트릭스

1) $\{Q\} = \{S\}\{e\}$

2) $\{S\} = \dfrac{EA}{L_i}\begin{Bmatrix} 1 & 0 & 0 \\ 0 & 1 & 0 \\ 0 & 0 & 1 \end{Bmatrix}$

여기서, $\dfrac{EA}{L_1} = \dfrac{EA}{L_3} = \dfrac{6.0 \times 10^7}{2,000\sqrt{2}} = 21,213.2\text{N/mm}$,

$\dfrac{EA}{L_2} = \dfrac{6.0 \times 10^7}{2,000} = 30,000\text{N/mm}$

5. 구조물 강도 매트릭스

1) $\{K\} = \{A\}[S]\{A\}^T$

2) $\{K\} = \begin{Bmatrix} 51,213.2 & 0 \\ 0 & 21,213.2 \end{Bmatrix}$

6. 제작오차로 인한 부재 기변형 매트릭스(단위 : mm)

$\{e_0\} = \{e_1\,;\,e_2\,;\,e_2\} = \{0\,;\,-5\,;\,0\}$

7. 기변형 효과를 고려한 하중 매트릭스(단위 : N)

$\{P^*\} = \{P_1^* \,;\, P_2^*\} = \{0 \,;\, 0\}$

8. 격점 변위 매트릭스(단위 : mm)

1) $\{d\} = \{K\}^{-1}\left[\{P^*\} + \{A\}\{S\}\{e_o\}\right]$
2) $\{d\} = \{d_1 \,;\, d_2\} = \{v_4 \,;\, u_4\} = \{-2.93 \,;\, 0\}$

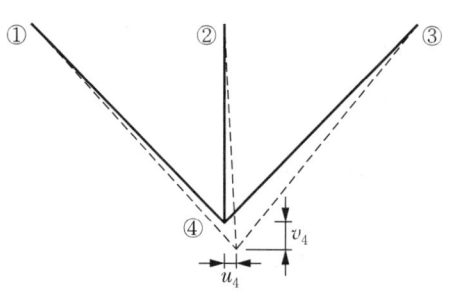

9. 부재력 매트릭스

$\{Q^*\} = \{S\}\{A^T\}\{d\} - \{S\}\{e_0\} = \{Q_1 \,;\, Q_2 \,;\, Q_3\}$
$\qquad = \{-43,934\text{N} \,;\, 62,132\text{N} \,;\, -43,934\text{N}\}$
$\qquad = \{-43.93\text{kN} \,;\, 62.13\text{kN} \,;\, -43.93\text{kN}\}$

10. 부재력도(부호 : +인장, -압축)

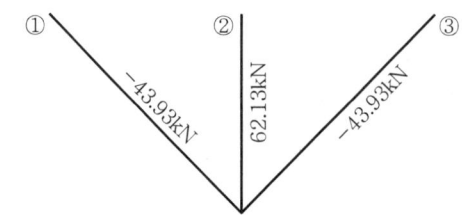

▶▶▶▶ 건축구조기술사   89-4-1

다음과 같이 양단이 회전단인 트러스가 있다. 모든 부재는 핀으로 연결되어 있고 각 부재의 단면적은 $A = 6,000\text{mm}^2$, 탄성계수는 $200,000\text{N/mm}^2$이다. 이 트러스 절점 1에 수직하중 $P = 500\text{kN}$이 작용할 때 외기 온도변화가 $\delta T = -20°C$ 발생하였다.

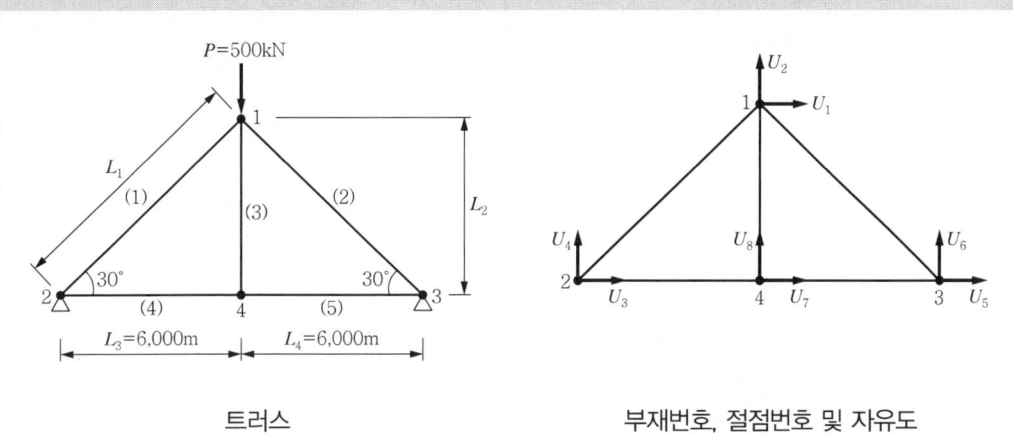

트러스 / 부재번호, 절점번호 및 자유도

1 트러스 부재 재료의 온도에 대한 선팽창계수가 $\alpha = 1.2 \times 10^{-5}/°C$ 일 때, 이 트러스에 대한 $[K]_{8 \times 8} \cdot \{U\}_{8 \times 1} = \{F\}_{8 \times 1}$ 매트릭스 식을 유도하시오(그림 참조). (단, $[K]_{8 \times 8}$는 지점 경계 조건을 적용하기 전의 강성행렬이고 $\{U\}_{8 \times 1}$는 각 절점의 전체 자유도에 대한 변위 벡터이며, $\{F\}_{8 \times 1}$는 외력 및 온도하중을 포함하는 벡터이다.)

2 상기 매트릭스 식을 경계조건 및 대칭성을 이용하여 $[K]_{2 \times 2} \cdot \{U\}_{2 \times 1} = \{F\}_{2 \times 1}$ 형태로 간략화하시오.

3 상기 2에서 유도한 매트릭스 식을 이용하여 변위 $\{U\}_{2 \times 1}$를 산정하시오.

4 상기 3의 변위를 이용하여 각 부재의 내력을 산정하고 부재력의 압축 혹은 인장을 명시하시오.

1. $[K]_{8 \times 8} \cdot \{U\}_{8 \times 1} = \{F\}_{8 \times 1}$ 매트릭스 유도

   1) 자유 물체도

      ① L_1 산정

      $L_1 = 6,000/\cos 30° = 6,928.2\text{mm}$

      ② L_2 산정

      $L_2 = 6,000 \times \cos 30° = 3,464.1\text{mm}$

③ 구조계

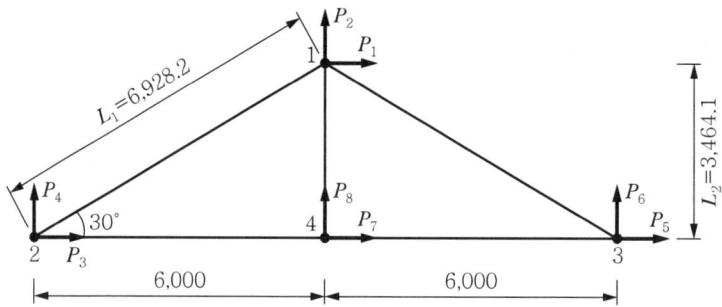

④ 요소계

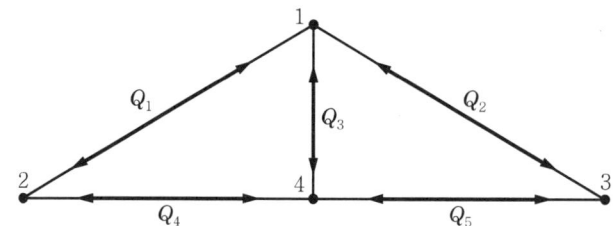

2) 평형 방정식

① $P_1 = Q_1\cos 30° - Q_2\cos 30° = \dfrac{\sqrt{3}}{2}Q_1 - \dfrac{\sqrt{3}}{2}Q_2$

② $P_2 = Q_1\sin 30° + Q_2\sin 30° + Q_3 = \dfrac{1}{2}Q_1 + \dfrac{1}{2}Q_2 + Q_3$

③ $P_3 = -Q_1\cos 30° - Q_4 = -\dfrac{\sqrt{3}}{2}Q_1 - Q_4$

④ $P_4 = -Q_1\sin 30° = -\dfrac{1}{2}Q_1$

⑤ $P_5 = Q_2\cos 30° + Q_5 = \dfrac{\sqrt{3}}{2}Q_2 + Q_5$

⑥ $P_6 = -Q_2\sin 30° = -\dfrac{1}{2}Q_2$

⑦ $P_7 = Q_4 - Q_5$

⑧ $P_8 = -Q_3$

3) 평형 매트릭스

① $\{P\}=\{A\}\{Q\}$

② $\{A\}=\begin{Bmatrix} \sqrt{3}/2 & -\sqrt{3}/2 & 0 & 0 & 0 \\ 1/2 & 1/2 & 1 & 0 & 0 \\ -\sqrt{3}/2 & 0 & 0 & -1 & 0 \\ -1/2 & 0 & 0 & 0 & 0 \\ 0 & \sqrt{3}/2 & 0 & 0 & 1 \\ 0 & -1/2 & 0 & 0 & 0 \\ 0 & 0 & 0 & 1 & -1 \\ 0 & 0 & -1 & 0 & 0 \end{Bmatrix}$

4) 요소 강도 매트릭스

① $\{Q\}=\{S\}\{e\}$

② $\{S\}=EA\begin{Bmatrix} 1/6,928.2 & 0 & 0 & 0 & 0 \\ 0 & 1/6,928.2 & 0 & 0 & 0 \\ 0 & 0 & 1/3464.1 & 0 & 0 \\ 0 & 0 & 0 & 1/6,000 & 0 \\ 0 & 0 & 0 & 0 & 1/6,000 \end{Bmatrix}$

여기서, $EA = 1.2 \times 10^9 \text{N}$

5) 구조물 강도 매트릭스

① $\{K\}=\{A\}[S]\{A\}^T$

② $\{K\}_{8\times 8}=\begin{Bmatrix} 259,808 & 0 & -129,904 & -75,000 & -129,904 & 75,000 & 0 & 0 \\ 0 & 433,013 & -75,000 & -43,301.3 & 75,000 & -43,301.3 & 0 & -346,410 \\ -129,904 & -75,000 & 329,904 & 75,000 & 0 & 0 & -200,000 & 0 \\ -75,000 & -43,301.3 & 75,000 & 43,301.3 & 0 & 0 & 0 & 0 \\ -129,904 & 75,000 & 0 & 0 & 329,904 & 75,000 & -200,000 & 0 \\ 75,000 & -43,301.3 & 0 & 0 & -75,000 & 43,301.3 & 0 & 0 \\ 0 & 0 & -200,000 & 0 & -200,000 & 0 & 400,000 & 0 \\ 0 & -346,410 & 0 & 0 & 0 & 0 & 0 & 346,410 \end{Bmatrix}$

6) 강성 매트릭스 식

$[K]_{8\times 8} \cdot \{U\}_{8\times 1} = \{F\}_{8\times 1}$

$\rightarrow \begin{Bmatrix} 259,808 & 0 & -129,904 & -75,000 & -129,904 & 75,000 & 0 & 0 \\ 0 & 433,013 & -75,000 & -43,301.3 & 75,000 & -43,301.3 & 0 & -346,410 \\ -129,904 & -75,000 & 329,904 & 75,000 & 0 & 0 & -200,000 & 0 \\ -75,000 & -43,301.3 & 75,000 & 43,301.3 & 0 & 0 & 0 & 0 \\ -129,904 & 75,000 & 0 & 0 & 329,904 & 75,000 & -200,000 & 0 \\ 75,000 & -43,301.3 & 0 & 0 & -75,000 & 43,301.3 & 0 & 0 \\ 0 & 0 & -200,000 & 0 & -200,000 & 0 & 400,000 & 0 \\ 0 & -346,410 & 0 & 0 & 0 & 0 & 0 & 346,410 \end{Bmatrix} \begin{Bmatrix} U_1 \\ U_2 \\ U_3 \\ U_4 \\ U_5 \\ U_6 \\ U_7 \\ U_8 \end{Bmatrix} = \begin{Bmatrix} F_1 \\ F_2 \\ F_3 \\ F_4 \\ F_5 \\ F_6 \\ F_7 \\ F_8 \end{Bmatrix}$

2. 경계조건 및 대칭성을 이용한 강성 매트릭스 식 $[K]_{2\times2} \cdot \{U\}_{2\times1} = \{F\}_{2\times1}$ 유도

1) 경계조건 및 대칭성을 적용한 부재 단면적 및 하중 조건

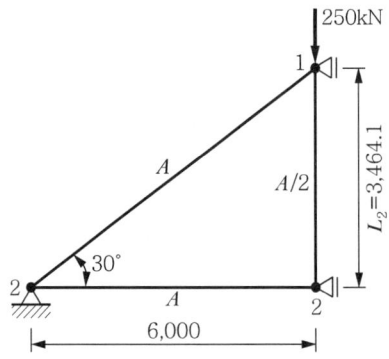

2) 자유 물체도

① 구조계   ② 요소계

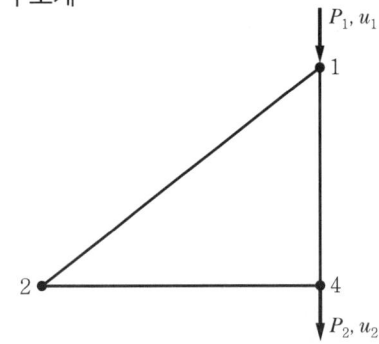 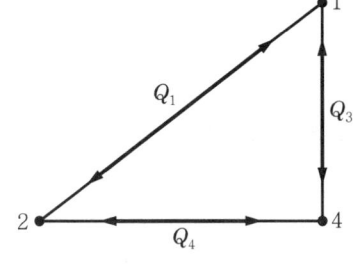

3) 평형 방정식

① $P_1 = -Q_1\sin30° - Q_3 = -\dfrac{1}{2}Q_1 - Q_3$

② $P_2 = Q_3$

4) 평형 매트릭스

① $\{P\} = \{A\}\{Q\}$

② $\{A\} = \begin{Bmatrix} -1/2 & -1 & 0 \\ 0 & 1 & 0 \end{Bmatrix}$

5) 요소 강도 매트릭스

① $\{Q\} = \{S\}\{e\}$

② $\{S\} = EA \begin{Bmatrix} 1/6,928.2 & 0 & 0 \\ 0 & 1/(2\times 3464.1) & 0 \\ 0 & 0 & 1/6,000 \end{Bmatrix}$

여기서, $EA = 1.2 \times 10^9 \text{N}$

6) 구조물 강도 매트릭스

① $\{K\} = \{A\}[S]\{A\}^T$
② $\{K\}_{2\times 2} = \begin{Bmatrix} 216,506 & -173,205 \\ -173,205 & 173,205 \end{Bmatrix}$

7) 강도 매트릭스 식 $[K]_{2\times 2} \cdot \{U\}_{2\times 1} = \{F\}_{2\times 1}$

$\begin{Bmatrix} 216,506 & -173,205 \\ -173,205 & 173,205 \end{Bmatrix} \begin{Bmatrix} U_1 \\ U_2 \end{Bmatrix} = \begin{Bmatrix} F_1 \\ F_2 \end{Bmatrix}$

3. 변위 매트릭스 산정

1) 고정단 매트릭스

① 고정단 축력

$F_x = \varepsilon EA = (\alpha \cdot \delta T)EA = -(1.2\times 10^{-5}/\text{℃})(-20\text{℃})(1.2\times 10^9) = 288,000\text{N}$

② 고정단 매트릭스

$\{f\} = \{f_1 ; f_3 ; f_4\} = -EA\alpha\delta T\{-1 ; -1 ; -1\}$
$= \{2.88\times 10^5 ; 2.88\times 10^5 ; 2.88\times 10^5\}$

2) 하중 매트릭스

$\{P\} = \{P_1 ; P_2\} = \{-f_1\sin 30° - f_3 + 250\times 10^3 ; f_3\}$
$= \left\{-2.88\times 10^5 \times \dfrac{1}{2} - 2.88\times 10^5 + 250\times 10^3 ; 2.88\times 10^5\right\}$
$= \{-1.82\times 10^5 ; 2.88\times 10^5\}(\text{N})$

3) 격점 변위 매트릭스

$\{d\} = \{K\}^{-1}\{P\}$
$\{d\} = \{d_1 ; d_2 ; d_4\} = \{2.45 ; 4.11\}(\text{mm})$

4) 부재단 부재력 매트릭스

$\{Q\} = \{Q_1 ; Q_2 ; Q_3\} = \{S\}\{A^T\}\{d\} + \{f\} = \{76,000 ; 576,000 ; 288,000\}(\text{N})$
$= \{76 ; 576 ; 288\}(\text{kN})$

5) 부재력도(단위 : kN, + 인장)

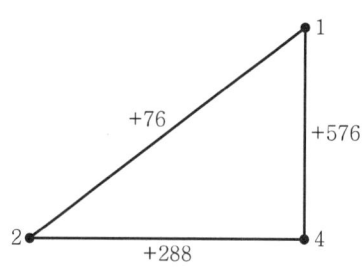

03 보 요소

▶▶▶▶

▶▶▶▶ 건축구조기술사　90-4-1

그림의 보에서 처짐각법에 의해 힘과 변위의 관계를 나타내는 6×6 강성 매트릭스를 유도하시오.(단, 축방향 변위는 u_A, u_B, 수직변위는 v_A, v_B, 처짐각은 θ_A, θ_B이고 R은 부재회전각이다.)

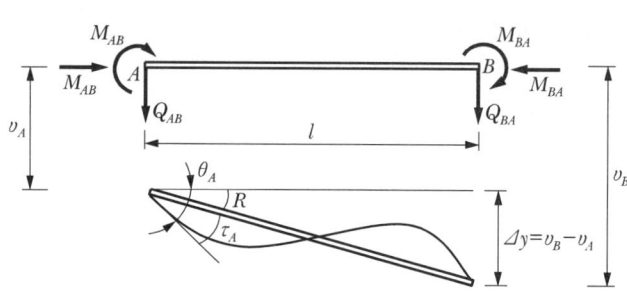

풀이 1 처짐각법 적용

1. 축방향 요소 강도 매트릭스(단면적 A, 탄성계수 E)

　1) B점을 구속할 경우($u_B = 0$)

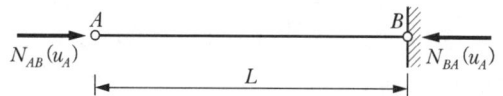

① N_{AB} 산정

$$u_A = \frac{L}{EA}N_{AB} \qquad\qquad \therefore N_{AB} = \frac{EA}{L}u_A$$

② N_{BA} 산정

$$\sum H = 0 \ ; \ N_{AB} - N_{BA} = 0 \to N_{AB} = N_{BA} \quad \therefore N_{BA} = \frac{EA}{L}u_A$$

2) A점을 구속할 경우($u_A = 0$)

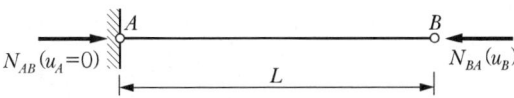

① N_{BA} 산정

$$u_B = \frac{L}{EA}N_{BA} \qquad\qquad \therefore N_{BA} = \frac{EA}{L}u_B$$

② N_{AB} 산정

$$\sum H = 0 \ ; \ N_{AB} - N_{BA} = 0 \to N_{AB} = N_{BA} \quad \therefore N_{AB} = \frac{EA}{L}u_B$$

3) 축방향 요소 강도 매트릭스

1), 2)로부터

$$N_{AB} = \frac{EA}{L}u_A + \frac{EA}{L}u_B$$

$$N_{BA} = \frac{EA}{L}u_A + \frac{EA}{L}u_B$$

$$\to \begin{Bmatrix} N_{AB} \\ N_{BA} \end{Bmatrix} = \frac{EA}{L}\begin{Bmatrix} 1 & 1 \\ 1 & 1 \end{Bmatrix}\begin{Bmatrix} u_A \\ u_B \end{Bmatrix}$$

2. 휨, 전단요소 강도 매트릭스(요소 휨 강성은 EI로 가정)

1) 보 휨 및 전단 강성에 관한 절점 작용력과 변형

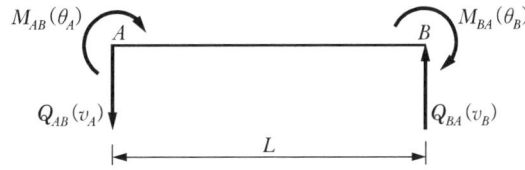

2) 절점 부재력과 변위 관계, 강성 매트릭스 가정

$$\begin{Bmatrix} Q_{AB} \\ M_{AB} \\ Q_{BA} \\ M_{BA} \end{Bmatrix} = \begin{Bmatrix} K_{11} & K_{12} & K_{13} & K_{14} \\ K_{21} & K_{22} & K_{23} & K_{24} \\ K_{31} & K_{32} & K_{33} & K_{34} \\ K_{41} & K_{42} & K_{43} & K_{44} \end{Bmatrix} \begin{Bmatrix} v_A \\ \theta_A \\ v_B \\ \theta_B \end{Bmatrix}$$

3) 보 요소를 강체로 가정하여 부재각만을 고려 ($\theta_A = \theta_B = 0$)

① 자유 물체도

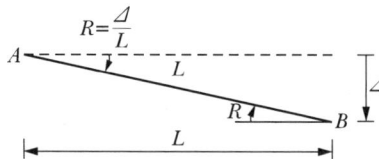

② 절점 휨 부재력

㉠ 처짐각법 정해식

$$M_{AB} = \frac{2EI}{L}\left(2\theta_A + \theta_B - 3\frac{\Delta}{L}\right) - C_{AB}$$

$$M_{BA} = \frac{2EI}{L}\left(\theta_A + 2\theta_B - 3\frac{\Delta}{L}\right) - C_{BA}$$

㉡ 절점 휨 부재력

$\theta_A = \theta_B = 0$, $C_{AB} = C_{BA} = 0$을 대입하면

$$M_{AB} = \frac{2EI}{L}\left(-3\frac{\Delta}{L}\right) = -\frac{6EI}{L^2}\Delta$$

$$M_{BA} = \frac{2EI}{L}\left(-3\frac{\Delta}{L}\right) = -\frac{6EI}{L^2}\Delta$$

③ 절점 전단 부재력

$$\sum M_B = 0 \ ; \ -Q_{AB}L + M_{AB} + M_{BA} = 0$$

$$Q_{AB} = \frac{M_{AB} + M_{BA}}{L} = -\frac{12EI\Delta}{L^3}$$

④ $v_A = +1(\downarrow)$, $v_B = 0$일 경우 강성 영향계수 산정

㉠ $\Delta = v_B - v_A = 0 - (+1) = -1$

㉡ K_{11} 산정(A절점 전단력이 A절점 수직변위에 미치는 영향계수)

$$Q_{AB} = -\frac{12EI\Delta}{L^3} = \frac{12EI}{L^3} \qquad \therefore K_{11} = \frac{12EI}{L^3}$$

ⓒ K_{31} 산정(B절점 전단력이 A절점 수직변위에 미치는 영향계수)

$$\sum V = 0 \; ; \; Q_{AB} - Q_{BA} = 0 \rightarrow Q_{AB} = Q_{BA} \qquad \therefore K_{31} = \frac{12EI}{L^3}$$

ⓔ K_{21} 산정(A절점 휨 부재력이 A절점 수직변위에 미치는 영향계수)

$$M_{AB} = \frac{2EI}{L}\left(2\theta_A + \theta_B - 3\frac{\Delta}{L}\right) - C_{AB} \text{에서 } \theta_A = \theta_B = 0, \; \Delta = -1, \; C_{AB} = 0$$

대입하면 $M_{AB} = \frac{2EI}{L}\left(-3\frac{\Delta}{L}\right) = \frac{6EI}{L^2} \qquad \therefore K_{21} = \frac{6EI}{L^2}$

ⓜ K_{41} 산정(B절점 휨 부재력이 A절점 수직변위에 미치는 영향계수)

$$M_{BA} = \frac{2EI}{L}\left(\theta_A + 2\theta_B - 3\frac{\Delta}{L}\right) - C_{BA} \text{에서 } \theta_A = \theta_B = 0, \; \Delta = -1, \; C_{AB} = 0$$

대입하면 $M_{BA} = \frac{2EI}{L}\left(-3\frac{\Delta}{L}\right) = \frac{6EI}{L^2} \qquad \therefore K_{41} = \frac{6EI}{L^2}$

⑤ $v_B = -1(\uparrow), \; v_A = 0$일 경우 강성 영향계수 산정

㉠ $\Delta = v_B - v_A = -1 - (0) = -1$

㉡ K_{13} 산정(A절점 전단력이 B절점 수직변위에 미치는 영향계수)

$$Q_{AB} = -\frac{12EI\Delta}{L^3} = \frac{12EI}{L^3} \qquad \therefore K_{13} = \frac{12EI}{L^3}$$

㉢ K_{33} 산정(B절점 전단력이 B절점 수직변위에 미치는 영향계수)

$$\sum V = 0 \; ; \; Q_{AB} - Q_{BA} = 0 \rightarrow Q_{AB} = Q_{BA} \qquad \therefore K_{33} = \frac{12EI}{L^3}$$

㉣ K_{23} 산정(A절점 휨 부재력이 B절점 수직변위에 미치는 영향 계수)

$$M_{AB} = \frac{2EI}{L}\left(2\theta_A + \theta_B - 3\frac{\Delta}{L}\right) - C_{AB} \text{에서 } \theta_A = \theta_B = 0, \; \Delta = -1, \; C_{AB} = 0$$

대입하면 $M_{AB} = \frac{2EI}{L}\left(-3\frac{\Delta}{L}\right) = \frac{6EI}{L^2} \qquad \therefore K_{23} = \frac{6EI}{L^2}$

㉤ K_{43} 산정(B절점 휨 부재력이 B절점 수직변위에 미치는 영향계수)

$$M_{BA} = \frac{2EI}{L}\left(\theta_A + 2\theta_B - 3\frac{\Delta}{L}\right) - C_{BA} \text{에서 } \theta_A = \theta_B = 0, \; \Delta = -1, \; C_{AB} = 0$$

대입하면 $M_{BA} = \frac{2EI}{L}\left(-3\frac{\Delta}{L}\right) = \frac{6EI}{L^2} \qquad \therefore K_{43} = \frac{6EI}{L^2}$

4) 보 요소의 휨 변형만 고려($\Delta = 0$)

① 자유 물체도

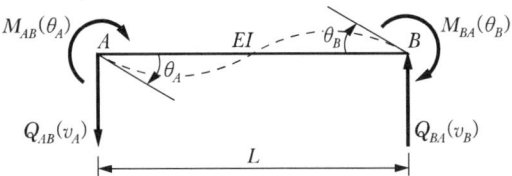

② 절점 휨 부재력과 강성 영향계수

㉠ 처짐각법 정해식

$$M_{AB} = \frac{2EI}{L}\left(2\theta_A + \theta_B - 3\frac{\Delta}{L}\right) - C_{AB}$$

$$M_{BA} = \frac{2EI}{L}\left(\theta_A + 2\theta_B - 3\frac{\Delta}{L}\right) - C_{BA}$$

㉡ 절점 휨 부재력과 휨 부재력에 의한 강성 영향계수 산정

$\Delta = 0$, $C_{AB} = C_{BA} = 0$ 대입하면

$$M_{AB} = \frac{2EI}{L}(2\theta_A + \theta_B) \rightarrow K_{22} = \frac{4EI}{L},\ K_{24} = \frac{2EI}{L}$$

$$M_{BA} = \frac{2EI}{L}(\theta_A + 2\theta_B) \rightarrow K_{42} = \frac{2EI}{L},\ K_{44} = \frac{4EI}{L}$$

③ 절점 전단력과 전단력에 의한 강성 영향계수 산정

㉠ K_{12}, K_{14} 산정

$$\sum M_B = 0\ ;\ -Q_{AB}L + M_{AB} + M_{BA} = 0$$

$$\therefore Q_{AB} = \frac{M_{AB} + M_{BA}}{L} = \frac{1}{L}\left(\frac{2EI}{L}\right)(3\theta_A + 3\theta_B) = \frac{6EI}{L^2}\theta_A + \frac{6EI}{L^2}\theta_B$$

$$\rightarrow K_{12} = \frac{6EI}{L^2},\ K_{14} = \frac{6EI}{L^2}$$

㉡ K_{32}, K_{34} 산정

$$\sum V = 0\ ;\ Q_{AB} - Q_{BA} = 0 \rightarrow Q_{AB} = Q_{BA}$$

$$\therefore Q_{BA} = \frac{6EI}{L^2}\theta_A + \frac{6EI}{L^2}\theta_B \rightarrow K_{32} = \frac{6EI}{L^2},\ K_{34} = \frac{6EI}{L^2}$$

5) 휨, 전단 요소 강성 매트릭스

$$[K] = \begin{Bmatrix} K_{11} & K_{12} & K_{13} & K_{14} \\ K_{21} & K_{22} & K_{23} & K_{24} \\ K_{31} & K_{32} & K_{33} & K_{34} \\ K_{41} & K_{42} & K_{43} & K_{44} \end{Bmatrix} = EI \begin{Bmatrix} \dfrac{12}{L^3} & \dfrac{6}{L^2} & \dfrac{12}{L^3} & \dfrac{6}{L^2} \\ \dfrac{6}{L^2} & \dfrac{4}{L} & \dfrac{6}{L^2} & \dfrac{2}{L} \\ \dfrac{12}{L^3} & \dfrac{6}{L^2} & \dfrac{12}{L^3} & \dfrac{6}{L^2} \\ \dfrac{6}{L^2} & \dfrac{2}{L} & \dfrac{6}{L^2} & \dfrac{4}{L} \end{Bmatrix}$$

3. 각 요소 조합을 통한 전체 강도 매트릭스

$$\begin{Bmatrix} N_{AB} \\ Q_{AB} \\ M_{AB} \\ N_{BA} \\ Q_{BA} \\ M_{BA} \end{Bmatrix} = \begin{Bmatrix} \dfrac{EA}{L} & 0 & 0 & \dfrac{EA}{L} & 0 & 0 \\ 0 & \dfrac{12EI}{L^3} & \dfrac{6EI}{L^2} & 0 & \dfrac{12EI}{L^3} & \dfrac{6EI}{L^2} \\ 0 & \dfrac{6EI}{L^2} & \dfrac{4EI}{L} & 0 & \dfrac{6EI}{L^2} & \dfrac{2EI}{L} \\ \dfrac{EA}{L} & 0 & 0 & \dfrac{EA}{L} & 0 & 0 \\ 0 & \dfrac{12EI}{L^3} & \dfrac{6EI}{L^2} & 0 & \dfrac{12EI}{L^3} & \dfrac{6EI}{L^2} \\ 0 & \dfrac{6EI}{L^2} & \dfrac{2EI}{L} & 0 & \dfrac{6EI}{L^2} & \dfrac{4EI}{L} \end{Bmatrix} \begin{Bmatrix} u_A \\ v_A \\ \theta_A \\ u_B \\ v_B \\ \theta_B \end{Bmatrix}$$

풀이2 가상일법 적용

1. 축방향 요소 강성 매트릭스(단면적 A, 탄성계수 E)

1) B점을 구속할 경우($u_B = 0$)

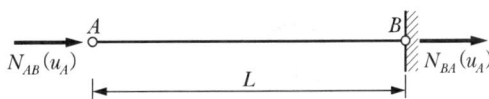

① N_{AB} 산정

$$u_A = \dfrac{L}{EA} N_{AB} \qquad \therefore N_{AB} = \dfrac{EA}{L} u_A$$

② N_{BA} 산정

$$\sum H = 0\ ;\ N_{AB} - N_{BA} = 0 \rightarrow N_{AB} = N_{BA} \qquad \therefore N_{BA} = \dfrac{EA}{L} u_A$$

2) A점을 구속할 경우($u_A = 0$)

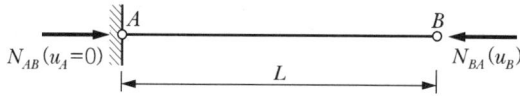

① N_{BA} 산정

$$u_B = \frac{L}{EA} N_{BA} \qquad \therefore N_{BA} = \frac{EA}{L} u_B$$

② N_{AB} 산정

$$\sum H = 0 \;;\; N_{AB} - N_{BA} = 0 \rightarrow N_{AB} = N_{BA} \qquad \therefore N_{AB} = \frac{EA}{L} u_B$$

3) 축방향 요소 강성 매트릭스

1), 2)로부터

$$N_{AB} = \frac{EA}{L} u_A + \frac{EA}{L} u_B$$

$$N_{BA} = \frac{EA}{L} u_A + \frac{EA}{L} u_B$$

$$\rightarrow \begin{Bmatrix} N_{AB} \\ N_{BA} \end{Bmatrix} = \frac{EA}{L} \begin{Bmatrix} 1 & 1 \\ 1 & 1 \end{Bmatrix} \begin{Bmatrix} u_A \\ u_B \end{Bmatrix}$$

2. 휨, 전단 요소 강도 매트릭스

1) $[K_{11}]$ 산정(첫 번째 (A) 절점 힘이 첫 번째 (A) 절점 변위에 미치는 영향계수)

① $v_A = 1, v_B = \theta_A = \theta_B = 0$ 가정

㉠ 절점 A의 작용력에 의한 자유 물체도 및 휨 부재력

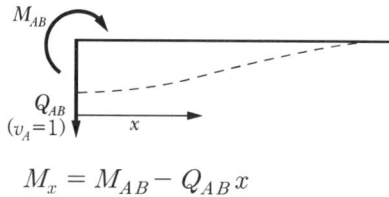

$$M_x = M_{AB} - Q_{AB} x$$

㉡ 변위 v_A 산정

$$v_A = 1 = \frac{1}{EI_i} \int_0^L M_x \frac{\delta M_x}{\delta Q_{AB}} dx = \frac{1}{EI} \int_0^L (M_{AB} - Q_{AB} x)(-x) dx$$

$$= \frac{Q_{AB}}{3EI} L^3 - \frac{M_{AB}}{2EI} L^2$$

② $\theta_A = 1, v_A = v_B = \theta_B = 0$ 가정

㉠ 절점 A의 작용력에 의한 자유 물체도 및 휨 부재력

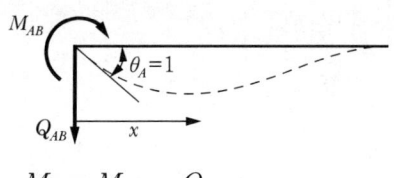

$$M_x = M_{AB} - Q_{AB}x$$

㉡ 변위 θ_A 산정

$$\theta_A = 1 = \frac{1}{EI_i}\int_0^L M_x \frac{\delta M_x}{\delta M_{AB}}dx = \frac{1}{EI}\int_0^L (M_{AB} - Q_{AB}x)(1)dx$$

$$= -\frac{Q_{AB}}{2EI}L^2 + \frac{M_{AB}}{EI}L$$

③ 연성 매트릭스 $[F_{11}]$ 산정

①, ②로부터

$$\frac{Q_{AB}}{3EI}L^3 - \frac{M_{AB}}{2EI}L^2 = v_A$$

$$-\frac{Q_{AB}}{2EI}L^2 + \frac{M_{AB}}{EI}L = \theta_A$$

$$\rightarrow \begin{Bmatrix} \dfrac{L^3}{3EI} & -\dfrac{L^2}{2EI} \\ -\dfrac{L^2}{2EI} & \dfrac{L}{EI} \end{Bmatrix} \begin{Bmatrix} Q_{AB} \\ M_{AB} \end{Bmatrix} = \begin{Bmatrix} v_A \\ \theta_A \end{Bmatrix} \qquad \therefore [F_{11}] = \begin{Bmatrix} \dfrac{L^3}{3EI} & -\dfrac{L^2}{2EI} \\ -\dfrac{L^2}{2EI} & \dfrac{L}{EI} \end{Bmatrix}$$

④ 강도 매트릭스 $[K_{11}]$ 산정

$$[K_{11}] = [F_{11}]^{-1} = \begin{Bmatrix} \dfrac{12EI}{L^3} & \dfrac{6EI}{L^2} \\ \dfrac{6EI}{L^2} & \dfrac{4EI}{L} \end{Bmatrix}$$

⑤ 평형 방정식

$$\begin{Bmatrix} \dfrac{L^3}{3EI} & -\dfrac{L^2}{2EI} \\ -\dfrac{L^2}{2EI} & \dfrac{L}{EI} \end{Bmatrix} \begin{Bmatrix} Q_{AB} \\ M_{AB} \end{Bmatrix} = \begin{Bmatrix} v_A \\ \theta_A \end{Bmatrix}$$

$$\rightarrow \begin{Bmatrix} Q_{AB} \\ M_{AB} \end{Bmatrix} = \begin{Bmatrix} \dfrac{L^3}{3EI} & -\dfrac{L^2}{2EI} \\ -\dfrac{L^2}{2EI} & \dfrac{L}{EI} \end{Bmatrix}^{-1} \begin{Bmatrix} v_A \\ \theta_A \end{Bmatrix} = \begin{Bmatrix} \dfrac{12EI}{L^3} & \dfrac{6EI}{L^2} \\ \dfrac{6EI}{L^2} & \dfrac{4EI}{L} \end{Bmatrix} \begin{Bmatrix} v_A \\ \theta_A \end{Bmatrix}$$

$$\rightarrow \begin{cases} Q_{AB} = \dfrac{12EI}{L^3} v_A + \dfrac{6EI}{L^2} \theta_A \\ M_{AB} = \dfrac{6EI}{L^2} v_A + \dfrac{4}{L} \theta_A \end{cases}$$

2) $[K_{21}]$ 산정(두 번째 (B) 절점 힘이 첫 번째 (A) 절점 변위에 미치는 영향계수)

① 절점 A의 변위에 대한 작용력

$$\begin{cases} Q_{AB} = \dfrac{12EI}{L^3} v_A + \dfrac{6EI}{L^2} \theta_A \\ M_{AB} = \dfrac{6EI}{L^2} v_A + \dfrac{4}{L} \theta_A \end{cases}$$

② 절점 A와 절점 B의 평형 조건

㉠ 자유 물체도

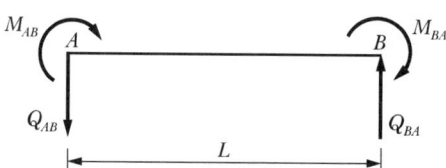

㉡ $\sum V = 0$;

$-Q_{AB} + Q_{BA} = 0 \rightarrow Q_{BA} = Q_{AB}$

$\therefore Q_{BA} = \dfrac{12EI}{L^3} v_A + \dfrac{6EI}{L^2} \theta_A$

㉢ $\sum M_A = 0$;

$M_{AB} + M_{BA} - Q_{BA} L = 0$

$M_{BA} = Q_{BA} L - M_{AB} = \left(\dfrac{12EI}{L^3} v_A + \dfrac{6EI}{L^2} \theta_A \right) L - \left(\dfrac{6EI}{L^2} v_A + \dfrac{4EI}{L} \theta_A \right)$

$$\therefore M_{BA} = \frac{6EI}{L^2}v_A + \frac{2EI}{L}\theta_A$$

③ $[K_{21}]$ 산정

$$Q_{BA} = \frac{12EI}{L^3}v_A + \frac{6EI}{L^2}\theta_A$$

$$M_{BA} = \frac{6EI}{L^2}v_A + \frac{2EI}{L}\theta_A \rightarrow \begin{Bmatrix} Q_{BA} \\ M_{BA} \end{Bmatrix} = \begin{bmatrix} \dfrac{12EI}{L^3} & \dfrac{6EI}{L^2} \\ \dfrac{6EI}{L^2} & \dfrac{2EI}{L} \end{bmatrix} \begin{Bmatrix} v_A \\ \theta_A \end{Bmatrix}$$

$$\therefore [K_{21}] = \begin{Bmatrix} \dfrac{12EI}{L^3} & \dfrac{6EI}{L^2} \\ \dfrac{6EI}{L^2} & \dfrac{2EI}{L} \end{Bmatrix}$$

3) $[K_{22}]$ 산정 (두 번째 (B) 절점 힘이 두 번째 (B) 절점 변위에 미치는 영향계수)

① $v_B = 1, v_A = \theta_A = \theta_B = 0$ 가정

㉠ 절점 B의 작용력에 의한 자유 물체도 및 휨 부재력

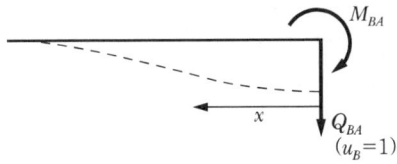

$$M_x = -M_{BA} + Q_{BA}\,x$$

㉡ 변위 v_B 산정

$$v_B = 1 = \frac{1}{EI_i}\int_0^L M_x \frac{\delta M_x}{\delta Q_{BA}}dx = \frac{1}{EI}\int_0^L (-M_{BA} + Q_{BA}\,x)(x)dx$$

$$= \frac{Q_{BA}}{3EI}L^3 - \frac{M_{BA}}{2EI}L^2$$

② $\theta_B = 1, v_A = \theta_A = v_B = 0$ 가정

㉠ 절점 B의 작용력에 의한 자유 물체도 및 휨 부재력

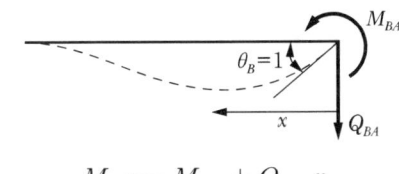

$$M_x = -M_{BA} + Q_{BA}\,x$$

ⓒ 변위 θ_B 산정

$$\theta_B = 1 = \frac{1}{EI_i}\int_0^L M_x \frac{\delta M_x}{\delta M_{BA}}dx = \frac{1}{EI}\int_0^L (-M_{BA} + Q_{BA}\,x)(-1)dx$$

$$= -\frac{Q_{BA}}{2EI}L^2 + \frac{M_{BA}}{EI}L$$

③ 연성 매트릭스 산정

①, ②로부터

$$\frac{Q_{BA}}{3EI}L^3 - \frac{M_{BA}}{2EI}L^2 = v_B$$

$$-\frac{Q_{BA}}{2EI}L^2 + \frac{M_{BA}}{EI}L = \theta_B$$

$$\rightarrow \begin{Bmatrix} \dfrac{L^3}{3EI} & -\dfrac{L^2}{2EI} \\ -\dfrac{L^2}{2EI} & \dfrac{L}{EI} \end{Bmatrix} \begin{Bmatrix} Q_{BA} \\ M_{BA} \end{Bmatrix} = \begin{Bmatrix} v_B \\ \theta_B \end{Bmatrix}$$

$$\therefore [F_{22}] = \begin{Bmatrix} \dfrac{L^3}{3EI} & -\dfrac{L^2}{2EI} \\ -\dfrac{L^2}{2EI} & \dfrac{L}{EI} \end{Bmatrix}$$

④ 강도 매트릭스 산정

$$\rightarrow \begin{Bmatrix} Q_{BA} \\ M_{BA} \end{Bmatrix} = \begin{Bmatrix} \dfrac{L^3}{3EI} & -\dfrac{L^2}{2EI} \\ -\dfrac{L^2}{2EI} & \dfrac{L}{EI} \end{Bmatrix}^{-1} \begin{Bmatrix} v_B \\ \theta_B \end{Bmatrix} = \begin{Bmatrix} \dfrac{12EI}{L^3} & \dfrac{6EI}{L^2} \\ \dfrac{6EI}{L^2} & \dfrac{4EI}{L} \end{Bmatrix} \begin{Bmatrix} v_B \\ \theta_B \end{Bmatrix}$$

$$\therefore [K_{22}] = \begin{Bmatrix} \dfrac{12EI}{L^3} & \dfrac{6EI}{L^2} \\ \dfrac{6EI}{L^2} & \dfrac{4EI}{L} \end{Bmatrix}$$

4) $[K_{12}]$ 산정(첫 번째 (A) 절점의 힘이 두 번째 (B) 절점 변위에 미치는 영향계수)

① 절점 B의 변위에 대한 작용력

$$\begin{Bmatrix} Q_{BA} \\ M_{BA} \end{Bmatrix} = \begin{Bmatrix} \dfrac{12EI}{L^3} & \dfrac{6EI}{L^2} \\ \dfrac{6EI}{L^2} & \dfrac{4EI}{L} \end{Bmatrix} \begin{Bmatrix} v_B \\ \theta_B \end{Bmatrix} \rightarrow \begin{Bmatrix} Q_{BA} = \dfrac{12EI}{L^3}v_B + \dfrac{6EI}{L^2}\theta_B \\ M_{BA} = \dfrac{6EI}{L^2}v_B + \dfrac{4}{L}\theta_B \end{Bmatrix}$$

② 절점 A와 절점 B의 평형 조건
  ㉠ 자유 물체도

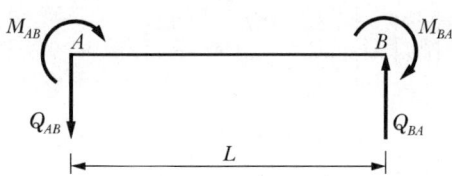

  ㉡ $\sum V = 0$;
  $$-Q_{AB} + Q_{BA} = 0 \rightarrow Q_{BA} = Q_{AB}$$
  $$\therefore Q_{BA} = \frac{12EI}{L^3}v_A + \frac{6EI}{L^2}\theta_A$$

  ㉢ $\sum M_A = 0$;
  $$M_{AB} + M_{BA} - Q_{BA}L = 0$$
  $$M_{BA} = Q_{BA}L - M_{AB} = \left(\frac{12EI}{L^3}v_A + \frac{6EI}{L^2}\theta_A\right)L - \left(\frac{6EI}{L^2}v_A + \frac{4EI}{L}\theta_A\right)$$
  $$\therefore M_{BA} = \frac{6EI}{L^2}v_A + \frac{2EI}{L}\theta_A$$

③ $[K_{12}]$ 산정

$$Q_{AB} = \frac{12EI}{L^3}v_B + \frac{6EI}{L^2}\theta_B$$

$$M_{AB} = \frac{6EI}{L^2}v_B + \frac{2EI}{L}\theta_B$$

$$\rightarrow \begin{Bmatrix} Q_{BA} \\ M_{BA} \end{Bmatrix} = \begin{Bmatrix} \dfrac{12EI}{L^3} & \dfrac{6EI}{L^2} \\ \dfrac{6EI}{L^2} & \dfrac{2EI}{L} \end{Bmatrix} \begin{Bmatrix} v_B \\ \theta_B \end{Bmatrix}$$

$$\therefore [K_{12}] = \begin{Bmatrix} \dfrac{12EI}{L^3} & \dfrac{6EI}{L^2} \\ \dfrac{6EI}{L^2} & \dfrac{4EI}{L} \end{Bmatrix}$$

3. 구조물의 전체 강도 매트릭스

1) 축방향 요소 강도 매트릭스 산정 결과

$$\begin{Bmatrix} N_{AB} \\ N_{BA} \end{Bmatrix} = [K_N] \begin{Bmatrix} u_A \\ u_B \end{Bmatrix} = \frac{EA}{L} \begin{Bmatrix} 1 & 1 \\ 1 & 1 \end{Bmatrix} \begin{Bmatrix} u_A \\ u_B \end{Bmatrix}$$

2) 휨, 전단 요소 강도 매트릭스 산정 결과

$$\begin{Bmatrix} Q_{AB} \\ M_{AB} \end{Bmatrix} = [K_{11}] \begin{Bmatrix} v_A \\ \theta_A \end{Bmatrix} = \begin{Bmatrix} \dfrac{12EI}{L^3} & \dfrac{6EI}{L^2} \\ \dfrac{6EI}{L^2} & \dfrac{4EI}{L} \end{Bmatrix} \begin{Bmatrix} v_A \\ \theta_A \end{Bmatrix}$$

$$\begin{Bmatrix} Q_{BA} \\ M_{BA} \end{Bmatrix} = [K_{12}] \begin{Bmatrix} v_B \\ \theta_B \end{Bmatrix} = \begin{Bmatrix} \dfrac{12EI}{L^3} & \dfrac{6EI}{L^2} \\ \dfrac{6EI}{L^2} & \dfrac{2EI}{L} \end{Bmatrix} \begin{Bmatrix} v_B \\ \theta_B \end{Bmatrix}$$

$$\begin{Bmatrix} Q_{BA} \\ M_{BA} \end{Bmatrix} = [K_{21}] \begin{Bmatrix} v_A \\ \theta_A \end{Bmatrix} = \begin{Bmatrix} \dfrac{12EI}{L^3} & \dfrac{6EI}{L^2} \\ \dfrac{6EI}{L^2} & \dfrac{2EI}{L} \end{Bmatrix} \begin{Bmatrix} v_A \\ \theta_A \end{Bmatrix}$$

$$\begin{Bmatrix} Q_{BA} \\ M_{BA} \end{Bmatrix} = [K_{22}] \begin{Bmatrix} v_B \\ \theta_B \end{Bmatrix} = \begin{Bmatrix} \dfrac{12EI}{L^3} & \dfrac{6EI}{L^2} \\ \dfrac{6EI}{L^2} & \dfrac{4EI}{L} \end{Bmatrix} \begin{Bmatrix} v_B \\ \theta_B \end{Bmatrix}$$

3) 각 요소 조합을 통한 전체 강도 매트릭스

$$\begin{Bmatrix} N_{AB} \\ Q_{AB} \\ M_{AB} \\ N_{BA} \\ Q_{BA} \\ M_{BA} \end{Bmatrix} = \begin{Bmatrix} \dfrac{EA}{L} & 0 & 0 & \dfrac{EA}{L} & 0 & 0 \\ 0 & \dfrac{12EI}{L^3} & \dfrac{6EI}{L^2} & 0 & \dfrac{12EI}{L^3} & \dfrac{6EI}{L^2} \\ 0 & \dfrac{6EI}{L^2} & \dfrac{4EI}{L} & 0 & \dfrac{6EI}{L^2} & \dfrac{2EI}{L} \\ \dfrac{EA}{L} & 0 & 0 & \dfrac{EA}{L} & 0 & 0 \\ 0 & \dfrac{12EI}{L^3} & \dfrac{6EI}{L^2} & 0 & \dfrac{12EI}{L^3} & \dfrac{6EI}{L^2} \\ 0 & \dfrac{6EI}{L^2} & \dfrac{2EI}{L} & 0 & \dfrac{6EI}{L^2} & \dfrac{4EI}{L} \end{Bmatrix} \begin{Bmatrix} u_A \\ v_A \\ \theta_A \\ u_B \\ v_B \\ \theta_B \end{Bmatrix}$$

▶▶▶ 건축구조기술사 89-4-4

다음의 골조구조요소(Frame Element)의 요소강성행렬(Local Stiffness Matrix) 및 변환행렬(Transformation Matrix)을 이용하여 구조계 강성행렬(Global Stiffness Matrix)을 구하시오.(단, L, A, I, T는 일정(Constant), 요소계 자유도 : V_1, V_2, V_3, V_4, V_5, V_6, 구조계 자유도 : $\overline{V_1}$, $\overline{V_2}$, $\overline{V_3}$, $\overline{V_4}$, $\overline{V_5}$, $\overline{V_6}$임)

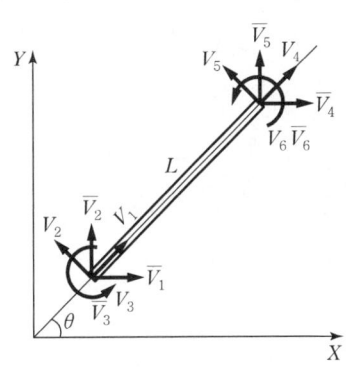

1. 축방향 요소 강도 매트릭스

1) 축방향 요소에 대한 자유 물체도

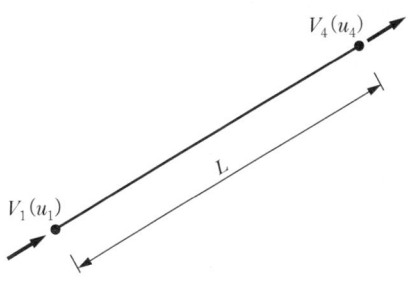

2) 절점 4 구속($u_4 = 0$)

① 축 부재의 탄성 처짐

$$u_1 = \frac{L}{AE} V_1$$

② 힘의 평형 조건($\sum H = 0$)

$$V_1 = -V_4 = \frac{AE}{L} u_1 \rightarrow V_4 = -\frac{AE}{L} u_1$$

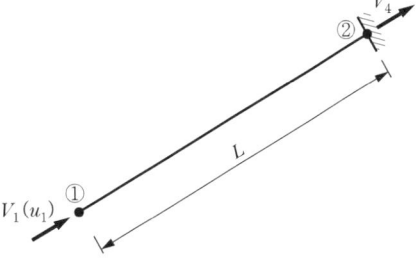

3) 절점 1 구속($u_1 = 0$)

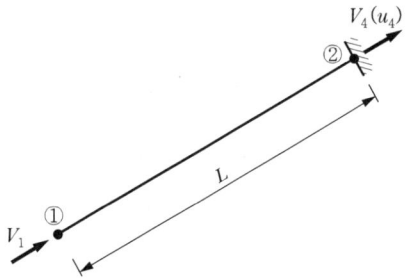

① 축 부재의 탄성 처짐

$$u_4 = \frac{L}{AE} V_4$$

② 힘의 평형 조건($\sum H = 0$)

$$V_4 = -V_1 = \frac{AE}{L} u_4 \rightarrow V_1 = -\frac{AE}{L} u_4$$

4) 2)~3) 조건식 합성

$$V_1 = \frac{AE}{L} u_1 - \frac{AE}{L} u_4$$

$$V_4 = -\frac{AE}{L} u_1 + \frac{AE}{L} u_4$$

5) 축방향 요소에 대한 강성 매트릭스

$$\begin{Bmatrix} V_1 \\ V_4 \end{Bmatrix} = \frac{AE}{L} \begin{Bmatrix} 1 & -1 \\ -1 & 1 \end{Bmatrix} \begin{Bmatrix} u_1 \\ u_4 \end{Bmatrix}$$

2. 보 요소(휨, 전단) 강도 매트릭스(가상일의 원리 적용)

1) 자유 물체도

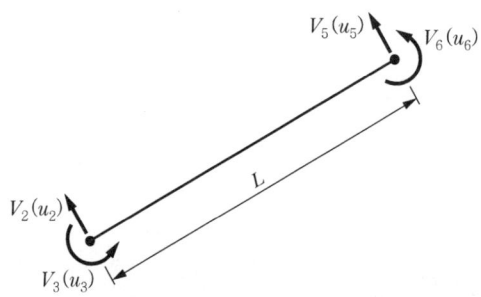

2) $\{K_{11}\}$ 산정($u_5 = u_6 = 0$일 경우)

① $u_2 = 1$에 대해서

㉠ 자유 물체도

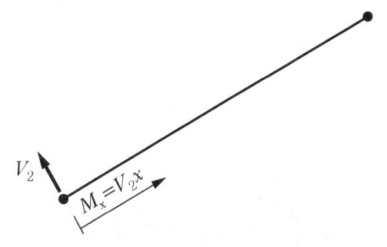

| V_2에 의한 휨 부재력 | V_3에 의한 휨 부재력 |

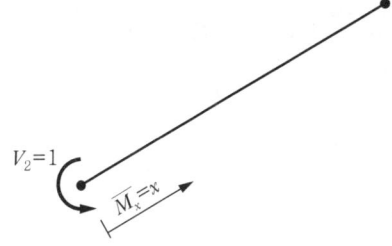

$V_2 = 1$에 의한 휨 부재력

㉡ $u_2 = 1 = \dfrac{1}{EI}\int_0^L (V_2 x)(x)d_x + \dfrac{1}{EI}\int_0^L (-V_3)(x)d_x = \dfrac{L^3}{3EI}V_2 - \dfrac{L^2}{2EI}V_3$

② $u_3 = 1$에 대해서

㉠ 자유 물체도

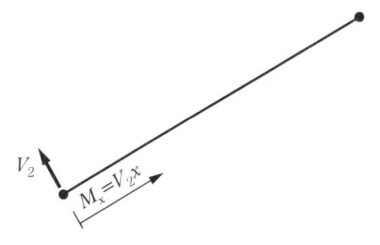 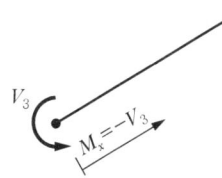

| V_2에 의한 휨 부재력 | V_3에 의한 휨 부재력 |

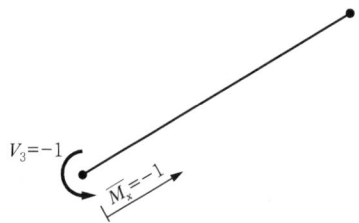

$V_3 = 1$에 의한 휨 부재력

㉡ $u_3 = 1 = \dfrac{1}{EI}\int_0^L (V_2 x)(-1)d_x + \dfrac{1}{EI}\int_0^L (-V_3)(-1)d_x = \dfrac{-L^2}{2EI}V_2 + \dfrac{L}{EI}V_3$

③ ①, ②를 합성하면

$\begin{Bmatrix} u_2 \\ u_3 \end{Bmatrix} = \dfrac{1}{EI}\begin{Bmatrix} L^3/3 & -L^2/2 \\ -L^2/2 & L \end{Bmatrix}\begin{Bmatrix} V_2 \\ V_3 \end{Bmatrix} \leftrightarrow \{d\} = \{F\}\{P\} = \{K\}^{-1}\{P\}$

④ 강성 매트릭스 산정

$\{K_{11}\} = \{F_{11}\}^{-1} = EI\begin{Bmatrix} 12/L^3 & 6/L^2 \\ 6/L^2 & 4/L \end{Bmatrix}$

⑤ 연립 방정식

$\{Q\} = \{K_e\}\{u\} = \{K_{11}\}\{u\} \leftrightarrow \begin{Bmatrix} V_2 \\ V_3 \end{Bmatrix} = EI\begin{Bmatrix} 12/L^3 & 6/L^2 \\ 6/L^2 & 4/L \end{Bmatrix}\begin{Bmatrix} u_2 \\ u_3 \end{Bmatrix}$

$\leftrightarrow \begin{aligned} V_2 &= \dfrac{12}{L^3}EIu_2 + \dfrac{6EI}{L^2}u_3 \\ V_3 &= \dfrac{6}{L^2}EIu_2 + \dfrac{4EI}{L}u_3 \end{aligned}$

3) $\{K_{21}\}$ 산정

① 자유 물체도

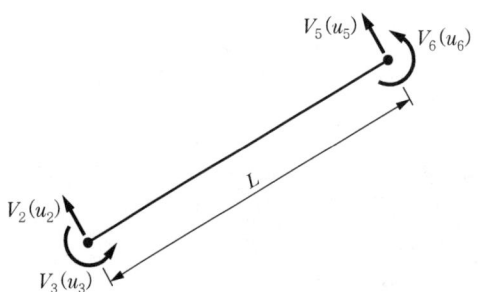

② $\sum V = 0 \to V_2 + V_5 = 0 \to V_5 = -V_2 \to V_5 = -\dfrac{12}{L^3}EIu_2 - \dfrac{6EI}{L^2}u_3$

③ $\sum M_2 = 0 \to -V_3 - V_6 + V_2 L = 0$

$\to V_6 = -V_3 + V_2 L = -\dfrac{6}{L^2}EIu_2 - \dfrac{4EI}{L}u_3 + \dfrac{12}{L^3}EIu_2 L + \dfrac{6EI}{L^2}u_3 L$

$= \dfrac{6EI}{L^2}u_2 + \dfrac{2EI}{L}u_3$

④ ②, ③을 합성하면

$\begin{pmatrix} V_2 \\ V_3 \end{pmatrix} = EI \begin{pmatrix} -12/L^3 & -6/L^2 \\ 6/L^2 & 2/L \end{pmatrix} \begin{pmatrix} u_2 \\ u_3 \end{pmatrix} \to \{K_{21}\} = EI \begin{pmatrix} -12/L^3 & -6/L^2 \\ 6/L^2 & 2/L \end{pmatrix}$

4) $\{K_{22}\}$ 산정($u_2 = u_3 = 0$일 경우)

① $u_5 = 1$에 대해서

㉠ 자유 물체도

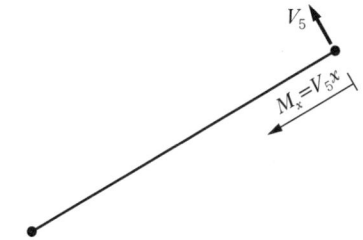

V_5에 의한 휨 부재력

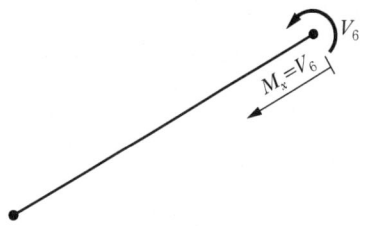

V_6에 의한 휨 부재력

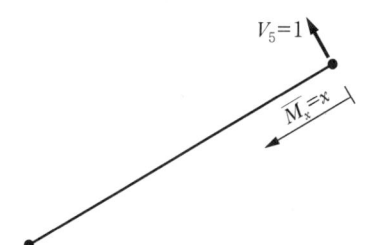

$V_5 = 1$에 의한 휨 부재력

㉡ $u_5 = 1 = \dfrac{1}{EI}\int_0^L (V_5 x)(x)d_x + \dfrac{1}{EI}\int_0^L (V_6)(x)d_x = \dfrac{L^3}{3EI}V_5 + \dfrac{L^2}{2EI}V_6$

② $u_6 = 1$에 대해서

㉠ 자유 물체도

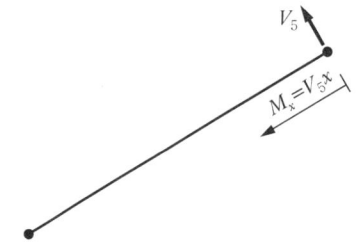

| V_5에 의한 휨 부재력 | V_6에 의한 휨 부재력 |

$V_6 = 1$에 의한 휨 부재력

㉡ $u_6 = 1 = \dfrac{1}{EI}\displaystyle\int_0^L (V_5 x)(1) d_x + \dfrac{1}{EI}\displaystyle\int_0^L (V_6)(1) d_x = \dfrac{L^2}{2EI}V_5 + \dfrac{L}{EI}V_6$

③ ①, ②를 합성하면

$\begin{pmatrix} u_5 \\ u_6 \end{pmatrix} = \dfrac{1}{EI}\begin{pmatrix} L^3/3 & L^2/2 \\ L^2/2 & L \end{pmatrix}\begin{pmatrix} V_5 \\ V_6 \end{pmatrix} \leftrightarrow \{d\} = \{F\}\{P\} = \{K\}^{-1}\{P\}$

④ 강성 매트릭스 산정

$\{K_{22}\} = \{F_{22}\}^{-1} = EI\begin{pmatrix} 12/L^3 & -6/L^2 \\ -6/L^2 & 4/L \end{pmatrix}$

⑤ 연립 방정식

$\{Q\} = \{K_e\}\{u\} = \{K_{22}\}\{u\} \leftrightarrow \begin{pmatrix} V_5 \\ V_6 \end{pmatrix} = EI\begin{pmatrix} 12/L^3 & -6/L^2 \\ -6/L^2 & 4/L \end{pmatrix}\begin{pmatrix} u_5 \\ u_6 \end{pmatrix}$

$\leftrightarrow \begin{aligned} V_5 &= \dfrac{12}{L^3}EIu_5 - \dfrac{6EI}{L^2}u_6 \\ V_6 &= -\dfrac{6}{L^2}EIu_5 + \dfrac{4EI}{L}u_6 \end{aligned}$

5) $\{K_{12}\}$ 산정

① 자유 물체도

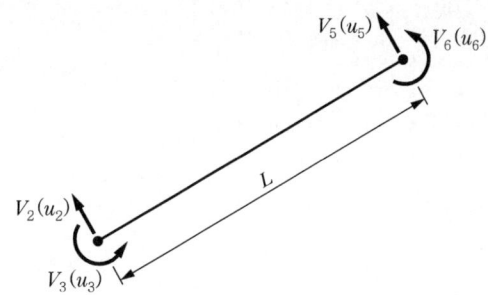

② $\sum V = 0 \rightarrow V_2 + V_5 = 0 \rightarrow V_2 = -V_5 \rightarrow V_2 = -\dfrac{12}{L^3}EIu_5 + \dfrac{6EI}{L^2}u_6$

③ $\sum M_2 = 0 \rightarrow -V_3 - V_6 + V_2 L = 0$

$\rightarrow V_3 = -V_6 + V_2 L = \dfrac{6}{L^2}EIu_5 - \dfrac{4EI}{L}u_6 - \dfrac{12}{L^3}EIu_5 L + \dfrac{6EI}{L^2}u_6 L$

$= -\dfrac{6EI}{L^2}u_5 + \dfrac{2EI}{L}u_6$

④ ②, ③을 합성하면

$\begin{pmatrix} V_2 \\ V_3 \end{pmatrix} = EI \begin{pmatrix} -12/L^3 & 6/L^2 \\ -6/L^2 & 2/L \end{pmatrix} \begin{pmatrix} u_2 \\ u_3 \end{pmatrix} \rightarrow \{K_{12}\} = EI \begin{pmatrix} -12/L^3 & 6/L^2 \\ -6/L^2 & 2/L \end{pmatrix}$

3. 요소 전체 강도 매트릭스(부재(요소) 좌표계)

1. 축방향 요소 강도 매트릭스와 2.보 요소 강도 매트릭스를 조합하면,

$\begin{pmatrix} V_1 \\ V_2 \\ V_3 \\ V_4 \\ V_5 \\ V_6 \end{pmatrix} = EI \begin{pmatrix} EA/EIL & \cdot & \cdot & -EA/EIL & \cdot & \cdot \\ \cdot & 12/L^3 & 6/L^2 & \cdot & -12/L^3 & 6/L^2 \\ \cdot & 6/L^2 & 4/L & \cdot & -6/L^2 & 2/L \\ -EA/EIL & \cdot & \cdot & EA/EIL & \cdot & \cdot \\ \cdot & -12/L^3 & -6/L^2 & \cdot & 12/L^3 & -6/L^2 \\ \cdot & 6/L^2 & 2/L & \cdot & 6/L^2 & 4/L \end{pmatrix} \begin{pmatrix} u_1 \\ u_2 \\ u_3 \\ u_4 \\ u_5 \\ u_6 \end{pmatrix}$

$\leftrightarrow \{Q\} = \{K_e\}\{u\}$

4. 좌표변환 행렬 $\{T\}$: 전체 좌표계 → 요소 좌표계

$$\begin{pmatrix} V_1 \\ V_2 \\ V_3 \\ V_4 \\ V_5 \\ V_6 \end{pmatrix} = \begin{pmatrix} \cos\theta & \sin\theta & \cdot & \cdot & \cdot & \cdot \\ -\sin\theta & \cos\theta & \cdot & \cdot & \cdot & \cdot \\ \cdot & \cdot & 1 & \cdot & \cdot & \cdot \\ \cdot & \cdot & \cdot & \cos\theta & \sin\theta & \cdot \\ \cdot & \cdot & \cdot & -\sin\theta & \cos\theta & \cdot \\ \cdot & \cdot & \cdot & \cdot & \cdot & 1 \end{pmatrix} \begin{pmatrix} \overline{V_1} \\ \overline{V_2} \\ \overline{V_3} \\ \overline{V_4} \\ \overline{V_5} \\ \overline{V_6} \end{pmatrix} \leftrightarrow \{Q\} = \{T\}\{\overline{Q}\}$$

5. 구조물 강도 매트릭스

1) 변형 변환 행렬을 이용한 요소좌표계와 전체 구조물 좌표계 관계

$$\{Q\} = \{K_e\}\{u\} \leftrightarrow \{T\}\{\overline{Q}\} = \{K_e\}\{T\}\{\overline{u}\}$$

여기서, $\{u\} = \{T\}\{\overline{u}\}$
$\{K_e\}$: 요소계 강도 매트릭스

2) 전체 구조물 좌표계의 부재력

$$\{\overline{Q}\} = \{T\}^{-1}\{K_e\}\{T\}\{\overline{u}\} = \{K\}\{\overline{u}\}$$

3) 전체 구조물의 강도 매트릭스

$$\{K\} = \{T\}^{-1}\{K_e\}\{T\}$$

여기서, $\{K_e\} = \{S\}$

$$\{K\} = \begin{pmatrix} \{a\} & \{b\} & -\{c\} & -\{a\} & -\{b\} & -\{c\} \\ \{b\} & \{d\} & \{e\} & -\{b\} & -\{d\} & \{e\} \\ -\{c\} & \{e\} & \{f\} & \{c\} & -\{e\} & \{g\} \\ -\{a\} & -\{b\} & \{c\} & \{a\} & \{b\} & \{c\} \\ -\{b\} & -\{d\} & -\{e\} & \{b\} & \{d\} & -\{e\} \\ \{c\} & \{e\} & \{g\} & \{c\} & -\{e\} & \{f\} \end{pmatrix}$$

$\{a\} = \dfrac{12EI\sin^2\theta}{L^3} + \dfrac{EA\cos^2\theta}{L}$ $\qquad \{b\} = -\dfrac{12EI\sin\theta\cos\theta}{L^3} + \dfrac{EA\sin\theta\cos\theta}{L}$

$\{c\} = -\dfrac{6EI\sin\theta}{L^2}$ $\qquad\qquad\qquad\qquad \{d\} = \dfrac{12EI\cos^2\theta}{L^3} + \dfrac{EA\sin^2\theta}{L}$

$\{e\} = \dfrac{6EI\cos\theta}{L^2}$ $\qquad\qquad\qquad\qquad \{f\} = \dfrac{4EI}{L}$

$\{g\} = \dfrac{2EI}{L}$

▶▶▶ 건축구조기술사 91-3-1

다음과 같이 길이가 L이고 단면적 (A)과 탄성계수(E)는 동일하되 단면 2차 모멘트(I)값이 길이방향으로 I에서 $2I$로 변하는 보 부재가 있다. 이 보는 양단에서 각각 수직 및 회전에 대한 두 개의 자유도(전체 4개의 자유도, u_1, u_2, u_3, u_4)를 갖는다. 이 보 부재에 대한 4×4 크기의 강성 행렬 $[S]_{4 \times 4} = \begin{Bmatrix} s_{11} & s_{12} & s_{13} & s_{14} \\ s_{21} & s_{22} & s_{23} & s_{24} \\ s_{31} & s_{32} & s_{33} & s_{34} \\ s_{41} & s_{42} & s_{43} & s_{44} \end{Bmatrix}$ 를 유도하고자 한다. 이 강성행렬의 첫 번째 열 $(s_{11}, s_{21}, s_{31}, s_{41})$과 두 번째 열 $(s_{12}, s_{22}, s_{32}, s_{42})$을 구하시오.

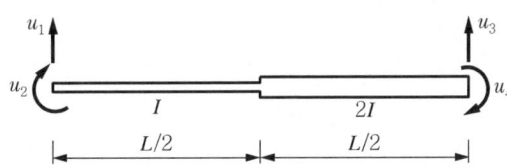

풀이 가상일법 이용

1. $u_1 = 1, u_2 = u_3 = u_4 = 0$일 경우

   1) 실제 힘에 의한 자유 물체도 및 휨 부재력

   ① 자유 물체도

   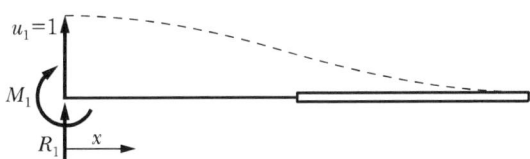

   ② 휨 부재력

   $M_x = M_1 + P_1 x$

   2) 변위 산정

   $$u_1 = 1 = \frac{1}{EI_i} \int_0^L M_x \frac{\delta M_x}{\delta P_1} dx$$

   $$= \frac{1}{EI} \int_0^{\frac{L}{2}} (M_1 + P_1 x)(x) dx + \frac{1}{2EI} \int_{\frac{L}{2}}^L (M_1 + P_1 x)(x) dx$$

   $$= \frac{1}{EI} \left(\frac{3L^3}{16} P_1 + \frac{5L^2}{16} M_1 \right)$$

2. $u_2 = 1, u_1 = u_3 = u_4 = 0$일 경우

   1) 실제 힘에 의한 자유 물체도 및 휨 부재력

      ① 자유 물체도

      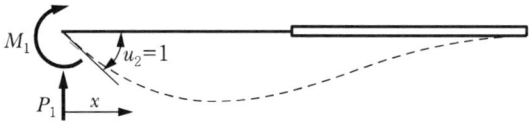

      ② 휨 부재력

      $$M_x = M_1 + P_1 x$$

   2) 변위 산정

   $$u_2 = 1 = \frac{1}{EI_i} \int_0^L M_x \frac{\delta M_x}{\delta M_1} dx$$

   $$= \frac{1}{EI} \int_0^{\frac{L}{2}} (M_1 + P_1 x)(1) dx + \frac{1}{2EI} \int_{\frac{L}{2}}^L (M_1 + P_1 x)(1) dx$$

   $$= \frac{1}{EI} \left(\frac{5L^2}{16} P_1 + \frac{12L}{16} M_1 \right)$$

3. $[K_{11}]$ 산정

   1) (u_1, u_2)을 행렬로 표현

   $$\begin{Bmatrix} u_1 \\ u_2 \end{Bmatrix} = \begin{Bmatrix} 1 \\ 1 \end{Bmatrix} = \frac{1}{EI} \begin{Bmatrix} \frac{3L^3}{16} & \frac{5L^2}{16} \\ \frac{5L^2}{16} & \frac{12L}{16} \end{Bmatrix} \begin{Bmatrix} P_1 \\ M_1 \end{Bmatrix} = [F_{11}] \begin{Bmatrix} P_1 \\ M_1 \end{Bmatrix}$$

   2) $[K_{11}] = [F_{11}]^{-1} = EI \begin{Bmatrix} \frac{192}{11L^3} & \frac{-80}{11L^2} \\ \frac{-80}{11L^2} & \frac{48}{11L} \end{Bmatrix} = \begin{Bmatrix} s_{11} & s_{12} \\ s_{21} & s_{22} \end{Bmatrix}$

4. $[K_{21}]$ 산정

   1) 절점 1의 변위에 대한 힘

   $$\begin{Bmatrix} P_1 \\ M_1 \end{Bmatrix} = [K_{11}] \begin{Bmatrix} u_1 \\ u_2 \end{Bmatrix} = EI \begin{Bmatrix} \frac{192}{11L^3} & \frac{-80}{11L^2} \\ \frac{-80}{11L^2} & \frac{48}{11L} \end{Bmatrix} \begin{Bmatrix} u_1 \\ u_2 \end{Bmatrix}$$

2) 절점 1과 절점 2의 평형 조건

   ① 자유 물체도

   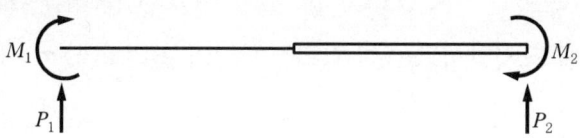

   ② $\sum V = 0$;

   $$P_2 = -P_1 = -\frac{192EI}{11L^3}u_1 + \frac{80EI}{11L^2}u_2$$

   ③ $\sum M_1 = 0$;

   $$M_1 + M_2 - P_2 \times L = 0 \rightarrow M_2 = -M_1 + P_2 \times L$$

   $$M_2 = \frac{80EI}{11L^2}u_1 - \frac{48EI}{11L}u_2 - \frac{192EI}{11L^2}u_1 + \frac{80EI}{11L}u_2 = -\frac{112EI}{11L^2}u_1 + \frac{32EI}{11L}u_2$$

3) (P_2, M_2)를 행렬로 표현 시

   $$\begin{Bmatrix} P_2 \\ M_2 \end{Bmatrix} = EI \begin{Bmatrix} -\dfrac{192}{11L^3} & \dfrac{80}{11L^2} \\ -\dfrac{112}{11L^2} & \dfrac{32}{11L} \end{Bmatrix} \begin{Bmatrix} u_1 \\ u_2 \end{Bmatrix} = [K_{21}] \begin{Bmatrix} u_1 \\ u_2 \end{Bmatrix}$$

   따라서, $[K_{21}] = EI \begin{Bmatrix} -\dfrac{192}{11L^3} & \dfrac{80}{11L^2} \\ -\dfrac{112}{11L^2} & \dfrac{32}{11L} \end{Bmatrix} = \begin{Bmatrix} s_{31} & s_{32} \\ s_{41} & s_{42} \end{Bmatrix}$

▶▶▶ 건축구조기술사   84-4-3

전단력과 휨 모멘트를 받는 그림의 보에서 (1) Shape Function N_{u1}, $N_{\theta 1}$, N_{u2}, $N_{\theta 2}$를 구하고, (2) Shape Function을 도시하시오. (단, 임의점에서의 변위 $v(x) = a + bx + cx^2 + dx^3$로 하시오.)

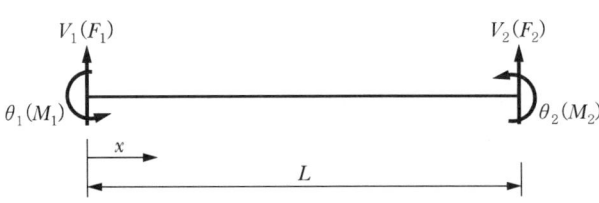

1. 변형도

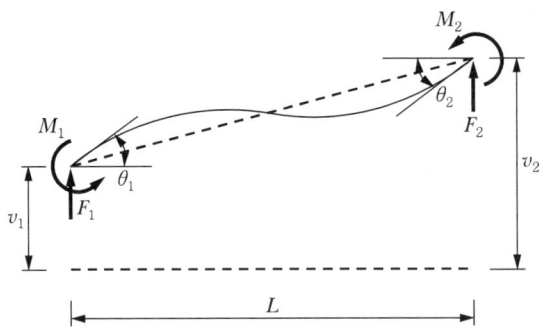

2. 절점과 절점 사이의 처짐곡선의 근사화

1) 가정된 형상함수

   $v(x) = a + bx + cx^2 + dx^3$ 여기서 a, b, c, d는 일반화 변위

2) 양변을 x에 대하여 미분하면

   $\theta = v'(x) = b + 2cx + 2dx^2$

3) 매트릭스로 정리하면

$$\begin{Bmatrix} v \\ \theta \end{Bmatrix} = \begin{Bmatrix} 1 & x & x^2 & x^3 \\ 0 & 1 & 2x & 3x^2 \end{Bmatrix} \begin{Bmatrix} a \\ b \\ c \\ d \end{Bmatrix}$$

3. 경계조건을 대입하여 일반화 변위 산정

1) $v(0) = a = 0 = v_1$

$v'(0) = b = \theta_1$

$v(l) = a + bl + cl^2 + dl^3 = v_2$

$v'(l) = b + 2cl + 3dl^2 = \theta_2$

2) 매트릭스로 표현하면

절점 변위(일반화좌표) : $\{\overline{d}\} = [A]\{a\}$

$$\begin{Bmatrix} v_1 \\ \theta_1 \\ v_2 \\ \theta_2 \end{Bmatrix} = \begin{bmatrix} 1 & 0 & 0 & 0 \\ 0 & 1 & 0 & 0 \\ 1 & l & l^2 & l^3 \\ 0 & 1 & 2l & 3l^2 \end{bmatrix} \begin{Bmatrix} a \\ b \\ c \\ d \end{Bmatrix}$$

3) 일반화 변위(형상함수 계수)

$\{a\} = [A]^{-1}\{\overline{d}\}$

$$\begin{Bmatrix} a \\ b \\ c \\ d \end{Bmatrix} = \begin{bmatrix} 1 & 0 & 0 & 0 \\ 0 & 1 & 0 & 0 \\ 1 & l & l^2 & l^3 \\ 0 & 1 & 2l & 3l^2 \end{bmatrix}^{-1} \begin{Bmatrix} v_1 \\ \theta_1 \\ v_2 \\ \theta_2 \end{Bmatrix} = \begin{Bmatrix} 1 & 0 & 0 & 0 \\ 0 & 1 & 0 & 0 \\ -\dfrac{3}{l^3} & -\dfrac{2}{l} & \dfrac{3}{l^2} & -\dfrac{1}{l} \\ \dfrac{2}{l^3} & \dfrac{1}{l^2} & -\dfrac{2}{l^3} & \dfrac{1}{l^2} \end{Bmatrix} \begin{Bmatrix} v_1 \\ \theta_1 \\ v_2 \\ \theta_2 \end{Bmatrix}$$

4. 처짐의 형상 함수

1) 절점의 처짐은 3.-3)에 산정된 일반화 변위를 대입하면

$$\{v\} = \{1 \ x \ x^2 \ x^3\} \begin{Bmatrix} a \\ b \\ c \\ d \end{Bmatrix}$$

$$= \{1 \ x \ x^2 \ x^3\} \begin{Bmatrix} 1 & 0 & 0 & 0 \\ 0 & 1 & 0 & 0 \\ -\dfrac{3}{l^3} & -\dfrac{2}{l} & \dfrac{3}{l^2} & -\dfrac{1}{l} \\ \dfrac{2}{l^3} & \dfrac{1}{l^2} & -\dfrac{2}{l^3} & \dfrac{1}{l^2} \end{Bmatrix} \begin{Bmatrix} v_1 \\ \theta_1 \\ v_2 \\ \theta_2 \end{Bmatrix}$$

$$= \left\{ 1 - 3\left(\dfrac{x}{l}\right)^2 + 2\left(\dfrac{x}{l}\right)^2, \ x\left(1 - \dfrac{x}{l}\right)^2, \ 3\left(\dfrac{x}{l}\right)^2 - 2\left(\dfrac{x}{l}\right)^3, \ \dfrac{x^2}{l}\left(\dfrac{x}{l} - 1\right) \right\}$$

$\Leftrightarrow \{v\} = \{N_{u1} \ N_{\theta 1} \ N_{u2} \ N_{\theta 2}\} \begin{Bmatrix} v_1 \\ \theta_1 \\ v_2 \\ \theta_2 \end{Bmatrix} \Leftrightarrow \{d\} = [N]\{\overline{d}\} \Leftrightarrow$ 변위=형상함수·절점의 변위

2) 처짐의 형상 함수(일반화 변위 형상)

$$N_{u1} = 1 - 3\left(\frac{x}{l}\right)^2 + 2\left(\frac{x}{l}\right)^3 \qquad N_{\theta 1} = x\left(1 - \frac{x}{l}\right)^2$$

$$N_{u2} = 3\left(\frac{x}{l}\right)^2 - 2\left(\frac{x}{l}\right)^3 \qquad N_{\theta 2} = \frac{x^2}{l}\left(\frac{x}{l} - 1\right)$$

3) 처짐의 형상 함수 도시

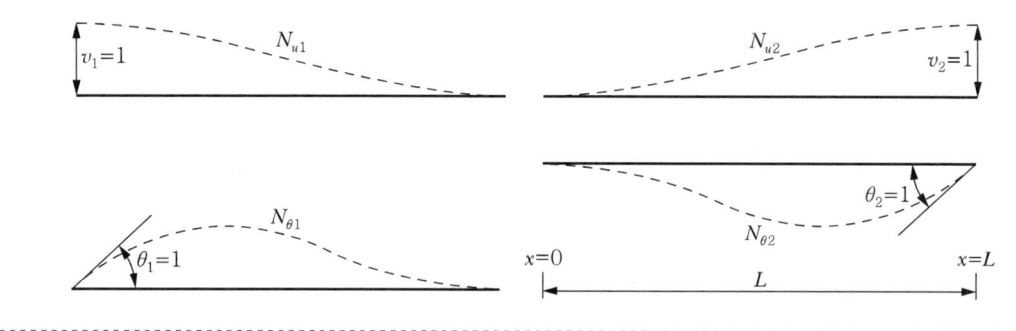

▶▶▶▶ 지점침하 　　예제

"B"점 침하 15mm $E = 200 \times 10^6 \text{kN/m}^2$, $I = 400 \times 10^{-6} \text{m}^4$ 부재력을 산정하시오.

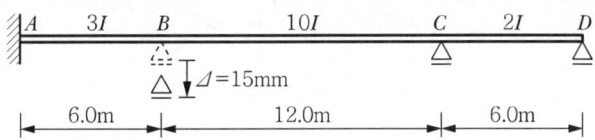

풀이 1 　매트릭스 변위법

1. 자유 물체도

　1) 구조계

　2) 요소계

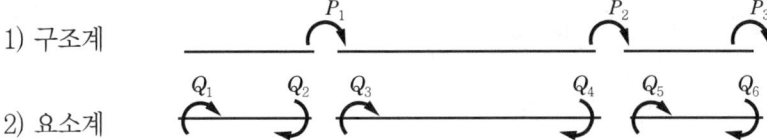

2. 평형 방정식 및 평형 매트릭스

　1) 평형 방정식

　　① $P_1 = Q_2 + Q_3$

　　② $P_2 = Q_4 + Q_5$

　　③ $P_3 = Q_6$

　2) 평형 매트릭스

　　① $\{P\} = \{A\}\{Q\}$

$$\begin{Bmatrix} P_1 \\ P_2 \\ P_3 \end{Bmatrix} = \begin{Bmatrix} 0 & 1 & 1 & 0 & 0 & 0 \\ 0 & 0 & 0 & 1 & 1 & 0 \\ 0 & 0 & 0 & 0 & 0 & 1 \end{Bmatrix} \begin{Bmatrix} Q_1 \\ Q_2 \\ Q_3 \\ Q_4 \\ Q_5 \\ Q_6 \end{Bmatrix}$$

　　② $\{A\} = \begin{Bmatrix} 0 & 1 & 1 & 0 & 0 & 0 \\ 0 & 0 & 0 & 1 & 1 & 0 \\ 0 & 0 & 0 & 0 & 0 & 1 \end{Bmatrix}$

3. 전 부재 강도 매트릭스

1) $\{Q\} = \{S\}\{e\}$

2) $\{S\} = \begin{Bmatrix} 40,000 \times 4 & 40,000 \times 2 & 0 & 0 & & \\ 40,000 \times 2 & 40,000 \times 4 & 0 & 0 & & \\ 0 & 0 & \dfrac{200,000}{3} \times 4 & \dfrac{200,000}{3} \times 2 & & \\ 0 & 0 & \dfrac{200,000}{3} \times 2 & \dfrac{200,000}{3} \times 4 & & \\ & & & & \dfrac{80,000}{3} \times 4 & \dfrac{80,000}{3} \times 2 \\ & & & & \dfrac{80,000}{3} \times 2 & \dfrac{80,000}{3} \times 4 \end{Bmatrix}$

여기서, $EI = (200 \times 10^6) \times (400 \times 10^{-6}) = 80,000 \text{kNm}^2$

$$\frac{EI_1}{L_1} = \frac{3EI}{6.0} = 40,000 \text{kNm}$$

$$\frac{EI_2}{L_2} = \frac{10EI}{12.0} = \frac{200,000}{3} \text{kNm}$$

$$\frac{EI_3}{L_2} = \frac{2EI}{6.0} = \frac{80,000}{3} \text{kNm}$$

4. 구조물 강도 매트릭스

1) $\{K\} = \{A\}[S]\{A\}^T$

2) $\{K\} = \begin{Bmatrix} \dfrac{1,280,000}{3} & \dfrac{400,000}{3} & 0 \\ \dfrac{400,000}{3} & \dfrac{1,120,000}{3} & \dfrac{1,600,000}{3} \\ \dfrac{400,000}{3} & \dfrac{1,120,000}{3} & \dfrac{320,000}{3} \end{Bmatrix}$

5. 지점 침하에 의해 작용하는 휨 부재력

1) $Q_{01} = Q_{02} = \dfrac{6E(3I)}{L_1} \dfrac{\Delta}{L_1} = \dfrac{18EI\Delta}{L_1^2}$

$= \dfrac{18EI\Delta}{L_1^2} = \dfrac{18 \times (200 \times 10^6) \times (400 \times 10^{-6}) \times 0.015}{6.0^2} = 600.0 \text{kNm}$

2) $Q_{03} = Q_{04} = \dfrac{-6E(10I)}{L_2} \dfrac{\Delta}{L_2} = \dfrac{-60EI\Delta}{L_2^2}$

$$= \frac{60 \times (200 \times 10^6) \times (400 \times 10^{-6}) \times 0.015}{12.0^2} = -500.0 \text{kNm}$$

여기서, 부재각만을 발생시키는 재단 모멘트
$$M_F = Q_{0i} = \frac{2EI}{L}\left(2\theta_1 + \theta_2 - \frac{3\Delta}{L}\right) = -\frac{6EI}{L^2}\Delta \ (\theta_1 = \theta_2 = 0)$$

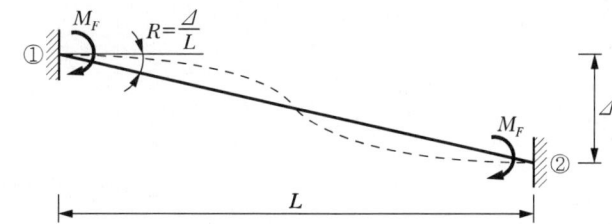

6. 고정단 매트릭스(단위 : kNm)

$\{f\} = \{f_1 ; f_2 ; f_3 ; f_4 ; f_5 ; f_6\} = \{-Q_{01} ; -Q_{02} ; -Q_{03} ; -Q_{04} ; 0 ; 0\}$
$= \{-600 ; -600 ; 500 ; 500 ; 0 ; 0\}$

7. 하중 매트릭스(단위 : kNm)

$\{P\} = \{P_1 ; P_2 ; P_3\} = \{-f_2 - f_3 ; -f_4 - f_5 ; -f_6\} = \{600 - 500 ; -500 - 0 ; 0\}$
$= \{100 ; -500 ; 0\}$

8. 격점 변위 매트릭스

1) $\{d\} = \{K\}^{-1}\{P\}$
2) $\{d\} = \{d_1 ; d_2 ; d_3\} = \{\theta_B ; \theta_C ; \theta_D\} = \{0.000779 ; -0.001742 ; 0.000871\}$

9. 부재단 부재력 매트릭스(단위 : kNm)

$\{Q\} = \{S\}\{A^T\}\{d\} + \{f\} = \{Q_1 ; Q_2 ; Q_3 ; Q_4 ; Q_5 ; Q_6\}$
$= \{-537.71 ; -475.41 ; 475.41 ; 139.34 ; -139.34 ; 0\}$

10. 부재 변형도

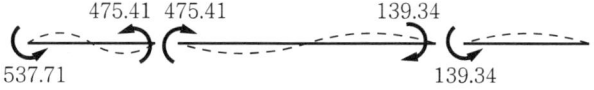

11. 부재력도(단위 : kNm)

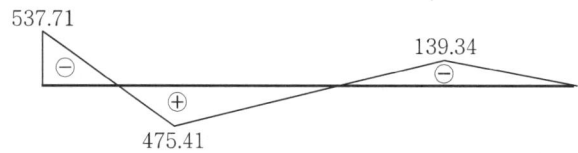

풀이 2 처짐각법

1. 변형도 및 부재각

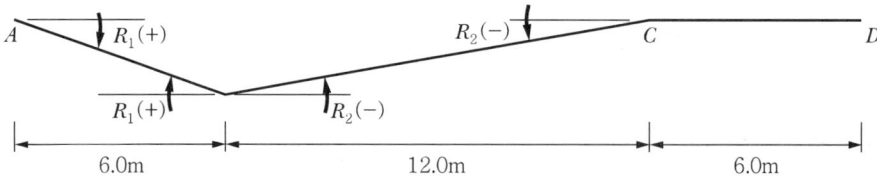

1) $R_1 = +\dfrac{15}{6,000} = +0.0025$

2) $R_2 = -\dfrac{15}{12,000} = -0.00125$

2. 처짐각법 정해식

1) $M_{AB} = \dfrac{2E(3I)}{6}(2\theta_A + \theta_B - 3R_1) = \dfrac{6EI}{6}(\theta_B - 3 \times 0.0025)$

   $= EI(\theta_B - 0.0075)(\because \theta_A = 0)$

2) $M_{BA} = \dfrac{2E(3I)}{6}(2\theta_B + \theta_A - 3R_1) = \dfrac{6EI}{6}(2\theta_B - 3 \times 0.0025) = EI(2\theta_B - 0.0075)$

3) $M_{BC} = \dfrac{2E(10I)}{12}(2\theta_B + \theta_C - 3R_2) = \dfrac{20EI}{12}\{2\theta_B + \theta_C - 3 \times (-0.00125)\}$

   $= \dfrac{5EI}{3}(2\theta_B + \theta_C + 0.00375)$

4) $M_{CB} = \dfrac{2E(10I)}{12}(2\theta_C + \theta_B - 3R_2) = \dfrac{20EI}{12}\{\theta_B + 2\theta_C - 3 \times (-0.00125)\}$

   $= \dfrac{5EI}{3}(\theta_B + 2\theta_C + 0.00375)$

5) $M_{CD} = \dfrac{2E(2I)}{6}(2\theta_C + \theta_D + 0) = \dfrac{2EI}{3}(2\theta_C + \theta_D)$

6) $M_{DC} = \dfrac{2E(2I)}{6}(2\theta_D + \theta_C + 0) = \dfrac{2EI}{3}(\theta_C + 2\theta_D)$

3. 절점 방정식

1) $\sum M_B = 0$;

$M_{BA} + M_{BC} = 0$

$EI(2\theta_B - 0.0075) + \dfrac{5EI}{3}(2\theta_B + \theta_C + 0.00375) = 0$

$EI\left(\dfrac{16}{3}\theta_B + \dfrac{5}{3}\theta_C - 0.00125\right) = 0$

$\dfrac{16}{3}\theta_B + \dfrac{5}{3}\theta_C = 0.00125$

2) $\sum M_C = 0$;

$M_{CB} + M_{CD} = 0$

$\dfrac{5EI}{3}(\theta_B + 2\theta_C + 0.00375) + \dfrac{2EI}{3}(2\theta_C + \theta_D) = 0$

$EI\left(\dfrac{5}{3}\theta_B + \dfrac{14}{3}\theta_C + \dfrac{2}{3}\theta_D + 0.00625\right) = 0$

$\dfrac{5}{3}\theta_B + \dfrac{14}{3}\theta_C + \dfrac{2}{3}\theta_D = -0.00625$

3) $\sum M_D = 0$;

$M_{DC} = 0$

$\dfrac{2EI}{3}(\theta_C + 2\theta_D) = 0$

$\theta_C + 2\theta_D = 0$

4. 연립방정식을 이용한 미지수 산정

1) 절점 방정식으로부터 산정된 식을 연립하면

$\dfrac{16}{3}\theta_B + \dfrac{5}{3}\theta_C = 0.00125$

$\dfrac{5}{3}\theta_B + \dfrac{14}{3}\theta_C + \dfrac{2}{3}\theta_D = -0.00625$

$\theta_C + 2\theta_D = 0$

2) 행렬식으로 정리하면

$$\begin{pmatrix} \dfrac{16}{3} & \dfrac{5}{3} & 0 \\ \dfrac{5}{3} & \dfrac{14}{3} & \dfrac{2}{3} \\ 0 & 1 & 2 \end{pmatrix} \begin{pmatrix} \theta_B \\ \theta_C \\ \theta_D \end{pmatrix} = \begin{pmatrix} 0.00125 \\ -0.00625 \\ 0 \end{pmatrix} \rightarrow \theta_B = 0.00078,\ \theta_C = -0.00174,\ \theta_D = 0.00087$$

5. 재단 모멘트

1) $M_{AB} = EI(\theta_B - 0.0075) = (200 \times 10^6) \times (400 \times 10^{-6}) \times (0.00078 - 0.0075)$
   $= -537.6 \, \text{kNm}$

2) $M_{BA} = EI(2\theta_B - 0.0075) = (200 \times 10^6) \times (400 \times 10^{-6}) \times (2 \times 0.00078 - 0.0075)$
   $= -475.2 \, \text{kNm}$

3) $M_{BC} = \dfrac{5EI}{3}(2\theta_B + \theta_C + 0.00375)$
   $= \dfrac{5 \times (200 \times 10^6) \times (400 \times 10^{-6})}{3} \times (2 \times 0.00078 - 0.00174 + 0.00375)$
   $= 476 \, \text{kNm}$

4) $M_{CB} = \dfrac{5EI}{3}(\theta_B + 2\theta_C + 0.00375)$
   $= \dfrac{5 \times (200 \times 10^6) \times (400 \times 10^{-6})}{3} \times (0.00078 - 2 \times 0.00174 + 0.00375)$
   $= 140 \, \text{kNm}$

5) $M_{CD} = \dfrac{2EI}{3}(2\theta_C + \theta_D)$
   $= \dfrac{2 \times (200 \times 10^6) \times (400 \times 10^{-6})}{3} \times \{2 \times (-0.00174) + 0.00087\}$
   $= -139.2 \, \text{kNm}$

6) $M_{DC} = \dfrac{2EI}{3}(\theta_C + 2\theta_D)$
   $= \dfrac{2 \times (200 \times 10^6) \times (400 \times 10^{-6})}{3} \times (-0.00174 + 2 \times 0.00087)$
   $= 0$

6. 부재 변형도

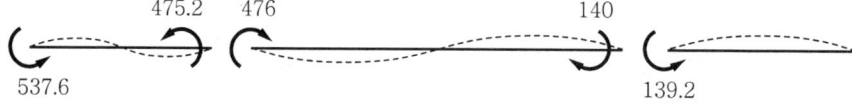

7. 부재력도(단위 : kNm)

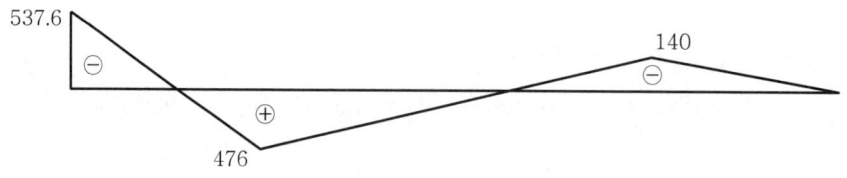

▶▶▶ 건축구조기술사   104-4-1

그림과 같은 부정정보에서 B지점의 처짐각 및 모든 지점반력을 강성매트릭스법으로 구하고, BMD를 그리시오.(단, AB구간의 $EI=720\,\text{kNm}^2$, BC구간의 $EI=360\,\text{kNm}^2$으로 하고, B지점에 $1\,\text{cm}$의 침하가 발생하였다고 한다.)

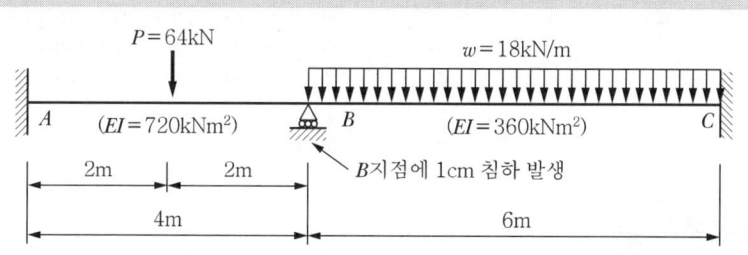

풀이 1 매트릭스 변위법

1. 자유 물체도

  1) 구조계

  2) 요소계

  $Q_1 \quad Q_2 \qquad Q_3 \qquad Q_4$

2. 평형 방정식

  $P_1 = Q_2 + Q_3$

3. 평형 매트릭스

  1) $\{P\} = \{A\}\{Q\}$

  $$\begin{Bmatrix} P_1 \\ P_2 \end{Bmatrix} = \{0\ \ 1\ \ 1\ \ 0\} \begin{Bmatrix} Q_1 \\ Q_2 \\ Q_3 \\ Q_4 \end{Bmatrix}$$

  2) $\{A\} = \{0\ \ 1\ \ 1\ \ 0\}$

4. 전부재 강도 매트릭스

1) $\{Q\}=\{S\}\{e\}$

2) $\{S\}=\begin{Bmatrix} 4\times\dfrac{720}{4} & 2\times\dfrac{720}{4} & 0 & 0 \\ 2\times\dfrac{720}{4} & 4\times\dfrac{720}{4} & 0 & 0 \\ 0 & 0 & 4\times\dfrac{360}{6} & 2\times\dfrac{360}{6} \\ 0 & 0 & 2\times\dfrac{360}{6} & 4\times\dfrac{360}{6} \end{Bmatrix} = \begin{Bmatrix} 720 & 360 & 0 & 0 \\ 360 & 720 & 0 & 0 \\ 0 & 0 & 240 & 120 \\ 0 & 0 & 120 & 240 \end{Bmatrix}$

5. 구조물 강도 매트릭스

1) $\{K\}=\{A\}[S]\{A\}^T$

2) $\{K\}=\{\,960\,\}$

6. 지점 침하에 의해 작용하는 휨 부재력

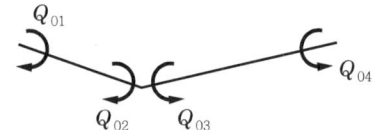

1) $Q_{01}=Q_{02}=\dfrac{6(EI)}{L_1^2}\Delta=\dfrac{6\times720}{4.0^2}\times0.01=2.7\text{kN}\cdot\text{m}$

2) $Q_{03}=Q_{04}=\dfrac{-6(EI)}{L_2^2}\Delta=\dfrac{6\times360\times0.01}{6.0^2}=-0.6\text{kN}\cdot\text{m}$

여기서, 부재각만을 발생시키는 재단 모멘트

$M_F=Q_{0i}=\dfrac{2EI}{L}\left(2\theta_1+\theta_2-\dfrac{3\Delta}{L}\right)=-\dfrac{6EI}{L^2}\Delta\,(\theta_1=\theta_2=0)$

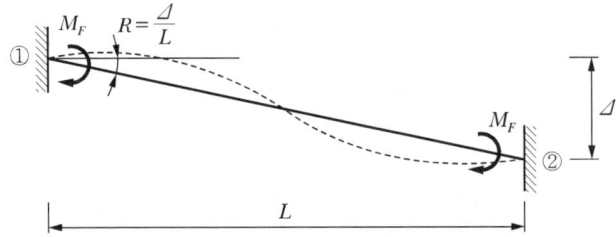

7. 고정단 매트릭스(단위 : kN · m)

$$\{f\} = \{f_1 ; f_2 ; f_3 ; f_4\}$$
$$= \left\{\frac{-64 \times 4.0}{8} - Q_{01} ; \frac{64 \times 4.0}{8} - Q_{02} ; \frac{-18 \times 6.0^2}{12} - Q_{03} ; \frac{18 \times 6.0^2}{12} - Q_{04}\right\}$$
$$= \{-32.0 - 2.7 ; 32.0 - 2.7 ; -54.0 + 0.6 ; 54.0 + 0.6\}$$
$$= \{-34.7 ; 29.3 ; -53.4 ; 54.6\}$$

8. 하중 매트릭스

$$\{P\} = \{P_1 ; P_2\} = \{-f_4 ; -f_2\} = \{53.4 ; -29.3\} = \{24.1\text{kN} \cdot \text{m}\}$$

9. 격점 변위 매트릭스

1) $\{d\} = \{K\}^{-1}\{P\}$

2) $\{d\} = \{d_1\} = \{\theta_B\} = \{0.0251 \text{ rad}\}$

10. 부재단 부재력 매트릭스(단위 : kN · m)

$$\{Q\} = \{S\}\{A^T\}\{d\} + \{f\} = \{Q_1 ; Q_2 ; Q_3 ; Q_4\}$$
$$= \{-25.66 ; 47.38 ; -47.38 ; 57.61\}$$

11. 지점 반력 산정

1) 자유 물체도

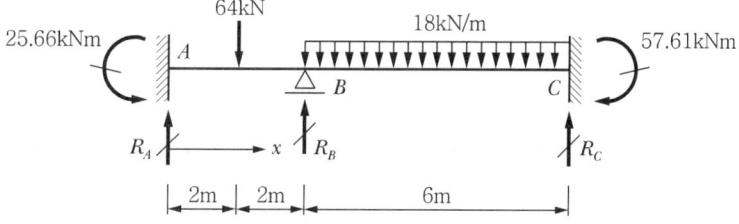

2) AB부재에서

$M_{B(좌)} = -25.66 + R_A \times 4.0 - 64 \times 2.0 = -47.38$

∴ $R_A = 26.57\text{kN} \ (\uparrow)$

3) CB부재에서

$M_{B(우)} = -57.61 + R_C \times 6.0 - 18 \times 6.0 \times 3.0 = -47.38$

∴ $R_C = 55.71\text{kN} \ (\uparrow)$

4) $\Sigma V = 0$에서

$64 + 18 \times 6 - 26.57 - R_B - 55.71 = 0$

$\therefore R_B = 89.72\text{kN}(\uparrow)$

12. 반력을 표기한 최종 자유 물체도

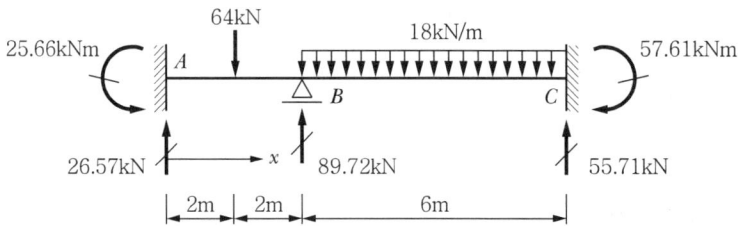

13. 휨 부재력도

1) AB 구간 최대 정 모멘트 점

   $M_{x=2.0} = -25.66 + 26.57 \times 2 = 27.48\text{kN} \cdot \text{m}$

2) CB 구간 최대 정 모멘트 점

   $M_x = -57.61 + 55.71x - \dfrac{1}{2} \times 18 \times x^2$

   $S_x = \dfrac{dM_x}{dx} = 55.71 - 18x = 0 \rightarrow x = \dfrac{55.71}{18} = 3.10\text{m}$

   $M_{(x=3.10)} = -57.62 + 55.71x - \dfrac{1}{2} \times 18 \times x^2 = 28.59\text{kN} \cdot \text{m}$

3) 개별 요소 부재 변형도

4) 휨 부재력도(단위 : $\text{kN} \cdot \text{m}$)

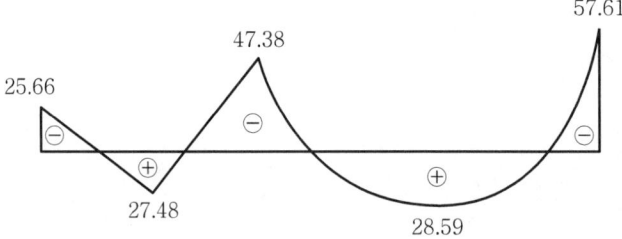

풀이 2 최소일법에 의한 참고 풀이

1. 구조물의 부정정 차수

$n =$ 부재수 + 강절점수 + 반력수 $- 2 \times$ 절점수
$\quad = 1 + 1 + 7 - 2 \times 3$
$\quad = 3$

∴ 3차 부정정 구조

수평 반력은 무시하고 부정정력을 좌측 지점의 수직 반력 X_1과 휨 모멘트 반력 X_2으로 가정

2. 자유 물체도

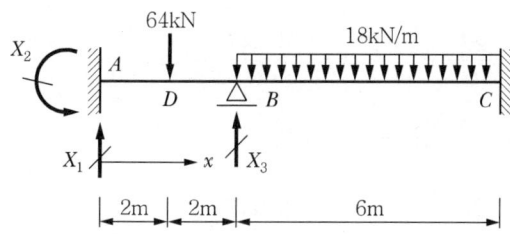

3. 구간별 휨 부재력 산정

1) $A \sim D$ 구간($0 \leq x \leq 2.0\text{m}$)

$M_x = X_1 x - X_2$

2) $D \sim B$ 구간($2.0\text{m} \leq x \leq 4.0\text{m}$)

$M_x = X_1 x - X_2 - 64(x-2)$

3) $B \sim C$ 구간($4.0\text{m} \leq x \leq 10.0\text{m}$)

$M_x = X_1 x - X_2 + X_3(x-4) - 64(x-2) - \dfrac{1}{2} \times 18(x-4)^2$
$\quad = X_1 x - X_2 + X_3(x-4) - 9x^2 + 8x - 16$

4. 내부 에너지

$U = \displaystyle\int \dfrac{M_x^2}{2EI} dx$

$\quad = \dfrac{1}{2(EI)_{AB}} \displaystyle\int_0^{2.0} (X_1 x - X_2)^2 dx + \dfrac{1}{2(EI)_{AB}} \displaystyle\int_{2.0}^{4.0} \{X_1 x - X_2 - 64(x-2)\}^2 dx$

$\quad + \dfrac{1}{2(EI)_{BC}} \displaystyle\int_{4.0}^{10.0} \{X_1 x - X_2 + X_3(x-4) - 9x^2 + 8x - 16\}^2 dx$

(여기서, $(EI)_{AB} = 720\,\text{kN}\,\text{m}^2$, $(EI)_{BC} = 360\,\text{kN}\,\text{m}^2$)

$$\to U = \frac{121}{270}X_1^2 + \left(-\frac{23}{180}X_2 + \frac{2}{5}X_3 - \frac{3,047}{54}\right)X_1 + \frac{X_2^2}{90} + \left(\frac{329}{45} - \frac{1}{20}X_3\right)X_2$$
$$+ \frac{1}{10}X_3^2 - \frac{273}{10}X_3 + \frac{1,273,778}{675}$$

5. B지점 처짐에 의한 외부일

$$V = X_3 \times \delta = X_3 \times 0.01 = 0.01X_3$$

6. 전 퍼텐셜 에너지

$$\Pi = U + V$$
$$= \frac{121}{270}X_1^2 + \left(-\frac{23}{180}X_2 + \frac{2}{5}X_3 - \frac{3,047}{54}\right)X_1 + \frac{X_2^2}{90} + \left(\frac{329}{45} - \frac{1}{20}X_3\right)X_2 + \frac{1}{10}X_3^2$$
$$- \frac{273}{10}X_3 + \frac{1,273,778}{675} + 0.01X_3$$
$$= \frac{121}{270}X_1^2 + \left(-\frac{23}{180}X_2 + \frac{2}{5}X_3 - \frac{3,047}{54}\right)X_1 + \frac{X_2^2}{90} + \left(\frac{329}{45} - \frac{1}{20}X_3\right)X_2 + \frac{1}{10}X_3^2$$
$$- \frac{2,729}{100}X_3 + \frac{1,273,778}{675}$$

7. 최소일의 원리

1) 선형 탄성인 부정정 구조물에 외력이 작용할 때, 부정정력의 조합은 변형에너지가 최소인 경우에 가정한 평형상태를 유지한다.

2) $\dfrac{\delta \Pi}{\delta X_1} = \dfrac{121}{135}X_1 - \dfrac{23}{180}X_2 + \dfrac{2}{5}X_3 - \dfrac{3,047}{54} = 0$

3) $\dfrac{\delta U}{\delta X_2} = -\dfrac{23}{180}X_1 + \dfrac{1}{45}X_2 - \dfrac{1}{20}X_3 + \dfrac{329}{45} = 0$

4) $\dfrac{\delta U}{\delta X_2} = \dfrac{2}{5}X_1 - \dfrac{1}{20}X_2 + \dfrac{1}{5}X_3 - \dfrac{2729}{100} = 0$

8. 연립 방정식 풀이를 통한 X_1, X_2 산정

1) $\dfrac{121}{135}X_1 - \dfrac{23}{180}X_2 + \dfrac{2}{5}X_3 - \dfrac{3,047}{54} = 0 \to \dfrac{121}{135}X_1 - \dfrac{23}{180}X_2 + \dfrac{2}{5}X_3 = \dfrac{3,047}{54}$

$-\dfrac{23}{180}X_1 + \dfrac{1}{45}X_2 - \dfrac{1}{20}X_3 + \dfrac{329}{45} = 0 \to -\dfrac{23}{180}X_1 + \dfrac{1}{45}X_2 - \dfrac{1}{20}X_3 = -\dfrac{329}{45}$

$\dfrac{2}{5}X_1 - \dfrac{1}{20}X_2 + \dfrac{1}{5}X_3 - \dfrac{2,729}{100} = 0 \to \dfrac{2}{5}X_1 - \dfrac{1}{20}X_2 + \dfrac{1}{5}X_3 = \dfrac{2,729}{100}$

2) $\left\{\begin{array}{ccc} \dfrac{121}{135} & -\dfrac{23}{180} & \dfrac{2}{5} \\ -\dfrac{23}{180} & \dfrac{1}{45} & -\dfrac{1}{20} \\ \dfrac{2}{5} & -\dfrac{1}{20} & \dfrac{1}{5} \end{array}\right\} \left\{\begin{array}{c} X_1 \\ X_2 \end{array}\right\} = \left\{\begin{array}{c} \dfrac{3,047}{54} \\ -\dfrac{329}{45} \\ \dfrac{2729}{100} \end{array}\right\}$

$\left\{\begin{array}{c} X_1 \\ X_2 \\ X_3 \end{array}\right\} = \left\{\begin{array}{ccc} \dfrac{121}{135} & -\dfrac{23}{180} & \dfrac{2}{5} \\ -\dfrac{23}{180} & \dfrac{1}{45} & -\dfrac{1}{20} \\ \dfrac{2}{5} & -\dfrac{1}{20} & \dfrac{1}{5} \end{array}\right\}^{-1} \left\{\begin{array}{c} \dfrac{3,047}{54} \\ -\dfrac{329}{45} \\ \dfrac{2729}{100} \end{array}\right\} = \{26.57\,\text{kN} \ ; \ 25.66\,\text{kNm} \ ; \ 89.72\,\text{kN}\}$

9. 평형 조건을 이용하여 M_C, R_C 산정

1) 자유 물체도

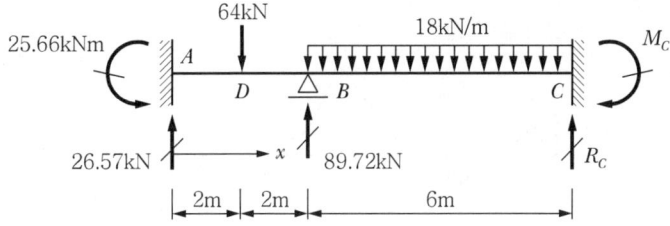

2) 평형 조건식을 이용한 C점 반력 산정

① $\Sigma V = 0$

$R_C = 64 + 18 \times 6 - 26.57 - 89.72 = 55.71 \text{kN}$

② $\Sigma M_C = 0$

$-25.66 + 26.57 \times 10.0 - 64.0 \times 8.0 + 89.72 \times 6.0 - 18 \times 6.0 \times 3.0 + M_C = 0$

$M_C = 57.64 \text{kNm} (\circlearrowright)$

10. M_B 산정

$M_B = -25.66 + 26.57 \times 4 - 64 \times 2 = -47.38 \text{kN} \cdot \text{m}$

11. 휨 부재력도

1) AB 구간 최대 정 모멘트 점

$M_{x=2.0} = -25.66 + 26.57 \times 2 = 27.48 \text{kN} \cdot \text{m}$

2) CB 구간 최대 정 모멘트 점

$$M_x = -57.64 + 55.71x - \frac{1}{2} \times 18 \times x^2$$

$$S_x = \frac{dM_x}{dx} = 55.71 - 18x = 0 \rightarrow x = \frac{55.71}{18} = 3.10\text{m}$$

$$M_{(x=3.10)} = -57.64 + 55.71x - \frac{1}{2} \times 18 \times x^2 = 28.57\,\text{kN}\cdot\text{m}$$

3) 개별 요소 부재 변형도

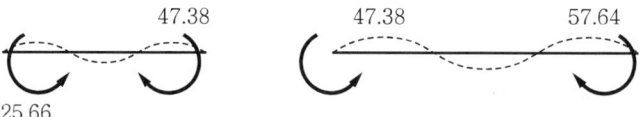

4) 휨 부재력도(단위 : kN · m)

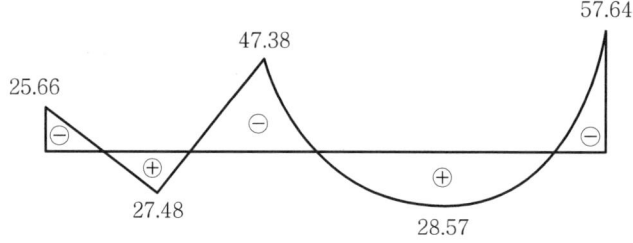

87-4-3

다음 그림과 같은 부정정 보의 단면력을 행렬(매트릭스)법으로 구하시오. (단, EI는 일정하다.)

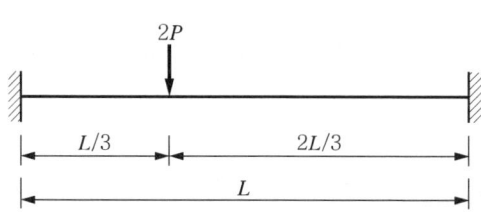

풀이 1

1. 자유 물체도

1) 구조계

변형 가능한 절점의 자유도 가정

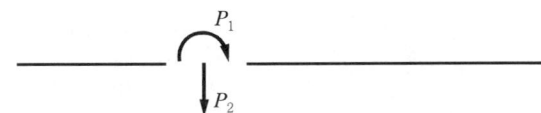

2) 요소계

2. 평형 방정식 및 평형 매트릭스

1) 요소계

$\overline{AB}$ 부재에서 $\sum M_A = 0$; $Q_1 + Q_2 - V_{B1}\left(\dfrac{L}{3}\right) = 0 \rightarrow V_{B1} = \dfrac{Q_1 + Q_2}{(L/3)} = \dfrac{3(Q_1 + Q_2)}{L}$

$\overline{BC}$ 부재에서 $\sum M_C = 0$; $Q_3 + Q_4 + V_{B2}\left(\dfrac{2L}{3}\right) = 0 \rightarrow V_{B2} = -\dfrac{Q_3 + Q_4}{(2L/3)}$

$= -\dfrac{3(Q_3 + Q_4)}{2L}$

2) 평형 방정식

① $P_1 = Q_2 + Q_3$

② $P_2 = -V_{B1} - V_{B2} = -\dfrac{3(Q_1 + Q_2)}{L} + \dfrac{3(Q_3 + Q_4)}{2L}$

3. 평형 매트릭스

1) $\{P\} = \{A\}\{Q\}$

$\begin{Bmatrix} P_1 \\ P_2 \end{Bmatrix} = \begin{Bmatrix} 0 & 1 & 1 & 0 \\ -\dfrac{3}{L} & -\dfrac{3}{L} & \dfrac{3}{2L} & \dfrac{3}{2L} \end{Bmatrix} \begin{Bmatrix} Q_1 \\ Q_2 \\ Q_3 \\ Q_4 \end{Bmatrix}$

2) $\{A\} = \begin{Bmatrix} 0 & 1 & 1 & 0 \\ -3/L & -3/L & 3/2L & 3/2L \end{Bmatrix}$

4. 전 부재 강도 매트릭스

1) $\{Q\} = \{S\}\{e\}$

2) $\{S\} = \dfrac{EI}{L} \begin{Bmatrix} 4\times3 & 2\times3 & 0 & 0 \\ 2\times3 & 4\times3 & 0 & 0 \\ 0 & 0 & \dfrac{4\times3}{2} & \dfrac{2\times3}{2} \\ 0 & 0 & \dfrac{2\times3}{2} & \dfrac{4\times3}{2} \end{Bmatrix} = \dfrac{EI}{L} \begin{Bmatrix} 12 & 6 & 0 & 0 \\ 6 & 12 & 0 & 0 \\ 0 & 0 & 6 & 3 \\ 0 & 0 & 3 & 6 \end{Bmatrix}$

5. 구조물 강도 매트릭스

1) $\{K\} = \{A\}[S]\{A\}^T$

2) $\{K\} = EI \begin{Bmatrix} 18/L & -40.5/L^2 \\ -40.5/L^2 & 364.5/L^3 \end{Bmatrix}$

6. 하중 매트릭스

$\{P\} = \{P_1\,;\,P_2\} = \{0\,;\,2P\}$

※ 하중 매트릭스에 영향을 미치는 고정단 매트릭스는 없음

7. 격점 변위 매트릭스

1) $\{d\} = \{K\}^{-1}\{P\}$

2) $\{d\} = \{d_1\,;\,d_2\} = \{\theta_1\,;\,v_2\}$
   $= \dfrac{P}{EI}\{0.0165L^2\,;\,0.0073L^3\}$

8. 부재단 부재력 매트릭스

$\{Q\} = \{S\}\{A^T\}\{d\}$
$= \{Q_1\,;\,Q_2\,;\,Q_3\,;\,Q_4\}$
$= \{-0.296PL\,;\,-0.198PL\,;\,0.198PL\,;\,0.148PL\}$

9. 부재 변형도

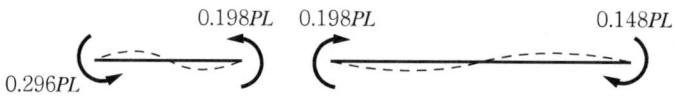

10. 부재력도

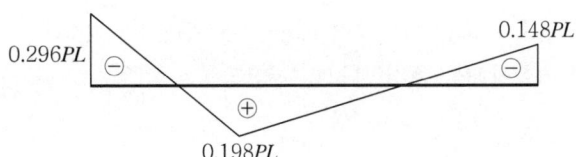

풀이2 최소일법에 의한 참고 풀이

1. 구조물의 부정정 차수

n = 부재수 + 강절점수 + 반력수 − 2 × 절점수
  = 1 + 0 + 6 − 2 × 2 = 3
∴ 3차 부정정 구조
  수평 반력은 무시하고 부정정력을 좌측 지점의 수직 반력 X_1과 휨 모멘트 반력 X_2으로 가정

2. 자유 물체도

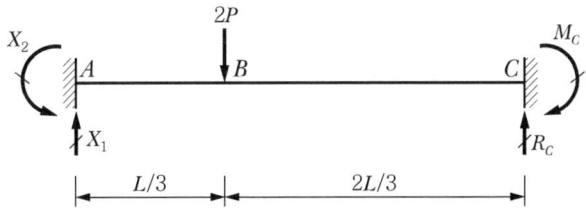

3. 부재력

  1) A~B 구간($0 \leq x \leq L/3$)

   $M_x = X_1 x - X_2$

  2) B~C 구간($L/3 \leq x \leq L$)

   $M_x = X_1 x - X_2 - 2P(x - L/3)$

4. 내부 에너지

$$U = \int \frac{M_x^2}{2EI} dx$$
$$= \frac{1}{2EI} \int_0^{L/3} (X_1 x - X_2)^2 dx + \frac{1}{2EI} \int_{L/3}^{L} \{X_1 x - X_2 - 2P(x - L/3)\}^2 dx$$

5. 최소일의 원리

1) 선형 탄성인 부정정 구조물에 외력이 작용할 때, 부정정력의 조합은 변형에너지가 최소인 경우에 가정한 평형상태를 유지한다.

2) $\dfrac{\delta U}{\delta X_1} = \dfrac{L(-9LX_1 + 18X_2 + 18PL)}{18EI} = 0$

3) $\dfrac{\delta U}{\delta X_2} = \dfrac{L^2(54LX_1 - 81X_2 - 56PL)}{162EI} = 0$

6. 연립 방정식 풀이를 통한 X_1, X_2 산정

1) $\dfrac{L(-9LX_1 + 18X_2 + 18PL)}{18EI} = 0 \rightarrow -9LX_1 + 18X_2 = -18PL$

$\dfrac{L^2(54LX_1 - 81X_2 - 56PL)}{162EI} = 0 \rightarrow 54LX_1 - 81X_2 = 56PL$

2) $\begin{Bmatrix} -9L & 18 \\ 54L & -81 \end{Bmatrix} \begin{Bmatrix} X_1 \\ X_2 \end{Bmatrix} = \begin{Bmatrix} -18PL \\ 56PL \end{Bmatrix}$

$\begin{Bmatrix} X_1 \\ X_2 \end{Bmatrix} = \begin{Bmatrix} -9L & 18 \\ 54L & -81 \end{Bmatrix}^{-1} \begin{Bmatrix} -18PL \\ 56PL \end{Bmatrix} = \begin{Bmatrix} 40P/27 \\ 8PL/27 \end{Bmatrix}$

7. 평형 조건을 이용하여 M_C, R_C 산정

1) 자유 물체도

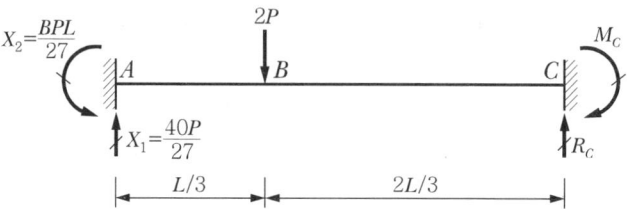

2) 평형 조건식을 이용한 C점 반력 산정

① $\sum V = 0$

$R_C = 2P - \dfrac{40P}{27} = \dfrac{14P}{27}$

② $\sum M_C = 0$

$-\dfrac{8PL}{27} + \dfrac{40P}{27} \times L - 2P \times \dfrac{2L}{3} + M_C = 0$

$M_C = \dfrac{4PL}{27}$

8. M_B 산정

$$M_B = -\frac{8PL}{27} + \frac{40P}{27} \times \frac{L}{3} = \frac{16}{81}PL = 0.198PL$$

9. 부재 변형도

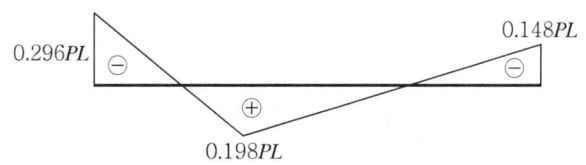

10. 부재력도

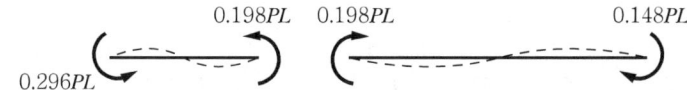

▶▶▶ 건축구조기술사　113-2-2

그림과 같은 보 부재의 B점에서의 처짐과 처짐각, 반력 및 부재력을 강성 매트릭스법으로 구하고 전단력도와 휨 모멘트도를 그리시오

- 보 부재의 단면적 : A
- 보 부재의 자중은 무시함
- B 지점에서의 수직하중 P와 휨 모멘트 PL이 작용함

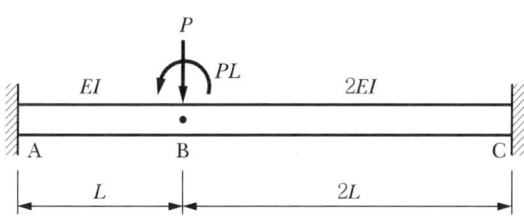

풀이 1 매트릭스 변위법

1. 자유물체도

   1) 구조계

   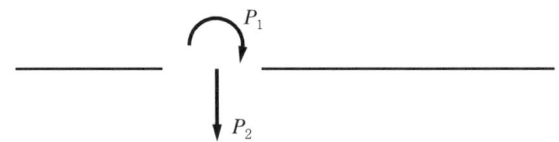

   2) 요소계

   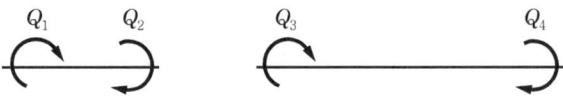

2. 평형 방정식

   1) 요소계에서

   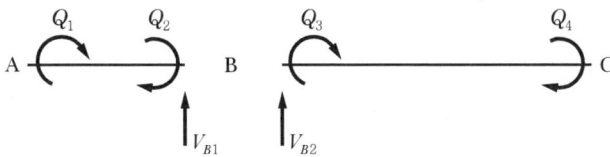

   $\overline{AB}$ 부재에서 $\sum M_A = 0$; $Q_1 + Q_2 - V_{B1}L = 0$

   $\rightarrow V_{B1} = \dfrac{Q_1 + Q_2}{L}$

   $\overline{BC}$ 부재에서 $\sum M_C = 0$; $Q_3 + Q_4 + V_{B2}(2L) = 0$

   $\rightarrow V_{B2} = -\dfrac{Q_3 + Q_4}{2L}$

   2) 평형 방정식

   ① $P_1 = Q_2 + Q_3$

   ② $P_2 = -V_{B1} - V_{B2} = -\dfrac{Q_1 + Q_2}{L} + \dfrac{Q_3 + Q_4}{2L}$

3. 평형 매트릭스

   1) $\{P\} = \{A\}\{Q\}$

$$\begin{Bmatrix} P_1 \\ P_2 \end{Bmatrix} = \begin{Bmatrix} 0 & 1 & 1 & 0 \\ -\dfrac{1}{L} & -\dfrac{1}{L} & \dfrac{1}{2L} & \dfrac{1}{2L} \end{Bmatrix} \begin{Bmatrix} Q_1 \\ Q_2 \\ Q_3 \\ Q_4 \end{Bmatrix}$$

2) $\{A\} = \begin{Bmatrix} 0 & 1 & 1 & 0 \\ -\dfrac{1}{L} & -\dfrac{1}{L} & \dfrac{1}{2} & \dfrac{1}{2L} \end{Bmatrix}$

4. 전 부재 강도 매트릭스

1) $\{Q\} = \{S\}\{e\}$

2) $\{S\} = \dfrac{EI}{L} \begin{Bmatrix} 4 & 2 & 0 & 0 \\ 2 & 4 & 0 & 0 \\ 0 & 0 & \dfrac{4\times 2}{2} & \dfrac{2\times 2}{2} \\ 0 & 0 & \dfrac{2\times 2}{2} & \dfrac{4\times 2}{2} \end{Bmatrix} = \dfrac{EI}{L} \begin{Bmatrix} 4 & 2 & 0 & 0 \\ 2 & 4 & 0 & 0 \\ 0 & 0 & 4 & 2 \\ 0 & 0 & 2 & 4 \end{Bmatrix}$

5. 구조물 강도 매트릭스

1) $\{K\} = \{A\}[S]\{A\}^T$

2) $\{K\} = EL \begin{Bmatrix} \dfrac{8}{L} & \dfrac{-3}{L^2} \\ \dfrac{-3}{L^2} & \dfrac{15}{L^3} \end{Bmatrix}$

6. 하중 매트릭스

$\{P\} = \{P_1 \,;\, P_2\} = \{-PL \,;\, P\}$

7. 격점 변위 매트릭스

1) $\{d\} = \{K\}^{-1}\{P\}$

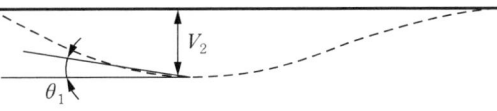

2) $\{d\} = \{d_1 \,;\, d_2\} = \{\theta_1 \,;\, v_2\} = \dfrac{P}{EI}\left\{-\dfrac{4}{37}L^2 \,;\, \dfrac{5}{111}L^3\right\}$

8. 부재단 부재력 매트릭스

$\{Q\} = \{S\}\{A^T\}\{d\} = \{Q_1 \,;\, Q_2 \,;\, Q_3 \,;\, Q_4\}$
$= \left\{-\dfrac{18}{37}PL \,;\, -\dfrac{26}{37}PL \,;\, -\dfrac{11}{37}PL \,;\, -\dfrac{3}{37}PL\right\}$

9. 부재 변형도

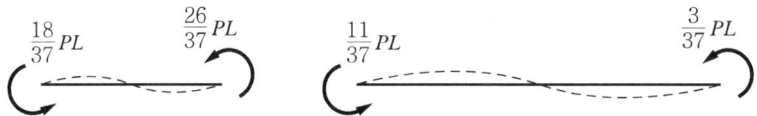

10. 부재력도

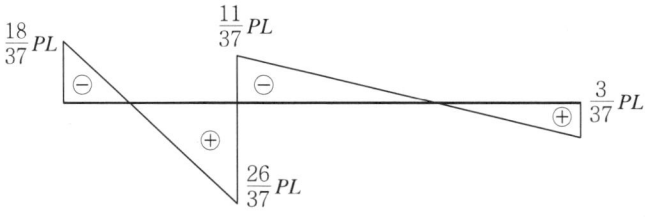

풀이 2 최소일법에 의한 참고 풀이

1. 구조물의 부정정 차수

n = 부재수 + 강절점수 + 반력수 − 2 × 절점수
  = 1 + 0 + 6 − 2 × 2 = 3

∴ 3차 부정정 구조

− 수평반력은 무시하고 부정정력을 좌측 지점의 수직반력 X_1과 휨 모멘트 반력 X_2로 가정

2. 자유물체도

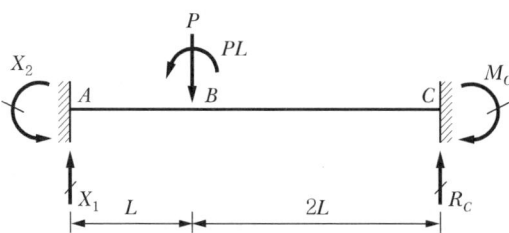

3. 부재력

1) A~B 구간($0 \leq x \leq L$)

$M_x = X_1 x - X_2$

2) B~C 구간($L \leq x \leq 3L$)

$M_x = X_1 x - X_2 - P(x - L) - PL = X_1 x - X_2 - Px$

4. 내부 에너지

$$U = \int \frac{M_x^2}{2EI}dx = \frac{1}{2EI}\int_0^L (X_1 x - X_2)^2 dx + \frac{1}{2 \times 2EI}\int_L^{3L}(X_1 x - X_2 - Px)^2 dx$$

5. 최소일의 원리

1) 선형 탄성인 부정정 구조물에 외력이 작용할 때, 부정정력의 조합은 변형 에너지가 최소인 경우에 가정한 평형 상태를 유지한다.

2) $\dfrac{\delta U}{\delta X_1} = \dfrac{L^2(28LX_1 - 15X_2 - 26PL)}{6EI} = 0$

3) $\dfrac{\delta U}{\delta X_2} = \dfrac{L(-5LX_1 + 4X_2 + 4PL)}{2EI} = 0$

6. 연립 방정식 풀이를 통한 X_1, X_2 산정

1) $\dfrac{L^2(28LX_1 - 15X_2 - 26PL)}{6EI} = 0 \rightarrow 28LX_1 - 15X_2 = 26PL$

$\dfrac{L(-5LX_1 + 4X_2 + 4PL)}{2EI} = 0 \rightarrow 5LX_1 - 4X_2 = 4PL$

2) $\begin{Bmatrix} 28L & -15 \\ 5L & -4 \end{Bmatrix} \begin{Bmatrix} X_1 \\ X_2 \end{Bmatrix} = \begin{Bmatrix} 26PL \\ 4PL \end{Bmatrix}$

$\begin{Bmatrix} X_1 \\ X_2 \end{Bmatrix} = \begin{Bmatrix} 28L & -15 \\ 5L & -4 \end{Bmatrix}^{-1} \begin{Bmatrix} 26PL \\ 4PL \end{Bmatrix} = \begin{Bmatrix} \dfrac{44P}{37} \\ \dfrac{18PL}{37} \end{Bmatrix}$

7. 평형 조건을 이용하여 M_C, R_C 산정

1) 자유 물체도

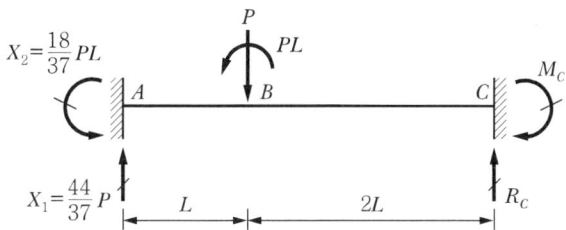

2) 평형 조건식을 이용한 C점 반력 산정

① $\sum V = 0$

$$R_C = P - \frac{44P}{37} = -\frac{7P}{37} \; (\downarrow)$$

② $\sum M_C = 0$

$$-\frac{18PL}{37} + \frac{44P}{37} \times 3L - PL - P \times 2L + M_C = 0$$

$$M_C = -\frac{3PL}{37} \; (\curvearrowleft)$$

8. M_B 산정

$$M_{B(좌)} = -\frac{18PL}{37} + \frac{44P}{37} \times L = \frac{26}{37}PL$$

$$M_{B(우)} = -\frac{18PL}{37} + \frac{44P}{37} \times L - PL = -\frac{11}{37}PL$$

9. 부재 변형도

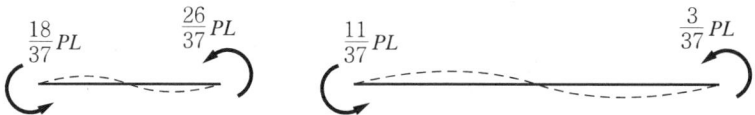

10. 부재력도

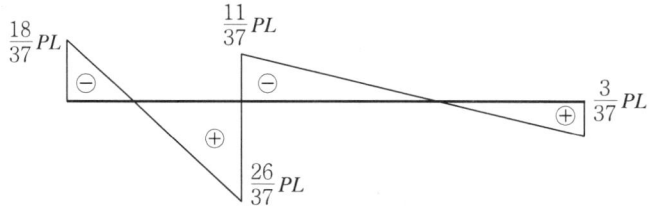

04 골조 해석

▶▶▶▶ 건축구조기술사   80-3-4

처짐각법매트릭스를 이용하여 골조를 해석한 후 휨 모멘트도를 작성하고 주요점의 휨 모멘트값을 기입하시오.

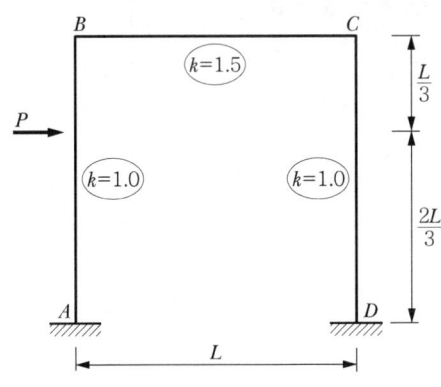

1. 자유 물체도

1) 구조계

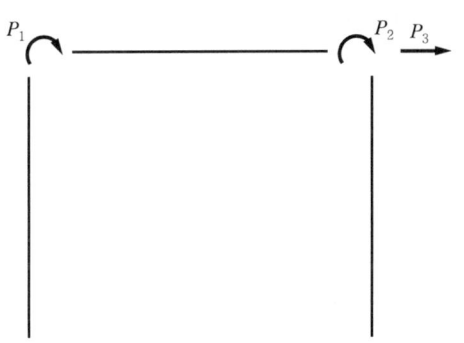

2) 요소계

- 변형 가능한 절점의 자유도 가정
- 요소(부재) 축방향 변위 무시하므로 수평 방향 병진 변위는 1개만 유효

2. 평형 방정식

1) 절점 방정식

$P_1 = Q_2 + Q_3$ $P_2 = Q_4 + Q_5$

2) 층 방정식

① AB 부재에서 B점 수평 반력

$$\sum M_A = 0\,;\ Q_1 + Q_2 + V_B L = 0$$

$$\rightarrow V_B = \frac{-Q_1 - Q_2}{L}$$

② C 절점 부재에서 B점 수평 반력

$$\sum M_D = 0\,;\ Q_5 + Q_6 + V_C L = 0$$

$$\rightarrow V_C = \frac{-Q_5 - Q_6}{L}$$

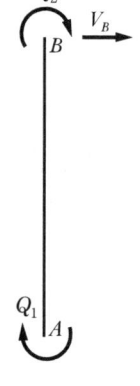 

③ $P_3 = V_B + V_C = \dfrac{-Q_1 - Q_2}{L} + \dfrac{-Q_5 - Q_6}{L}$

3. 평형 매트릭스

1) $\{P\} = \{A\}\{Q\}$

$$\begin{Bmatrix} P_1 \\ P_2 \\ P_3 \end{Bmatrix} = \begin{Bmatrix} 0 & 1 & 1 & 0 & 0 & 0 \\ 0 & 0 & 0 & 1 & 1 & 0 \\ -1/L & -1/L & 0 & 0 & -1/L & -1/L \end{Bmatrix} \begin{Bmatrix} Q_1 \\ Q_2 \\ Q_3 \\ Q_4 \\ Q_5 \\ Q_6 \end{Bmatrix}$$

2) $\{A\} = \begin{Bmatrix} 0 & 1 & 1 & 0 & 0 & 0 \\ 0 & 0 & 0 & 1 & 1 & 0 \\ -1/L & -1/L & 0 & 0 & -1/L & -1/L \end{Bmatrix}$

4. 요소 강도 매트릭스

1) $\{Q\} = \{S\}\{e\}$

2) $k = 1.0$인 단위부재 휨 강성 매트릭스 $\{S\} = \dfrac{EI}{L}\begin{Bmatrix} 4 & 2 \\ 2 & 4 \end{Bmatrix}$로 가정

3) $\{S\} = \dfrac{EI}{L}\begin{bmatrix} 4 & 2 & 0 & 0 & 0 & 0 \\ 2 & 4 & 0 & 0 & 0 & 0 \\ 0 & 0 & 6 & 3 & 0 & 0 \\ 0 & 0 & 3 & 6 & 0 & 0 \\ 0 & 0 & 0 & 0 & 4 & 2 \\ 0 & 0 & 0 & 0 & 2 & 4 \end{bmatrix}$

5. 구조물 강도 매트릭스

1) $\{K\} = \{A\}[S]\{A\}^T$

2) $\{K\} = EI \begin{Bmatrix} 10/L & 3/L & -6/L^2 \\ 3/L & 10/L & -6/L^2 \\ -6/L^2 & -6/L^2 & 24/L^3 \end{Bmatrix}$

6. 고정단 매트릭스

1) 고정단 모멘트

$$f_1 = \frac{-Pab^2}{L^2} = \frac{-P\left(\frac{2L}{3}\right)\left(\frac{L}{3}\right)^2}{L^2} = \frac{-2PL}{27}$$

$$f_2 = \frac{Pa^2b}{L^2} = \frac{P\left(\frac{2L}{3}\right)^2\left(\frac{L}{3}\right)}{L^2} = \frac{4PL}{27}$$

2) 고정단 매트릭스

$$\{f\} = \{f_1; f_2; f_3; f_4; f_5; f_6\} = \left\{\frac{-2PL}{27}; \frac{4PL}{27}; 0; 0; 0; 0\right\}$$

7. 하중 매트릭스

$$\{P\} = \{P_1; P_2; P_3\} = \left\{-\frac{4PL}{27}; 0; \frac{20P}{27}\right\}$$

여기서, $P_1 = -f_2$

(절점에서 고정단 모멘트는 작용 하중에 의해 발생하는 외력 모멘트와 반대 의미에서 부호는 반대)

$$P_3 = \frac{Pb^2(l+2a)}{L^3} = \frac{P\left(\frac{2}{3}L\right)^2\left(L+2\frac{L}{3}\right)}{L^3} = \frac{20}{27}P$$

8. 격점 변위 매트릭스

1) $\{d\} = \{K\}^{-1}\{P\}$

2) $\{d\} = \{d_1; d_2; d_3\} = \{\theta_1; \theta_2; u_3\}$
$= \dfrac{P}{EI}\left\{\dfrac{L^2}{1,890}; \dfrac{41L^2}{1,890}; \dfrac{59L^3}{1,620}\right\}$

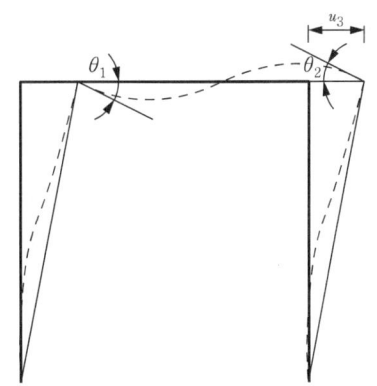

9. 부재단 부재력 매트릭스

$$\{Q\} = \{S\}\{A^T\}\{d\} + \{f\} = \{Q_1 ; Q_2 ; Q_3 ; Q_4 ; Q_5 ; Q_6\}$$
$$= \{-0.292PL; -0.068PL; 0.068PL; 0.132PL - 0.132PL - 0.175PL\}$$

10. 부재 변형도

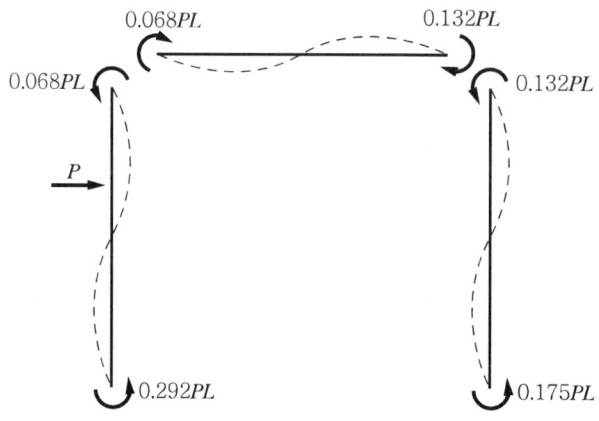

11. 부재력도

1) 하중 작용점의 휨 부재력

① $\sum M_B = 0$;

$$-0.292PL - 0.068PL - P\frac{L}{3} + H_A L = 0$$

$$H_A = 0.693P \;(\leftarrow)$$

② 집중 하중 작용점 휨 부재력

$$M_P = -0.292PL + H_A \frac{2L}{3} = 0.17PL$$

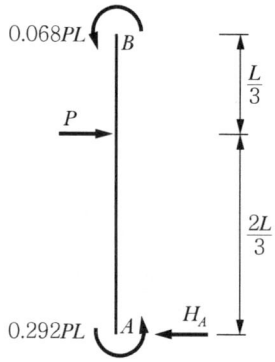

2) 휨 모멘트도

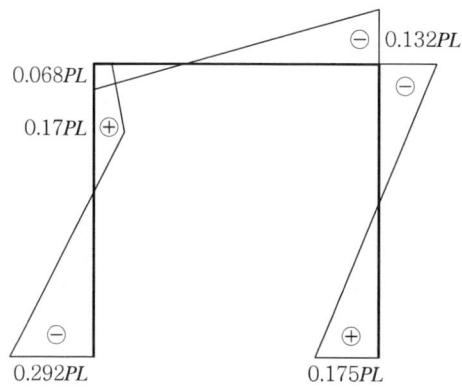

▶▶▶▶ 경사 라멘   예제

다음 프레임은 2자유도 구조계이다. B절점의 회전 변위와 수직 변위를 미지의 독립변위로 선택하여 강성도 매트릭스와 부재력을 구하시오.

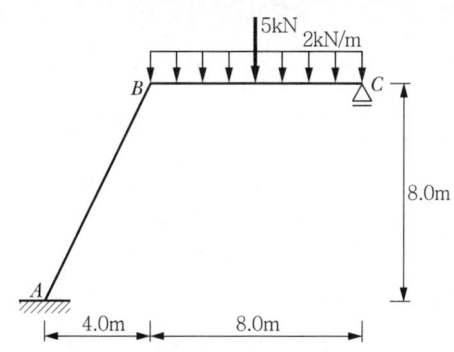

1. 자유 물체도

1) 구조계

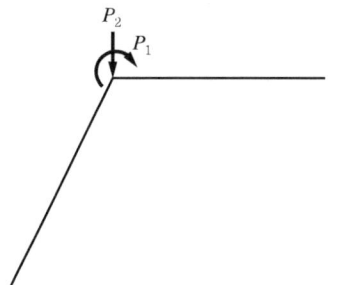

2) 요소계

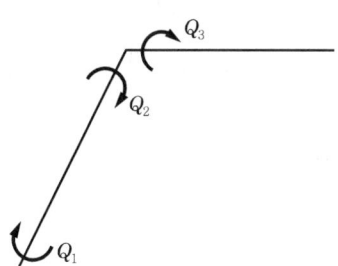

2. 평형 방정식 산정을 위한 요소계의 자유 물체도

1) 구조계

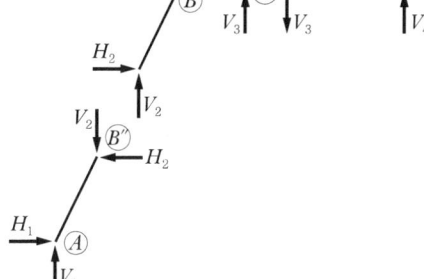

2) 요소계

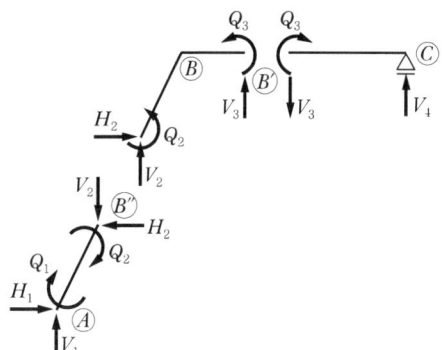

3. 평형 방정식 및 평형 매트릭스

1) $P_1 = Q_1 + Q_2$

2) 전단 방정식

① 구조계에서 절점 B를 기준으로 절단 부재에 대해
$$\sum V = 0 \;;\; P_2 - V_2 - V_3 = 0 \to P_2 = V_2 + V_3$$

② 요소계에서 부재 $\overline{B'C}$에 대해
$$\sum M_C = 0 \;;\; -V_3 \times 8 + Q_3 = 0 \to V_3 = \frac{Q_3}{8}$$

③ 요소계에서 부재 $\overline{AB''}$에 대해
$$\sum M_A = 0 \;;\; Q_1 + Q_2 + V_2 \times 4 - H_2 \times 8 = 0$$

여기서, 절점 B에서 $\sum H = 0$ 이므로 $H_2 = 0$

$$\therefore Q_1 + Q_2 + V_2 \times 4 = 0 \to V_2 = -\frac{Q_1 + Q_2}{4}$$

④ 위의 ②, ③을 ①에 대입하면
$$P_2 = V_2 + V_3 = -\frac{1}{4}Q_1 - \frac{1}{4}Q_2 + \frac{1}{8}Q_3$$

4. 평형 매트릭스

1) $\{P\} = \{A\}\{Q\}$

$$\begin{Bmatrix} P_1 \\ P_2 \end{Bmatrix} = \begin{Bmatrix} 0 & 1 & 1 \\ -\frac{1}{4} & -\frac{1}{4} & \frac{1}{8} \end{Bmatrix} \begin{Bmatrix} Q_1 \\ Q_2 \\ Q_3 \end{Bmatrix}$$

2) $\{A\} = \begin{Bmatrix} 0 & 1 & 1 \\ -\frac{1}{4} & -\frac{1}{4} & \frac{1}{8} \end{Bmatrix}$

5. 전 부재 강도 매트릭스

1) $\{Q\} = \{S\}\{e\}$

2) AB 부재

$$\begin{Bmatrix} Q_1 \\ Q_2 \end{Bmatrix} = \frac{2EI}{L_{AB}} \begin{Bmatrix} 2 & 1 \\ 1 & 2 \end{Bmatrix} \begin{Bmatrix} e_1 \\ e_2 \end{Bmatrix} = \frac{2EI}{4\sqrt{5}} \begin{Bmatrix} 2 & 1 \\ 1 & 2 \end{Bmatrix} \begin{Bmatrix} e_1 \\ e_2 \end{Bmatrix}$$

3) BC 부재

$$\{Q_3\} = \frac{3EI}{L_{BC}}\{1\}\{e_3\} = \frac{3EI}{8}\{1\}\{e_3\}$$

※ 부재가 일단고정 타단 힌지일 때 처짐각법 공식으로부터

$$Q_3 = \frac{2EI}{L_{BC}}\left(2 \times \frac{3}{4}e_3\right) = \frac{3EI}{L_{BC}}e_3$$

4) $\begin{Bmatrix} Q_1 \\ Q_2 \\ Q_3 \end{Bmatrix} = EI \begin{Bmatrix} \frac{1}{\sqrt{5}} & \frac{1}{2\sqrt{5}} & 0 \\ \frac{1}{2\sqrt{5}} & \frac{1}{\sqrt{5}} & 0 \\ 0 & 0 & \frac{3}{8} \end{Bmatrix} \begin{Bmatrix} e_1 \\ e_2 \\ e_3 \end{Bmatrix} \to \{S\} = EI \begin{Bmatrix} \frac{1}{\sqrt{5}} & \frac{1}{2\sqrt{5}} & 0 \\ \frac{1}{2\sqrt{5}} & \frac{1}{\sqrt{5}} & 0 \\ 0 & 0 & \frac{3}{8} \end{Bmatrix}$

6. 구조물 강도 매트릭스

$$\{K\} = \{A\}\{S\}\{A\}^T$$
$$= EI \begin{Bmatrix} 0.822 & -0.121 \\ -0.121 & 0.090 \end{Bmatrix}$$

7. 고정단 매트릭스

1) 하중도 및 자유 물체도

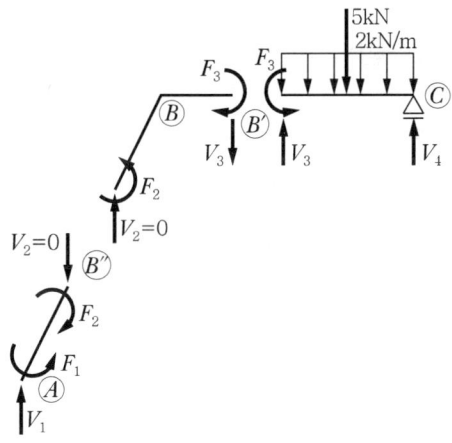

2) 수정 고정단 모멘트 F_3

$$F_3 = -\left\{\left(\frac{2 \times 8^2}{12}\right) \times \frac{3}{2} + \left(\frac{5 \times 8}{8}\right) \times \frac{3}{2}\right\} = -23.5 \text{kNm}$$

3) 고정단 매트릭스(단위 : kN)

$\{f\} = \{f_1 ; f_2 ; f_3\} = \{0 ; 0 ; F_3\} = \{0 ; 0 ; -23.5\}$

8. 하중 매트릭스

1) $P_1 = -F_3 = 23.5\text{kNm}$

2) P_2 산정

① 전단력 V_3

부재 $\overline{BC}$에서 $\sum M_C = 0$;

$V_3 \times 8 - F_3 - 5 \times 4 - (2 \times 8) \times 4 = 0$

$V_3 = \dfrac{1}{8}(23.5 + 20 + 64) = 13.44\text{kN}$

② $P_2 = V_3 = 13.44\text{kN}$

3) 하중 매트릭스

$\begin{Bmatrix} P_1 \\ P_2 \end{Bmatrix} = \begin{Bmatrix} 23.5\text{kNm} \\ 13.44\text{kN} \end{Bmatrix}$

9. 격점 변위 매트릭스

1) $\{d\} = \{K\}^{-1}\{P\}$

2) $\{d\} = \{d_1 ; d_2\} = \{\theta_B ; v_B\} = \dfrac{1}{EI}\{63.08 ; 234.78\}$

10. 부재단 부재력 매트릭스

$\{Q\} = \{S\}\{A^T\}\{d\} + \{f\} = \{Q_1 ; Q_2 ; Q_3\}$
$= \{-25.26\text{kNm} ; -11.16\text{kNm} ; 11.16\text{kNm}\}$

11. 자유 물체도 및 부재력 산정

1) 자유 물체도

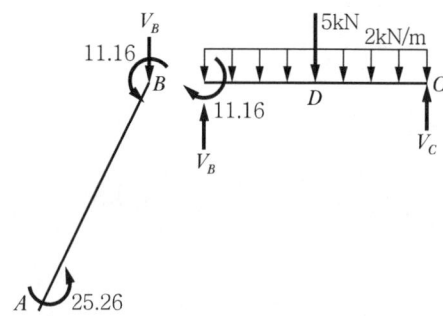

2) $\overline{BC}$부재에서

$\sum M_C = 0$; $11.16 - 5 \times 4 - (2 \times 8) \times 4 + V_B \times 8 = 0$ ∴ $V_B = 9.105\text{kN}$ (↑)

$\sum V = 0$; $V_C = 5 + 2 \times 8 - 9.105 = 11.895\text{kN}$ (↑)

3) $\overline{AB}$부재에서

① 자유 물체도

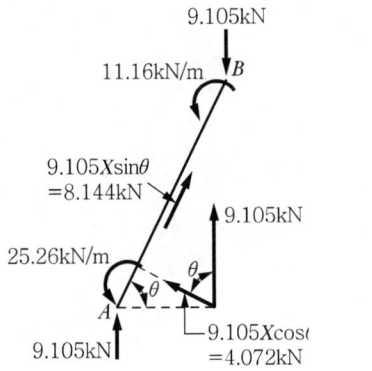

$\sin\theta = \dfrac{8}{4\sqrt{5}} = \dfrac{2}{\sqrt{5}}$

$\cos\theta = \dfrac{4}{4\sqrt{5}} = \dfrac{1}{\sqrt{5}}$

② 휨 부재력

$M_x = -25.26 + 4.072x \ (0 \le x \le 4\sqrt{5})$

4) $\overline{BD}$부재에서 [B→D]

① $M_x = 11.16 + 9.105x - \dfrac{2}{2}x^2 \ (0 \le x \le 4.0)$

② $M_{x=4.0} = 31.58\text{kNm}$

③ $S_x = M_x/dx = 9.105 - 2x$; $S_{x=4.0} = 1.105\text{kN}$

5) $\overline{CD}$부재에서 [C→D]

$M_x = 11.16 + 9.105x - \dfrac{2}{2}x^2 - 5(x-4) = -x^2 + 4.105x + 31.16 \ (4.0 \le x \le 8.0)$

$M_{x=4.0} = 31.58\text{kNm}$

12. 부재력도

1) 휨 모멘트도(단위 : kNm)

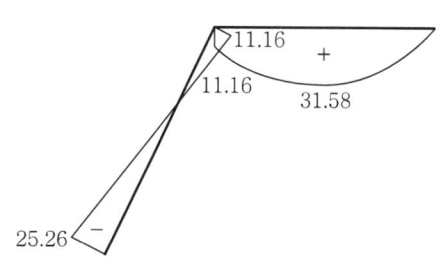

2) 전단력도(단위 : kN)

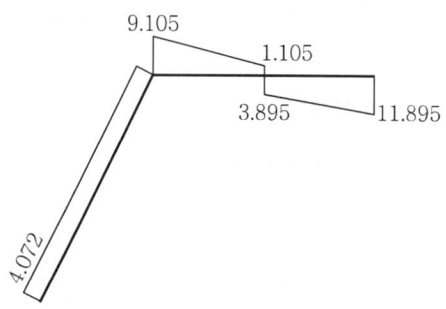

3) 축력도(단위 : kN)

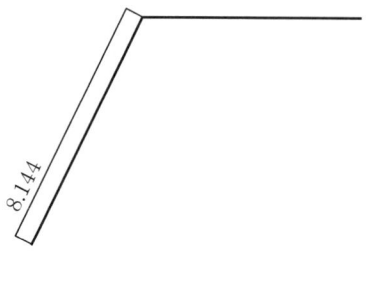

▶▶▶▶ 경사 구조물   예제

다음과 같은 구조물을 처짐각법으로 해석하고 단면력도(BMD, SFD, AFD)를 그리시오.

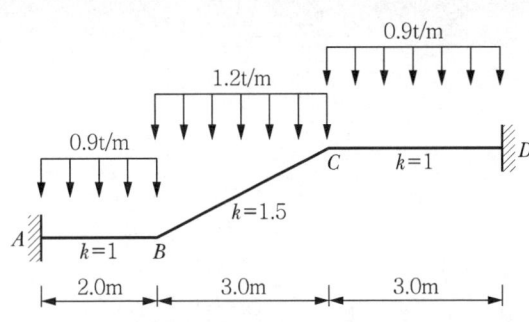

풀이 1 매트릭스 변위법에 의한 풀이

1. 자유 물체도

   1) 구조계

   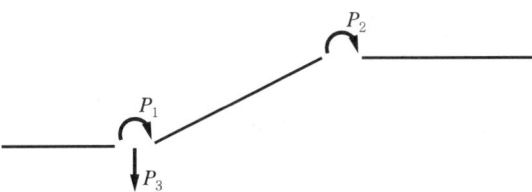

   2) 요소계

   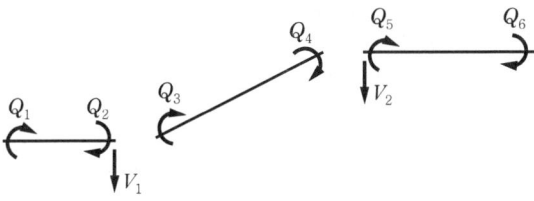

2. 평형 방정식

   1) $P_1 = Q_2 + Q_3$

   2) $P_2 = Q_4 + Q_5$

   3) P_3 산정

   ① $\overline{AB}$ 부재에서

   $\sum M_A = 0$; $Q_1 + Q_2 + V_1 \times 2 = 0 \rightarrow V_1 = -\dfrac{Q_1}{2} - \dfrac{Q_2}{2}$

② $\overline{CD}$ 부재에서

$$\sum M_D = 0 \;;\; Q_5 + Q_6 - V_2 \times 3 = 0 \to V_2 = \frac{Q_5}{3} + \frac{Q_6}{3}$$

③ $P_3 = V_1 + V_2 = -\dfrac{Q_1}{2} - \dfrac{Q_2}{2} + \dfrac{Q_5}{3} + \dfrac{Q_6}{3}$

3. 평형 매트릭스

1) $\{P\} = \{A\}\{Q\}$

$$\begin{Bmatrix} P_1 \\ P_2 \\ P_3 \end{Bmatrix} = \begin{Bmatrix} 0 & 1 & 1 & 0 & 0 & 0 \\ 0 & 0 & 0 & 1 & 1 & 0 \\ -1/2 & -1/2 & 0 & 0 & 1/3 & 1/3 \end{Bmatrix} \begin{Bmatrix} Q_1 \\ Q_2 \\ Q_3 \\ Q_4 \\ Q_5 \\ Q_6 \end{Bmatrix}$$

2) $\{A\} = \begin{Bmatrix} 0 & 1 & 1 & 0 & 0 & 0 \\ 0 & 0 & 0 & 1 & 1 & 0 \\ -1/2 & -1/2 & 0 & 0 & 1/3 & 1/3 \end{Bmatrix}$

4. 요소 강도 매트릭스

1) $\{Q\} = \{S\}\{e\}$

2) $k = 1.0$인 단위부재 휨 강성 매트릭스 $\{S\} = \begin{Bmatrix} 4 & 2 \\ 2 & 4 \end{Bmatrix}$로 가정

3) $\{S\} = \begin{Bmatrix} 4 & 2 & 0 & 0 & 0 & 0 \\ 2 & 4 & 0 & 0 & 0 & 0 \\ 0 & 0 & 4 \times 1.5 & 2 \times 1.5 & 0 & 0 \\ 0 & 0 & 2 \times 1.5 & 4 \times 1.5 & 0 & 0 \\ 0 & 0 & 0 & 0 & 4 & 2 \\ 0 & 0 & 0 & 0 & 2 & 4 \end{Bmatrix} = \begin{Bmatrix} 4 & 2 & 0 & 0 & 0 & 0 \\ 2 & 4 & 0 & 0 & 0 & 0 \\ 0 & 0 & 6 & 3 & 0 & 0 \\ 0 & 0 & 3 & 6 & 0 & 0 \\ 0 & 0 & 0 & 0 & 4 & 2 \\ 0 & 0 & 0 & 0 & 2 & 4 \end{Bmatrix}$

5. 구조물 강도 매트릭스

1) $\{K\} = \{A\}[S]\{A\}^T$

2) $\{K\} = \begin{Bmatrix} 10 & 3 & -3 \\ 3 & 10 & 2 \\ -3 & 2 & 13/3 \end{Bmatrix}$

6. 고정단 매트릭스(단위 : tf m)

$\{f\} = \{f_1 \,;\, f_2 \,;\, f_3 \,;\, f_4 \,;\, f_5 \,;\, f_6\}$

$= \left\{ \dfrac{-0.9 \times 2^2}{12} \,;\, \dfrac{0.9 \times 2^2}{12} \,;\, \dfrac{-1.2 \times 3^2}{12} \,;\, \dfrac{1.2 \times 3^2}{12} \,;\, \dfrac{-0.9 \times 3^2}{12} \,;\, \dfrac{0.9 \times 3^2}{12} \right\}$

$= \{-0.3 \,;\, 0.3 \,;\, -0.9 \,;\, 0.9 \,;\, -0.675 \,;\, 0.675\}$

7. 하중 매트릭스

$\{P\} = \{P_1 \ ; \ P_2 \ ; \ P_3\}$

$= \left\{-f_2 - f_3 \ ; \ -f_4 - f_5 \ ; \ 0.9\text{tf/m} \times \dfrac{2.0\text{m}}{2} + 1.2\text{tf/m} \times 3.0\text{m} + 0.9\text{tf/m} \times \dfrac{3.0\text{m}}{2}\right\}$

$= \{0.6\,\text{tfm} \ ; \ -0.225\,\text{tfm} \ ; \ 5.85\,\text{tf}\}$

8. 격점 변위 매트릭스

1) $\{d\} = \{K\}^{-1}\{P\}$

2) $\{d\} = \{d_1 \ ; d_2 \ ; d_3\} = \{\theta_1 \ ; \theta_2 \ ; v_3\}$
   $= \{1.044\,\text{rad} \ ; \ -0.827\,\text{rad} \ ; \ 2.455\,\text{m}\}$

9. 부재단 부재력 매트릭스(단위 : tf m)

$\{Q\} = \{S\}\{A^T\}\{d\} + \{f\} = \{Q_1 \ ; \ Q_2 \ ; \ Q_3 \ ; \ Q_4 \ ; \ Q_5 \ ; \ Q_6\}$

$= \{-5.57 \ ; \ -2.88 \ ; \ 2.88 \ ; \ -0.93 \ ; \ 0.93 \ ; \ 3.93\}$

10. 수직 반력 산정

1) R_A 산정($\overline{AB}$부재에서 $\sum M_B = 0$)

$R_A \times 2 + M_{AB} + M_{BA} - (0.9 \times 2) \times \dfrac{2}{2} = 0$

$\rightarrow R_A \times 2 - 5.57 - 2.88 - (0.9 \times 2) \times \dfrac{2}{2} = 0$;

$\therefore R_A = 5.13\,t$

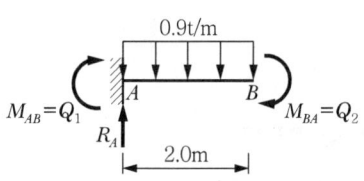

2) R_D 산정($\overline{CD}$부재에서 $\sum M_C = 0$)

$-R_D \times 3 + M_{CD} + M_{DC} + (0.9 \times 3) \times \dfrac{3}{2} = 0$

$\rightarrow -R_D \times 3 + 0.93 + 3.93 + (0.9 \times 3) \times \dfrac{3}{2} = 0$;

$\therefore R_D = 2.97\,t$

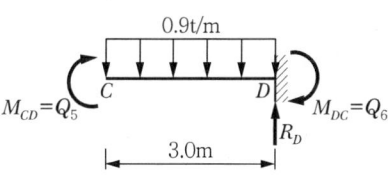

11. 부재 변형도

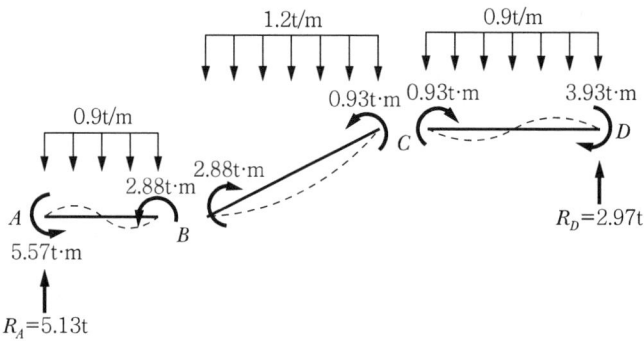

12. 부재 변형도 및 외력도

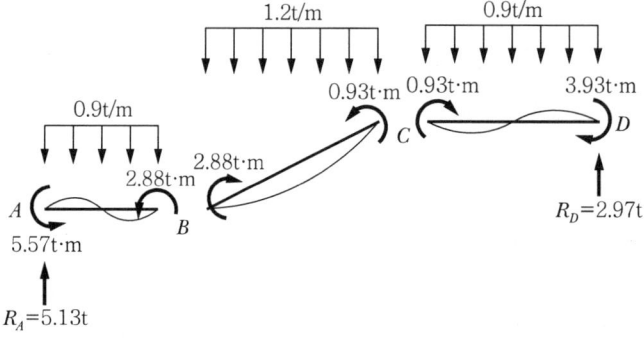

13. 휨 부재력

1) A → B 구간

$$M_x = -5.57 + 5.13x - \frac{1}{2}0.9x^2$$

$$M_x = 0 \; ; \; x = 1.21\text{m}$$

2) D → C 구간

$$M_x = -3.93 + 2.97x - \frac{1}{2}0.9x^2$$

$$M_x = 0 \; ; \; x = 1.83\text{m}$$

14. 휨 부재력도(단위 : tm)

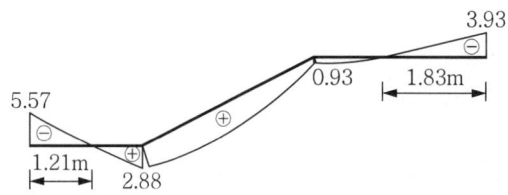

풀이 2 처짐각법에 의한 풀이

1. 경계조건

1) 변형도

B점과 C점의 처짐은 동일 조건
$\Delta_B = \Delta_C = \Delta$

※ B점과 C점의 처짐은 동일 조건에 대한 유사 개념

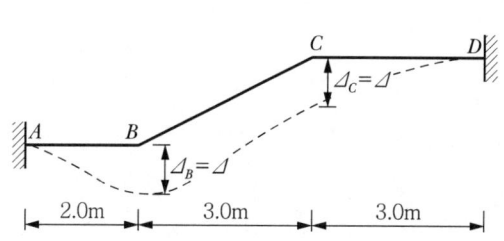
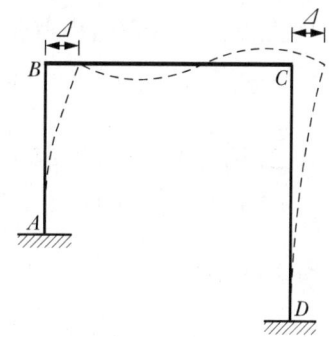

2) 부재각

① 부재각 $\psi_1 = R_{AB} = \dfrac{\Delta}{2.0}$

② 부재각 $R_{BC} = 0$

③ 부재각 $\psi_2 = R_{DC} = \dfrac{\Delta}{3.0} \rightarrow R_{AB} = 1.5 R_{DC}\ ;\ \psi_1 = 1.5\psi_2 = 1.5\psi$

3) 절점각

$\phi_A = \phi_D = 0$

2. 고정단 모멘트

1) $C_{AB} = -\dfrac{0.9 \times 2^2}{12} = -0.3\,\text{tfm},\ C_{BA} = \dfrac{0.9 \times 2^2}{12} = 0.3\,\text{tfm}$

2) $C_{BC} = -\dfrac{1.2 \times 3^2}{12} = -0.9\,\text{tfm},\ C_{CB} = \dfrac{1.2 \times 3^2}{12} = 0.9\,\text{tfm}$

3) $C_{CD} = -\dfrac{0.9 \times 3^2}{12} = -0.675\,\text{tfm},\ C_{DC} = \dfrac{0.9 \times 3^2}{12} = 0.675\,\text{tfm}$

3. 처짐각법 약산식

1) $M_{AB} = k_{AB}(2\phi_A + \phi_B + \psi_{AB}) + C_{AB} = 1.0(\phi_B + 1.5\psi) - 0.3$

2) $M_{BA} = k_{AB}(2\phi_B + \phi_A + \psi_{AB}) + C_{BA} = 1.0(2\phi_B + 1.5\psi) + 0.3$

3) $M_{BC} = k_{BC}(2\phi_B + \phi_C + \psi_{BC}) + C_{BC} = 1.5(2\phi_B + \phi_C) - 0.9$

4) $M_{CB} = k_{BC}(2\phi_C + \phi_B + \psi_{BC}) + C_{CB} = 1.5(2\phi_C + \phi_B) + 0.9$

5) $M_{CD} = k_{CD}(2\phi_C + \phi_D + \psi_{CD}) + C_{CD} = 1.0(2\phi_C - \psi) - 0.675$ [※ 부재각 방향/부호 유의]

6) $M_{DC} = k_{CD}(2\phi_D + \phi_C + \psi_{CD}) + C_{DC} = 1.0(\phi_C - \psi) + 0.675$

4. 절점 방정식

1) $\sum M_B = 0$; $M_{BA} + M_{BC} = 0$

   $5\phi_B + 1.5\phi_C + 1.5\psi = 0.6$

2) $\sum M_C = 0$; $M_{CB} + M_{CD} = 0$

   $1.5\phi_B + 5\phi_C - \psi = -0.225$

5. 전단 방정식

1) R_A 산정($\overline{AB}$ 부재에서 $\sum M_B = 0$)

   $R_A \times 2 + M_{AB} + M_{BA} - (0.9 \times 2) \times \dfrac{2}{2} = 0$

   ∴ $R_A = -1.5\phi_B - 1.5\psi + 0.9$

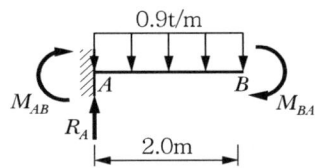

2) R_D 산정 ($\overline{CD}$ 부재에서 $\sum M_C = 0$)

   $-R_D \times 3 + M_{CD} + M_{DC} + (0.9 \times 3) \times \dfrac{3}{2} = 0$

   ∴ $R_D = \phi_C - \dfrac{2}{3}\psi + 1.35$

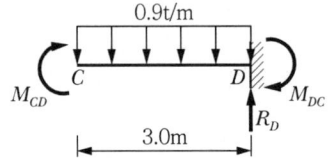

3) $\sum X = 0$; $R_A + R_D = 1.8 + 3.6 + 2.7 = 8.1t$

   $1.5\phi_B - \phi_C + \dfrac{13}{6}\psi = -5.85$

6. 연립 방정식의 풀이

$5\phi_B + 1.5\phi_C + 1.5\psi = 0.6$

$1.5\phi_B + 5\phi_C - \psi = -0.225$

$1.5\phi_B - \phi_C + \dfrac{13}{6}\psi = -5.85$

$$\begin{bmatrix} 5 & 1.5 & 1.5 \\ 1.5 & 5 & -1 \\ 1.5 & -1 & \frac{13}{6} \end{bmatrix} \begin{Bmatrix} \phi_B \\ \phi_C \\ \psi \end{Bmatrix} = \begin{Bmatrix} 0.6 \\ -0.225 \\ -5.85 \end{Bmatrix}$$

$$\begin{Bmatrix} \phi_B \\ \phi_C \\ \psi \end{Bmatrix} = \begin{bmatrix} 5 & 1.5 & 1.5 \\ 1.5 & 5 & -1 \\ 1.5 & -1 & \frac{13}{6} \end{bmatrix}^{-1} \begin{Bmatrix} 0.6 \\ -0.225 \\ -5.85 \end{Bmatrix} = \begin{Bmatrix} 2.089 \\ -1.654 \\ -4.912 \end{Bmatrix}$$

7. 절점 휨 부재력 산정

$M_{AB} = 1.0(\phi_B + 1.5\psi) - 0.3 = 1.0\{2.089 + 1.5 \times (-4.912)\} - 0.3 = -5.58 \text{tfm}$

$M_{BA} = 1.0(2\phi_B + 1.5\psi) + 0.3 = 1.0\{2 \times 2.089 + 1.5 \times (-4.912)\} + 0.3 = -2.88 \text{tfm}$

$M_{BC} = 1.5(2\phi_B + \phi_C) - 0.9 = 1.5(2 \times 2.089 - 1.654) - 0.9 = 2.88 \text{tfm}$

$M_{CB} = 1.5(2\phi_C + \phi_B) + 0.9 = 1.5\{2(-1.654) + 2.089\} + 0.9 = -0.93 \text{tfm}$

$M_{CD} = 1.0(2\phi_C - \psi) - 0.675 = 1.0\{2(-1.654) - (-4.912)\} - 0.675 = 0.93 \text{tfm}$

$M_{DC} = 1.0(\phi_C - \psi) + 0.675 = 1.0\{-1.654 - (-4.912)\} + 0.675 = 3.93 \text{tfm}$

8. 지점 수직 반력

$R_A = -1.5\phi_B - 1.5\psi + 0.9 = -1.5 \times 2.089 - 1.5 \times (-4.912) + 0.9 = 5.13 \text{t}$

$R_D = \phi_C - \frac{2}{3}\psi + 1.35 = -1.654 - \frac{2}{3} \times (-4.912) + 1.35 = 2.97 \text{t}$

$$\begin{Bmatrix} \phi_B \\ \phi_C \\ \psi \end{Bmatrix} = \begin{bmatrix} 5 & 1.5 & 1.5 \\ 1.5 & 5 & -1 \\ 1.5 & -1 & \frac{13}{6} \end{bmatrix}^{-1} \begin{Bmatrix} 0.6 \\ -0.225 \\ -5.85 \end{Bmatrix} = \begin{Bmatrix} 2.089 \\ -1.654 \\ -4.912 \end{Bmatrix}$$

9. 부재 변형도 및 외력도

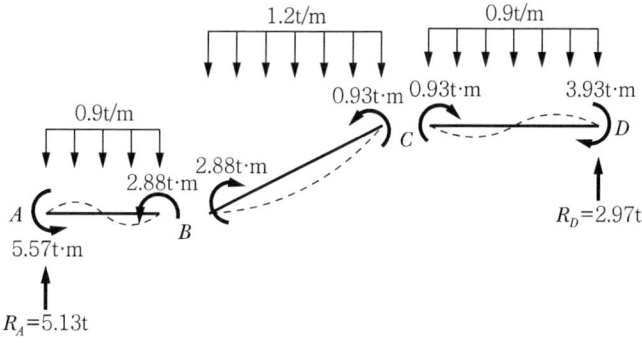

10. 휨 부재력

1) A → B 구간

$$M_x = -5.57 + 5.13x - \frac{1}{2}0.9x^2$$

$$M_x = 0 \; ; \; x = 1.21\text{m}$$

2) D → C 구간

$$M_x = -3.93 + 2.97x - \frac{1}{2}0.9x^2$$

$$M_x = 0 \; ; \; x = 1.83\text{m}$$

11. 휨 부재력도(단위 : tm)

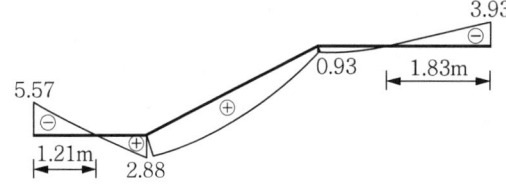

PART 05

동역학

PART 05 동역학

01 동역학의 개요

1. 개요

① 동역학 : 시간 함수가 포함된 미분 방정식을 푸는 것
② 동역학과 정역학 차이 : 시간 함수로써 미분 방정식 적용 여부에 따라 구분됨
③ 내진해석과 내풍해석의 기본
④ 운동하는 물체의 퍼텐셜 에너지(Π) = 운동에너지의 합(K) + 정적 에너지의 합(U)

2. 구조물 운동을 표현하는 미분 방정식

구분	Free Vibration(동차방정식)	Forced Vibration(비동차방정식)
Undamped Vibration	$m\ddot{x} + kx = 0$	$m\ddot{x} + kx = P(t)$
Damped Vibration	$m\ddot{x} + c\dot{x} + kx = 0$	$m\ddot{x} + c\dot{x} + kx = P(t)$

3. 주요 용어

1) Potential Energy

① 계의 상태를 변화시킬 수 있는 잠재된 에너지
② $V = -W_{ext}$

여기서, W_{ext} : 외부에서 가해지는 힘에 의한 일로서 역계의 의미로 "－"부호가 붙음

2) Kinetic Energy

측정이 가능한 에너지로서 외부에 드러난 에너지

3) 최소 퍼텐셜 에너지 원리

① 탄성영역 내에서의 구조물은 아주 작은 양만 변하여 그 계에서의 전체 퍼텐셜 에너지가 변하지 않는다면 평형 상태에 있다고 본다.
② 평형조건은 전체 퍼텐셜 에너지 Π를 정류값(Stationary Value)으로 가정하면, 안정 평형을 위해서 전 퍼텐셜에너지 Π는 최소이어야 한다.

4) 주기하중(Periodic Load)

① 하중의 형태가 완벽하게 sin파와 cosin파의 형태로 나타낼 수 있는 것
② 하중을 $\sin(wt)$ 또는 $\cos(wt)$ 형태로 나타내므로, Sinusoidal Function이라고 함

5) 조화하중(Harmonic Load)

① 시간에 따라 외력이 주기적으로 변하는 하중
② 하중의 형태가 일정한 주기로 변하지만 Sin파와 Cosin파가 결합된 형태로 표현 가능
 예 $\sin(wt)\cos(\theta) + \cos(wt)\sin(\theta)$

6) 정상상태(Steady State)

동적 현상에서 각각 상태를 결정하는 여러 가지 상태량이 시간적으로 변하지 않는 상태를 말함

7) 자유진동(Free Vibration)

① 진동체에 외력이 작용하지 않는 경우의 진동이다.
② 자유진동의 진동수는 진동체의 고유 진동수만 가지며, 고유 진동수가 여러 개인 물체의 경우 기준진동이 중합된 진동수를 갖는다.
③ 외력을 제거한 후 남는 진동과 같이 계(系)의 성질만으로 정해지는 주기(周期)를 갖는 진동이다.
④ 진동체에 마찰이나 저항과 같은 제동력이 작용하는 경우에는 자유진동은 감쇠진동(減衰振動)이 되어 시간이 흐르면 진폭은 0이 된다.

8) 강제진동

자유진동에 대하여 주기적인 외력이 작용하고 있을 경우에 생기는 진동을 강제진동이라고 한다.

9) 감쇠(Damping)

① 추가적인 외력을 가하지 않으면 시간이 지날수록 진동하는 물체의 진폭이 줄어들면서 일정 시간이 경과하면 어느 지점에서 완전히 정지하게 되어 결국 멈추는 현상을 감쇠(Damping)라고 말한다.
② 이 현상은 총체적으로 물체가 지니고 있는 에너지의 손실(열 등으로 변환시켜 소모) 때문에 발생된다.
③ Damping Force

$$F_c = c\dot{x} \qquad m\ddot{x} + kx = -F_c$$

$$\frac{1}{2}m\dot{x}^2 + \frac{1}{2}kx^2 = E_0 - F_c x$$

여기서, $F_c x$: Damping에 의해 소모된 에너지

02 단자유도 시스템

1. 절점 평형 방정식

① 외력 : $F = ma$
② 관성력(Force of Inertia) : $f_I = ma$
    외력과 같은 크기 힘이 가속도 방향과 반대 방향으로 생겨 원래 상태를 지속시키려는 힘
③ 절점 평형 방정식 : $F(외력) + f_I(관성력) = 0$

2. 운동하는 물체의 퍼텐셜 에너지

① K : 운동에너지의 합(관성력에 의한 일, 외부일)
② U : 정적인 에너지의 합(내부 에너지)
③ V : 외부 퍼텐셜 에너지
④ $\Pi = K + U + V$: 전 퍼텐셜 에너지

3. 단자유도 시스템의 거동

1) 동적 힘의 평형 방정식

① 내부력 $= m\ddot{u} + c\dot{u} + ku$

② 외부력 $= p(t)$

③ 내부력 $=$ 외부력 ; $m\ddot{u} + c\dot{u} + ku = p(t)$

2) 동적 에너지 평형 조건 $\Leftrightarrow \Pi = 0$

① 내부일 $= K + U = \left(\frac{1}{2}m\dot{u}^2\right) + \left(\frac{1}{2}c\dot{u}\cdot u + \frac{1}{2}k\cdot u^2\right)$

② 외부일 $= P(t)u = W_{ext}$

③ 내부일 $=$ 외부일

$$\frac{1}{2}m(\dot{u})^2 + \frac{1}{2}(c\dot{u})u + \frac{1}{2}ku^2 = P(t)\cdot u$$

$$\frac{1}{2}m(\dot{u})^2 + \frac{1}{2}(c\dot{u})u + \frac{1}{2}ku^2 - P(t)\cdot u = 0$$

$\Leftrightarrow$ 전체 퍼텐셜 에너지
$=$ 내부에너지 $-$ 외부일
$=$ 내부에너지 $+$ 퍼텐셜 에너지

$\Pi = K + U - W_{ext} = K + U + V$

$\Pi = \frac{1}{2}m(\dot{u})^2 + \frac{1}{2}(c\dot{u})u + \frac{1}{2}ku^2 - P(t)\cdot u = 0$

3) 미분 방정식 유도

$\Pi = K + U + V = \frac{1}{2}m(\dot{x})^2 + \frac{1}{2}kx^2 + \frac{1}{2}(c\dot{x})x - P(t)x$ 양변을 x에 대해서 미분

$d(\Pi) = m(\dot{x})d\dot{x} + kxdx + \frac{1}{2}(c\dot{x})dx + \frac{1}{2}(cx)d\dot{x} - P(t)dx$

여기서, $d\dot{x} = \frac{d}{dt}(dx)$ 이므로

$d(\Pi) = m(\dot{x})\frac{d}{dt}dx + kxdx + \frac{1}{2}(c\dot{x})dx + \frac{1}{2}(cx)\frac{d}{dt}dx - P(t)dx = 0$

교환법칙을 적용하여 정리하면,

$d\Pi = m\frac{d}{dt}(\dot{x})dx + kxdx + \frac{1}{2}(c\dot{x})dx + \frac{1}{2}c(\frac{d}{dt}x)dx - P(t)dx = 0$

$d\Pi = m(\ddot{x})dx + kxdx + \frac{1}{2}(c\dot{x})dx + \frac{1}{2}c(\dot{x})dx - P(t)dx = 0$

$d\Pi = [m(\ddot{x}) + kx + c(\dot{x}) - P(t)]dx = 0$

$m(\ddot{x}) + c(\dot{x}) + kx - P(t) = 0$ ············ ⓐ(상계수를 갖는 2계 동차 미분 방정식)

외력항 $P(t) = 0$ 이라면

$d\Pi = m(\ddot{x}) + c(\dot{x}) + kx = 0$ ················ ⓑ (상계수를 갖는 2계 동차 미분 방정식)

4) 지반운동이 작용할 경우

지반운동이 작용한다고 하면 식 ⓑ는
$d\Pi = m(\ddot{x_g} + \ddot{x}) + kx + c(\dot{x}) = 0$

정리하면 다음과 같이 된다.
$d\Pi = m(\ddot{x}) + c(\dot{x}) + kx = -m(\ddot{x_g})$
(Undamped Forced Vibration)

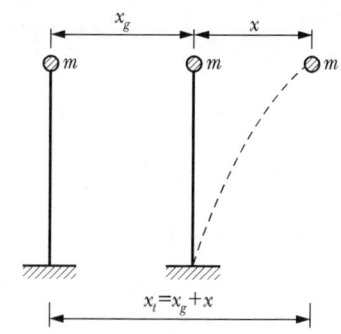

지반운동 시 자유 물체도

식 ⓐ에서 외력을 주기함수라 가정하면

$d\Pi = m(\ddot{x}) + c(\dot{x}) + kx = P_0 \sin(wt), \quad \ddot{x} + \dfrac{c}{m}(\dot{x}) + \dfrac{k}{m}x = \dfrac{P_0}{m}\sin(wt)$

$\ddot{x} + 2\zeta w_n (\dot{x}) + w_n^2 x = \dfrac{P_0}{m}\sin(wt)$

03 자유진동

1. 개요

① 진동체에 외력이 작용하지 않는 경우의 진동
② 외력을 제거한 후 남는 진동과 같이 계(系)의 성질만으로 정해지는 주기(周期)를 갖는 진동
- 평형상태의 구조체가 초기 변위와 초기 속도가 주어지는 외부 가진력에 의한 교란에 의해 시작
③ 자유 진동의 진동수는 진동체의 고유 진동수만 가짐
④ 여럿인 물체는 다수의 고유 진동수를 가진 진동체가 자유진동을 할 때 기준 진동의 중합(重合)이 된다.
⑤ 자유진동에 대하여 주기적인 외력이 작용하고 있을 경우에 생기는 진동을 강제진동이라고 한다.
⑥ 진동체에 마찰이나 저항과 같은 제동력이 작용하는 경우에는 자유진동은 감쇠진동(減衰振動)이 되어 시간이 흐르면 진폭은 0이 된다.

2. 자유 진동의 진동수와 모드

1) 선형 MDF의 자유 진동

① 단자유도 시스템의 거동 $m\ddot{u} + c\dot{u} + ku = p(t)$

② 외력이 작용하지 않는 비감쇠 진동체 $p(t) = 0$
$$m\ddot{u} + ku = 0$$

③ 초기 조건
 시간 $t = 0$에서 $u = u(0)$, $\dot{u} = \dot{u}(0)$

2) 2질점 Frame의 자유 진동

① 층 강성과 질점이 주어진 2층 Frame

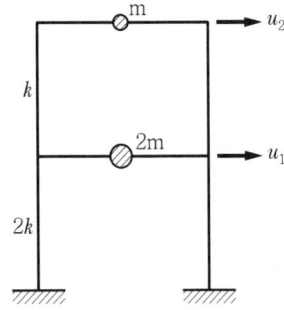

② a, b, c 시간에서 처짐 형상

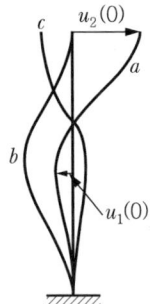

※ 초기 변위 $u_j(0)$는 ② 그림에서 정의됨, 두 층 모두 초기 속도는 $\dot{u}(0) = 0$

③ 두 질점의 운동의 변위이력 u_j(시간함수)

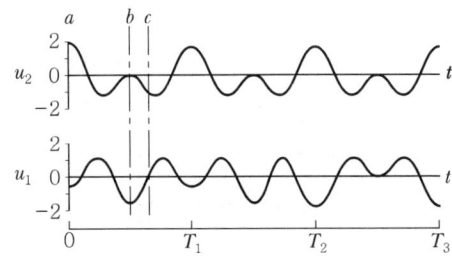

④ 모드 좌표 $q_n(t)$

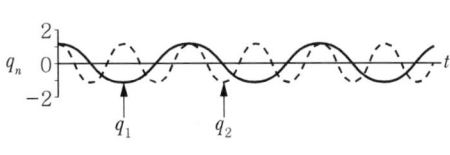

※ j층의 변위-시간 그래프는 ② 그림에서 정의된 초기 변위값에 의해 시작됨

3) 다질점계의 운동 특징

- 각 질점의 운동은 단진자 조화 운동과 달리 단순한 조화 운동이 아니므로, 운동의 주파수 정의가 어렵다.
- 2)-②에서와 같이 a, b, c의 처짐 형상이 다르다.
  처짐 형상(예를 들어 u_1/u_2)은 시간에 따라 다양하다.
- 참고 : 단진자 자유 진동(비감쇠, 임계감쇠, 과감쇠)

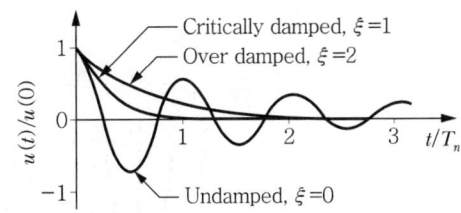

$$\xi = \frac{c}{2m\omega_n} = \frac{c}{c_{cr}}$$

$$c_{cr} = 2m\omega_n = 2\sqrt{km} = \frac{2k}{\omega_n}$$

3. 비감쇠 자유 진동

1) 개요

자유 진동이 다양한 자유도에서 적절한 변형의 분산에 의해 개시된다면, 비감쇠 구조는 형상의 변화 없이 단순 조화 운동을 한다.

2) 다 질점계의 고유 주기 T_n

① 고유 주기는 고유 모드 중 한 개의 단순 조화 운동의 한 주기(Cycle) 동안 요구되는 시간이다.

② 고유 주기에 대응하는 고유 각 진동수를 ω_n이라 한다.

③ 고유 주기에 대응하는 고유 진동수를 f_n이라 한다.

④ 관계식

$$T_n = \frac{2\pi}{\omega_n}, \ f_n = \frac{1}{T_n}$$

⑤ 2질점계에서 고유 진동수($n = 1, 2$)

　㉠ 고유 모드 : $\phi_n = \{\phi_{1n}; \phi_{2n}\}$

　㉡ 두 고유 진동수 중 작은 값을 ω_1, 큰 값을 ω_2로 표기
　　 두 고유 주기 중 긴 주기를 T_1, 짧은 주기를 T_2로 표기

3) 2질점계 비감쇠 자유 진동

① 개요

  ㉠ 초기 처짐 형상을 유지하면서 단순 조화 운동으로 진동하는 2-자유도계 처짐 형상 특성을 보임

  ㉡ 두 층은 동시에 최대 처짐에 도달하며, 동시에 평형위치를 경유함

  ㉢ 각각 특징적인 처짐 형상을 다 질점계의 자유 진동 모드라 함

② 비감쇠계 자유 진동 1차 모드 진동

  ㉠ 층 강성과 질점이 주어진 2층 Frame ㉡ a, b, c, d, e 시간에서의 처짐 형상

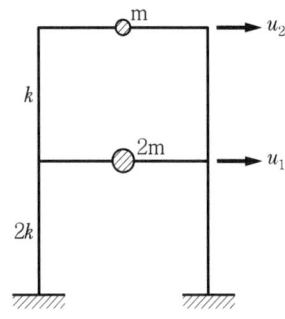 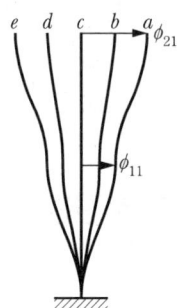

  ㉢ 변위 이력 ㉣ 모드 좌표 $q_{n=1}(t)$

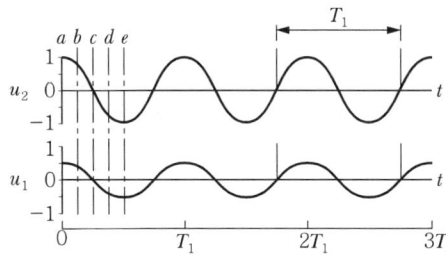 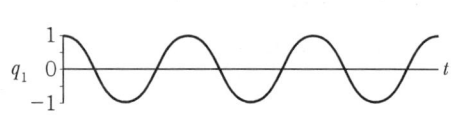

③ 비감쇠계 자유 진동 2차 모드 진동

  ㉠ 개요

   • 두 층의 변위는 1차 모드에서는 같은 방향이었지만 2차 모드에서는 반대 방향임

   • 변위가 0인 점을 "node"라 함

   • 모드 수가 n개로 증가하면 node 수도 증가함

㉠ 층 강성과 질점이 주어진 2층 Frame   ㉡ a, b, c, d, e 시간에서의 처짐 형상

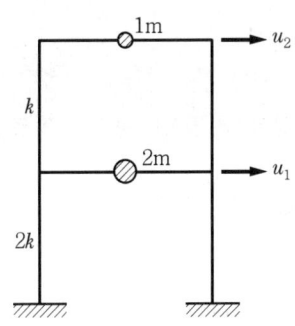
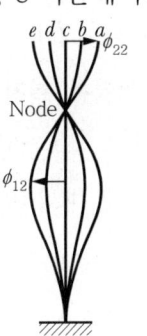

㉢ 변위 이력   ㉣ 모드 좌표 $q_n = 2(t)$

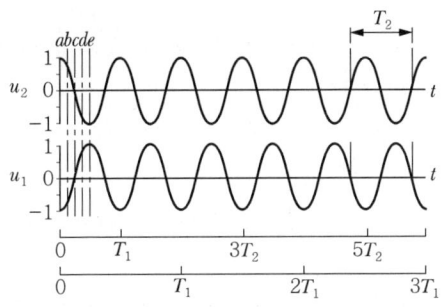
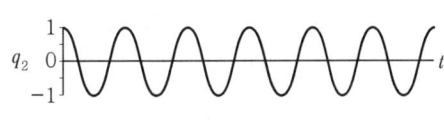

4. 고유 진동 수와 모드 – 고유치 해석

1) 개요

Eigen Value Problem의 해로 시스템의 고유 진동수와 모드를 구할 수 있다.

2) 다질점계 비감쇠 자유 진동

① 다질점계 비감쇠 자유 진동 중 1개 모드에 대한 운동 변위를 수학적으로 표현하면
$u(t) = q_n(t)\phi_n$

여기서, n : 2질점계의 경우 1 또는 2가 됨
형상함수 ϕ_n : 시간 함수가 아님

② 시간 변수의 모드 좌표를 단순 조화 함수로 표현하면
$q_n(t) = A_n \cos\omega_n t + B_n \sin\omega_n t$

여기서, $q_n(t)$: 기본 변위함수

③ 앞의 ①, ②로부터

$u(t) = \phi_n(A_n \cos\omega_n t + B_n \sin\omega_n t)$

여기서, 미지수는 ϕ_n, ω_n

(∵ 초기 조건에 의해 상수 A_n, B_n는 산정할 수 있음 : 응답 스펙트럼 해석 예제 참조)

④ 시간에 대해 미분하면

$\dot{u}(t) = \phi_n \omega_n(-A_n \sin\omega_n t + B_n \cos\omega_n t)$

$\ddot{u}(t) = \phi_n \omega_n^2(-A_n \cos\omega_n t - B_n \sin\omega_n t) = -\omega_n^2 u(t)$

⑤ 2. −1)−② 외력이 작용하지 않는 진동체에 대한「선형 MDF 자유 진동 운동 방정식」에 대입

$m\ddot{u} + cu = 0 \rightarrow -[m]\omega_n^2 u(t) + [k]u(t) = \left(-[m]\omega_n^2 \phi_n + [k]\phi_n\right)q_n(t) = 0$

⑥ 방정식 성립 조건(해 산정)

㉠ $q_n(t) = 0$

$u(t) = 0$일 경우 계의 운동이 없음을 의미하므로 Trivial solution

> ※ Trivial solution(자명해) : 미분 방정식의 수학적 해로서 명백히 충족시키지만 쓸모없는 해
> ※ Non trivial solution : 자명한 해 이외의 해
> ※ Unique solution(유일한 해) : 그 해가 그 방정식의 단 하나의 해가 됨을 뜻함
> ※ 특별한 방정식을 가져다 놓으면 그 방정식이 Unique solution을 가지고 그 해가 Trivial solution이 될 수도 있음

㉡ $-[m]\omega_n^2 \phi_n + [k]\phi_n = 0$

$\rightarrow ([k]-[m]\omega_n^2)\phi_n = 0$ 또는 $[k]\phi_n = [m]\omega_n^2 \phi_n$

여기서, $[k]\phi_n = [m]\omega_n^2 \phi_n$: 매트릭스 고유치 문제의 대수 방정식

㉢ $\phi_n = 0$이면 운동이 없기 때문에 Trivial solution

따라서, Nontrivial solution은

$\det\{[k]-[m]\omega_n^2\} = 0$

N개의 요소 중 임의의 $\phi_{jn}(j=1, 2, \cdots, N)$에 대해서 성립할 조건임

$\det\{[k]-[m]\omega_n^2\} = 0$을 특성 방정식 혹은 주파수 방정식이라 함

⑦ Determinant(행렬식)이 확장하면, ω_n^2에 대한 N차 다항식이 된다.
  ㉠ 이 방정식은 N개의 실수이면서 양수의 ω_n근을 얻음
    특성방정식의 ω_n^2의 root 근은 Eigen Values, Characteristic Values, Normal Values라 함
  ㉡ 양의 유한특성을 가진 k은 모든 구조물이 강체 운동을 하지 않는다는 점을 설명해준다.
  ㉢ 양의 유한특성을 가진 m은 모든 자유도에서 질점은 0이 아님을 설명해준다.

⑧ Vector ϕ_n
  ㉠ 고유 진동수 ω_n이 결정되면 이에 상응하는 Vector ϕ_n는 산정할 수 있다.
  ㉡ Eigenvalue Problem에서 Vector ϕ_n의 절대적인 진폭 값(Vector 크기)을 가지지 않는다.
  ㉢ N개의 변위 ϕ_{jn} (자유도 수 $j = 1, 2, 3, \cdots, N$)의 상대적인 값으로 주어지는 Vector의 형상만 있다.
  ㉣ N-Dof 시스템의 N개 고유 진동수 ω_n에 상응하는 N개의 독립적인 벡터 ϕ_n가 존재한다.
    ⓐ 벡터 ϕ_n를 진동의 고유 모드, 진동의 고유 모드 형상, Eigen Vectors, Characteristic Vectors, Normal Modes이라 한다.
    ⓑ 여기서 ϕ_n, ω_n의 n은 모드 수를 가리키며 n=1일 경우 기본 모드, 기본 진동수라 한다.
    ⓒ '고유', 'Natural'이라는 용어는 자유 진동에서 질량과 강성에만 의존하는 구조물의 고유한 진동 특성을 결정하기도 한다.

▶▶▶ 건축구조기술사 104-1-2

건축물 내진설계 시 고려하는 고유주기의 개념, 1절점계의 고유 주기식, 건축구조기준(KBC2009)에서 정하는 근사고유주기에 대해 설명하시오.

1. 고유 주기 개념

1) 진동체의 자유 진동일 때의 주기로서 그 물체에 고유한 값을 취하므로 고유 주기라 한다.
2) 고유 진동을 하는 물체가 한 번 완전히 흔들리는 데 걸리는 시간.

3) 고유 주기와 외력의 주기가 같을 때에는 공진을 일으킨다.

2. 1절점계의 고유주기식

외력이 작용하지 않는 1질점계의 비감쇠 진동체 자유 진동 방정식에서
$m\ddot{u} + ku = 0$

1) $\omega_n^2 = \dfrac{k}{m}$ 가정

   $\omega_n = \sqrt{\dfrac{k}{m}}$: 고유 각 진동수

2) 고유 주기

   $T_n = \dfrac{2\pi}{\omega_n} = 2\pi\sqrt{\dfrac{m}{k}}$

3) 고유주기의 특징

   질점의 질량이 클수록, 계의 강성이 작을수록 고유주기는 길다.

3. 건축구조기준(KBC2009)에서 정하는 근사고유주기

KBC2009에서 정하는 근사고유주기 T_a(초)

구조물의 높이의 함수로 정의됨

$T_a = C_T h_n^{3/4}$

여기서, 계수 C_T는 철골 모멘트 골조의 경우 0.085

철근콘크리트 모멘트 골조, 철골 편심 가새 골조의 경우 0.073

그 외 다른 모든 건축물의 경우 0.049

h_n : 건물 최상층까지의 전체 높이(m)

4. 1절점계의 고유주기식과 건축구조기준(KBC2009)에서 정하는 근사 고유주기식의 관계

고유주기는 강성과 질량의 함수로서 기준에서는 상대적으로 강성이 작은 철골 모멘트 골조의 근사 고유 주기가 다른 구조 형식보다 길게 정의됨

▶▶▶▶ 토목구조기술사   88-1-11

감쇠(Damping)의 영향을 무시한 단자유도계(Single Degree of Freedom) 구조물의 질량과 강성이 고유 진동수에 미치는 영향에 대하여 설명하시오.

1. 감쇠가 없는 단자유도계의 모델링 및 자유 물체도

   1) 단자유도계의 모델링

   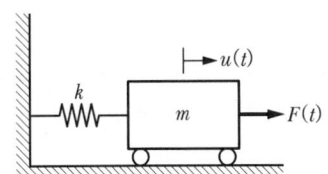

   2) 자유 물체도

   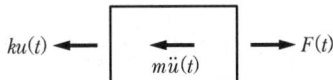

   여기서, $u(t)$: 질량의 절대 변위
   $F(t)$: 시간적으로 변하는 외부 힘

2. 단자유계에 대한 운동 방정식

   1) 자유 물체도의 힘의 평형 조건

   $$m\ddot{u} + ku = F \rightarrow \ddot{u} + \frac{k}{m}u = \frac{F}{m}$$

   2) $\omega_n^2 = \dfrac{k}{m}$ 가정

   여기서, $\omega_n = \sqrt{\dfrac{k}{m}}$: 고유 각 진동수

   3) $\ddot{u} + \omega_n^2 u = \dfrac{F}{m}$

3. 고유 진동수

   $$f_n = \frac{\omega}{2\pi} = \frac{1}{2\pi}\sqrt{\frac{k}{m}} \text{ (cycle/sec)}$$

4. 질량과 강성이 고유 진동수에 미치는 영향

   고유 진동수는 강성의 제곱근에 비례하고, 질량의 제곱근에 반비례한다.

04 응답 스펙트럼 해석

1. 응답 스펙트럼 정의

① 특정한 지반운동에 대하여 단자유도 감쇠시스템(Damped Single Degree of Freedom)의 최대응답을 고유진동수 또는 고유주기에 따라 서로 다른 감쇠율에 대하여 도시해 놓은 그래프이다.

② 지진에 대한 동적해석방법으로 현재 주로 쓰이고 있는 지진력 해석 방법으로 지진으로 인한 구조물의 영향을 나타내기 위해 진동주기와 구조물의 최대응답과의 관계를 그래프로 나타낸 것이다.

> ※ 정적 해석과 동적 해석의 비고
> ① 정적 해석 : 지진력에 대한 구조물의 탄성력만을 고려
> ② 동적 해석 : 시간의 함수로 실제로 일어날 수 있는 관성력, 감쇠력 등을 고려
> 어떤 특정한 지진에 대하여 일정한 감쇠율을 가진 단자유도 구조물의 진동수(또는 진동주기)를 변화시키면서 해석을 수행하고 이때 발생하는 최대 응답(가속도, 속도, 변위의 최대치)을 구하여 진동주기의 변화에 대하여 도식화함

2. 응답 스펙트럼 해석

① **응답** : 지반이 진동하게 되면 지반에 고정된 구조물도 진동하게 되는데 이와 같은 지진력에 대한 구조물의 반응

② **스펙트럼** : 태양광선이 가지고 있는 특성을 주기별로 분산해주는 무지개 스펙트럼과 같이 지지녁의 주기를 특성화된 범위 형태로 보여주는 방식

③ 단자유도로 이상화하기 곤란한 복잡한 형태의 다자유도 시스템에 대하여 모드해석을 통하여 역학적으로 각각의 모드 방정식으로 분리한 후 각 모드의 운동을 등가의 단자유도로 취급하여 주어진 설계응답스펙트럼으로부터 모드별 최대 응답(변위, 가속도)을 계산 후 그 결과를 조합하여 최종 결과(설계지진력 등)를 계산하는 방법

④ 응답 스펙트럼 해석법은 다자유도시스템을 단일자유도시스템의 복합체로 가정하여 미리 수치적분 과정을 통해 준비된 임의 주기(또는 진동수) 영역범위 내의 최대응답치에 대한 스펙트럼(가속도, 속도, 변위 등)을 이용하여 조합 해석하는 방법으로 설계용 스펙트럼을 이용한 내진설계에 주로 활용됨

⑤ 응답 스펙트럼 해석법에서는 임의 모드에서의 최대 응답치를 각 모드별로 구한 다음, 적정한 조합방법을 이용하여 조합함으로써 최대 응답치를 예견하게 됨
⑥ 지진이 발생하여 구조물이 파괴되는 이유는 지진의 주기와 구조물이 가지고 있는 고유주기가 일치할 때 즉, 공진이 일어날 때인데, 응답 스펙트럼은 지진의 주기와 구조물의 주기가 일치하게 될 때 발생하는 최대 지진력을 알아내 그 지진력에 견디는 구조물을 설계하는 방식임

3. 지진파의 분석 및 응답 스펙트럼 선도 작성

1) 지진은 랜덤파를 형성해 일정하지 않은 여러 개의 주기를 가진 파를 보내게 됨
2) 지진파를 분석하기 위해 주기를 다르게 하여 임의의 구조물을 고유주기와 지진파가 일치할 때 순간적으로 변위가 커짐

① 고유주기 T_1인 구조물

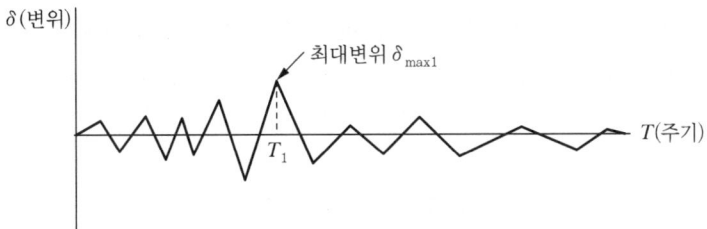

② 고유주기 T_2인 구조물

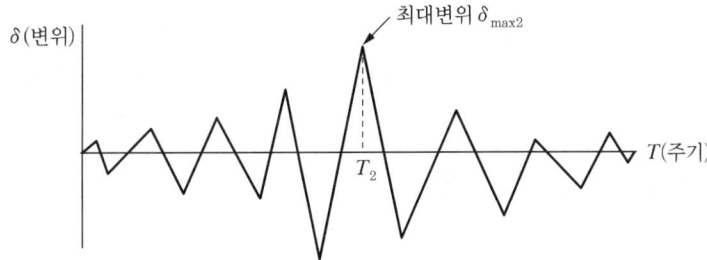

3) 지진파에 대해 주기와 변위와의 관계 그래프 작성

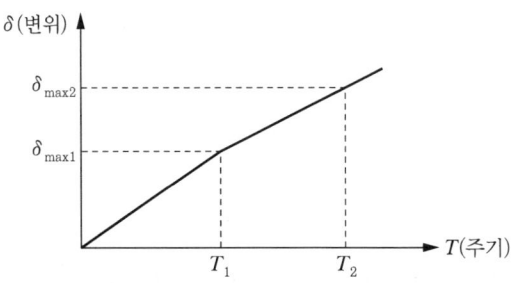

4) 지진파의 가속도와 주기의 그래프(응답 스펙트럼 선도)

① 지진은 시간에 대한 함수이므로 변위를 시간에 대해 미분하면 속도가 되고, 한 번 더 시간에 대해 미분하면 가속도가 되는데, 지진 가속도와 주기의 관계 그래프인 응답 스펙트럼 선도 작성

② 응답 스펙트럼 선도를 통해 지진파의 주기별로 가속도를 분석할 수 있고, 그에 따른 변위량을 알 수 있으므로 구조물이 지진에 어떻게 반응하는지 예측할 수 있음

③ 아래 그래프는 설계 기준에 반영된 스펙트럼 가속도(S_a)와 주기(T)와의 관계 그래프임

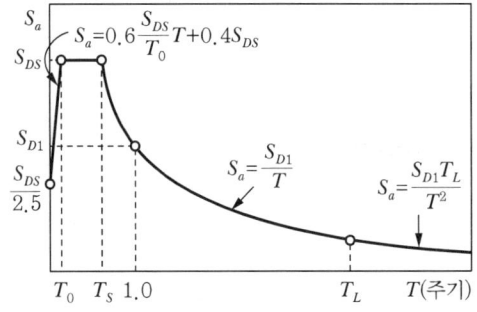

4. 단자유계의 시간이력 응답

1) 개요

주어진 지진동의 시간 이력 $a(t)$, 고유주파수 ω_n, 감쇠비 ζ에 대한 상대 변위 응답 $x(t)$을 구할 수 있다.

2) 단자유계에 대한 운동 방정식 유도

① 지진에 의한 가속도를 받고 있는 구조물
- $y(t)$: 질량의 절대 변위
- $u_g(t)$: 지반의 절대 변위
- $x(t)$: 질량과 지반 간의 상대 변위

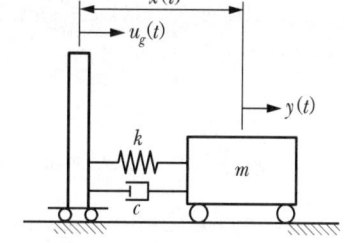

② 기둥에 가해지는 전체 탄성력
$$F_s = -k(y(t) - u_g(t))$$

③ 질량과 지반 간의 상대 변위
$$x(t) = y(t) - u_g(t)$$

④ 상대변위와 기둥에 가해지는 전체 탄성력 관계
$$F_s = -k \cdot x(t)$$

⑤ 시스템이 선형 점성 감쇠를 갖을 때 감쇠력
$$F_d = -c(\dot{y}(t) - \dot{u}(t)) = -c\dot{x}(t)$$

⑥ 질량에 가해지는 외력이 없는 상태일 때, $F_e(t) = 0$
관성력 : 질량과 절대 가속도의 곱
$$m\ddot{y}(t) = m\ddot{x}(t) + m\ddot{u}_g(t)$$

⑦ 뉴턴 법칙(관성의 법칙, 가속도 법칙, 작용·반작용의 법칙)
$$\sum F = F_s + F_d + F_e = -kx(t) - c\dot{x}(t) = m\ddot{x}(t) + m\ddot{u}_g(t)$$
정리하면, $-kx(t) - c\dot{x}(t) - m\ddot{x}(t) = m\ddot{u}_g(t)$
$$\rightarrow kx(t) + c\dot{x}(t) + m\ddot{x}(t) = -m\ddot{u}_g(t)$$

여기서, 질량에 가해지는 외력 $F_e(t) = -m\ddot{u}_g(t)$: 시스템에 가해지는 외력은 질량과 지반 가속도의 곱으로, 수학적으로 외력에 대한 동적 해석 문제를 지진동에 대한 동적해석 문제로 바꿀 수 있다.

3) 동적운동방정식의 변형

① 지반 가속도 $a(t) = -m\ddot{u}_g(t)$ 라면
$$kx(t) + c\dot{x}(t) + m\ddot{x}(t) = -m\ddot{u}_g(t) \rightarrow m\ddot{x}(t) + c\dot{x}(t) + kx(t) = -ma(t)$$

② 양변을 질량 m으로 나누어 정리하면

$$\ddot{x}(t) + \frac{c}{m}\dot{x}(t) + \frac{k}{m}x(t) = -a(t)$$

$\omega_n^2 = \frac{k}{m}$, $2\zeta\omega_n = \frac{c}{m}$ 이라면

$$\ddot{x}(t) + 2\zeta\omega_n\dot{x}(t) + \omega_n x(t) = -a(t)$$

③ 관성력 : 질량과 절대가속도의 곱

2)-⑦식으로부터 $m\ddot{y}(t) = m\ddot{x}(t) + m\ddot{u}_g(t) = -c\dot{x}(t) - kx(t)$

5. 응답 스펙트럼

1) 개요

① 임의의 지진동이 주어질 때 각기 다른 ω_n과 ζ에 대한 시간이력의 스펙트럼 변위, 스펙트럼 속도 및 스펙트럼 가속도는 컴퓨터를 이용하여 신속히 계산할 수 있다.

② 시간 이력 응답 결과값을 비감쇠 고유 주파수 ω_n 대신에 비감쇠 고유주기 T_n로 S_d, S_v, S_a를 표현된 형식을 엔지니어는 선호하는 경향이 있다.

2) 응답 스펙트럼 변위(The Spectral Displacement)

① 개요

단자유계의 시간이력 변위 응답 $x(t)$를 산정하면 응답의 최대 절대값을 찾을 수 있는데 이 값을 응답 스펙트럼 변위라 함

② 응답 스펙트럼 변위의 수학적 정의

$$S_d(\omega_n, T) = S_d(\omega_n, \zeta) = |x(t)|_{\max} = \max|x(t)| = \max[x(t)]$$

여기서, 최대값이 음수로 구해져도 S_d는 양수로 표현한다는 의미에서 수식에 절대값을 취함

3) 응답 스펙트럼 속도(The Spectral Velocity)

① 개요

단자유계의 시간이력 속도 응답 $\dot{x}(t)$를 산정한 결과에 대한 응답의 최대 절대값

② 응답 스펙트럼 속도의 수학적 정의

$$S_v(\omega_n, \zeta) = |\dot{x}(t)|_{\max}$$

4) 응답 스펙트럼 가속도(The Spectral Acceleration)

① 개요

시간 이력 질량의 절대 가속도 $\ddot{y}(t) = \ddot{x}(t) + a(t)$를 산정한 결과에 대한 응답의 최대 절대값

② 응답 스펙트럼 가속도의 수학적 정의

$$S_a(\omega_n, \zeta) = |\ddot{y}(t)|_{\max}$$

6. 엘센트로(El-Centro) 지진

1) 개요

① 1940년에 발발
② 남-북 성분에 대한 가속도 응답이 가장 자주 인용되는 지진 기록

2) 엘센트로 지진의 남북 성분

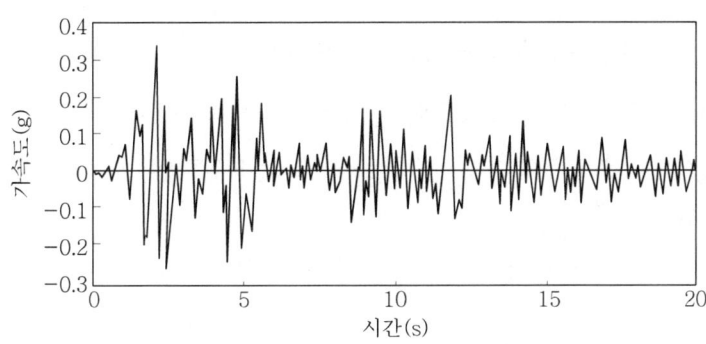

3) 엘센트로 지진 남북 성분에 대한 변위, 속도, 가속도 스펙트럼(5% 감쇠)

① 변위 스펙트럼

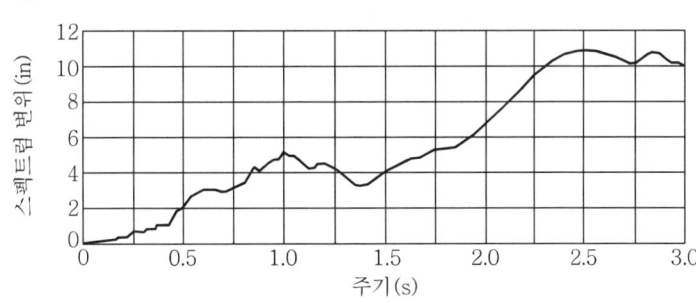

② 속도 스펙트럼

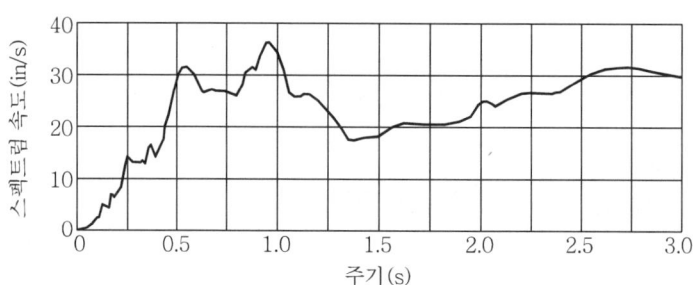

③ 가속도 스펙트럼

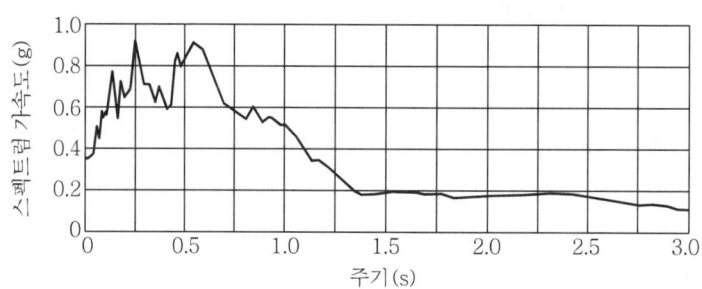

4) 이중 스펙트럼 곡선(Bi-Spectra Plot)

① 스펙트럼 가속도를 스펙트럼 변위에 대비하여 플롯한 그림
② 비감쇠 고유 주기값을 정한 다음 S_d, S_a를 계산하여 그린 뒤 고유주기 $T=1.0$에 대해 점들을 플롯
③ 엘센트로 지진 남북 성분에 대한 이중 스펙트럼(5% 감쇠)

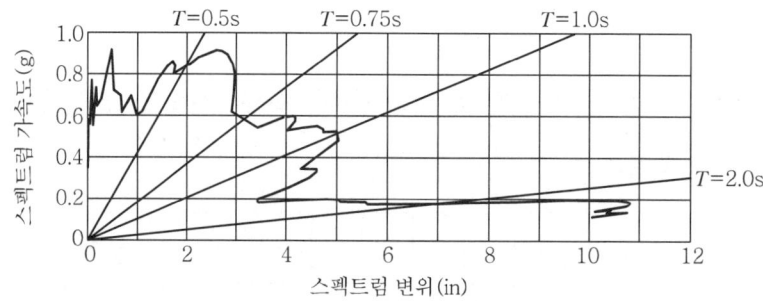

7. 유사 응답스펙트럼 식(Pseudo−Response Spectrum)

1) 개요

① pseudo[sú : do] : 허위의, 가짜의, 모조의

② 스펙트럼 변위 S_d로부터 유도된 유사 스펙트럼 속도(Pseudo Spectral Velocity) S_{vp}, 유사 스펙트럼 가속도(Pseudo Spectral Acceleration) S_{ap}

2) 수학적 정의

① $S_{vp}(\omega_n, T) = S_{vp}(\omega_n, \zeta) = \omega_n S_d(\omega_n, \zeta)$

② $S_{ap}(\omega_n, T) = S_{ap}(\omega_n, \zeta) = \omega_n^2 S_d(\omega_n, \zeta)$

3) 비감쇠계에서 스펙트럼 가속도와 유사 스펙트럼 가속도 사이의 관계

① 4.−3)−③에서

$$m\ddot{y}(t) = -c\dot{x}(t) - kx(t) \rightarrow \ddot{y}(t) = -2\zeta\omega_n\dot{x}(t) - \omega_n^2 x(t)$$

② 감쇠 $\zeta = 0$ 이면

$$\ddot{y}(t) = -\omega_n^2 x(t)$$

식에 의해 절대 가속도가 최대가 될 때 상대 변위도 최대가 된다.

③ 유사 스펙트럼 가속도(Pseudo Spectral Acceleration)의 산정

㉠ 5.−4)−②로부터

$S_a(\omega_n, \zeta) = |\ddot{y}(t)|_{\max} = |-\omega_n^2 x(t)|_{\max} = \omega_n^2 |x(t)|_{\max}$

㉡ 5.−2)−②에서 $S_d(\omega_n, \zeta) = |x(t)|_{\max}$ 이므로

$S_a(\omega_n, \zeta) = \omega_n^2 |x(t)|_{\max} = \omega_n^2 S_d(\omega_n, \zeta)$

㉢ 7.−2)−②에서 $S_{ap}(\omega_n, T) = \omega_n^2 S_d(\omega_n, \zeta)$ 이므로

따라서, $S_a(\omega_n, \zeta) = S_{ap}(\omega_n, \zeta)$

④ 따라서 비감쇠 시스템에서 유사 스펙트럼 가속도와 스펙트럼 가속도는 서로 동일하다.

4) 유사 응답 스펙트럼의 이용

① 주어진 감쇠에 대해 지반 가속도 $a(t)$를 해석하여 응답 스펙트럼을 플로팅하면 차후에도 재계산하지 않더라도 사용할 수 있다.

> ※ 변위 스펙트럼 구조계의 ω_n, ζ를 알게 되면 $\ddot{x}(t) + 2\zeta\omega_n\dot{x}(t) + \omega_n x(t) = -a(t)$을 통해 시간이력 응답 스펙트럼, 시간이력의 스펙트럼 변위, 스펙트럼 속도 및 스펙트럼 가속도는 컴퓨터를 이용하여 신속히 계산할 수 있고, 이를 이용하여 $\dfrac{2\pi}{\omega_n} = T_n$ 관계로 고유주기 T_n로 S_d, S_v, S_a를 표현된 형식의 응답스펙트럼을 구할 수 있다.
>
> 이게 원칙적인 방법인데 유사응답스펙트럼은 기준이 되는 질량 m과 강성 k에 대한 $\omega_n = \sqrt{\dfrac{k}{m}}$를 이용하여 기준 시간이력 스펙트럼을 미리 산정. 이를 $\dfrac{2\pi}{\omega_n} = T_n$의 식에 따라 기준이 되는 주기에 대한 기준 응답 스펙트럼을 미리 플로팅해놓으면 나중의 임의의 구조시스템의 질량과 강성을 대입하면
>
> [기준 변위 응답 스펙트럼]$\times \omega_n = S_{vp}(\omega_n, T)$,
>
> [기준 변위 응답 스펙트럼]$\times \omega_n^2 = S_{ap}(\omega_n, T)$를 구할 수 있다.

② 단자유계의 주기 T_n을 알고 있다면 질량과 지반 사이의 최대 상대 변위

$\max|x(t)| = S_d(T_n, \zeta)$

③ 최대 상대 변위를 이용하여 지진이 발생하는 동안 야기되는 최대 강성력(Stiffness Force)

4.-2)-④에서 상대변위와 기둥에 가해지는 전체 탄성력 관계 $F_s = -k \times x(t)$이므로 $\max|F_s(t)| = \max|-kx(t)| = kS_d(T_n, \zeta)$

④ 질량의 최대 절대 가속도, 질량의 최대 절대 관성력

㉠ 5.-4)-②로부터 $\max|\ddot{y}(t)| = S_a(\omega_n, \zeta)$

㉡ 질량의 최대 절대 관성력

$\max|F_i(t)| = \max|-m\ddot{y}(t)| = mS_a(T_n, \zeta)$

㉢ 4.-2)-⑥, ⑦로부터

ⓐ 질량에 가해지는 외력이 없는 상태의 관성력

$m\ddot{y}(t) = m\ddot{x}(t) + m\ddot{u}_g(t) = -kx(t) - c\dot{x}(t)$

ⓑ 구조물 지지점에 걸리는 합력은 강성력과 감쇠력을 합한 힘과 같다.

ⓒ 감쇠가 0일 경우 최대 관성력이 최대 강성력과 동일

$$m\ddot{y}(t) = m\ddot{x}(t) + m\ddot{u}_g(t) = -kx(t)$$

⑤ 질량의 최대 절대 관성력을 이용한 밑면 전단력 산정

㉠ 개요

관성력은 질량에 작용하는 힘으로 시스템에 의해 지반으로 전달되는데 이 힘을 밑면 전단력이라 함(4. -2) 단자유도계 참조)

㉡ 밑면 전단력 식

$$V = \max|F_i(t)| = mS_a(T_n, \zeta)$$

$$m = W/g\text{이므로} \therefore V = \frac{S_a(T_n, \zeta)}{g}W$$

㉢ 엔지니어가 선호하는 중력가속도 단위로 표현하면

$$\frac{S_a(T_n, \zeta)}{g} = \widehat{S}_a(T_n, \zeta) \text{ 로서 } \therefore V = \widehat{S}_a(T_n, \zeta)W$$

밑면 전단력이 스펙트럼 가속도와 중량의 곱과 같음을 보여줌

㉣ 이중 스펙트럼 곡선의 수직축 $\widehat{S}_a(T_n, \zeta)$는 V/W를 정규화시킨 힘(Normalized Force)이 되어 이중 스펙트럼 곡선은 정규화된 힘과 변위에 대한 그래프가 됨

▶▶▶ 건축구조기술사 101-4-5

최대 탄성 횡변위가 250mm인 구조물에 요구되는 최소 횡강성(Lateral Stiffness) K값을 아래의 유사 가속도 응답 스펙트럼을 이용하여 구하시오.(단, 이 구조물의 질량은 $0.175\,\text{kN}\,\text{sec}^2/\text{mm}$이다.)

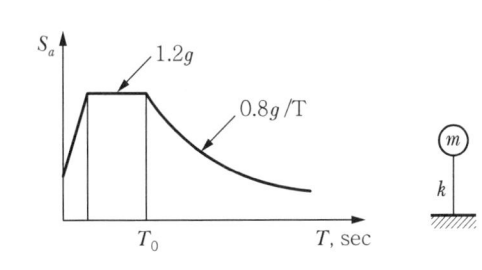

1. 고유주기 산정

    그래프의 주기 중 고유주기인 T_0을 기준으로 변경되는 변위 스펙트럼이 같은 조건으로부터

    $1.2g = \dfrac{0.8g}{T_0}$

    $\rightarrow T_0 = \dfrac{2}{3}(\text{sec})$

2. 각진동수 및 주기와 횡강성과의 관계

    $\omega = \sqrt{\dfrac{K}{m}} = \sqrt{\dfrac{K}{0.175}} = 2.39\sqrt{K}\,(\text{rad/sec})$

    $\omega = \dfrac{2\pi}{T} \rightarrow T = \dfrac{2\pi}{\omega} = 2\pi\sqrt{\dfrac{0.175}{K}} = \dfrac{2.628}{\sqrt{K}}(\text{sec})$

3. 변위 스펙트럼과 가속도 스펙트럼의 관계

    유사 스펙트럼의 수학적 정의로부터

    $S_a = \omega^2 S_d$

    최대 탄성 횡변위가 $S_d = 250\text{mm}$ 일 때

    가속도 스펙트럼 $S_a = 250\omega^2$

4. 구조물에 요구되는 최소 횡강성

    1) $T \leq T_0$ 구간

        $S_a = 1.2g$ 이므로

        $S_a = \omega^2 S_d \rightarrow 1.2g = 250\omega^2$

        여기서, $g = 9.81\text{m/sec}^2 = 9.81 \times 10^3 \text{mm/sec}^2$을 대입하면

        $\omega = \sqrt{\dfrac{1.2g}{250}} = \sqrt{\dfrac{1.2 \times (9.81 \times 10^3)}{250}} = 6.862(\text{rad/sec})$

        $T = \dfrac{2\pi}{\omega} = 0.915(\text{sec}) > T_0 = \dfrac{2}{3}(\text{sec})$ 이므로

        $T \leq T_0$ 구간에 발생되지 않는 거동임

    2) $T \geq T_0$ 구간

        $S_a = 0.8g/T$ 이므로

        $S_a = \omega^2 S_d \rightarrow \dfrac{0.8g}{T} = 250\omega^2$

여기서 $\omega = 2.39\sqrt{K}$, $T = \dfrac{2.628}{\sqrt{K}}$, $g = 9.81 \times 10^3 \text{mm/sec}^2$를 대입하면

$$0.8g\dfrac{\sqrt{K}}{2.628} = 250(2.39\sqrt{K})^2 \rightarrow K = 4.37\,\text{kN/mm}$$

$$T = \dfrac{2.628}{\sqrt{4.37}} = 1.257(\text{sec}) > T_0 = \dfrac{2}{3}(\text{sec})$$이므로 $T \geq T_0$ 구간 거동 발생

구조물의 최대 탄성 횡변위 $S_d = 250\,\text{mm}$로 구조물을 제어하기 위한 최소 탄성 횡강성 $K = 4.37\,\text{kN/mm}$

05 조화 지진동(Harmonic Ground Motion)의 응답 스펙트럼 해석

1 감쇠가 있는 진동

1. 단자유도계 조화 가진력이 작용할 경우 응답

1) 응답 스펙트럼 해석에 대한 동적 운동 방정식 $m\ddot{x}(t) + c\dot{x}(t) + kx(t) = -ma(t)$에서 외력이 주기를 갖는 함수라 가정하고, 양변을 질량으로 나눈 뒤 감쇠비와 고유 진동수를 이용하여 표현하면 다음과 같다.

$$\ddot{x} + 2\zeta\omega_n(\dot{x}) + \omega_n^2 x = \dfrac{P_0}{m}\sin(\omega t)$$

여기서, ω : 가진(exciting) 진동수 ω_n : 고유 진동수

※ 각 진동수의 또 다른 표현
  ω : 감쇠(Damped) 고유 진동수
  ω_n : 비감쇠(Undamped) 고유 진동수
  ω_e : 가진(Exciting) 진동수

※ $\zeta = \dfrac{2\mu g}{\pi\omega_n\omega\hat{x}}$: 감쇠비(등가 Damping 상수)

여기서, ω : 정상상태의 응답 $x(t)$의 진동수
  $\hat{x}$: 정상상태의 응답 $x(t)$의 진폭
  μ : 동마찰 계수
  g : 중력가속도

2) 해 산정

① $x = x_h + x_p$

② 동차해

$$x_h = e^{-\zeta\omega_n t}[A\cos(\omega_d t) + B\sin(\omega_d t)]$$

여기서, 초기조건 $x_h(0) = x_0 = A$

양변을 미분 $\dot{x}_h = -\zeta\omega_n e^{-\zeta\omega_n t}[A\cos(\omega_d t) + B\sin(\omega_d t)]$
$$+ \omega_n e^{-\zeta\omega_n t}[-A\omega_d\sin(\omega_d t) + B\omega_d\cos(\omega_d t)]$$

$$\dot{x}_h(0) = \dot{x}_0 = -\zeta\omega_n A + \omega_d B = -\zeta\omega_n x_0 + \omega_d B$$

$$\rightarrow B = (\dot{x}_0 + \zeta\omega_n x_0)/\omega_d$$

$$\therefore x_h = e^{-\zeta\omega_n t}[x_0\cos(\omega_d t) + \frac{\zeta\omega_n x_0 + \dot{x}_0}{\omega_d}\sin(\omega_d t)]$$

여기서, ω_d : Damping이 고려된 구조물 감쇠 고유 진동수(Damped Natural Frequency)

$$\omega_d = \omega_n\sqrt{1-\zeta^2}$$

③ 특수해

$x_P = C\cos(\omega t) + D\sin(\omega t)$ 가정

양변을 미분하면 $\dot{x}_P = -C\omega\sin(\omega t) + D\omega\cos(\omega t)$

$$\ddot{x}_p = -C\omega^2\cos(\omega t) - D\omega^2\sin(\omega t)$$

1) 식에 대입하면

$$\ddot{x} + 2\zeta\omega_n(\dot{x}) + \omega_n^2 x = \frac{P_0}{m}\sin(\omega t)$$

$-C\omega^2\cos\omega t - D\omega^2\sin\omega t + 2\zeta\omega_n\{-C\omega\sin\omega t + D\omega\cos\omega t\}$

$+\omega_n^2\{C\cos\omega t + D\sin\omega t\} = \frac{P_0}{m}\sin\omega t$

$\cos\omega t(-C\omega^2 + 2\zeta\omega_n D\omega + \omega_n^2 C) + \sin\omega t\{-D\omega^2 - 2\zeta\omega_n C\omega + \omega_n^2 D - P_0/m\} = 0$

임의의 $\cos\omega t$, $\sin\omega t$에 대해 성립 조건

$-C\omega^2 + 2\zeta\omega_n D\omega + \omega_n^2 C = 0 \rightarrow (-\omega^2 + \omega_n^2)C + 2\zeta\omega_n\omega D = 0$

$-D\omega^2 - 2\zeta\omega_n C\omega + \omega_n^2 D - P_0/m = 0 \rightarrow -2\zeta\omega_n\omega C + (\omega_n^2 - \omega^2)D = P_0/m$

$\omega_n^2 = k/m$ 대입, 양변을 ω_n으로 나누고 $\gamma = \omega/\omega_n$으로 하여 행렬형태로 표현하면

$$\begin{Bmatrix} -\gamma^2+1 & 2\zeta\gamma \\ -2\zeta\gamma & 1-\gamma^2 \end{Bmatrix} \begin{Bmatrix} C \\ D \end{Bmatrix} = \begin{Bmatrix} 0 \\ P_0/m \end{Bmatrix}$$

$$C = -\frac{P_0}{k}\frac{2\zeta\gamma}{(1-\gamma^2)^2+(2\zeta\gamma)^2}, \quad D = \frac{P_0}{k}\frac{(1-\gamma^2)}{(1-\gamma^2)^2+(2\zeta\gamma)^2}$$

따라서, $x_P = C\cos(\omega t) + D\sin(\omega t)$

$$= \frac{P_0}{k}\frac{1}{(1-\gamma^2)^2+(2\zeta\gamma)^2}\{(1-\gamma^2)\cos(\omega t) - 2\zeta\gamma\sin(\omega t)\}$$

$$= \frac{P_0}{k}\frac{\sqrt{(1-\gamma^2)^2+(2\zeta\gamma)^2}}{(1-\gamma^2)^2+(2\zeta\gamma)^2}\left\{\frac{(1-\gamma^2)}{\sqrt{(1-\gamma^2)^2+(2\zeta\gamma)^2}}\sin(\omega t)\right.$$

$$\left. - \frac{2\zeta\gamma}{\sqrt{(1-\gamma^2)^2+(2\zeta\gamma)^2}}\cos(\omega t)\right\}$$

여기서, $\tan\phi = \dfrac{2\zeta\gamma}{1-\gamma^2}$: 위상각 ϕ는 외력의 작용방향과 이에 따른 응답과의 시간차를 의미

$$x_p = \frac{P_0}{k}\frac{1}{\sqrt{(1-\gamma^2)^2+(2\zeta\gamma)^2}}\{\sin(\omega t)\cdot\cos\phi - \cos(\omega t)\cdot\sin\phi\}$$

$$\therefore x_p = \frac{P_0}{k}\frac{\sin(\omega t-\phi)}{\sqrt{(1-\gamma^2)^2+(2\zeta\gamma)^2}} = \delta_{st}\frac{\sin(\omega t-\phi)}{\sqrt{(1-\gamma^2)^2+(2\zeta\gamma)^2}}$$

여기서, $\delta_{st} = \dfrac{P_0}{k}$: 정적하중 P_0에 대한 정적변위

$$D.A.F = \frac{\sin(\omega t-\theta)}{\sqrt{(1-\gamma^2)^2+(2\zeta\gamma)^2}} : \begin{array}{l}\text{정적인 변위에 대한 동적인 변위의 비,} \\ \text{(변위)증폭계수 동적응답배율(Dynamic} \\ \text{Magnification Factor)}\end{array}$$

④ 일반해

$x = x_h + x_p$

$$x = e^{-\zeta\omega_n t}[x_0\cos(\omega_d t) + \frac{\zeta\omega_n x_0 + \dot{x}_0}{\omega_D}\sin(\omega_d t)] + \frac{\delta_{st}\sin(\omega t-\theta)}{\sqrt{(1-\gamma^2)^2+(2\zeta\gamma)^2}}$$

㉠ 동차해

$$x_h = e^{-\zeta\omega_n t}[x_0\cos(\omega_d t) + \frac{\zeta\omega_n x_0 + \dot{x}_0}{\omega_d}\sin(\omega_d t)]$$

동차해는 진동계의 초기 조건에 의해 결정되는 진동성분으로 감쇠를 갖는 진동계

에서는 시간의 경과와 함께 점점 사라지는 진동이므로 일시적인 응답(Transient Response)이라 부르고, 장시간에 걸쳐 외력이 작용하는 경우에는 별 의미를 갖지 않는 진동성분이 된다.

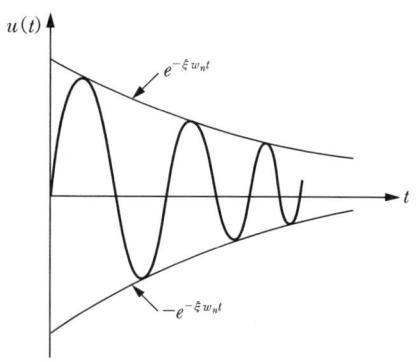

구조물의 고유 진동 성분

ⓒ $x_p = \dfrac{\delta_{st}\sin(\omega_p t - \theta)}{\sqrt{(1-\gamma^2)^2 + (2\zeta\gamma)^2}}$: 특수해 – 스펙트럼 변위

특수해는 외력에 반응하여 계속적으로 진동하는 성분으로 충분한 시간이 경과한 뒤의 진동은 일정 진폭을 갖는 정상상태(Steady State)의 진동이 된다.

여기서, $\gamma = \dfrac{\omega_p}{\omega_n}$

ω_p : 외력의 각가속도
ω_n : 동차 방정식의 고유 각진동수

▶▶▶ 토목구조기술사 94-3-6

다음 그림과 같이 원통형 지주 상에 풍력발전기가 설치되어 있다. 구조계의 고유 진동수와 허용진폭을 구하시오.

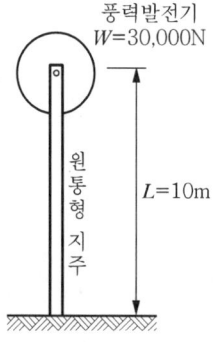

〈조건〉
- 풍력발전기의 중량 : 30,000N
- 편심질량 : 300kg
- 축차 편심 : 50mm
- 지주의 외경 : 1,000mm
- 두께 t_p : 50mm
- 허용 휨응력 f_{be} : 100MPa
- 탄성계수 : 200,000MPa
- 지주의 질량은 무시한다.

1. 동적 운동 방정식

1) $m\ddot{y} + c\dot{y} + ky = F_0 \sin\overline{\omega}t = m'e_0 \overline{\omega}^2 \sin\overline{\omega}t$

2) 지주 강성

① $I = \dfrac{\pi}{64}(D^2 - d^2) = \dfrac{\pi}{64}(1{,}000^4 - 900^4) = 1.688 \times 10^{10} \text{mm}^4$

② $k = \dfrac{3EI}{L^3} = \dfrac{3 \times 200{,}000 \times 1.688 \times 10^{10}}{10{,}000^3} = 10{,}128 \text{N/mm}$

3) 구조계 질량

$m = \dfrac{30{,}000\,N}{9{,}800 \text{mm/sec}^2} = 3.061 \text{N sec}^2/\text{mm}$

4) 구조계의 고유 진동수

$\omega_n = \sqrt{\dfrac{k}{m}} = \sqrt{\dfrac{10{,}128\,\text{N/mm}}{3.061\,\text{N sec}^2/\text{mm}}} = 57.52\,(\text{rad/sec})$

2. 허용 진폭 산정

1) 자유 물체도

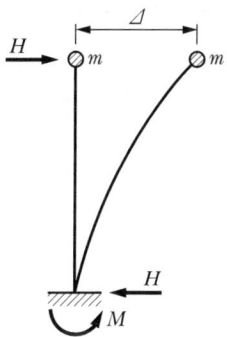

2) 허용 수평 하중

① $H_{allow}L = M_{allow} = f_{be}Z$

② $H_{allow} = \dfrac{f_{be}Z}{L} = \dfrac{f_{be}I}{Ly} = \dfrac{f_{be}I}{L \times (D/2)} = \dfrac{100 \times 1.688 \times 10^{10}}{10{,}000 \times 500} = 337{,}600\text{N}$

3) 최대 허용 수평진폭

$\Delta_{allow} = \dfrac{H_{allow}L^3}{3EI} = \dfrac{337{,}600 \times 10{,}000^3}{3 \times 200{,}000 \times 1.688 \times 10^{10}} = 33.33\text{mm}$

▶▶▶▶ 모터진동 　　예제

모터 중량 $W = 7.117 \times 10^4 \mathrm{N}$, 편심질량 $W' = 177.93\mathrm{N}$, 편심 $e_0 = 254\mathrm{mm}$, $L = 3,657.6\mathrm{mm}$, $E = 2.0685 \times 10^5 \mathrm{N/mm^2}$, $I = 5.3444 \times 10^7 \mathrm{mm^4}$, 300rpm(rpm = revolution per minute ; cycle/minute)으로 회전 $\zeta = 10\%$일 때, 정상응답진폭은?

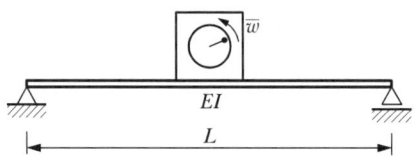

1. 구조물 고유 각진동수

　1) 보의 휨강성

　　$k = \dfrac{48EI}{L^3} = \dfrac{48 \times 2.0685 \times 10^5 \times 5.3444 \times 10^7}{3,657.6^3} = 10,844.4 \ (\mathrm{N/mm})$

　2) 구조물 질량(보 질량은 무시)

　　$m = \dfrac{W}{g} = \dfrac{7.117 \times 10^4 \mathrm{N}}{9,800 \mathrm{mm/sec^2}} = 7.26 \ (\mathrm{N \cdot sec^2/mm})$

　3) 구조물 고유 각진동수

　　$\omega = \sqrt{\dfrac{k}{m}} = \sqrt{\dfrac{10,844.4}{7.26}} = 38.65 \ (\mathrm{rad/sec})$

2. 편심질량의 각진동수

　$\overline{\omega} = \dfrac{300\, cycle}{1.0\, \min} = \dfrac{300 \times 2\pi\,\mathrm{rad}}{60.0\,\sec} = 31.416 \ (\mathrm{rad/sec})$

3. 동적 운동 방정식

　$m\ddot{y} + c\dot{y} + ky = F_0 \sin\overline{\omega}t = m'e_0\overline{\omega}^2 \sin\overline{\omega}t$

　여기서, $F_0 = m'e_0\overline{\omega}^2 = \dfrac{177.93\mathrm{N}}{9,800\mathrm{mm/sec^2}} \times 254\mathrm{mm} \times \{31.416\,(\mathrm{rad/sec})\}^2$

　　　　　　$= 4551.54\mathrm{N}$

4. 정상응답 진폭 산정(Alt – 1)

1) $r = \dfrac{\overline{\omega}}{\omega} = \dfrac{31.416}{38.65} = 0.813$

2) 변위 증폭 계수

$$DAF = \dfrac{1}{\sqrt{(1-r^2)^2 + (2\zeta r)^2}} = \dfrac{1}{\sqrt{(1-0.813^2)^2 + (2\times 0.1 \times 0.813)^2}} = 2.66$$

3) 정적 변위

$$\delta_{st} = \dfrac{F_0}{k} = \dfrac{4551.54}{10,844.4} = 0.420\text{mm}$$

4) 정상응답진폭

$$\delta = DAF \times \delta_{st} = 1.1172$$

5. 정상응답 진폭 산정(Alt – 2)

1) 동적 운동 방정식

$$m\ddot{y} + c\dot{y} + ky = F_0 \sin\overline{\omega}t$$

여기서, $m = 7.26\,(\text{N}\cdot\text{sec}^2/\text{mm})$
$c = 2m\zeta\omega = 2\times 7.26 \times 0.1 \times 38.65 = 56.12\text{N}\cdot\text{sec/mm}$
$k = 10,844.4\,(\text{N/mm})$
$F_0 = 4,551.54\text{N}$

2) 해를 $y_p = A\sin\overline{\omega}t + B\cos\overline{\omega}t$ 라 가정하면

$\dot{y}_p = 31.416 A\cos\overline{\omega}t - 31.416 B\sin\overline{\omega}t$

$\ddot{y}_p = -986.965 A\sin\overline{\omega}t - 986.965 B\cos\overline{\omega}t$

3) $m\ddot{y} + c\dot{y} + ky = F_0 \sin\overline{\omega}t$

$\rightarrow 7.26(-986.965 A\sin\overline{\omega}t - 986.965 B\cos\overline{\omega}t) + 56.12(31.416 A\cos\overline{\omega}t$
$- 31.416 B\sin\overline{\omega}t) + 10,844.4(A\sin\overline{\omega}t + B\cos\overline{\omega}t) = 4,551.54\sin\overline{\omega}t$

$\rightarrow (3,678.63 A - 1,763.07 B)\sin\overline{\omega}t = 4,551.54\sin\overline{\omega}t$

$(1,763.07 A + 3,679.03 B)\cos\overline{\omega}t = 0$

$\rightarrow \begin{Bmatrix} 3,678.63 & -1,763.07 \\ 1,763.07 & 3,679.03 \end{Bmatrix} \begin{Bmatrix} A \\ B \end{Bmatrix} = \begin{Bmatrix} 4551.54 \\ 0 \end{Bmatrix}$

$\rightarrow A = 1.006,\ B = -0.4822$

4) $y_p = 1.006\sin\overline{\omega}t - 0.4822\cos\overline{\omega}t = 1.116\sin(\overline{\omega}t - \phi)$

여기서, $\tan\phi = -0.479$

토목구조기술사 92-2-5

아래 그림과 같은 스틸프레임 구조 상부 거더상에 수평력 $F(t) = 12\sin 6.0t \,(\text{kN})$을 일으키는 회전기계(Rotating Machine)가 작동하고 있다. 이 회전기계에 의하여 발생하는 steady 상태의 진폭, 고유주기, 수학적 모델 및 기둥상에 작용하는 최대 동역학 응력을 구하시오.(단, 감쇠비는 5%로 가정하고 거더는 회전에 대해 강결 상태이며, 기둥 질량은 무시한다. 강재는 SM400이고, 피로는 상시 허용 응력의 80%로 하며, 좌굴 효과는 무시하고 거더 상면의 중량은 15kN/m가 작용)

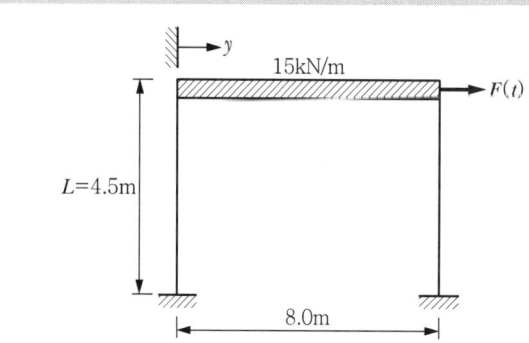

〈기둥 난년상수〉
- $E = 200,000 \text{MPa}$
- $I = 4 \times 10^7 \text{mm}^4$
- $Z = 3.25 \times 10^5 \text{mm}^3$
- $g = 9.8 \text{m/sec}^2$

1. 구조물의 층 강성

1) 자유 물체도

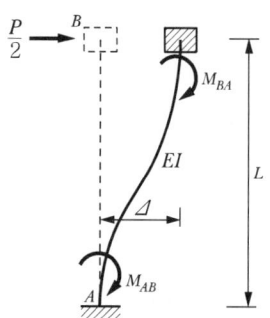

2) 절점 휨 부재력 산정 ($\theta_A = \theta_B = 0$)

$$M_{AB} = \frac{2EI}{L}\left(2\theta_A + \theta_B - \frac{3\Delta}{L}\right) = \frac{2EI}{L}\left(-\frac{3\Delta}{L}\right)$$
$$= -\frac{6EI\Delta}{L^2}$$

$$M_{BA} = \frac{2EI}{L}\left(2\theta_B + \theta_A - \frac{3\Delta}{L}\right) = \frac{2EI}{L}\left(-\frac{3\Delta}{L}\right)$$
$$= -\frac{6EI\Delta}{L^2}$$

3) 층 강성 산정

① 작용 횡력 산정

$$\sum M_A = 0 \;;\; \frac{P}{2}L + M_{AB} + M_{BA} = 0$$

$$\rightarrow \frac{P}{2}L - \frac{6EI\Delta}{L^2} - \frac{6EI\Delta}{L^2} = 0$$

$$\therefore P = \frac{24EI}{L^3}\Delta$$

② 층 강성

$$P = k\Delta = \frac{24EI}{L^3}\Delta$$

$$\therefore k = \frac{24EI}{L^3} = \frac{24 \times (200,000 \times 10^3\,\text{kN/m}^2) \times (4 \times 10^7 \times 10^{-12}\,\text{m}^4)}{(4.5\,\text{m})^3}$$

$$= 2,107\,\text{kN/m}$$

2. 구조물의 질량

$$\therefore m = \frac{W}{g} = \frac{(15\,\text{kN/m}) \times (8\,\text{m})}{9.8\,\text{m/sec}^2} = 12.244\,\text{kN}\frac{\sec^2}{\text{m}}$$

3. 고유 진동수, 고유 주기

1) 고유 각진동수

$$\omega_n = \sqrt{\frac{k}{m}} = \sqrt{\frac{2,107\,\text{kN/m}}{12.244\,\text{kN}\frac{\sec^2}{\text{m}}}} = 13.118\,\text{rad/sec}$$

2) 고유 진동수

$$f_n = \frac{\omega_n}{2\pi} = 2.088\,\text{Hz}$$

3) 고유 주기

$$T_n = \frac{1}{f_n} = 0.479\,\text{sec}$$

4. Steady 상태의 변위

1) 변위 증폭

① 고유 각진동수에 대한 외부 각진동수의 비

$$\gamma = \frac{\omega_e}{\omega_n} = \frac{6.0}{13.118} = 0.4574$$

② 감쇠비

$$\zeta = 0.05$$

③ 변위 증폭 계수

$$DAF = \frac{1}{\sqrt{(1+\gamma^2)^2 + (2\zeta\gamma)^2}} = 1.2625$$

2) Steady 상태의 증폭 변위

$$\delta_{\max} = DAF \times \delta_{static} = DAF \times \frac{F}{k} = 1.2625 \times \frac{12\,\text{kN}}{2.107 \times 10^3\,\text{kN/m}} = 0.0072\,\text{m}$$
$$= 7.2\,\text{mm}$$

5. 수학적 모델

$$m\ddot{u}(t) + 2\zeta\omega_n m\dot{u}(t) + ku(t) = 12\sin 6t$$

6. 기둥 1개에 작용하는 최대 동역학 휨응력

1) 자유 물체도

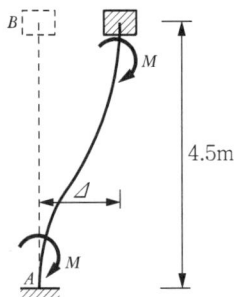

2) 휨 모멘트 산정

① 처짐각법 기본식에 의한 절점 모멘트 산정($\theta_A = \theta_B = 0$)

$$M_{AB} = \frac{2EI}{L}\left(2\theta_A + \theta_B - \frac{3\Delta}{L}\right) = -\frac{6EI\Delta}{L^2} = M \rightarrow M = -\frac{6EI}{L^2}\delta_{\max}$$

$$M_{BA} = \frac{2EI}{L}\left(2\theta_B + \theta_A - \frac{3\Delta}{L}\right) = -\frac{6EI\Delta}{L^2} = M$$

$$\therefore M = -\frac{6EI}{L^2}\delta_{\max} = -\frac{6(200{,}000 \times 10^3\,\text{kN/m}^2) \times (4 \times 10^7 \times 10^{-12}\,\text{m}^4)}{(4.5\,\text{m})^2}$$
$$\times 0.0072\,\text{m} = -17.07\,\text{kNm}$$

② 최대 휨 응력 산정

$$\sigma_{\max} = \frac{|M|}{Z} = \frac{17.07\,\text{kNm}}{3.25 \times 10^{-4}} = 5.25\,\text{MPa} = 17.07\,\text{kNm} < 0.8 \times (0.6\sigma_y)$$
$$= 0.8 \times 0.6 \times 235 = 112.8\,\text{MPa} \rightarrow (\text{O.K})$$

2 감쇠가 없는 진동

1. 동적 평형 방정식

외력이 주기를 갖는 함수인 동적 운동 방정식에서 $\ddot{x} + 2\zeta\omega_n(\dot{x}) + \omega_n^2 x = \dfrac{P_0}{m}\sin(\omega t)$

$\zeta = 0$ 대입하면

$$\ddot{x} + \omega_n^2 x = \dfrac{p_0}{m}\sin(\omega t)$$

2. 해 산정

1) 동차해

$$x_h = A\cos(\omega_n t) + B\sin(\omega_n t)$$

2) 특수해

$x_P = C\sin(\omega t)$, $\ddot{x}_p = -\omega^2 C\sin(\omega t)$로 가정하여 1. 식에 특수해를 대입하면

$$-\omega^2 C\sin(\omega t) + \omega_n^2 C\sin(\omega t) = \dfrac{p_0}{m}\sin(\omega t)$$

$$C(-\omega^2 + \omega_n^2) = \dfrac{p_0}{m} \rightarrow C = \dfrac{p_0}{m(-\omega^2 + \omega_n^2)}$$

$\omega_n^2 = \dfrac{k}{m}$ 를 대입하면 $C = \dfrac{p_0}{k} \dfrac{1}{\left(-1 + \dfrac{\omega^2}{\omega_n^2}\right)}$

3) 일반해

$$x = x_h + x_p$$
$$x = A\cos(\omega_n t) + B\sin(\omega_n t) + C\sin(\omega t)$$
$$= A\cos(\omega_n t) + B\sin(\omega_n t) + \dfrac{p_0}{k} \dfrac{1}{1-(\omega^2/\omega_n^2)}\sin(\omega t)$$

4) 초기 조건

초기조건 $x(0)=x_0, \dot{x}(0)=\dot{x}_0$ 대입하여 해를 구하면

$$x = x_0\cos(\omega_n t) + \left[\frac{\dot{x}_0}{\omega_n} - \frac{p_0}{k}\frac{1}{1-(\omega^2/\omega_n^2)}\right]\sin(\omega_n t) + \frac{p_0}{k}\frac{1}{1-(\omega^2/\omega_n^2)}]\sin(\omega t)$$

$x_p = \frac{p_0}{k}\frac{1}{1-(\omega^2/\omega_n^2)}\sin(\omega t)$ 에서 최대 변위량은 $x_{p-\max} = \frac{p_0}{k}\frac{1}{1-(\omega^2/\omega_n^2)}$

3. 정적 처짐과 외부 작용력에 의한 비감쇠 동적 처짐 상대적인 비

1) $MF = \dfrac{x_{p-\max}}{x_{st}} = \dfrac{\dfrac{p_0}{k}\dfrac{1}{1-(\omega^2/\omega_n^2)}}{\dfrac{p_0}{k}} = \dfrac{1}{1-(\omega^2/\omega_n^2)}$

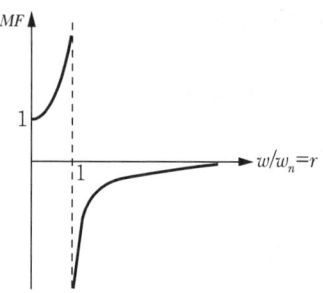

2) 구조물의 고유 진동수와 외부 작용파의 진동수 비

상대적인 처짐의 주요 변수

3) MF의 도식적인 표현

$\omega/\omega_n = 1$일 때 MF가 무한대로 증폭, 즉 공명한다.

▶▶▶ 건축구조기술사 89-4-2

아래와 같이 20층 RC조 사무소 건물을 중량 $W = 10,000$kN, 건물강성 $k = 447$kN/mm 의 1 자유도계로 모델링하였다. 건물로 유입되는 가속도의 값을 원시스템의 25% 이하로 줄이기 위해 좌측 그림처럼 상부 구조와 기초 사이의 A점에 면진층을 갖는 면진구조 시스템을 도입하기로 하였다. 원 시스템의 고유주기(T_0)와 도입된 면진층의 요구되는 수평강성을 구하시오.

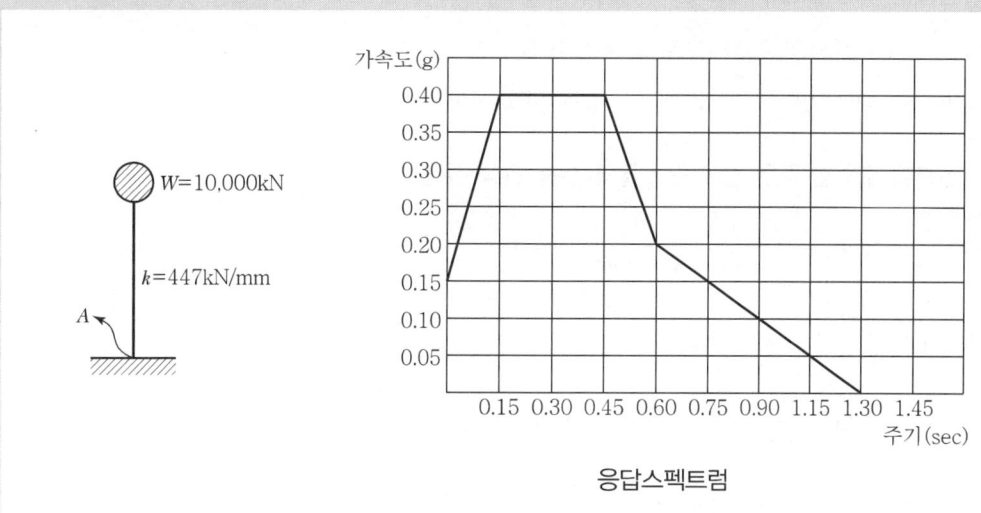

응답스펙트럼

1. 질량(m) 산정

$$m = \frac{w}{g} = \frac{10,000\text{kN}}{9,800\,\text{mm}/\text{sec}^2} = 1.0204\,\frac{\text{kN}\,\text{sec}^2}{\text{mm}}$$

2. 원 시스템의 고유 주기(T_n) 산정

   1) 고유 각진동수

   $$\omega_n = \sqrt{\frac{k}{m}} = \sqrt{\frac{447\,\text{kN}/\text{mm}}{1.0204\,\frac{\text{kN}\,\text{sec}^2}{\text{mm}}}} = 20.93\left(\frac{1}{\text{sec}}\right)$$

   2) 고유 진동수

   $$f_n = \frac{\omega_n}{2\pi} = 3.33\left(\frac{1}{\text{sec}}\right)$$

3) 고유 주기

$$T_n = \frac{1}{f_n} = 0.3\,(\sec)$$

3. 원 시스템의 가속도(a_n) 산정

주어진 응답스펙트럼에서 $T_n = 0.3\,(\sec)$에 대응하는 가속도는 $a_n = 0.40\,(g)$

4. 면진층을 도입할 경우 구조물의 가속도(a_1), 주기(T_1) 산정

1) $a_n = 0.40\,(g)$의 25%이므로 $a_1 = 0.10\,(g)$

2) $a_1 = 0.10\,(g)$에 대응하는 주기 $T_1 = 0.9\,(\sec)$

5. 면진층을 도입할 경우 전체 구조물의 수평 강성 산정

1) $\omega_T = 2\pi f_T = 2\pi \dfrac{1}{T_1} = \dfrac{2\pi}{0.9\,(\sec)} = 6.98\,(\dfrac{1}{\sec})$

2) $\omega_T = \sqrt{\dfrac{k_1}{m}} \rightarrow k_T = m\omega_T^2$

$\therefore k_T = 1.0204\,\dfrac{\mathrm{kN\,sec^2}}{\mathrm{mm}} \times \left(6.98\,\dfrac{1}{\sec}\right)^2 = 49.71\,(\mathrm{kN/mm})$

6. 면진층의 요구되는 수평 강성 산정

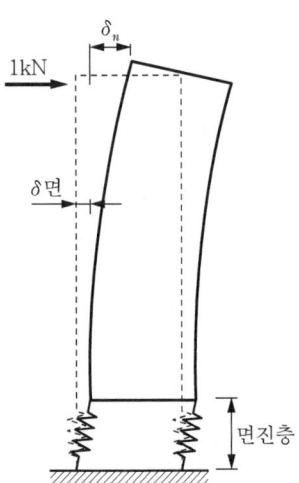

$\delta_1 = \delta_{면} + \delta_n$

$\rightarrow \dfrac{1}{k_T} = \dfrac{1}{k_{면}} + \dfrac{1}{k_n}$

$\rightarrow k_{면} = \dfrac{1}{\dfrac{1}{k_T} - \dfrac{1}{k_n}} = \dfrac{1}{\dfrac{1}{49.71} - \dfrac{1}{447}}$

$= 55.93\,\mathrm{kN/mm}$

▶▶▶ 건축구조기술사　117-4-1

질량이 m이고 x 방향 강성이 k인 (그림 1)과 같은 단자유도 구조물(고유주기 : 1.0초)이 있다. (그림 1)의 구조물을 x 방향 강성이 ak인 면진장치와 질량 $0.1m$이 추가된 (그림 2)와 같은 면진구조물로 변경하였다. 면진구조물의 목표 고유주기가 3.0초일 때 a 값을 구하시오.(단, 면진장치는 탄성거동 하고, x 방향의 변위는 면진장치에 집중되는 것으로 가정한다.)

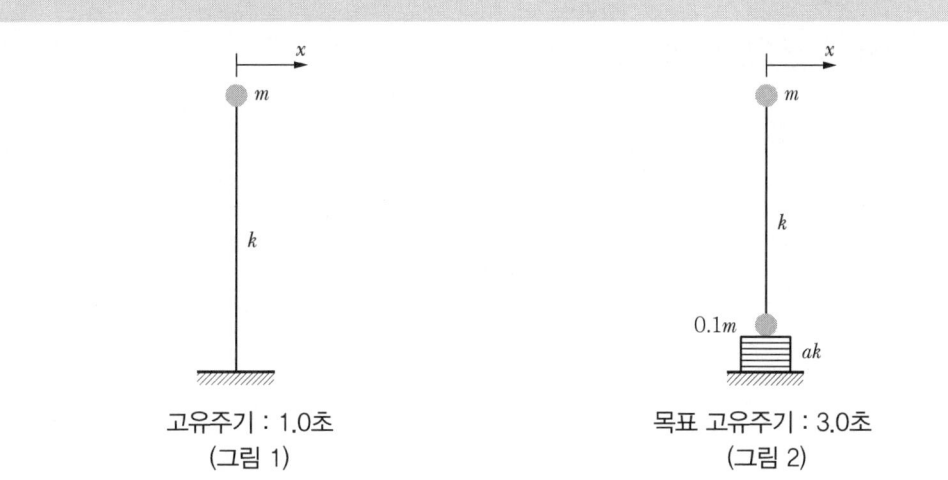

고유주기 : 1.0초
(그림 1)

목표 고유주기 : 3.0초
(그림 2)

1. (그림 1) 시스템에서의 질량과 강성비

   1) 고유 진동 방정식, 고유 각진동수

   $m\ddot{x} + kx = 0$

   이 시스템의 고유 각진동수를 ω_{n1}이라 하면

   $\ddot{x} = -\omega_{n1}^2 x$ 이므로

   $-m\omega_{n1}x + kx = 0$

   $\rightarrow \omega_n = \sqrt{\dfrac{k}{m}}$

   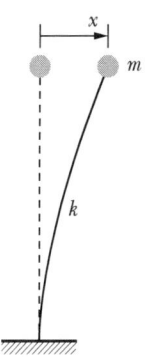

   2) 질량과 강성비

   $\omega_{n1} = \dfrac{2\pi}{T_{n1}}$ 이므로

   $T_{n1} = 2\pi\sqrt{\dfrac{m}{k}} = 1.0$

   $\therefore \dfrac{m}{k} = \dfrac{1}{4\pi^2}$

2. (그림 2) 시스템에서 a값 산정

1) 고유 진동 방정식

변위가 면진장치에 집중되므로

$(m + 0.1m)\ddot{x} + akx = 0$

이 시스템의 고유 각진동수를 ω_{n2}이라 하면

$\ddot{x} = -\omega_{n2}^2 x$ 이므로

$-(1.1m)\omega_{n2}^2 x + akx = 0$

$\rightarrow \omega_{n2} = \sqrt{\dfrac{ak}{1.1m}}$

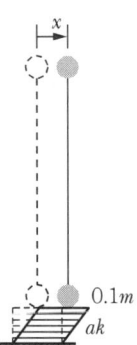

2) a 값 산정

$T_{n1} = 2\pi \sqrt{\dfrac{1.1m}{ak}} = 2\pi \sqrt{\dfrac{1.1}{a}} \times \dfrac{1}{2\pi} = 3.0$

$\rightarrow a = \dfrac{1.1}{3^2} = 0.122$

▶▶▶ 건축구조기술사   97-2-5

구조물의 수평진동에 대한 다음 각 물음에 답하시오.(단, 기둥의 단면 2차 모멘트 $I_c = 51,840 \text{cm}^4$, 탄성계수 $E = 21,000 \text{kN/cm}^2$, $W = 196 \text{kN}$(보, 바닥, 기둥의 절반 무게를 합산한 것임), 보 및 바닥은 무한 강성체로 가정할 것)

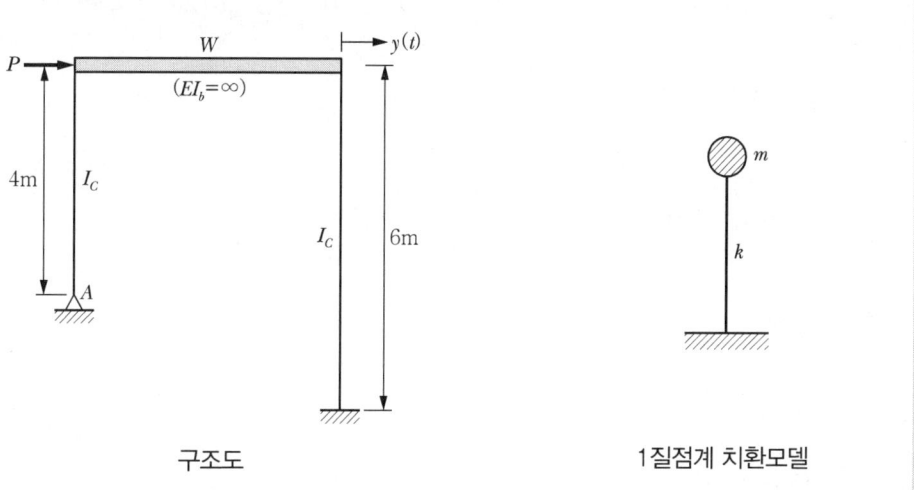

구조도   1질점계 치환모델

1 1질점계 치환모델에 대한 강성 k, 질량 m을 구하고 자유진동에 대한 평형 미분 방정식을 세우시오.(단, 감쇠는 없는 것으로 하고, 중력가속도 $g = 980 \text{cm/sec}^2$으로 할 것)

2 고유주기 T를 구하시오.

3 P = 67kN을 서서히 가력했다가 순간적으로 제거했을 경우 자유진동에 대한 해 $y(t)$를 구하시오.

1. 동적 운동 방정식

1) 횡강성

$$k_1 = \frac{3EI_c}{L_1^3}, \ k_2 = \frac{12EI_c}{L_2^3}$$

$$k = k_1 + k_2 = \left(\frac{3}{L_1^3} + \frac{12}{L_2^3}\right)EI_c$$

$$= \left(\frac{3}{(4m)^3} + \frac{12}{(6m)^3}\right)\left(210 \times 10^9 \ \frac{N}{m^2}\right)(51,840 \times 10^{-8} \ m^4) = 11.15 \times 10^6 \frac{N}{m}$$

2) 질량

$$m = \frac{W}{g} = \frac{196\,\text{kN}}{9.8\,\text{m}/\sec^2} = 19.90\,\text{kN}\frac{\sec^2}{\text{m}} = 19.90 \times 10^3 \text{N}\frac{\sec^2}{\text{m}}$$

3) 운동 방정식

$$m\ddot{y}(t) + ky(t) = P(t)$$

2. 주기

1) 고유 각진동수

$$\omega_n = \sqrt{\frac{k}{m}} = \sqrt{\frac{11.15 \times 10^6 \frac{N}{m}}{19.90 \times 10^3\, N\frac{\sec^2}{m}}} = 23.67\,\text{rad/sec}$$

2) 고유 주기

$$T_n = \frac{2\pi}{\omega_n} = 0.265\,\sec$$

3. 자유진동에 대한 해 $y(t)$

1) 동적 운동 방정식

$$m\ddot{y}(t) + ky(t) = P(t) \text{에서 } P = 0 \text{ 이므로 } \ddot{y}(t) + \frac{k}{m}y(t) = 0 \rightarrow \ddot{y}(t) + \omega_n^2 y(t) = 0$$

2) 방정식 해 산정

① 해를 $y(t) = A\sin\omega_n t + B\cos\omega_n t$ 라 가정하면

$$\dot{y}(t) = A\omega_n \cos\omega_n t - B\omega_n \sin\omega_n t$$

② 경계조건

㉠ $\dot{y}(0) = 0\,;\,A = 0$

㉡ $y(0) = B$

$$y(0) = \frac{P(0)}{k} = \frac{67 \times 10^3\,\text{N}}{11.15 \times 10^6\,\text{N/m}} = 0.006\,\text{m}$$

$$\therefore B = 0.006\,\text{m}$$

③ 자유 진동 방정식

$$y(t) = 0.006\cos 23.67t$$

06 모드 해석(Modal analysis)

1. 정의

동역학 진동 해석시 계의 응답을 고유진동 모드의 조합으로 나타내어 해석하는 방법

2. 동역학에서 모드(mode)의 물리적인 의미

1) 모드와 모드 형상 의미

구조물 변형 그 자체이며, 모드형상이란 구조물의 구조적·재질적 특성에 의하여 변형될 수 있는 형상을 말함

2) 자유도 개념과 모드

① 유한요소

구조체의 형상을 유한개의 점/선/면으로 3차원 공간상에서 표현할 수 있다는 개념

② 유한요소에서 자유도 개념

㉠ 유한요소에서 가장 작은 단위는 점(절점 또는 노드(Node))
㉡ 3차원 공간상에서 임의의 점(Node)이 움직일 수 있는 가능성을 자유도(Degree of Freedom)라 함

③ 3차원 상의 자유도

구속을 받지 않는 자유로운 점 하나가 3차원 상에서 움직일 수 있는 가능성은 6가지
: X, Y, Z 방향 병진 자유도와 각각에 대한 회전 자유도 RX, RY, RZ

3) 기본 모드

① 모드 중 가장 가능성이 큰 변형 형상이 바로 1차 모드라고 하며, 공학적으로 변형에너지가 가장 작은 모드
② 절점 3개로 만들어진 구조물이라면 모두 3절점×6자유도=18자유도 구조물이 되고, 변형할 수 있는 가능성은 모두 18가지, 즉 모드가 18개까지 나옴
  • 이 18개 모드 중에서 가장 첫 번째 모드가 바로 1차 모드, 즉 기본 모드(Fundamental mode)임
③ 1차 모드는 진동주기(Period : 구조물이 1번 진동하는 데 필요한 시간)가 가장 깊

④ 진동수(Frequency : 구조물이 1초 동안에 진동하는 횟수)는 가장 짧음
⑤ 가장 쉽게 변형될 수 있는 모양이면서, 1번 변형하는 데 시간이 가장 오래 걸리고, 진동하는 횟수가 가장 짧은 변형 형상을 말함

4) 모드 형상

① 구조물은 구조적·재질적 특성에 따라서 변형하는 형상은 다양함
  - 휨, 비틀림, 상하좌우 방향 변형 등 3차원 공간상에서 다양한 모습으로 변형될 수 있음
② 이러한 변형 형상을 우리는 고유 모드 또는 변형 모드 또는 모드 형상이라고 한다.
③ 모드 형상값
  ㉠ 각 질량체 변위에 대한 비율
  ㉡ 모드 형상의 비율값만을 가지고도 구조물의 실제반응(변위, 속도, 가속도 등) 산정 가능

3. 스케일 팩터

① 가장 문제는 바로 SF(Scale Factor)를 산정할 때 사용되는 동적 모드해석에 의한 밑면 전단력 값이다. 이 값의 산정은 사용자에 따라 구조해석을 어떻게 하느냐, 그리고 해석 모델을 어떻게 만들고, 고려한 사항이 어떤 것이냐에 따라 달리 나올 수 있다.
② 반드시 참여율이 90% 이상이 되도록 모드 수를 고려해야 한다.
③ 각 모드별 밑면 전단력의 조합(SRSS 또는 CQC)에 대하여 평가해야 한다.

> ※ SRSS(Suqare Root of Sum of Suqares) : 제곱합 제곱근법
> ※ CQC : Complete Quadratic Combination) : 완전 2차 조합법

조합된 모드 밑면 전단력 V_t, 층전단력, 모멘트, 층간변위, 층변위, 부재력 등의 설계값은 각 모드의 영향을 SRSS 또는 CQC으로 조합하여 구한다.

④ 동역학 이론 관점에서 등가정적해석은 구조물의 1차 거동만을 고려한 해석이고, 모드해석은 구조물의 고차 모드를 고려한 해석이다.
⑤ 동적 효과가 포함된 고차 모드를 고려한 모드해석이 등가정적해석에 의한 밑면 전단력보다 작게 나오는 경우는 거의 없다.
⑥ 모드해석이 작게 나온다면 해석에서의 불확실성(강성에 대한 과소 평가, 질량을 해석

에 크게 반영 등)이 있지는 않은지에 대한 두려움의 보상의 보정 계수가 SF(구조해석 모델링 해석값 수정의 의미)임

⑦ SF(Scale Factor) 값이 크게 나오면 동적 모드해석에 의한 값이 작게 나와서 이런 경우가 발생
- Cm = 0.85 × V(정)/Vt(동) > 1.0

4. 고유 주기

① 고유 모드 형상(n)은 1대 1로 대응하는 각각의 고유 주기(T_n)를 가지고 있다.
② 주기 T_n은 n번째 모드형상으로 구조물의 본래 갖고 있던 질량과 강성만으로 얻어진 값이라는 것을 의미한다.
③ 주기는 질량과 강성에 대한 변수이다.
④ 강성이 큰 건물은 대부분 1차 모드에 의해 지배되고 건물이 비교적 높고 유연한 경우에 고차모드가 크게 기여한다.

07 단자유도계의 등가 질량

1. 일반화된 SDF계에서 등가 질량과 동역학적 운동 방정식(비감쇠계)

① 처짐은 임의의 위치에서 변위 $u(x,t)$는 형상함수 $\psi(x)$와 일반화 좌표 $z(t)$로 정의
$u(x,t) = \psi(x)z(t)$
② 임의의 위치에서 속도 $\dot{u}(x,t) = \psi(x)\dot{z}(t)$
③ 시간적으로 변하는 외부 힘 $f(t)$
④ SDF의 운동학적 방정식은 $m_e\ddot{u}(t) + ku(t) = f(t)$

2. 질량을 갖는 스프링

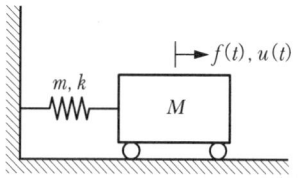

① 형상 함수
$$\psi(x) = \frac{x}{L}$$

② 길이 L인 스프링 구간에서의 질량과 변위의 균등분포를 가정한 미소 운동 에너지 (dK_{spring})
$$dK_{spring} = \frac{1}{2}dm\,\dot{u}^2 = \frac{1}{2}\left(m\frac{dx}{L}\right)\{\dot{z}(t)\times\psi(x)\}^2 = \frac{1}{2}\left(m\frac{dx}{L}\right)\left\{\dot{z}(t)\times\frac{x}{L}\right\}^2$$

③ 길이 L인 스프링 전체 구간에서의 운동 에너지
$$K_{spring} = \int_0^L dK_{spring} = \int_0^L \frac{1}{2}\left(m\frac{dx}{L}\right)\left\{\dot{z}(t)\times\frac{x}{L}\right\}^2 = \frac{1}{6}m\{\dot{z}(t)\}^2$$

④ 전체 운동 에너지
$$K = K_M + K_{spring} = \frac{1}{2}M\dot{z}^2 + \frac{1}{6}m\dot{z}^2 = \frac{1}{2}\left(M+\frac{1}{3}m\right)\dot{z}^2$$

⑤ 등가 질량
$$m_e = M + 1/3\,m$$

3. 질량을 갖는 외팔보

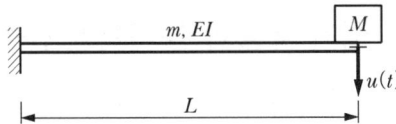

1) 형상 함수 $\psi(x)$ 산정

① 캔틸레버 단부 단위 수직 하중에 대한 자유 물체도

② 곡률과 모멘트 관계
  ㉠ $M(x) = -L + x$
  ㉡ $u'' = -\dfrac{M(x)}{EI} = \dfrac{1}{EI}(L-x)$

③ 변위 산정

㉠ $u\,' = \dfrac{1}{EI}\left(Lx - \dfrac{1}{2}x^2\right) + C_1$

$u\,'(0) = 0\;;\; C_1 = 0$

㉡ $u = \dfrac{1}{EI}\left(\dfrac{Lx}{2} - \dfrac{1}{6}x^3\right) + C_2$

$u(0) = 0\;;\; C_2 = 0$

㉢ 따라서 변위는 $u = \dfrac{1}{EI}\left(\dfrac{Lx}{2} - \dfrac{1}{6}x^3\right) = \dfrac{L^3}{3EI}\left(\dfrac{3x}{2L^2} - \dfrac{x^3}{2L^3}\right)$

④ 형상 함수 산정

최대 처짐점의 변위를 $z = u(L) = L^3/3EI$ 라면

$u(x,\,t) = \psi(x)z(t)$

$\psi(x) = \dfrac{3x}{2L^2} - \dfrac{x^3}{2L^3}$

2) 길이 L인 캔틸레버 보 구간에서의 질량과 변위의 균등분포를 가정한 미소 운동 에너지(dK)

$dK_{beam} = \dfrac{1}{2}dm\dot{u}^2 = \dfrac{1}{2}\left(m\dfrac{dx}{L}\right)\{\dot{z}(t) \times \psi(x)\}^2 = \dfrac{1}{2}\left(m\dfrac{dx}{L}\right)\left\{\dot{z}(t) \times \left(\dfrac{3x}{2L^2} - \dfrac{x^3}{2L^3}\right)\right\}^2$

3) 길이 L 보 구간의 운동 에너지

$K_{beam} = \displaystyle\int_0^L dK_{beam} = \int_0^L \dfrac{1}{2}\left(m\dfrac{dx}{L}\right)\left\{\dot{z}(t) \times \left(\dfrac{3x^2}{2L^2} - \dfrac{x^3}{2L^3}\right)\right\}^2 = 0.117857\,m\,\{\dot{z}(t)\}^2$

4) 전체 운동 에너지

$K = K_M + K_{beam} = \dfrac{1}{2}M\dot{z}^2 + 0.117857\,m\,\dot{z}^2 = \dfrac{1}{2}(M + 0.2357m)\,\dot{z}^2 = \dfrac{1}{2}m_e\,\dot{z}^2$

5) 등가 질량

$m_e = M + 0.2357m$

4. 질량을 갖는 단순보

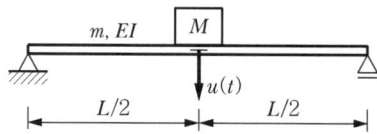

1) 형상 함수 $\psi(x)$ 산정

① 단순보 중앙 단위 수직 하중에 대한 자유 물체도

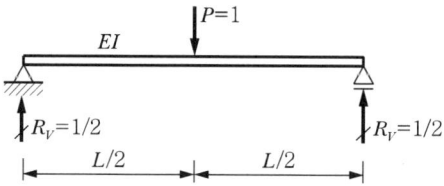

② 곡률과 모멘트 관계

   ㉠ 좌단부에서 중앙부까지 모멘트 $M(x) = \dfrac{1}{2}x$

   ㉡ $u'' = -\dfrac{M(x)}{EI} = -\dfrac{1}{EI}\left(\dfrac{1}{2}x\right)$

③ 변위 산정

   ㉠ $u' = -\dfrac{1}{EI}\left(\dfrac{1}{4}x^2\right) + C_1$

      $u'\left(\dfrac{L}{2}\right) = 0$; $C_1 = \dfrac{L^2}{16EI}$

   ㉡ $u = -\dfrac{1}{EI}\left(\dfrac{1}{12}x^3\right) + \dfrac{L^2}{16EI}x + C_2$

      $u(0) = 0$; $C_2 = 0$

   ㉢ 따라서 변위는 $u = -\dfrac{1}{EI}\left(\dfrac{1}{12}x^3\right) + \dfrac{L^2}{16EI}x = \dfrac{L^3}{48EI}\left(\dfrac{4x^3}{L^3} - \dfrac{3x}{L}\right)$

④ 형상 함수 산정

   최대 처짐점의 변위가 $z = u(L/2) = L^3/(48EI)$라면
   $u(x,t) = \psi(x)z(t)$

   $\psi(x) = \dfrac{4x^3}{L^3} - \dfrac{3x}{L}$

2) 길이 L인 단순보 구간에서의 질량과 변위의 균등분포를 가정한 미소 운동 에너지(dK)

$$dK_{beam} = \frac{1}{2}dm\dot{u}^2 = \frac{1}{2}\left(m\frac{dx}{L}\right)\{\dot{z}(t)\times\psi(x)\}^2 = \frac{1}{2}\left(m\frac{dx}{L}\right)\left\{\dot{z}(t)\times\left(\frac{4x^3}{L^3}-\frac{3x}{L}\right)\right\}^2$$

3) 길이 L 보 구간의 운동 에너지

$$K_{beam} = 2\int_0^{L/2} dK_{beam} = 2\int_0^{L/2} \frac{1}{2}\left(m\frac{dx}{L}\right)\left\{\dot{z}(t)\times\left(\frac{4x^3}{L^3}-\frac{3x}{L}\right)\right\}^2 = 0.242857\,m\,\{\dot{z}(t)\}^2$$

4) 전체 운동 에너지

$$K = K_M + K_{beam} = \frac{1}{2}M\dot{z}^2 + 0.242857\,m\dot{z}^2 = \frac{1}{2}(M+0.4857m)\,\dot{z}^2 = \frac{1}{2}m_e\,\dot{z}^2$$

5) 등가 질량

$$m_e = M + 0.4857m$$

건축구조기술사 99-3-1

그림과 같은 2가지 지지조건으로 트러스가 지지되고 있다. 각각의 고유 진동수를 산정하여 사용성 조건($f_n \geq 15\text{Hz}$)에 만족하는지 확인하고 불만족 시 필요한 강성(I)을 산정하시오. (단, 상·하현재는 수직재 및 경사재로 인해 일체로 거동한다고 가정함, 단면 강성은 상·하현재만 이용해 계산)

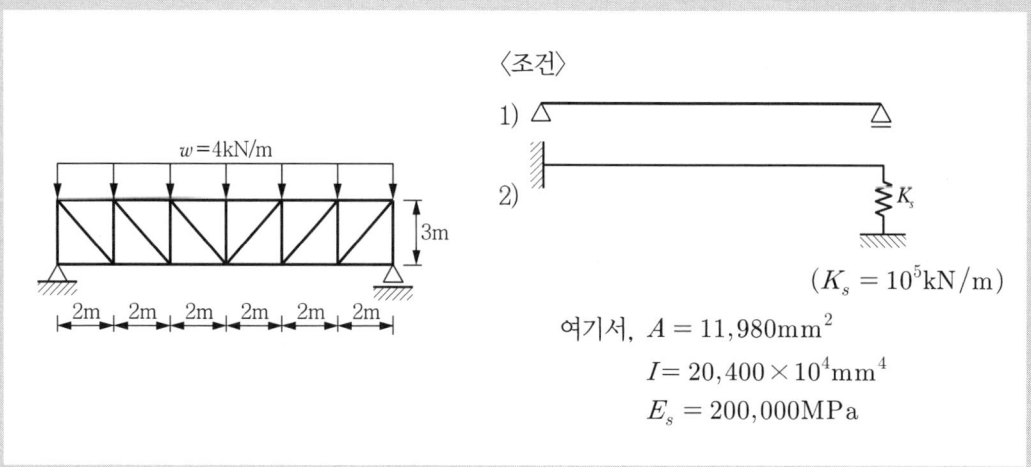

풀이 1 단순보 지지 조건

1. 트러스의 단면 2차 모멘트

$$I_{Truss} = 2(I + A \times e^2) = 2(20,400 \times 10^4 + 11,980 \times 1,500^2) = 5.43 \times 10^{10} \text{mm}^4$$

2. 등분포 질량을 갖는 단순보의 등가 질량

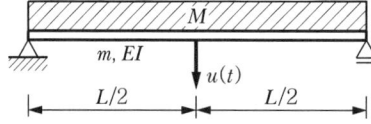

1) 형상 함수 $\psi(x)$ 산정

  ① 단순보 단위 등분포 하중에 대한 자유 물체도

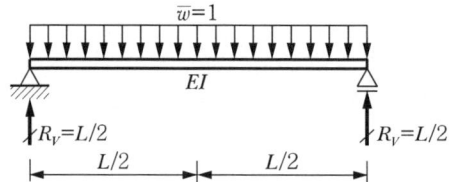

② 곡률과 모멘트 관계

㉠ 좌단부에서 중앙부까지 모멘트 $M(x) = \dfrac{L}{2}x - \dfrac{1}{2}x^2$

㉡ $u'' = -\dfrac{M(x)}{EI} = \dfrac{1}{EI}\left(\dfrac{1}{2}x^2 - \dfrac{L}{2}x\right)$

③ 변위 산정

㉠ $u' = \dfrac{1}{EI}\left(\dfrac{1}{6}x^3 - \dfrac{L}{4}x^2\right) + C_1$

$u'\left(\dfrac{L}{2}\right) = 0 \ ; \ C_1 = \dfrac{L^3}{24EI}$

㉡ $u = \dfrac{1}{EI}\left(\dfrac{1}{24}x^4 - \dfrac{L}{12}x^3\right) + \dfrac{L^3}{24EI}x + C_2$

$u(0) = 0 \ ; \ C_2 = 0$

㉢ 따라서 변위는 $u = \dfrac{1}{EI}\left(\dfrac{1}{24}x^4 - \dfrac{L}{12}x^3\right) + \dfrac{L^3}{24EI}x$

$= \dfrac{5L^4}{384EI}\left(\dfrac{16}{5L^4}x^4 - \dfrac{32}{5L^3}x^3 + \dfrac{16}{5L}x\right)$

④ 형상 함수 산정

최대 처짐점의 변위가 $z = u(L/2) = 5L^4/(384EI)$라면

$u(x,\ t) = \psi(x)z(t)$

$\psi(x) = \dfrac{16}{5L^4}x^4 - \dfrac{32}{5L^3}x^3 + \dfrac{16}{5L}x$

2) 길이 L인 단순보 구간에서의 질량과 변위의 균등분포를 가정한 미소 운동 에너지(dK)

$dK_{beam} = \dfrac{1}{2}dm\dot{u}^2 = \dfrac{1}{2}\left(m\dfrac{dx}{L}\right)\{\dot{z}(t) \times \psi(x)\}^2$

$= \dfrac{1}{2}\left(m\dfrac{dx}{L}\right)\left\{\dot{z}(t) \times \left(\dfrac{16}{5L^4}x^4 - \dfrac{32}{5L^3}x^3 + \dfrac{16}{5L}x\right)\right\}^2$

3) 길이 L 보 구간의 운동 에너지

$K_{beam} = 2\displaystyle\int_0^{L/2} dK_{beam} = 2\displaystyle\int_0^{L/2}\dfrac{1}{2}\left(m\dfrac{1}{L}\right)\left\{\dot{z}(t) \times \left(\dfrac{16}{5L^4}x^4 - \dfrac{32}{5L^3}x^3 + \dfrac{16}{5L}x\right)\right\}^2 dx$

$= 0.251937\,m\,\{\dot{z}(t)\}^2$

4) 전체 운동에너지

$$K = K_M + K_{beam} = \frac{1}{2}M\dot{z}^2 + 0.2519m\dot{z}^2 = \frac{1}{2}(M+0.5038m)\dot{z}^2 = \frac{1}{2}m_e\dot{z}^2$$

5) 등가 질량

① 전체 등가 질량

$$m_e = M + 0.5038m$$

여기서, M : 상재 질량

m : 구조물 자중

※ 단순보의 등가 질량 $m_{eq} ≒ 0.5m$

② 구조물 등가 질량

$$m_{eq} = 0.5038m = 0.5038\frac{W}{g} = 0.5038\frac{(4\times 10^3\,\text{N/m})(12m)}{9.81\frac{\text{m}}{\text{sec}^2}} = 2,465.08\,\text{N}\frac{\text{sec}^2}{\text{m}}$$

3. 트러스 구조물의 등가 강성 산정

1) 처짐과 등분포 하중 관계

$$\delta = \frac{5\omega L^4}{384EI} \rightarrow \omega = \frac{384EI}{5L^4}\delta = k_{eq}\delta$$

2) 등가 강성

$$k_{eq} = \frac{384EI_{Truss}}{5L^4}$$

$$= \frac{384\times(200,000\times 10^6\,\text{N/m}^2)\times(5.43\times 10^{10}\times 10^{-3\times 4}\,m^4)}{5\times(12m)^4}\times(1m)$$

$$= 4.02\times 10^7\,\text{N/m}$$

4. 구조물의 고유 진동수 산정 및 사용성 조건 검토

1) $\omega_n = \sqrt{\dfrac{k_{eq}}{m_{eq}}} = \sqrt{\dfrac{4.02\times 10^7\,\text{N/m}}{2,465.08\,\text{N}\,\text{sec}^2/\text{m}}} = 127.70\,\text{rad/sec}$

2) $f_n = \dfrac{\omega_n}{2\pi} = 20.32\,\text{Hz}$

3) 사용성 조건 검토

$f_n = 20.32\text{Hz} > 15\text{Hz}$ ∴ 만족함

풀이 2   1단 고정 타단 스프링 지지 조건

1. 트러스의 단면 2차 모멘트

$$I_{Truss} = 2(I + A \times e^2) = 2(20{,}400 \times 10^4 + 11{,}980 \times 1{,}500^2) = 5.43 \times 10^{10}\,\mathrm{mm}^4$$

2. 등분포 질량을 갖는 보의 등가 질량

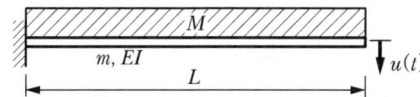

1) 형상 함수 $\psi(x)$ 산정

① 단위 등분포 하중에 대한 자유 물체도

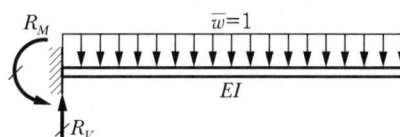

㉠ $\sum M = 0 \;;\; -R_M + (1 \times L) \times \dfrac{L}{2} = 0 \to R_M = \dfrac{L^2}{2}$

㉡ $\sum V = 0 \;;\; R_V - \overline{\omega} \times L = 0 \to R_V = \overline{\omega} \times L = L$

② 곡률과 모멘트 관계

㉠ 모멘트 $M(x) = -R_M + R_V x - \dfrac{\overline{\omega}}{2}x^2 = -\dfrac{L^2}{2} + Lx - \dfrac{1}{2}x^2$

㉡ $u'' = -\dfrac{M(x)}{EI} = \dfrac{1}{EI}\left(\dfrac{L^2}{2} - Lx + \dfrac{1}{2}x^2\right)$

③ 변위 산정

㉠ $u' = \dfrac{1}{EI}\left(\dfrac{L^2}{2}x - \dfrac{L}{2}x^2 + \dfrac{1}{6}x^3\right) + C_1$

$u'(0) = 0 \;;\; C_1 = 0$

㉡ $u = \dfrac{1}{EI}\left(\dfrac{L^2}{4}x^2 - \dfrac{L}{6}x^3 + \dfrac{1}{24}x^4\right) + C_2$

$u(0) = 0 \;;\; C_2 = 0$

㉢ 따라서 변위는

$u = \dfrac{1}{EI}\left(\dfrac{L^2}{4}x^2 - \dfrac{L}{6}x^3 + \dfrac{1}{24}x^4\right)$

$$= \frac{L^4}{8EI}\left(\frac{2}{L^2}x^2 - \frac{4}{3L^3}x^3 + \frac{1}{3L^4}x^4\right)$$

④ 형상 함수 산정

최대 처짐점의 변위가 $z = u(L) = L^4/(8EI)$라면

$$u(x,t) = \psi(x)z(t)$$

$$\psi(x) = \frac{2}{L^2}x^2 - \frac{4}{3L^3}x^3 + \frac{1}{3L^4}x^4$$

2) 길이 L인 보 구간에서의 질량과 변위의 균등분포를 가정한 미소 운동 에너지(dK_{beam})

$$dK_{beam} = \frac{1}{2}dm\dot{u}^2 = \frac{1}{2}\left(m\frac{dx}{L}\right)\{\dot{z}(t)\cdot\psi(x)\}^2$$

$$= \frac{1}{2}\left(m\frac{dx}{L}\right)\{\dot{z}(t)\}^2\left(\frac{2}{L^2}x^2 - \frac{4}{3L^3}x^3 + \frac{1}{3L^4}x^4\right)^2$$

$$= \frac{1}{2}\left(m\frac{dx}{L}\right)\{\dot{z}(t)\}^2\left(\left\{\frac{2}{L^2} - \frac{3k_sL}{2(3EI+k_sL^3)}\right\}x^2\right.$$
$$\left.+ \frac{4}{3}\left\{-\frac{1}{L^3} + \frac{3k_s}{8(3EI+k_sL^3)}\right\}x^3 + \frac{1}{3L^4}x^4\right)^2$$

3) 길이 L 보 구간의 운동 에너지

$$K_{beam} = \int_0^L dK_{beam} = \int_0^L \frac{1}{2}\left(m\frac{1}{L}\right)\{\dot{z}(t)\}^2\left(\left\{\frac{2}{L^2} - \frac{3k_sL}{2(3EI+k_sL^3)}\right\}x^2\right.$$
$$\left.+ \frac{4}{3}\left\{-\frac{1}{L^3} + \frac{3k_s}{8(3EI+k_sL^3)}\right\}x^3 + \frac{1}{3L^4}x^4\right)^2 dx$$

$$= 0.128395m\{\dot{z}(t)\}^2$$

4) 전체 운동 에너지

$$K = K_M + K_{beam} = \frac{1}{2}M\dot{z}^2 + 0.128395m\dot{z}^2 = \frac{1}{2}(M+0.25679m)\dot{z}^2 = \frac{1}{2}m_e\dot{z}^2$$

5) 등가 질량

① 전체 등가 질량

$$m_e = M + 0.2568m$$

여기서, M : 상재 질량, m : 구조물 자중

※ 캔틸레버 보의 등가 질량 $m_{eq} \fallingdotseq 0.25m$

② 구조물 등가 질량

$$m_{eq} = 0.2568m = 0.2568\frac{W}{g} = 0.2568\frac{(4\times 10^3 \text{N/m})(12m)}{9.81\frac{m}{\sec^2}} = 1,256.51\text{N}\frac{\sec^2}{m}$$

3. 트러스 구조물의 등가 강성 산정

1) 캔틸레버 보 단부 처짐과 등분포 하중의 관계

$$\delta = \frac{\omega L^4}{8EI} \rightarrow \omega = \frac{8EI}{L^4}\delta = k_{eq-canti}\delta$$

$$= \frac{8\times(200,000\times 10^6 \text{N/m}^2)\times(5.43\times 10^{10}\times 10^{-3\times 4}\,m^4)}{(12m)^4}\times(1m)$$

$$= 4.19\times 10^6 \text{N/m}$$

2) 등가 강성

$$k_{eq} = k_{eq-canti} + k_s = 4.19\times 10^6 \text{N/m} + 1.0\times 10^8 \text{N/m} = 1.042\times 10^8 \text{N/m}$$

4. 구조물의 고유 진동수 산정 및 사용성 조건 검토

1) $\omega_n = \sqrt{\dfrac{k_{eq}}{m_{eq}}} = \sqrt{\dfrac{1.042\times 10^8 \text{N/m}}{1,256.51\text{N}\sec^2/m}} = 289.97 \text{rad/sec}$

2) $f_n = \dfrac{\omega_n}{2\pi} = 45.83 \text{Hz}$

3) 사용성 조건 검토

$f_n = 45.83\text{Hz} > 15\text{Hz}$

∴ 만족함

08 2질점계 운동 방정식 및 고유치 해석

1. 자유 물체도

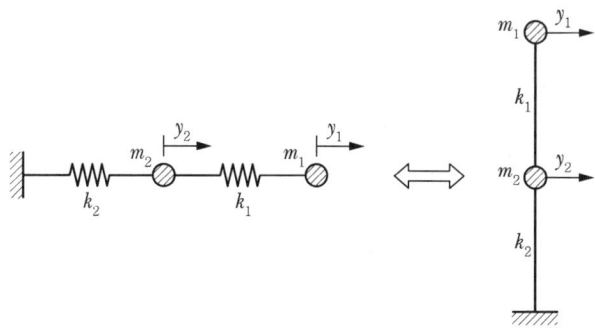

2. 전 퍼텐셜 에너지(Π)

1) 운동에너지 합(K)

$$K = \frac{1}{2}m_1 \dot{y_1}^2 + \frac{1}{2}m_2 \dot{y_2}^2$$

2) 정적 에너지 총합(U)

$$U = \frac{1}{2}k_1(y_1 - y_2)^2 + \frac{1}{2}k_2 y_2^2$$
$$= \frac{1}{2}k_1 y_1^2 + \frac{1}{2}k_1 y_2^2 - k_1 y_1 y_2 + \frac{1}{2}k_2 y_2^2$$

3) 전 퍼텐셜 에너지(Π)

$$\Pi = K + U$$
$$= \frac{1}{2}m_1 \dot{y_1}^2 + \frac{1}{2}m_2 \dot{y_2}^2 + \frac{1}{2}k_1 y_1^2 + \frac{1}{2}k_1 y_2^2 - k_1 y_1 y_2 + \frac{1}{2}k_2 y_2^2$$

3. 동적 평형 방정식

1) Π 양변을 y_1과 y_2로 각각 미분

$$\frac{d\Pi}{dy_1} = m_1 \dot{y}_1 d\dot{y}_1 + k_1 y_1 dy_1 - k_1 y_2 dy_1$$

$$= (m_1 \ddot{y}_1 + k_1 y_1 - k_1 y_2) dy_1 = 0$$

$$\because d\dot{y}_1 = \frac{d}{dt}(dy_1) \text{이므로 } \dot{y}_1 d\dot{y}_1 = \dot{y}\frac{d}{dt}(dy_1) = (\dot{y}\frac{d}{dt})dy_1 = \ddot{y}_1 \, dy_1$$

$$\frac{d\Pi}{dy_2} = m_2 \dot{y}_2 d\dot{y}_2 + k_1 y_2 dy_2 - k_1 y_1 dy_2 + k_2 y_2 dy_2$$

$$= (m_2 \ddot{y}_2 + k_1 y_2 - k_1 y_1 + k_2 y_2) dy_2 = 0$$

$$\because d\dot{y}_2 = \frac{d}{dt}(dy_2) \text{이므로 } \dot{y}_2 d\dot{y}_2 = \dot{y}\frac{d}{dt}(dy_2) = (\dot{y}\frac{d}{dt})dy_2 = \ddot{y}_2 \, dy_2$$

2) 동적 평형 방정식

$(m_1 \ddot{y}_1 + k_1 y_1 - k_1 y_2) dy_1 = 0 \rightarrow m_1 \ddot{y}_1 + k_1 y_1 - k_1 y_2 = 0$

$(m_2 \ddot{y}_2 + k_1 y_2 - k_1 y_1 + k_2 y_2) dy_2 = 0 \rightarrow m_2 \ddot{y}_2 - k_1 y_1 + (k_1 + k_2) y_2 = 0$

4. 고유치 산정

1) 동적 평형 방정식을 매트릭스로 정리

$$\begin{cases} m_1 \ddot{y}_1 = -k_1 y_1 + k_1 y_2 \\ m_2 \ddot{y}_2 = k_1 y_1 - (k_1 + k_2) y_2 \end{cases}$$

정리하면

$$\begin{Bmatrix} m_1 \ddot{y}_1 \\ m_2 \ddot{y}_2 \end{Bmatrix} = \begin{Bmatrix} -k_1 & k_1 \\ k_1 & -k_1 - k_2 \end{Bmatrix} \begin{Bmatrix} y_1 \\ y_2 \end{Bmatrix}$$

2) 고유치 산정

① 시간 변수의 모드 좌표를 단순 조화 함수로 표현

$y_n(t) = A_n \cos\omega_n t + B_n \sin\omega_n t$ ($y_n(t)$는 기본 변위함수)

② 시간에 대해 미분

$$\dot{y}(t) = \omega_n(-A_n\sin\omega_n t + B_n\cos\omega_n t)$$
$$\ddot{y}(t) = \omega_n^2(-A_n\cos\omega_n t - B_n\sin\omega_n t) = -\omega_n^2 y(t)$$

③ 고유치 산정

$$\begin{Bmatrix} -m_1\omega_n^2 y_1 \\ -m_2\omega_n^2 y_2 \end{Bmatrix} = \begin{Bmatrix} -k_1 & k_1 \\ k_1 & -k_1-k_2 \end{Bmatrix} \begin{Bmatrix} y_1 \\ y_2 \end{Bmatrix}$$

$$\rightarrow \omega_n^2 \begin{Bmatrix} m_1 & 0 \\ 0 & m_2 \end{Bmatrix} \begin{Bmatrix} y_1 \\ y_2 \end{Bmatrix} = \begin{Bmatrix} k_1 & -k_1 \\ -k_1 & k_1+k_2 \end{Bmatrix} \begin{Bmatrix} y_1 \\ y_2 \end{Bmatrix}$$

$[\lambda] = \omega_n^2 \begin{Bmatrix} 1 & 0 \\ 0 & 1 \end{Bmatrix}$, $[M] = \begin{Bmatrix} m_1 & 0 \\ 0 & m_2 \end{Bmatrix}$, $[A] = \begin{Bmatrix} k_1 & -k_1 \\ -k_1 & k_1+k_2 \end{Bmatrix}$, $[X] = \begin{Bmatrix} y_1 \\ y_2 \end{Bmatrix}$ 라 하면

$[\lambda][M][X] = [A][X] \rightarrow [\lambda\{M\} - \{A\}][X] = 0$

따라서, 고유값 문제로 귀결됨

여기서 고유값 λ은 $m_1\omega_n^2$, $m_2\omega_n^2$이 된다.

임의의 $[X]$에 대해 $[\lambda\{M\}-\{A\}][X]=0$ 성립 조건은 $Det[\lambda\{M\}-\{A\}]=0$

∴ $\lambda_1 = \omega_1^2$, $\lambda_2 = \omega_2^2$ 산정

3) 고유 진동 모드 산정

① 모드 1의 경우로서 $\lambda_1 = \omega_1^2$일 때

$$[\lambda\{M\}-\{A\}][X] = 0 \rightarrow [X_1] = \begin{Bmatrix} y_{11} \\ y_{12} \end{Bmatrix} \text{ 기저벡터 산정}$$

② 모드 2의 경우로서 $\lambda_2 = \omega_2^2$일 때

$$[\lambda\{M\}-\{A\}][X] = 0 \rightarrow [X_2] = \begin{Bmatrix} y_{21} \\ y_{22} \end{Bmatrix} \text{ 기저벡터 산정}$$

③ 두 개의 기저벡터 $[X_1]$, $[X_2]$의 합이 $y_n(t) = A_n\cos\omega_n t + B_n\sin\omega_n t$의 해이므로 중첩하면

∴ $y(t) = X_1(A_1\cos\omega_1 t + B_1\sin\omega_1 t) + X_1(A_1\cos\omega_1 t + B_1\sin\omega_1 t)$

$= \text{질점계 m}_1 \begin{Bmatrix} 1\,\text{mode} \\ 2\,\text{mode} \end{Bmatrix} + \text{질점계 m}_2 \begin{Bmatrix} 1\,\text{mode} \\ 2\,\text{mode} \end{Bmatrix}$

5. 매트릭스 변위법을 이용한 강성 매트릭스, 고유치 산정

1) 자유 물체도

① 구조계

② 요소계

2) 평형 방정식 및 평형 매트릭스

① 질점 m_2에서 평형조건

$$P_2 = Q_1 - Q_2$$

② 질점 m_1에서 평형조건

$$P_1 = Q_2$$

3) 평형 매트릭스

① $\{P\} = \{A\}\{Q\}$

$$\begin{Bmatrix} P_1 \\ P_2 \end{Bmatrix} = \begin{Bmatrix} 1 & -1 \\ 0 & 1 \end{Bmatrix} \begin{Bmatrix} Q_1 \\ Q_2 \end{Bmatrix}$$

② $\{A\} = \begin{Bmatrix} 1 & -1 \\ 0 & 1 \end{Bmatrix}$

4) 전부재 강도 매트릭스

① $\{Q\} = \{S\}\{e\}$

② $\{S\} = \begin{Bmatrix} k_2 & 0 \\ 0 & k_1 \end{Bmatrix}$

5) 구조물 강도 매트릭스

① $\{K\} = \{A\}[S]\{A\}^T$

② $\{K\} = \begin{Bmatrix} k_1 & -k_1 \\ -k_1 & k_1 + k_2 \end{Bmatrix}$

6) 고유치 산정

$[\lambda] = \omega_n^2 \begin{Bmatrix} 1 & 0 \\ 0 & 1 \end{Bmatrix}$, $[M] = \begin{Bmatrix} m_1 & 0 \\ 0 & m_2 \end{Bmatrix}$, $[K] = \begin{Bmatrix} k_1 & -k_1 \\ -k_1 & k_1 + k_2 \end{Bmatrix}$, $[X] = \begin{Bmatrix} y_1 \\ y_2 \end{Bmatrix}$ 라 하면

$[\lambda][M][X] = [A][X] \rightarrow [\lambda\{M\} - \{A\}][X] = 0$

임의의 $[X]$에 대해 $[\lambda\{M\} - \{A\}][X] = 0$ 성립 조건은 $Det[\lambda\{M\} - \{A\}] = 0$

$\therefore \lambda_1 = \omega_1^2, \lambda_2 = \omega_2^2$ 산정

▶▶▶ 건축구조기술사 92-4-1

다음 구조시스템의 고유 진동수를 구하시오.(단, 기둥단면의 휨강성은 그림과 같고, 축하중에 의한 2차 효과는 무시한다. 각 층에서의 기둥은 강접합, 최하층은 Pin 접합으로 연결된다.)

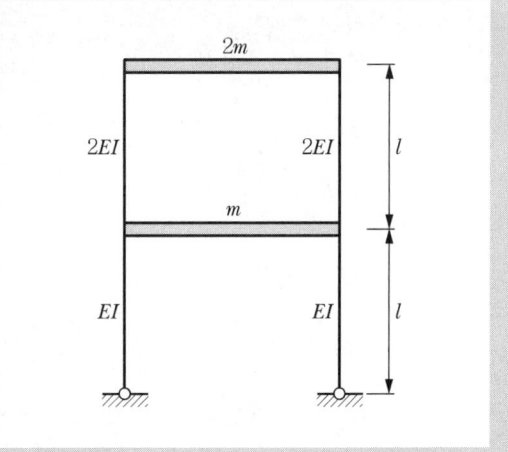

1. 층별 강성 산정

1) 구조물 변형도

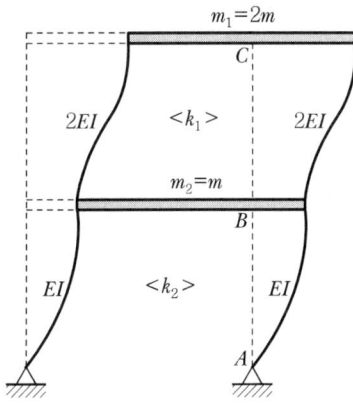

2) 1층 강성 산정

① 자유 물체도

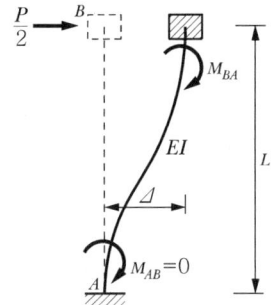

② 절점 휨 부재력 산정($\theta_B = 0$)

　㉠ θ_A 산정

$$M_{AB} = \frac{2EI}{L}\left(2\theta_A + \theta_B - \frac{3\Delta}{L}\right) = 0$$

　　$\theta_B = 0$을 대입하면

$$\therefore \theta_A = \frac{3\Delta}{2L}$$

　㉡ M_{BA} 산정

$$M_{BA} = \frac{2EI}{L}\left(2\theta_B + \theta_A - \frac{3\Delta}{L}\right) \text{에 } \theta_A = \frac{3\Delta}{2L},\ \theta_B = 0\text{을 대입하면}$$

$$M_{BA} = \frac{2EI}{L}\left(2\times 0 + \frac{3\Delta}{2L} - \frac{3\Delta}{L}\right) = -\frac{3EI\Delta}{L^2}$$

③ 1층 강성(k_2) 산정

　㉠ 작용 횡력 산정

$$\sum M_A = 0\ ;\ \frac{P}{2}L - \frac{3EI}{L^2}\Delta = 0 \qquad \therefore P = \frac{6EI}{L^3}\Delta$$

　㉡ 1층 강성

$$P = k_2\Delta = \frac{6EI}{L^3}\Delta \qquad \therefore k_2 = \frac{6EI}{L^3}$$

　㉢ 1층 강성 가정

$$k_2 = \frac{6EI}{L^3} = k \text{로 가정}$$

3) 2층 강성 산정

　① 자유 물체도

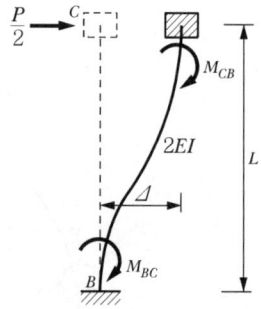

② 절점 휨 부재력 산정($\theta_A = \theta_B = 0$)

㉠ M_{BC} 산정

$$M_{BC} = \frac{2(2EI)}{L}\left(2\theta_B + \theta_C - \frac{3\Delta}{L}\right)$$

$\theta_B = \theta_C = 0$을 대입하면

$$\therefore M_{BC} = \frac{2(2EI)}{L}\left(-\frac{3\Delta}{L}\right) = -\frac{12EI\Delta}{L^2}$$

㉡ M_{CB} 산정

$$M_{CB} = \frac{2(2EI)}{L}\left(2\theta_C + \theta_B - \frac{3\Delta}{L}\right)$$

$\theta_B = \theta_C = 0$을 대입하면

$$\therefore M_{CB} = \frac{2(2EI)}{L}\left(-\frac{3\Delta}{L}\right) = -\frac{12EI\Delta}{L^2}$$

③ 2층 강성(k_1) 산정

㉠ 작용 횡력 산정

$$\sum M_B = 0 \; ; \; \frac{P}{2}L + M_{BC} + M_{CB} = 0 \rightarrow \frac{PL}{2} - \frac{12EI\Delta}{L^2} = 0$$

$$\therefore P = \frac{48EI}{L^3}\Delta$$

㉡ 2층 강성

$$P = k_1\Delta = \frac{48EI}{L^3}\Delta$$

$$\therefore k_1 = \frac{48EI}{L^3} = 8k$$

2. 운동 방정식 및 고유 진동수 산정

1) 운동 방정식

$$m_1\ddot{y}_1 + k_1y_1 - k_1y_2 = 0$$
$$m_2\ddot{y}_2 - k_1y_1 + (k_1 + k_2)y_2 = 0$$

2) 매트릭스로 표현

① $\ddot{y}$와 y 관계

y가 조화 운동에 대한 시간 변수의 함수일 경우 $\ddot{y} = -\omega_n^2 y$

② 운동방정식 정리

$$-\omega_n^2 \begin{Bmatrix} m_1 & 0 \\ 0 & m_2 \end{Bmatrix} \begin{Bmatrix} y_1 \\ y_2 \end{Bmatrix} + \begin{Bmatrix} k_1 & -k_1 \\ -k_1 & k_1+k_2 \end{Bmatrix} \begin{Bmatrix} y_1 \\ y_2 \end{Bmatrix} = \begin{Bmatrix} 0 \\ 0 \end{Bmatrix}$$

$$\{M\} = \begin{Bmatrix} m_1 & 0 \\ 0 & m_2 \end{Bmatrix} = m \begin{Bmatrix} 2 & 0 \\ 0 & 1 \end{Bmatrix}, \ \{K\} = \begin{Bmatrix} k_1 & -k_1 \\ -k_1 & k_1+k_2 \end{Bmatrix} = k \begin{Bmatrix} 8 & -8 \\ -8 & 9 \end{Bmatrix}, \ \{X\} = \begin{Bmatrix} y_1 \\ y_2 \end{Bmatrix} 라면$$

$$\therefore \left[-\omega_n^2 \{M\} + \{K\} \right] \{X\} = 0$$

3) 고유 각진동수 산정

$\left[-\omega_n^2\{M\} + \{K\} \right] \{X\} = 0$ 이 임의의 $\{X\}$에 대해서 성립할 조건은

$Det\left[-\omega_n^2 \{M\} + \{K\} \right] = 0$

$\rightarrow Det \begin{Bmatrix} -2m\omega_n^2 + 8k & -8k \\ -8k & -m\omega_n^2 + 9k \end{Bmatrix} = 0$

$\rightarrow \omega_n^2 = 12.658 \dfrac{k}{m}, \ 0.315 \dfrac{k}{m}$

$\rightarrow \omega_1^2 = 12.658 \dfrac{6EI}{mL^3} = 76.11 \dfrac{EI}{mL^3}, \ \omega_2^2 = 0.315 \dfrac{6EI}{mL^3} = 1.89 \dfrac{EI}{mL^3}$

$\rightarrow \omega_1 = 8.724 \sqrt{\dfrac{EI}{mL^3}}, \ \omega_2 = 1.375 \sqrt{\dfrac{EI}{mL^3}}$

4) 고유 진동수 산정

① $f_n = \dfrac{\omega_n}{2\pi}$

② $f_1 = 1.39 \sqrt{\dfrac{EI}{mL^3}}, \ f_2 = 0.22 \sqrt{\dfrac{EI}{mL^3}}$

3. 참고 : 고유 진동 모드

1) 운동 방정식 연립

$$\begin{Bmatrix} -2m\omega_n^2 + 8k & -8k \\ -8k & -m\omega_n^2 + 9k \end{Bmatrix} \begin{Bmatrix} y_1 \\ y_2 \end{Bmatrix} = \begin{Bmatrix} 0 \\ 0 \end{Bmatrix}$$

2) 모드별 기저 벡터 산정

① 1차 모드 : $\omega_1^2 = 12.658 \dfrac{k}{m}$ 일 때

$$k \begin{Bmatrix} -17.37 & -8 \\ -8 & -3.685 \end{Bmatrix} \begin{Bmatrix} y_{11} \\ y_{12} \end{Bmatrix} = \begin{Bmatrix} 0 \\ 0 \end{Bmatrix} \rightarrow y_{11} = 0.46, \ y_{12} = -1.0$$

② 2차 모드 : $\omega_n^2 = 0.315\dfrac{k}{m}$ 일 때

$$k\begin{Bmatrix} 7.37 & -8 \\ -8 & 8.685 \end{Bmatrix}\begin{Bmatrix} y_{21} \\ y_{22} \end{Bmatrix} = \begin{Bmatrix} 0 \\ 0 \end{Bmatrix} \rightarrow y_{21} = 1.085,\ y_{22} = 1.0$$

3) 모드형상

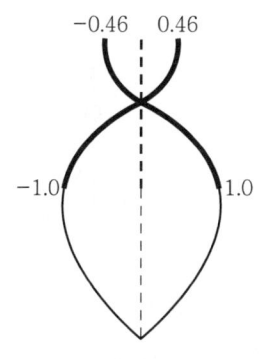

1차 모드

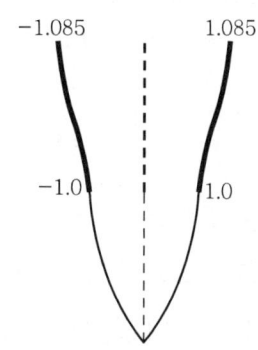

2차 모드

▶▶▶ 질점 3개인 계   예제

다음 구조시스템의 고유 진동수를 구하시오. (단, 기둥단면의 휨강성은 그림과 같고 축하중에 의한 2차 효과는 무시한다. 각 층 및 최하층에서의 기둥은 강접합으로 연결된다.)

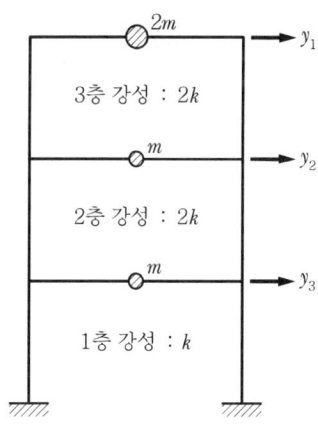

1. 계의 질량 및 강성 매트릭스

$$\{M\} = \begin{Bmatrix} m_1 & & \\ & m_2 & \\ & & m_3 \end{Bmatrix} = \begin{Bmatrix} 2m & & \\ & m & \\ & & m \end{Bmatrix}$$

$$\{K\} = \begin{Bmatrix} k_1 & -k_1 & 0 \\ -k_1 & k_1+k_2 & -k_2 \\ 0 & -k_2 & k_2+k_3 \end{Bmatrix} = \begin{Bmatrix} 2k & -2k & 0 \\ -2k & 2k+2k & -2k \\ 0 & -2k & 2k+k \end{Bmatrix}$$

$$= k \begin{Bmatrix} 2 & -2 & 0 \\ -2 & 4 & -2 \\ 0 & -2 & 3 \end{Bmatrix}$$

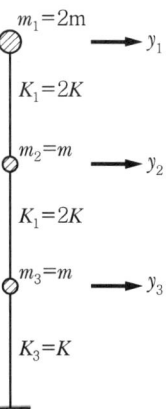

2. 고유 진동수 산정

1) 매트릭스 고유치 문제의 대수 방정식

$$\left(\{K\} - \omega_n^2 \{M\}\right)\{\varPhi\} = \{0\}$$

여기서 $\{\varPhi\}$: 계의 모드 벡터 매트릭스

2) 임의의 모드에 대하여 성립할 조건

$$\det\left(\{K\} - \omega_n^2 \{M\}\right) = 0$$

$$\to \omega_n^2 = \frac{5.83k}{m}, \frac{2.0k}{m}, \frac{0.17k}{m}$$

$$\to \omega_n = 2.41\sqrt{\frac{k}{m}}, 1.41\sqrt{\frac{k}{m}}, 0.41\sqrt{\frac{k}{m}}$$

3) 고유 진동수 산정

① $f_n = \dfrac{\omega_n}{2\pi}$

② $f_n = 0.384\sqrt{\dfrac{k}{m}}, 0.225\sqrt{\dfrac{k}{m}}, 0.066\sqrt{\dfrac{k}{m}}$

▶▶▶ 건축구조기술사 116-3-5

그림과 같은 강체 보를 가진 5층 건물이 $\ddot{u}_g(t)$의 지반가속도를 받고 있다. 모든 층의 질량은 m이며, 모든 층은 동일한 층 높이 h와 동일한 강성 k를 갖는다. 변위가 밑면에서부터 높이에 따라 선형적으로 증가한다고 가정하고, 시스템의 운동 방정식을 유도한 후 고유진동수를 구하시오.

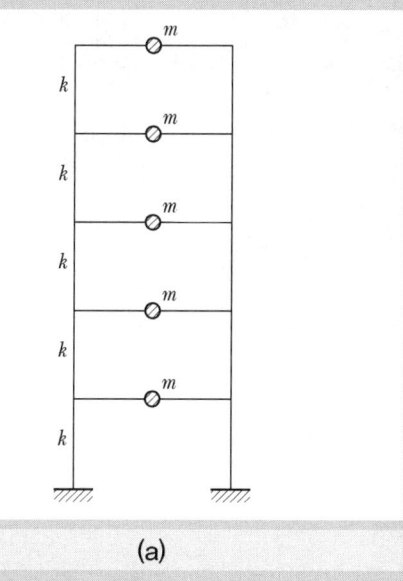

(a)

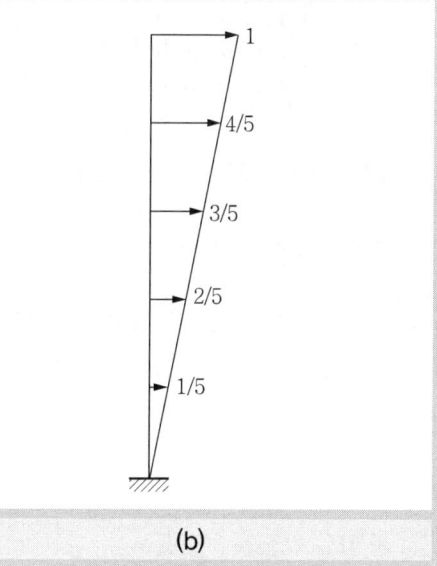

(b)

1. 시스템의 운동 방정식

$m\ddot{u}_1 + k(u_1 - u_2)$
$= -m\ddot{u}_g$

$m\ddot{u}_2 + k(u_2 - u_3) - k(u_1 - u_2)$
$= -m\ddot{u}_g$

$m\ddot{u}_3 + k(u_3 - u_4) - k(u_2 - u_3)$
$= -m\ddot{u}_g$

$m\ddot{u}_4 + k(u_4 - u_5) - k(u_3 - u_4)$
$= -m\ddot{u}_g$

$m\ddot{u}_5 + ku_5 - k(u_4 - u_5)$
$= -m\ddot{u}_g$

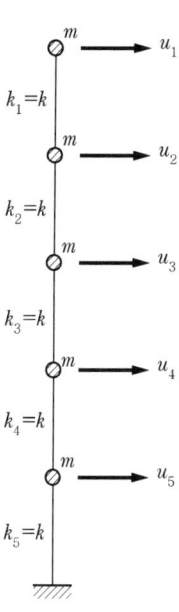

매트릭스로 정리하면

$$\begin{Bmatrix} m & 0 & 0 & 0 & 0 \\ 0 & m & 0 & 0 & 0 \\ 0 & 0 & m & 0 & 0 \\ 0 & 0 & 0 & m & 0 \\ 0 & 0 & 0 & 0 & m \end{Bmatrix} \begin{Bmatrix} \ddot{u}_1 \\ \ddot{u}_2 \\ \ddot{u}_3 \\ \ddot{u}_4 \\ \ddot{u}_5 \end{Bmatrix} + \begin{Bmatrix} k & -k & 0 & 0 & 0 \\ -k & 2k & -k & 0 & 0 \\ 0 & -k & 2k & -k & 0 \\ 0 & 0 & -k & 2k & -k \\ 0 & 0 & 0 & -k & 2k \end{Bmatrix} \begin{Bmatrix} u_1 \\ u_2 \\ u_3 \\ u_4 \\ u_5 \end{Bmatrix} = - \begin{Bmatrix} m & 0 & 0 & 0 & 0 \\ 0 & m & 0 & 0 & 0 \\ 0 & 0 & m & 0 & 0 \\ 0 & 0 & 0 & m & 0 \\ 0 & 0 & 0 & 0 & m \end{Bmatrix} \ddot{u}_g$$

$$\{M\} = \begin{Bmatrix} m & 0 & 0 & 0 & 0 \\ 0 & m & 0 & 0 & 0 \\ 0 & 0 & m & 0 & 0 \\ 0 & 0 & 0 & m & 0 \\ 0 & 0 & 0 & 0 & m \end{Bmatrix}, \{K\} \begin{Bmatrix} k & -k & 0 & 0 & 0 \\ -k & 2k & -k & 0 & 0 \\ 0 & -k & 2k & -k & 0 \\ 0 & 0 & -k & 2k & -k \\ 0 & 0 & 0 & -k & 2k \end{Bmatrix}, \{X\} = \begin{Bmatrix} u_1 \\ u_2 \\ u_3 \\ u_4 \\ u_5 \end{Bmatrix} \text{ 라면}$$

$$\{M\}\{\ddot{X}\} + \{K\}\{X\} = -\{M\}\ddot{u}_g$$

2. 고유 진동수

1) 구조물이 가지고 있는 질량과 강성만으로 정의된 구조물의 자유 진동 운동 방정식

   $\{M\}\{\ddot{X}\} + \{K\}\{X\} = 0$

   여기서, $\{X\}$가 조화운동에 대한 시간 변수의 함수일 경우 $\{\ddot{X}\} = -\omega_n^2\{X\}$이므로

   $\{K\}\{X\} - \omega_n^2\{M\}\{X\} = 0$

2) 고유 각진동수 산정

   양변에 $\{X\}^T$를 곱하면, $\{X\}^T\{K\}\{X\} - \omega_n^2\{X\}^T\{M\}\{X\} = 0$

   $$\{M\} = \begin{Bmatrix} m & 0 & 0 & 0 & 0 \\ 0 & m & 0 & 0 & 0 \\ 0 & 0 & m & 0 & 0 \\ 0 & 0 & 0 & m & 0 \\ 0 & 0 & 0 & 0 & m \end{Bmatrix}, \{K\} \begin{Bmatrix} k & -k & 0 & 0 & 0 \\ -k & 2k & -k & 0 & 0 \\ 0 & -k & 2k & -k & 0 \\ 0 & 0 & -k & 2k & -k \\ 0 & 0 & 0 & -k & 2k \end{Bmatrix}$$

   $$\{X\} = \begin{Bmatrix} u_1 \\ u_2 \\ u_3 \\ u_4 \\ u_5 \end{Bmatrix} = \begin{Bmatrix} 1 \\ 4/5 \\ 3/5 \\ 2/5 \\ 1/5 \end{Bmatrix} \text{ 대입하면 } \frac{k}{5} - \frac{11}{5}m\omega_n^2 = 0$$

   $\rightarrow \omega_n = \sqrt{\dfrac{k}{11m}} = 0.302\sqrt{\dfrac{k}{m}}$

3) 고유 진동수

   $f_n = \dfrac{\omega_n}{2\pi} = \dfrac{1}{2\pi}\sqrt{\dfrac{k}{11m}} = 0.048\sqrt{\dfrac{k}{m}}$

> **건축구조기술사** 104-4-2
>
> 다음 질량과 강성이 연결된 시스템의 1차와 2차 고유 진동수를 산정하시오.
>
>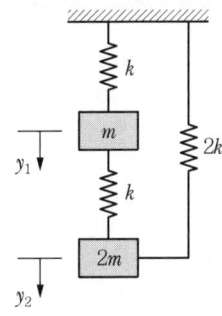

1. 구조물의 강성 매트릭스 산정

    1) 구조물 변환

    문제에 제시된 자유 물체도는 다음과 같이 표현할 수 있다.

    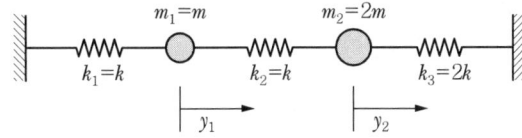

    2) 자유 물체도

    ① 구조계　　　　　　　　　　　　② 요소계

    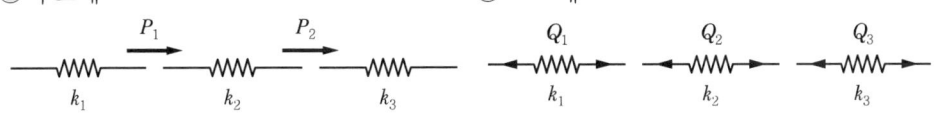

    3) 평형 방정식

    ① $P_1 = Q_1 - Q_2$

    ② $P_2 = Q_2 - Q_3$

    4) 평형 매트릭스

    ① $\{P\} = \{A\}\{Q\}$

    $$\begin{Bmatrix} P_1 \\ P_2 \end{Bmatrix} = \begin{Bmatrix} 1 & -1 & 0 \\ 0 & 1 & -1 \end{Bmatrix} \begin{Bmatrix} Q_1 \\ Q_2 \\ Q_3 \end{Bmatrix}$$

    ② $\{A\} = \begin{Bmatrix} 1 & -1 & 0 \\ 0 & 1 & -1 \end{Bmatrix}$

5) 요소 강성 매트릭스

① $\{Q\}=\{S\}\{e\}$

② $\{S\}=\begin{Bmatrix} k_1 & 0 & 0 \\ 0 & k_2 & 0 \\ 0 & 0 & k_3 \end{Bmatrix}$

6) 구조물 강성 매트릭스

① $\{K\}=\{A\}[S]\{A\}^T$

② $\{K\}=\begin{Bmatrix} k_1+k_2 & -k_2 \\ -k_2 & k_2+k_3 \end{Bmatrix} = \begin{Bmatrix} 2k & -k \\ -k & 3k \end{Bmatrix}$

2. 고유 진동수 산정

1) 질량 매트릭스

$$\{M\}=\begin{Bmatrix} m_1 & 0 \\ 0 & m_2 \end{Bmatrix}=\begin{Bmatrix} m & 0 \\ 0 & 2m \end{Bmatrix}$$

2) 고유치 문제의 대수 방정식

$$\left[\{K\}-\omega_n^2\{M\}\right]\{\Phi\}=\{0\}$$

여기서, $\{\Phi\}$: 계의 모드 벡터 매트릭스

3) 임의의 모드에 대하여 성립할 조건

$$\{K\}-\omega_n^2\{M\}=\begin{Bmatrix} 2k & -k \\ -k & 3k \end{Bmatrix}-\omega_n^2\begin{Bmatrix} m & 0 \\ 0 & 2m \end{Bmatrix}=\begin{Bmatrix} 2k-\omega_n^2 m & -k \\ -k & 3k-2\omega_n^2 m \end{Bmatrix}$$

임의의 모드에 대하여 성립할 조건은 $\det\left[\{K\}-\omega_n^2\{M\}\right]=0$

따라서 1차, 2차 고유 각진동수는 $\omega_{n1}=1.581\sqrt{\dfrac{k}{m}}$, $\omega_{n2}=\sqrt{\dfrac{k}{m}}$

4) 고유 진동수 산정

$f_n=\dfrac{\omega_n}{2\pi}$ 이므로

1차, 2차 고유 진동수는 $f_{n1}=0.252\sqrt{\dfrac{k}{m}}$, $f_{n2}=0.159\sqrt{\dfrac{k}{m}}$

09 지반운동과 구조물의 응답

1. 지반 병진 운동

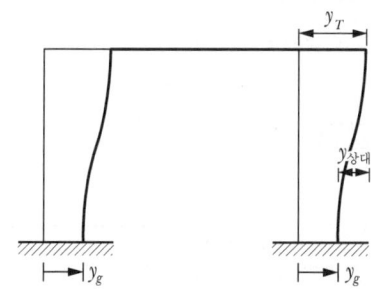

1) 변수
- 지반의 변위 : y_g
- 총 변위 : y_T
- 지반과의 상대 변위 : $y_{상대}$

2) 변위 관계식

$y_T = y_g + y_{상대}$

3) 운동 방정식

$m\ddot{y}_{전체} + c\dot{y}_{상대} + ky_{상대} = 0$

$m\ddot{y}_T + c\dot{y} + ky = 0$

$m(\ddot{y}_g + \ddot{y}) + c\dot{y} + ky = 0$

※ 단자유도 시스템에서 지반 운동이 작용할 경우 자유진동 운동 방정식 참조

2. 지반 운동에 의한 질점의 운동(외력이 없을 경우)

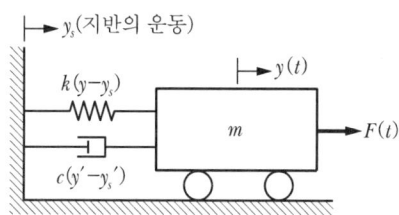

1) 지반운동에 대한 운동 방정식

① 관성력은 지반운동과 관계 없음

② $m\ddot{y} + c(\dot{y} - \dot{y}_s) + k(y - y_s) = 0 \rightarrow m\ddot{y} + c\dot{y} + ky = c\dot{y}_s + ky_s$

③ 상대변위 $u = y - y_s$ 라면

$m\ddot{u} + c\dot{u} + ku = F_e \ ; \ F_e = -m\ddot{y}_s$

2) 지반에 전달되는 전달력

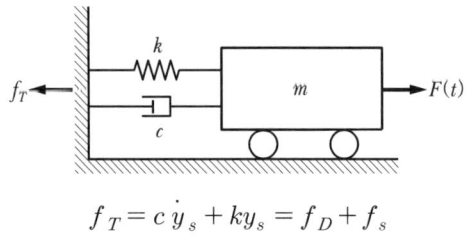

$f_T = c\dot{y}_s + ky_s = f_D + f_s$

3) 일반적으로 단자유도계 모델에서 지반운동을 $y_s(t) = y_0 \sin\omega t$ 로 하면

$y_s(t) = y_0 \sin\omega t$, $\dot{y}_s(t) = y_0 \omega \cos\omega t$ 을 2) 식에 대입하면

$f_T = c\dot{y}_s + ky_s = y_0 c\omega \cos\omega t + ky_0 \sin\omega t$

4) 임의의 시간 t에 대한 f_T의 최대값 $(f_T)_0$ 및 위상각

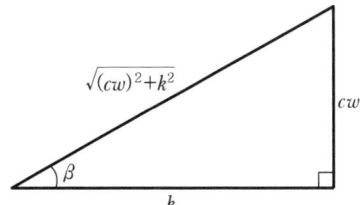

① $(f_T)_0 = y_0\sqrt{(c\omega)^2 + k^2} = y_0 k\sqrt{\left(\dfrac{c\omega}{k}\right)^2 + 1}$

$= y_0 k\sqrt{1 + (2\zeta\gamma)^2}$

여기서, $\dfrac{c\omega}{k} = 2\zeta\omega_n m \dfrac{\omega}{k} = 2\zeta\omega_n m \dfrac{\omega}{m\omega_n^2} = 2\zeta\gamma$

② 위상각 β

$\beta = Tan^{-1}\left(\dfrac{c\omega}{k}\right)$

5) 지반운동에 의한 질점의 운동 방정식

① $m\ddot{y} + c\dot{y} + ky = c\dot{y}_s + ky_s$

$m\ddot{y} + c\dot{y} + ky = (f_T)_0(\sin\beta\cos\omega t + \cos\beta\sin\omega t) = (f_T)_0\sin(\omega t + \beta)$

② 양변을 질량으로 나누면

$$\ddot{y} + \frac{c}{m}\dot{y} + \frac{k}{m}y = \frac{(f_T)_0}{m}\sin(\omega t + \beta)$$

$$\ddot{y} + 2\zeta\omega_n\dot{y} + \omega_n^2 y = \frac{(f_T)_0}{m}\sin(\omega t + \beta)$$

6) 특수해 산정(구조물의 응답)

$y_P = C\cos(\omega t + \beta) + D\sin(\omega t + \beta)$ 가정

양변을 미분하면 $\dot{y}_P = -C\omega\sin(\omega t + \beta) + D\omega\cos(\omega t + \beta)$

$$\ddot{y}_p = -C\omega^2\cos(\omega t + \beta) - D\omega^2\sin(\omega t + \beta)$$

$\ddot{y} + 2\zeta\omega_n\dot{y} + \omega_n^2 y = \dfrac{(f_T)_0}{m}\sin(\omega t + \beta)$ 에 대입하면

$-C\omega^2\cos(\omega t + \beta) - D\omega^2\sin(\omega t + \beta) + 2\gamma\omega_n\{-C\omega\sin(\omega t + \beta) + D\omega\cos(\omega t + \beta)\}$

$+ \omega_n^2\{C\cos(\omega t + \beta) + D\sin(\omega t + \beta)\} = \dfrac{(f_T)_0}{m}\sin(\omega t + \beta)$

$\rightarrow \cos(\omega t + \beta)(-C\omega^2 + 2\zeta\omega_n D\omega + \omega_n^2 C)$

$+ \sin(\omega t + \beta)\left\{-D\omega^2 - 2\zeta\omega_n C\omega + \omega_n^2 D - \dfrac{(f_T)_0}{m}\right\} = 0$

임의의 $\cos(\omega t + \beta)$, $\sin(\omega t + \beta)$에 대해 성립 조건

$-C\omega^2 + 2\zeta\omega_n D\omega + \omega_n^2 C = 0 \rightarrow (-\omega^2 + \omega_n^2)C + 2\zeta\omega_n\omega D = 0$

$-D\omega^2 - 2\zeta\omega_n C\omega + \omega_n^2 D - (f_T)_0/m = 0 \rightarrow -2\zeta\omega_n\omega C + (\omega_n^2 - \omega^2)D = (f_T)_0/m$

$\omega_n^2 = k/m$를 대입, 양변을 ω_n으로 나누고 $\gamma = \omega/\omega_n$으로 하여 행렬 형태로 표현하면

$\begin{Bmatrix} -\gamma^2 + 1 & 2\zeta\gamma \\ -2\zeta\gamma & 1 - \gamma^2 \end{Bmatrix} \begin{Bmatrix} C \\ D \end{Bmatrix} = \begin{Bmatrix} 0 \\ P_0/m \end{Bmatrix}$

$C = -\dfrac{(f_T)_0}{k}\dfrac{2\zeta\gamma}{(1-r^2)^2 + (2\zeta\gamma)^2}$, $D = \dfrac{(f_T)_0}{k}\dfrac{(1-\gamma^2)}{(1-\gamma^2)^2 + (2\zeta\gamma)^2}$

따라서, $y_P = C\cos(\omega t + \beta) + D\sin(\omega t + \beta)$

$$= \frac{(f_T)_0}{k} \frac{1}{(1-\gamma^2)^2 + (2\zeta\gamma)^2} \{(1-\gamma^2)\cos(\omega t) - 2\zeta\gamma\sin(\omega t)\}$$

$$= \frac{(f_T)_0}{k} \frac{\sqrt{(1-\gamma^2)^2 + (2\zeta\gamma)^2}}{(1-\gamma^2)^2 + (2\zeta\gamma)^2} \left\{ \frac{(1-\gamma^2)}{\sqrt{(1-\gamma^2)^2 + (2\zeta\gamma)^2}} \sin(\omega t + \beta) \right.$$

$$\left. - \frac{2\zeta\gamma}{\sqrt{(1-\gamma^2)^2 + (2\zeta\gamma)^2}} \cos(\omega t + \beta) \right\}$$

$\tan\phi = \dfrac{2\zeta\gamma}{1-\gamma^2}$: 위상각 ϕ는 외력의 작용방향과 이에 따른 응답과의 시간 차를 의미

$$y_p = \frac{(f_T)_0}{k} \frac{1}{\sqrt{(1-\gamma^2)^2 + (2\zeta\gamma)^2}} \{\sin(\omega t + \beta)\cdot\cos\phi - \cos(\omega t + \beta)\cdot\sin\phi\}$$

$$y_p = \frac{(f_T)_0}{k} \frac{\sin(\omega t + \beta - \phi)}{\sqrt{(1-\gamma^2)^2 + (2\zeta\gamma)^2}} = \frac{y_0 k\sqrt{1+(2\zeta\gamma)^2}}{k} \frac{\sin(\omega t + \beta - \phi)}{\sqrt{(1-\gamma^2)^2 + (2\zeta\gamma)^2}}$$

$$y_p = y_0 \frac{\sqrt{1+(2\zeta\gamma)^2}\sin(\omega t + \beta - \phi)}{\sqrt{(1-\gamma^2)^2 + (2\zeta\gamma)^2}}$$

7) 전달성능

① 개요

지반운동이 구조물에 전달되는 정도

여기서, y_p : 진자의 운동 진폭

y_0 : 지점의 운동 진폭

② $\dfrac{y_p}{y_0} = \dfrac{\sqrt{1+(2\zeta\gamma)^2}\sin(\omega t + \beta - \phi)}{\sqrt{(1-\gamma^2)^2 + (2\zeta\gamma)^2}}$

③ 전달계수

㉠ 기초에 전달되는 힘의 진폭과 작용력 진폭 사이 비

㉡ 기초에 전달되는 작용력 계수

㉢ $Tr = \dfrac{\sqrt{1+(2\zeta\gamma)^2}}{\sqrt{(1-\gamma^2)^2 + (2\zeta\gamma)^2}}$

▶▶▶ 건축구조기술사　88-4-3

무게가 5kN의 전동기가 캔틸레버 단부에 설치되어 진동수 w=16rad/sec의 420kN의 상하운동을 한다. 캔틸레버 자중은 무시하고 감쇠계수를 10%로 가정하여 상하운동으로 발생하는 최대처짐량과 켄틸레버 지지부에 전달되는 힘의 크기를 산정하시오.

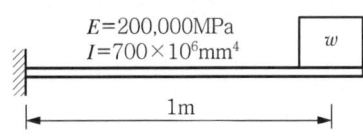

1. 구조물의 강성

$$k = \frac{3EI}{L^3} = \frac{3(200,000 \times 10^6 \text{N/m}^2)(700 \times 10^6 \times 10^{-3 \times 4})}{(1\text{m})^3} = 420 \times 10^6 \text{N/m}$$

2. 구조물의 질량

$$m = \frac{W}{g} = \frac{5 \times 10^3 \text{N}}{9.81 \text{m/sec}^2} = 509.68 \text{N sec}^2/\text{m}$$

3. 고유 각진동수

$$\omega_n = \sqrt{\frac{k}{m}} = \sqrt{\frac{420 \times 10^6 \text{N/m}}{509.68 \text{sec}^2/\text{m}}} = 907.77 \text{rad/sec}$$

4. 변위 증폭

1) $\delta_{static} = \dfrac{P}{k} = \dfrac{420 \times 10^3 \text{N}}{420 \times 10^6 \text{N/m}} = 1.0 \times 10^{-3} \text{m} = 1.0 \text{mm}$

2) 고유 각진동수에 대한 외부 각진동수의 비

$$\gamma = \frac{\omega_e}{\omega_n} = \frac{16}{907.77} = 0.0176$$

3) 감쇠비

$$\zeta = 0.1$$

4) 변위 증폭 계수

$$DAF = \frac{1}{\sqrt{(1+\gamma^2)^2 + (2\zeta\gamma)^2}} \cong 1.0$$

5) Steady 상태의 증폭 변위

$$\delta_{\max} = DAF \times \delta_{static} = 1.0 \times 1.0 = 1.0 \text{mm}$$

5. 하중 전달

1) 최대 작용력

$$A_f = k\delta_{\max} = 420 \times 10^6 \times 10^{-3} \text{kN/m} \times 1.0 \times 10^{-3} \text{m} = 420 \text{kN}$$

2) 전달 계수

$$Tr = \frac{\sqrt{1+(2\zeta\gamma)^2}}{\sqrt{(1-\gamma^2)^2 + (2\zeta\gamma)^2}} \equiv \frac{\sqrt{1+(2\times 0.1 \times 0.0176)^2}}{\sqrt{(1-0.0176^2)^2 + (2\times 0.1 \times 0.0176)^2}} \cong 1.0$$

3) 최대 전달력

$$F_{\max} = Tr \times A_f = 1.0 \times 420 = 420 \text{kN}$$

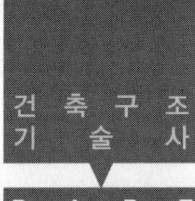

역학의 응용

01 철근콘크리트 구조에서의 응용

1 연속보의 설계 – 활하중 배치에 따른 모멘트의 변화

▶▶▶▶ 건축구조기술사   93-2-2

다음 그림과 같이 등분포 사용하중이 작용하는 철근 콘크리트 연속보를 설계하려 한다. 하중조합 1.2D+1.6L(D : 고정하중, L : 활하중)에 대하여 건축구조기준에서 요구하는 '활하중의 배치'를 고려하여 다음 사항에 답하시오. (단, 해석의 편의를 위하여 지점의 비틀림 강성과 지점의 폭은 무시하고, 구조해석은 다음 그림의 '지점의 부모멘트' 계수를 이용한다.)

1 내부경간 보(B-C)의 양단부 소요 휨 모멘트 강도를 구하시오.
2 내부경간 보(B-C)의 중앙부 소요 휨 모멘트 강도를 구하시오.
3 내부경간 보(B-C)의 휨 모멘트엔벌로프(Bending Moment Envelope)상의 변곡점 존재 여부를 판정하시오.

건축구조기준(KBC 2009)에서 요구하는 '활하중의 배치'는 다음과 같다.
① 모든 경간에 재하된 계수 고정하중과 두 인접 경간에 만재된 계수활하중의 조합하중
② 모든 경간에 재하된 계수 고정하중과 한 경간씩 건너서 만재된 계수 활하중의 조합 하중

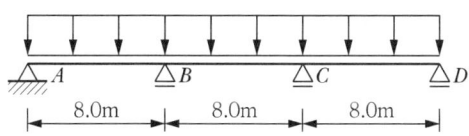

- 고정하중 : $w_D = 30\text{kN/m}$
- 활하중 : $w_L = 15\text{kN/m}$

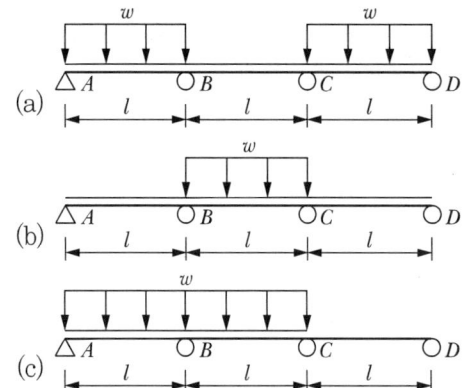

1. 고정하중 분포에 의한 모멘트 산정

연속보의 모멘트 계수에 의해서

B, C 단의 단부 최대 모멘트 : $M_D^- = \dfrac{w_D l^2}{11} = \dfrac{30 \times 8.0^2}{11} = 174.55\text{kNm}$

B, C 중앙부 최대 모멘트 : $M_D^+ = \dfrac{w_D l^2}{16} = \dfrac{30 \times 8.0^2}{16} = 120\text{kNm}$

2. B-C 양단부 소요 휨 모멘트 강도

1) 활하중에 의한 지점부 최대 모멘트

 그림 (c)로부터
 $M_L^- = 0.1117 w_L l^2 = 0.117 \times 15 \times 8.0^2 = 112.32\text{kNm}$

2) 계수 하중에 의한 지점부 최대 모멘트

 $M_u^- = 1.2 M_D + 1.6 M_L = 1.2 \times 174.55 + 1.6 \times 112.32 = 389.172\text{kNm}$

3. B-C 중앙부 소요 휨 모멘트 강도

1) 활하중에 의한 지점부 모멘트, 중앙부 최대 모멘트

 그림 (b)로부터
 $M_L^- = 0.050 w_L l^2 = 0.050 \times 15 \times 8.0^2 = 48\text{kNm}$

2) 자유 물체도 및 휨 모멘트

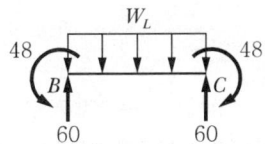

① $V_B = \dfrac{15}{2} \times 8 = 60\text{kN}$

② $M_x = -48 + 60x - \dfrac{15x^2}{2}$

   $V_x = 60 - 15x$

③ $V_x = 60 - 15x = 0$; $x = 4.0\text{m}$

④ $M_{x=4.0} = -48 + 60 \times 4.0 - \dfrac{15 \times 4.0^2}{2} = 72\text{kNm}$

3) 계수 하중에 의한 중앙부 최대 모멘트

$M_u^+ = 1.2M_D + 1.6M_L = 1.2 \times 120 + 1.6 \times 72 = 259.2\text{kNm}$

4. 내부경간 보(B-C)의 휨 모멘트 엔벌로프(Bending Moment Envelope)상의 변곡점 존재 여부를 판정

부모멘트 $M_u^- = -389.172\text{kNm}$ 와 정모멘트 $M_u^+ = +259.2\text{kNm}$ 으로 산정된 결과로부터 변곡점이 존재함

2 철근콘크리트 기둥 강도 산정 – 단면의 도심과 단면1차 모멘트 적용

▶▶▶ 건축구조기술사   89-2-5

다음과 같은 정육각형 단면 형상의 띠철근 기둥에 대하여 P – M 상관 관계를 검토하고자 한다. 모멘트는 y축을 중심으로 회전하는 일축 모멘트만을 고려한다. 강도감소계수(ϕ)가 0.85보다 작은 값에서 0.85에 도달한 경우, 이 기둥이 받을 수 있는 축력의 크기(ϕP_n) 및 이때의 모멘트 크기(ϕM_n)를 구하시오. (단, $f_{ck}=30$MPa이고 종방향 철근(D22) 및 띠철근(D13)의 항복강도는 $f_y=400$MPa이다.)

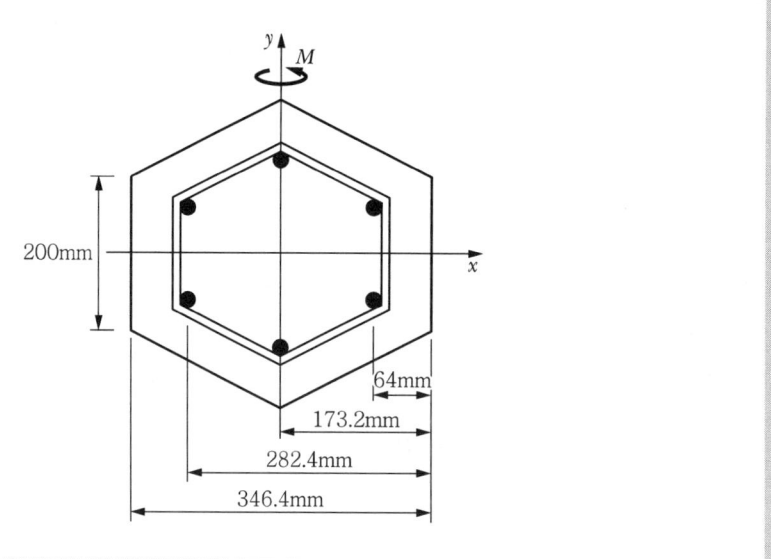

1. **최외단 인장 철근 변형률**

   $\phi=0.85$에 도달하였으므로 인장지배 변형률로서 최외단 철근의 변형률은 $\varepsilon_t=\varepsilon_{s1}=0.005$ (인장)

2. **철근의 변형률 분포 및 응력**

   1) 중립축 위치

   $0.003:c=(0.005+0.003):282.4 \rightarrow c=105.9$mm

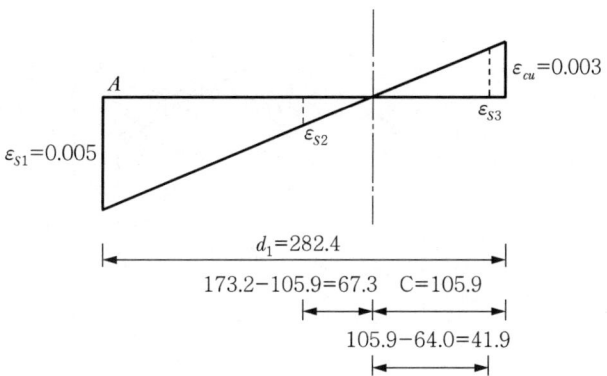

2) 철근의 변형률

① $105.9 : 0.003 = 67.3 : \varepsilon_{s2} \rightarrow \varepsilon_{s2} = 0.0019$(인장)

② $105.9 : 0.003 = 41.9 : \varepsilon_{s3} \rightarrow \varepsilon_{s3} = 0.0012$(압축)

3) 철근의 변형률과 응력

i	ε_{si}	f_{si}(MPa)	A_{si}(mm^2)	N_{si}(N)	$\left(\dfrac{h}{2}-d_i\right)$(mm)
1	-0.005	$-0.005 \times 200,000$ $= -1000 < 400$ $\rightarrow -400$	2×387 $= 774$	$(f_{si}-0.85f_{ck}) \times N_{si}$ $= -400 \times 774$ $= -309,600$	$-\dfrac{346.2}{2}+64.0$ $=-109.1$
2	-0.0019	$-0.005 \times 200,000$ $= -380$	774	$-380 \times 774 = -294,120$	0
3	0.0012	$0.0012 \times 200,000$ $= 240$	774	$(f_{si}-0.85f_{ck}) \times N_{si}$ $= (240-0.85 \times 30) \times 774$ $= 166,023$	$\dfrac{346.2}{2}-64.0$ $=109.1$

3. 기둥 축강도 산정

1) 콘크리트의 압축응력블록 깊이 a값 산정

① $f_{ck} = 30\text{MPa} > 28\text{MPa}$

② $\beta_1 = 0.85 - 0.007(f_{ck}-28) = 0.836$

③ $a = \beta_1 c = 0.836 \times 105.9 = 88.53\text{mm}$

2) 콘크리트의 압축영역의 면적 및 단면 1차 모멘트 산정

① $A = 88.53 \times 200 + 2 \times \left(\dfrac{1}{2} \times 88.53 \times 51.11\right) = 22,230.76\text{mm}^2$

$\quad G_Y = 88.53 \times 200 \times 128.94$
$\qquad + 2 \times \left(\dfrac{1}{2} \times 88.53 \times 51.11\right) \times 114.18$
$\qquad = 2.78 \times 10^6 \text{mm}^3$

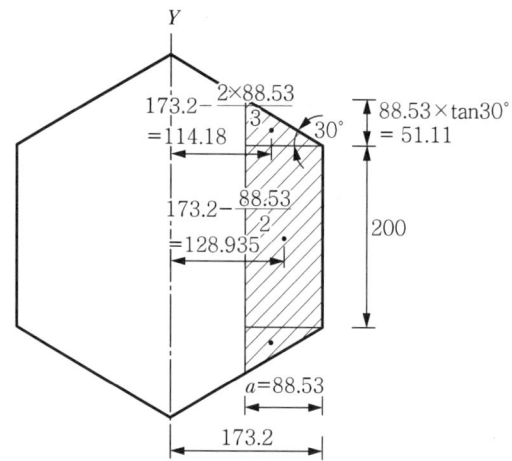

3) 축강도 산정

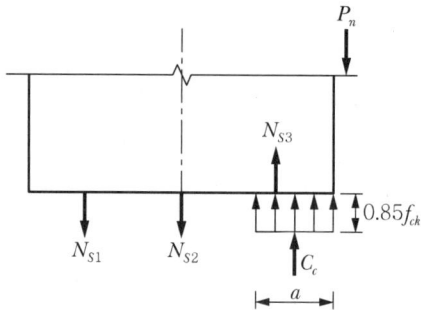

① $\sum F_Y = 0$; $-P_n + C_c - N_{s1} - N_{s2} + N_{s3} = 0 \rightarrow P_n = C_c - N_{s1} - N_{s2} + N_{s3}$

여기서 $C_c = 0.85 f_{ck} A$

$P_n = 0.85 \times 30 \times 22{,}230.76 + (-309{,}600 - 294{,}120 + 166{,}023)$

$\quad = 566{,}884.4 - 437697 = 129{,}187.4 \text{N} = 129.19 \text{kN}$

② $\phi P_n = 0.85 P_n = 109.81 \text{kN}$

i	ε_{si}	f_{si}(MPa)	A_{si}(mm²)	N_{si}(N)	$\left(\dfrac{h}{2} - d_i\right)$(mm)
1	-0.005	$-0.005 \times 200{,}000$ $= -1000 < 400$ $\rightarrow -400$	2×387 $= 774$	$(f_{si} - 0.85 f_{ck}) \times N_{si}$ $= -400 \times 774$ $= -309{,}600$	$-\dfrac{346.2}{2} + 64.0$ $= -109.1$
2	-0.0019	$-0.005 \times 200{,}000$ $= -380$	774	-380×774 $= -294{,}120$	0
3	0.0012	$0.0012 \times 200{,}000$ $= 240$	774	$(f_{si} - 0.85 f_{ck}) \times N_{si}$ $= (240 - 0.85 \times 30) \times 774$ $= 166{,}023$	$\dfrac{346.2}{2} - 64.0$ $= 109.1$

4. 기둥 휨강도 산정

1) 공칭 휨강도

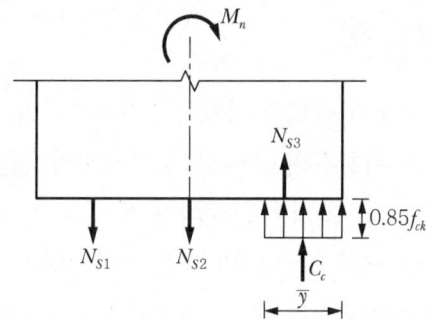

소성 중심에 대해 $\sum M = 0$; $M_n - C_c\bar{y} - N_{s1}\left(\dfrac{h}{2} - d_1\right) - N_{s2}\left(\dfrac{h}{2} - d_2\right) = 0$

여기서 $C_c\bar{y} = 0.85 f_{ck} G_Y$

$$M_n = 0.85 f_{ck} G_Y + N_{s1}\left(\dfrac{h}{2} - d_1\right) + N_{s2}\left(\dfrac{h}{2} - d_2\right)$$
$$= 0.85 \times 30 \times 2.78 \times 10^6 + 309{,}600 \times 109.2 + 166{,}023 \times 109.2$$
$$= 70.89 \times 10^6 + 51.94 \times 10^6 = 122.83 \times 10^6 \text{Nmm} = 122.83 \text{kNm}$$

2) 설계 휨강도

$\phi M_n = 0.85 \times 122.83 = 104.40 \text{kNm}$

❸ 지하외벽 – 처짐각법 적용

▶▶▶ 건축구조기술사 89-4-3

다음과 같은 철근콘크리트 지하벽체를 설계하고자 한다. 다음 물음에 답하시오. (단, 흙의 내부마찰각은 $\phi = 30°$이고 지하수위 상부 흙의 단위체적 중량 $\gamma = 18\text{kN/m}^3$, 지하수위 하부 흙의 경우 $\gamma_{sat} = 19\text{kN/m}^3$, 물의 단위체적 중량 $\gamma_w = 9.8\text{kN/m}^3$이며, $\gamma' = 9.2\text{kN/m}^3$ 이다. 토압에 대한 하중계수는 1.6으로 한다. $f_{ck} = 27\text{MPa}$, $f_y = 400\text{MPa}$이고 계산상 편의를 위하여 콘크리트의 탄성계수는 $E_c = 2 \times 10^4 \text{MPa}$로 하며 상재하중은 작용하지 않는 것으로 한다.)

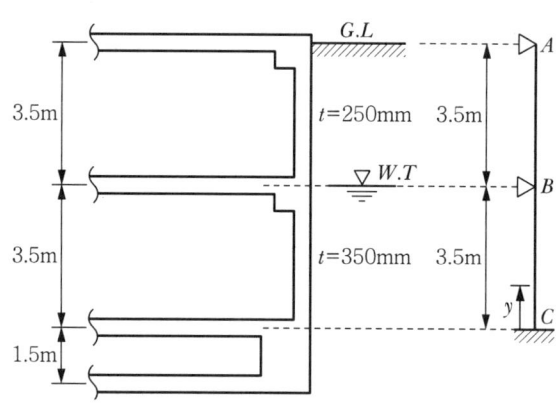

❶ 벽체에 토압을 산정하고 그 분포도를 그리시오. (단, 지하수위는 G.L – 3.5m에 위치하고 있다.)
❷ 처짐각법을 이용하여 벽체의 단위폭에 작용하는 토압에 의한 모멘트도를 작성하시오. (단, 해석의 편의를 위하여 지점 A와 B는 회전단으로 지지되어 있고 지점 C는 고정단으로 지지되어 있다고 가정한다.)
❸ 벽체의 수직철근으로 D16을 사용할 경우, 지점 C의 수직철근량을 결정하시오.
❹ 지점 C에서 상부 $y = 300\text{mm}$ 되는 곳에서 전단철근이 필요한지 검토하시오.

1. 횡토압 산정

1) 건물외벽 : 정지 토압 계수 사용

   $K_o = 1 - \sin\phi = 1 - \sin 30° = 0.5$

2) 벽면 깊에 따른 횡토압

① 하중 조합 $U = 1.6L + 1.6H_h$

② 지면 $P_{u1} = 0$

③ 지하수위면(지하 1층 바닥) $P_{u2} = P_{u1} + 1.6 \times (0.5 \times 18 \times 3.5) = 50.4 \text{kN/m}^2$

④ 지하 2층 바닥 $P_{u2} = P_{u3} + 1.6 \times \{0.5 \times (19 - 9.8) \times 3.5\} + 1.6 \times 9.8 \times 3.5$
$\qquad = 131.04 \text{kN/m}^2$

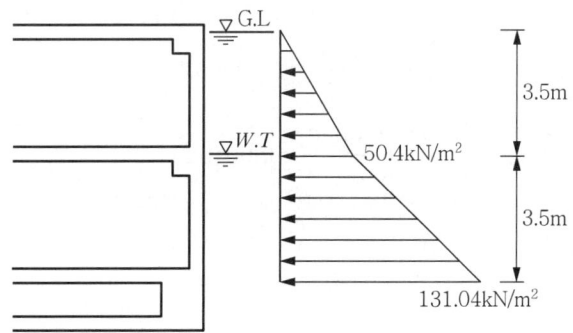

2. 부재력 산정

1) 자유 물체도

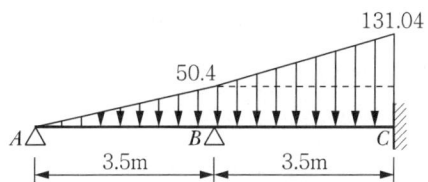

2) 고정단 모멘트

$$C_{AB} = -\frac{wL^2}{30} = -\frac{50.4 \times 3.5^2}{30} = -20.6 \text{kNm/m}$$

$$C_{BA} = \frac{wL^2}{20} = \frac{50.4 \times 3.5^2}{20} = 30.9 \text{kNm/m}$$

$$C_{BC} = -\frac{w_1 L^2}{12} - \frac{w_2 L^2}{30} = -\frac{50.4 \times 3.5^2}{30} - \frac{(131.04 - 50.4) \times 3.5^2}{12} = -84.4 \text{kNm/m}$$

$$C_{CB} = \frac{w_1 L^2}{12} + \frac{w_2 L^2}{30} = \frac{50.4 \times 3.5^2}{30} + \frac{(131.04 - 50.4) \times 3.5^2}{12} = 100.8 \text{kNm/m}$$

3) 강비 산정

① 단면 2차 모멘트

$$I_{AB} = \frac{1.0 \times 0.25^3}{12} = 0.0013 \text{m}^4$$

$$I_{BC} = \frac{1.0 \times 0.35^3}{12} = 0.0036 \text{m}^4$$

② 휨 강성 산정

$$K_{AB} = \frac{E \times I_{AB}}{L} = \frac{E \times 0.0013}{3.5} = 0.000371E$$

$$K_{BC} = \frac{E \times I_{BC}}{L} = \frac{E \times 0.0036}{3.5} = 0.001029E$$

③ 강비 산정

$$K_{AB} : K_{BC} = 1 : 2.8$$

기준 강도를 $K_{AB} = K_o$ 라면 $k_{AB} = 1$, $k_{BC} = 2.8$

4) 처짐각법 약산식($R = 0$, $\phi_C = 0$)

$$M_{AB} = k_{AB}(2\phi_A + \phi_B) + C_{AB} = (2\phi_A + \phi_B) - 20.6$$
$$M_{BA} = k_{BA}(2\phi_B + \phi_A) + C_{BA} = (2\phi_B + \phi_A) + 30.9$$
$$M_{BC} = k_{BC}(2\phi_B + \phi_C) + C_{BC} = 2.8(2\phi_B) - 84.4$$
$$M_{CB} = k_{CB}(2\phi_C + \phi_B) + C_{CB} = 2.8(\phi_B) + 100.8$$

5) 절점 방정식

① $\sum M_B = 0$; $M_{BA} + M_{BC} = 0 \rightarrow (2\phi_B + \phi_A) + 30.9 + 5.6\phi_B - 84.4 = 0$
   $\rightarrow \phi_A + 7.6\phi_B - 53.5 = 0$

② $\sum M_A = 0$; $M_{AB} = (2\phi_A + \phi_B) - 20.6 = 0$

③ 연립하면

$$\begin{cases} \phi_A + 7.6\phi_B = 53.5 \\ 2\phi_A + \phi_B = 20.6 \end{cases} \rightarrow \begin{Bmatrix} 1 & 7.6 \\ 2 & 1 \end{Bmatrix} \begin{Bmatrix} \phi_A \\ \phi_B \end{Bmatrix} = \begin{Bmatrix} 53.5 \\ 20.6 \end{Bmatrix}$$

$$\rightarrow \begin{Bmatrix} \phi_A \\ \phi_B \end{Bmatrix} = \begin{Bmatrix} 1 & 7.6 \\ 2 & 1 \end{Bmatrix}^{-1} \begin{Bmatrix} 53.5 \\ 20.6 \end{Bmatrix} = \begin{Bmatrix} 7.26 \\ 6.08 \end{Bmatrix}$$

4 복합 기초 – 힘의 평형 조건

▶▶▶ 건축구조기술사 88-2-5

1m 폭의 복합기초구조가 500mm×500mm 기둥에 주어진 하중을 지반에 전달하는 경우 기초저면에 등분포 지압력이 작용되기 위한 전체 길이 L을 산정하고 그에 따른 전단력 및 휨 모멘트 다이어그램을 도시하시오.

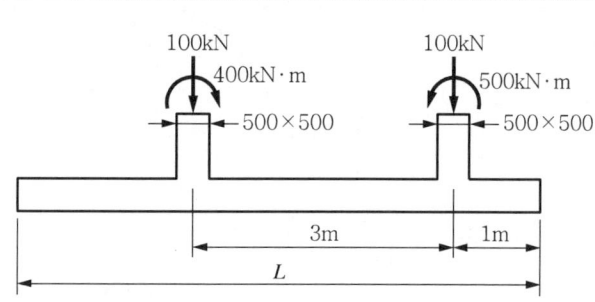

1. 등분포 지압력을 $w(\mathrm{kN/m})$라 하고 힘의 평형조건을 이용한 해석

   1) 자유 물체도

   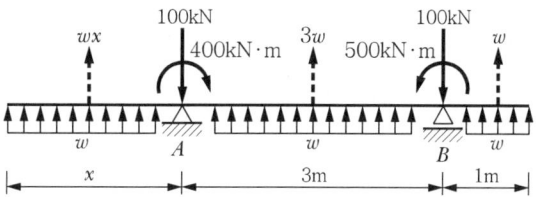

   2) 힘의 평형 조건

   ① $\sum M_A = 0$

   $(wx)\dfrac{x}{2} + 400 - (3w)\dfrac{3}{2} - 500 + 100 \times 3.0 - w \times (3.0 + 0.5) = 0$

   $\to w\left(\dfrac{x^2}{2} - 8.0\right) + 200 = 0$

   $\to w = \dfrac{200}{\left(8.0 - \dfrac{x^2}{2}\right)}$

② $\sum M_B = 0$

$(wx)\left(\dfrac{x}{2} + 3.0\right) + 400 - 100 \times 3.0 + (3w)\dfrac{3}{2} - 500 - w \times 0.5 = 0$

$\rightarrow w\left(\dfrac{x^2}{2} + 3x + 4\right) - 400 = 0$

③ ①의 w를 ②에 대입하면

$x = 2.0\text{m}$

④ $w = 33.33\text{kN/m}$

2. 전체 길이

$L = 2 + 3 + 1 = 6\text{m}$

3. 자유 물체도

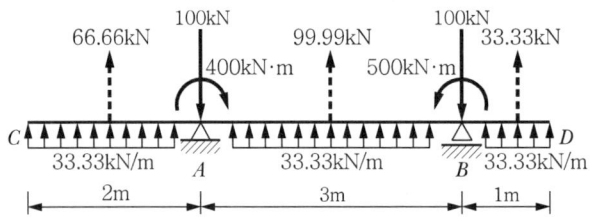

4. 부재력 산정

1) C → A 구간

① $M_x = \dfrac{33.33}{2}x^2$

$M_{x=2.0} = 66.66\text{kN} \cdot \text{m}$

② $S_x = 33.33x$

$S_{x=2.0} = 66.66\text{kN}$

2) D → B 구간

① $M_x = \dfrac{33.33}{2}x^2$

$M_{x=1.0} = 16.66\text{kN} \cdot \text{m}$

② $S_x = 33.33x$

$S_{x=2.0} = 33.33\text{kN}$

6) 재단 모멘트

$M_{AB} = 0$

$M_{BA} = (2\phi_B + \phi_A) + 30.9 = (2 \times 6.08 + 7.26) + 30.9$
$\quad\quad = 50.32 \text{kNm/m}$

$M_{BC} = 2.8(2\phi_B) - 84.4 = 2.8(2 \times 6.08) - 84.4$
$\quad\quad = -50.35 \text{kNm/m}$

$M_{CB} = 2.8(\phi_B) + 100.8 = 2.8 \times 6.08 + 100.8$
$\quad\quad = 117.82 \text{kNm/m}$

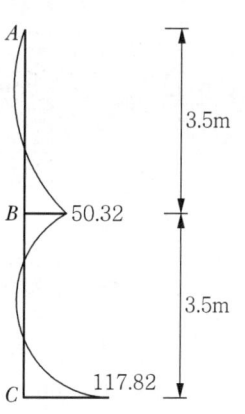

3. C점의 수직 철근량

1) 휨 부재력

$M_u = -117.82 \text{kNm/m}$

2) 철근량

$A_s = \dfrac{M_u}{\phi f_y jd} = \dfrac{117.82 \times 10^6}{0.85 \times 400 \times 0.9 \times 300} = 1283.44 \text{m}^2$

3) 철근 간격

HD16 철근으로 배근한다면

$간격 = \left(\dfrac{1283.44}{198.6} \times \dfrac{1}{1000}\right)^{-1} = 154.74 \text{mm}$

따라서 $HD16@150$ 배근

4. 지점 C 상부 300mm 위치의 전단철근 검토

1) 자유 물체도

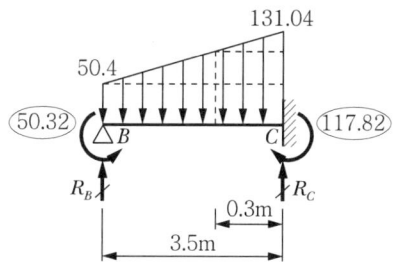

2) C점 수직반력 산정

$$\sum M_B = 0 \; ; \; -50.32 + 117.82 + 50.4 \times 3.5 \times \frac{3.5}{2} + \frac{1}{2} \times (131.04 - 50.4) \times 3.5$$
$$\times \left(\frac{2}{3} \times 3.5\right) - R_C \times 3.5 = 0$$

∴ $R_C = 201.6 \text{kN}$

3) C점으로부터 300mm 떨어진 점에서의 전단력

① C점으로부터 300mm 떨어진 점에서의 토압

$(131.04 - 50.4) : 3.5 = \Delta P_y : 0.3 \rightarrow \Delta P_y = 6.912 \text{kN/m}^2$

$P_y = 131.04 - \Delta P_y = 124.13 \text{kN/m}^2$

② $V_{uy} = 201.6 - 124.13 \times 0.3 - \frac{1}{2} \times (131.04 - 124.13) \times 0.3 = 163.3 \text{kN}$

4) 전단 내력 산정

$\phi V_C = \phi \frac{1}{6} \sqrt{f_{ck}} b_w d = 0.75 \times \frac{1}{6} \times \sqrt{27} \times 1,000 \times 300 \times 10^{-3} = 195.0 \text{kN}$

5) 전단철근 필요 여부 검토

$\frac{1}{2} \phi V_C = 92.5 \text{kN} < V_{uy} < \phi V_C = 195.0 \text{kN}$ 이므로 최소 전단 철근 배근

3) A → B 구간

① $M_x = 66.66(1.0+x) + 400 - 100x + \dfrac{33.33}{2}x^2$

② $S_x = 33.33x - 33.34$

   $S_x = 0$; $S_x = 1.0\text{m}$

   $S_{x=3.0} = 66.65\text{kN}$

③ $M_{x=1.0} = 450\text{kN}\cdot\text{m}$

   $M_{x=3.0} = 516.6\text{kN}\cdot\text{m}$

5. 부재력 산정

1) 휨 모멘트도(단위 : kN·m)

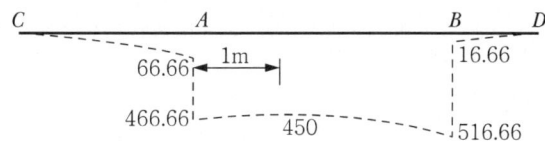

2) 전단력도(단위 : kN)

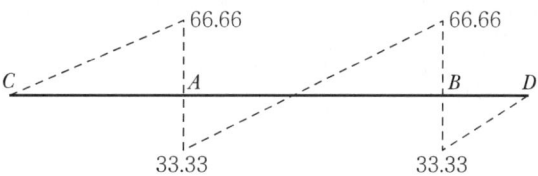

Note. 부재 설계에서는 위험단면에서의 부재력을 활용함
(휨 철근 배근은 기둥면에서, 전단 검토는 전단 위험 단면에서 부재력 활용)

87-4-6

다음 그림과 같은 연결기초(Strap Footing)를 설계하시오.

〈설계조건〉
- 외부기둥(P1) : 450 × 600mm   PD = 700kN (고정하중)
                                     PL = 500kN (적재하중)
- 내부기둥(P2) : 600 × 600mm   PD = 1,000kN
                                     PL = 800kN

- 흙과 콘크리트의 평균하중 : $21kN/m^3$
- 철근강도 : $f_y = 400MPa$
- 허용지내력 : $f_e = 300kN/m^2$
- 기초두께 : 700mm(d=600mm)
- 콘크리트 강도 : $f_{ck} = 21MPa$
- 연결보 크기 : 600 × 1,000mm(d=900mm)

〈검토항목〉
① 기초판의 접지압 산정
② 설계하중과 부재력 산정
③ 외부기초판에 대한 전단검토
④ 외부기초판의 휨철근 산정(가로배근 HD19, 세로배근 HD22)
⑤ 연결보의 설계(상단철근 HD25, 전단보강철근 HD13)
⑥ 배근도 작성

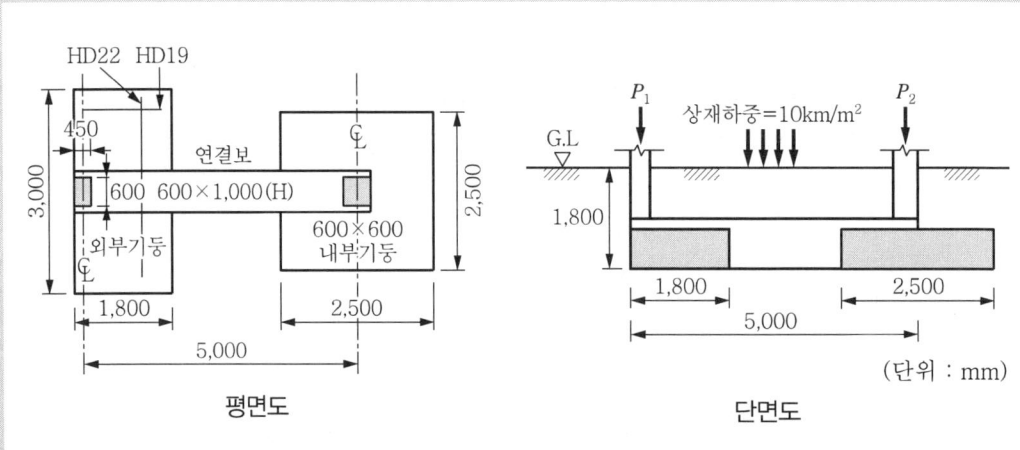

1. 유효 허용 지내력

$$q_e = 300 - (21 \times 1.8 + 10) = 252.2 kN/m^2$$

2. 외부 기둥과 내부 기둥의 사용 축하중

1) 캔틸레버 연결보의 자중과 상재하중에 의한 무게 – 두 기둥 고정하중에 추가

$W = (21 \times 1.8 \times 0.6 + 10 \times 0.6) \times (5.0 - 1.8 + 0.45/2 - 2.5/2) \times 1.8 = 62.38 \text{kN}$

2) 외부 기둥 사용 축하중

$P_1 = 700 + 500 + 62.38/2 = 1,267.38 \text{kN}$

3) 내부 기둥 사용 축하중

$P_2 = 1,000 + 800 + 62.38/2 = 1,831.19 \text{kN}$

3. 기초판 저면적 적정성 검토

1) 외부 기둥 중심과 기초 중심 사이의 편심

$e = 1,800/2 - 450/2 = 675 \text{mm}$

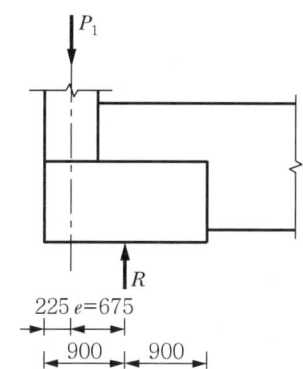

2) 외부 기둥 기초 반력 R 산정

$\sum M_B = 0 \ ; \ -P_1 \times 5.0 + R \times 4.325 = 0$

$\therefore R = \dfrac{5.0 \times P_1}{4.325} = \dfrac{5.0 \times 1,267.38}{4.325} = 1,465.18 \text{kN}$

3) 외부 기둥 기초 면적

$A_1 = \dfrac{R}{q_e} = \dfrac{1,465.18}{252.2} = 5.81 \text{m}^2 > 1.8 \times 3.0 = 5.4 \text{m}^2 \rightarrow \text{N.G}$

기초폭을 3.4m로 하면 $A_1 = 1.8 \times 3.4 = 6.12\text{m}^2$

∴ 외부 기둥 기초 크기를 $1.8\text{m} \times 3.4\text{m}$로 함

4) 내부 기둥 기초 면적

$$A_2 = \frac{P_2}{q_e} = \frac{1,831.19}{252.2} = 7.26\text{m}^2 > 2.5 \times 2.5 = 6.25\,\text{m}^2 \rightarrow \text{N.G}$$

내부 기둥 기초 크기는 $2.8\text{m} \times 2.8\text{m}$로 함($A_2 = 2.8 \times 2.8 = 7.84\text{m}^2$)

4. 설계용 토압

$$q_u = \frac{P_{u1} + P_{u2}}{A_1 + A_2} = \frac{1.2(700 + 1,000 + 62.38) + 1.6(500 + 800)}{6.12 + 7.84} = 300.49\text{kN}/\text{m}^2$$

5. 부재력 산정

1) 하중도 및 자유 물체도

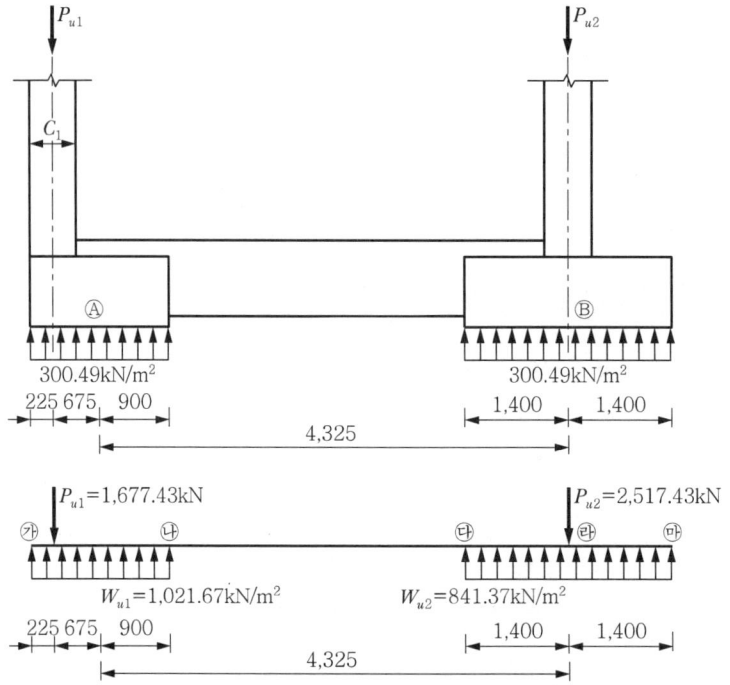

$$P_{u1} = 1.2 \times 700 + 1.2 \times \frac{62.38}{2} + 1.6 \times 500 = 1,677.43\text{kN}$$

$$P_{u2} = 1.2 \times 1,000 + 1.2 \times \frac{62.38}{2} + 1.6 \times 800 = 2,517.43\text{kN}$$

$$Wu_1 = 300.49 \times 3.4 = 1,021.67\text{kN}/\text{m}$$

$$Wu_2 = 300.49 \times 2.8 = 841.37\text{kN}/\text{m}$$

2) 휨 부재력 산정

   ① 가~나 구간

   $$M_x = -1,677.43 \times x + 1/2 \times 1,021.67 \times (x+0.225)^2$$
   $$S_x = M_x/dx = 1,021.67x - 1,447.55 = 0 \text{ 인 } x = 1.4\text{m}$$
   $$M_{x=1.42} = -999.62\text{kN}\cdot\text{m}$$
   $$M_{x=1.575} = -986.85\text{kN}\cdot\text{m}$$

   ② 마~라 구간

   $$M_x = 1/2 \times 841.37 \times x^2$$
   $$M_{x=1.4} = 824.54\text{kN}\cdot\text{m}$$

   ③ 라~다 구간

   $$M_x = -2,517.43x + 1/2 \times 841.37 \times (x+1.4)^2$$
   $$M_{x=1.4} = -226.23\text{kN}\cdot\text{m}$$

3) 전단 부재력 산정

   ① 가~나 구간

   $$S_x = 1,021.67x \text{ 인 } x = 1.42\text{m}$$
   $$S_{x=0.225} = 229.87\text{kN}$$

   ② 가~나 구간

   $$S_x = M_x/dx = 1,021.67x - 1,447.55$$
   $$S_{x=0} = -1,447.55\text{kN}$$
   $$S_x = 1,021.67x - 1,677.43 = 0 \text{ 인 } x = 1.42\text{m}$$
   $$S_{x=1.575} = 161.58\text{kN}$$

   ③ 마~라 구간

   $$S_x = -841.37 \times x$$
   $$S_{x=1.4} = -1,177.92\text{kN}$$

   ④ 라 점

   $$S_x = -1,177.92 + 2,517.43 = 1,339.51\text{kN}$$
   $$M_{x=1.4} = -226.23\text{kN}\cdot\text{m}$$

⑤ 라~다 구간
$$S_x = 1,330.51 - 841.37 \times x$$
$$S_{x=1.4} = 161.92 \text{kN}$$

3) 부재력도(단위 : kN, m)

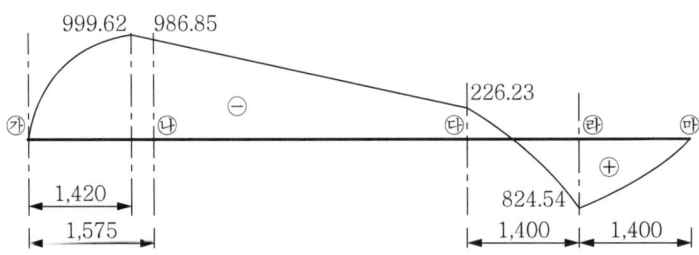

B.M.D

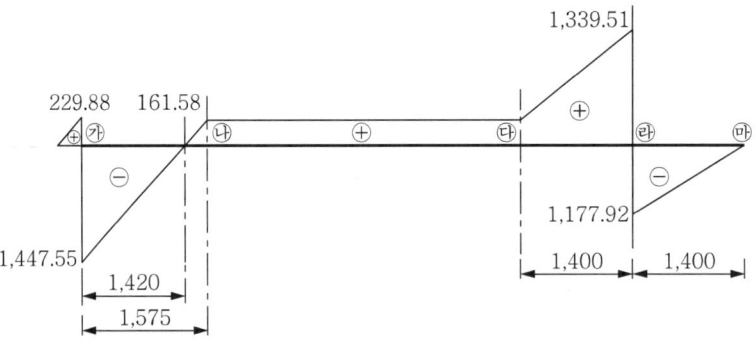

S.F.D

6. 외부 기초판에 대한 전단 검토

1) 외부 기초는 기초 폭이 3.4m인 연속 기초로 설계

2) 기초두께 : 700mm(d=600mm)

3) 위험 단면에서의 전단력

$$V_u = q_u \left(\frac{l}{2} - \frac{B_{beam}}{2} - d \right) B_{foot} = 300.49 \left(\frac{3.4}{2} - \frac{0.6}{2} - 0.6 \right) \times 1.8 = 432.71 \text{kN/m}$$

4) 전단 강도 검토

$$\phi V_c = \phi \frac{1}{6} \sqrt{f_{ck}} B_{foot} d = 0.75 \times \frac{1}{6} \sqrt{21} \times 1,800 \times 600 \times 10^{-3} = 618.65 \text{kN} > V_u$$

→ 적합함

7. 외부 기초판의 휨철근 산정(가로배근 HD19, 세로배근 HD22)

1) 세로 방향근 배근을 위한 휨 모멘트 산정, 휨 철근량 산정

$$M_u = \frac{1}{2}q_u l_n^2 = \frac{1}{2} \times (300.49 \times 1.8) \times \left(\frac{3.4}{2} - \frac{0.6}{2}\right)^2 = 530.06 \text{kN} \cdot \text{m}$$

$$A_s = \frac{M_u}{\phi f_y jd} = \frac{530.06 \times 10^6}{0.85 \times 400 \times 0.9 \times 600} = 2,887.04 \text{mm}^2$$

$$A_{s,\min} = \frac{1.4}{f_y}bd = \frac{1.4}{400} \times 1,800 \times 600 = 3,780 \text{mm}^2 \rightarrow A_{s,\min} > A_s$$

$$\rightarrow \frac{4}{3}A_s = 3,849.39 \text{mm}^2$$

따라서, $10 - HD22\,(A_s = 3,870.0\text{mm}^2)$ 배근

2) 가로 방향근 철근량 산정

$$A_s = 0.002bD = 0.002 \times 3,400 \times 700 = 4,760 \text{mm}^2$$

따라서, $17 - HD19\,(A_s = 4,879.0\text{mm}^2)$ 배근

배치 간격 $s \leq \dfrac{3400 - 2 \times 80}{16} = 202.5\text{mm}$

8. 연결보의 설계(상단 철근 HD25, 전단보강철근 HD13)

1) 부모멘트(상부근)에 대한 철근량 산정

① 최대 부모멘트 : $M_u^- = 992.62 \text{kN} \cdot \text{m}$

② 철근량 산정

$$A_s = \frac{M_u}{\phi f_y jd} = \frac{992.62 \times 10^6}{0.85 \times 400 \times 0.9 \times 900} = 3,604.3 \text{mm}^2$$

$$A_{s,\min} = \frac{1.4}{f_y}bd = \frac{1.4}{400} \times 600 \times 900 = 1,890 \text{mm}^2 \rightarrow A_{s,\min} < A_s$$

따라서, $8 - HD25\,(A_s = 4,956.0\text{mm}^2)$ 배근

2) 정모멘트(하부근)에 대한 철근량 산정

① 최대 부모멘트 : $M_u^+ = 824.54 \text{kN} \cdot \text{m}$

② 철근량 산정

$$A_s = \frac{M_u}{\phi f_y jd} = \frac{824.54 \times 10^6}{0.85 \times 400 \times 0.9 \times 900} = 2,993.8 \text{mm}^2$$

$$A_{s,\min} < A_s$$

따라서, $6 - HD25\,(A_s = 3,042.0\text{mm}^2)$ 배근

3) 전단 보강근 산정

① 최대 전단력(외측 기둥이 불리함)

$$V_u = P_{u1} - W_{u1}(c_1 + d) = 1,677.43 - 1,021.67(0.45 + 0.9) = 298.18 \text{kN}$$

② 전단 보강 여부 검토

$$\phi V_c = \phi \frac{1}{6}\sqrt{f_{ck}}\,b_w d = 0.75 \times \frac{1}{6} \times \sqrt{21} \times 600 \times 900 \times 10^{-3} = 309 \text{kN}$$

$$\frac{\phi V_c}{2} < V_u < \phi V_c \text{ 이므로 최소 전단보강 필요}$$

③ 전단 보강근 및 배근 간격 산정

$2 - HD13(A_v = 254.0\text{mm}^2)$ 배근할 경우 간격 산정

$$s_{\max} = \frac{A_v f_{yt}}{0.35 b_w} = \frac{254 \times 400}{0.35 \times 600} = 438 \text{mm}$$

$$s = 400\text{mm} < \frac{d}{2} = 450\text{mm}$$

따라서, $2 - HD13 @400$ 이상 배근

9. 배근도 작성

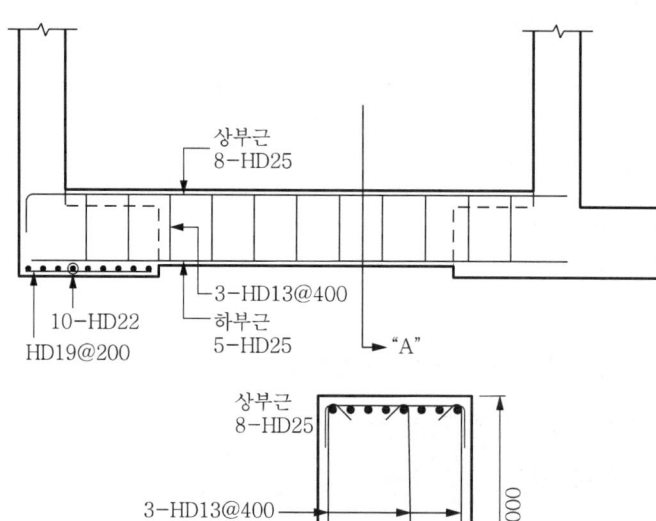

5 파일 기초 – 힘의 평형 조건

▶▶▶ 건축구조기술사   90-3-1

다음 말뚝기초에서 4번 말뚝의 위치가 그림과 같이 잘못 시공되었다. 이러한 배치의 말뚝기초에서 각 말뚝의 반력을 구하시오.(단, 기둥의 축력은 4,000kN이며 기초판은 강체로 가정하고 기초판의 자중은 고려하지 않는다.)(그림의 단위는 mm임)

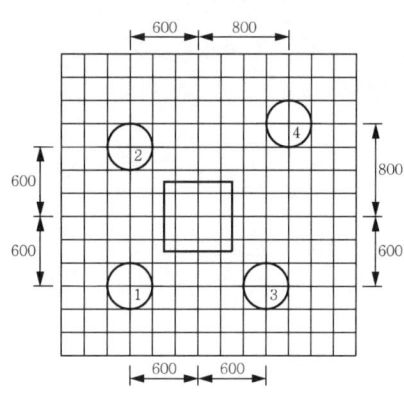

1. 말뚝 반력의 합력점

1) "1"번 말뚝 중심을 원점으로 가정
2) $\sum x = 0 \times 2 + 1{,}200 + 1{,}400 = 2{,}600$
3) $\sum y = 0 \times 2 + 1{,}200 + 1{,}400 = 2{,}600$
4) 합력점(R)

$$\bar{x} = \sum x / 4 = 650\,\mathrm{mm},\ \bar{y} = \sum y / 4 = 650\,\mathrm{mm}$$

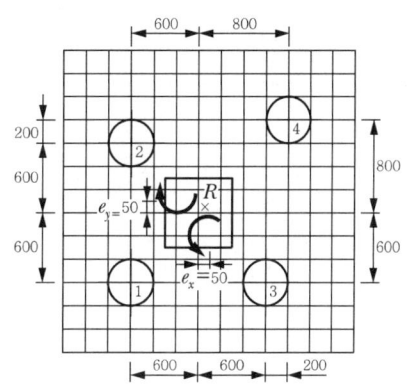

2. 각 지점 말뚝 반력 산정

1) 일반식

$$R = \frac{P_u}{n} \pm \frac{M_y x_i}{\sum x^2} \pm \frac{M_x y_i}{\sum y^2}$$

2) "1"번 말뚝 반력

$$R_1 = \frac{4,000}{4} + \frac{200 \times 650 \times 10^3}{1,710,000} + \frac{200 \times 650 \times 10^3}{1,710,000} = 1,000 + 76.02 + 76.02$$
$$= 1,152.04 \text{kN}$$

여기서, $\sum x^2 = \sum y^2 = 650^2 \times 2 + 550^2 + 750^2 = 1,710,000 \text{mm}^2$

$$M_x = P \times e_y = 4,000 \times 0.050 = 200 \text{kNm}$$
$$M_y = P \times e_x = 4,000 \times 0.050 = 200 \text{kNm}$$

3) "2"번 말뚝 반력

$$R_2 = \frac{4,000}{4} + \frac{200 \times 650 \times 10^3}{1,710,000} - \frac{200 \times 550 \times 10^3}{1,710,000} = 1,000 + 76.02 - 64.33$$
$$= 1,011.69 \text{kN}$$

4) "3"번 말뚝 반력

$$R_3 = \frac{4,000}{4} - \frac{200 \times 550 \times 10^3}{1,710,000} + \frac{200 \times 650 \times 10^3}{1,710,000} = 1,000 - 64.33 + 76.02$$
$$= 1,011.69 \text{kN}$$

5) "4"번 말뚝 반력

$$R_4 = \frac{4,000}{4} - \frac{200 \times 750 \times 10^3}{1,710,000} - \frac{200 \times 750 \times 10^3}{1,710,000} = 1,000 - 87.72 - 87.72$$
$$= 824.56 \text{kN}$$

02 강구조에서의 응용

▶▶▶▶ 건축구조기술사 89-4-6

아래의 연결통로 구조체에서 기둥과 보의 접합부와 G1의 이음부(Splice)에 대한 시공 상세도(평면과 단면 각 1개 이상)를 작성하고 선정 배경을 서술하시오.(단, G1 이음부에 대하여 경제성을 고려하여 이음위치를 표시할 것)

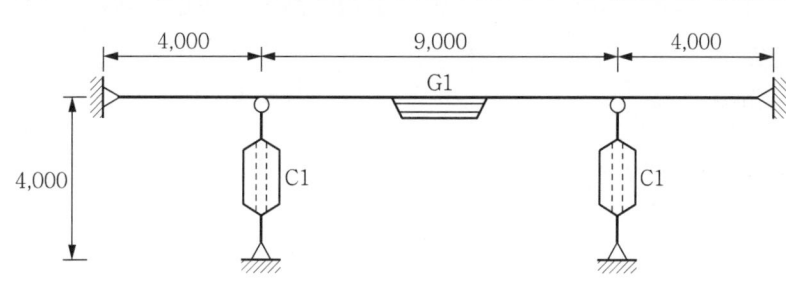

여기서, C1 : H−300×300×10×15
G1 : H−600×200×11×17

〈작성조건〉
① 모든 접합은 볼트접합이며 이음 위치를 지정할 것
② 기둥과 보의 부재중심선은 일치함
③ 볼트직경 및 플레이트 두께 등을 경험치로 기입할 것
④ 상세도에 대한 근거를 경험적으로 서술할 것

1. G1 부재 개략 해석

1) G1 상부에 등분포 하중 w가 작용한다고 가정한 자유 물체도

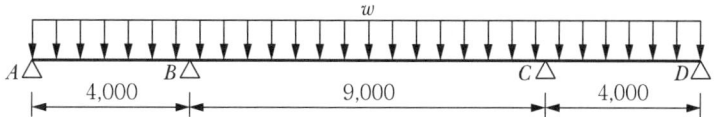

2) 전단력도

① 전단력

$$V_A = \frac{w\,l_1}{2} = \frac{w \times 4.0}{2} = 2.0w$$

$$V_{B(좌)} = \frac{1.15wl_1}{2} = \frac{1.15w \times 4.0}{2} = 2.23w$$

$$V_{B(우)} = \frac{wl_2}{2} = \frac{w \times 9.0}{2} = 4.5w$$

② 전단력도

3) 휨 모멘트도

① 휨 모멘트

㉠ $\overline{AB}$구간

$$M^+ = \frac{wl_1^2}{11} = \frac{w \times 4.0^2}{11} = 1.45w$$

$$M_B^- = \frac{wl_1^2}{10} = \frac{w \times 4.0^2}{10} = 1.6w$$

㉡ $\overline{BC}$구간

$$M^+ = \frac{w \times 9.0^2}{16} = 5.06w$$

② 휨 모멘트도

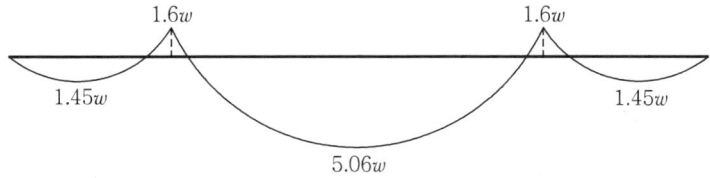

2. 보 부재 이음 위치 및 선정 이유

1) 이음 위치 : 2개소

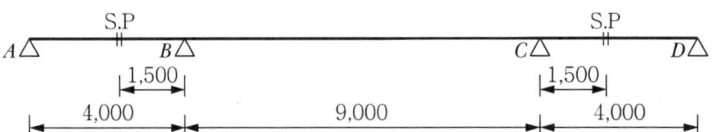

2) 이음 위치 선정 이유

① 전단력과 휨 모멘트가 작은 구간 선정
② 보 부재의 상하부 플랜지 접합을 위한 여유 길이를 고려하여 B, C점으로부터 1.5m 이격
③ 자재 운반성을 고려하여 12m로 가장 긴 부재 적용

3. 보 – 기둥 핀 접합부 상세도

1) 접합부 입면 상세도

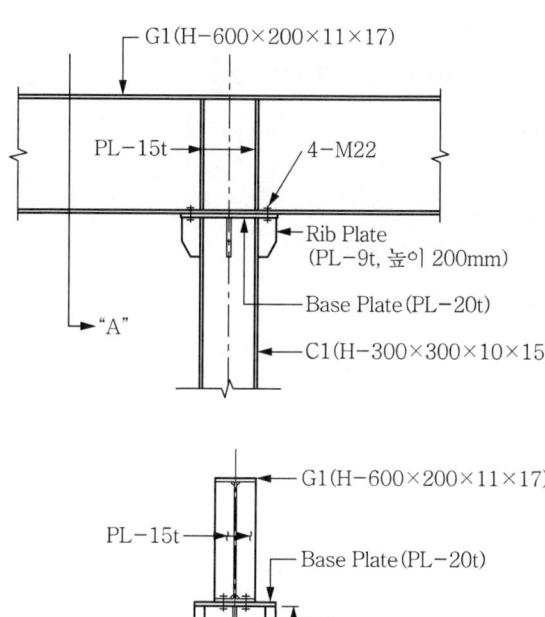

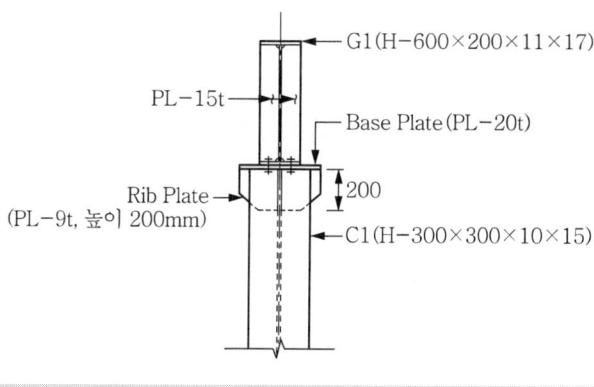

"A" SECTION

2) 상세도 설명

① 기둥 상부는 핀접합
② 베이스 플레이트 두께 : 기둥 플랜지 두께 이상으로 선정하여 20mm
③ 기둥 부재 지압으로 인한 보 부재 국부 응력, 변형 고려하여 스티프너 PL – 15(기둥부재 플랜지 두께) 설치

4. 보 이음부 상세도

1) 이음부 상세도

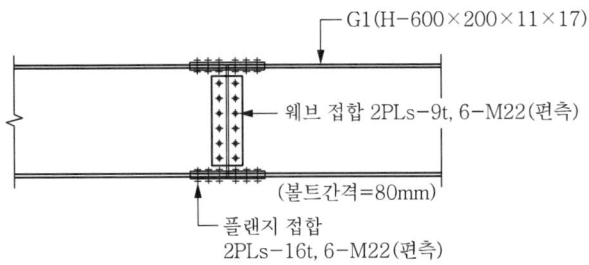

2) 상세도에 대한 근거(허용응력 설계법에 의한 약산식 적용)

① 보 강종 SS400으로 가정

② 플랜지 이음판

    ㉠ 모재 단면적 $_FA = 200 \times 17 = 3,400\text{mm}^2$

    ㉡ 접합 플레이트의 유효 순 단면적

$$_FA_n = (200 - 24 \times 2) \times 16 + (200 - 11 - 22 \times 2 - 24 \times 2) \times 16 = 3,984\text{mm}^2$$

    ㉢ $_FA < {_FA_n}$ (O.K)

③ 플랜지 이음 볼트

    ㉠ 모재의 전단면적의 허용 인장력

$$T_a = (200 \times 17) \times (240/1.5) \times 10^{-3} = 544\text{kN}$$

    ㉡ 접합 볼트 개수 산정

$$n = 544/(2 \times 57.0) = 4.8ea \rightarrow 6-\text{M22 적용}$$

④ 웨브 이음판

    ㉠ 모재의 단면적 $_WA = 600 \times 11 = 6,600\text{mm}^2$

    ㉡ 접합 플레이트의 유효 순 단면적

$$_WA_n = (80 \times 5 + 40 \times 2 - 24 \times 6) \times 9 \times 2 = 6,048\text{mm}^2$$

    ㉢ $_WA < {_WA_n}$ (O.K)

⑤ 웨브 이음 볼트

    ㉠ 모재의 전단면적의 허용 인장력

$$V_a = (600 \times 11) \times (240/1.5\sqrt{3}) \times 10^{-3} = 609.7\text{kN}$$

    ㉡ 접합 볼트 개수 산정

$$n = 609.7/(2 \times 57.0) = 5.3ea \rightarrow 6-\text{M22 적용}$$

03 구조 실무 문제에서의 응용

▶▶▶▶ 건축구조기술사　95-4-4

다음 구조물을 정밀전산해석 수행 전에 구조계획과 주요 부재의 단면가정이 필요하다. 다음 물음에 대해 답하시오.

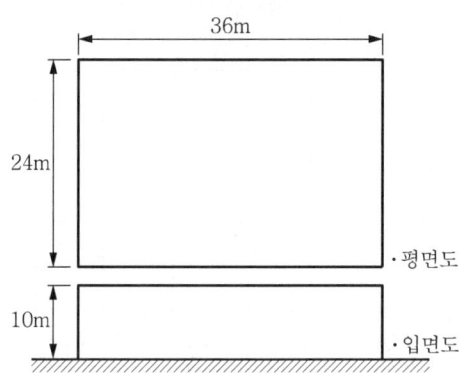

· 평면도

· 입면도

1 구조물의 지붕층의 경간을 24m 단일 트러스 구조로 계획하려고 한다. 다음을 참조하여 경제성·시공성을 고려한 평면기본구조계획을 한 후 그 타당성을 설명하고 지붕층 구조 평면도를 스케치하시오.(단, 기둥, 주트러스, 서브트러스, 보 가새 등 기본 구조계획 시 필요한 모든 것을 표시한다.)

- 강구조 구조물로 계획
- 단변과 나란한 방향인 24m 트러스로 계획
- 기둥은 건물 외곽으로만 배치
- 지붕은 철근콘크리트 슬래브로 하고 평지붕임
- 지진이나 바람에 의한 횡력 저항 구조시스템은 각자 구조계획할 것

2 슬래브의 두께와 24m 주 트러스의 춤과 형태를 정하고, 트러스의 입면을 스케치하고 치수를 적절하게 가정하시오.

3 단면 가정한 24m 트러스를 다음에 따라 구조 해석하시오.
　① 가장 큰 압축력이 발생하는 압축력의 부재력
　② 가장 큰 인장력이 발생하는 인장재의 부재력
　③ 가장 큰 응력이 작용하는 경사재의 부재력
　　　(단, 트러스의 해석 시는 단순지지 트러스로 해석함. 설계하중(고정하중+적재하중)은 각자 가정하고 방수층과 천정은 있으며 트러스의 자중은 무시)

4 다음의 질문에 답하시오.

① 가장 큰 인장력을 받는 부재 설계 시 필요 단면적을 산정하시오. (단, 총단면의 항복하중으로만 검토하며 강재는 SM400으로 한다.)

② 트러스에서의 면내 좌굴길이와 면외 좌굴길이를 설명하고, 이 구조물인 경우에는 부재 설계시 면내, 면외 좌굴길이를 어떻게 보아야 하는지와 그 이유에 대하여 설명하시오.

1. 지붕층 구조 평면도

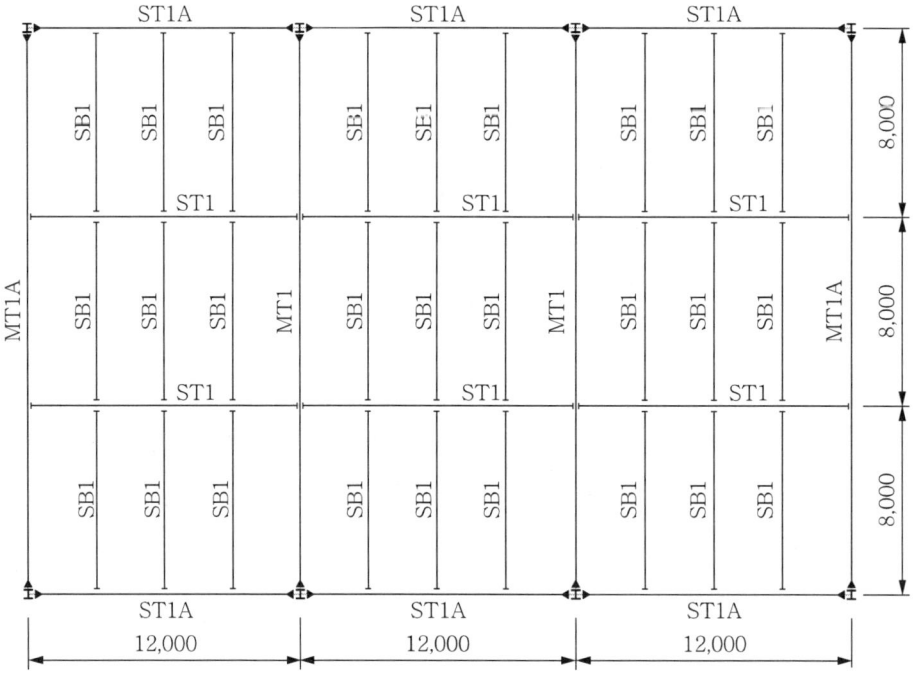

2. 지붕층 구조 평면계획에 대한 타당성

1) 슬래브 두께는 150mm로 계획하였는데, 슬래브 두께를 150mm로 계획한 이유는 시공 시 무지주의 데크 슬래브를 지지 하기 위한 보 배치는 3,000~3,500mm가 경험적으로 적정하다고 판단하기 때문이다. 기둥 배치 모듈을 고려하여 보 간격을 3,000mm로 계획하였으나 슬래브 두께가 이보다 더 두꺼워질 경우 구조물의 자중이 무거워져 비경제적인 설계가 된다.

2) 메인 트러스 MT1을 횡지지하기 위한 서브 트러스 ST1 간격은 8m로 계획하였다.

3. 슬래브 두께 및 트러스 형태

1) 슬래브 두께=150mm
2) 트러스 춤 : 경간의 1/15로서 24,000/15=1,600mm
3) 트러스 형태 : 프랫 트러스

4. 설계 하중

1) 고정하중, 적재하중 산정

무근 콘크리트 (100)	2.30
몰탈 (40)	0.80
단열재	0.10
콘크리트 슬래브	3.45
데크 플레이트	0.25
천장	0.30
고정하중	7.20 (kN/m²)
적재하중	5.00 (kN/m²)

2) 계수하중

$w_u = 1.2w_D + 1.6w_L = 1.2 \times 7.2 + 1.6 \times 5.0 = 16.64 \text{kN/m}^2$

5. 트러스 계획 및 해석

1) 트러스 입면

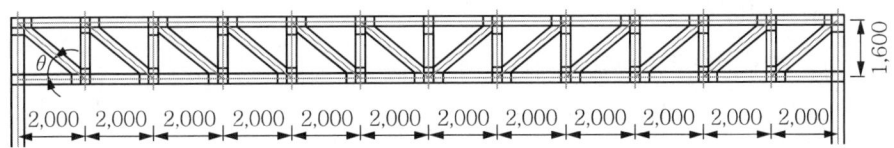

2) 트러스 해석

① 등가 단순보로 치환한 자유 물체도

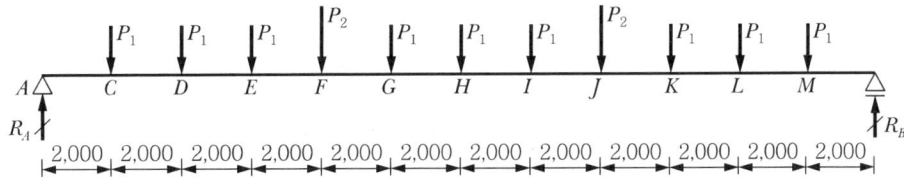

㉠ $P_1 = w_u \times 3.0\text{m} \times 2.0\text{m} = 16.64 \times 3.0 \times 2.0 = 99.84 \text{kN}$

㉡ $P_2 = w_u \times (12.0\text{m} - 3.0\text{m}) \times 8.0\text{m} + w_u \times 3.0\text{m} \times 2.0\text{m} = 1{,}297.92 \text{kN}$

② 반력 산정

$R_A = R_B = 4.5 \times 99.84 + 1{,}297.92 = 1{,}747.2 \text{kN}$

③ 전단력도

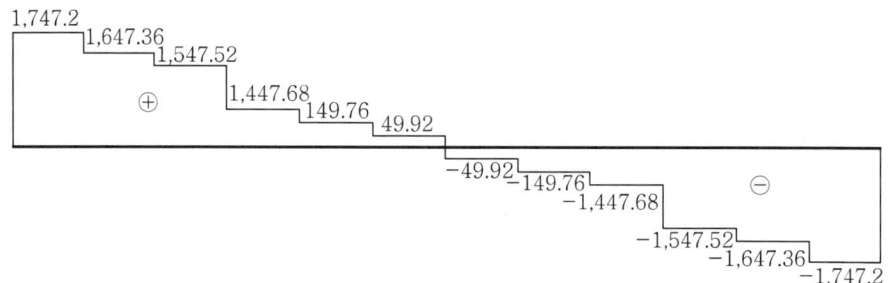

④ 휨 모멘트도

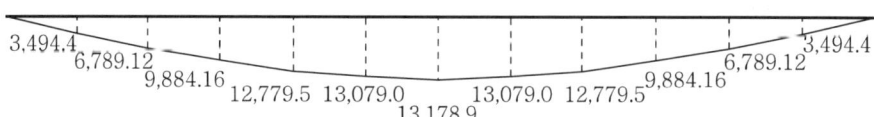

⑤ 최대 압축력

    ㉠ 최대 압축력을 받는 부재는 중앙부 상현재

    ㉡ $C_{\max} = \dfrac{M_H}{h} = \dfrac{13,178.9}{1.6} = 8,236.81 \text{kN}$

⑥ 최대 인장력

    ㉠ 최대 인장력을 받는 부재는 중앙부 하현재

    ㉡ $T_{L,\max} = \dfrac{M_G}{h} = \dfrac{13,079.0}{1.6} = 8,174.75 \text{kN}$

⑦ 최대 경사재 부재력

    ㉠ 프랫 트러스이므로 경사부재의 부재력은 인장력

    ㉡ $T_{D,\max} = \dfrac{V_{AC}}{\sin\theta} = \dfrac{1,747.2}{\left(1.6/\sqrt{(1.6^2+2.0^2)}\right)} = 682.17 \text{kN}$

6. 가장 큰 인장력을 받는 부재 설계 시 필요 단면적 산정

$T_{L,\max} \leq \phi_t P_n = \phi_t F_y A_g = 0.9 \times 235 \times A_g$

$\rightarrow 8,174.75 \times 10^3 \leq 211.5 \times A_g$

$\therefore A_g \geq 38,651.3 \text{mm}^2$

7. 면내, 면외 좌굴길이

1) 트러스 현재의 면내, 면외 좌굴길이

① 면내 좌굴길이(l_{kx})

절점에서의 연속성을 무시하고 절점 간 거리를 좌굴길이로 한다.

② 면외 좌굴길이(l_{ky})

면외 이동에 대해 구속된 지점 간 거리를 좌굴길이로 한다.

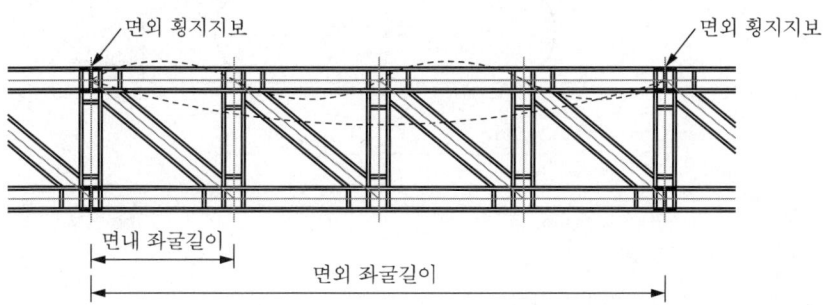

2) 지붕층 구조에 적용된 트러스 부재의 면내, 면외 좌굴길이

① 면내 좌굴길이=2.0m(MT1 압축재인 상현재를 지지하는 수직재와 대각부재의 간격이 2.0m)

② 면외 좌굴길이=8.0m(MT1을 횡지지하는 ST1 간격이 8.0m)

▶▶▶ 건축구조기술사   89-3-2

무주공간으로 디자인한 원형 평면을 갖는 축대칭 타원형 돔에 대한 2층 평면도를 작성하고, 건물의 중심을 지나는 최대스팬의 보(트러스)에 대하여 입면계획하시오.

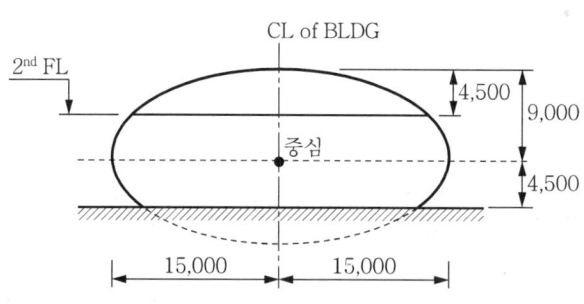

⟨평면작성조건⟩
① 기둥은 임의배치하고 1방향 슬래브의 중심거리는 3m로 할 것
② 2층 평면도는 치수를 기입하여 기본계획도의 틀을 갖출 것

⟨구조검토조건⟩
① 고정하중과 활하중의 합은 $10kN/m^2$이며 트러스 자중은 무시함
② 등분포 하중으로 산정하고 기둥 중심 간 거리를 적용함
③ 트러스 춤은 처짐제한치(50mm)에 근사하도록 계획하고 상하현재는 $H-300 \times 300 \times 10 \times 15$, $12,000mm^2$로 검토할 것
④ 기둥에 모멘트가 전달되지 않는 접합으로 할 것

1. 타원방정식, 2층 평면의 지름 산정

$$\left(\frac{x}{a}\right)^2 + \left(\frac{y}{b}\right)^2 = 1, \quad \left(\frac{x}{15.0}\right)^2 + \left(\frac{y}{9.0}\right)^2 = 1$$

2. $y = 4.5m$일 때 타원방정식을 통한 평면 원의 지름값 산정

$$\left(\frac{x}{15.0}\right)^2 + \left(\frac{4.5}{9.0}\right)^2 = 1 \rightarrow x = 13.0\text{m}$$

∴ 원의 지름은 26.0m

3. 2층 구조 평면도

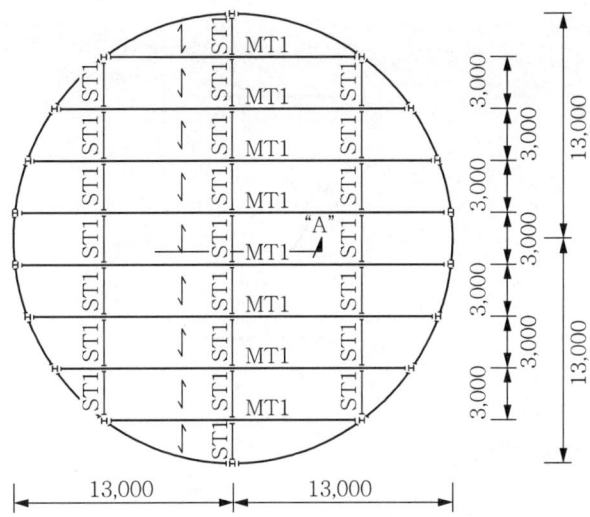

4. 메인 트러스 부재 검토

1) MT1 부재 작용 등분포 하중

   $w_s = 10 \times 3.0 = 30.0 \text{kN/m}$

2) MT1 부재 길이=26.0m

3) MT1 부재 춤 가정

   $h = L/15 = 1.73\text{m} \rightarrow h = 1.8\text{m}$ 로 함

4) MT1 부재 "A" 입면도(프랫 트러스)

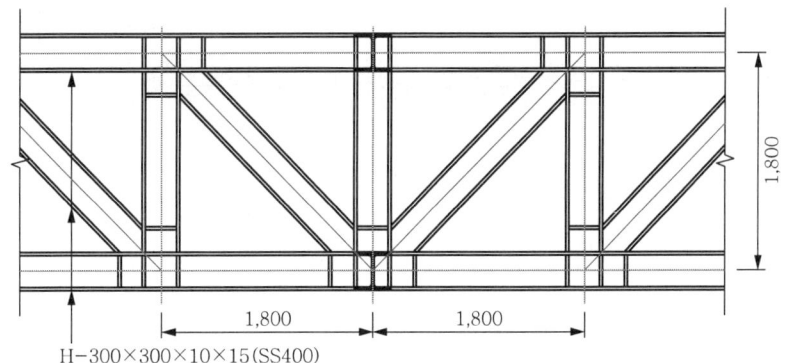

5) MT1 부재 상·하현재 응력 검토

① 자유 물체도

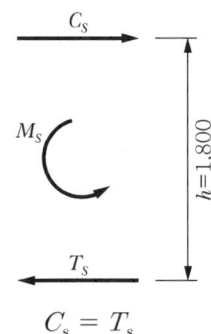

② MT1 중앙부 휨 부재력

$$M_s = \frac{w_s L^2}{8} = \frac{30.0 \times 26.0^2}{8} = 2,535 \text{kNm}$$

③ MT1 중앙부 하현재 인장력

$$T_s = \frac{M_s}{h} = \frac{2,535}{1.8} = 1,408.33 \text{kNm}$$

④ MT1 중앙부 하현재 응력 검토

$$\sigma_t = \frac{T_s}{A_g} = \frac{1,408.33 \times 10^3}{12,000} = 117.36 \text{N/mm}^2$$

$$_a\sigma_t = \frac{F_y}{1.5} = 156 \text{N/mm}^2 \geq \sigma_t \text{ (O.K)}$$

⑤ MT1 중앙부 상현재 응력은 하현재 응력과 거의 같으므로 안전함

6) MT1 부재 처짐 검토

① 개략적인 단면 2차 모멘트

$$I_x = 2 \times A_g \times \left(\frac{h}{2}\right)^2 = 2 \times 12,000 \times \left(\frac{1,800}{2}\right)^2 = 1.944 \times 10^{10} \text{mm}^4$$

② 처짐

$$\delta_s = \frac{5 \times w_s \times L^4}{384 \times E_s \times I_x} = \frac{5 \times 30.0 \times (26.0 \times 10^3)^4 L^4}{384 \times 205,000 \times 1.944 \times 10^{10}} = 44.88 \text{mm} < 50 \text{mm} \text{ (O.K)}$$

건축구조기술사 101-3-4

다음 그림 (a)와 같은 2층 규모의 철골과 철근콘크리트의 복합구조물이 그림 (c)와 같은 하중을 받고 있다.

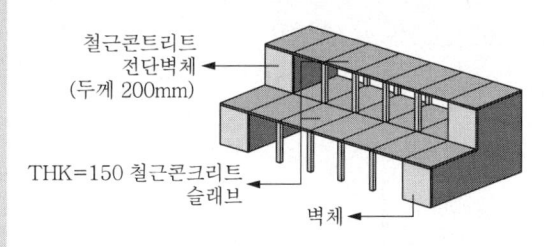
(a) 3차원 구조물

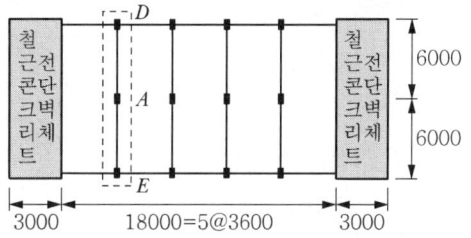
(b) 바닥 구조평면

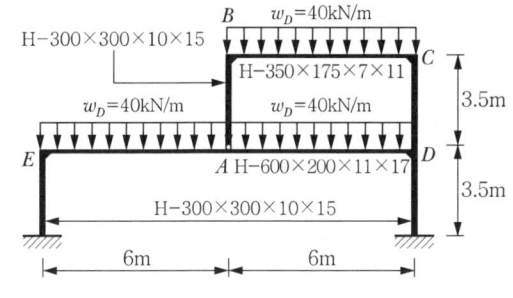
(c) 그림 (b)의 점선부분 상세도
(철골골조의 형태 및 접합 방법)

E_s	$2.05 \times 10^5 \mathrm{MPa}$
H-350×175×7×11 의 단면 2차 모멘트, I_G	$1.36 \times 10^8 \mathrm{mm}^4$
H-300×300×10×15 의 단면 2차 모멘트, I_C	$2.04 \times 10^8 \mathrm{mm}^4$

(d) 재료 및 단면 성질

(1) 구조물의 형태 및 접합방법이 그림 (c)와 같을 때 2층 부분의 철골골조(ABCD)를 분리하여 구조물을 해석하기 위한 2층 부분 철골 골조의 이상화된 2차원 해석모델을 도시하시오.

(2) A점의 수직변위가 36mm(↓) 발생하였을 때 B-C 부재의 휨 모멘트도와 전단력도를 도시하시오.(단, 모든 부재의 축변형 및 전단변형은 무시한다.)

1. ABCD를 분리하여 구조물을 해석하기 위한 이상화된 2차원 해석모델을 도시

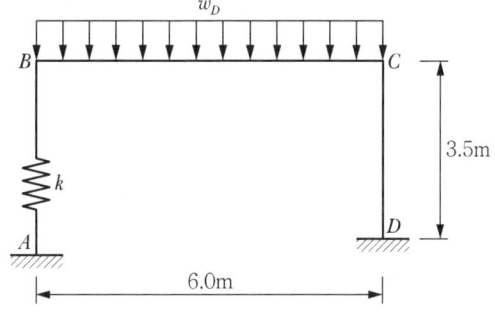

2. ED 보 중앙 A지점 작용 축력을 P_A라 할 경우 보의 휨 강성

1) 외력도 및 처짐

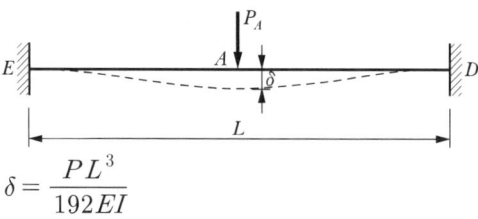

$$\delta = \frac{PL^3}{192EI}$$

2) 휨 강성(K_b) 산정

$$P = \left(\frac{192EI}{L^3}\right)\delta = K_b \delta$$

$$\therefore K_b = \left(\frac{48EI}{L^3}\right)$$

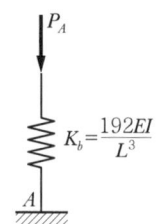

$K_b = \dfrac{192EI}{L^3}$

3. 적합 조건

$\delta_1 - \delta_2 = 36\text{mm}$

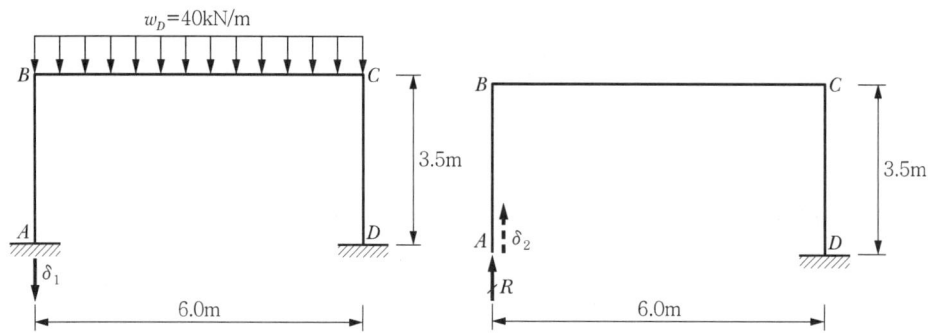

4. 가상일법에 의한 δ_1 산정

1) 실제 작용력에 대한 자유 물체도 및 휨부재력

① 자유 물체도

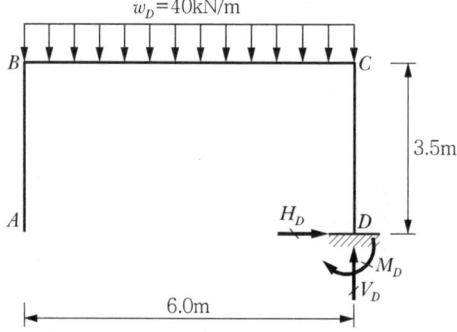

② 반력 산정

$\sum V = 0$; $V_D = 40 \times 6 = 240\text{kN} = 240 \times 10^3 \text{N}(\uparrow)$

$\sum H = 0$; $H_D = 0\text{kN}$

$\sum M_D = 0$; $-(40 \times 6) \times 3 + M_D = 0 \rightarrow M_D = 720\text{kNm} = 720 \times 10^6 \text{N mm}(\curvearrowright)$

③ 각 구간별 휨 부재력 산정

D→C 구간 : $M_x = -720 \times 10^6 \text{N}$

C→B 구간 : $M_x = -720 \times 10^6 - (40x)\dfrac{x}{2} + 240 \times 10^3 x$

$= -20x^2 + 240 \times 10^3 x - 720 \times 10^6$

$M_{(x=6.0)} = 0$

B→A 구간 : $M_x = 0$

2) 절점 A에 수직 단위 하중 $\overline{P_A} = 1$을 적용한 가상하중에 의한 휨 부재력 산정

① 자유 물체도

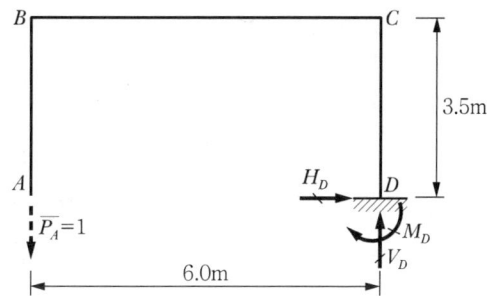

② 반력산정

$\sum V = 0$; $V_D = 1(\uparrow)$

$\sum H = 0$; $H_D = 0$

$\sum M_D = 0$; $-1 \times 6{,}000 + M_D = 0 \rightarrow M_D = 6{,}000(\curvearrowright)$

③ 각 구간별 휨 부재력 산정

D→C 구간 : $M_x = -6{,}000$

C→B 구간 : $M_x = -6{,}000 + x$

$M_{(x=6{,}000)} = 0$

B→A 구간 : $M_x = 0$

※ 부재력은 절점 A 자유단부터 산정해도 무방함

3) A점 수직변위 산정

$$\delta_1 = \int \frac{M_0 M_1}{E_s I_i} dx = \int_0^{3,500} (-720 \times 10^6)(-6,000) \frac{dx}{E_s I_c}$$
$$+ \int_0^{6,000} (-20x^2 + 240 \times 10^3 x - 720 \times 10^6)(-6,000 + x) \frac{dx}{E_s I_G}$$
$$= \frac{1}{E_s I_c}(1.512 \times 10^{16}) + \frac{1}{E_s I_G}(6.48 \times 10^{12})$$
$$= \frac{1.512 \times 10^{16}}{4.182 \times 10^{13}} + \frac{6.48 \times 10^{15}}{2.788 \times 10^{13}} = 361.549 + 232.425 = 593.974 \text{mm}$$

여기서, $E_s I_c = 2.05 \times 10^5 \times 2.04 \times 10^8 = 4.182 \times 10^{13} \text{Nmm}^2$
$E_s I_G = 2.05 \times 10^5 \times 1.36 \times 10^8 = 2.788 \times 10^{13} \text{Nmm}^2$

5. 가상일법에 의한 δ_2 산정

1) 실제 작용력에 대한 자유 물체도 및 휨부재력

① 자유 물체도

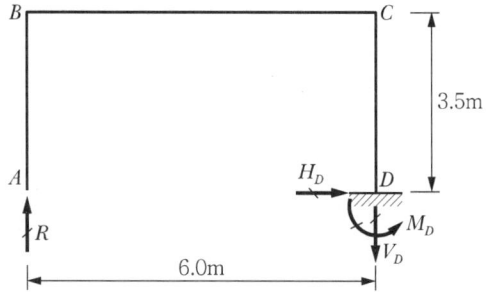

② 반력 산정

$\sum V = 0$; $V_D = R(\downarrow)$

$\sum H = 0$; $H_D = 0 \text{kN}$

$\sum M_D = 0$; $R \times 6,000 - M_D = 0 \rightarrow M_D = 6,000R(\circlearrowleft)$

③ 각 구간별 휨 부재력 산정

D → C 구간 : $M_x = 6,000R$

C → B 구간 : $M_x = 6,000R - Rx$

$M_{(x=6,000)} = 0$

B → A 구간 : $M_x = 0$

※ 부재력은 절점 A 자유단부터 산정해도 무방함

2) A점 수직변위 산정

$$\delta_2 = \frac{1}{E_s I_i} \int M_x \frac{dM_x}{dR} dx = \frac{1}{E_s I_c} \int_0^{3,500} (6,000R)(6,000) dx$$
$$+ \frac{1}{E_s I_c} \int_0^{6,000} (6,000R - Rx)(6,000 - x) dx$$

$$= \frac{1.26 \times 10^{11} R}{4.182 \times 10^{13}} + \frac{7.2 \times 10^{10} R}{2.788 \times 10^{13}} = 0.0056R$$

여기서, $E_s I_c = 2.05 \times 10^5 \times 2.04 \times 10^8 = 4.182 \times 10^{13} \text{N mm}^2$
$E_s I_G = 2.05 \times 10^5 \times 1.36 \times 10^8 = 2.788 \times 10^{13} \text{N mm}^2$

6. 수직변위가 36mm인 적합조건을 이용하여 R 산정

$\delta_1 - \delta_2 = 36\text{mm}$
$\rightarrow 593.974 - 0.0056R = 36$
따라서, $R = 99,638.2\text{N} \fallingdotseq 99.64\text{kN}$

7. B-C 부재의 휨 모멘트도와 전단력도를 도시

1) 자유 물체도

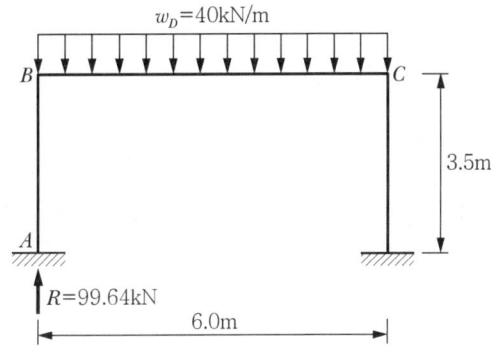

2) B → C 구간 부재력

① 전단력

$S_x = 99.64 - 40x$

$S_{(x=6.0)} = 99.64 - 40 \times 6.0 = -140.32\text{kN}$

$S_x = 0$ 인 $x = 2.491\text{m}$

② 휨 부재력

$$M_x = 99.64x - \frac{1}{2}40x^2 = -20x^2 + 99.64x$$

$$M_{(x=2.491m)} = -20x^2 + 99.64x = 124.102 \text{kNm}$$

$$M_{(x=6.0m)} = -20x^2 + 99.64x = -122.16 \text{kNm}$$

3) B-C 부재의 휨 모멘트도와 전단력도

① 전단력도(단위 : kN)

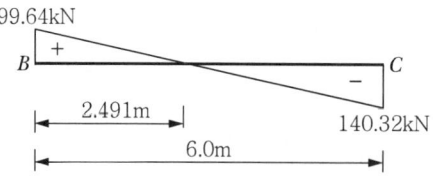

② 휨 모멘트도(단위 : kN·m)

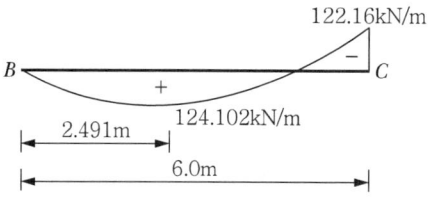

91-3-6

다음과 같이 꺾어진 보에 집중하중 Q가 작용하는 경우 각 물음에 답하시오.(단, EI는 동일)

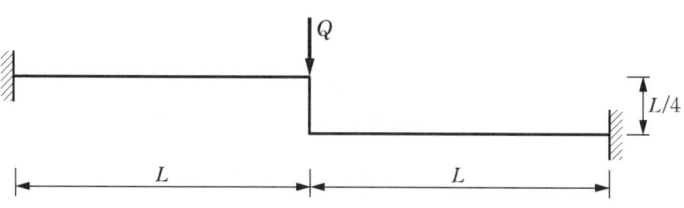

1 부재의 B.M.D를 그리시오.
2 이 보가 RC보인 경우 꺾인 부위의 단면 및 철근 상세를 설계하시오.(단, B×D= 400×800mm, 주근 D22(SD400), 늑근 D13(SD400), 단차는 D/2=400으로 가정한다.)

3 이 보가 철골보인 경우 철골 상세를 설계하시오.(단, H-800×300×14×26(SM490)이고 단차는 H/2=400으로 가정한다.)

1. 휨 부재력도

1) 산정 방법 : 매트릭스 변위법에 의한 산정

2) 자유 물체도

① 자유도 수=절점수×3-반력수-부재수=4×3-6-3=3개

② 구조계

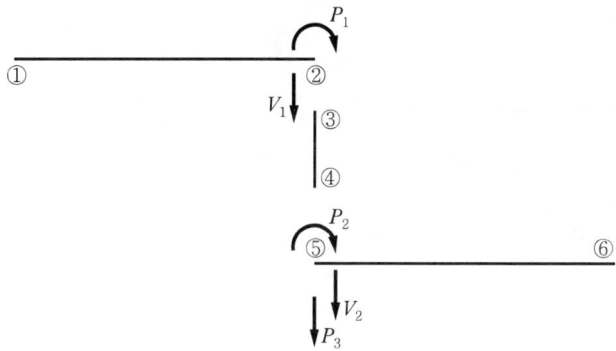

③ 요소계

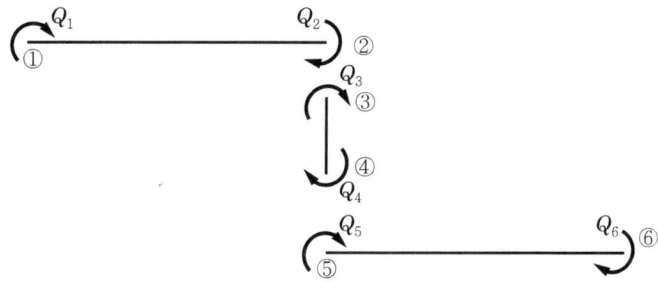

3) 평형 방정식

① $P_1 = Q_2 + Q_3$

② $P_2 = Q_4 + Q_5$

③ P_3 산정

㉠ $\sum M_1 = 0$;

$Q_1 + Q_2 + V_1 L = 0 \qquad V_1 = -(Q_1 + Q_2)/L$

ⓒ $\sum M_6 = 0$;

$Q_5 + Q_6 - V_2 L = 0 \qquad V_2 = (Q_5 + Q_6)/L$

ⓒ $P_3 = V_1 + V_2 = -(Q_1 + Q_2)/L + (Q_5 + Q_6)/L$

4) 평형 매트릭스

① $\{P\} = \{A\}\{Q\}$

② $\{A\} = \begin{Bmatrix} 0 & 1 & 1 & 0 & 0 & 0 \\ 0 & 0 & 0 & 1 & 1 & 0 \\ -1/L & -1/L & 0 & 0 & 1/L & 1/L \end{Bmatrix}$

5) 요소 강성 매트릭스

① $\{Q\} = \{S\}\{e\}$

② $\{S\} = EI/L \begin{bmatrix} 4 & 2 & 0 & 0 & 0 & 0 \\ 2 & 4 & 0 & 0 & 0 & 0 \\ 0 & 0 & 16 & 8 & 0 & 0 \\ 0 & 0 & 8 & 16 & 0 & 0 \\ 0 & 0 & 0 & 0 & 4 & 2 \\ 0 & 0 & 0 & 0 & 2 & 4 \end{bmatrix}$

6) 구조물 강성 매트릭스

① $\{K\} = \{A\}[S]\{A\}^T$

② $\{K\} = EI \begin{Bmatrix} \dfrac{20}{L} & \dfrac{8}{L} & -\dfrac{6}{L^2} \\ \dfrac{8}{L} & \dfrac{20}{L} & \dfrac{6}{L^2} \\ -\dfrac{6}{L^2} & \dfrac{6}{L^2} & \dfrac{24}{L^3} \end{Bmatrix}$

7) 하중 매트릭스

$\{P\} = \{0\,;\,0\,;\,Q\}$

8) 격점 변위 매트릭스

$\{d\} = \{K\}^{-1}\{P\}$

$\{d\} = \{d_1\,;\,d_2\,;\,d_3\} = \dfrac{QL^2}{EI}\{1/36\,;\,-1/36\,;\,L/18\}$

9) 부재단 부재력 매트릭스

$\{Q\} = \{S\}\{A^T\}\{d\} = QL\{-5/18\,;\,-2/9\,;\,2/9\,;\,-2/9\,;\,2/9\,;\,5/18\}$

10) 자유 물체도

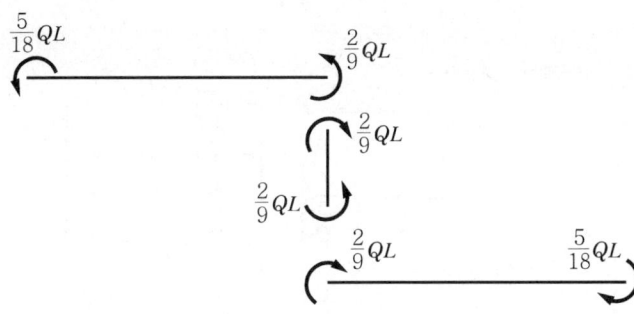

11) 변형도

12) 휨 부재력도

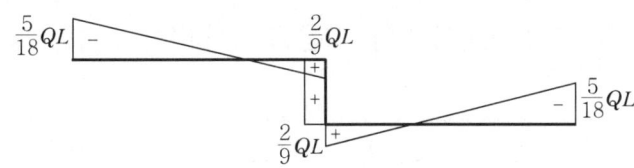

2. RC보 꺾임부 상세도

1) B×D=400×800mm, 주근 D22(SD400), 늑근 D13(SD400), 단차는 D/2=400

2) 상세도

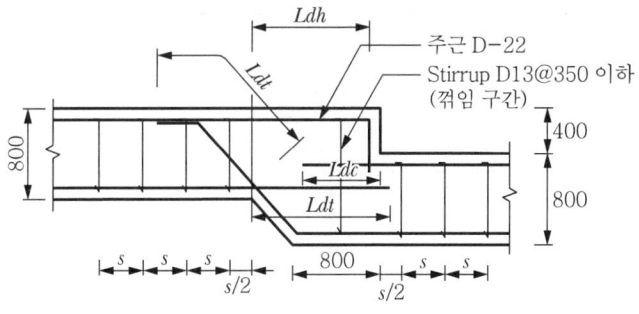

여기서, Ldt : 인장철근 정착길이
Ldc : 압축철근 정착길이
Ldh : 표준 갈고리가 있는 인장철근 정착길이
s : 보의 스터럽 간격

3. 철골보 단차 상세도(H-800×300×14×26(SM490), 단차는 H/2=400)

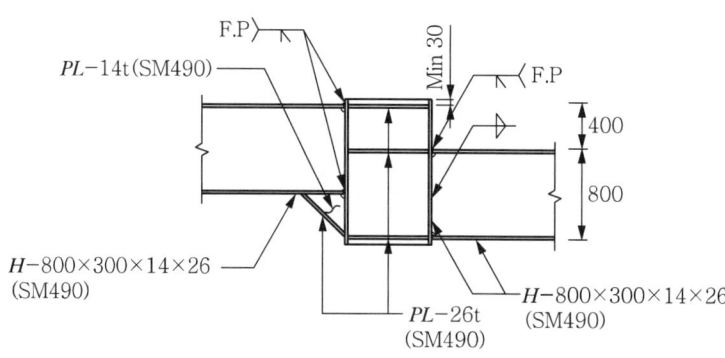

▶▶▶▶ 건축구조기술사   107-3-6

3m 간격으로 계획된 작은 보를 지지하는 24m 경간을 가진 H형강으로 된 비렌딜 트러스(Vierendeel Truss)를 설계하려 한다. 다음 조건에 따라 설계하시오.

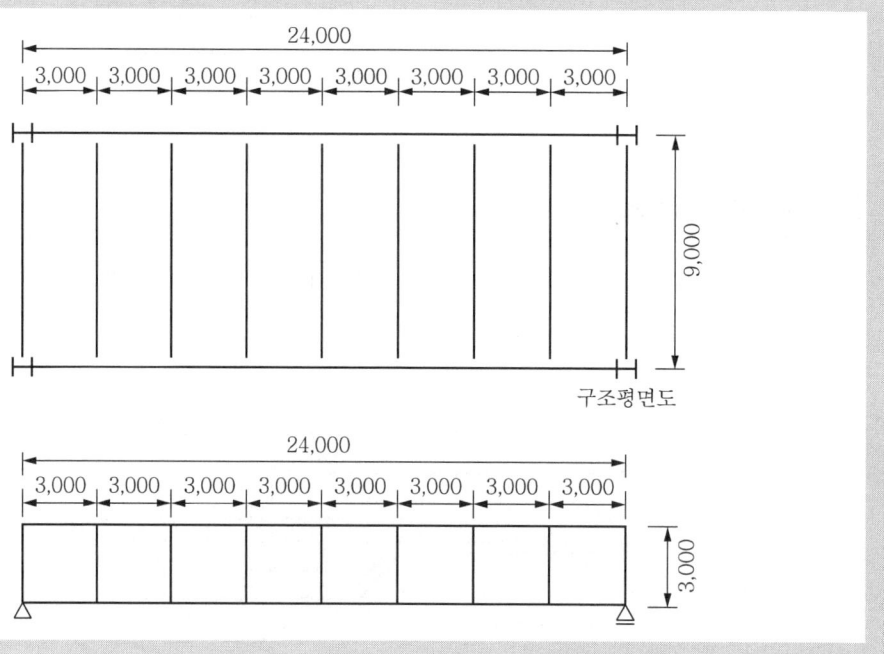

> 〈조건〉
> - 슬래브의 두께는 120mm이며 1방향 슬래브이다.
> - 마감하중은 $1.0\,\text{kN/m}^2$이며 용도는 사무실이다.
> - 해석 편의상 약산법(포탈법)으로 해석하고 단순지지(1단 이동단, 1단 회전단)로 한다.
> - 보, 트러스의 자중은 무시하고 중력하중만 고려한다.

1 가장 큰 인장력과 압축력을 받는 부재를 선정하고 그 부재에 대한 인장력 (또는 압축력), 전단력, 그리고 휨모멘트를 구하시오.

2 가장 큰 휨응력을 받는 부재를 선정하고 그 부재에 대한 인장력(또는 압축력), 전단력, 그리고 휨모멘트를 구하시오.

※ 참고 사항
  포탈법에 대한 해석은 이해를 돕기 위해 각 절점별로 분리하여 상세히 계산과정을 기술하였음

1. 설계하중

1) 고정하중

$$w_D = 1.0 + 24 \times 0.12 = 3.88\,\text{kN/m}^2$$

2) 활하중

$$w_L = 3.5\,\text{kN/m}^2 \;(\text{경량 칸막이 하중 고려})$$

3) 계수하중

$$w_u = 1.2w_D + 1.6w_L = 1.2 \times 3.88 + 1.6 \times 3.5 = 10.26\,\text{kN/m}^2$$

2. 부재명 부여

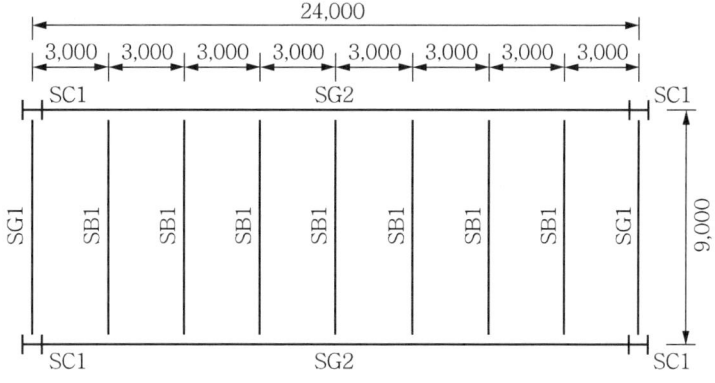

3. SG2 부재 점절하중 산정 및 하중도

1) SB1 부재의 단부 전단력

$$V_{u(SB1)} = \frac{1}{2}(w_u \times 3.0) \times l = \frac{1}{2}(10.26 \times 3.0) \times 9.0 = 138.5\,\text{kN}$$

$P = 138.5\,\text{kN}$ 으로 가정

2) SG1 부재의 단부 전단력

$$V_{u(SG1)} = \frac{1}{2}(w_u \times 1.5) \times l = \frac{1}{2}(10.26 \times 1.5) \times 9.0 = 69.25\,\text{kN} = \frac{P}{2}$$

3) SG2 트러스 부재 하중 적용 단면

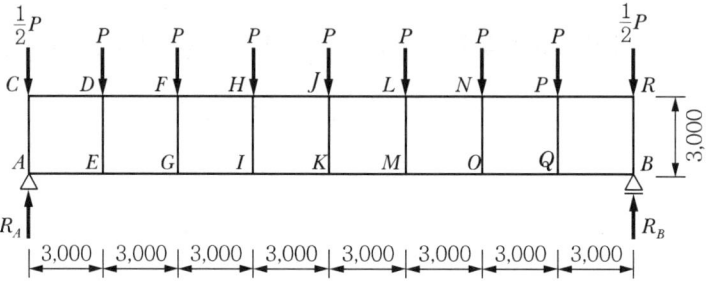

4. 반력 산정

1) $\sum M_A = 0$;

$$P \times (3.0 + 6.0 + 9.0 + 12.0 + 15.0 + 18.0 + 21.0) + \frac{1}{2}P \times 24.0 - R_B \times 24.0 = 0$$

→ $R_B = 4P(\uparrow)$

2) $\sum V = 0$; $R_A + R_B = 8P$

→ $R_A = 4P(\uparrow)$

5. 첫 번째 경간 (CD, AE 중앙부) 절단면

1) 자유물체도

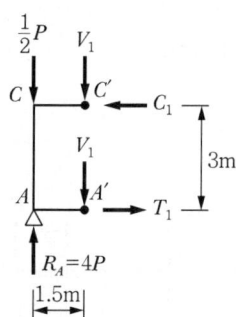

2) $\sum M_{A'} = 0$; $\left(4P - \dfrac{1}{2}P\right) \times 1.5 - C_1 \times 3.0 = 0$

   $\rightarrow C_1 = 1.75P \ (Compression)$

3) $\sum H = 0$; $T_1 = C_1 = 1.75P \ (Tension)$

4) $\sum V = 0$; $-\dfrac{1}{2}P + 4P - 2V_1 = 0$

   $\rightarrow V_1 = 1.75P \ (\downarrow)$

6. 두 번째 경간 (DF, EG 중앙부) 절단면

1) 자유물체도

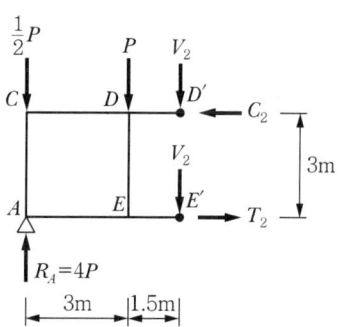

2) $\sum M_{E'} = 0$; $\left(4P - \dfrac{1}{2}P\right) \times (3.0 + 1.5) - P \times 1.5 - C_2 \times 3.0 = 0$

   $\rightarrow C_2 = 4.75P \ (Compression)$

3) $\sum H = 0$; $T_2 = C_2 = 4.75P \ (Tension)$

4) $\sum V = 0$; $-\dfrac{1}{2}P + 4P - P - 2V_2 = 0$

→ $V_2 = 1.25P\ (\downarrow)$

7. 세 번째 경간 (FH, GI 중앙부) 절단면

1) 자유물체도

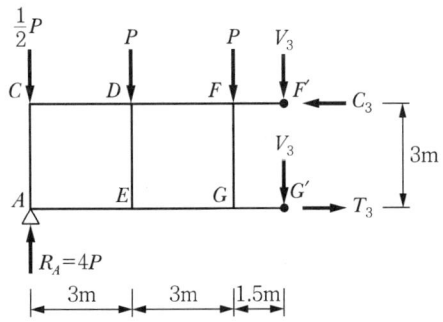

2) $\sum M_{G'} = 0$;

$\left(4P - \dfrac{1}{2}P\right) \times (3.0 + 3.0 + 1.5) - P \times (3.0 + 1.5) - P \times 1.5 - C_3 \times 3.0 = 0$

→ $C_3 = 6.75P\ (Compression)$

3) $\sum H = 0$; $T_3 = C_3 = 6.75P\ (Tension)$

4) $\sum V = 0$; $-\dfrac{1}{2}P + 4P - P - P - 2V_3 = 0$

→ $V_3 = 0.75P\ (\downarrow)$

8. 네 번째 경간 (HJ, IK 중앙부) 절단면

1) 자유물체도

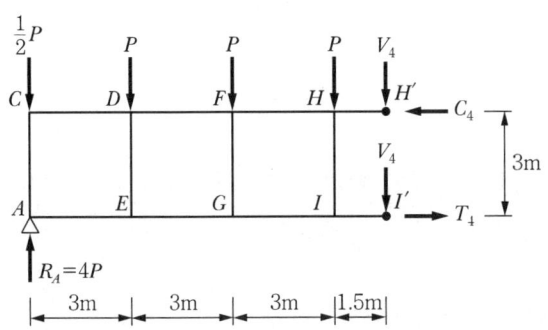

2) $\sum M_{I'} = 0$;

$\left(4P - \dfrac{1}{2}P\right) \times (3.0+3.0+3.0+1.5) - P \times (3.0+3.0+1.5) - P \times (3.0+1.5) - P \times 1.5 - C_4 \times 3.0 = 0$

$\rightarrow C_4 = 7.75P \; (Compression)$

3) $\sum H = 0$; $T_4 = C_4 = 7.75P \; (Tension)$

4) $\sum V = 0$; $-\dfrac{1}{2}P + 4P - P - P - P - 2V_4 = 0$

$\rightarrow V_4 = 0.25P \; (\downarrow)$

9. 절점 C 기준 부재 중앙 힌지 절단면

1) 자유 물체도

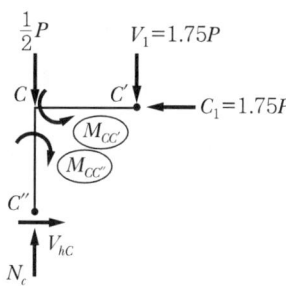

2) $\sum H = 0$; $-1.75P + V_{hC} = 0 \rightarrow V_{hC} = 1.75P \; (\rightarrow)$

3) $\sum V = 0$; $-\dfrac{1}{2}P - 1.75P + N_C = 0 \rightarrow N_C = 2.25P \; (\uparrow)$

4) $\overline{CC'}$ 부재에서

$\sum M_{C(우)} = 0$; $1.75P \times 1.5 - M_{CC'} = 0 \rightarrow M_{CC'} = 2.625P \; (\curvearrowleft)$

5) $\overline{CC''}$ 부재에서

$\sum M_{C(하)} = 0$; $-1.75P \times 1.5 + M_{CC''} = 0 \rightarrow M_{CC''} = 2.625P \; (\curvearrowright)$

10. 절점 A 기준 부재 중앙 힌지 절단면

1) 자유 물체도

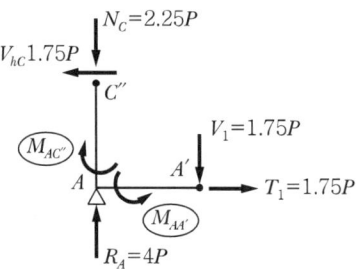

2) $\overline{AC''}$ 부재에서

$$\sum M_{A(상)} = 0 \; ; \; -1.75P \times 1.5 + M_{AC''} = 0 \; \rightarrow \; M_{AC''} = 2.625P \; (\curvearrowright)$$

3) $\overline{AA'}$ 부재에서

$$\sum M_{A(우)} = 0 \; ; \; 1.75P \times 1.5 - M_{AA'} = 0 \; \rightarrow \; M_{AA'} = 2.625P \; (\curvearrowleft)$$

11. 절점 D 기준 부재 중앙 힌지 절단면

1) 자유 물체도

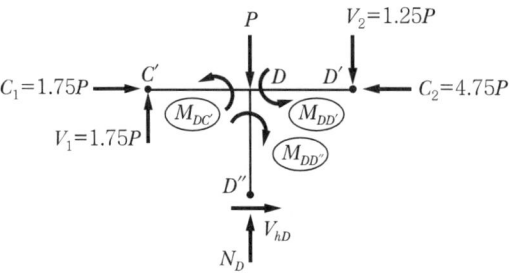

2) $\sum H = 0 \; ; \; 1.75P - 4.75P + V_{hD} = 0 \; \rightarrow \; V_{hD} = 3.0P \; (\rightarrow)$

3) $\sum V = 0 \; ; \; 1.75P + N_D - P - 1.25P = 0 \; \rightarrow \; N_D = 0.5P \; (\uparrow)$

4) $\overline{DC'}$ 부재에서

$$\sum M_{D(좌)} = 0 \; ; \; 1.75P \times 1.5 - M_{DC'} = 0 \; \rightarrow \; M_{DC'} = 2.625P \; (\curvearrowleft)$$

5) $\overline{DD'}$ 부재에서

$$\sum M_{D(우)} = 0 \; ; \; 1.25P \times 1.5 - M_{DD'} = 0 \; \rightarrow \; M_{DD'} = 1.875P \; (\curvearrowleft)$$

6) $\overline{DD''}$ 부재에서

$$\sum M_{D(하)} = 0 \; ; \; -3.0P \times 1.5 + M_{DD''} = 0 \to M_{DD''} = 4.5P \; (\curvearrowright)$$

12. 절점 E 기준 부재 중앙 힌지 절단면

1) 자유물체도

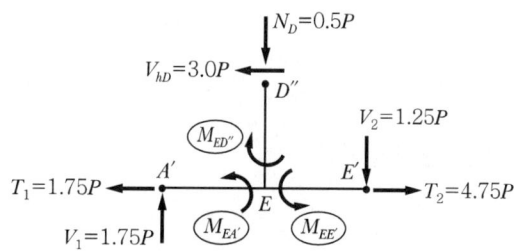

2) $\overline{ED''}$ 부재에서

$$\sum M_{E(상)} = 0 \; ; \; -3.0P \times 1.5 + M_{ED''} = 0 \to M_{ED''} = 4.5P \; (\curvearrowright)$$

3) $\overline{EA'}$ 부재에서

$$\sum M_{E(좌)} = 0 \; ; \; 1.75P \times 1.5 - M_{EA'} = 0 \to M_{EA'} = 2.625P \; (\curvearrowleft)$$

4) $\overline{EE'}$ 부재에서

$$\sum M_{E(우)} = 0 \; ; \; -1.25P \times 1.5 + M_{EE'} = 0 \to M_{EE'} = 1.875P \; (\curvearrowright)$$

13. 절점 F 기준 부재 중앙 힌지 절단면

1) 자유 물체도

2) $\sum H = 0 \; ; \; 4.75P - 6.75P + V_{hF} = 0 \to V_{hF} = 2.0P \; (\to)$

3) $\sum V = 0 \; ; \; 1.25P + N_F - P - 0.75P = 0 \to N_F = 0.5P \; (\uparrow)$

4) $\overline{FD'}$ 부재에서

$$\sum M_{F(\text{좌})} = 0 \;;\; 1.25P \times 1.5 - M_{FD'} = 0 \to M_{FD'} = 1.875P \;(\curvearrowleft)$$

5) $\overline{FF'}$ 부재에서

$$\sum M_{F(\text{우})} = 0 \;;\; 0.75P \times 1.5 - M_{FF'} = 0 \to M_{FF'} = 1.125P \;(\curvearrowleft)$$

6) $\overline{FF''}$ 부재에서

$$\sum M_{F(\text{하})} = 0 \;;\; -2.0P \times 1.5 + M_{FF''} = 0 \to M_{FF''} = 3.0P \;(\curvearrowright)$$

14. 절점 G 기준 부재 중앙 힌지 절단면

1) 자유물체도

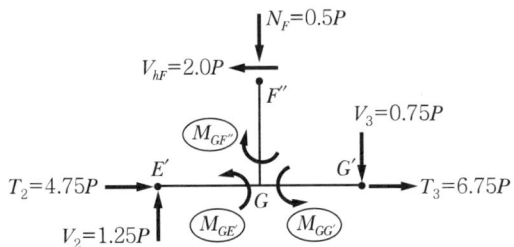

2) $\overline{GF''}$ 부재에서

$$\sum M_{G(\text{상})} = 0 \;;\; -2.0P \times 1.5 + M_{GF''} = 0 \to M_{GF''} = 3.0P \;(\curvearrowright)$$

3) $\overline{GE'}$ 부재에서

$$\sum M_{G(\text{좌})} = 0 \;;\; 1.25P \times 1.5 - M_{GE'} = 0 \to M_{GE'} = 1.875P \;(\curvearrowleft)$$

4) $\overline{GG'}$ 부재에서

$$\sum M_{G(\text{우})} = 0 \;;\; 0.75P \times 1.5 - M_{GG'} = 0 \to M_{GG'} = 1.125P \;(\curvearrowleft)$$

15. 절점 H 기준 부재 중앙 힌지 절단면

1) 자유 물체도

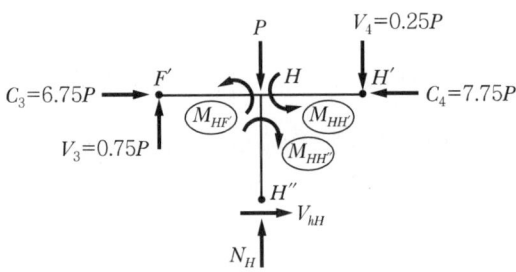

2) $\sum H = 0$; $6.75P - 7.75P + V_{hH} = 0 \rightarrow V_{hH} = 1.0P\ (\rightarrow)$

3) $\sum V = 0$; $0.75P + N_H - P - 0.25P = 0 \rightarrow N_H = 0.5P\ (\uparrow)$

4) $\overline{HF'}$ 부재에서

$\sum M_{H(좌)} = 0$; $0.75P \times 1.5 - M_{HF'} = 0 \rightarrow M_{HF'} = 1.125P\ (\curvearrowleft)$

5) $\overline{HH'}$ 부재에서

$\sum M_{H(우)} = 0$; $0.25P \times 1.5 - M_{HH'} = 0 \rightarrow M_{HH'} = 0.375P\ (\curvearrowleft)$

6) $\overline{HH''}$ 부재에서

$\sum M_{H(하)} = 0$; $-1.0P \times 1.5 + M_{HH''} = 0 \rightarrow M_{HH''} = 1.5P\ (\curvearrowright)$

16. 절점 I 기준 부재 중앙 힌지 절단면

1) 자유 물체도

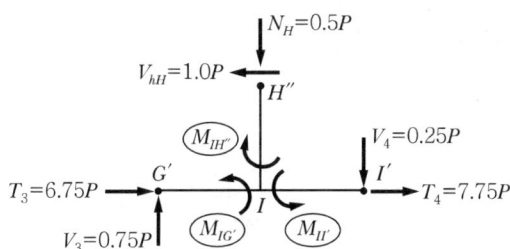

2) $\overline{IH''}$ 부재에서

$\sum M_{I(상)} = 0$; $-1.0P \times 1.5 + M_{IH''} = 0 \rightarrow M_{IH''} = 1.5P\ (\curvearrowright)$

3) $\overline{IG'}$ 부재에서

$\sum M_{I(좌)} = 0$; $0.75P \times 1.5 - M_{IG'} = 0 \rightarrow M_{IG'} = 1.125P\ (\curvearrowleft)$

4) $\overline{II'}$ 부재에서

$\sum M_{I(우)} = 0$; $0.25P \times 1.5 - M_{II'} = 0 \rightarrow M_{II'} = 0.375P\ (\curvearrowleft)$

17. 절점 J 기준 부재 중앙 힌지 절단면

1) 자유 물체도

구조물은 $\overline{JK}$를 기준으로 대칭인 특성을 이용

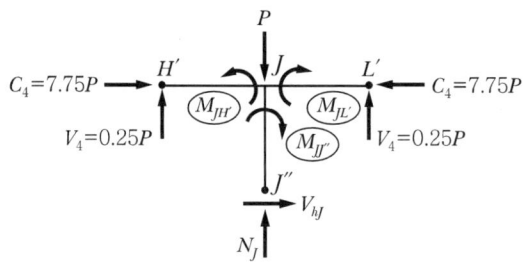

2) $\sum H = 0$; $7.75P + V_{hJ} - 7.75P = 0 \rightarrow V_{hJ} = 0$

3) $\sum V = 0$; $0.25P + N_J - P + 0.25P = 0 \rightarrow N_J = 0.5P\ (\uparrow)$

4) $\overline{JH'}$ 부재에서

$\sum M_{J(좌)} = 0$; $0.25P \times 1.5 - M_{JH'} = 0 \rightarrow M_{JH'} = 0.375P\ (\curvearrowleft)$

5) $\overline{JL'}$ 부재에서

$\sum M_{J(우)} = 0$; $-0.25P \times 1.5 + M_{JL'} = 0 \rightarrow M_{JL'} = 0.375P\ (\curvearrowright)$

18. 절점 K 기준 부재 중앙 힌지 절단면

1) 자유물체도

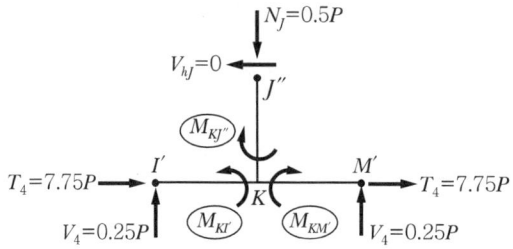

2) $\overline{KJ''}$ 부재에서

$\sum M_{K(상)} = 0$; $0 \times 1.5 + M_{KJ''} = 0 \rightarrow M_{KJ''} = 0$

3) $\overline{KI'}$ 부재에서

$\sum M_{K(좌)} = 0$; $0.25P \times 1.5 - M_{KI'} = 0 \rightarrow M_{KI'} = 0.375P\ (\curvearrowleft)$

4) $\overline{KM'}$ 부재에서

$\sum M_{K(우)} = 0$; $-0.25P \times 1.5 + M_{KM'} = 0 \rightarrow M_{KM'} = 0.375P\ (\curvearrowright)$

19. 산정된 부재력 조합 및 부재력도

1) 부재력 조합

$\overline{JK}$ 우측 부분은 대칭이므로 생략

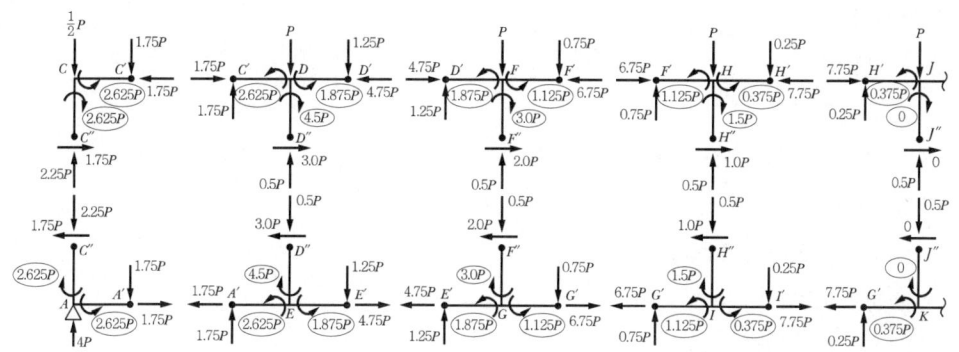

2) 휨모멘트도

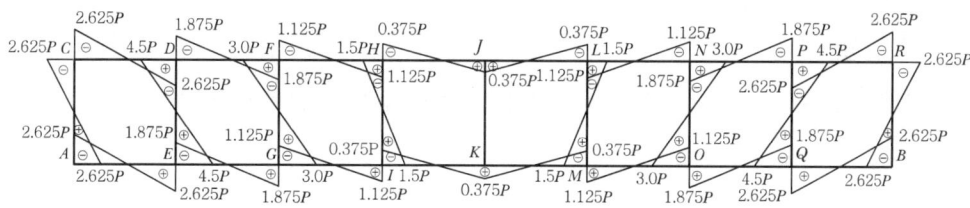

3) 전단력도

4) 축력도

20. 최대 인장력을 받는 부재의 부재력

1) 최대 인장력을 받는 부재

"19. -1) 부재력 조합"에서 $\overline{IK}$가 최대 인장력을 받으며 $T = 7.75P$

2) 부재력

① 인장력

$T = 7.75P$

$P = 138.5\text{kN}$ 이므로 $T = 1,073.38\text{kN}$

② 전단력

$V = 0.25P = 34.63\text{kN}$

③ 휨모멘트

$M = 0.375P = 34.63\text{kN} \cdot \text{m}$

21. 최대 압축력을 받는 부재의 부재력

1) 최대 압축력을 받는 부재

"19. -1) 부재력 조합"에서 $\overline{HJ}$가 최대 압축력을 받으며 $C = 7.75P$

2) 부재력

① 압축력

$C = 7.75P = 1,073.38\text{kN}$

② 전단력

$V = 0.25P = 34.63\text{kN}$

③ 휨모멘트

$M = 0.375P = 34.63\text{kN} \cdot \text{m}$

22. 최대 휨모멘트를 받는 부재의 부재력

1) 최대 휨모멘트를 받는 부재

"19. -1) 부재력 조합"에서 $\overline{DE}$가 최대 휨모멘트를 받으며 $M = 4.5P$

2) 부재력

① 압축력

$C = 0.5P = 69.25\text{kN}$

② 전단력
 $V = 3.0P = 415.5\text{kN}$
③ 휨모멘트
 $M = 4.5P = 623.25\text{kN} \cdot \text{m}$

저자 약력

2001년	조선대학교 건축공학과 졸업
2006년	한양대학교 건축공학과(건축구조 전공) 졸업
2006~2013년	주)센구조 연구소 근무
	일산 삼산동 주상복합 구조설계 및 자문
	삼성 디스플레이 프로젝트 현장 구조설계 및 자문
	삼성 토탈 화공 플랜트 구조설계 및 현장 자문
	삼성 BIOLOGICS EDISON PROJECT 구조 설계 및 현장 자문
	대전 종합터미널 구조설계 및 자문
	롯데 백화점 본점, 울산점, 부천점 및 빅마켓 일산점 등 리모델링 구조설계 및 자문
	코엑스 리모델링 구조설계 및 자문
2012년	건축구조기술사 취득
2013년	서울특별시 교육청 자재(공법) 선정위원회 위원
2014년	現) WSP(구 PARSONS BRINKERHOFF) 근무
	해운대 관광 리조트 개발 사업
	(Haeundea LCT 101층 초고층 Project) 구조 CM

건축구조기술사 역학

실전문제를 통한 개념 이해와 응용

발행일	2014. 8. 20	초판발행
	2019. 3. 20	개정 1판1쇄
	2020. 6. 20	개정 2판1쇄
	2022. 3. 10	개정 3판1쇄
	2024. 2. 10	개정 4판1쇄

저　자 | 김선규
발행인 | 정용수
발행처 | 예문사
주　소 | 경기도 파주시 직지길 460(출판도시) 도서출판 예문사
T E L | 031) 955-0550
F A X | 031) 955-0660
등록번호 | 11-76호

- 이 책의 어느 부분도 저작권자나 발행인의 승인 없이 무단 복제하여 이용할 수 없습니다.
- 파본 및 낙장은 구입하신 서점에서 교환하여 드립니다.
- 예문사 홈페이지 http : //www.yeamoonsa.com

정가 : 43,000원

ISBN 978-89-274-5347-5　13540